Stahlbau und Baustatik

Aktuelle Probleme

Herausgegeben von

H. Grengg, W. Pelikan
F. Reinitzhuber

Hermann Beer und Konrad Sattler zum 60. Geburtstag gewidmet

Mit 255 Textabbildungen
IV, 448 Seiten (davon 7 Seiten in englischer und 3 Seiten in französischer Sprache). Gr.-8°. 1965

Ganzleinen
S 1150.—, DM 180.—, $ 45.—

Vorzugspreis für Mitglieder des Österreichischen Ingenieur- und Architekten-Vereines und für Abonnenten der Zeitschrift „Der Bauingenieur":

Ganzleinen
S 945.—, DM 150.—, $ 37.50

Platten und Behälter

Von

Dr.-Ing. Ernst Bittner
Wien

Wesentlich erweiterte Neuausgabe der „Momententafeln und Einflußflächen für kreuzweise bewehrte Eisenbetonplatten"

Mit 217 Textabbildungen und 284 Zahlentafeln. XIII, 622 Seiten DIN A 4. 1965

Ganzleinen
S 2250.—, DM 360.—, $ 90.—

Stahlrohrkonstruktionen

Von

Professor Dr. techn. Josef Wanke

Prag

Mit 346 Textabbildungen

1966

Springer-Verlag

Wien · New York

Neubearbeitete und erweiterte deutsche Ausgabe des Buches
„Stavby z ocelových trubek“
erschienen 1964 im SNTL, Verlag technischer Literatur, Prag

ISBN-13:978-3-7091-8158-4 e-ISBN-13:978-3-7091-8157-7
DOI: 10.1007/978-3-7091-8157-7

Softcover reprint of the hardcover 1st edition 1966

Library of Congress Catalog Card Number 66-23 735

Titel-Nr. 9151

Vorwort

Geschweißte schmiedeeiserne Rohre sind bereits rund 140 Jahre bekannt. Sie konnten wohl im Rohrleitungsbau nach und nach die Blei- und Kupferrohre fast ganz verdrängen, die erzeugten Mengen reichten aber für anderweitige Verwendung im Bauwesen nicht aus. Die Situation änderte sich erst, als zu Beginn dieses Jahrhunderts die Schwierigkeiten bei der Erzeugung nahtloser Rohre überwunden waren. Inzwischen hatte die Röhrenindustrie auch bei geschweißten Rohren Fortschritte gemacht, so daß sie ausreichende Mengen von Stahlrohren für die Verwendung im Bauwesen liefern konnte.

Das einfache Rohr vermag schon im glatten Lieferzustand oder nach geringer, dem Verwendungszweck angepaßter Bearbeitung sowohl Längskräfte als auch Biege- und Drehmomente aufzunehmen, deren Größe von den Rohrabmessungen abhängig ist. Es kann aber auch als Element eines zusammengesetzten, mannigfaltig ausgeführten Tragwerkes dienen, dessen Tragkraft weit größer ist als die des glatten Rohres. Die Einführung der Schweißtechnik im allgemeinen Stahlbau kam insbesondere dem Stahlrohrbau zustatten und ermöglichte erst dessen Entwicklung. Über die Fragen, die sich beim Entwurf und der Ausführung von Stahlrohrbauten ergaben, besteht ein reichhaltiges Schrifttum. Die Ergebnisse theoretischer Arbeiten und Versuche wurden in verschiedenen Fachzeitschriften erörtert und bildeten den Gegenstand von Tagungsreferaten. Ein Werk jedoch fehlt, das zusammenfassend alle Probleme behandelt, die mit der Entwicklung der neuen Bauweise zusammenhängen, gleichgültig, ob sie theoretisch geklärt sind, die Praxis sie gelöst hat oder nähere Aufschlüsse erst von weiteren Untersuchungen zu erwarten sind. Das vorliegende Buch ist als ein Versuch anzusehen, diese Lücke zu füllen.

Im Jahre 1964 ist in Prag, im Staatsverlag für Technische Literatur, in tschechischer Sprache ein Buch des Verfassers „Bauten aus Stahlrohren“ erschienen, dem mit Genehmigung des genannten Verlags zahlreiche Abbildungen und mehrere Abschnitte in freier Übersetzung entnommen sind. Die Stoffeinteilung wurde geändert und der Inhalt dem neuesten Stand der Entwicklung angepaßt. Vor allem wurden die DIN und Önormen, die TGL und weitgehend die Praxis der deutschen Röhrenwerke berücksichtigt.

Dem ersten Abschnitt, der die Stahlrohrerzeugung, die Rohrarten und Werkstoffe, die technischen Lieferbedingungen, Bezeichnungen und statischen Werte enthält, ist ein knapper Überblick über die Geschichte des Stahlrohrs vorangestellt.

Der zweite Abschnitt behandelt die Bemessung des Stahlrohrs bei verschiedenen Belastungen, der dritte die Rohrverbindungen und ihre Berechnung.

Im vierten Abschnitt sind die Stahlrohrbauten zusammengefaßt mit ihren verschiedenartigen Belastungen, der Berechnung und den Vorschriften mit einem

Vergleich der in der Bundesrepublik Deutschland, in Österreich und in der DDR geltenden Normen, der Ausführung und dem Schutz gegen Korrosion und Feuereinwirkung.

Der fünfte Abschnitt behandelt selbsttragende Rohrleitungen, verschiedene Ausführungsmöglichkeiten und einige Beispiele.

Der sechste Abschnitt über Bauten aus einfachen Rohren gliedert sich in einfache Stahlrohrmaste, Bausäulen und Rahmentragwerke aus Riegeln und Stützen.

Der siebente Abschnitt über eingeschossige Industriebauten befaßt sich mit Pfetten, Bindern und Unterzügen, Kranbahnen, gegliederten Stützen und Raumverbänden; zum Schluß bringt er Beispiele ausgeführter Bauten.

Im achten Abschnitt werden Krane in Rohrkonstruktion behandelt; Hochbauten mit Stahlrohrskelett, Ausstellungshallen, Sportbauwerke und Verkehrsbauten bilden den Inhalt der Abschnitte neun bis zwölf.

Der dreizehnte Abschnitt beschreibt Belastungen, Ausführung und Berechnung einfacher und gegliederter Maste im Freileitungsbau.

Der vierzehnte Abschnitt behandelt Ausführung, Belastung, Berechnung und Gründung von Antennenmasten, frei stehenden und abgespannten.

Der fünfzehnte Abschnitt bringt Beispiele weiterer Anwendungen von Stahlrohren im Bauwesen und der sechzehnte Abschnitt zerlegbare Konstruktionen.

Der siebzehnte Abschnitt beschließt das Buch mit einer Bewertung der Stahlrohrbauten und einer Gegenüberstellung ihrer Vor- und Nachteile.

Bei der Abfassung des Manuskriptes habe ich aus Fachkreisen durch Auskünfte, Überlassung von Sonderdrucken einschlägiger Arbeiten und zahlreicher Lichtbilder ausgeführter Bauten wertvolle Unterstützung erfahren. Dafür danke ich auch an dieser Stelle der Beratungsstelle für Stahlverwendung in Düsseldorf, dem Österreichischen Stahlbauverband in Wien, dem Internationalen Ausschuß für das Studium und die Entwicklung von Stahlrohrkonstruktionen (C.I.D.E.C.T.) in London, der Mannesmann A. G. in Düsseldorf, der Phoenix Rheinrohr A. G. in Mülheim/Ruhr und dem Institut für Industrieanlagenmontagen und Stahlbau in Leipzig. Besonderer Dank gebührt den Herren Dr. Ing. H. Odenhausen, Professor Dipl.-Ing. W. Jamm, Dipl.-Ing. A. Köhler und dem technischen Sekretär W. Rose für ihre bereitwillige Hilfe bei der Beschaffung von Abbildungsunterlagen.

Prag, im Frühjahr 1966

J. Wanke

Inhaltsverzeichnis

3. Rohrverbindungen und ihre Berechnung

5. Selbsttragende Rohrleitungen

6. Bauten aus einfachen Rohren

7. Eingeschossige Industriehallen

8. Krane

9. Hochbauten mit Stahlrohrskelett

10. Ausstellungshallen

11. Sportbauwerke

12. Verkehrsbauten und Transporteinrichtungen

13. Freileitungsmaste

14. Antennenmaste

Berichtigungen

Seite 32, Zeile 18 von unten lies: d_m statt: dm.

Seite 104, Abb. 3.49 ist um etwa 45° nach links zu drehen.

Seite 156, Zeile 3 von unten lies: [87] statt: [78].

Seite 167, Zeile 5 von unten lies: $d\zeta$ statt: $d\xi$.

Seite 229, Zeile 10 von unten lies: Abb. 7.45 a, c statt: Abb. 7.46 a, c.

Seite 338, Zeile 6 von oben lies: g' statt: ϱ'.

Wanke, Stahlrohr

Einleitung

Stahlrohre finden seit langem mannigfaltigste Verwendung im Bauwesen. In ihnen werden Gase und Flüssigkeiten über weite Entfernungen geleitet, aus Rohren bestehen einstielige Maste, Bausäulen und andere einfache Tragwerke und Stahlrohre bilden die Bauelemente von reinen Stahlrohrkonstruktionen oder Tragwerken in gemischter Bauweise. Das geschlossene Hohlprofil bestimmt die Verwendung des Stahlrohres als Leitungsrohr, seine statischen und konstruktiven Vorteile sichern ihm im Stahlbau die gleichen Möglichkeiten wie den anderen Walzprofilen.

Für den ursprünglichen Verwendungszweck als Leitungsrohr ist das kreisrunde Stahlrohr hinsichtlich seiner Beanspruchung bei Innendruck besonders geeignet. Die im Laufe der Zeit entwickelten, mehr oder weniger teuren Verbindungen sind jetzt, sofern sie nicht lösbar sein müssen, durch geschweißte Verbindungen ersetzt. Die Rohrabmessungen entsprechen, wie aus der Entwicklung der Industrie erklärlich ist, englischen Maßen. Heute sind die Stahlrohre nach einer geometrischen Reihe der Nennweiten genormt. Auch das bis zum Jahre 1920 herrschende Chaos bei den Gewindeabmessungen wurde inzwischen durch zwischenstaatliche Zusammenarbeit bei Normungsfragen beseitigt.

Für das auf Knickung oder Verdrehen beanspruchte Stahlrohr ist sein geschlossener Hohlquerschnitt, im besonderen das Kreisringprofil, besonders vorteilhaft. Das gezogene Rohr ist dem gleich beanspruchten Stab beliebigen Querschnitts gleichwertig; bei Biegebeanspruchung steht es wohl dem Walzträger nach, wird aber wirtschaftlich, wenn die Belastung nicht nur in *einer* Ebene wirkt. Gutes Aussehen, kleine Oberfläche (Anstrichfläche) und leichte Erhaltbarkeit der Konstruktion sprechen für die Verwendung des Stahlrohrs.

Einer ausgedehnteren Anwendung im Stahlrohrbau standen lange die Schwierigkeiten entgegen, die die Verbindung der Rohre in gegliederten Rohrkonstruktionen boten. Man mußte sich auf die Verwendung einfacher Rohre zu Bausäulen, Beleuchtungsmasten, leichten Gestängen von elektrischen Leitungen, Geländern und ähnlichen Zwecken beschränken, wo allenfalls geschraubte Verbindungen ausreichten. Erst die Einführung der Schweißtechnik in den Stahlbau brachte auch im Stahlrohrbau die erwünschte Hilfe, nachdem Versuche mit Schraubenbolzenverbindungen, ja sogar mit Innennietungen fehlgeschlagen waren.

In der letzten Zeit, im zweiten Weltkrieg und den darauf folgenden Jahren, sind Stahlrohrkonstruktionen sehr beliebt geworden. Nicht immer mögen es wirtschaftliche Erwägungen gewesen sein, die zu ihrer Wahl führten. Rohrkonstruktionen, die von Nichtfachleuten, nur um einer mißverstandenen Mode zu folgen, unsachgemäß ausgeführt wurden, können leicht die neue Bauweise in Mißkredit bringen. Ihre Vorteile sind aber auf manchen Gebieten so groß, daß sie ihren Platz immer behaupten werden.

Im allgemeinen ist mit Stahlrohr das nahtlose oder geschweißte Rohr mit Kreisringquerschnitt gemeint. Daneben gibt es auch Profilrohre mit rechteckigem, ovalem oder beliebigem Querschnitt. Schließlich ist jeder Hohlstab mit geschlossenem Querschnitt als Rohr anzusehen; seine Form ist allein durch konstruktive Belange gegeben.

1. Das Stahlrohr

1.1. Knapper Überblick über die geschichtliche Entwicklung

Die geschichtliche Entwicklung der Röhrentechnik im allgemeinen und des Stahlrohrs im besonderen ist aus der Fachliteratur bekannt, so daß wir uns auf einen knappen Überblick beschränken können [1, 2]. Dem Stahlrohr gingen, wenn wir von den gebohrten Holzrohren absehen, die bereits im frühen Mittelalter bekannt waren, Röhren aus Blei oder Kupfer voraus. Diese Rohre wurden aus Blechen durch Falzen oder später durch Walzen und Ziehen aus Blöcken hergestellt. Die ersten Nachrichten über den Röhrenguß und auch über das Bohren von Röhren in Metall stammen ebenfalls bereits aus dem Mittelalter. Unter den zahlreichen Skizzen und Beschreibungen, die LEONARDO DA VINCI hinterlassen hat, befinden sich auch solche über gegossene Geschützrohre und eine Rohrbohrmaschine. Ein besonderes Kapitel in der Geschichte der Geschütztechnik bildet die Herstellung von Stahlgußrohren durch A. KRUPP in der ersten Hälfte des 19. Jahrhunderts.

Die Herstellung geschweißter schmiedeeiserner Rohre gelang als erstem dem Engländer CORNELIUS WHITEHOUSE, der im Jahre 1825, nachdem Versuche, Stahlrohre zu walzen, fehlgeschlagen waren, das erste Patent dafür erhielt. Durch die wirtschaftlichen Vorteile seines Verfahrens wurden die Blei- und Kupferrohre, die bis dahin einzigen Erzeugnisse der Röhrenindustrie, fast vollständig verdrängt und auf jene Fälle eingeschränkt, wo nur die Werkstoffe Blei und Kupfer den Betriebsanforderungen entsprechen. Achtzig Jahre lang hat das geschweißte Stahlrohr den Markt beherrscht, bis es möglich war, nahtlose Stahlrohre in genügender Menge herzustellen.

Die Erfinder des nahtlosen Rohres sind die Brüder REINHARD und MAX MANNESMANN aus Remscheid [3]. Ihnen gelang es, durch Schrägwalzen eines vollen Blocks über einen Dorn einen dickwandigen Hohlblock zu erzeugen. Das bezügliche Patent stammt aus dem Jahre 1886. Aber erst nach langwierigen Versuchen im Werk Komotau (heute in der ČSSR) der im Jahre 1890 gegründeten Mannesmannröhren-Werke konnte aus dem starkwandigen Hohlblock im Pilgerschrittverfahren — so benannt von Professor REULEAUX in einem Vergleich mit der Echternacher Springprozession — ein Rohr hergestellt werden, dessen Wandstärke der des geschweißten Rohres gleich- oder nahekommt [4]. Das Mannesmannverfahren ist demnach eine Kombination des Schrägwalzens mit dem Pilgerschrittverfahren.

Wie schwierig und zeitraubend die Komotauer Versuche waren, geht aus einem Bericht hervor, den DE GRAHL auf Grund seiner als Ingenieur des Werkes Komotau gewonnenen Erfahrungen im Jahre 1918 veröffentlicht hat [5].

Die Entwicklungsarbeiten und der Beginn der Erzeugung in den Werken, die zum Teil gleichzeitig mit dem Komotauer, zum Teil später errichtet wurden, waren kostspielig, Ausschuß und damit Verluste groß, so daß erst 16 Jahre nach der Gründung der Mannesmannröhren-Werke der erste Gewinn ausgewiesen werden konnte. Unstimmigkeiten zwischen den Erfindern, die die technische Leitung inne hatten, und dem Aufsichtsrat führten nach langen Verhandlungen bereits im Jahre 1894 zum Ausscheiden der Brüder MANNESMANN. In ihrer Begeisterung erhofften sie, daß man in Zukunft aus nahtlosen Rohren werde *alles* herstellen können, Stahlkonstruktionen jeder Art im Hoch- und Tiefbau, Brücken und vieles andere. Diese kühnen Träume gingen vorerst nicht in Erfüllung. Die Entwicklung in folgenden Jahren, namentlich in der letzten Zeit, zeigte aber, daß manches keine Utopie ist.

Neben den Walzwerken, die von der Aktiengesellschaft der Mannesmannwerke in Deutschland, Österreich, England und Italien errichtet wurden, entstanden bald in verschiedenen Staaten andere Werke, die nahtlose Rohre herstellten, zum Teil nach MANNESMANN, zum Teil nach anderen Verfahren, wie das Schrägwalzverfahren nach STIEFEL, das in Amerika entwickelt wurde[1], und das Lochpressen nach EHRHARDT, beide in Verbindung mit verschiedenen Verfahren zur Fertigstellung von Rohren. Eigene Schweißwerke arbeiten nach mannigfachen Verfahren und liefern stumpf-, überlappt- oder spiralgeschweißte Rohre, wobei die Schweißnaht jetzt fast ausschließlich durch Elektroschweißung hergestellt wird. Manche Rohrwerke erzeugen sowohl geschweißte als auch nahtlose Rohre. So wie die Erzeugung von Formstählen und Blechen in den letzten Jahren stark gestiegen ist, hat sich auch die Kapazität der Röhrenwerke, dem steigenden Bedarf an Stahlrohren, vom kleinsten Präzisionsrohr bis zum Großrohr folgend, in der ganzen Welt sehr vergrößert.

1.2. Erzeugung der Stahlrohre

Über die Erzeugung der Stahlrohre besteht eine reichhaltige Fachliteratur [6, 7], so daß wir uns unter Hinweis auf dieses Schrifttum kurz fassen können.

Die beiden Hauptgruppen der Stahlrohre, die geschweißten und nahtlosen Rohre, unterscheiden sich grundsätzlich im Herstellungsverfahren.

1.2.1. Geschweißte Rohre

Diese Rohre werden entweder im gasgeheizten Ofen, unter der Gasflamme oder elektrisch geschweißt, wobei die Schweißnaht eine Längsnaht ist, also parallel zur Rohrachse liegt. Eine Sonderart bilden die spiralgeschweißten Rohre, bei denen sie spiralförmig um das Rohr gelegt ist.

---

[1] Einen Überblick über die amerikanischen Verhältnisse bietet [6] im Endkapitel „Manufacture of Steel Tubular Products".

1.2.1.1. Feuerpreßschweißen

Wenn von dem veralteten Verfahren das Überlappens abgesehen wird, erfolgt die Herstellung der Rohre durch Stumpfschweißung aus warmgewalztem Bandstahl mit einem Kohlenstoffgehalt bis 0,35% mit schwach abgeschrägten Rändern, der in Form von Rollen verarbeitet wird, die nach und nach zu einem unendlich langen Streifen verbunden werden. Dieses Band wird in einem gas- oder ölgefeuerten Ofen, allenfalls Rekuperator, so erwärmt, daß hauptsächlich die Ränder auf Schweißhitze gebracht werden, gerundet und durch Gegeneinanderdrücken der abgeschrägten Ränder stumpf verschweißt. Diese Arbeitsvorgänge folgen stetig aufeinander. Breite und Dicke der Bandstahls richten sich nach den Rohrabmessungen. Nach diesem wirtschaftlichen Verfahren werden Rohre bis 4 Zoll hergestellt. Das Kalibrieren erfolgt in warmem Zustande unmittelbar nach Passieren der Schweißstrecke.

1.2.1.2. Schweißen unter der Gasflamme

Das Flammschweißen mit Azetylengas und die Stumpfschweißung von warm- oder kaltgewalztem Bandstahl sind durch das wirtschaftlichere elektrische Schweißen fast ganz verdrängt worden. Auch das Schweißen mit Wassergas, das früher zur Erzeugung von Großrohren aus überlappten Blechen angewandt wurde, ist heute durch Elektroschweißung ersetzt, namentlich durch die Unterpulver-Schweißung.

1.2.1.3. Elektroschweißung

Zur Erzeugung von Rohren finden Lichtbogen-, Widerstands- und Unterpulver-Schweißung Anwendung.

Die *Lichtbogenschweißung* erfolgt unter Verwendung von Schutzgas — Argon oder Helium, in neuerer Zeit auch Kohlenstoffdioxid — wodurch eine gute Quali-

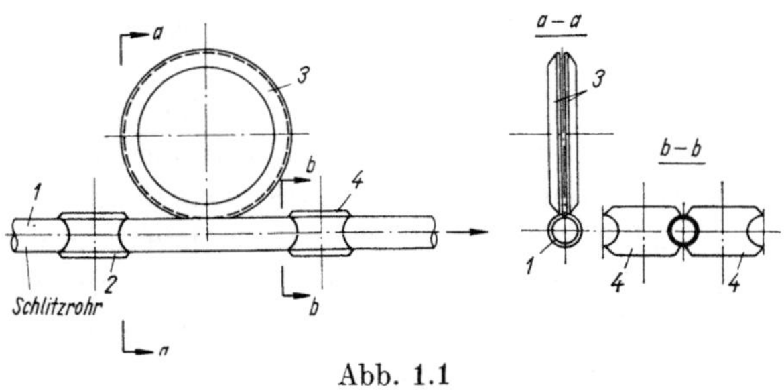

Abb. 1.1

tät der Schweiße gewährleistet wird. Die Ränder des zum offenen Rohr geformten Stahlbandes werden im zwischen der Wolframelektrode und dem Werkstück geführten Lichtbogen auf Schweißhitze gebracht und zwischen Druckwalzen stumpf verschweißt.

Die *Widerstandsschweißung* wird am häufigsten angewandt. Auch hier wird das gerundete Band *1* zwischen Druckrollen *2* gepreßt (Abb. 1.1). Die kreisrunde

Elektrode *3* ist zweiteilig und führt den elektrischen Strom hoher Stärke aber niedriger Spannung von der einen Elektrodenhälfte über die Verbindungsstelle zur anderen. Der entstehende Grat wird noch in warmem Zustande entfernt und das Rohr zwischen Rollen *4*, die unmittelbar hinter der Elektrode angeordnet sind, kalibriert. Auch der Innengrat kann durch geeignete Vorrichtungen entfernt werden. Die so geschweißten Rohre werden zum Schluß noch ausgeglüht. Alle Einrichtungen, angefangen von der, die zum Runden des Bandes dient, bis zu jener, in der das Rohr geglüht wird, können in einer Strecke hintereinander angeordnet werden.

Die *Unterpulverschweißung* (Ellira-Verfahren) wird vorteilhaft bei der Herstellung großer Rohre, auch bei größeren Wandstärken, angewandt. Durch das aus körnigen Oxiden bestehende Schweißpulver *1* von geringer Wärmeleitfähigkeit, das den Schlitz zwischen den Rändern der gebogenen Bleche *2* und den Raum darüber ausfüllt und durch ein Rohr *3* des Schweißkopfes eingebracht wird, führt eine blanke Elektrode *4* mit einer dem Rohrwerkstoff entsprechenden Zusammensetzung (Abb. 1.2). Diese Elektrode bringt zuerst das Schweißpulver zum Schmelzen, unter dem dann die Vereinigung der verflüssigten Werkstoffe der Bleche und der Elektrode erfolgt. Das verflüssigte Schweißpulver bildet über der Schweiße eine Schlackenschutzschicht *5*, die sich leicht entfernen läßt. Die Zuführung von Pulver und Elektrode erfolgt stetig auf einem Schweißautomaten.

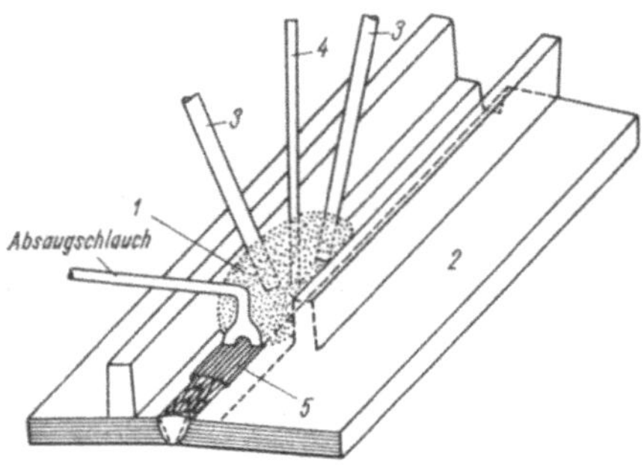

Abb. 1.2

Nach dem Schweißen wird das Rohr spannungsfrei geglüht und auf genauen Durchmesser kalibriert.

1.2.1.4. Spiralgeschweißte Rohre

Bei diesen Rohren, die durch spiralförmiges Wickeln eines unendlich langen Breitbandes zu einem Rohr entstehen, können verschiedene Schweißverfahren, überlappt oder geschweißt, angewandt werden [8]. Das Band durchläuft eine Einrichtung, in der die Ränder auf genaue Breite beschnitten und für das Schweißen vorbereitet, bei einem bestimmten Winkel zur Rohrachse gebogen und gewickelt werden. Die Ränder des Bandes werden fortlaufend entsprechend dem Vorschub verschweißt. Dabei wird die Unterpulverschweißung bevorzugt; daneben kommen noch die Schutzgasschweißung und die elektrische Widerstandsschweißung in Betracht. Die Prüfung der Schweißnaht erfolgt laufend während des Herstellungsvorganges. Das fertige Rohr, das wegen des Wickelns des Bandes ständig gedreht werden muß, wird durch eine beweglich eingebaute Säge auf die vorgeschriebene Länge abgeschnitten.

1.2.2. Nahtlose Rohre

Bei der Herstellung nahtloser Rohre sind grundsätzlich zwei Arbeitsvorgänge zu unterscheiden: Die Bildung eines runden, verhältnismäßig dickwandigen Blocks und dessen Umformung zum fertigen Rohr durch Walzen oder Ziehen. Beide Operationen werden in der Regel in einer Hitze vorgenommen.

1.2.2.1. Herstellung des Hohlblocks (Lochprozeß)

Das Vormaterial bilden beim Walzen volle Rundblöcke, beim Pressen vierkantige Ingots, die in Rollglühöfen auf eine Temperatur von 1200 bis 1300 °C erhitzt werden. Die genaue Temperatur richtet sich in engen Grenzen nach der chemischen Zusammensetzung des Rohrwerkstoffs; sie ist beim Pressen höher als beim Walzen.

a) Lochen im Blockapparat zwischen schrägen Walzen (Mannesmann)

Zwei mit einem Doppelkonus versehene Walzen *1*, *2*, die gegen die Waagrechte um einen bestimmten kleinen Winkel geneigt sind, umfassen das waagrecht ein-

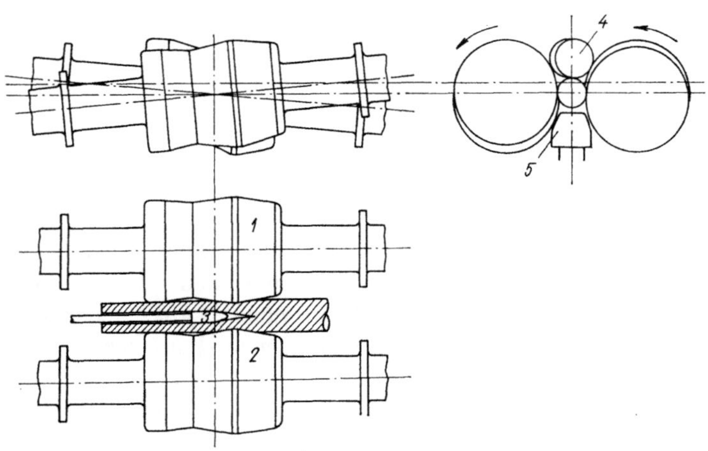

Abb. 1.3

geführte Vormaterial und ziehen es in den Apparat (Abb. 1.3). Durch den Walzendruck wird die Lochbildung eingeleitet, die im Bereich des Gegenkonus über einem Dorn *3* vollendet wird. Eine über dem Hohlblock liegende, von ihm angetriebene Oberwalze *4* verhindert dessen Herausspringen. Das Führungslineal *5* kann auch durch eine nicht angetriebene Walze ersetzt werden. Die Arbeitswalzen drehen sich im gleichen Sinne und nehmen das Werkstück mit.

b) Lochen im Schrägwalzapparat nach Stiefel

Das in Amerika entwickelte Verfahren nach Stiefel arbeitet mit zwei konisch geformten Scheiben, deren parallele Achsen gegen die Durchgangsrichtung des Werkstücks geneigt und der Höhe nach verstellt sind (Abb. 1.4a). In Amerika ist auch eine Anordnung mit einer Achsenlage der Scheiben nach Abb. 1.4b gebräuchlich. Die Schräglage der Achsen und die gebrochene Konusform erfüllen den gleichen Zweck wie beim Mannesmann-Blockapparat. Auch der Dorn dient der gleichen Aufgabe.

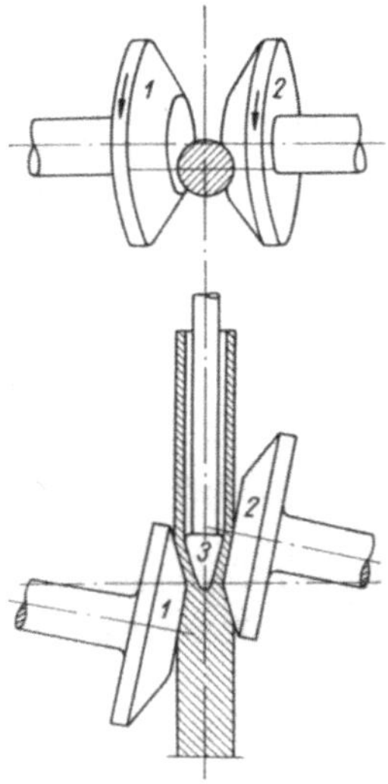

Abb. 1.4a)

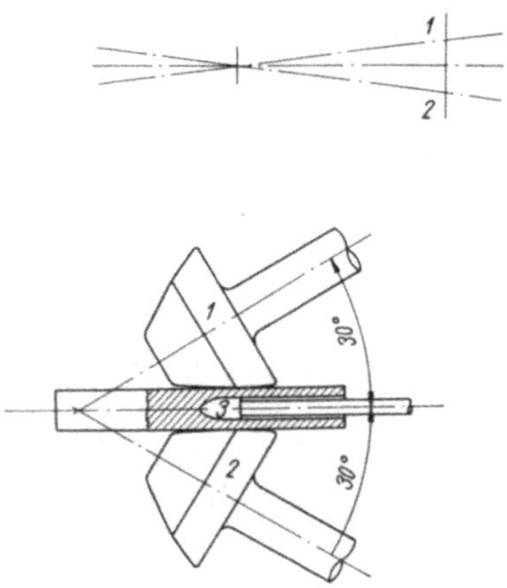

Abb. 1.4b)

c) Lochen durch Pressen (Ehrhardt-Verfahren)

Bei diesem Verfahren wird der volle Block quadratischen Querschnitts in einem Stoßofen auf 1250 bis 1300 °C erwärmt und in einer runden Matrize mittels eines runden Dorns zu einem unten meist geschlossenen Hohlblock gepreßt (Abb. 1.5). Die Beziehung zwischen den Durchmessern von Matrize und Dorn ergibt sich aus der Gleichheit der Inhalte von Vollblock und Hohlblock. Das Verfahren ist vorteilhaft für die Herstellung des Vorfabrikats zu nahtlosen Rohren kleinen und mittleren Durchmessers.

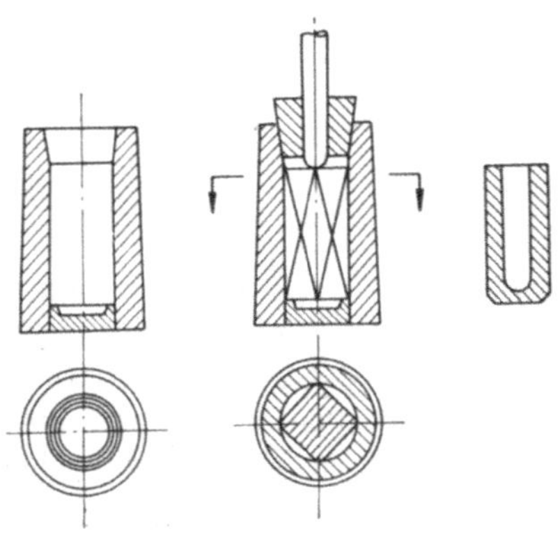

Abb. 1.5

1.2.2.2. Herstellung des fertigen Rohres

Das fertige Rohr mit seiner verhältnismäßig geringen Wandstärke wird aus dem nach einem der beschriebenen Verfahren erhaltenen Hohlblock durch Pilgern, Schrägwalzen, Ziehen, Walzen oder in einem Sonderverfahren hergestellt. Manchmal werden auch verschiedene Herstellungsweisen kombiniert.

a) Pilgern (zweite Stufe des Mannesmann-Verfahrens)

Der Hohlblock, auch Lupe genannt, wird über einen Dorn *1* geschoben und mit ihm zwischen die Pilgerwalzen *2* geführt, auf denen das Kaliber eingeschnitten ist (Abb. 1.6). Bei der Drehung der Walzen verengt sich allmählich das Kaliber bis zu einem Kleinstmaß, das dem gewünschten Rohrdurchmesser entspricht, und walzt so den Hohlblock auf dem Dorn unter ständigem Zurückschieben aus.

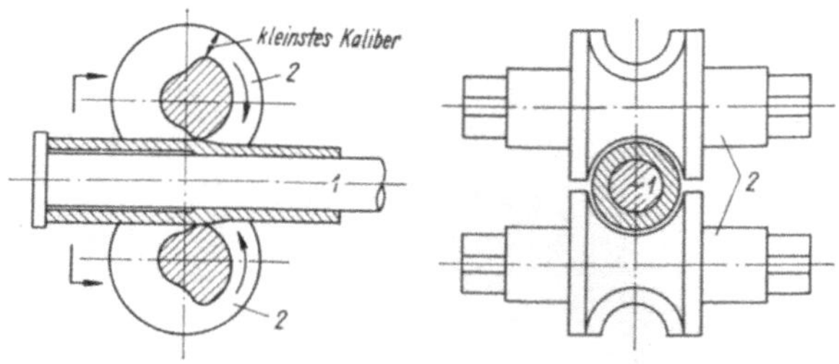

Abb. 1.6

Nach Erreichen der engsten Stelle des Kalibers wird das Rohr von den Walzen freigegeben und wieder vorgeschoben, wobei der Block mit dem Dorn um etwa 90° verdreht wird. Dieser Vorgang wiederholt sich Schritt für Schritt.

Nach diesem Verfahren können Rohre von 44,5 mm Durchmesser aufwärts hergestellt werden; die obere Grenze ist durch die Werkseinrichtungen bestimmt. Die kleinste Wanddicke, die im Pilgerverfahren erzielt werden kann, ist abhängig vom Rohrdurchmesser; sie wird Normalwand genannt.

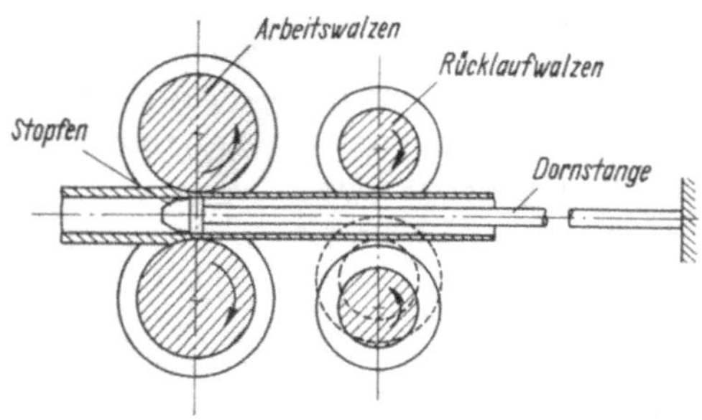

Abb. 1.7

b) Stopfenwalzverfahren

Zwischen zwei Arbeitswalzen wird die Rohrlupe über einem Stopfen, der an einer Dornstange befestigt ist, dünner gewalzt und von dahinter befindlichen Rücklaufwalzen zurückbefördert, worauf das Auswalzen zwischen denselben Arbeitswalzen, aber in kleinerem Kaliber und allenfalls ausgewechseltem Stopfen neuerlich gewalzt wird (Abb. 1.7).

c) Kontinuierliches Verfahren

Die Rohrlupe wird auf eine runde Dornstange gesteckt und nacheinander durch mehrere um 90° versetzte Walzenpaare mit sich verengenden Kalibern geführt, wobei Außendurchmesser und Wanddicke verringert werden (Abb. 1.8). Die Geschwindigkeit der Walzenpaare muß entsprechend ihrem Abstand und dem Materialfluß gewählt werden.

d) *Reduzier-Verfahren*

Das Reduzierwalzwerk besteht aus mehreren hintereinander liegenden, gegeneinander versetzten Walzenkalibern, wobei das Kaliber jeweils durch zwei, drei oder vier Walzen gebildet wird. Damit werden Rohre unter 60 mm Außendurchmesser hergestellt, was durch Pilgern nicht mehr möglich ist; es konnen aber auch Rohre mit Ausgangsmaterial von 170 mm Außendurchmesser reduziert werden.

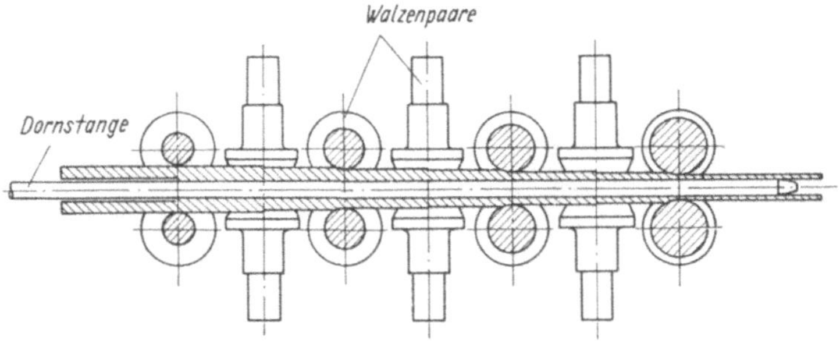

Abb. 1.8

e) *Aufweite-Verfahren*

Rohre mit Außendurchmessern, die nach den bekannten Verfahren nahtlos nicht mehr hergestellt werden können, müssen aufgeweitet werden. Das geschieht im Aufweite-Schrägwalzwerk, das nach dem Prinzip des Mannesmann-Blockapparats arbeitet, wobei über einem kegeligen Dorn die Wanddicke verringert wird. Aufweiten im Trommelwalzwerk und Ziehen über einen Stopfen sind weitere Möglichkeiten zur Vergrößerung des Durchmessers bei gleichzeitiger Verminderung der Wand.

f) *Warm- und Kaltziehen*

Durch Warm- oder Kaltziehen erfolgt eine Verringerung des Außendurchmessers. Das mit einer Angel versehene Rohr wird warm mehrmals durch Matrizen gezogen, deren Durchmesser immer kleiner werden. Soll auch die Wanddicke vermindert werden, erfolgt das Ziehen über einen Stopfen, der in der Ebene der Matrize durch eine Stange gehalten wird.

Beim Ziehen von Vierkantrohren wird die Matrize durch vier Rollen ersetzt, die in einem Rahmen gelagert sind. Mit einer ähnlichen Einrichtung können auch Gurtrohre von gegliederten Kranbahnträgern (s. Abschnitt 7.4.1.1.) gezogen werden. Nach Fertigstellung werden die Vierkantrohre in der Regel durch Warmziehen über einen profilierten Dorn kalibriert.

Präzisionsrohre, bei denen besonders geringe Abweichungen im Durchmesser und in der Wanddicke vorgeschrieben sind, werden durch Kaltziehen fertiggestellt.

1.3. Rohrarten

Außer der durch die Herstellungsart gegebenen Einteilung in geschweißte und nahtlose Rohre können die Stahlrohre nach Außendruchmesser, Form des Quer- und Längsschnitts, Bearbeitung der Enden und Verwendungszweck unterschieden werden.

1.3.1. Außendurchmesser

Nach den Reihen der genormten Außendurchmesser werden die Stahlrohre in glatte Rohre und Gewinderohre unterschieden. Den nach einer geometrischen Reihe genormten Nennweiten (DIN 2402) sind Außendurchmesser der glatten Rohre zugeordnet, die den seit den Anfängen der Röhrenindustrie gebräuchlichen englischen Maßen entsprechen — DIN 2448 für nahtlose Rohre und DIN 2458 für geschweißte Rohre. Bei den Gewinderohren dagegen ist der Außendurchmesser so gewählt, daß sich ein der Nennweite in englischen Zoll entsprechendes konisches Whitworth-Rohrgewinde aufschneiden läßt — DIN 2440 bis 2442. Bei beiden Rohrarten erfolgt die Wandverstärkung nach innen, so daß Nennweite und lichter Durchmesser nicht mehr völlig übereinstimmen.

Im Interesse einer rationellen Herstellung ist bei den glatten Rohren sowohl die Reihe der Außendurchmesser als auch die, wie der Auszug aus DIN 2448, Tab. 1, zeigt, der Wanddicke eingeschränkt, so daß nicht alle Rohre der angeführten Normen ohne besondere Vereinbarung geliefert werden. Die Gewinderohre werden bis 6 Zoll nach DIN 2440 als mittelschwere (die früheren Gasrohre) und nach DIN 2441 als verstärkte Gewinderohre (die früheren Dampfrohre) hergestellt; außerdem sind bis 2 Zoll noch leichte Gewinderohre (DIN 2439) erhältlich. Alle Gewinderohre werden mit konischem Gewinde an beiden Enden und einer aufgeschraubten Muffe mit zylindrischem Gewinde geliefert, können aber auch mit glatten Enden bestellt werden.

1.3.2. Querschnittform

Kreisrunde Rohre sind die Regelausführung.

Profilrohre beliebiger Querschnittsform werden durch Warm- oder Kaltziehen aus kreisrunden Rohren erhalten. Man unterscheidet ovale, elliptische, quadratische und rechteckige Rohre, sowie Sonderformen. Vierkantrohre, quadratische wie rechteckige, können außer durch Ziehen auch durch Pressen hergestellt werden.

1.3.3. Längsschnittform

Zylindrische Rohre, die Regelausführung, haben auf die ganze Länge gleichen Durchmesser und gleiche Wanddicke.

Tabelle 1

D mm	*s* mm	*g* kg/m	*F* cm²	*I* cm⁴	*W* cm³	*i* cm
38	2,5	2,19	2,79	4,41	2,32	1,26
	3,0	2,59	3,30	5,09	2,68	1,24
	3,5	2,98	3,79	5,70	3,00	1,23
	4	3,35	4,27	6,26	3,29	1,21
44,5	2,5	2,59	3,30	7,30	3,28	1,49
	3	3,07	3,91	8,46	3,80	1,47
	4	4,00	5,09	10,5	4,47	1,44
	5	4,87	6,20	12,3	5,53	1,41
60	3	4,22	5,37	21,9	7,29	2,02
	(3,5)	4,88	6,21	24,9	8,29	2,00
	4	5,52	7,04	27,7	9,24	1,99
	4,5	6,16	7,85	30,4	10,1	1,97
	5	6,78	8,64	32,9	11,0	1,95
70	3	4,96	6,31	35,5	10,1	2,37
	(3,5)	5,74	7,31	40,5	11,6	2,35
	4	6,51	8,29	45,3	13,0	2,34
	5	8,01	10,2	54,2	15,5	2,31
	6	9,47	12,1	62,3	17,8	2,27
76	3	5,40	6,88	45,9	12,1	2,58
	(3,5)	6,26	7,97	52,5	13,8	2,57
	4	7,10	9,05	58,8	15,5	2,55
	5	8,75	11,2	70,6	18,6	2,52
	6	10,4	13,2	81,4	21,4	2,48
89	3,5	7,38	9,40	86,1	19,3	3,03
	4	8,38	10,7	96,7	21,7	3,01
	5	10,4	13,2	117	26,2	2,98
	6	12,3	15,6	135	30,4	2,94
	8	16,0	20,4	169	37,9	2,88
108	4	10,3	13,1	177	32,8	3,68
	5	12,7	16,2	215	39,8	3,65
	6	15,1	19,2	251	46,5	3,61
	8	19,7	25,1	316	58,6	3,55
	10	24,2	30,8	373	69,2	3,48
	12	28,4	36,2	423	78,4	3,42
133	4	12,7	16,2	338	50,8	4,56
	5	15,8	20,1	412	62,0	4,53
	6	18,8	23,9	484	72,7	4,50
	8	24,7	31,4	616	92,6	4,43
	10	30,3	38,6	736	111	4,36
	12	35,8	45,6	843	127	4,30
159	4,5	17,1	21,8	652	82,0	5,46
	5	19,0	24,2	718	90,3	5,45
	6	22,6	28,8	845	106	5,41
	8	29,8	38,0	1080	136	5,35
	10	36,7	46,8	1300	164	5,28
	12	43,5	55,4	1510	190	5,21

D mm	*s* mm	*g* kg/m	*F* cm²	*I* cm⁴	*W* cm³	*i* cm
191	5,5	25,2	32,1	1380	144	6,56
	6	27,4	34,9	1490	156	6,54
	8	36,1	46,0	1930	202	6,48
	10	44,6	56,9	2340	245	6,41
	12	53,0	67,5	2710	284	6,43
	14	61,1	77,8	3070	321	6,28
216	6	31,1	39,6	2180	202	7,43
	8	41,0	52,3	2830	262	7,36
	10	50,8	64,7	3440	319	7,29
	12	60,4	76,9	4010	372	7,22
	14	69,7	88,8	4550	422	7,16
	16	78,9	101	5060	468	7,09
267	6,5	41,8	53,2	4520	338	9,21
	8	51,1	65,1	5460	409	9,16
	10	63,4	80,7	6680	500	9,09
	12	75,5	96,1	7830	587	9,03
	14	87,4	111	8930	669	8,96
	16	99,0	126	9980	747	8,89
318	7,5	57,4	73,2	8820	555	11,0
	8	61,2	77,9	9370	589	11,0
	10	76,0	96,8	11490	722	10,9
	12	90,6	115	13520	851	10,8
	14	105	134	15480	973	10,8
	16	119	152	17350	1090	10,7
368	6	53,6	68,2	11180	608	12,8
	8	71,0	90,5	14660	797	12,7
	10	88,3	112	18030	980	12,7
	12	105	134	21290	1160	12,6
	14	122	156	24430	1330	12,5
	16	139	177	27460	1490	12,5
419	6	61,1	77,8	16600	792	14,6
	9,5	95,9	122	25630	1220	14,5
	10	101	128	26880	1280	14,5
	12	120	153	31800	1520	14,4
	16	159	203	41190	1970	14,3
	20	197	251	50020	2390	14,1
470	6,5	74,3	94,6	25420	1080	16,4
	10,5	119	152	40030	1700	16,3
	12	136	173	45300	1930	16,2
	16	179	228	58870	2510	16,1
	20	222	283	71710	3050	15,9
	24	264	336	83860	3570	15,8
521	7	88,7	113	37340	1430	18,2
	11,5	144	184	59760	2290	18,0
	12	151	192	62180	2390	18,0
	16	199	254	81000	3110	17,9
	20	247	315	98920	3800	17,7
	24	294	375	116000	4450	17,6

Abgesetzte Rohre haben Durchmesser, die abschnittsweise gleich bleiben, im übrigen aber von einem Ende zum anderen zunehmen. Zylindrische Rohre werden an einem Ende mit einer Angel versehen — beim nahtlosen Rohr durch Zusammendrücken des beim Pilgern zerfransten Endes — und warm durch mehrere Matrizen gezogen (Abb. 1.9). Auch Rohre mit nichtrundem Querschnitt können abgesetzt gezogen werden. Beim Ziehen verdickt sich die Rohrwand nur unmerklich.

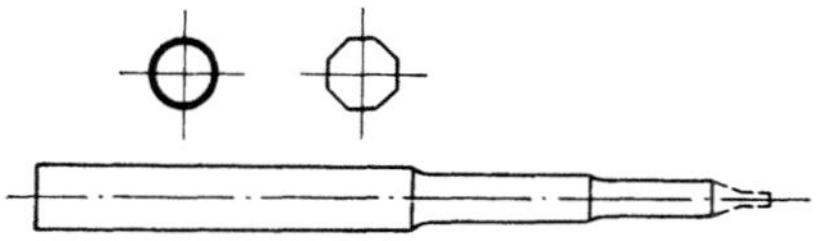
Abb. 1.9

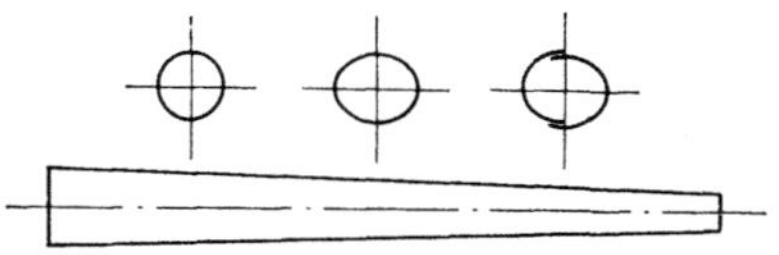
Abb. 1.10

Konische Rohre haben linear veränderliche Durchmesser (Abb. 1.10). Die Matrize, durch die das Rohr warm gezogen wird, ändert den Durchmesser stetig in Abhängigkeit vom Ziehvorgang. Wie bei den abgesetzten Rohren nimmt auch hier mit abnehmendem Durchmesser die Wanddicke unbedeutend zu.

Konische Rohre können auch durch Runden von Blechstreifen abnehmender Breite und Stumpf- oder Überlapptschweißung deren Ränder hergestellt werden.

1.3.4. Beschaffenheit der Rohrenden

Kalibrierte Rohrenden: Wenn für die Längsverbindung von Rohren genauere Abmessungen erforderlich sind, als bei den üblichen Herstellungsabweichungen erwartet werden können, müssen die Enden angewärmt und in einer waagrechten Presse kalibriert werden.

Aufgeweitete oder eingezogene Rohrenden: Wenn Rohre ungleichen Durchmessers stumpf gestoßen werden, muß ein Ende des größeren Rohres eingezogen oder des das kleineren aufgeweitet werden; das andere Ende wird kalibriert. Einziehen oder Aufweiten in Verbindung mit Kalibrierung ist auch bei der Schrumpfverbindung ineinandergesteckter Rohre erforderlich.

Angestauchte Rohrenden: Bei der Gewindeverbindung gestoßener Rohre kann es vorkommen, daß die Verschwächung der Rohrenden durch das Gewinde zu groß wird und es wirtschaftlich ist, die Enden durch Stauchen zu verstärken. Das geschieht in warmem Zustande im Gesenk einer waagrechten Presse. Die Verstärkung erfolgt in einem solchen Maße, daß die Querschnittsfläche des verstärkten Endes nach Abzug der Gewindeverschwächung der des unverstärkten Rohres gleichkommt. Auch bei geschraubter Verbindung ist es vorteilhaft, das Rohrende zu verstärken.

Flanschenrohre: Diese Rohre werden mit festen oder losen runden Flanschen an den Enden geliefert. Feste Flansche werden entweder vorgeschweißt, aufgeschraubt oder aufgeschweißt (Abb. 1.11a bis c). Zur Stützung der losen Flansche werden entweder die Rohrenden gebördelt (Abb. 1.11d) oder sie erhalten Stützringe, die, wie die festen Flansche mit dem Rohrende durch Gewinde oder Schweißung verbunden sind (Abb. 1.11e, f). Zwischen die Rohrenden werden Dichtungsringe gelegt und die Flansche der benachbarten Rohrenden durch Schrauben verbunden. Bei gußeisernen und Stahlgußrohren werden die Flansche gleichzeitig mit dem Rohr gegossen.

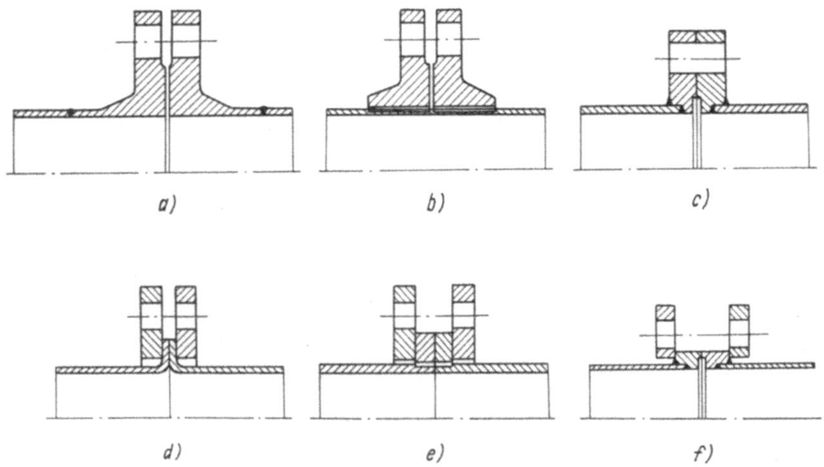

Abb. 1.11

Muffenrohre: Diese Rohre sind an einem Ende glatt, am anderen erhalten sie eine Muffe, die das Hineinstecken des glatten Endes und die Abdichtung ermög-

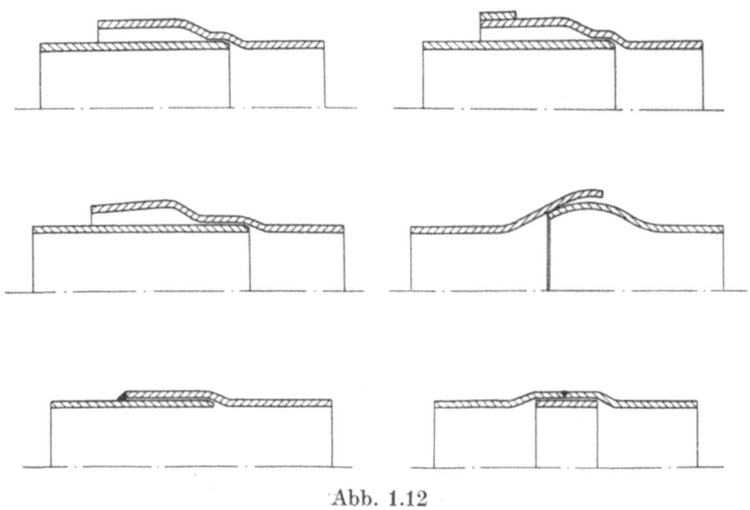

Abb. 1.12

licht (Abb. 1.12). Die Muffe hat mannigfache Formen je nach den Anforderungen, die an die Dichtung gestellt werden. Die Muffenverbindung ist nicht zugfest.

1.3.5. Verwendungszweck

Von den mannigfaltigen Verwendungszwecken der Stahlrohre kommen für das Bauwesen zwei Hauptgruppen in Betracht: die Leitungs- und die Konstruktionsrohre.

Leitungsrohre: Für die Beförderung von Flüssigkeiten (Wasser, Öl, Benzin) und Gasen (Leuchtgas, Erd- und Kokereigas) werden gewöhnliche und verstärkte Gewinderohre und glatte Rohre in nahtloser und geschweißter Ausführung verwendet. Die Enden entsprechen der gewählten Verbindungsart. Die Wanddicken der glatten nahtlosen Rohre sind für Nennweiten bis NW = 500 und Nenndrücke bis ND = 100 genormt (DIN 2450, 2451 und 2456).

Konstruktionsrohre: Bei diesen Rohren, die nahtlos nach DIN 2448, geschweißt nach DIN 2458 geliefert werden, kommt es nicht auf das Durchflußprofil an, sondern, wie bei den andern im Stahlbau verwendeten Profilen, auf die statischen Werte und die Werkstoffgüte. Sie werden hauptsächlich mit Kreisring-Querschnitt gebraucht; wenn die Konstruktion es erfordert, können auch Vierkantrohre und Rohre mit ähnlicher Profilform verwendet werden.

1.4. Rohrwerkstoffe

1.4.1. Allgemeines über Röhrenstähle

Für die Herstellung von Stahlrohren kommen Kohlenstoffstähle (unlegiert oder mit geringen Zusätzen) und legierte Stähle in Betracht. Die Wahl der Stahlsorte richtet sich nach dem Verwendungszweck, der Herstellungsart und den Abmessungen der Rohre. Die Röhrenstähle werden als SM-Stahl oder hoch legiert als Elektrostahl verwendet, für stumpf geschweißte Rohre auch als Thomasstahl. Bei den Kohlenstoffstählen bestimmt der Gehalt an C die für die Berechnung maßgebende Streckgrenze. Sie wird durch geringe Zustäze (unter 1%) von Kupfer, Silizium und Mangan bei unbedeutender Herabsetzung der Dehnung verbessert; ein Kupfergehalt von 0,2 bis 0,4% erhöht die Widerstandsfähigkeit gegen atmosphärische Korrosion.

Von den Eigenschaften der Röhrenstähle sind im Bauwesen, abgesehen von der Schweißbarkeit, Streckgrenze, Dehnung und Kerbschlagfestigkeit wichtig. Für die Verwendung in Gegenden mit polarem Klima ist die Veränderung dieser Eigenschaften bei extrem tiefen Temperaturen zu beachten. Ausnahmsweise kann auch die Warmstreck- und die Kriechgrenze in Betracht kommen.

1.4.2. Stähle für nahtlose Rohre

Für die Herstellung nahtloser Rohre werden Stähle verschiedenster chemischer Zusammensetzung verwendet, überwiegend jedoch Kohlenstoffstähle mit geringen Gehalten von Silizium, Mangan und manchmal Kupfer; der Gesamtgehalt an Phosphor und Schwefel soll 0,05% nicht übersteigen. Sie werden als Rohre in Handelsgüte aus St 00.29, einem weichen Flußstahl, für den keine Gewähr für die Einhaltung bestimmter Festigkeitsgrenzen übernommen wird, hergestellt, oder als Rohre mit Gütevorschriften aus St 35.29 mit einer Zugfestigkeit von 35 bis 45 kp/mm² oder aus St 55.29 mit einer Zugfestigkeit von 55 bis 65 kp/mm². Auf besondere Bestellung werden auch Rohre aus St 45.29 (Zugfestigkeit 45 bis 55 kp/mm²) und St 65.29 (Zugfestigkeit 65 bis 75 kp/mm²) geliefert. Die Röhrenwerke haben in ihrem Walzprogramm auch Rohre aus Sonderstählen mit geringen Mengen von Legierungsbestandteilen, die den Stahl St 55.29 ersetzen und die Einhaltung einer Mindeststreckgrenze von 36 kp/mm² und gute Schweißbarkeit gewährleisten.

1.4.3. Stähle für geschweißte Rohre

Bei den geschweißten Gewinderohren wird wie bei nahtloser Ausführung Stahl St 00.29 verwendet. Für geschweißte Rohre mit Gütevorschriften kommen Kohlenstoffstähle St 34 ($\sigma_B = 34$ bis 45), St 37 ($\sigma_B = 37$ bis 45) und St 42 ($\sigma_B = 42$ bis 50 kp/mm²) in Betracht. Sie können aber auch, namentlich für große und spiralgeschweißte Rohre, aus leicht legierten Stählen hergestellt werden, wobei das Lieferwerk die näheren Angaben gibt.

1.5. Technische Lieferbedingungen

Die Lieferbedingungen für runde Stahlrohre enthalten Angaben über den Geltungsbereich, allgemeine Anforderungen hinsichtlich Oberfläche und Form, sowie besondere Anforderungen und Abnahmevorschriften, getrennt für Rohre ohne und mit Gütevorschriften. DIN 1626 gilt für schmelzgeschweißte Rohre, DIN 1629 für nahtlose Rohre. Von den Bestimmungen dieser Normen interessieren besonders die zulässigen Abweichungen von den vorgeschriebenen Längen und Querschnittsabmessungen. Sie sind im folgenden zum Vergleich zusammengestellt:

Längenabweichungen

Geschweißte Rohre ohne und mit Gütevorschriften		Nahtlose Rohre	
bis 8 m	+ 50, −25 mm	bis ⌀ 152 bis 6 m	+10 mm
von 8 bis 16 m	+ 75, −25 mm	über 6 m	+15 mm
über 16 m	+100, −25 mm	über ⌀ 152 alle Längen	+15 mm

Durchmesserabweichungen

Geschweißte Rohre ohne und mit Gütevorschriften		Nahtlose Rohe ohne und mit Gütevorschriften	
bis ⌀ 51	±0,5 mm	bis ⌀ 51	±0,5 mm
über ⌀ 51 bis ⌀ 216	±1,0%	bis ⌀ 51 bis ⌀ 203	±1,0%
über ⌀ 216 bis ⌀ 318	±1,5%	über ⌀ 302	±1,5%
über ⌀ 318	$\pm(0{,}005\,D + 3$ mm)		

Kalibrierung nahtloser Rohre mit Gütevorschriften

	Rohre	Rohrenden
bis ∅ 102	± 0,5 mm	± 0,5 mm
über ∅ 102 bis ∅ 203	± 0,8%	± 0,5%
über ∅ 203	± 1,2%	± 1,0%

Die Abweichungen im Außendurchmesser der kalibrierten Rohrenden von nahtlosen Rohren ohne Gütevorschriften stimmen mit denen von nahtlosen Rohren ohne Gütevorschriften überein.

Abweichungen in der Rohrwanddicke

Bei den geschweißten Rohren stimmen sie mit den Dickenabweichungen der verwendeten Bandstähle und Bleche überein. Bei den nahtlosen Rohren betragen sie

a) für Rohre ohne Gütevorschriften		
bis 50% dicker als Normalwand	± 15%	(−20%)
über 50% dicker als Normalwand	± 18%	(−22%)
b) für Rohre mit Gütevorschriften		
bis 50% dicker als Normalwand		
für Durchmesser bis ∅ 133	± 10%	(−20%)
über ∅ 133 bis 318	± 12%	(−20%)
über ∅ 318	± 15%	(−20%)
über 50% dicker als Normalwand		
für Durchmesser bis ∅ 133	± 13%	(−20%)
über ∅ 133 bis ∅ 318	± 15%	(−20%)
über ∅ 318	± 18%	(−20%)

Die Klammerwerte gelten für die einzelnen Stellen.

Die technischen Lieferbedingungen enthalten weiter die vorzunehmenden Prüfungen und die Abnahme.

1.6. Bezeichnung der Stahlrohre

Die glatten Rohre sind nach den die Querschnittsabmessungen enthaltenden Normblättern DIN 2448 (nahtlos) und DIN 2458 (geschweißt) unter Angabe von Außendurchmesser D, Wanddicke s und Werkstoff zu bestellen, z. B. nahtloses Rohr 159 × 6 St 52, wenn 52 den Werkstoff des Rohres mit einer Mindestfestigkeit von 52 kp/mm² bezeichnet, oder geschweißtes Rohr 108 × 4 St 34. Gewinderohre werden durch die lichte Weite in Zoll und das bezügliche Normblatt bezeichnet, z. B. Gewinderohr $1^1/_2$ Zoll DIN 2440 nahtlos. Hinzugefügt wird noch die Lieferart.

Auf den Werkzeichnungen können die Rohre einfacher bezeichnet werden, namentlich wenn es sich um Rohre der gleichen Art und der gleichen Güte handelt, was in der Legende erläutert wird, z. B. kann ⌀ 159 · 6 ein nahtloses Rohr aus einem Werkstoff bedeuten, der in der Legende angegeben ist. Kommen nur nahtlose Rohre aus St 35 und St 52 vor, werden sie beispielsweise unterschieden ⌀ 159 · 6 und ⌀ 159 · 6/52. Bei Gewinderohren gleicher Art und gleicher Herstellung genügt die Bezeichnung durch die lichte Weite in Zoll, z. B. ⌀ 2 Zoll, wenn aus der Legende hervorgeht, daß es sich um ein gewöhnliches oder verstärktes Gewinderohr, allenfalls ob geschweißt oder nahtlos, handelt.

1.7. Statische Werte der Rohre

Zu gegebenen Querschnittsabmessungen gehören bestimmte aus diesen Abmessungen errechenbare statische Werte wie Querschnittsfläche F, Trägheitsmoment I, Widerstandsmoment W und Trägheitshalbmesser i sowie das aus der Fläche und dem spezifischen Gewicht des Stahls von 7,85 kp/dm³ zu ermittelnde Metergewicht g. Die Berechnung dieser Werte ist verschieden je nach der Querschnittsform. Für kreisrunde genormte Rohre sind sie in Tabellen zusammengestellt.

1.7.1. Kreisrunde Rohre

Bei der Berechnung der statischen Werte dieser Rohre mit Kreisringquerschnitt wird vorausgesetzt, daß die Wanddicke unveränderlich ist. Dann gelten mit den Bezeichnungen nach Abb. 1.13 für die statischen Werte folgende Formeln:

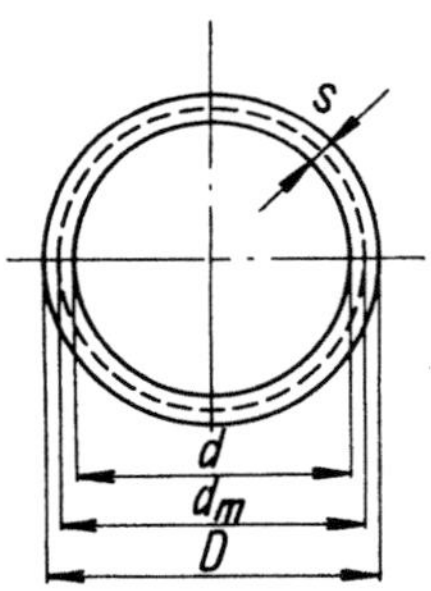

Abb. 1.13

$$F = \frac{\pi}{4}(D^2 - d^2),$$
$$I = \frac{\pi}{64}(D^4 - d^4),$$
$$W = \frac{2I}{D}, \tag{1}$$
$$i = \sqrt{\frac{I}{F}} = \frac{1}{4}\sqrt{D^2 + d^2}.$$

D und d sind in cm einzusetzen, um die statischen Werte in den bezüglichen Potenzen von cm zu erhalten.

Nach Einführung der Wanddicke s statt des Innendurchmessers d erhalten wir bei Vernachlässigung kleiner Größen

$$F = \pi s(D - s),$$
$$I = \frac{\pi}{8} Ds(D^2 - 3Ds + 4s^2) \doteq D^2 \frac{\pi}{8} s(D - 3s),$$
$$W = \frac{\pi}{4} s(D^2 - 3Ds + 4s^2) \doteq \frac{\pi}{4} D^2 s\left(1 - 3\frac{s}{D}\right), \tag{1a}$$
$$i = \frac{D}{2}\sqrt{\frac{1}{2} - s + s^2} \doteq 0{,}35355\, D\left(1 - \frac{s}{D}\right).$$

Ersetzen wir noch den Außendurchmesser D durch den mittleren Durchmesser $d_m = D - s$, so liefern vorstehende Formeln

$$\begin{aligned} F &= \pi d_m s, \\ I &= \frac{\pi s}{8} d_m (d_m^2 + s^2) = \frac{\pi d_m^3 s}{8}\left[1 + \left(\frac{s}{d_m}\right)^2\right] \doteq \frac{\pi d_m^3 s}{8}, \\ W &= \frac{\pi d_m s}{4}(d_m - s) \doteq \frac{\pi d_m^2 s}{4}\left(1 - \frac{s}{d_m}\right), \\ i &= 0{,}353\,55\, d_m. \end{aligned} \quad (1\,\mathrm{b})$$

Solange $\frac{s}{d_m} < 0{,}1$, ist der Näherungswert des Trägheitsmoments nach (1 b) um weniger als 1% kleiner als der genaue Wert.

1.7.2. Nichtrunde Rohre (Profilrohre)

Neben kreisrunden Rohren werden in bestimmten Fällen auch ovale, vierkantige und anders profilierte Rohre gebraucht. Für das Bauwesen haben nur ovale und Vierkantrohre Bedeutung. Die Profilierung kann sich auf die ganze Länge des Rohres, oft auch nur auf dessen Enden erstrecken.

1.7.2.1. Ovale Rohre

Der Querschnittsumriß dieser Rohre setzt sich aus zwei Ellipsen oder aus Korbbogen zusammen (Abb. 1.14). Der Berechnung der statischen Werte kann man die elliptische Form zugrunde legen. Das ovale Rohr wird aus dem kreisrunden hergestellt. Die Hauptachsen der Ellipse a, b sind bei gegebenem Verhältnis $\lambda = \frac{b}{a}$ aus der Gleichsetzung des Kreisumfangs mit dem Durchmesser D und des Umfangs der Ellipse zu bestimmen. Mit $U_k = \pi D$ und dem Näherungsausdruck für den Umfang der Ellipse

$$U_e = ac = a\,[3{,}9308 + 1{,}2440\lambda + 1{,}1468\lambda^2] \quad (2)$$

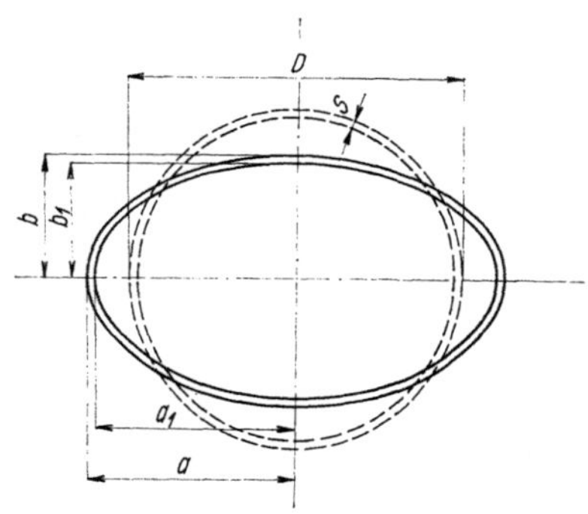

Abb. 1.14

folgt daraus

$$\begin{aligned} a &= \frac{\pi D}{c}, \\ b &= \lambda a. \end{aligned} \quad (3)$$

In Tab. 2 sind für $\lambda = 0{,}3$ bis $0{,}9$ die Werte c und $\frac{\pi}{c}$ zusammengestellt.

Tabelle 2

λ	0,3	0,4	0,5	0,6	0,7	0,8	0,9
c	4,4072	4,6119	4,8395	5,0900	5,3635	5,6600	5,9793
$\frac{\pi}{c}$	0,7128	0,6812	0,6492	0,6172	0,5857	0,5551	0,5254

Mit den Halbachsen a, b und den entsprechenden Werten $a_1 = a - s$ und $b_1 = b - s$ erhält man mit genügender Genauigkeit das Widerstandsmoment

$$W_e = \frac{\pi}{4c}[a^3 b - a_1^3 b_1] = \frac{\pi a s}{4}[(1+3\lambda)a - 3(1+\lambda)s]. \tag{4}$$

oder mit den Werten a nach (3)

$$W_e = \frac{\pi^2 D^2 s}{4c}\left[(1+3\lambda)\frac{\pi}{c} - 3(1+\lambda)\frac{s}{D}\right]. \tag{4a}$$

Mit dem Näherungsausdruck für das Widerstandsmoment des kreisrunden Rohres nach (1a) ist das Verhältnis

$$\frac{W_e}{W_k} = \frac{\pi}{c}\,\frac{(1+3\lambda)\frac{\pi}{c} - 3(1+\lambda)\frac{s}{D}}{1 - 3\frac{s}{D}} \tag{5}$$

In Tab. 3 ist dieses Verhältnis für $\frac{s}{D} = \frac{1}{30}$ und $\frac{1}{15}$ ausgewertet.

Tabelle 3

$\frac{s}{D}$ \ λ	0,3	0,4	0,5	0,6	0,7	0,8	0,9
$\frac{1}{30} = 0{,}0\dot{3}$	0,970	1,028	1,063	1,075	1,071	1,053	1,024
$\frac{1}{15} = 0{,}0\dot{6}$	0,975	1,038	1,074	1,086	1,080	1,060	1,027

1.7.2.2. Vierkantrohre

Die Seitenlängen b, h des rechteckigen Querschnitts (Abb. 1.15) ergeben sich wieder aus der Gleichheit der Umfänge des rechteckigen und runden Querschnitts, wobei auf die Ausrundung der Ecken keine Rücksicht genommen wird. Mit dem Seitenverhältnis $\alpha = \frac{b}{h}$ ist der Umfang des rechteckigen Rohres

$$U_{\square} = 2h(1 + \alpha) \tag{6}$$

woraus mit $U_k = \pi D$ folgt

$$h = \frac{\pi}{2(1+\alpha)} D = c D$$

$$b = \alpha h . \qquad (7)$$

Das auf die zur Schmalseite b parallele Hauptachse bezogene Trägheitsmoment ist mit $b_1 = b - 2s$ und $h_1 = h - 2s$

$$I = \frac{1}{12} [b h^2 - b_1 h_1^3] = \frac{h^3 s}{6} \left[(1 + 3\alpha) - 6(1 + \alpha) \frac{s}{h}\right]. \qquad (8)$$

Das zugehörige Widerstandsmoment

$$W = \frac{h^2 s}{3} \left[(1 + 3\alpha) - 6(1 + \alpha) \frac{s}{h}\right] \qquad (9)$$

ist größer als das des runden Rohres.

$$\frac{W}{W_k} = \frac{2c^2}{3\pi} \cdot \frac{(1 + 3\alpha) - \frac{6}{c}(1 + \alpha)\frac{s}{h}}{1 - 3\frac{s}{D}}. \qquad (10)$$

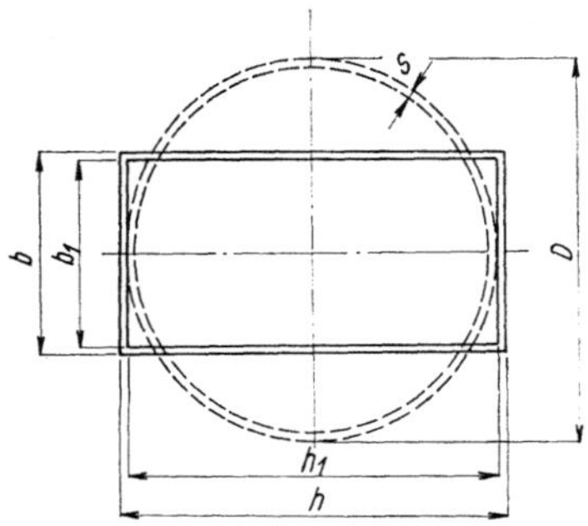

Abb. 1.15

Die Werte dieses Verhältnisses und αc sind für verschiedene α und für $\frac{s}{h} = \frac{1}{30}$ und $\frac{1}{15}$ in Tab. 4 zusammengestellt.

Tabelle 4

α	0,4	0,5	0,6	0,7	0,8	0,9	1,0
c	1,122	1,047	0,982	0,924	0,873	0,827	0,785
$\frac{s}{h} = \frac{1}{30}$	1,158	1,145	1,125	1,091	1,065	1,045	1,015
$\frac{s}{h} = \frac{1}{15}$	1,136	1,121	1,099	1,051	1,022	1,008	0,976

1.7.3. Rohre mit genormten Abmessungen

Die statischen Werte und Gewichte der glatten Rohre sind in verschiedenen Handbüchern enthalten [9, 10]. Tab. 5 ist ein Auszug mit den häufig gebrauchten nahtlosen Rohren. Die bei den verschiedenen Außendurchmessern an erster Stelle angeführten Wanddicken sind Normalwand.

Da gewöhnliche und verstärkte Gewinderohre oft als Konstruktionsrohre verwendet werden (mit glatten Enden), sind auch für diese Rohre bis 2 Zoll die statischen Werte zusammengestellt.

Tabelle 5

	NW Zoll	1/8	1/4	3/8	1/2	3/4	1	1 1/4	1 1/2	2
DIN 2440	*s* cm	2,00	2,25	2,25	2,75	2,75	3,25	3,25	3,50	3,75
	F cm	0,50	0,78	1,02	1,60	2,07	3,09	3,98	4,92	6,63
	I cm^4	0,043	0,12	0,28	0,79	1,51	3,57	7,62	12,4	26,3
	W cm^3	0,085	0,18	0,33	0,74	1,18	2,13	3,61	5,14	8,78
	i cm	0,29	0,40	0,52	0,70	0,85	1,08	1 38	1,59	1,99
DIN 2441	*s* cm	2,50	2,75	2,75	3,25	3,50	4,00	4,00	4,25	4,50
	F cm^2	0,59	0,91	1,21	1,84	2,56	3,71	4,81	5,87	7,85
	I cm^4	0,046	0,13	0,31	0,77	1,77	4,11	8,89	14,3	30,4
	W cm^3	0,092	0,20	0,37	0,72	1,32	2,45	4,21	5,95	110,1
	i cm	0,28	0,38	0,50	0,65	0,83	1,05	1,36	1,56	1,97

2. Bemessung des Stahlrohrs

2.1. Allgemeines zur Bemessung

Bei Leitungsrohren ist der Innendurchmesser und damit der Durchflußquerschnitt durch die Fließgeschwindigkeit und den zulässigen Druckverlust gegeben, der von dieser Geschwindigkeit, der Rohrrauhigkeit, der Leitungslänge, der Temperatur des Durchflußmediums und gewissen Einzelwiderständen abhängig ist. Dabei ist zu beachten, daß in einem bestimmten Bereich, der von der Durchflußgeschwindigkeit v in m/s, dem lichten Durchmesser d in m und der kinematischen Viskosität ν in m^2/s abhängigen Reynoldsschen Zahl $R_e = \frac{vd}{\nu}$ die lineare Strömung in eine turbulente übergeht. Die Wanddicke ist durch den Innendruck und allfällige Längs- und Querbelastung bestimmt, wobei in der Regel mit einem Korrosionszuschlag gerechnet wird.

Bei der Verwendung des Stahlrohrs im Bauwesen, sei es als selbständiges Tragwerk, sei es als Konstruktionselement, richtet sich die Bemessung des Rohres, also die Ermittlung seines Außen- und Innendurchmessers bzw. der Wanddicke, nach der Art der Belastung. Auch bei der Bemessung der Leitungsrohre wollen wir annehmen, daß die Erfordernisse der Strömungslehre bereits erfüllt sind und uns auf die Berechnung des Durchmessers und der Wanddicke, allenfalls mit Versteifungen, entsprechend den Belastungen statischer und dynamischer Natur beschränken.

Die Belastung des geraden Rohres kann als gleichmäßig am Umfang verteilter Innen- und Außendruck oder als mittiger Zug bzw. Druck in der Achsialrichtung wirken. Das Rohr kann aber auch wie ein Träger querbelastet sein, wobei Belastungen, die in mehreren durch die Rohrachse gehenden Ebenen wirken, geometrisch zu addieren sind. Zur Längs- und Querbelastung kann noch eine Verdrehungsbeanspruchung hinzutreten, gegen die das Rohr mit seinem geschlossenen Kreisring-Querschnitt besonders widerstandsfähig ist.

Verwickeltere Zustände herrschen beim eben oder räumlich gekrümmten Rohr, bei dem, wenn das Verhältnis von Wanddicke zu Durchmesser klein ist, die Verformung des Querschnitts berücksichtigt werden muß.

2.2. Belastung durch Innendruck

2.2.1. Gewalzte und geschweißte Rohre

Das durch Innendruck belastete dünnwandige Rohr wird als Ringmembran bemessen. Mit den Bezeichnungen (Abb. 2.1)

Abb. 2.1

p	Innendruck in kp/cm²,
d	Innendurchmesser in cm,
s	Wanddicke in cm,
σ_{zul}	zulässige Ringspannung in kp/cm²,
c	Korrosionszuschlag

errechnet sich die erforderliche Wanddicke aus einem theoretischen Werte und Zuschlägen c_1 und c_2

$$s = \frac{pd}{2 \cdot x \cdot \sigma_{zul}} + c_1 + c_2. \tag{11}$$

Der Faktor x, der den Gütewert der Schweißnaht bezeichnet, liegt zwischen 0,7 und 0,9; bei nahtlosen Rohren ist $x = 1$. Der Zuschlag c_1 ist von der auf der ganzen Rohrlänge zulässigen Wanddickenunterschreitung abhängig und wird in DIN 2413 in Prozenten des theoretischen Wertes angegeben; der Korrosionszuschlag wird allgemein mit $c_2 = 0{,}1$ cm gewählt.

Die zulässige Beanspruchung ist abhängig vom Rechnungswert der Streckgrenze; der Sicherheitsbeiwert ist nach der genannten Norm für den im Bauwesen in Betracht kommenden Geltungsbereich I mit 1,7 (mit Abnahmezeugnis) bzw. 2,0 (ohne Abnahmezeugnis) anzunehmen.

Die Wanddicke der genormten Rohre nach DIN 2449, 2450, 2451 und 2456 ist nach

$$s = \frac{pd}{2\,\sigma_{zul}} + c \tag{11a}$$

berechnet, wobei die zulässige Beanspruchung je nach dem Werkstoff St 00.29, St 35.29, St 45.29 und St 55.29 mit 670, 800, 1000 und 1250 kp/cm² bei Betriebsdruck I eingesetzt und $c = 0{,}1$ cm gewählt wurde. Bei geschweißten Rohren aus St 34.28 ist $\sigma_{zul} = 800$ kp/cm². Mit der diesen zulässigen Beanspruchungen entsprechenden verhältnismäßig hohen Sicherheitszahl 2,6 sind allfällige Wanddickenabweichungen und Betriebsunregelmäßigkeiten berücksichtigt, so daß eine Nachrechnung dieser genormten Rohre nicht nötig ist.

Bei geschlossenen Leitungen treten infolge Temperaturänderung und Querschnittsbeanspruchung über den Querschnitt gleichmäßig verteilte Längsspannungen σ_z auf. Erhöht sich die Temperatur der Leitung um Δt, so entsteht eine von der Länge unabhängige Druckspannung

$$\sigma_z = -E \cdot \alpha_t \cdot \Delta t. \tag{12}$$

Mit dem Elastizitätsmodul des Stahls $E = 2{,}1 \cdot 10^6$ kp/cm² und dem Temperaturausdehnungsbeiwert $\alpha_t = 0{,}000012$ ist

$$\sigma_z = -25{,}5\, \Delta t. \tag{12a}$$

Die zusätzliche Achsialspannung infolge der Ringspannung σ_t ist mit der Poissonschen Querdehnzahl $\mu = 0{,}3$

$$\sigma_z = 0{,}3\, \sigma_t. \tag{13}$$

Die Spannungen nach (12a) und (13) addieren sich, wenn Δ_t eine Temperaturabnahme bedeutet.

Der theoretische Wert der Ringformel $\sigma_t = \frac{pd}{2s}$ verliert seine Gültigkeit, wenn das Verhältnis Wanddicke zu Durchmesser größer ist als 0,05. Bei $s/d > 0{,}05$ empfiehlt sich die Berechnung als starkwandiges Rohr, bei dem die größte Beanspruchung an der Innenfläche auftritt. Mit den Bezeichnungen nach Abb. 2.2 sind die Hauptspannungen σ_t in kp/cm² die Spannung in der Richtung der Tangente an den Kreis, und σ_r in kp/cm², die Spannung in der Richtung zum Mittelpunkt

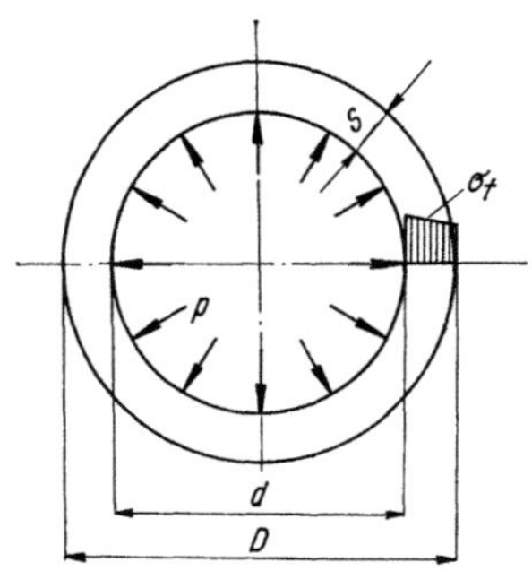

Abb. 2.2

an der Innenseite

$$\sigma_t = \frac{p(D^2 + d^2)}{D^2 - d^2}, \qquad \sigma_r = -p, \tag{14/1}$$

am Außenrand

$$\sigma_t = \frac{2pd^2}{D^2 - d^2} \qquad \sigma_r = 0. \tag{14/2}$$

Mit den Längsspannungen nach (12) und (13) sind die der Längskraft $P = p\,\frac{\pi d^2}{4}$ entsprechenden Spannungen

$$\sigma_z = \frac{pd}{4s} \tag{15}$$

zu kombinieren. Bei dünnwandigen Rohren ist $\sigma_z = \frac{\sigma_t}{2}$.

Die Vergleichsspannung im dreiachsigen Spannungszustand ist

$$\sigma_v = \sqrt{\sigma_t^2 + \sigma_r^2 + \sigma_z^2 - \sigma_t\sigma_r - \sigma_t\sigma_z - \sigma_r\sigma_z}. \tag{16}$$

2.2.2. Bandagierte Rohre

Sehr hohe Innendrücke, wie sie beispielsweise bei Druckleitungen für Wasserkraftwerke vorkommen, erfordern bei großen Durchmessern so große Wanddicken, daß die Verläßlichkeit der Herstellung in Frage gestellt ist. Derartige Rohre können nur geschweißt werden. Dabei sind bei der Prüfung sowohl wie im Betriebe die runden Stumpfnähte bedroht, insbesonders die Montagestöße. Die Güte dieser Schweißnähte ist bei Werkstoffen höherer Festigkeit, die wegen der anzustrebenden Verminderung der Wanddicke gewählt werden müssen, trotz sorgfältiger Ausführung und Abschleifung nicht immer befriedigend, so daß die Gefahr des Sprödbruchs gegeben ist.

Gegen diese mit der Zunahme der Wanddicke sich steigernden Schwierigkeiten schützt das *Bandagieren*, ein Vorspannverfahren, das auf anderen Gebieten des Stahlbaues wenig angewandt wird. Das bandagierte Rohr besteht aus einem Kernrohr, dessen Wanddicke kleiner ist, als dem Innendruck entsprechen würde, und Querringen oder Seilen höherer Festigkeit, die dem Rohr eine Druckvorspannung geben. Die Güte der Schweißnähte des schwächeren Kernrohres ist, wie leicht einzusehen ist, besser als die eines nicht bandagierten, aber dickern Rohres.

Bei der Herstellung bandagierter Rohre werden entweder kreisrunde Ringe aus einem Werkstoff höherer Festigkeit heiß auf das abgedrehte Kernrohr aufgezogen oder die Vorspannung wird durch die Verformung des Kernrohres infolge Innendruck (selbstbandagierte Rohre System G. Ferrand) erreicht. Die Entfernung der Ringe und ihre Abmessungen (Abb. 2.3a) werden so gewählt, daß im aufgezogenen Ring und im Innenrohr zwischen den Ringen durch den Innendruck und die Vorspannung gleichzeitig die Vorspannung erreicht wird. Unter gewissen vereinfachenden Annahmen hat Bornscheuer [11] Bemessungsformeln abgeleitet. Über Versuche an kaltarmierten Rohren berichtet Bellonetti [12]: bei diesen Rohren ist der Außendurchmesser des Kernrohres etwas kleiner als der Innendurchmesser der Stahlringe, so daß diese leicht verteilt werden können. Durch den Innendruck kommt bei dem vorgesehenen Spiel das Rohr zum Anliegen an die Ringe, wenn seine Streckgrenze überschritten wird, so daß bei Entlastung die Ringe wie warm aufgezogen festsitzen.

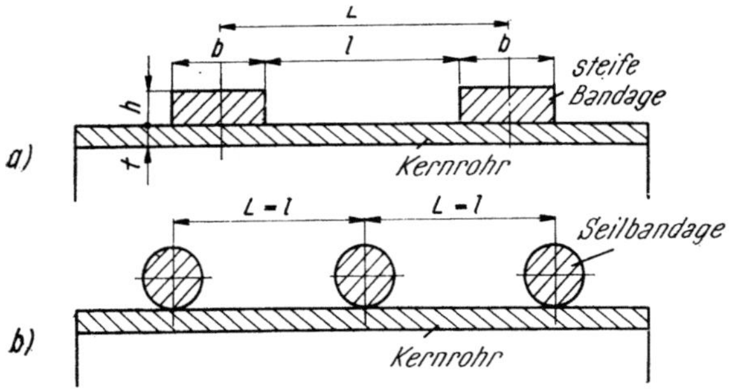

Abb. 2.3

Die Bandageringe können durch Stahlseile aus Drähten mit 140 bis 180 kp/mm^2 Festigkeit ersetzt werden (Abb. 2.3b). Diese Seile werden unter Vorspannung aufgewickelt, wobei im Längsschnitt der Seilabstand kleiner ist als bei den Ringen.

2.3. Belastung durch Außendruck

Einer derartigen Belastung sind Bohrrohre, unter Wasser liegende rohrförmige Behälter und alle Rohre ausgesetzt, in denen Unterdruck auftreten kann. Oft ist es dabei schwierig, festzustellen, ob die Annahme der gleichmäßige Druckverteilung zutrifft; dabei ist auch das Auftreten von Längskräften nicht ausgeschlossen.

Die Berechnung erfolgt im allgemeinen unter der Annahme der gleichmäßigen Druckverteilung und der ideellen Kreisringform des Querschnitts. Unter dieser Voraussetzung gilt, wie bei Innendruck, für das dünnwandige Rohr die Ringformel

$$\sigma_t = \frac{pD}{2\,s}. \tag{17}$$

Bei dickwandigen Rohren mit $\frac{s}{D} \geq 0{,}05$ empfiehlt es sich, den Spannungsnachweis wie folgt zu führen (Abb. 2.4):

An der Außenfläche

$$\sigma_t = -\frac{p(D^2 + d^2)}{D^2 - d^2}$$

$$\sigma_r = -p, \tag{18/1}$$

an der Innenfläche

$$\sigma_t = -\frac{pD^2}{D^2 - d^2}$$

$$\sigma_r = 0. \tag{18/2}$$

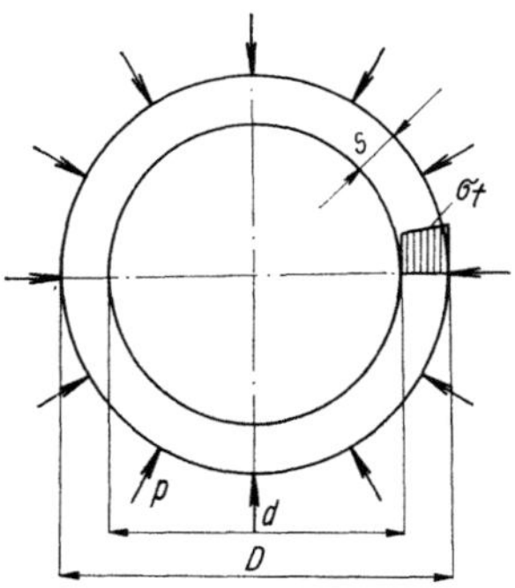

Abb. 2.4

Während bei dünnwandigen durch Innendruck beanspruchten Rohren der Einfluß der Maßabweichungen durch einen Zuschlag zur Wanddicke oder Ermäßigung der zulässigen Beanspruchungen in einfacher Weise berücksichtigt werden können, ist das bei Außendruck nicht in gleicher Weise möglich. Die Ringformel (17) gilt nur solange, als der Außendruck einen kritischen Wert p_{kr} nicht überschreitet. Dieser Wert ist für die Idealform des Rohres abgeleitet worden [13]. Er steigt mit fallendem Verhältnis $\frac{l}{D}$, wobei l die Rohrlänge bedeutet, und mit zunehmendem Verhältnis $\frac{s}{D}$.

Dieser theoretische Wert unterscheidet sich aber von dem aus Versuchen ermittelten wirklichen kritischen Druck, der von den Durchmesser- und Wanddickenabweichungen sowie der Ovalität beeinflußt wird; letztere hat die größte Wirkung.

Um diesen Unterschied rechnerisch zu begründen, sind verschiedene Autoren von verschiedenen Annahmen ausgegangen.

So leitet Timoshenko [14] für das dünnwandige Rohr mit einem Verhältnis $\frac{l}{D} > 10$, für das der theoretische kritische Druck sich aus

$$p_{kr} = \frac{E}{4(1-\mu^2)} \left(\frac{2s}{D}\right)^3 \doteq 4{,}6 \left(\frac{s}{D}\right)^3 10^6 \tag{19}$$

berechnet, den Zuwachs zur Ringspannung infolge der Ovalität unter der Voraussetzung ab, daß die Abweichung von der Kreisform (Abb. 2.5)

$$u = u_0 \cos 2\varphi \tag{20}$$

ist, wobei u_0 die größte ursprüngliche Radialabweichung ist. Der Außendruck p

verursacht ein weiteres Flachdrücken; dabei tritt das größte Moment für $\varphi = 0$ auf

$$\max M = \frac{p u_0 R}{1 - \frac{p}{p_{kr}}}. \tag{21}$$

Für p_{kr} ist der Wert nach (19) einzusetzen. Mit den Abkürzungen $m = \frac{D}{2s}$ und $n = \frac{u_0}{s}$ ist die größte Spannung

$$\sigma_{\max} = p m \left[1 + \frac{6n}{1 - \frac{p}{p_{kr}}}\right]. \tag{22}$$

Bezeichnen wir mit p_F den der Spannung σ_F an der Fließgrenze entsprechenden Außendruck, so erhalten wir aus (22) eine quadratische Gleichung zur Bestimmung von p_F:

$$p_F^2 - \left[(1 + 6n) p_{kr} + \frac{\sigma_F}{m}\right] p_F + \frac{p_{kr}}{m} \sigma_F = 0. \tag{23}$$

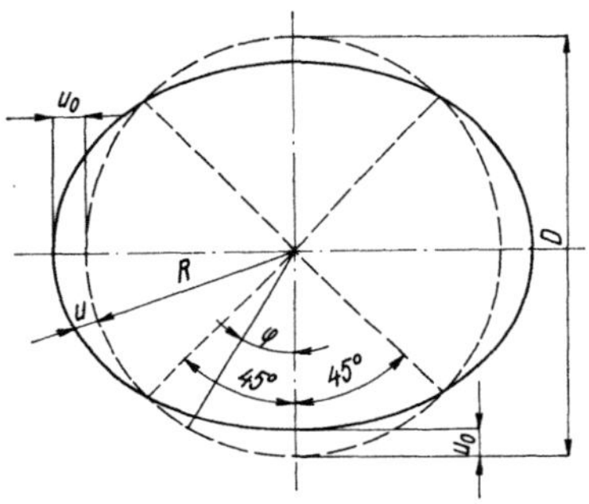

Abb. 2.5

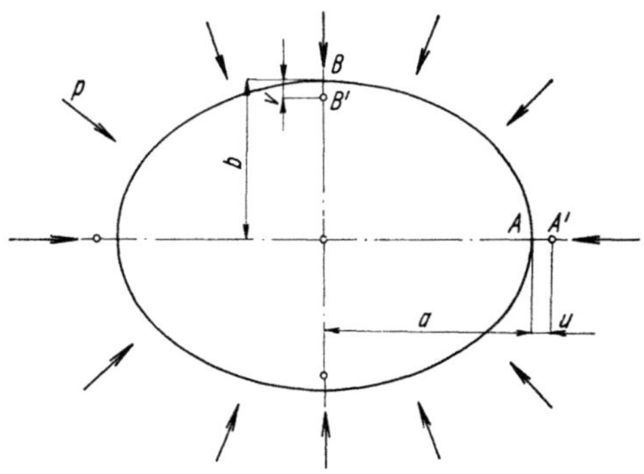

Abb. 2.6

Bei erlaubten Durchmesserabweichungen von 1,5% ist $\frac{u_0}{s} = \frac{0{,}0075\,D}{s} = 0{,}015\,\mathrm{m}$ und damit lautet (23)

$$p_F^2 - \left[(1 + 0{,}09\,\mathrm{m}) + \frac{\sigma_F}{m}\right] p_F + \frac{p_{kr}}{m} \sigma_F = 0. \tag{23a}$$

Einen ähnlichen Weg schlägt Gellner ein [15]. Er geht von einem elliptischen Rohrquerschnitt gleicher Dicke aus, der sich nur wenig vom Kreisring unterscheidet. In der Untersuchung wird der Einfluß der Normalkräfte auf die Formänderung vernachlässigt, so daß der Umfang des Querschnitts sich nicht ändert (Abb. 2.6).

Die Hauptachsen a, b des unverformten elliptischen Querschnitts ändern sich unter der Belastung in $a + u$, $b - v$. Der elliptische Querschnitt ist mit Rücksicht auf seine zweiachsige Symmetrie und die über den Umfang gleichmäßig verteilte Belastung einfach statisch unbestimmt. Als Unbekannte wird das Moment $M_a = p \cdot m$ im Querschnitt A des elliptischen Ringes von 1 cm

Breite gewählt; im gleichen Querschnitt ist die Normalkraft $N_a = -p \cdot a$ und dir Querkraft $Q = 0$. Im Querschnitt B sind die Schnittkräfte $M_a = p \cdot m_b$, $N_b = -p \cdot b$ und $Q = 0$; m_a und m_b bezeichnen die bezüglichen Momente der Einheitsbelastung.

Aus den Gleichgewichtsbedingungen am verformten System, von dem angenommen wird, daß es wieder eine Ellipse ist, deren Hauptachsen $a + u$ und $b - v$ sind, ermittelt GELLNER Ausdrücke für m_a und m_b und daraus u und v. In diese Ausdrücke werden die Halbachsen bzw. ihre aus den zugelassenen Abweichungen von der Kreisform errechneten Werte eingesetzt. Für die Durchmesserabweichung $\pm 1\%$ ergibt sich ein Achsenverhältnis der ursprünglichen Ellipse

$$\frac{b}{a} = \frac{0.99}{1,01} = 0,9802. \tag{24}$$

Mit diesem Verhältnis sind die erwähnten Momente der Einheitsbelastung und die Verschiebung v

$$m_a = 0,009851\, a^2$$

$$m_b = 0,009754\, a^2 \tag{25}$$

$$v = \frac{0,00649\, pa^4}{2EI - 0,67121\, pa^3}. \tag{26}$$

Dabei ist, wie bereits erwähnt, vorausgesetzt, daß die unverformte und die verformte Ellipse gleichen Umfang haben.

Das vollständige Flachdrücken würde eintreten bei $v = b$. Bezeichnet man den zugehörigen Druck als kritischen p'_{kr}, so ist dieser bei der angenommenen Ovalität $b = 0,9802a$ und mit $I = \frac{s^3}{12}$

$$p'_{kr} = \frac{2,9505\, EI}{a^3} = 0,5164 \left(\frac{s}{a}\right)^3 10^6. \tag{27}$$

Aus der Gleichsetzung des Umfangs der Ellipse und dem des Kreises

$$\pi \left[\frac{1}{2}(a + b) + \sqrt{\frac{1}{2}(a^2 + b^2)}\right] = \pi D$$

folgt für $\frac{b}{a} = 0,9802$

$$D = 1,98023a \tag{28}$$

und damit

$$p'_{kr} = 4,0094 \left(\frac{s}{D}\right)^3 10^6. \tag{27a}$$

Der Unterschied gegenüber dem theoretischen Werte nach (19) ist nicht so groß, wie man nach den ähnlichen Verhältnissen beim mittig gedrückten Zylinder erwarten könnte.

Es darf aber nicht übersehen werden, daß (26) nur solange gilt, als die Streckgrenze nicht überschritten wird. Bereits vor Erreichen des Druckes nach (27a) werden die Formänderungen zu groß. Man muß also den Außendruck als kritisch bezeichnen, unter dem diese größern Formänderungen eintreten, also mit Sicherheit bei Erreichen der Streck- bzw. Fließgrenze.

Im Querschnitt A herrscht unter der Einheitsbelastung $p = 1$ eine Längskraft $-a$ und ein Moment m_a nach (25), woraus sich für die Belastung p eine Druckspannung errechnet

$$\sigma_a = p\left[\frac{a}{F} + \frac{M}{W}\right]$$

oder mit $F = s$ und $W = \frac{s^2}{6}$ des 1 cm breiten Ringes

$$\sigma_a = p\left[\frac{a}{s} + 0{,}0591\left(\frac{a}{s}\right)^2\right]. \tag{29}$$

Nach Einführung von D aus (28) lautet die Bedingung $\sigma_a = \sigma_F$

$$p\left[0{,}01507\left(\frac{D}{s}\right)^2 + 0{,}505\left(\frac{D}{s}\right)\right] = \sigma_F. \tag{30}$$

Mit Vernachlässigung der plastischen Reserve ist also der kritische Druck

$$p_{kr} = \frac{\sigma_F}{0{,}01507\left(\frac{D}{s}\right)^2 + 0{,}505\left(\frac{D}{s}\right)}. \tag{31}$$

Bei großen Werten $\frac{D}{s}$ tritt das Flachdrücken vor Erreichen der Streckgrenze ein; dann gelten die kleineren Werte p_{kr} nach (27a). Das Grenzverhältnis $\frac{D}{s}$, das die beiden Bereiche scheidet, erhält man, wenn man in (30) den kritischen Wert aus (27a) einsetzt und die quadratische Gleichung nach $\frac{s}{D}$ auflöst:

$$\frac{s}{D} = -0{,}01492 + 10^{-3}\sqrt{225 + 0{,}4939\,\sigma_F}.$$

In Tab. 6 sind die kritischen Außendrücke nach (27a) und für $\sigma_F = 2300$ und 3600 kp/cm² nach (31) zusammengestellt.

Tabelle 6

$\frac{s}{D}$	$\frac{D}{s}$	p (27a)	nach (31) p für σ_F	
			2300	3600
0,005	200	0,501	3,27	5,11
0,008	125	2,05	9,14	14,3
0,01	100	4,01	11,4	17,9
0,02	50	32,1	36,5	57,2
0,03	100/3	108	68,5	107
0,04	25	256	104	163
0,05	20	501	143	223
0,08	12,5	2050	273	428

Abb. 2.7 zeigt den Verlauf der Kurve des kritischen Druckes für Stahl St 55.29 und die Kurve nach (27a). Für den angeführten Werkstoff gilt bei $\frac{s}{D} > 0{,}2983$ bzw. $\frac{D}{s} < 33{,}5$ der kritische Druck nach (31), im übrigen nach (27a).

Die vorstehenden Ergebnisse wurden für Durchmesserabweichungen von $\pm$ 1,5% hergeleitet. Für Abweichungen von $\pm$ 1% findet man auf analoge Weise

$$p'_{kr} = 3{,}2214 \left(\frac{s}{D}\right)^3 10^6 \tag{27b}$$

$$p_{kr} = \frac{\sigma_F}{0{,}02666 \left(\frac{D}{s}\right)^2 + 0{,}5075 \left(\frac{D}{s}\right)}. \tag{31a}$$

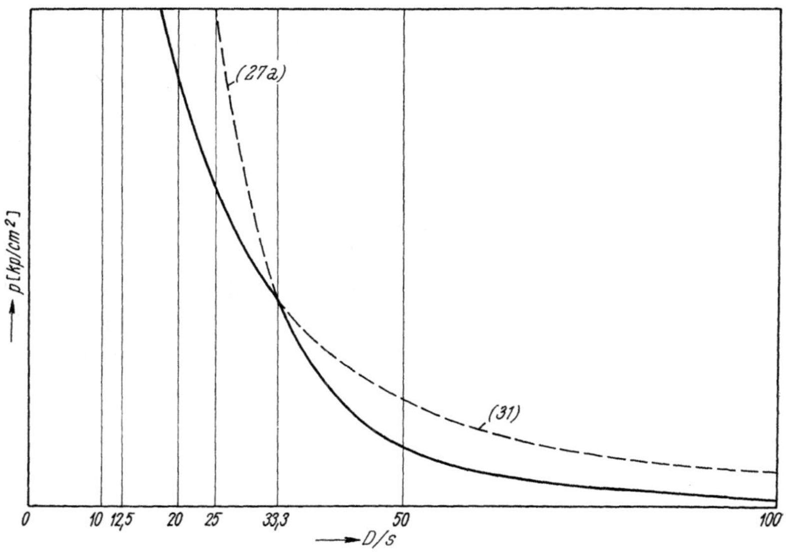

Abb. 2.7

2.4. Mittige Zugbelastung

Durch den mittigen Zug P entsteht im Rohr mit dem Querschnitte F eine gleichmäßig verteilte Längsspannung

$$\sigma_z = \frac{P}{F} = \sigma. \tag{32}$$

Ihr entspricht im Querschnitt des dünnwandigen Rohres die Ringspannung

$$\sigma_t = -\mu\sigma. \tag{33}$$

Die Vergleichsspannung nach der Gestaltänderungstheorie ist demnach

$$\sigma_v = \sigma \sqrt{1 + \mu + \mu^2}. \tag{34}$$

Mit dem für Stahl geltenden Werte $\mu = 0{,}3$ ist

$$\sigma_v = 1{,}179\sigma . \tag{35}$$

Die Ringspannung bewirkt eine Verringerung des Durchmessers. Aus dem Verhältnis der Durchmesser des verformten und unverformten Querschnitts $\frac{D - \Delta D}{D} = \frac{\sigma_t}{E}$ folgt die Verringerung des Durchmessers

$$\Delta D = \frac{D}{E} [E - \mu\sigma] . \tag{36}$$

2.5. Mittige Druckbelastung

In der Regel wird bei mittigem Druck, in gleicher Weise wie bei mittiger Zugbelastung, das leere Rohr verwendet. Um dessen Tragfähigkeit zu erhöhen, hat man das Stahlrohr mit Beton gefüllt und damit für gewisse Zwecke Erfolge erzielt. Im folgenden wird das leere Rohr getrennt vom betongefüllten behandelt.

2.5.1. Das leere Rohr

Bei mittigem Druck verteilt sich die Spannung infolge der Längskraft P gleichmäßig über die Querschittsfläche $F = \pi d_m s$, wenn dm den mittleren Rohrdurchmesser bezeichnet (Abb. 2.8). Diese Spannung muß kleiner sein als der zulässige Wert

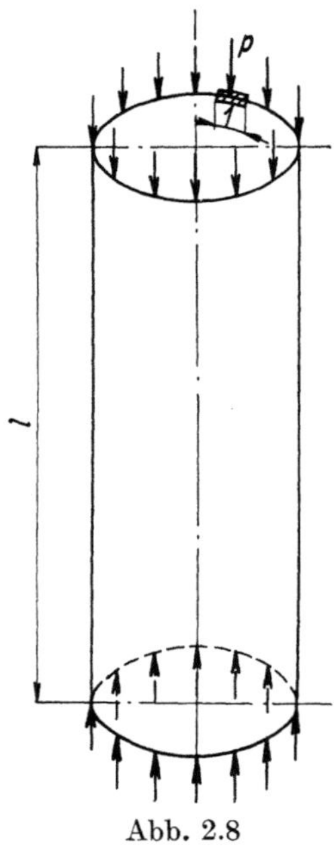

Abb. 2.8

$$\sigma = -\frac{P}{F} = \sigma_{\text{zul}} \tag{37}$$

Für die Bemessung der Rohre aber ist, sofern die Querschnittsgestalt sich unter der Belastung nicht ändert, die Knickspannung maßgebend. Mit der vom Schlankheitsverhältnis $\lambda = \frac{l}{i} = \frac{l}{0{,}707 R}$ abhängigen Knickzahl $\omega = \frac{\sigma_{\text{zul}}}{\sigma_{d\,\text{zul}}}$, dem Verhältnis der zulässigen Spannung zur zulässigen Knickspannung, muß die folgende Bedingung erfüllt sein:

$$\omega \frac{P}{F} \leq \sigma_{\text{zul}} . \tag{38}$$

Für Rohre mit einem Verhältnis $\frac{s}{D} < \frac{1}{6}$ gelten nach den Ergänzungsbestimmungen zu DIN 4114 ω-Werte, die solange beim Doppelnachweis der Sicherheit die Traglast maßgebend ist, kleiner sind als die für das Regelprofil (Doppelwinkel) abgeleiteten Werte. Die Begründung hierzu gab der Obmann des Knickausschusses Prof. KLÖPPEL [16]. Nach HEIDECKER [17] stimmen sie mit den

Werten des Regelprofils überein, wenn man den Schlankheitsgrad λ um die Beträge der folgenden Tabelle vermindert:

St37		St52	
$20 < \lambda < 80$	12	$20 < \lambda < 70$	10
$81 < \lambda < 100$	11	$71 < \lambda < 80$	8

Für λ oberhalb der angegebenen Grenzen können die ω-Werte mit der für den elastischen Bereich geltenden Sicherheit von 2,5 aus der Eulerschen Knickspannung berechnet werden.

Das in der Längsrichtung gedrückte Rohr ist um so wirtschaftlicher, je dünnwandiger es im Verhältnis zum Durchmesser ist. Bei kleinem Verhältnis $\frac{s}{D}$ besteht aber die Gefahr, daß die Rohrwand ausbeult, entweder in der Art, daß der Rohrmantel sich in der Längsrichtung wellenförmig verformt oder der Querschnitt Falten bildet. Die Tragkraft des gedrückten dünnwandigen Rohres ist unter der Voraussetzung genauer kreisringförmiger Form des Querschnitts und gelenkiger, radial frei beweglicher Enden der Längsstreifen des Mantels von verschiedenen Autoren untersucht worden [18, 14]. Danach ist die theoretische kritische Spannung

$$\sigma_{kr}^{0} = \frac{E}{3\sqrt{1-\mu^2}} \frac{s}{R} = 0{,}606\, E \frac{s}{R}. \tag{39}$$

Versuche konnten diesen Wert nicht bestätigen; die tatsächliche Beulspannung σ_{kr} liegt beträchtlich niedriger.

In Anpassung an (39) können die Versuchsergebnisse durch

$$\sigma_{kr} = kE \frac{s}{R} \tag{40}$$

ausgedrückt werden, wobei der Beiwert k zwischen den Grenzen 0,15 und 0,25 liegen kann. Die Abweichungen haben ihre Ursache darin, daß die erwähnten theoretischen Voraussetzungen weder beim Versuch noch bei der praktischen Verwendung erfüllt sind und die Krafteintragung nicht mittig erfolgt. Man darf auch nicht übersehn, daß (39) nur solange gilt, als die Streckgrenze für Druck nicht überschritten wird, also $\sigma_{kr} < \sigma_F$ ist. Durch die Nichteinhaltung der theoretischen Lagerbedingungen entstehen in den Endquerschnitten Querkräfte und Biegemomente, die das Rohr an den Enden verformen und den Zusammenbruch einleiten. Auch die Einführung der tatsächlichen Randbedingungen und der Maßabweichungen in die Rechnung nach Flügge [19] und Sanden [20] konnte den großen Unterschied zwischen Theorie und Versuch nicht wesentlich mindern. Es zeigte sich, daß die Bestimmung der Traglast eines mittig gedrückten Kreiszylinders ein Durchschlagproblem darstellt und die Beullast nur auf Grund der Theorie endlicher Verformungen ermittelt werden kann. Daß dabei die unvermeidbaren Anfangsbeulungen eine große Rolle spielen, zeigten sowohl die Ergebnisse der genaueren Theorie als auch die Versuche.

Die neue Theorie hat zuerst DONNELL [21] aufgestellt; KÁRMÁN [22] hat sie ausgebaut. Eine Verfeinerung der Rechnung führte zu einem Minimalwert $k = 0{,}182$. Die Annahme von Verbeulen im Ausgangszustande brachte eine noch bessere Anpassung an die Versuche. EBEL [23] erläutert das Problem ausführlich und zeigt den Rechnungsgang anhand der Arbeit von KÁRMÁN. Der Artikel enthält auch weitere Schrifttumsangaben.

Einen ausführlichen Beitrag liefert auch PFLÜGER [24]. Bei seinen Untersuchungen rechnet er mit einer Vorbeulamplitude von $\frac{P}{400}$ und findet, daß das Verhältnis der tatsächlichen kritischen Spannung zum theoretischen Wert näherungsweise durch folgende Formel ausgedrückt werden kann:

$$\sigma_{kr} = \frac{\overset{\circ}{\sigma}_{kr}}{\sqrt{1 + \frac{r}{100\,s}}} = k E \frac{s}{r}. \tag{40a}$$

Die Abb. 2.9 zeigt die Kurve $\frac{\sigma_{kr}}{\overset{\circ}{\sigma}_{kr}}$ und zugleich die Abhängigkeit des Beiwertes k von $\frac{r}{s}$.

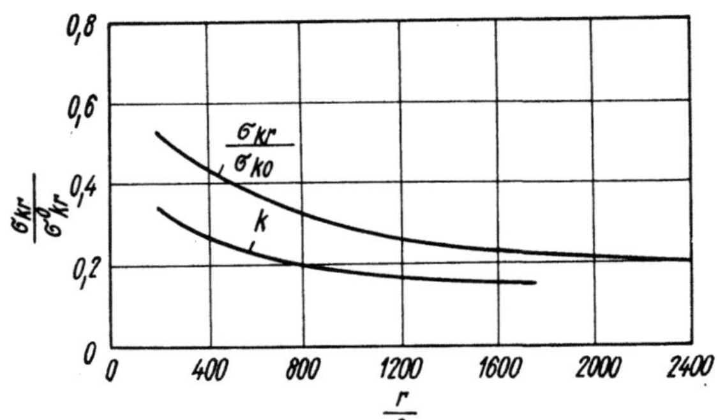

Abb. 2.9

Aus der Gleichsetzung von σ_{kr} nach (40) und (40a) und Einsetzen von $\overset{\circ}{\sigma}_{kr}$ aus (39) folgt

$$\frac{0{,}606}{\sqrt{1 + \frac{r}{100\,s}}} E \frac{s}{r} = k E \frac{s}{r}$$

und damit

$$k = \frac{0{,}606}{\sqrt{1 + \frac{r}{100\,s}}} \tag{41}$$

oder tabellarisch zusammengestellt:

$\frac{r}{s}$	100	200	300	400	600	800	1200	1600
k	0,429	0,350	0,303	0,292	0,229	0,202	0,170	0,147

Da die Beulfestigkeit nicht nur durch die Größe der Vorbeulamplituden, sondern auch durch Ungenauigkeiten der Kreisringform und Außermittigkeit der Belastung beeinflußt wird, empfiehlt es sich, der Rechnung Versuchsergebnisse zugrunde zu legen. Eine Auswertung derartiger Versuche hat PLANTEMA vorgenommen und im Diagramm der Abb. 2.10 dargestellt. Darüber berichtete ODENHAUSEN [25].

Im elastischen Bereich liefert die geradlinige Beziehung zwischen $\frac{\sigma_{kr}}{\sigma_F}$ und $\frac{E}{\sigma_F} \frac{s}{D}$

$$\sigma_{kr} \frac{D}{E s} = \frac{0{,}82}{2{,}5}$$

$$\sigma_{kr} = 0{,}33 E \frac{s}{D_1}, \tag{40b}$$

was, verglichen mit (40), einem konstanten Werk $k = 0{,}165$ entspricht. Im elastisch-plastischen Bereich sinkt dieser Beiwert, bis bei $\sigma_{kr} = \sigma_F$ der Kleinstwert $k = 0{,}625$ erreicht ist. Bei $\frac{E}{\sigma_F} \frac{s}{D} > 8$, also bei

$$\frac{D}{s} < \frac{E}{8\sigma_F} = \frac{262500}{\sigma_F}$$

tritt kein Ausbeulen mehr ein. Nach ODENHAUSEN [26] setzen die amerikanischen Vorschriften diesen Grenzwert zuzüglich einer Sicherheitsreserve von 10% an:

$$\frac{D}{s} \leq \frac{240000}{\sigma_F}$$

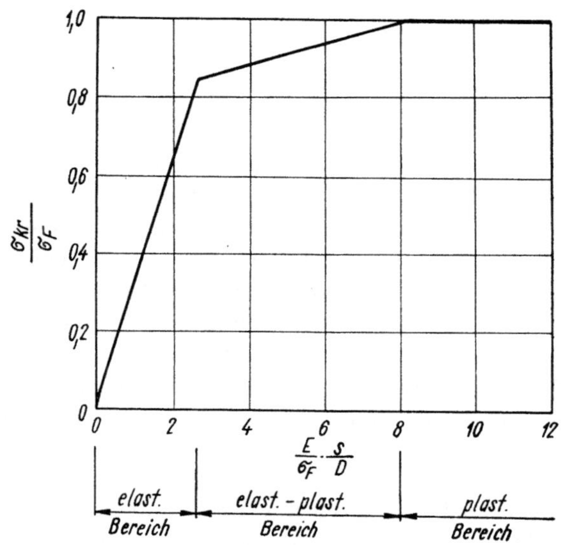

Abb. 2.10

Sie empfehlen außerdem, daß im allgemeinen Rohre aus einem Werkstoff mit $\sigma_F = 2400$ kp/cm² bzw. $\sigma_F = 3600$ kp/cm² mit einem Verhältnis $\frac{D}{s} < 100$ bzw. $\frac{D}{s} < 66$ nicht verwendet werden sollen; andernfalls ist nach dem Diagramm der Abb. 2.10 vorzugehen.

Nach diesem Diagramm darf bei $\sigma_{kr} < 0{,}82\sigma_F$, d. i. für die Stähle St37 bzw. St52 bei $\frac{D}{s} > 350$ bzw. $\frac{D}{s} > 235$ mit dem für den elastischen Bereich geltenden Werte $k = 0{,}165$ gerechnet werden. Im elastisch-plastischen Bereich steigt die kritische Spannung von $0{,}82\,\sigma_F$ auf $1{,}0\,\sigma_F$. Die Zunahme nach Abb. 2.10 kann durch folgende Beziehung ausgedrückt werden:

$$\sigma_{kr} = \left[0{,}738 + 0{,}0327 \frac{E}{\sigma_F} \frac{s}{D}\right] \sigma_F. \tag{40c}$$

Die theoretischen, nur für den elastischen Bereich aufgestellten k-Werte nach (41) liegen bis $\frac{r}{s} < 1200$ höher als 0,165 entsprechend dem Plantema-Diagramm im elastischen Bereich. Es empfiehlt sich aber diesen Wert nur dann zu erhöhen, wenn durch Versuche nachgewiesen ist, daß die Genauigkeit der Ausführung größer als üblich ist.

Mit dem Sicherheitsbeiwert ν der Norm muß die Bedingung

$$\sigma \lesseqgtr \frac{\sigma_{kr}}{\nu}$$

erfüllt werden, wobei die kritische Spannung die Streckgrenze nicht überschreiten darf: $\sigma_{kr} \leq \sigma_F$. Das Rohr ist auf reine Knickung zu berechnen, wenn

$$\sigma_{kr} > \frac{\nu}{\omega}\,\sigma_{\text{zul}},$$

also wenn das Verhältnis

$$\frac{s}{R} > \frac{\nu}{kE}\,\frac{\sigma_{\text{zul}}}{\omega}. \tag{42}$$

Die Tragfähigkeit dünnwandiger Zylinder kann durch Aussteifung des Mantels vergrößert werden. Die Steifen können in Form von Ringen quer zur Achse oder in der Längsrichtung angeordnet sein. Die Berechnung solcher Rohre, die auch nach der Theorie endlicher Formänderungen erfolgen müßte, stößt auf große Schwierigkeiten. Man ist deshalb bei der Beurteilung der Tragfähigkeit und der Wirtschaftlichkeit derartiger Rohre auf Versuche angewiesen.

Was die Queraussteifungen anbelangt, haben Versuche ihre Unwirtschaftlichkeit ergeben; nur bei kleinen Entfernungen ist eine geringe Erhöhung der kritischen Belastung festzustellen. Bei unversteiften Rohren braucht die Beulsicherheit nicht nachgewiesen zu werden, wenn die Bedingung $\frac{R}{s} < 50$ erfüllt ist; (vgl. die Folgerungen aus dem Plantema-Diagramm) ebenso besteht keine Beulgefahr, wenn der Abstand der Ringe nicht größer als $4D$ ist und das Verhältnis $\frac{R}{s}$ der Bedingung $50 < \frac{R}{s} < 100$ genügt. Die kritische Spannung ist in beiden gleich der Streckgrenze zu setzen.

Einen günstigeren Einfluß haben Längsstreifen, allein oder in Verbindung mit Ringen. In diesem Falle kann das Zusammenwirken von Steifen und Mantel als orthotrope Schale angenommen werden. Diese Schale beult als Ganzes aus, wobei das Ausbeulen des Mantels meist schon vorher erfolgt. Mangels einer genaueren Berechnung ist die Tragkraft einer solchen zylindrischen Schale durch Versuche nachzuweisen. Näherungsweise kann angenommen werden, daß das derart versteifte Rohr eine Tragfähigkeit hat wie ein unversteiftes Rohr, mit einer Wanddicke $s' = s\sqrt[3]{\frac{I_0}{I}}$, (Abb. 2.11) wenn mit I_0 das Trägheitsmoment des versteiften Mantelstreifens von der Breite b gleich der Entfernung der Längssteifen und I das Trägheitsmoment des unversteiften Rohrstreifens der gleichen Breite $I = \frac{1}{12}\,b s^3$ bezeichnet wird.

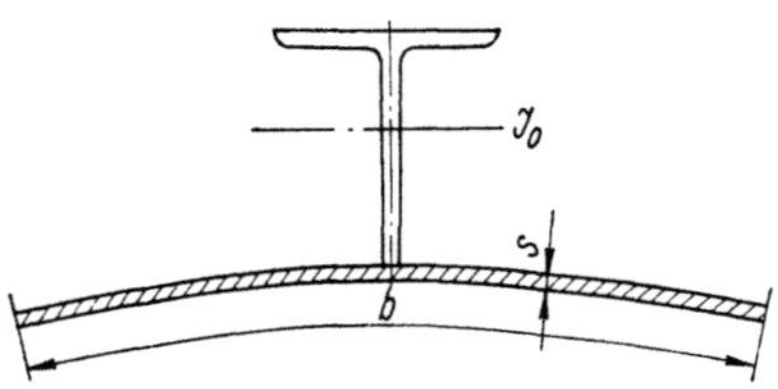

Abb. 2.11

2.5.2. Ausbetonierte Stahlrohre

Durch Füllen eines Stahlrohres mit Rüttelbeton kann man eine Erhöhung der Tragfähigkeit des mittig auf achsialen Druck belasteten Rohres erreichen. Die ersten Versuche mit betongefüllten Rohren führte GESSNER 1908 in Wien durch, damals allerdings noch mit in üblicher Weise eingefülltem Beton. Über die Ergebnisse dieser Versuche berichtete BRIK [27], der für die Traglast P_k die Formel

$$P_k = \frac{\sigma_{ki}}{n}(F_b + nF_e) \tag{43}$$

aufstellte, worin σ_{ki} die kritische Spannung des Stahlrohrs, F_b den Beton- bzw. F_e den Eisenquerschnitt und $n = \frac{E_e}{E_b} = 15$ das Verhältnis der Elastizitätsziffern von Eisen und Beton bezeichnen (Abb. 2.12). Die kritische Spannung entspricht dabei dem Schlankheitsverhältnis $\lambda_i = \frac{l}{i_i}$ mit $i_i = \sqrt{\frac{I_i}{F_i}} = \sqrt{\frac{I_b + nI_e}{F_b + nF_e}}$; nach dem der Tetmajer-Geraden nachgebildeten Gesetze ist die kritische Spannung in kp/cm²

$$\sigma_{ki} = 15\left(228 - 0{,}815\frac{l}{i_i}\right). \tag{44}$$

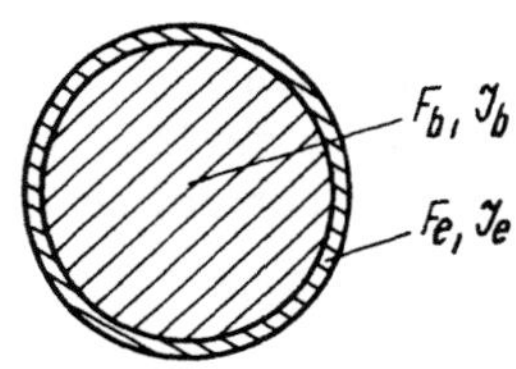

Abb. 2.12

In unserer heutigen Schreibweise würde (43) lauten

$$P_k = F_e\left(1 + \frac{F_b}{nF_e}\right)\sigma_k = F_i\sigma_k,$$

wobei es uns freisteht, für σ_k einen gesetzmäßigen Verlauf nach (44) zu wählen oder einen solchen mit i_r, wenn i_r den Trägheitshalbmesser des leeren Rohres bezeichnet.

FREUDENTHAL [28] befaßte sich mit dem Problem der Betonstütze mit Stahlrohrmantel unter der Voraussetzung, daß Mantel und Kern gleichzeitig belastet werden. Mangels einer ausreichenden Zahl von Versuchen konnte er die Aufgabe der Traglastbestimmung derartiger Stützen nicht in einer für die Praxis zufriedenstellenden Weise lösen.

Die Erhöhung der Tragfähigkeit von Stahlrohren durch Betonfüllung, die durch Versuche an der EMPA-Zürich durch Versuche nachgewiesen wurde, benützte die schweizerische Firma Motor-Columbus bei den Stielrohren der Gittermaste von Fernleitungen. Diese Mastbauart wurde von Mannesmann-Düsseldorf übernommen und in Gemeinschaft mit Brown-Boveri weiter entwickelt. Sie erweist sich hinsichtlich des Stahlverbrauchs nur dann als vorteilhaft, wenn Rohre mit Wanddicken kleiner als Normalwand verwendet werden können; durch diese Beschränkung aber wird die Wirtschaftlichkeit vermindert, wenn sie nicht ganz in Frage gestellt ist.

Um die Tragkraft bei kleinern ideellen Schlankheitsgraden genauer zu prüfen und den Einfluß des Beton-Elastizitätsmoduls sowie des Kriechens festzustellen, wurden in den Jahren 1954/55 im Ingenieur-Laboratorium der Technischen Hochschule Darmstadt sorgfältige Versuche an nahtlosen Rohren vorgenommen, über die KLÖPPEL [29] eingehend berichtet und auf Grund deren er eine Bemessungsformel aufgestellt hat. Wie leicht einzusehen ist, muß die Traglast durch die Betongüte beeinflußt werden, weshalb für die Anwendung der Bemessungsformel Beton B300 vorgeschrieben wurde.

Aus den Versuchen ergab sich die überraschende Tatsache, daß die Ringspannung des Rohres nicht, wie man hätte erwarten können, Druck sondern Zug ist. Zwischen dem Stahlmantel und dem Betonkern herrscht also eine Zugspannung; das ausbetonierte Rohr verhält sich keineswegs wie eine umschnürte Betonstütze. Die Erklärung liegt darin, daß die Querzahl des Betons $\frac{1}{m_b}$ anfänglich kleiner ist als die des Stahls $\left(\frac{1}{m_b} = 0{,}18,\ \frac{1}{m_e} = 0{,}3\right)$. Erst mit steigender Betonspannung σ_b steigt auch die Betonquerzahl, bis sie die des Stahls erreicht; von da an wird der Stahlmantel gezogen.

Die Stabilitätsvorschriften DIN 4114 verlangen einen doppelten Spannungsnachweis: nach EULER mit einer Sicherheit $\nu = 2{,}5$ für die Hauptkräfte bzw. $\nu = 2{,}19$ für Haupt- und Zusatzkräfte und nach der Tragfähigkeit mit einer Sicherheit von 1,5 bzw. 1,31. Im Einklang damit schreiben die Bemessungsvorschriften folgende Nachweise vor: nach der Eulerlast P_{ki} (ideale Last) und der Traglast mit Sicherheiten von 2,5 und 1,5 für Hauptkräfte bzw. 2,19 und 1,31 für Haupt- und Zusatzkräfte.

Dementsprechend werden die gleichen Sicherheiten für das betongefüllte Stahlrohr gewählt. Die Eulersche Knicklast P_{ki} und die Traglast P_{kr} sind mit $n = \frac{E_e}{E_b}$ und $\mu = \frac{F_e}{F_b}$ nach folgenden Formeln zu berechnen:

$$P_{ki} = \frac{\pi^2 E_e}{\lambda_{id}^2} F_{id} = \sigma_{ki}^* F_{id}, \qquad (45)$$

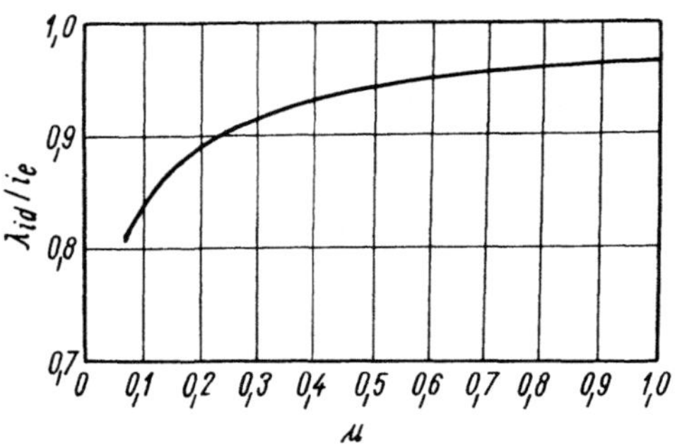

Abb. 2.13

wobei σ_{ki}^* die Eulerspannung des leeren Stahlrohrs mit dem Schlankheitsverhältnis λ_{id} bezeichnet und F_{id} durch

$$F_{id} = F_e \left[1 + \frac{1}{n\mu}\right] \qquad (45\text{a})$$

gegeben ist. Das Verhältnis $\frac{\lambda_{id}}{\lambda_e} = \frac{i_{id}}{i_e}$ ist angenähert nur von μ abhängig. Abb. 2.13 zeigt diese Abhängigkeit. Damit läßt sich λ_{id} durch λ_e ausdrücken.

In ähnlicher Weise läßt sich die Traglast ermitteln aus

$$P_{kr} = \sigma_{kr}^* F_{id}^*, \qquad (46)$$

wobei σ_{kr}^*, analog σ_{ki}^*, die Traglastspannung des leeren Rohres mit dem Schlankheitsgrad λ_{id} bedeutet. Wie früher erwähnt, läßt sich λ_{id} durch λ_e ausdrücken.

$$F_{id}^* = F_e \left[1 + \frac{1 + k_1 + k_2}{n}\right], \qquad (46\text{a})$$

wobei k_1, k_2 kleine, von der Streckgrenze und der Außermittigkeit abhängige Werte sind, die aus den Versuchen ermittelt wurden.

Beide Größen, P_{ki} und P_{kr}, lassen sich also durch die Fläche F_e des Stahlrohrs und eine Spannung σ^* ausdrücken, deren zulässige Größe

$$\sigma^*_{\text{zul}} = \frac{\sigma^*}{\nu} \tag{47}$$

ist, wobei für ν die früher angegebenen Sicherheiten einzusetzen sind. Der kleinere der Werte (47) ist maßgebend. Der Spannungsnachweis ist erbracht, wenn die folgenden Bedingungen erfüllt sind:

$$\left.\begin{aligned} &\text{bei den Hauptkräften} && \frac{P}{F_e} \lesseqgtr \sigma^*_{\text{zul}} \\ &\text{bei den Haupt- und Zusatzkräften} && \frac{P}{F_e} \lesseqgtr 1{,}14\, \sigma^*_{\text{zul}} \end{aligned}\right\} \tag{48}$$

Die zulässigen Beanspruchungen σ^*_{zul} sind für St37 in Tab. 7, für St52 in Tab. 8 zusammengestellt.

Tabelle 7

λ_e \ μ	0,07	0,10	0,14	0,20	0,30	0,50	leeres Rohr
20	3671	2977	2516	2168	1895	1675	1349
30	3467	2820	2389	2063	1805	1599	1294
40	3217	2633	2237	1944	1706	1516	1230
50	2935	2421	2065	1800	1585	1414	1158
60	2634	2189	1883	1649	1450	1307	1078
70	2330	1946	1686	1492	1322	1189	998
80	1940	1726	1500	1335	1187	1074	905
90	1603	1410	1285	1189	1061	960	819
100	1336	1170	1061	983	925	859	738
110	1126	990	890	825	778	739	663
120	961	843	758	701	657	625	576
130	832	722	649	600	561	530	490
140	722	626	561	519	486	456	423
150	636	552	496	454	432	399	368

Bei der Ermittlung der Tragkraft darf der Einfluß des Kriechens nicht übersehen werden. Bei großen Dauerlasten kann in der Nähe der Endquerschnitte eine Störung der Spannungsverteilung zu Ungunsten des Rohrmaterials eintreten, so daß ein Beulen des Stahlmantels nicht ausgeschlossen ist; man muß deshalb mit einer Erniedrigung der Traglast rechnen. Aus den Versuchsergebnissen läßt sich dieser Einfluß wie folgt ausdrücken:

$$P = P_d(1 + \varphi) + P_z, \tag{49}$$

Tabelle 8

λ_e \ μ	0,07	0,10	0,14	0,20	0,30	0,50	leeres Rohr
20	4888	4024	3442	3007	2666	2390	1983
30	4548	3762	3229	2832	2514	2263	1888
40	4133	3411	2970	2621	2337	2109	1773
50	3623	3074	2672	2371	2124	1929	1637
60	2940	2666	2359	2112	1898	1730	1487
70	2381	2127	1944	1845	1666	1528	1330
80	1941	1717	1573	1475	1402	1334	1175
90	1603	1410	1285	1195	1140	1083	1024
100	1336	1170	1061	983	925	880	829
110	1126	990	890	825	778	739	685
120	961	843	758	701	657	625	576
130	832	722	649	600	561	530	490
140	722	626	561	519	486	456	423
150	636	552	496	454	423	399	368

wobei P_d die Summe aller dauernd wirkenden, P_z die Summe der übrigen Lasten bedeuten und φ ein von μ abhängiger Wert ist, der in Abb. 2.14 für ein Endkriechzahl $\varphi_n = 1{,}5$ dargestellt ist. Der Einfluß des Kriechens fällt mit steigendem Verhältnis μ.

Aus den Tab. 7 und 8 geht hervor, daß nur bei kleinem Verhältnis λ_e das Ausbetonieren der Rohre vorteilhaft ist; wie (49) zeigt, wird die Tragkraft um so stärker herabgesetzt, je größer der Anteil der ständigen Lasten an der Größtlast ist. Wirkt diese Größtlast ständig, sinkt der Wert der Traglast ungefähr bei einem $\lambda_e > 100$ unter den des leeren Rohres, was sich damit erklären läßt, daß dann Ausbeulen des Rohrmantels eintritt.

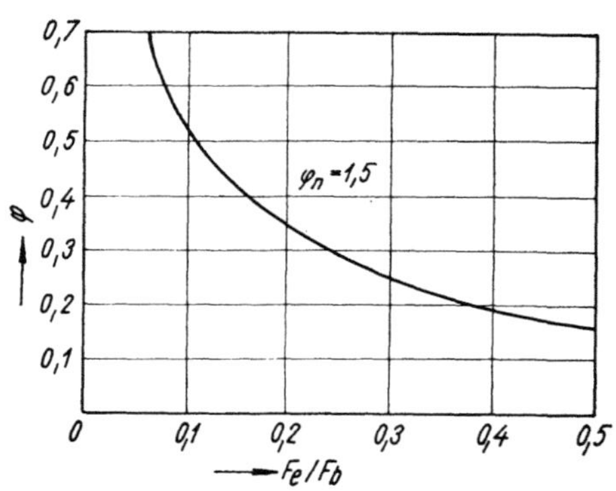

Abb. 2.14

Bei Beurteilung der Wirtschaftlichkeit des Ausbetonierens der Rohre, müssen auch die Kosten des Rüttelbetons und der damit verbundenen Arbeit in Betracht gezogen werden. Im Endergebnis stellt sich meistens heraus, daß eine Kostenersparnis nur bei kleinem Verhältnis μ möglich ist, also bei einem Verhältnis $\frac{F_e}{F_b}$, das bei nahtlosen Rohren mit Normalwand überschritten wird, und bei kleinen Schlankheitsgraden. Man muß die Wirtschaftlichkeit von Fall zu Fall untersuchen.

Beispiel: Für ein nahtloses Rohr 216.6 aus St37 mit einer zulässigen Beanspruchung von 1400 kp/cm² und einer Knicklänge $l = 3{,}75$ m, das durch $P_d = 44\,t$ und $P_z = 22\,t$ belastet ist, soll der Tragfähigkeitsnachweis erbracht werden.

Statische Werte des Stahlrohrs: $F_e = 39{,}6\ \text{cm}^2$, $i = 7{,}43\ \text{cm}$, $\lambda_e = 50$, $F_b = 326{,}8\ \text{cm}^2$, $\mu = \dfrac{39{,}6}{326{,}8} = 0{,}121$.

Aus Abb. 2.14 folgt $\varphi = 0{,}5$, aus Tab. 7 $\sigma^*_{\text{zul}} = 2300\ \text{kp/cm}^2$.

$P = 44(1 + 0{,}5) + 22 = 88\,t$

$P/F_e = 88000/39{,}6 = 2222\ \text{kp/cm}^2 < 2300$.

Das leere Stahlrohr müßte die Abmessungen 267,7 haben.

$F_e = 57{,}3\ \text{cm}^2$, $i_e = 9{,}20\ \text{cm}$, $\lambda_e = 372/9{,}2 = 40{,}5 \ldots \omega = 1{,}14$

$\sigma = 1{,}14\ \dfrac{66000}{57{,}2} = 1320\ \text{kp/cm}^2 < 1400$.

Die Stahlersparnis beträgt $100\left(1 - \dfrac{39{,}6}{57{,}2}\right) = 31\%$.

Über eine Verwendung von betongefüllten Stahlrohren als Druckgurte gegliederter Stahlrohrträger für schwere belastete Decken und damit angestellte Versuche berichtet M. André [30]. Sein Verfahren zur Herstellung betongefüllter Rohre, kurz B.A.C.-Verfahren genannt (béton à armature coffrante), stützt sich auf ein französisches Patent aus dem Jahre 1949, das auf Fachwerkträger mit betongefüllten Rohren als Druckgurte erweitert wurde. Bei den Versuchen und deren Auswertung wurde leider auf verschiedene Einzelfragen, die bei den deutschen Versuchen behandelt wurden, nicht eingegangen. Die Wirtschaftlichkeit des Verfahrens im Vergleich zum üblichen Stahlbeton ist zum mindesten für französiche Verhältnisse gegeben, im Vergleich zum Stahlrohrbau jedoch besteht sie nur für schwer belastete Konstruktionen.

Über die wirtschaftliche Verwendung von betongefüllten Stahlrohren als Eckstiele von Gittermasten wird bei den Masten für Starkstrom-Fernleitungen noch die Rede sein.

2.6. Querbelastung

2.6.1. Allgemeines

Das gerade Rohr, das in einer durch seine Achse gehenden Ebene querbelastet wird, ist je nach seiner Lagerung ein frei aufliegender Träger über zwei Stützen oder ein Durchlaufträger. Es kann aber auch als Freiträger mit einem eingespannten Ende verwendet oder auf seiner ganzen Länge unterstützt werden. Unter der Voraussetzung, daß die Kreisringform des Querschnitts durch eine ausreichende Steifigkeit des Rohrmantels gesichert ist, kann wie bei Trägern mit vollem Querschnitt, mit einer gradlinigen Verteilung der Längsspannungen

$$\sigma_{x\varphi} = \frac{M_x}{W} \cos\varphi \tag{50/1}$$

und einer Verteilung der Schubspannungen nach

$$\tau_{x\varphi} = \frac{Q_x}{F} \sin \varphi \tag{50/2}$$

gerechnet werden (Abb. 2.15), wobei M_x und Q_x die Biegemomente und Querkräfte, W und F Widerstandsmoment und Fläche im Querschnitt x-x bedeuten.

In der Regel reicht die Steifigkeit des Rohrmantels nicht aus, um Verformungen der Querschnitte über den Lagern des frei aufliegenden Trägers zu verhindern. Diese Querschnitte müssen deshalb durch Ringe ausgesteift werden, in denen die Schubkräfte und Stützenreaktionen im Gleichgewicht stehen.

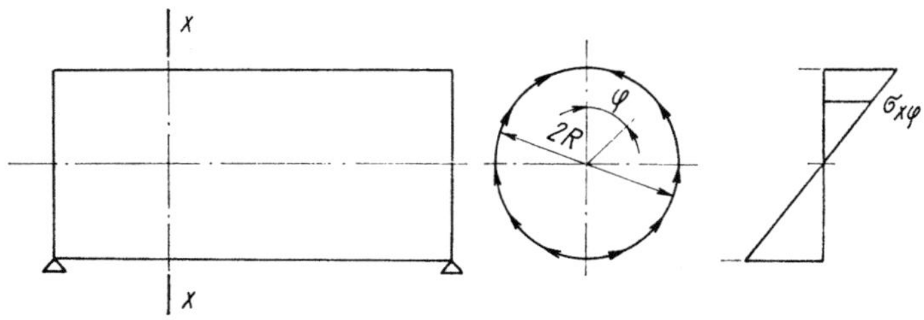

Abb. 2.15

Bei Rohren mit kleinem Verhältnis von $\frac{s}{R}$ können infolge der Ringspannungen in allen Querschnitten Verformungen eintreten, deren Größenordnung von der Belastungsart abhängig ist. Unter Umständen kommen noch tangentiale Biegespannungen hinzu, die mit steigendem Verhältnis $\frac{s}{R}$ zunehmen und zusammen mit den Ringspannungen und Längsspannungen einen ungünstigen räumlichen Spannungszustand hervorrufen. Dieser wird durch die Versteifungsringe über den Lagern, mehr noch durch Aussteifungen zwischen ihnen, günstig beeinflußt; die Wirkung ist um so größer, je näher die Aussteifungsringe angeordnet sind. Vergleichsrechnungen zeigen, ob ein unversteiftes Rohr mit stärkerer Wand oder ein dünnwandiges mit Aussteifungen wirtschaftlicher ist. Im räumlichen Spannungszustand wird bei gewissen Belastungen die Längsspannung gegenüber dem Werte nach (50/1) vergrößert. Für die Sicherheit ist der kritische Wert maßgebend. Bei dünnwandigen Rohren ist für gewisse Belastungen die tangentiale Biegespannung so klein, daß mit einer gleichmäßigen Spannungsverteilung im Rohrring, also mit der Membranspannung gerechnet werden kann.

Über die Probleme der Festigkeit zylindrischer Schalen besteht ein reichhaltiges Schrifttum [31, 32], wir können uns daher auf das Wesentliche beschränken und führen nur die Ergebnisse der Untersuchungen an.

2.6.2. Membranspannungen des dünnwandigen Rohres

Bei der Untersuchung des Membranzustandes wurde die Kreisringform des Rohrquerschnitts vorausgesetzt. Weiter wurde angenommen, daß die Versteifungsringe über den Lagern in ihrer Ebene so steif sind, daß ihre Formänderung vernachlässigt werden kann; senkrecht dazu können sie keine Drehmomente aufnehmen.

2.6.2.1. Eigengewichtsbelastung

Das Gewicht g in kp/cm des frei aufliegenden Trägers über zwei Stützen ist am Rohrumfange gleichmäßig verteilt $g' = \frac{g}{2\pi R}$. Wenn l die Spannweite, R den Halbmesser und s die Wanddicke des Rohres bezeichnen, sind die Membranspannungen in kp/cm² (Abb. 2.16a)

$$\text{Längsspannung} \qquad \sigma_x = \frac{g'}{Rs}\, x(l - x) \cos\varphi \tag{51/1}$$

$$\text{Ringspannung} \qquad \sigma_t = -\frac{g'R}{s} \cos\varphi \tag{51/2}$$

$$\text{Schubspannung} \qquad \tau = \frac{g'}{s}\,(l - 2x) \sin\varphi\,. \tag{51/3}$$

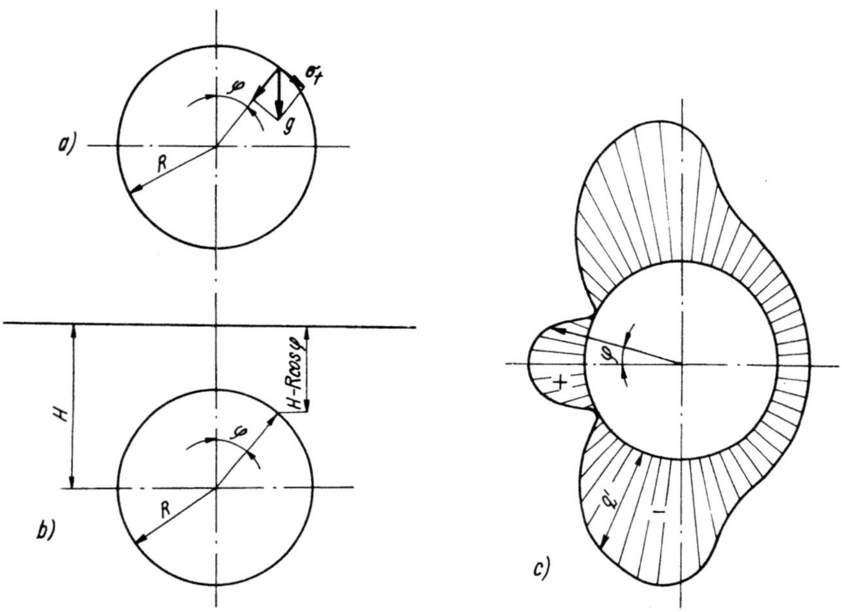

Abb. 2.16

Mit dem Widerstandsmoment W und der Fläche F des Querschnittes sind die Größtwerte

$$x = 1/2;\quad \varphi = 0, \pi \qquad \sigma_x = \pm \frac{g'l^2}{4Rs} = \frac{gl^2}{8\pi R^2 s} = \frac{M_{\max}}{W} \tag{52/1}$$

$$\varphi = 0, \pi \qquad \sigma_t = \mp \frac{g'R}{s} = \mp \frac{g}{2\pi s} = \mp \frac{gR}{F} \tag{52/2}$$

$$x = 0, l;\quad \varphi = \frac{\pi}{2}, \frac{3\pi}{2} \qquad \tau = \mp \frac{g'l}{s} = \mp \frac{gl}{2\pi Rs} = \mp \frac{Q_{\max}}{F}. \tag{52/3}$$

2.6.2.2. Belastung durch Flüssigkeitsfüllung

Der Flüssigkeitsdruck beträgt in der Höhe der Rohrachse γH, wenn γ das spezifische Gewicht in kp/cm³ und H die Druckhöhe in cm bedeutet (Abb. 2.16b). Unter der Voraussetzung, daß die Flüssigkeit das Rohr ganz füllt, daß also $H > R$, sind die Membranspannungen in kp/cm²

$$\sigma_x = -\,{}^1/_2\,\frac{\gamma x}{s}\,(l - x)\cos\varphi \tag{53/1}$$

$$\sigma_t = \frac{\gamma R}{s}\,(H - R\cos\varphi) \tag{53/2}$$

$$\tau = \frac{\gamma R}{s}\left(\frac{l}{2} - x\right)\sin\varphi \tag{53/3}$$

Mit dem Flüssigkeitsgewicht $q = \gamma\pi R^2$ sind, wenn der Außen- dem Innendurchmesser gleichgesetzt wird, die Größtwerte

$$x = -\frac{1}{2}; \quad \varphi = 0, \pi \qquad \sigma_x = \mp\frac{\gamma l^2}{8s} \doteq \frac{M_{\max}}{W} \tag{54/1}$$

$$\varphi = \frac{\pi}{2}, \frac{3\pi}{2} \qquad \sigma_t = \frac{\gamma R H}{s} = \frac{qH}{F} \tag{54/2}$$

$$x = 0, l; \quad \varphi = 0, \pi \qquad \tau = -\frac{\gamma R l}{2s} = \frac{Q_{\max}}{F}. \tag{54/3}$$

2.6.2.3. Windbelastung

Das Windbelastungsgesetz ist nach DIN 1055 mit dem Staudruck q in kp/m² gegeben durch (Abb. 2.16c)

$$w = c'q, \tag{55}$$

wobei w den örtlichen Winddruck bezogen auf die Flächeneinheit der Rohroberfläche bezeichnet und c' ein vom Winkel φ abhängiger Beiwert ist (Abb. 2.16c). Nach Girkmann kann w durch einen Summenausdruck ersetzt werden

$$w_{(\varphi)} = \sum_0^n w_i \cos i\varphi\,. \tag{56}$$

Die Beiwerte w_i erhält man aus $n + 1$ Gleichungen, die für $n + 1$ zu $i = 0$ bis n gehörigen Werte $c'q$ nach (55) angeschrieben und aufgelöst werden können.

Zu jedem Summanden der Belastung $w_{(\varphi)}$ gehört eine Lösung der Gleichungen der Schnittkräfte, wobei die Konstanten aus den Randbedingungen unter Zuhilfenahme der Formänderungsgleichungen zu bestimmen sind.

$$\sigma_x = \frac{x^2}{2Rs}\sum_1^n i^2 w_i \cos i\varphi - \frac{x}{Rs}\sum_1^n i C_{1i}\cos i\varphi + \frac{1}{s}\sum_0^n C_{2i}\cos i\varphi \tag{57/1}$$

$$\sigma_t = -\frac{R}{s}\sum_{0}^{n} w_i \cos i\varphi \tag{57/2}$$

$$\tau = -\frac{x}{s}\sum_{1}^{n} i w_i \sin i\varphi + \frac{1}{s}\sum_{1}^{n} C_{li} \sin i\varphi . \tag{57/3}$$

Die Randbedingungen sind verschieden für den Träger auf zwei Stützen und den Freiträger. Für den ersteren lauten sie: $x = 0,\ l \ldots \sigma_x = 0$. Damit folgt aus (57/1)

$$C_{2i} = 0 \ldots i = 0 \text{ bis } n \tag{58/1}$$

und bei Beachtung dieses Ergebnisses

$$C_{1i} = \frac{i}{2} w_i l \ldots i = 1 \text{ bis } n. \tag{58/2}$$

Somit sind die Schnittkräfte und die ihnen entsprechenden Spannungen ohne Kenntnis der Formänderungen bereits bestimmt.

$$\sigma_x = \frac{x(x-l)}{2Rs}\sum_{l}^{n} i^2 w_i \cos i\varphi \tag{59/1}$$

$$\sigma_t = -\frac{R}{s}\sum_{0}^{n} w_i \cos i\varphi \tag{59/2}$$

$$\tau = \frac{l/2 - x}{s}\sum_{l}^{n} i w_i \sin i\varphi \tag{59/3}$$

Die Formänderungsgleichung für die Verschiebung ω in der Radialrichtung liefert einen von 0 verschiedenen Wert, während er infolge des Zusammenhanges mit dem steifen Ring verschwinden muß. Der Membranzustand ist also an den Versteifungsringen gestört. Diese Randstörung klingt aber bald ab, so daß in geringer Entfernung von den Lagern die Membranspannungen gelten.

2.6.2.4. Durchlaufträger

Beim Durchlaufträger treten zu den Spannungen des einfachen Trägers noch die Einflüsse der Stützenmomente M_a und M_b hinzu (Abb. 2.17a). Im Querschnitt x-x entstehen Momente $M_x = \frac{M_a(l-x) + M_b x}{l}$ und Querkräfte $Q_x = \frac{M_b - M_a}{l}$, die zugehörigen Membranspannungen sind

$$\sigma_x = \frac{M_x}{W} \cos\varphi \tag{60/1}$$

$$\sigma_t = 0 \tag{60/2}$$

$$\tau = \frac{Q_x}{F} \sin\varphi \tag{60/3}$$

Die Stützenmomente sind dabei mit ihrem Vorzeichen einzusetzen.

2.6.2.5. Träger mit Zwischenringen

Zu den Membranspannungen, die im Rohr zwischen den Ringen *1* und *2*, deren gegenseitiger Abstand l' ist, auftreten, kommt noch der Einfluß der an den Stellen der Zwischenringe wirkenden Balkenmomente M_1 und M_2 hinzu (Abb. 2.17b). Die ihnen entsprechenden Membranspannungen, die nach (60) unter Berücksichtigung des Vorzeichens und Einführung von $l = l'$ zu berechnen sind, werden zu den der Belastung des Trägers von der Stützweite l' zugeordneten Membranspannungen addiert. Die größten Werte der Vergleichsspannung bei der Kombination verschiedener Belastungen sind durch Probieren zu ermitteln. Bei Windbelastung sind die Balkenmomente M_1 und M_2 aus $w = 0{,}7q$ (Winddruck im überkritischen Bereich) zu berechnen.

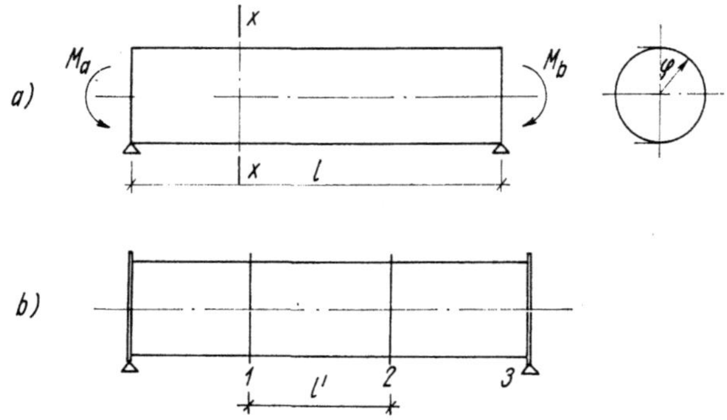

Abb. 2.17

2.6.3. Biegespannungen der Rohrschale

Auch die dünne Rohrschale kann sich unter der Belastung verformen, wobei Krümmungsänderungen und damit Verbiegungen sowohl der Längsstreifen als auch des Querschnittsringes eintreten. Die dadurch entstehenden Momente m_x und m_t sind um so größer, je größer das Verhältnis $\frac{s}{R}$ ist und je ungleichmäßiger die Belastung am Umfang verteilt ist. Das Eigengewicht ruft keine Momente in der Querrichtung hervor; auch beim vollgefüllten Rohr sind die Verformungen so klein, daß ihr Einfluß vernachlässigt werden kann. In diesen Fällen liefert die Membrantheorie ausreichend genaue Ergebnisse, die hinsichtlich der Längs- und Schubspannungen, wie aus (52) und (54) hervorgeht, mit der elementaren Trägerberechnung übereinstimmen.

Bei Windbelastung und mehr noch bei halbgefülltem Rohr entstehen beträchtlich große Verbiegungen und demzufolge Schnittkräfte, die in der Regel nicht mehr vernachlässigt werden können. Durch die Anordnung von schwächern Ringen zwischen den Versteifungen über den Auflagern können die Spannungen beträchtlich herabgesetzt werden. Auf die Behandlung dieser Probleme wird hier nicht näher eingegangen und dieserhalb auf das einschlägige Schrifttum verwiesen [31, 32][1].

[1] [32] enthält noch weitere ausführliche Schrifttumshinweise.

2.6.4. Berechnung der Versteifungsringe

Der Versteifungsring, der nach Abb. 2.18a—c gelagert sein kann, wird an seinem Innenrande durch Schubkräfte belastet. Bei der Berechnung, die mangels einer genauen Methode nur näherungsweise erfolgen kann, wird die Außermittigkeit des Angriffs der Schubkräfte am Hebelsarm e vernachlässigt und eine Verteilung der Schubspannungen nach

$$\tau = \frac{Q}{\pi R s} \sin \varphi \tag{61}$$

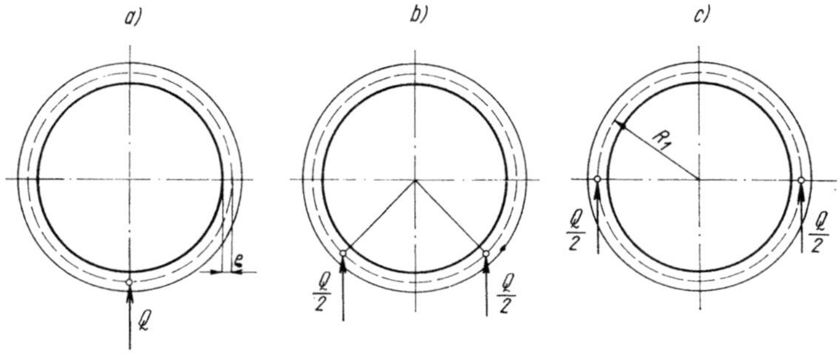

Abb. 2.18

angenommen. Zum wirksamen Ringprofil ist auch ein Teil des Rohrmantels in einer Breite zu rechnen, die gewöhnlich mit der 10fachen Wanddicke beiderseits des Versteifungsringes geschätzt wird (Abb. 2.19).

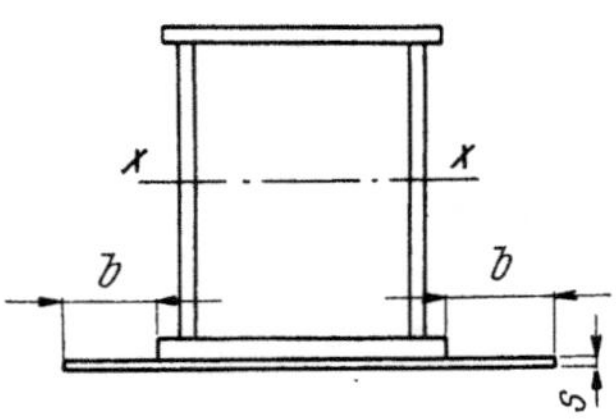

Abb. 2.19

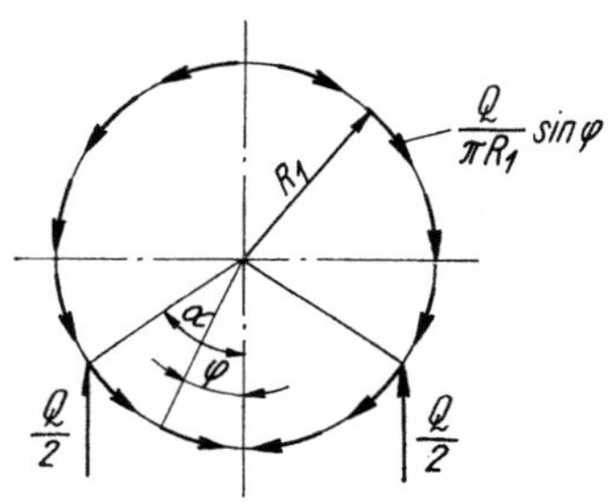

Abb. 2.20

In statischer Hinsicht ist der Versteifungsring als geschlossener Kreisträger anzusehen, der wegen seiner Form und der Symmetrie der Belastung zweifach statisch unbestimmt ist. Bei einer Unterstützung des Ringes nach Abb. 2.20 liefert die Berechnung des Ringes folgende Ausdrücke für die Momente und tangentialen Ringkräfte:

$\varphi = 0$ bis α

$$M = \frac{Q R_1}{2\pi} [1{,}5 - \cos^2 \alpha) \cos \varphi - (\pi - \alpha) \sin \alpha + \cos \alpha + \varphi \sin \varphi]$$

$$N = \frac{Q}{2\pi} \left[\varphi \sin \varphi - \cos \varphi \cos^2 \alpha - \frac{1}{2} \cos \varphi \right] \tag{62/1}$$

$\varphi = \alpha$ bis π

$$M = \frac{QR_1}{2\pi}[1{,}5 - \cos^2\alpha)\cos\varphi - (\pi - \varphi)\sin\varphi + \cos\alpha + \alpha\sin\alpha]$$

$$N = \frac{Q}{2\pi}\left[[(\varphi - \pi)\sin\varphi - \cos\varphi\cos^2\alpha - \frac{1}{2}\cos\varphi\right]. \qquad (62/2)$$

Bei einer Unterstützung nach Abb. 2.16c erhält man aus (62) mit $\alpha = \frac{\pi}{2}$

$\varphi = 0$ bis $\frac{\pi}{2}$

$$M = \frac{QR_1}{2\pi}\left[1{,}5\cos\varphi + \varphi\sin\varphi - \frac{\pi}{2}\right]$$

$$N = \frac{Q}{2\pi}\left[\varphi\sin\varphi - \frac{1}{2}\cos\varphi\right]. \qquad (63/1)$$

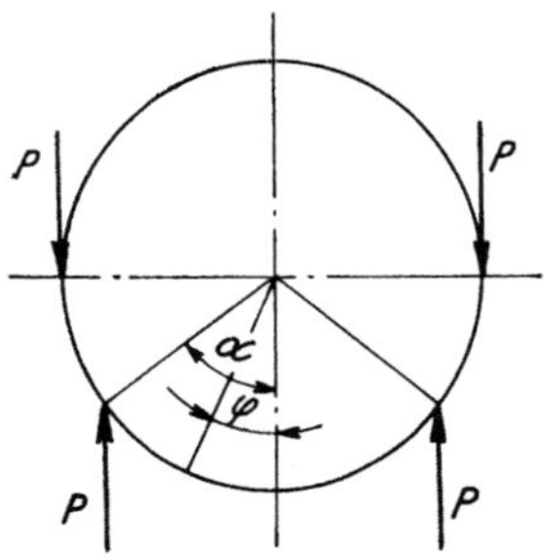

Abb. 2.21

$\varphi = \frac{\pi}{2}$ bis π

$$M = \frac{QR_1}{2\pi}\left[1{,}5\cos\varphi - \pi\sin\varphi + \varphi\sin\varphi + \frac{\pi}{2}\right]$$

$$N = \frac{Q}{2\pi}\left[(\varphi - \pi)\sin\varphi - \frac{1}{2}\cos\varphi\right] \qquad (63/2)$$

Die extremen Momente treten auf bei

$\varphi = 66°48'$ und $\varphi = 113°12'$ $\quad M = \pm\, 0{,}01456\, QR_1$

und $\varphi = \frac{\pi}{2}$ $\quad M = 0.$ (63/3)

Bei einer Belastung des Auflagerringes nach Abb. 2.21 ergibt die Berechnung folgende Momente und Ringkräfte[1]:

$\varphi = 0$ bis α

$$M = PR_1\left[0{,}3138(\cos\varphi\,\cos^2\alpha - \alpha\sin\alpha - \cos\alpha) + \sin\alpha - \frac{1}{2}\right]$$

$$N = P\,0{,}3183\cos\varphi\cos^2\alpha \qquad (64/1)$$

$\varphi = \alpha$ bis $\frac{\pi}{2}$

$$M = PR_1\left[0{,}3183(\cos\varphi\,\cos^2\alpha - \alpha\sin\alpha - \cos\alpha) + \sin\varphi - \frac{1}{2}\right]$$

$$N = P\,0{,}3183\cos\varphi\cos^2\alpha + \sin\varphi \qquad (64/2)$$

---

[1] Vgl. die Formelsammlung in [33].

$\varphi = \frac{\pi}{2}$ bis π

$$M = P R_1 \left[0{,}3183 (\cos\varphi \cos^2\alpha - \alpha \sin\alpha - \cos\alpha) + \frac{1}{2}\right]$$
$$N = P\, 0{,}3183 \cos\varphi \cos^2\alpha \,. \qquad (64/3)$$

Bei einer derartigen Belastung sind die nach (64) erhaltenen Momente und Längskräfte den Werten nach (62) zuzuzählen.

Bei den Auflagerringen des durch Eigengewicht oder Flüssigkeitsfüllung belasteten frei aufliegenden Trägers über zwei Stützen ist für die Querkraft $Q = \frac{1}{2} G$ einzusetzen, wenn G das Gewicht des leeren Rohres von der Länge l oder das Gewicht der Flüssigkeitsfüllung bezeichnet. Wirken in Zwischenringen noch Einzellasten, so ist obigem Werte noch die dieser Belastung entsprechende Auflagerkraft zuzuzählen. Beim Durchlaufträger ist der Stützendruck einzusetzen.

Die Belastung eines Zwischenringes durch $2P$ entspricht der Belastung nach Abb. 2.20 bzw. Abb. 2.18c verdreht um 180°; in den Ausdrücken für M und N nach (62) bzw. (63) ist $\frac{Q}{2}$ durch P zu ersetzen.

Sind die Auflagerringe in gleicher Weise zusätzlich belastet, tritt zu dieser Belastung noch die von Abb. 2.20 hinzu; die zugehörigen Momente und Längskräfte addieren sich.

Die vorstehende Berechnung ist nur solange gültig, als die Spannungen im Rohr durch die Membrantheorie annähernd genau wiedergegeben sind, also solange keine größeren Verformungen des Querschnitts auftreten. Diese Bedingung ist bei halbvoller Flüssigkeitsfüllung und unter ungünstigen Verhältnissen auch bei Windbelastung nicht erfüllt. Ebenso wie dann die Rohrberechnung verwickelter wird, gestaltet sich auch die Berechnung der Versteifungsringe schwieriger. Mit diesem Problem, das beim Entwurf waagrechter Flüssigkeitsbehälter auftritt, befaßt sich eingehend M. Esslinger [34].

Auf Grund von Arbeiten der russischen Forscher Vlasov und Immermann wurde die Tragfähigkeit der durch Ringe versteiften kreiszylindrischen Schale vom Institut für angewandte Mechanik der Witkowitzer Eisenwerke ausführlich behandelt und durch Ausarbeitung von Tabellen für die Schnittkräfte und Verformungen bzw. graphische Darstellung der Beiwerte in den zugehörigen Formeln für die praktische Anwendung zugänglich gemacht. Zahlreiche Versuche an Modellen bestätigten die Richtigkeit der Berechnungsweise [35].

2.6.5. Stabilitätsberechnung der Rohrwand

Die Längskräfte des querbelasteten Rohrträgers sind vom Winkel abhängig; um ihren Größtwert zu erhalten, müssen verschiedene Belastungen kombiniert werden. Die so ermittelten größten Spannungen müssen mit Sicherheit unter dem kritischen Werte bleiben, der nach der empirischen Formel (40) bestimmt werden kann. Da die Längsspannungen nicht gleichmäßig über den Rohrumfang verteilt sind und der Längsstreifen mit der größten Spannung σ_{max} vom benachbarten, weniger beanspruchten gestützt wird, könnte man versucht sein, den Beiwert k höher anzusetzen als bei mittigem Druck. Man darf aber nicht übersehen, daß bei Verwendung des dünnwandigen Rohres als waagrechter Träger mit größeren Anfangsverformungen des Querschnittes gerechnet werden muß als bei lotrechter Lage. Daher empfiehlt es sich nicht, den Beiwert k kleiner zu wählen. So haben beispielsweise Versuche an einem Rohr 1500 · 3 $k = 0{,}18$ ergeben [30].

2.7. Torsionsbelastung

Das als Freiträger nach Abb. 2.22 verwendete Rohr, an dessen freiem Ende ein Drehmoment M_d angreift, ist auf seiner ganzen Länge l durch Schubspannungen beansprucht

$$\tau = \frac{M_d}{W_d}. \tag{65}$$

Das Widerstandsmoment W_d gegen Verdrehen errechnet sich aus dem polaren Trägheitsmoment I_p nach

$$W_d = \frac{I_p}{R} = \frac{2I}{R} = 2\,W, \tag{66}$$

wobei I das äquatoriale Trägheitsmoment des Rohres und W das zugehörige Widerstandsmoment bezeichnen. Die größte Schubspannung darf $\tau_{zul} = 0{,}8\,\sigma_{zul}$ nicht überschreiten.

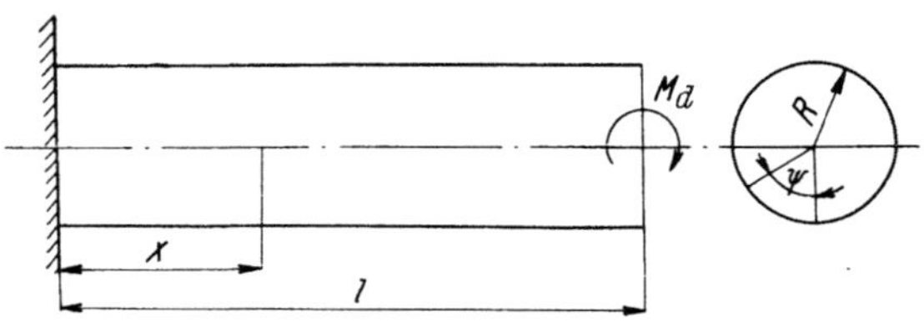

Abb. 2.22

Unter der in der Regel erfüllten Annahme, daß der Querschnitt auf der ganzen Länge sich nicht ändert, verdrehen sich zwei Querschnitte, die 1 cm voneinander entfernt sind, um den Winkel ϑ (Drillung), der mit dem Schubmodel G und Rohrträgheitsmoment I gegeben ist durch

$$\vartheta = \frac{M_d}{2GI}. \tag{67}$$

Bei einem Querschnittsabstand l ist der Drillwinkel

$$\psi = \vartheta l. \tag{68}$$

Wirkt M_d im Abstande $x = a$ vom Einspannende, so bleibt für $x > a$ der Drillwinkel $\psi = \vartheta a$ konstant. Bei mehren Momenten M_{di}, die in verschiedenen Abständen wirken, ist die Schubspannung im Einspannquerschnitt

$$\tau = \frac{1}{2W} \sum M_{di} \tag{65a}$$

und der Drillwinkel am freien Ende

$$\psi_1 = \frac{1}{2GI} \sum x_i M_{di}. \tag{68a}$$

Das kritische Drehmoment, das an einem beiderseits gelenkig gelagerten Stab angreift, ist von SCHWERIN abgeleitet worden [36].

$$M_{dkr} = \frac{\pi}{1-\mu} \frac{2EI}{l}\,[1]. \tag{69}$$

Die ursprünglich gerade Rohrachse geht beim Ausknicken durch Verdrehen in eine Schraubenlinie über.

Sowie bei mittigem Druck die Eulerlast nur für Schlankheitsgrade $\lambda \geq \pi \sqrt{\frac{E}{\sigma_P}}$ gilt, wobei σ_P die Spannung an der Proportionalgrenze bezeichnet, verlieren (65) und die zugehörige kritische Schubspannung

$$\tau_{kr} = \frac{M_{kr}}{2W} = \frac{\pi}{1-\mu} \frac{ER}{l} \tag{70}$$

ihre Gültigkeit, wenn keine Proportionalität zwischen der Schubspannung und dem Gleitmodul mehr besteht. Aus $\tau_{kr} \leq \tau_P$ folgt

$$\frac{l}{R} \leq \frac{\pi E}{(1-\mu)\tau_P}. \tag{70a}$$

Bei der Ableitung des kritischen Drehmomentes wurde vorausgesetzt, daß der Rohrquerschnitt steif ist, was bei dünnwandigen Rohren nicht immer zutrifft. In ähnlicher Weise wie für das mittig gedrückte Rohr läßt sich auch für Torsionsbelastung ein theoretischer, von der Rohrlänge unabhängiger Ausdruck der kritischen Schubspannung herleiten, der mit $W_d = 2\pi R^2 s$ lautet

$$\tau_{kr} = \frac{M_{dkr}}{W_d} = 0{,}583\,E \sqrt{\left(\frac{s}{R}\right)^3}. \tag{71}$$

Dabei ist auf die Genauigkeit der Herstellung keine Rücksicht genommen. Die Ungenauigkeiten zeigen sich hauptsächlich als ursprüngliche örtliche Einbeulungen, die die kritische Spannung herabsetzen. Ähnlich wie bei der kritischen Längsspannung der mittigen Druckbelastung läßt sich die kritische Schubspannung infolge Verdrillung in einer dem theoretischen Wert (71) nachgebildeten Form darstellen:

$$\tau_{kr} = kE \sqrt{\left(\frac{s}{R}\right)^3}. \tag{72}$$

[1] Vgl. bei [20], S. 62.

Dabei kann nach ROARK [33] bei langen Rohren mit gelenkig, radial frei beweglicher Stützung der Längsstreifen des Rohrmantels

$$k = 0{,}272 \sqrt[4]{\frac{1}{1-\mu^2}} = 0{,}291$$

angenommen werden. Bei kurzen Rohren mit $\frac{l}{R} < 5$ ist

$$\tau_{kr} = E\left[0{,}1\,\frac{s}{R} + 5\left(\frac{s}{l}\right)^2\right]. \tag{72a}$$

Ausbeulen tritt nicht ein, wenn $\tau_{kr} > \tau_F$

2.8. Kombinierte Belastung

Ist die Stabilität des Rohrmantels durch ein hinreichend großes Verhältnis $\frac{s}{R}$ gesichert oder sind bei dünnwandigen Rohren die Querschnittsverformungen infolge der Querbelastung so gering, daß sie vernachlässigt werden können, addieren sich die Spannungen gleicher Art der kombinierten Belastung und die Vergleichsspannung

$$\sigma_v = \sqrt{\sigma_x^2 + \sigma_t^2 - \sigma_x\sigma_t + 3\tau^2} \lesseqgtr \sigma_{\text{zul}} \tag{73}$$

muß mit Sicherheit unter der Streckgrenze bleiben. Bei dünnwandigen Rohren kommt noch der Stabilitätsnachweis hinzu. Tritt bei der kombinierten Belastung eine Längskraft N und ein Moment M auf, muß die Längsspannung folgende Bedingung erfüllen:

$$\sigma_x = \frac{N}{F} + \frac{M}{W} = \frac{\sigma_{kr}}{\nu}. \tag{74}$$

Wie bereits erwähnt, ist bei der Ermittlung der kritischen Längsspannung des waagrechten querbelasteten Trägers der Beiwert k nicht größer zu wählen als bei mittigem Druck. Beim lotrechten Träger steigt die kritische Längsspannung mit zunehmendem Verhältnis $\frac{M}{N}$ derart, daß bei reiner Biegung k um 20% höher gewählt werden kann.

Bei gleichzeitigem Auftreten von Längs- und Schubspannungen muß die Bedingung

$$\nu\left(\frac{\sigma_x}{\sigma_{kr}} + \frac{\tau}{\tau_{kr}}\right) \lesseqgtr 1 \tag{74a}$$

erfüllt sein, wobei ν die Sicherheit laut Norm ist, σ_{kr} nach (40) bei Beachtung des Vorstehenden hinsichtlich der Wahl von k und τ_{kr} nach (72) zu berechnen sind.

Für den in Abschnitt 2.6 nicht näher behandelten Fall dünnwandiger Rohre, bei denen durch die Querbelastung größere Querschnittsverformungen auftreten, ist die Vergrößerung der Längsspannungen zu berücksichtigen.

2.9. Gekrümmte Rohre

Das krumme Rohr kann eben oder räumlich gekrümmt sein. In der Regel handelt es sich um Rohre, die als gerade Träger nach der elementaren Biegetheorie berechnet werden können, bei denen also im belasteten geraden Träger keine Veränderung des Kreisringquerschnitts eintritt. Trotzdem unterscheiden sich die Spannungs- und Formänderungsberechnung wesentlich von der des geraden Trägers.

2.9.1. Spannungsberechnung

Abweichend vom geraden Träger wird die Spannung im belasteten gekrümmten Träger, auch bei statisch bestimmter Lagerung, durch die Formänderungen beeinflußt. Diese Wirkung steigt mit zunehmendem Verhältnis des Rohrhalbmessers r zum Krümmungshalbmesser R. Die Berechnung gestaltet sich aber verschieden bei Annahme unveränderter Kreisringform des Querschnitts und bei Berücksichtigung der Querschnittsverformung.

2.9.1.1. Annahme unveränderter Querschnittsform

Beim schwachgekrümmten Rohr kann man, wie beim geraden Träger, eine lineare Spannungsverteilung über den Querschnitt annehmen. Die zur Belastung durch eine Längskraft N und ein Moment M gehörige Spannung ist dann

$$\sigma = \frac{N}{F} + \frac{M}{I} y, \tag{75}$$

wenn F und I Fläche und Trägheitsmoment des Querschnitts, y den Abstand von der Rohrachse bezeichnen. Mit dem Widerstandsmoment W sind die Größtwerte

$$\sigma_{\max} = \frac{N}{F} \pm \frac{M}{W}. \tag{75a}$$

Die folgenden Untersuchungen werden zeigen, bis zu welchem Verhältnis $\frac{s}{r}$ diese Art der Spannungsberechnung zulässig ist.

Bei stärkerer Krümmung trifft die Annahme einer linearen Spannungsverteilung nicht mehr zu. Zwar bleibt die gleichmäßige Verteilung der Längskraft N unverändert, der vom Biegemoment M herrührende Spannungsverlauf aber ist hyperbolisch. Die neutrale Achse verschiebt sich in der Richtung zum Krümmungsmittelpunkt; die größte Biegespannung tritt immer an der Innenseite der Krümmung auf, wobei ihr Vorzeichen sich nach dem des Momentes richtet. Bezeichnen (Abb. 2.23)[1]

R den Krümmungshalbmesser der Rohrachse,

R_1 den Krümmungshalbmesser der neutralen Achse,

y den Radialabstand eines Querschnittpunktes von der neutralen Achse,

u den Radialabstand der neutralen von der Rohrachse,

[1] In der Abbildung ist $d\varphi$ durch α zu ersetzen.

und betrachten wir zwei Querschnitte senkrecht zur Rohrachse, die im unbelasteten Zustande einen Winkel α einschließen, so ändert sich dieser Winkel bei der Belastung um $\Delta\alpha$ und die Verkürzung der Faser mit der ursprünglichen Länge $y\alpha$ beträgt $y \cdot \Delta\alpha$. Die spezifische Verkürzung ist

$$\varepsilon_x = -\frac{y}{R_1+y}\frac{\Delta\alpha}{\alpha} \tag{76}$$

und die bezügliche Biegespannung

$$\sigma_x = E\,\varepsilon_x = -E\frac{y}{R_1+y}\frac{\Delta\alpha}{\alpha}. \tag{76a}$$

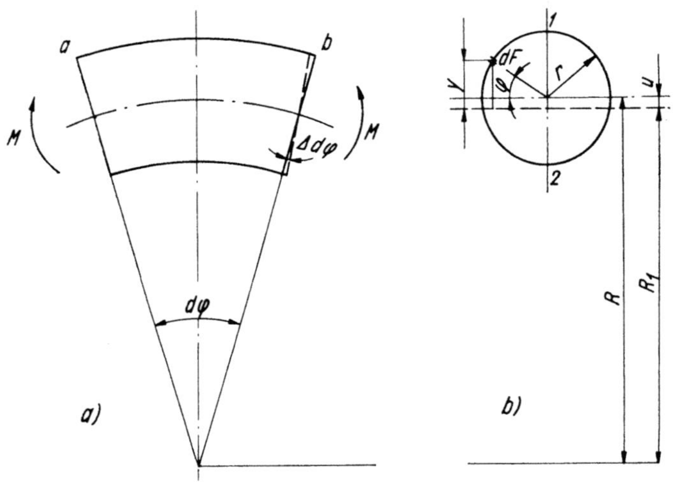

Abb. 2.23

Aus den Gleichgewichtsbedingungen[1]

$$\int_0^{2\pi} \sigma_x dF = 0 \tag{77/1}$$

$$\int_0^{2\pi} \sigma_x y\, dF = M \tag{77/2}$$

folgt mit Einsetzen von $R_1 = R - u$, $y = u + r\sin\varphi$ und $dF = rs\,d\varphi$ aus (77/1)

$$\int_0^{2\pi} \frac{y}{R_1+y}\,dF = \int_0^{2\pi} \frac{u + r\sin\varphi}{R_1 + r\sin\varphi}\,d\varphi =$$

$$= \frac{u}{R_1}\int_0^{2\pi} \frac{d\varphi}{1+\frac{r}{R}\sin\varphi} + \frac{r}{R}\int_0^{2\pi} \frac{\sin\varphi}{1+\frac{r}{R}\sin\varphi}\,d\varphi = 0$$

[1] Vgl. Timoshenko [14].

und daraus

$$u = -r \frac{\int\limits_0^{2\pi} \frac{\sin\varphi \, d\varphi}{1 + \frac{r}{R}\sin\varphi}}{\int\limits_0^{2\pi} \frac{d\varphi}{1 + \frac{r}{R}\sin\varphi}}. \tag{78}$$

Die Integrale im Zähler und Nenner lassen sich in rasch konvergierende Reihen entwickeln. Bei der Integration verschwinden alle Glieder, die $\cos\varphi$ enthalten. Mit Vernachlässigung der höhern Potenzen von $\frac{r}{R}$ erhalten wir

$$u = -r \frac{\frac{r}{R}\left[\frac{1}{2} + \frac{3}{8}\left(\frac{r}{R}\right)^2 + \frac{5}{16}\left(\frac{r}{R}\right)^4 + \cdots\right]}{1 + \left(\frac{r}{R}\right)^2\left[\frac{1}{2} + \frac{3}{8}\left(\frac{r}{R}\right)^2 + \frac{5}{16}\left(\frac{r}{R}\right)^4 + \cdots\right]} = \varrho \cdot r. \tag{79}$$

Das Integral in (77/2) lautet in vereinfachter Form

$$\int \frac{y^2}{R_1 + y} \, dF = \int y \, dF - R_1 \int \frac{y}{R_1 + y} \, dF. \tag{80}$$

Das erste Integral ist das auf die neutrale Achse bezogene statische Moment des Querschnitts: $F \cdot u$; das zweite Integral verschwindet, so daß

$$E \frac{\Delta\alpha}{\alpha} = \frac{M}{Fu} \tag{81}$$

und die Längsspannung nach (76a) ist mit $y = u + r\sin\varphi$

$$\sigma_x = -\frac{M}{Fu}\frac{y}{R_1 + y}, = -\frac{M}{\varrho F}\frac{\varrho + \sin\varphi}{R_1 + r(\varrho + \sin\varphi)}. \tag{82/1}$$

Die Randspannungen erhalten wir für $\frac{\pi}{2}$ und $\frac{3\pi}{2}$

$$\sigma_1 = -\frac{M}{\varrho F}\frac{1 + \varrho}{R_1 + r(1 + \varrho)} \tag{82/2}$$

$$\sigma_2 = +\frac{M}{\varrho F}\frac{1 - \varrho}{R_1 - r(1 - \varrho)}. \tag{82/3}$$

Die Auswertung des Ausdruckes für ϱ ist in Tab. 9 zusammengestellt.

Tabelle 9

$\frac{r}{R}$	0,5	0,4	0,3	0,2	0,1	< 0,1
ϱ	0,26588	0,20810	0,15279	0,10102	0,05013	$\frac{r}{2R}$

2.9.1.2. Berücksichtigung der Querschnittsverformung

Bereits im Jahre 1910 konnte BANTLIN [37] über Versuche an Ausgleichsrohren berichten, bei denen die gemessene Deformation vier- bis fünfmal größer war als der Wert, der bei der damals bekannten Berechnungsart gekrümmter Träger auf Biegung gefunden wurde. Das veranlaßte KÁRMÁN [38], sich näher mit diesem Problem zu befassen. Auf Grund des Satzes von der kleinsten Formänderungsarbeit leitete er durch Iteration die Beziehung zwischen Moment und Verformung ab und bestimmte Größe und Verteilung der Spannung im Querschnitt des dünnwandigen Rohres.

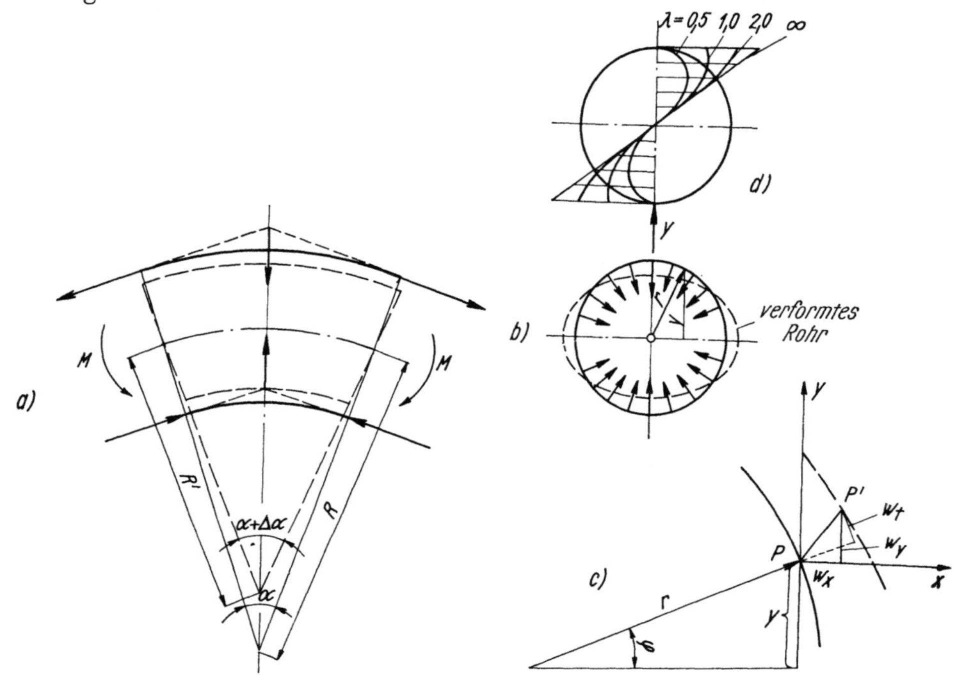

Abb. 2.24

Aus Abb. 2.24, in dem das Moment M so wirkt, daß es die Krümmung vergrößert, geht hervor, daß infolge der Längsspannung σ_x eine radial nach innen gerichtete Kraft entsteht, die den Querschnitt abplattet. Dadurch verschiebt sich der Punkt P (Abb. 2.24c) waagrecht um w_x und lotrecht um w_y in die neue Lage P'; die zugehörige tangentielle Verschiebung ist w_t. Für die spezifische Verlängerung der Längsfaser im Querschnittspunkt P findet KÁRMÁN:

$$\varepsilon_x = \frac{1}{R}\left(\frac{\Delta\alpha}{\alpha}\, r \sin\varphi + w_t \cos\varphi - \frac{d w_t}{d\varphi} \sin\varphi\right). \tag{83}$$

Mit der ersten Annäherung für die tangentielle Verschiebung

$$w_t = c \sin 2\varphi \tag{84}$$

fand er weiter aus der kleinsten Formänderungsarbeit

$$c = \frac{3}{5 + 6\lambda^2}\, r\, \frac{\Delta\alpha}{\alpha}, \tag{85}$$

wobei $\lambda = \frac{sR}{r^2}$ ist.

Setzt man diesen Wert in den Ausdruck für die Formänderungsarbeit ein, so liefert deren Kleinstwert in der Gleichsetzung mit $\frac{M}{2}\frac{\Delta\alpha}{R\alpha}$ die folgende Beziehung zwischen dem Biegemoment M und der Winkeländerung

$$M = EI\, \frac{\Delta\alpha}{R\alpha}\left[1 - \frac{9}{10 + 12\lambda^2}\right] \tag{86}$$

an Stelle von $M = EI\, \frac{\Delta\alpha}{R\alpha}$ der üblichen Biegetheorie. Diese Beziehungen unterscheiden sich durch den Beiwert

$$\varkappa = 1 - \frac{9}{10 + 12\lambda^2} = \frac{1 + 12\lambda^2}{10 + 12\lambda^2}. \tag{87}$$

Mit der ersten Annäherung für w_t nach (84), die für $\lambda \geq 0{,}3$ ausreichend ist, erhält Kármán schließlich für die Dehnung der Längsfaser

$$\varepsilon_x = \frac{\Delta\alpha}{\alpha}\,\frac{y}{R}\left[1 - \frac{6}{5 + 6\lambda^2}\left(\frac{y}{r}\right)^2\right] \tag{88}$$

und mit $\frac{\Delta\alpha}{r\alpha} = \frac{M}{\varkappa EI}$ die zugehörige Längsspannung

$$\sigma_x = -\frac{My}{\varkappa I}\left[1 - \frac{6}{5 + 6\lambda^2}\left(\frac{y}{r}\right)^2\right]. \tag{89}$$

Diese Spannung hat in einem Abstande von der neutralen Achse

$$y = \pm r\sqrt{\frac{5 + 6\lambda^2}{18}} \tag{90}$$

ihren Größtwert

$$\sigma_{\max} = k\,\frac{M}{W}$$

mit (91)

$$k = \frac{2}{3\varkappa}\sqrt{\frac{5 + 6\lambda^2}{18}}.$$

Die Randspannungen errechnen sich aus (89) mit $y = \pm r$ zu

$$\sigma = \mp\, k_1\,\frac{M}{W}$$

mit (92)

$$k_1 = \frac{1}{\varkappa}\left[1 - \frac{6}{5 + 6\lambda^2}\right].$$

Die Beiwerte in den Formeln (87), (90), (91) und (92) sind in Tab. 10 zusammengestellt.

Tabelle 10

λ	0,5	0,8	1,0	$\sqrt{13/6}$	2,5	5,0
$\varkappa$	0,308	0,491	0,591	0,750	0,894	0,998
$\sqrt{\frac{5+6\lambda^2}{18}}$	0,601	0,701	0,782	1,000	1,537	2,934
k	1,302	0,952	0,882	0,889	—	—
k_1	0,025	0,634	0,770	0,889	0,960	0,972

Der Verlauf der Spannungen σ_x ist für verschiedene λ in Abb. 2.24d dargestellt. Aus (90) folgt $y = \pm r$ für $\lambda^2 = {}^{13}/_6$. Für $\lambda^2 > {}^{13}/_6$ ist $\sigma_{\max}$ nicht reell. die Randspannung nach (92) ist maßgebend.

Bei $\lambda < 0{,}3$ muß für die tangentielle Verschiebung eine zweite Annäherung eingeführt werden

$$w_t = c_1 \sin 2\varphi + c_2 \sin 4\varphi\,. \tag{93}$$

Dafür leitet Kármán einen verbesserten Wert für $\varkappa$ ab:

$$\varkappa = \frac{3 + 536\lambda^2 + 4800\lambda^4}{105 + 4136\lambda^2 + 4800\lambda^4}\,.^{1} \tag{94}$$

Aus Tab. 10 ist ersichtlich, daß bei $\lambda = 4$ bis 6 die Querschnittsabplattung vernachlässigt werden kann. Bei nahtlosen Rohren mit Normalwand $\left(\frac{s}{r} = 0{,}04\right.$ bis $\left.0{,}06\right)$ wird dieses Verhältnis erst bei einer Krümmung mit $\frac{R}{r} = 100$ erreicht. Bei einer solchen Krümmung ist auch nach Tab. 9 die Verschiebung u der neutralen Achse vernachlässigbar klein, so daß die Spannungen wie beim geraden Träger berechnet werden können.

2.9.2. Formänderungsberechnung

Zur Berechnung statisch unbestimmt gelagerter Rohrträger ist die Kenntnis ihrer Formänderungen erforderlich. Solange die Spannungen durch die Krümmung nur unwesentlich beeinflußt werden, bei $\frac{r}{R} < 0{,}1$, und die Querschnittsform sich nur unbedeutend ändert, bei $\lambda > 5$, werden sie wie beim geraden Träger beliebigen Querschnitts berechnet. Für den durch ein Moment M und eine Längskraft N beanspruchten Träger gilt

$$\left.\begin{matrix} E\delta \\ E\omega \end{matrix}\right\rangle = \int \frac{M M_1}{I}\,ds + \frac{N N_1}{F}\,ds, \tag{95}$$

[1] Nach Klöppel und Friemann können die Kármánschen $\varkappa$-Ausdrücke auch verwendet werden, wenn die Rohre rechtwinklich zu ihrer Krümmungsebene belastet werden.

wobei nach Abb. 2.25 bezeichnen

δ Verschiebung des Querschnittspunktes m in der Richtung T,

ω Verdrehung des Querschnitts,

M, N Moment, Längskraft im Querschnitt x-x,

M_1, N_1 Moment, Längskraft im Querschnitt x-x des statisch bestimmten Grundsystems infolge
- der Last l im Punkte m in der Richtung T
- des Momentes 1, das im Querschnitt m wirkt

I, F Trägheitsmoment, Fläche des Querschnitts x-x.

Aus dem Vergleich der für die elementare Biegetheorie gültigen Beziehung $M = EI \frac{\Delta\alpha}{R\alpha}$ mit dem Ausdruck $M = EFu \frac{\Delta\alpha}{\alpha}$ nach (81) geht hervor, daß das Trägheitsmoment durch $F \cdot u\, R$ ersetzt ist. Dieser Wert ist für I in (95) einzusetzen, wenn die Verhältnisse $\frac{r}{R} > 0{,}1$ und $\lambda > 5$ sind.

Bei dünnwandigen Rohren ist oft die Bedingung $\lambda > 5$ nicht erfüllt. Wie aus dem Vergleich von $M = EI \frac{\Delta\alpha}{R\alpha}$ mit dem Ausdruck (86) hervorgeht, ist dann das Trägheitsmoment I durch $\varkappa I$ zu ersetzen; die Fläche F bleibt ungeändert.

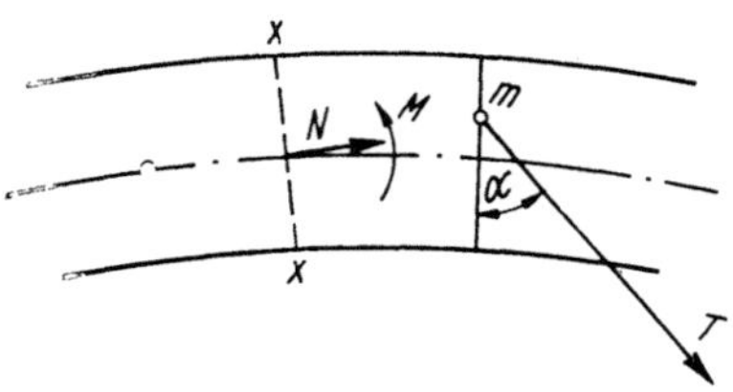

Abb. 2.25

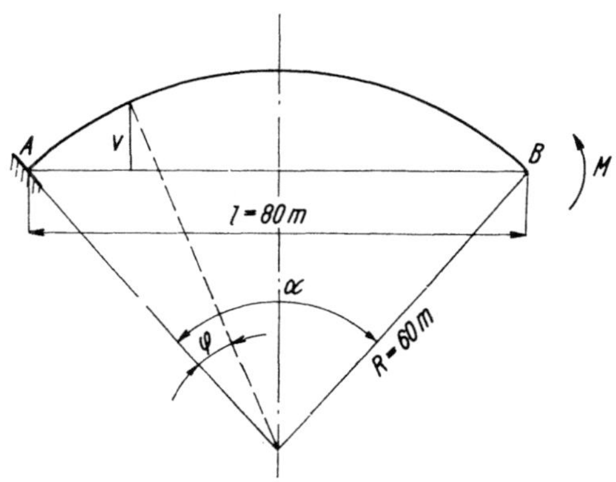

Abb. 2.26

2.9.3. Beispiel

(Abb. 2.26)

Für einen Bogen aus einem Großrohr 1200 · 12 mit einer Spannweite $l = 60$ m und einem Krümmungsradius $R = 60$ m, der am Ende A eingespannt, am Ende B nicht unterstützt ist, sind die waagrechte Verschiebung in B und die Verdrehung dieses Endquerschnitts infolge eines am freien Ende angreifenden Momentes M zu bestimmen. Diese Belastung ruft im Bogen konstante Momente M hervor; die Längskraft $N = 0$. Die der waagrechten Kraft 1 im Querschnitt B entsprechenden Schnittkräfte sind $M_1 = -y$ und $N_1 = \cos\left(\varphi - \frac{\alpha}{2}\right)$.

$$60 \sin \frac{\alpha}{2} = 40$$

$$\sin \frac{\alpha}{2} = \frac{2}{3} \dots \frac{\alpha}{2} = 41^\circ 49' \dots \alpha = 83^\circ 38'$$

$$\lambda = \frac{1{,}2 \cdot 6000}{60^2} = 2 \dots \varkappa = 0{,}845$$

$$I = \pi \cdot 1{,}2 \cdot 60^3 = 814300 \text{ cm}^4$$

$$E \varkappa I \delta = M \int_{-\frac{\alpha}{2}}^{+\frac{\alpha}{2}} y \, \mathrm{d}s = M R^2 \int_{-\frac{\alpha}{2}}^{+\frac{\alpha}{2}} \left(\cos \varphi - \cos \frac{\alpha}{2}\right) \mathrm{d}\varphi =$$

$$= M R^2 \left[2 \sin \frac{\alpha}{2} - \alpha \cos \frac{\alpha}{2}\right] = 0{,}25292 \cdot 36^2 \cdot 10^6 \cdot M$$

$$\delta = 6{,}301 \cdot 10^6 \cdot M \,.$$

Das Moment 1 im Querschnitt B ruft im Bogen ein konstantes Moment $M_1 = 1$ hervor; $N_1 = 0$. Damit ist

$$E \varkappa 814300 \, \omega = M \int_{-\frac{\alpha}{2}}^{+\frac{\alpha}{2}} ds = M R \alpha .$$

$$\omega = \frac{6 \cdot 10^3 \cdot 1{,}44968}{1445{,}10^9} \qquad M = 0{,}602 \cdot 10^8 \cdot M \,.$$

3. Rohrverbindungen und ihre Berechnung

3.1. Verbindungsarten im allgemeinen

3.1.1. Ausführung

Rohrleitungen und Rohrkonstruktionen, die beiden Anwendungsgebiete des allgemeinen Stahlrohrbaues, wo Rohre zusammengesetzt werden müssen, unterscheiden sich grundsätzlich in der Beanspruchung ihrer Verbindungen. Bei den Leitungsrohren, die hauptsächlich durch den Innendruck des Durchflußmediums beansprucht werden, müssen die Verbindungen dicht sein. Dieser einfachen Forderung entspricht bei unterirdisch verlegten Leitungen bereits die Stemmverbindung. Längskräfte, wie sie bei geschlossenen oberirdisch verlegten Leitungen auftreten, werden durch eine Flansch- oder Gewindeverbindung aufgenommen, die natürlich auch dicht sein muß. Am vorteilhaftesten aber erweist sich immer mehr die Schweißverbindung. Auf die verschiedenen Arten der Rohrleitungsverbindungen wird hier nicht eingegangen; darüber besteht ein umfangreiches Schrifttum. Ebenso wird hinsichtlich der Verbindungen der auf Außendruck beanspruchten Bohrrohre auf die Veröffentlichungen der Rohrwerke und das sonstige Fachschrifttum verwiesen.

Abb. 3.1

Wir beschränken uns auf die Verbindungen der Stahlrohrkonstruktionen. Hier sind die Rohre in der Regel leer und die Verbindungen werden durch die in den Rohren wirkenden Kräfte auf Zug, Druck, Biegung oder Torsion beansprucht. Gegenüber dem allgemeinen Stahlbau sind im Stahlrohrbau die Verbindungen durch das Fehlen von ebenen Anschlußflächen charakterisiert.

Zur Übertragung von Längskräften bei Rohrverlängerungen und Rohrstößen wurde anfänglich nur die Gewindeverbindung angewandt. Bei einer Verstärkung der Gewinderohre blieb der Außendruchmesser ungeändert. Die Länge der Außenmuffe ist genormt entsprechend der Tragkraft des Gewinderohres im Kernquerschnitt. Im Stahlrohrbau kann die Außenmuffe auch ersetzt werden durch ein starkwandiges Rohr oder einen Rundstahl mit einem Außengewinde von einer Länge, die der Tragkraft des verlängerten Gewinderohres entspricht.

Das Nieten eignet sich nicht für den Stahlrohrbau. Versuche mit Innennietung von Rohren, die vor dem zweiten Weltkrieg im ehemaligen Werk Komotau der

Mannesmannröhren-Werke vorgenommen wurden, waren zwar erfolgreich, erwiesen aber die Unwirtschaftlichkeit des Verfahrens. Einige wenige Rahmenmaste zeugen noch von den damaligen vergeblichen Bestrebungen (Abb. 3.1). U-Stähle als Riegel sind mit einfachen Schellen aus Flachstählen verschraubt, die durch Innennietung an die Stiele angeschlossen sind.

Schrauben werden hauptsächlich bei zerlegbaren oder Montageverbindungen — Stöße oder Anschlüsse — verwendet, manchmal in Verbindung mit Schweißen. Wird die Einspannung des Rohrtragwerks nicht durch Einbetonieren vorgenommen, dienen Schrauben zur Verankerung im Fundament; auch die Unterteile von festen und beweglichen Lagern werden durch Schrauben in ihrer Lage gesichert.

Das Schweißen erst erleichterte die Herstellung von Rohrverbindungen und öffnete den Weg zur Entwicklung des Stahlrohrbaus. Durch Schweißen konnten mehr als zwei Rohre in einem Punkte zusammengeführt und Knoten von ebenen und räumlichen gegliederten Tragwerken ausgeführt werden, die das Hauptelement der Stahlrohrkonstruktionen bilden.

3.1.2. Berechnung

Die Kräfte, die in den zu einer Verbindung gehörenden Rohren wirken, beanspruchen auch die Verbindung selbst. Während aber der Spannungsverlauf im einzelnen Rohr auch bei kombinierter Belastung verhältnismäßig einfach ist und leicht bestimmt werden kann, ist er bei einer Rohrverbindung verwickelter. Noch in einiger Entfernung von der Verbindung besteht der einfache Spannungszustand, in der Verbindung selbst aber und in ihrer Nähe treten Spannungsspitzen auf, die die Tragkraft ungünstig beeinflussen und bei dynamischer Belastung zur Bruchursache werden können. Der Konstrukteur muß deshalb bestrebt sein, diese Spannungsspitzen zu vermindern. Am leichtesten kann dieser Forderung bei Rohrstößen durch geeignete Wahl der Ausführung entsprochen werden. Während bei Gewindeverbindung, bei geschraubten und genieteten Stößen sowie bei geschweißten Stößen mit Kehlnähten Spannungsspitzen auch bei rein achsialer Belastung entstehen, gewährleistet der geschweißte Stumpfstoß einen ungestörten Spannungsfluß; die Güte der Verbindung wird nur durch die Güte der Schweiße beeinflußt.

Bei den Anschlüssen, namentlich den Knoten gegliederter Träger, können mehr oder weniger plötzliche Änderungen im Spannungsverlauf nicht vermieden werden. Hier bleibt nur die Möglichkeit, durch geeignete Wahl der Verbindungsart die Güte der Verbindung zu beeinflussen. Es ist aber kaum möglich, allgemein gültige Kriterien für diese Güte festzulegen. Man kann wohl den Einfluß verschiedener Faktoren, Verhältnis der Durchmeser der angeschlossenen Rohre zum Durchmesser des durchlaufenden Rohres, Wanddicke des durchlaufenden Rohres oder Anschlußwinkel einzeln aus Versuchen feststellen, die Beurteilung ihrer Kombination aber bereitet Schwierigkeiten. (Vgl. die späteren Ausführungen über den Gütegrad.)

Für die Berechnung der Rohrverbindungen im Hochbau gelten im allgemeinen die Vorschriften für geschweißte Stahlhochbauten DIN 4100, denen in Österreich B 4600, 2. Teil, in der DDR TGL 13500 entsprechen. Auch für die Verbindungen ohne Knotenbleche sind in verschiedenen Ländern Vorschriften entwickelt worden, die zum Teil wesentlich voneinander abweichen. Diese zusätzlichen oder Sondervorschriften haben nicht überall amtlichen Charakter, sondern basieren auf den Erfahrungen längerer Praxis. Sofern solche Stahlrohrbauten nur von Werken erstellt werden, die über einen Stab von erfahrenen Schweißern verfügen und die Bauten von Fachleuten entworfen werden, ist dagegen nichts einzuwenden. Wenn diese Bedingungen aber nicht erfüllt sind, sollten amtliche Vorschriften zwischen allgemein zulässigen und zulassungspflichtigen Spannungen unterscheiden. DIN 4115 enthält die Richtlinien hierfür.

3.2. Verlängerung und Stöße

Wie die Rohre können auch ihre Stöße durch Längskräfte, Biegungs- oder Drehmomente beansprucht werden. Die verschiedenen Ausführungen sind nicht in gleicher Weise geeignet, diese Belastungen aufzunehmen.

3.2.1. Schrumpfverbindung

Die Schrumpfverbindung ist die älteste und einfachste Art des Rohrstoßes. Sie dient zur Verlängerung von Rohren gleichen oder ungleichen Durchmessers und kann nur Biegungsmomente aufnehmen; nur bei ovalen oder elliptischen Rohren können Drehmomente übertragen werden.

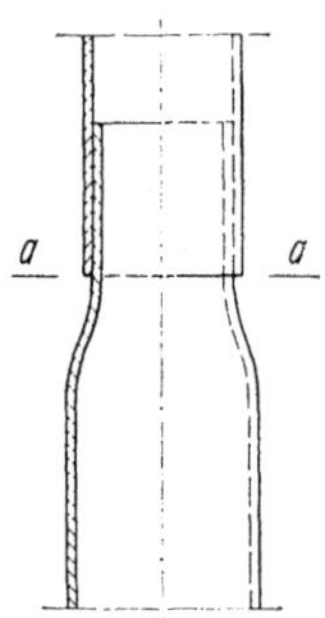

Abb. 3.2

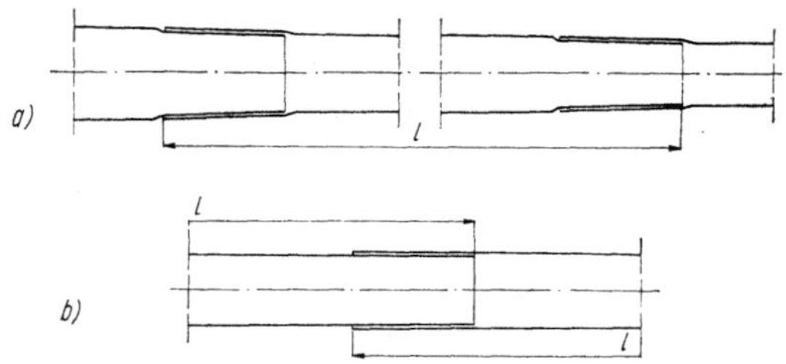

Abb. 3.3

Das in der Regel größere Rohr wird an einem Ende auf einen Durchmesser eingezogen, der nur wenig größer ist als der Innendurchmesser des andern (kleinern) Rohres (Abb. 3.2). Das Ende dieses Rohres wird warm auf das kalte eingezogene Ende des größeren Rohres aufgeschrumpft. Die ineinander gesteckten Rohrenden müssen kalibriert sein.

Die Schrumpfwirkung, das Aufeinanderpressen der beiden Rohrenden, kann auch auf kaltem Wege erzielt werden. Das eine Ende des zylindrischen Rohres wird konisch eingezogen, das andere konisch aufgeweitet (Abb. 3.3a). Das Aufeinanderstecken erfolgt durch achsialen Kraftaufwand. In gleicher Weise können auch konische Rohre verbunden werden (Abb. 3.3b). Die Konizität der aufeinanderfolgenden Rohre wird so gewählt, daß sich die erforderliche Verbindungslänge ergibt.

Die Bemessung auf Biegung muß so erfolgen, daß am Ende des aufgesteckten Rohres die Biegespannung im eingezogenen Ende des andern Rohres die zulässige Beanspruchung nicht überschreitet. Dieselbe Bedingung ist auch bei ovalen konischen Rohren für Biegung in den Ebenen der beiden Hauptachsen zu erfüllen. Diese Verbindung kann in gleicher Weise wie das Rohr auch Verdrehungsmomente aufnehmen bzw. übertragen.

3.2.2. Gewindeverbindung

3.2.2.1. Ausführung

Die Gewindeverbindung ist zerlegbar; sie wird, abgesehen von den hier nicht behandelten Bohrrohren, im Bauwesen für den Stoß des Zugbandes von Bogen- und Rahmentragwerken und ausnahmsweise des Zugorgans bei vorgespannten Konstruktionen verwendet. Zur Übertragung von Zugkräften eignet sich ein gleichseitiges Trapezgewinde. Dieses für Vollmaterial genormte Gewinde hat gegenüber dem normalen Rohrgewinde eine verhältnismäßig große Gewindetiefe, so daß das Rohr, wenn seine Tragkraft ausgenützt werden soll, im Bereich

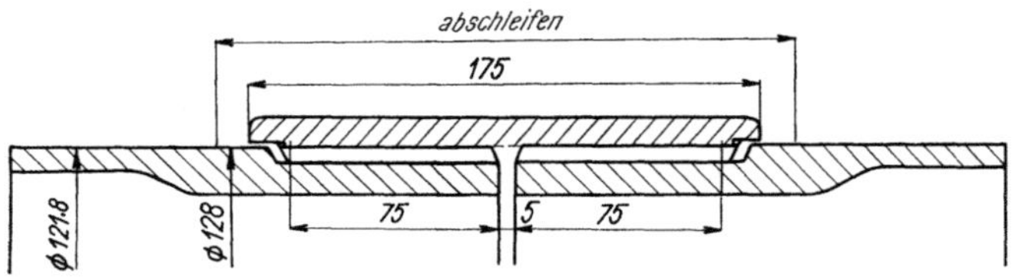

Abb. 3.4

des Gewindes durch Anstauchen der Enden verstärkt werden muß. Diese Verstärkung wird in der Regel nach innen gelegt (Abb. 3.4). Um diese teuere Anarbeitung zu vermeiden, empfiehlt es sich, ein Gewinde gleichen Profils, jedoch verminderter Gewindetiefe und zugehöriger Ganghöhe zu wählen, wie in ähnlicher Weise das normale Rohrgewinde aus dem Normalgewinde entwickelt wurde

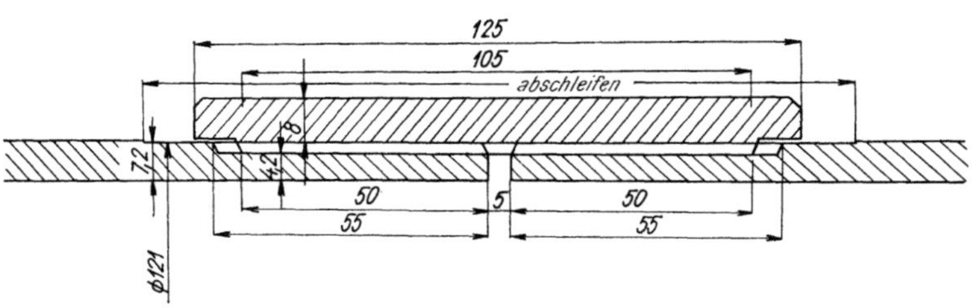

Abb. 3.5

(vgl. DIN 11 und DIN 259). Beispielsweise wählt man bei einem glatten Rohr ⌀ 89,8 bis 121,8 eine Gewindetiefe von 2,5 mm und eine Ganghöhe von 5 mm. Der Gewindedurchmesser soll dabei dem Außendruchmesser des glatten Rohres unter Berücksichtigung der Durchmesserabweichung entsprechen. Die für die Übertragung der Längskraft erforderliche Gewindelänge vergrößert sich zwar und die Muffe wird länger (Abb. 3.5), aber die Verminderung des Tragquerschnitts wird damit erträglich.

Auch die Muffen der verstärkten Gewinderohre können zur Übertragung von Längskräften benützt werden. Es ist aber zu beachten, daß durch die Maßabweichungen der nutzbare Querschnitt sehr geschwächt sein kann.

3.2.2.2. Berechnung

Die Längskraft P wird im Gewinde der Muffe übertragen (Abb. 3.6a). Die Beanspruchung im Kern des Rohres und der Muffe muß unter dem zulässigen Wert des Werkstoffes liegen:

$$F_{kr} = F_{km} = \frac{P}{\sigma_{\text{zul}}}. \tag{96}$$

Bezeichnungen (alle Abmessungen in mm):

d	Gewindedurchmesser des Rohres,
d_m	Gewindedurchmesser der Muffe,
t	Gewindetiefe,
d_1	Kerndurchmesser des Rohres,
d_{1m}	Kerndurchmesser der Muffe,
d_2	Flankendurchmesser,
D_0	Innendurchmesser des Rohres,
D_m	Außendruchmesser der Muffe.

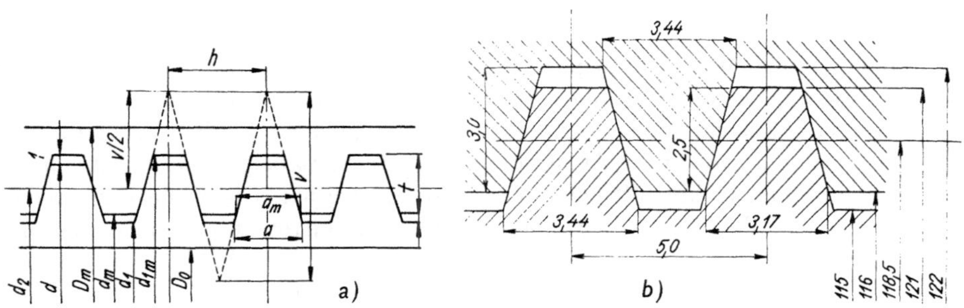

Abb. 3.6

Die Kernquerschnitte von Rohr und Muffe sind durch folgende Gleichungen gegeben:

$$F_{kr} = \frac{\pi}{4} (d_1^2 - D_0^2) \tag{96a}$$

$$F_{km} = \frac{\pi}{4} (D_m^2 - d_{1m}^2). \tag{96b}$$

Bei der gewählten Gewindetiefe t ist der Kerndurchmesser des Rohres $d_1 = d - 2t$, der der Muffe $d_{1m} = d_m + 2t$. Mit Rücksicht auf die Verschwächung, die durch das Abschleifen ebener Flächen für den Schlüssel entsteht, muß D_m größer gewählt werden, als nach (96b) erforderlich ist.

Bezeichnet P_{zul} die zulässige Belastung eines Gewindeganges, errechnet sich die erforderliche Gewindelänge $n.\ h$ bzw. die erforderliche Gangzahl n aus

$$n = \frac{P}{P_{zul}}. \tag{97}$$

Die zulässige Belastung eines Gewindeganges muß so gewählt werden, daß die zulässige Spannung auf Abscheren und Biegung sowie die zulässige Flächenpressung nicht überschritten werden. Mit den Bezeichnungen von Abb. 3.6 gelten die folgenden Beziehungen:

Abscheren: $$P_{zul} = \pi d_m a_m \tau_{zul}, \tag{97a}$$

Biegung: $$P_{zul} = \frac{\pi}{6} d_1 a^2 \sigma_{zul}, \tag{97b}$$

Flächenpressung: $$P_{zul} = \frac{\pi}{4} [d_2^2 - d_m^2]\, 0{,}75\, \sigma_{zul}. \tag{97c}$$

Bei der Flächenpressung wird mit Rücksicht auf die Ungenauigkeiten der Ausführung angenommen, daß der Druck sich nur in der halben Flanke überträgt. Für τ_{zul} und σ_{zul} sind die zulässigen Beanspruchungen auf Abscheren und Biegung nach DIN 1050 einzuführen.

Als Beispiel sind aus Abb. 3.6b die Gewindeabmessungen für ein Rohr ⌀ 121,8, eine Gewindetiefe von 3,0 mm und eine Ganghöhe von 5 mm ersichtlich.

3.2.3. Schraubenverbindung

Montagestöße, die aus Transportgründen notwendig sind, werden, wenn an der Baustelle kein Strom zur Verfügung steht, als Schraubenverbindung ausgeführt. Auch wenn der Zusammenbau durch Schweißen möglich ist, können Verbindungen mit geschraubten Stößen die Aufstellung erleichtern. Dabei ist darauf zu achten, daß die einzelnen Rohre luftdicht abgeschlossen werden. Die Dichtung erreicht man durch Einschweißen von runden Scheiben unmittelbar neben der Verbindungsstelle.

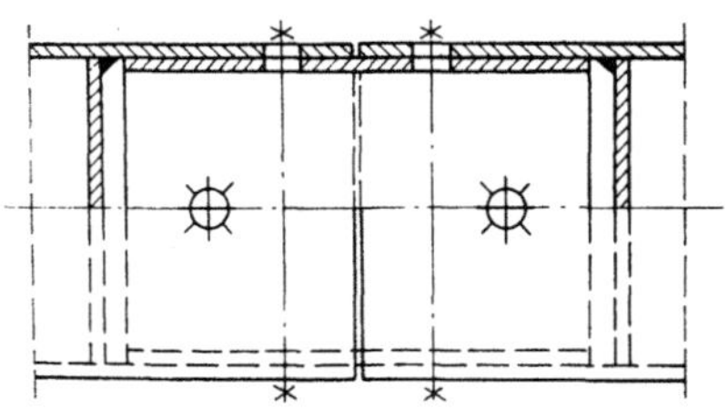

Abb. 3.7 a)

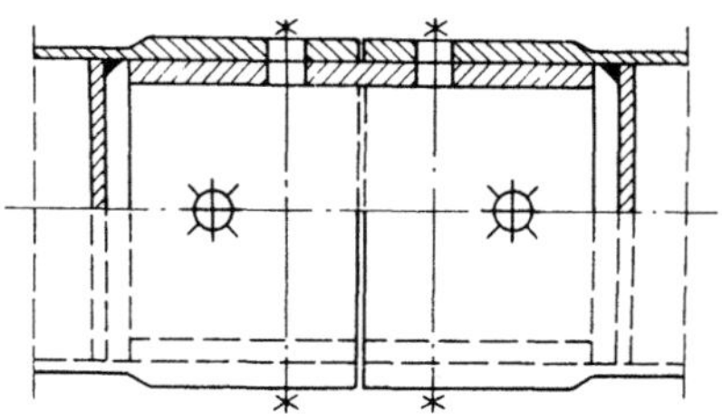

Abb. 3.7 b)

3.2.3.1. Verbindung mit Muffe

Ein kurzes Rohrstück mit einem Außendurchmesser gleich dem Innendurchmesser der zu verbindenden Rohre dient als Innenmuffe, die die Längskraft überträgt (Abb. 3.7a). Um den Verlust an Tragkraft durch die Schraubenlöcher auszugleichen, können die Rohrenden durch Anstauchen oder durch aufgeschweißte Rohrschalen verstärkt werden (Abb. 3.7b). Die Dichtungsscheiben werden von den Rohrenden aus eingeschweißt. Rohrende und Muffe müssen kalibriert werden.

Diese Schraubenverbindung eignet sich sowohl zur Übertragung von Zug- als auch mittigen Druckkräften; in beschränktem Maße nimmt sie auch Biege- und Drehmomente auf. Die durchreichenden Schrauben erhalten Unterlagscheiben, damit das Gewinde nicht in die Rohrwand reicht.

Die Schrauben sind auf Abscheren und Leibungsdruck zu berechnen:

$$\begin{aligned} n \frac{\pi d^2}{2} \tau_{zul} &\geqq P, \\ 2nds\,\sigma_{l\,zul} &\geqq P, \end{aligned} \qquad (98)$$

wobei n die Zahl der durchgehenden Schrauben, d den Durchmesser des Schraubenschaftes in cm, s die Rohr- oder Muffenwanddicke in cm und P die Längskraft in kp bezeichnen. Die zulässigen Beanspruchungen τ_{zul} und $\sigma_{l\,zul}$ entsprechen den Vorschriften.

3.2.3.2. Verbindung mit Zentrierplatte

Die Verbindung nach Abb. 3.8 gewährleistet durch eine Zentrierplatte 1 die mittige Übertragung von Druckkräften. Diese Platten sind mit den Enden der zu verbindenden Rohre verschweißt. Flachstähle 2, die in möglichst symmetrischer Austeilung an die Rohrenden angeschweißt sind, werden mit je einem Flachstahlpaar 3 durch Schrauben verbunden. Diese Verbindung ist auch noch möglich, wenn die zu verbindenden Rohre sich im Außendurchmesser, etwa im Bereich des Abstandes in der Profilreihe der nahtlosen Rohre, unterscheiden.

Die Flachstähle übertragen allfällig auftretende Zugkräfte. Damit ist diese Verbindung auch knicksteif.

Dem gleichen Zweck dient die Verbindung nach Abb. 3.9 [39]. An die Stelle der Zentrierplatte treten zwei rohrförmige Gesenkstücke, die mit je einem Rohrende verschweißt und durch Gewindemuffe verbunden sind. Diese Verbindung überträgt einwandfrei sowohl Zug- als Druckkräfte. Da sie wenig aufträgt, wirkt sie im Aussehen sehr

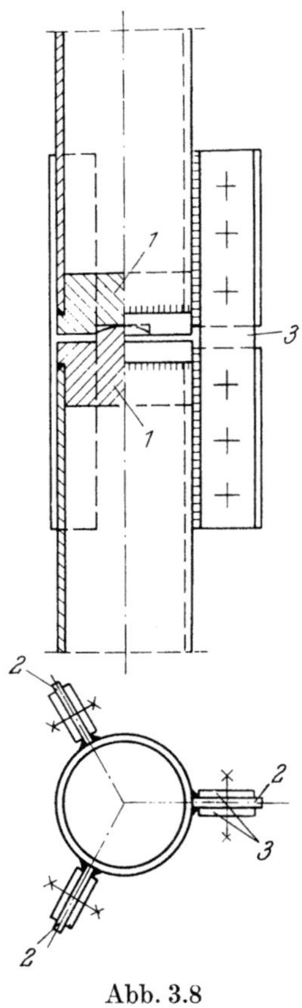

Abb. 3.8

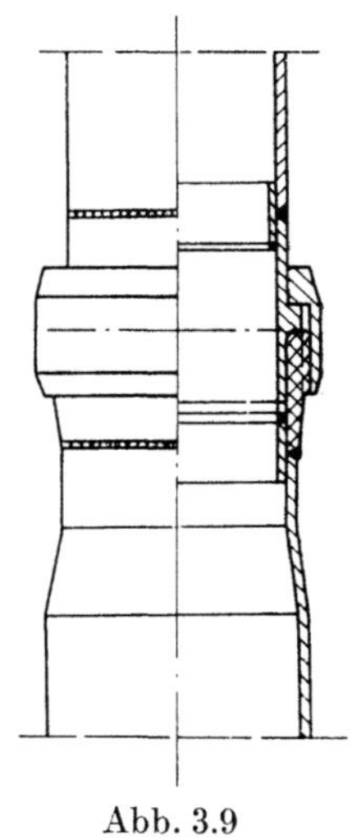
Abb. 3.9

günstig, ist aber teuer. Auch sie kann in beschränktem Maße zur Stoßausbildung von Rohren ungleichen Durchmessers verwendet werden.

Die Zentrierplatte nach Abb. 3.8 kann als kreisrunde, am Rande frei gelagerte und in der Mitte durch die Einzellast P beanspruchte Platte angesehen und bemessen werden. Mit den Bezeichnungen nach Abb. 3.10 sind die Radial- und Tangentialspannung in Plattenmitte nach [40], S. 729

$$\sigma_r = \sigma_t = -3P\left[4 - (1-\mu)\left(\frac{a}{R}\right)^2 + 4(1+\mu)\ln\left(\frac{R}{a}\right)\right]\frac{1}{8\pi h^2}. \tag{99}$$

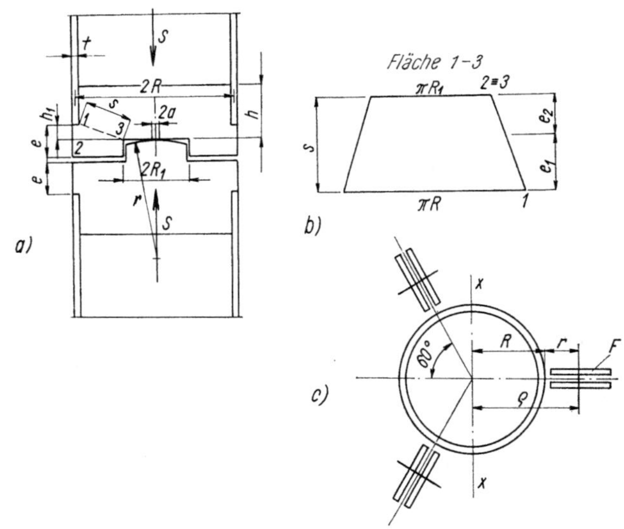

Abb. 3.10

Dabei bedeuten

R den mittleren Rohrdurchmesser,

a den Halbmesser der Berührungsfläche, in der angenommen wird, daß sich der Druck P gleichmäßig verteilt,

$\mu = 0{,}3$ die Querdehnzahl für Stahl.

In der Berührungsfläche tritt eine größte Spannung $\sigma_{\max}$ auf, die nach Hertz ([40], S. 737) zu ermitteln ist:

$$\sigma_{\max} = \frac{1{,}5\,P}{\pi a^2},$$

$$a^3 = 1{,}5(1-\mu)\frac{Pr}{E}, \tag{100}$$

$$\sigma_{\max}^3 = 0{,}0584\,P\left(\frac{E}{r}\right)^2.$$

Mit dem zulässigen Berührungsdruck 8500 kp/cm² für die Hauptbelastung, P in kp und $E = 2{,}1 \cdot 10^6$ kp/cm² folgt daraus

$$\begin{aligned} r &= 0{,}65\sqrt{P}\,. \\ a &= 0{,}00866\sqrt{Pr}\,. \end{aligned} \tag{101}$$

In der Zylinderfläche des Querschnitts 1—2 muß folgende Bedingung erfüllt sein:

$$\frac{P}{\pi R e} \lesseqgtr \sigma_{\text{zul}}\,. \tag{102}$$

Im Kegelmantel 1—3 (Abb. 3.10b) wirken

die Längskraft $\quad N = \frac{R - R_1}{s} P,$

die Querkraft $\quad Q = \frac{h_1}{s} P,$

das Moment $\quad M = \frac{R + 2R_1}{R + R_1}(R - R_1)P.$

Die statischen Werte des Querschnitts sind

$$\begin{aligned} &\text{Querschnittsfläche} && F = \pi(R + R_1)\frac{s}{2}, \\ &\text{Trägheitsmoment} && I = \frac{\pi s^3}{36}\left[R + R_1 + \frac{2RR_1}{R + R_1}\right], \\ &\text{Widerstandsmomente} && W_1 = \frac{I}{e_1}, \\ & && W_2 = \frac{I}{e_2}, \end{aligned} \tag{103}$$

wobei die Abstände e_1 und e_2 aus dem gleichschenkligen Trapez mit der Höhe s und den parallelen Seiten R und R_1 zu bestimmen sind:

$$\begin{aligned} e_1 &= \frac{s}{3}\,\frac{2R + R_1}{R + R_1}, \\ e_2 &= \frac{s}{3}\,\frac{R + 2R_1}{r + R_1}. \end{aligned}$$

Damit sind die Spannungen im Querschnitt 1—3

$$\begin{aligned} \sigma_1 &= \frac{N}{F} + \frac{M}{W_1}, \\ \sigma_2 &= \frac{N}{F} - \frac{M}{W_2}, \\ \tau &= \frac{Q}{F}. \end{aligned} \tag{104}$$

Die entsprechende Vergleichsspannung muß kleiner sein als ihr zulässiger Wert. Die Flachstahlpaare haben zusammen zwar einen kleinern Querschnitt als das Rohr, ersetzen aber sein Trägheitsmoment. Mit den Bezeichnungen von Abb. 3.10c ist, wenn F die Querschnittsfläche eines Flachstahles ist

$$I_x = 2F[\varrho^2 + 2(\varrho \cos 60°)^2] = 4F\varrho^2 > I_r. \qquad (105)$$

3.2.3.3. Flanschverbindung

Stöße mit Flanschverbindung können angewandt werden, wenn sie überwiegend auf Druck beansprucht sind (Abb. 3.11). Als Flansche dienen kreisrunde Scheiben, die an das Rohrende angeschweißt werden und so das Rohr luftdicht abschließen. Um die Dicke der Flansche zu beschränken, werden sie durch Rippen

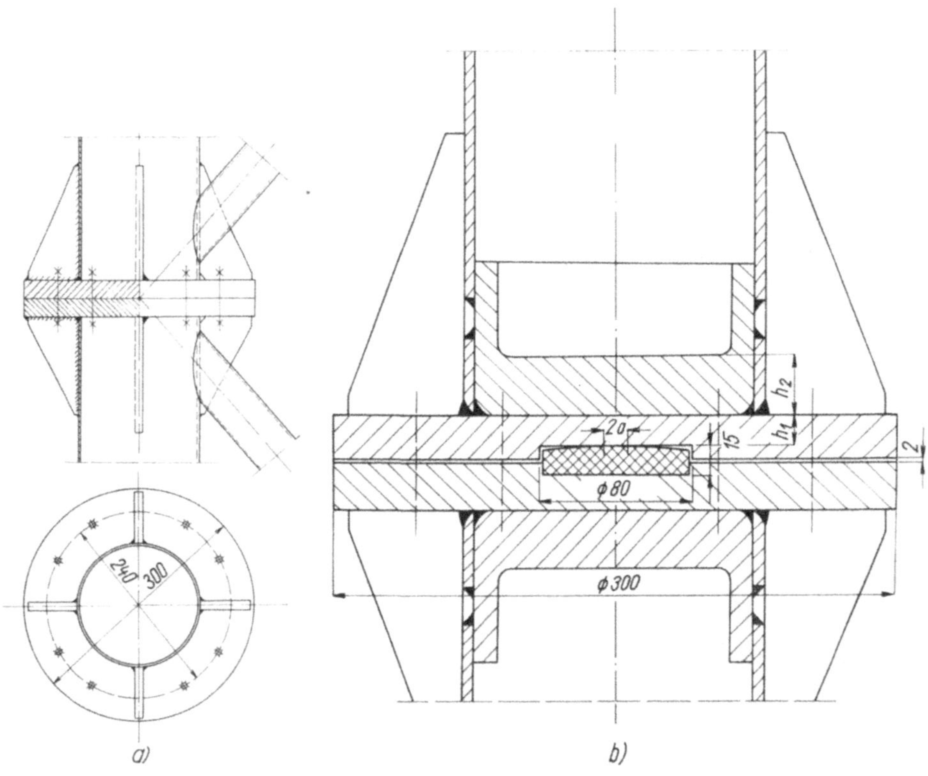

Abb. 3.11

an der Außenseite des Rohres verstärkt. Diese Rippen sind so anzuordnen, daß sie beim Stoß der Gurte von gegliederten Trägern (Stiel von gegliederten Masten) den Anschluß der Diagonalen nicht behindern. Um bei der Ausführung nach Abb. 3.11a die mittige Druckübertragung zu gewährleisten, ist darauf zu achten, daß die Flansche genau senkrecht zur Rohrachse stehen und sich satt berühren.

Eine bessere Zentrierung wird durch die Ausführung nach Abb. 3.11b erreicht, wo die mittige Druckübertragung durch eine Linse aus vergütetem Stahl erzielt wird, die ähnlich wirkt wie die Zentrierplatte nach Abb. 3.8. Da der Flansch hier durch die Punktbelastung besonders ungünstig beansprucht wird, ist er durch ein zylindrisches Stück vom Durchmesser gleich dem Rohrinnendurchmesser verstärkt, das am Rohrende eingeschweißt und durch Lochschweißen mit dem Rohrmantel verbunden ist. Zwischen den überstehenden Flanschen bleiben 2 mm frei. An der Rohraußenseite erfolgt die Verstärkung wieder durch Rippen.

Der Durchmesser der Flansche wird so gewählt, daß genügend Platz für die Schrauben vorhanden ist. Bei der Bemessung der Flanschdicke der Ausführung nach Abb. 3.11 a wird die ungünstige Annahme gemacht, daß der gesamte Druck P sich gleichmäßig auf eine Kreisfläche vom Halbmesser R verteilt $-\, p = \dfrac{P}{\pi R^2} -$, wobei die Platte als am Rande voll eingespannt angesehen werden kann. In diesem Falle sind nach [40], S. 728 die Radial- und Tangentialspannungen in Plattenmitte

$$\sigma_r = \sigma_t = -0{,}488 p \frac{R^2}{h^2} = -0{,}488 \frac{P}{\pi h^2}. \tag{106}$$

Bei der Ausführung nach Abb. 3.11 b kann man annehmen, daß zwei übereinanderliegende, am Rande voll eingespannte Platten vom Halbmesser des Rohres R und den Dicken h_1 und h_2 durch die Einzellast P belastet sind, wobei P sich auf die Berührungsfläche vom Halbmesser a gleichmäßig verteilt. Beide Platten beteiligen sich an der Lastaufnahme im umgekehrten Verhältnis ihrer Trägheitsmomente:

Zylindrisches Einsatzstück

$$\sigma_r = \sigma_t = -0{,}62 P \left[\ln\left(\frac{R}{a}\right) + + 0{,}25 \left(\frac{a}{R}\right)^2\right] \frac{h_1^3}{h_2^2 (h_1^3 + h_2^3)},$$

Flansch

$$\sigma_r = \sigma_t = -0{,}62 P \left[\ln\left(\frac{R}{a}\right) + + 0{,}25 \left(\frac{a}{R}\right)^2\right] \frac{h_2^3}{h_1^2 (h_1^3 + h_2^3)}. \tag{107}$$

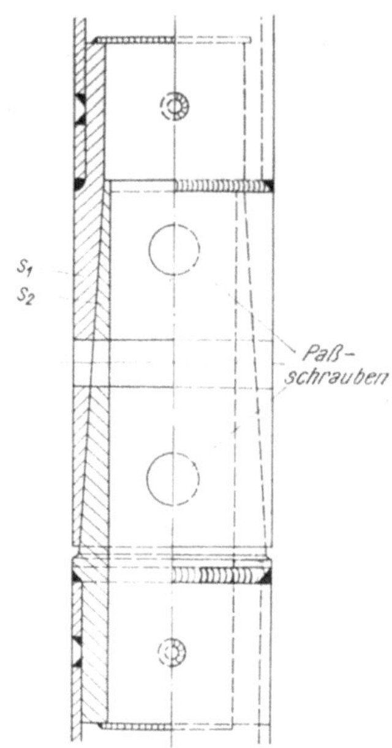

Abb. 3.12

Die Schrauben sind auf die neben dem Druck auftretenden Zugkräfte zu bemessen; bei größeren Zugkräften sind Schrauben höherer Festigkeit zu verwenden. Sie ersetzen teilweise auch das Trägheitsmoment.

3.2.3.4. Verbindung mit konischen Zwischenstücken

Eine lösbare Verbindung, die sowohl Zug- als auch Druckkräfte überträgt, wobei das Trägheitsmoment des Rohres voll ersetzt ist, ist in Abb. 3.12 dargestellt. Zwei rohrförmige Stücke aus Stahlguß oder starkwandigem Rohr werden jeweils mit einem Rohrende verschweißt und am eingesteckten Teil durch eine kreisförmige Platte dicht verschlossen. Durch Anarbeitung wird, wie das Bild zeigt, ein konischer Sitz erzielt. Nach Zusammenpassen der beiden Teile in der Werkstätte werden die Löcher für die Schrauben mit konischem Schaft gebohrt. Diese Verbindung ermöglicht es, auch bei Fachwerkträgern mit nichtparallelen Gurten den Stoß zwischen benachbarte Knotenpunkte zu legen. Durch Normung der Zwischenstücke und serienmäße Herstellung können die Kosten herabgesetzt werden. Die kreisförmigen Kehlnähte, die erst nach dem Zusammenbau hergestellt werden, und die Schrauben sind für die größte auftretende Längskraft zu bemessen.

3.2.4. Schweißverbindung

3.2.4.1. Ausführung

Durch das Schweißen wird die Ausführung des Rohrstoßes vereinfacht. Werden Rohre gleichen Profils gestoßen, ist der Stumpfstoß die einfachste Verbindung (Abb. 3.13a). Die Rohrenden müssen durch Abfasen für das Schweißen vorbereitet werden. Um ein gutes Aufschmelzen der Wurzel zu gewährleisten und ein Durchfallen des Schweißgutes zu vermeiden, wird zwischen den Rohrenden ein schmaler Spalt gelassen und die Schweiße mit einem Ring unterlegt. Um ein gutes Anliegen zu erreichen, kann man diese Einlage (Nippel), deren Durchmesser um ein Geringes größer gewählt wird als der Rohrinnendurchmesser, schlitzen, damit sie federt.

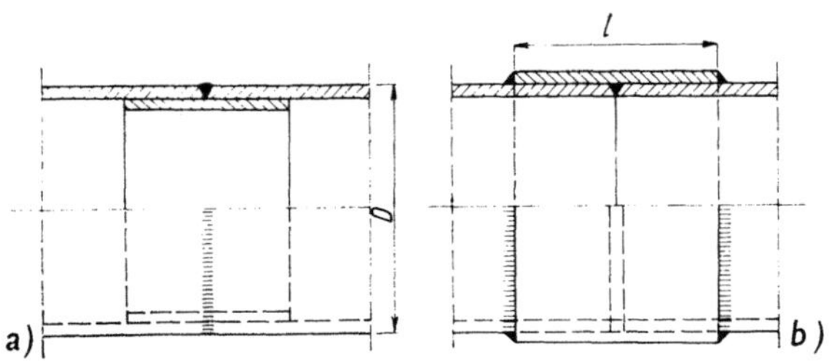

Abb. 3.13

Wenn die Vorschriften keine volle Beanspruchung der Stumpfschweiße zulassen, muß entweder der Stoß an eine Stelle gelegt werden, wo das Rohr nicht voll ausgenützt ist, oder die Schweiße wird durch ein kurzes Überschubrohr verstärkt, das mit beiden Rohren durch Rundkehlnähte verbunden ist. Die Stumpfnaht muß dabei abgeschliffen werden (Abb. 3.13b).

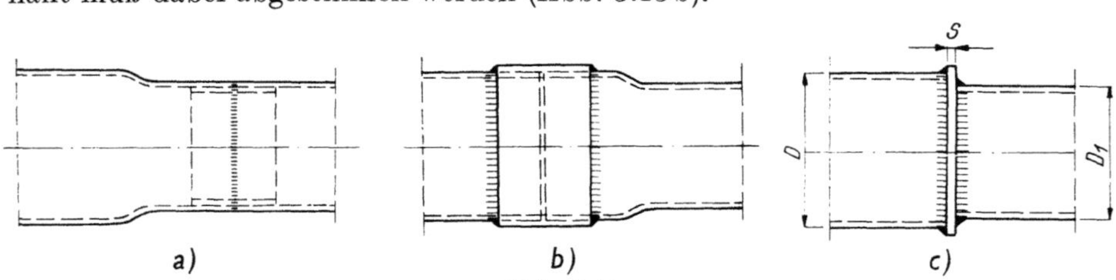

Abb. 3.14

Bei ungleichen Durchmessern müssen die Rohrenden durch Einziehen oder Aufweiten des einen Rohres auf gleiche Durchmesser gebracht (Abb. 3.14a, b) und stumpf verbunden werden. Dieser Verbindung gebührt der Vorzug vor dem Einlegen einer starken Platte senkrecht zur Achse der zu verbindenden Rohre

(Abb. 3.14c). Bei ungenauer Ausführung kann es vorkommen, daß die Verlängerungen der beiden Rohrachsen nicht zusammenfallen.

Beim Stoß nach Abb. 3.15 ist die Erhöhung der Tragkraft durch die Längsnähte zwischen den beiden halbrunden Stumpfnähten fraglich. Der Spannungsverlauf ist verwickelter als beim reinen Stumpfstoß und macht die Verbindung ungeeignet für dynamische Beanspruchung. Sie erfordert auch mehr Schweißvorbereitung und größere Rohrlängen.

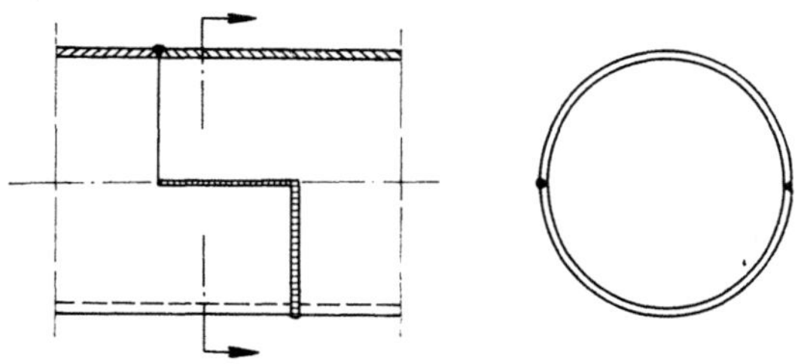

Abb. 3.15

3.2.4.2. Berechnung

Die angeführten geschweißten Stöße übertragen sowohl Längskräfte als auch Biege- und Drehmomente. Sie sind auch als Montagestöße geeignet, wenn sie in der Werkstätte vorbereitet werden und an der Baustelle eine Schweißvorrichtung und geübte Schweißer zur Verfügung stehen.

Die Spannungsverteilung in der Schweiße des Stumpfstoßes entspricht der des Rohres bei gleicher Belastung. Die Schweißspannung ist also

bei achsialer Belastung durch P $\sigma_{\text{schw}} = \frac{P}{F}$,

bei Beanspruchung durch ein Biegemoment M $\sigma_{\text{schw}} = \frac{M}{W}$,

bei Beanspruchung durch ein Drehmoment M_d $\sigma_{\text{schw}} = \frac{M_d}{2\,W}$.

Die Tragkraft ist nur von der Güte der Schweißausführung und des Schweißgutes abhängig. Die Schweißspannung muß bei achsialer Belastung die folgende Bedingung erfüllen:

$$\frac{P}{F} = \sigma_{\text{schw}} = k\,\sigma_{\text{zul}}. \tag{108}$$

wobei bedeuten

F den Querschnitt des kleinern der zu verbindenden Rohre,

k einen durch DIN 4100 festgelegten Abminderungswert.

Höhere Werte von k können nur von der Baupolizeibehörde bei Einhaltung der von ihr vorgeschriebenen Bedingungen zugelassen werden. Dasselbe gilt auch für die Erhöhung der zulässigen Spannungen von Kehlnähten, falls solche in der Verbindung nötig sind.

Die Stoßverbindung nach Abb. 3.14c kann auch bei der Auflagerung von Trägern vorkommen. Um die kreisförmige Platte richtig bemessen zu können, sei ihre Berechnung hier angeführt. Diese auf Biegung und Abscheren beanspruchte Platte kann als freiaufliegend angesehen werden. Die Übertragung der Achsiallast P erfolgt unter der Wand des kleineren Rohres. Bei einer derartigen Belastung sind mit $\beta = \frac{D_1}{D}$ und der Rohrwanddicke t nach BEYER [41] die Scher-, Radial- und Tangentialspannungen

$$\tau = \frac{P}{\pi D_1 t},$$

$$\sigma_r = \frac{3P}{4\pi t^2}\,[0{,}7\beta^2\Phi_2 - 2{,}6\Phi_1], \qquad (109)$$

$$\sigma_t = \frac{3P}{4\pi t^2}\,[1{,}4(1-\beta^2) - 0{,}7\Phi_2 - 2{,}6\Phi_1],$$

wobei Φ_1 und Φ_2 Funktionen von β nach Tab. 11 sind

Tabelle 11

β	Φ_1	Φ_2
0,5	−0,6931	3,0000
0,6	−0,5108	1,7778
0,7	−0,3567	1,0408
0,8	−0,2231	0,5625
0,9	−0,1053	0,2346

Die Vergleichsspannung

$$\sigma_v = \sqrt{\sigma_r^2 + \sigma_t^2 - \sigma_r\sigma_t + 3\tau^2} \qquad (110)$$

darf die zulässige Beanspruchung nicht überschreiten.

3.3. Anschlüsse

Der Anschluß ist die Verbindung zweier Tragelemente, Stab oder Träger, deren Achsen sich in der Regel schneiden, wobei das eine Element durchgehend ist. Hier sollen nur Anschlüsse behandelt werden, bei denen wenigstens eines der beiden Elemente, das durchgehende, ein Rohr ist. Der Anschluß eines Rohres an einen Träger stimmt mit der im Stahlbau üblichen Ausführung überein. Der Anschluß an ein durchgehendes Rohr dagegen unterscheidet sich davon grundsätzlich durch das Fehlen einer ebenen Anschlußfläche und durch die mehr oder weniger große Nachgiebigkeit des Durchlaufrohres im Bereich des Anschlusses.

3.3.1. Anschluß an einen Träger (gewalzt oder geschweißt)

Der Anschluß kann eine Schraub- oder Schweißverbindung sein, allenfalls eine Kombination von Schrauben mit Schweißen.

3.3.1.1. Schraubverbindung

Um das Rohr mit Schrauben anschließen zu können, muß es entsprechend vorbereitet werden. Das Ende wird halbrund zugekümpelt, geschlitzt und ein gabelförmiges oder einfaches Blech eingeschweißt (Abb. 3.16a, b). Für untergeordnete Zwecke kann man die ebene Fläche auch durch Flachdrücken des Rohrendes erreichen (Abb. 3.16c), wobei der dichte Abschluß durch Verschweißen zu empfehlen ist.

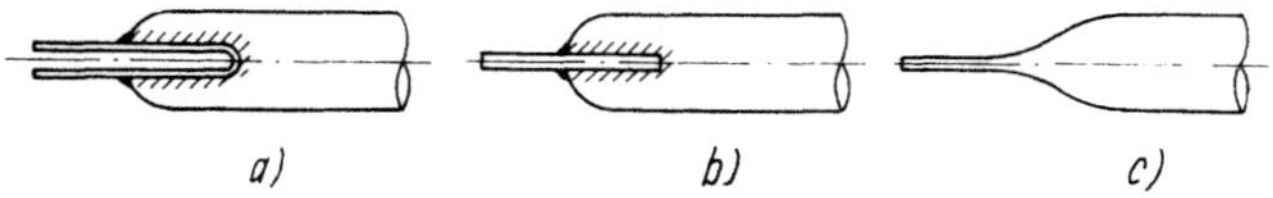

Abb. 3.16

Am Steg oder Flansch des Trägers ist ein Blech angeschweißt, mit dem die Gabel verschraubt wird (Abb. 3.17a). Die Gabel kann auch an den Träger angeschweißt und mit dem einfachen Blech des Rohrendes (Abb. 3.17b), ausnahmsweise mit dem flachgedrückten Rohrende verschraubt werden. Nur für wenig

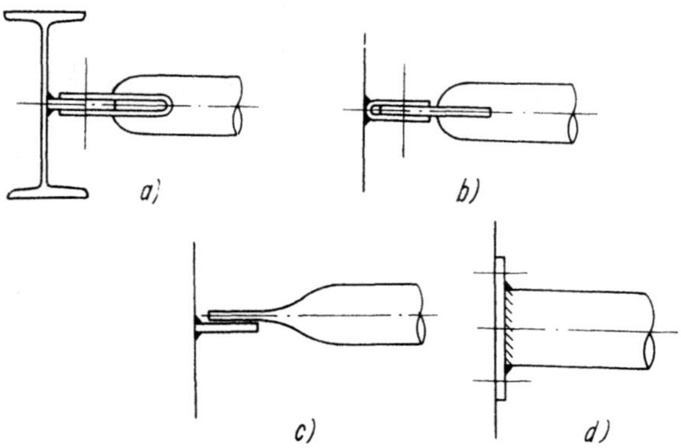

Abb. 3.17

beanspruchte Verbindungen kann auch die Gabel durch ein einfaches Blech ersetzt und das Rohr mit dem nach Abb. 316b oder 3.16c vorbereitetem Ende verschraubt werden (Abb. 3.17c). In dieser Weise kann der Anschluß von Diagonalen an Knotenbleche in untergeordneten Windverbänden zugelassen werden.

Die Länge der Anschlußkehlnähte zwischen Gabel oder einfachem Blech und Rohrende ist so groß, daß ein Spannungsnachweis in der Regel entfallen kann; dagegen ist die Beanspruchung der Schweißen am Träger nachzuweisen. Die Schrauben sind in der üblichen Weise auf Abscheren und Lochwandungsdruck zu berechnen.

3.3.1.2. Schweißverbindung

Die Vorbereitung des Rohrendes für den Anschluß an den Steg oder Flansch des Trägers ist einfach. Das Rohr wird entsprechend dem Anschlußwinkel eben abgeschnitten und durch Kehlnähte, falls nötig teilweise durch $^1/_2$ V-Nähte mit der ebenen Anschlußfläche verbunden (Abb. 3.18a, b). Diese Schweißverbindung überträgt sowohl Längskräfte als auch Biege- und Drillmomente.

Die Verbindung kann dadurch lösbar gemacht werden, daß man an das Rohrende eine ebene Platte schweißt, allenfalls mit Rippenverstärkung, und diese mit dem Träger durch Schrauben verbindet (Abb. 3.17d).

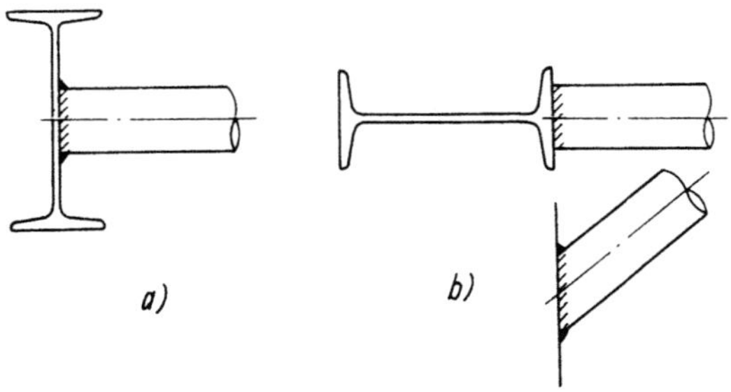

Abb. 3.18

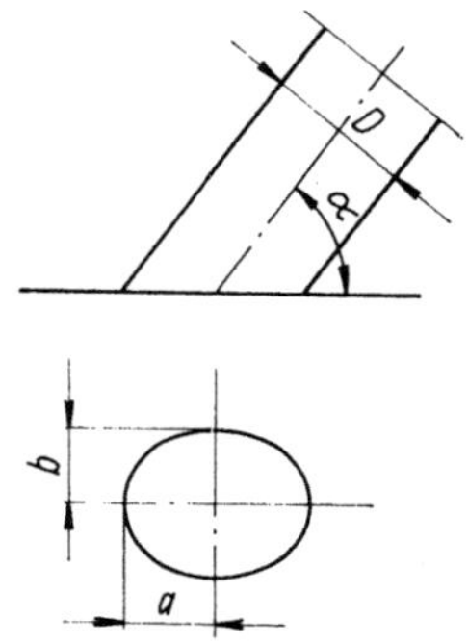

Abb. 3.19

Erfolgt der Anschluß des Rohres an ein Element mit ebener Anschlußfläche (Abb. 3.19) unter dem Winkel α, so bildet die Schweiße eine Ellipse mit den Halbachsen $a = \frac{D}{2 \sin \alpha}$ und $b = \frac{D}{2}$ mit dem Verhältnis $\frac{b}{a} = \sin \alpha$. Nach (2) ist der Ellipsenumfang

$$U_e = a c, \tag{111}$$

Das Verhältnis zum Kreisumfang $U_k = \pi D$ ist

$$\frac{U_e}{U_k} = \frac{c}{2\pi \sin \alpha}. \tag{112}$$

Mit den c-Werten aus Tab. 2 ist dieses Verhältnis in Tab. 12 für verschiedene Winkel α zusammengestellt.

Tabelle 12

α	30°	45°	60°	90°
$\sin \alpha$	0,500	0,707	0,867	1,000
$\frac{U_e}{U_k}$	1,54	1,21	1,08	1,00

Aus Tab. 12 ist ersichtlich, daß über $\alpha = 45°$ der Umfang der Schweiße nur um wenig größer ist als der Rohrumfang, so daß es sich nicht empfiehlt, damit zu rechnen. Die Kehlnähte sind mit der zulässigen Beanspruchung nach DIN 4100 zu bemessen und einer Schweißfläche $\pi D a$, wobei mit a die theoretische Schweißnahtdicke bezeichnet wird. Bei starkwandigen Rohren sind die Schnittflächen abzufasen, damit V-Nähte ausgebildet werden können, die mit den erhöhten zulässigen Beanspruchungen der Stumpfnähte berechnet werden dürfen.

3.3.2. Anschluß an ein Rohr

3.3.2.1. Geschraubter Anschluß

Der Anschluß kann ähnlich wie beim Anschluß an einen Träger ausgeführt werden (Abb. 3.17). Das Rohrende wird nach Abb. 3.16 geformt und mit einem an das Rohr angeschweißten ebenen Blech verschraubt. Diese Verbindung ist lösbar; sie kann beim Anschluß der Füllstäbe eines zur Sicherung der Stabilität dienenden Verbandes angewandt werden.

3.3.2.2. Schweißanschluß (Längskraft)

Die einfachste Verbindung zweier Rohre, deren Achsen sich unter einem Winkel α kreuzen, ist der geschweißte Anschluß ohne Zwischenschaltung eines Bleches (Abb. 3.20). Das Ende des anzuschließenden Rohres wird entsprechend dem Durch-

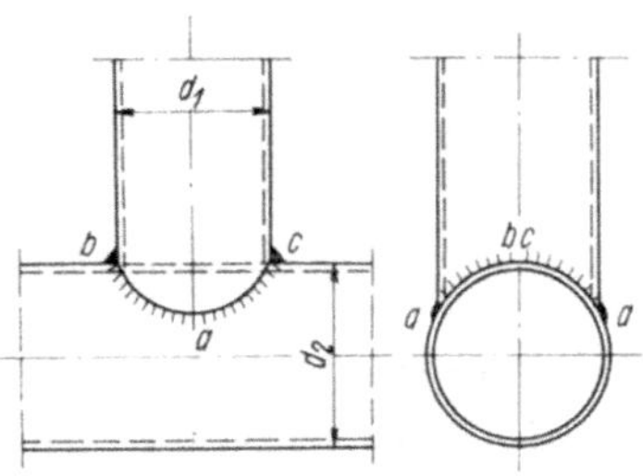

Abb. 3.20a)

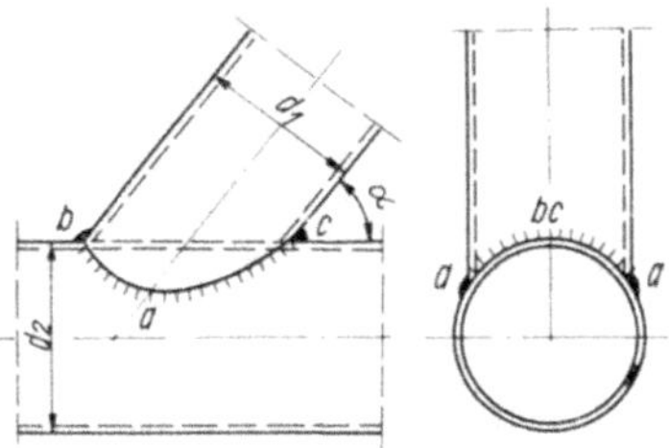

Abb. 3.20b)

messer des durchlaufenden bzw. gemäß der Durchdringungslinie der beiden Zylinder angearbeitet. Diese Vorbereitung erfolgt durch Fräsen, durch Brennschneiden längs einer Schablone der Durchdringungslinie oder durch automatisches

Abb. 3.21

Brennschneiden auf eigenen Maschinen. Von diesen automatischen Brennschneidemaschinen sind einige Typen entwickelt worden. Gleichzeitig mit dem erforderlichen Schnitt stellen sie auch die Abfasung der Schnittfläche her, so daß keine weitere Nacharbeit nötig ist. SAMMET [42] beschreibt ausführlich eine derartige Maschine und ihre Verwendung. Abb. 3.21 zeigt die durch Fräsen hergestellten Rohrenden, Abb. 3.22 eine automatische Rohrbrennmaschine.

Abb. 3.22

Eine einfachere Anarbeitung stellt das Flachdrücken der Rohrenden dar. Dieses Verfahren wird gern angewandt, wenn das ausführende Werk weder Fräsen noch automatische Schneidmaschinen besitzt. Über beschränkte Anwendungsmöglichkeiten wird im folgenden und bei den Fachwerkknoten noch berichtet werden.

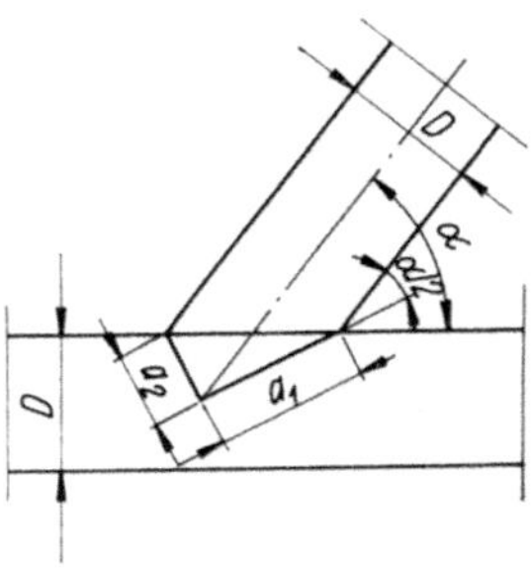

Abb. 3.23

Die Berechnung der Schweißverbindung stimmt mit der des gleichen Anschlusses an einen Träger überein. Die Beanspruchung der Schweiße beim unmittelbaren Anschluß (ohne Blech) ist abhängig von der Belastungsart, der Länge der Durchdringungskurve der beiden Rohre, der Schweißnahtdicke, der Ausführungsart (Kehlnaht oder kombinierte $^1/_2$V- und Kehlnaht) und der Nachgiebigkeit des durchgehenden Rohres.

Die Durchdringungslinie zweier Zylinder vom gleichen Durchmesser, die sich unter dem Winkel α kreuzen, bilden (Abb. 3.23) zwei Halbellipsen mit den Halbachsen

$$a_1 = \frac{D}{2 \sin \alpha/2}, \qquad b_1 = \frac{D}{2}; \qquad a_2 = \frac{D}{2 \cos \alpha/2}, \qquad b_2 = \frac{D}{2}.$$

Den Verhältnissen $\lambda_1 = \frac{b_1}{a_1} = \sin \alpha/2$ und $\lambda_2 = \frac{b_2}{a_2} = \cos \alpha/2$ entsprechen nach (2) bzw. Tab. 2 bestimmte Werte c_1 und c_2. Damit ist der Umfang der Schweiße

$$U = \frac{D}{4}\left[\frac{c_1}{\sin \alpha/2} + \frac{c_2}{\cos \alpha/2}\right] \tag{113}$$

und das Verhältnis zum Kreisumfang

$$\frac{U}{U\,k} = \frac{1}{4\,\pi}\left[\frac{c_1}{\sin\,\alpha/2} + \frac{c_2}{\cos\,\alpha/2}\right]. \tag{114}$$

Die Auswertung von (114) — Vergrößerung der Schweißnahtlänge gegenüber dem Rohrumfang — ist in Tab. 13 zusammengestellt.

Tabelle 13

α	30°	45°	60°	90°
$\sin\,\alpha/2$	0,259	0,387	0,500	0,707
$\cos\,\alpha/2$	0,966	0,924	0,866	0,707
c_1	4,3298	4,5840	4,8395	5,3835
c_2	6,2026	6,0594	5,8681	5,3835
$\frac{U}{U_k}$	1,85	1,48	1,31	1,21

Aus dem Vergleich von Tab. 12 und 13 geht hervor, daß beim Anschluß an ein Rohr gleichen Durchmessers das Verhältnis Schweißnahtlänge zu Rohrumfang größer ist als beim Anschluß an eine ebene Fläche. Stimmen die Durchmesser nicht überein, ist wohl dieses Verhältnis nicht mehr so günstig, aber immer noch größer als beim Anschluß an einen Träger.

Wie bereits erwähnt, wird die Tragfähigkeit des Rohranschlusses nicht nur durch die Schweißnahtlänge, sondern auch durch die Form der Schweiße, das Durchmesserverhältnis der Rohre, die Größe des Kraftübertragungsbereiches und die Nachgiebigkeit des durchgehenden Rohres in diesem Bereich beeinflußt.

Das nur durch Fräsen angepaßte Rohrende wird durch Kehlnähte angeschlossen. Die Schweißnahtlänge nimmt zwar auch bei ungleichen Rohrdurchmessern mit abnehmenden Anlaufwinkel α zu, die Ausführung der Kehlnähte aber wird dabei namentlich an den Stellen a (Abb. 3.20) schwieriger. Da man sich nicht darauf verlassen kann, daß an diesen Stellen die zugespitzte Rohrwand aufgeschmolzen wird, empfiehlt es sich, den angepaßten Rohrquerschnitt abzufasen und damit diese Spitze zu entfernen. Dann kann wenigstens auf einem Teil der Schweißnahtlänge eine Kehlnaht ausgebildet werden. Beim Brennschneiden geschieht das Abfasen automatisch. Bei Winkeln $\alpha < 60°$ bereitet auch die Ausbildung der Schweiße bei c Schwierigkeiten.

Durch die ungleichmäßige Nachgiebigkeit der Wand des durchgehenden Rohres verwandelt sich die im Anschlußrohr herrschende gleichmäßige Spannungsverteilung in eine längs der Naht ungleichmäßig verteilte. Die Größe der auftretenden Spannungsspitzen sind von der Art und der Größe des Bereichs der Krafteintragung abhängig. Sie können die statische Tragkraft beeinträchtigen und wirken sich besonders ungünstig bei dynamischer Belastung aus.

Die wirkliche Tragkraft kann nur durch Versuche ermittelt werden. Die Versuchsbedingungen sollen soweit als möglich den Verhältnissen im Bauwerk entsprechen, was selbst bei statischer Beanspruchung nicht immer möglich ist. Aber auch Versuche, die dieser Forderung nicht voll entsprechen, können wertvolle Schlüsse auf das Verhalten im Bauwerk zulassen, wenn sie im Idealfall rechnerisch nachgeprüft werden können. So wurden nach Abb. 3.24 Untersuchungen an Prüfkörpern vorgenommen, bei denen an ein durchgehendes Rohr 159 · 4,5 beiderseits unter dem Winkel $\alpha = 30°$, $60°$ und $90°$ in einer Achse liegende Rohre unmittelbar durch Schweißen angeschlossen waren. Die Abmessungen der angeschlossenen Rohre waren 44 · 5,3, 83 · 3,5, 133 · 4,5 und 159 · 4,5. Wie zu erwarten, war bei $\alpha = 90°$ die Tragkraft am geringsten. Die Versuche [43] zeigten, daß im Gegensatz zum einseitigen Anschluß eines Rohres die Tragkraft mit abnehmendem Verhältnis $\frac{D_1}{D_2}$ zunimmt.

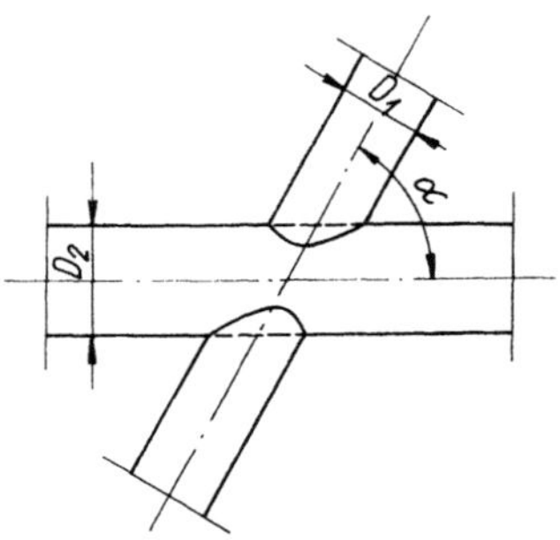

Abb. 3.24

Mit mehr oder weniger Erfolg wurde auf verschiedene Weise versucht, die Tragkraft des Anschlusses zu steigern. BERGMANN [44] untersuchte verschiedene Möglichkeiten bei rechtwinkligem Anschluß (T-Form). Die Versuchsergebnisse sind auch bei KLOTH [45] zu ersehen.

Für die Versuche wurden dünnwandige Rohre verwendet. An ein waagrechtes, an den Enden frei gelagertes Rohr 65.2 von 80 cm Länge wurde unter $\alpha = 90°$ ein 60 cm langes Rohr 50 · 1,5 angeschlossen, das mittig gezogen wurde. Bei einer Belastung dieses Rohres parallel zur Achse des waagrechten, wurden die Enden des waagrechten Rohres eingespannt. Der Anschluß ist nach Abb. 3.25 verschieden ausgeführt. Die Lage der im Bereich des Anschlusses und in seiner Nähe auftretenden Hauptspannungen und der Dehnungslinienfelder an der Oberfläche wurde nach dem Reißlackverfahren ermittelt, die Größe der Spannungen aus Feindehnungsmessungen errechnet.

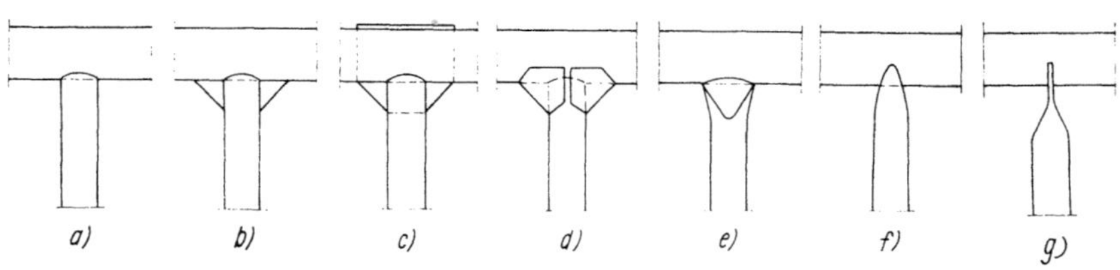

Abb. 3.25

Die Dehnungslinienfelder der verschiedenen Ausführungen lassen Schlüsse auf die Güte der Verbindung zu. Aus den Versuchsergebnissen läßt sich allgemein die Forderung ableiten, daß bei statischer Belastung die Krafteintragung auf einem möglichst großen Oberflächenbereich des waagrechten Rohres und nicht linienförmig oder gar punktförmig erfolgen soll. Die Versteifung des Anschlusses durch Bleche bedeutet weder bei Längs- noch bei Biegebeanspruchung eine Verbesserung; die Spannungsspitzen beim unmittelbaren Anschluß werden nur an die Enden der Versteifungsbleche verlagert.

Die vorstehenden Folgerungen gelten für dünnwandige Rohre bei einem Anschluß in T-Form. Ist das durchgehende Rohr so steif, daß seine Verformung unbedeutend ist — ungefähr bei einem Verhältnis $\frac{D}{s} < 10$ bis 15 — sind die Spannungsspitzen klein und der Spannungsverlauf im angeschlossenen Rohr und in der Schweiße nähert sich — von Eigenspannungen infolge des Schweißens abgesehen — dem Zustande der elementaren Festigkeitslehre. Je größer dieses Verhältnis ist, um so größer sind beim direkten Anschluß die Spannungsspitzen und der Konstrukteur hat nur noch die Möglichkeit, sie durch geeignete Formgebung herabzusetzen.

Im einzelnen können die verschiedenen, statisch beanspruchten Anschlüsse nach Abb. 3.25 wie folgt beurteilt werden:

a) Der unmittelbare Anschluß, die einfachste Ausführungsart, ist empfindlich gegenüber Abweichungen von der mittigen Krafteintragung des angeschlossenen Rohres. Auch bei rein mittigem Wirken der Längskraft treten in unmittelbarer Nähe des Anschlusses zweiachsige Spannungszustände auf mit Spannungen, die größer sind als die der elementaren Festigkeitslehre. Die Spannungsspitzen entstehen hauptsächlich in den Ecken des Anschlusses.

Vergleichende Versuche mit verschiedenen Durchmessern des angeschlossenen Rohres haben gezeigt, daß die Verbindung um so besser ist, je mehr sich die Durchmesser der beiden Rohre nähern (vgl. dagegen die Versuche an gekreuzten Rohren). Die Spannungsspitzen sind um so kleiner, je steifer der Querschnitt des waagrechten Rohres ist. Der Anschluß an Flansch oder Steg eines Trägers ist der Extremfall. Der Anschluß eignet sich in gleicher Weise für achsiale Zug- und Druckkräfte, weniger gut bei Biegebeanspruchung, namentlich wenn das waagrechte Rohr dünnwandig ist.

b) Mit Versteifungsblechen in den Ecken des Anschlusses hat man versucht, die Spannungsspitzen zu vermindern, eine Verbesserung ist aber weder bei der Übertragung von Längskräften noch von Biegemomenten in der Anschlußebene erreicht worden. Bei dynamischer Beanspruchung kann dieser Anschluß keinesfalls empfohlen werden. Der linienförmige Kraftübergang in den Eckblechen erweist sich als sehr ungünstig.

c) Das Blech, das mit den geschlitzten Rohren verschweißt wird, verhindert seine Verformung und vermindert bei achsialer Belastung die Spannungsspitzen im Anschlußrohr, dagegen bleibt das Gurtrohr an den Ecken des Versteifungsbleches hoch beansprucht. Bei Biegebeanspruchung erweist sich dieser Anschluß nicht günstiger als bei der Aussteifung durch Eckbleche. Dazu kommt noch, daß diese Verbindung durch das Schlitzen der Rohre teuer ist.

d) Um den ungünstigen Einfluß des linienförmigen Anschlusses zu vermeiden, werden die Ecken des unmittelbaren Anschlusses durch U-förmig gebogene Bleche versteift, die an beide Rohre angepaßt werden. Die gebogenen Bleche können in ihrem Bereich auch das angeschlossene Rohr ersetzen, eine teuere Ausführung. In beiden Fällen haben die Versuche sehr günstige Ergebnisse erbracht. Sie beweisen, daß der Anschluß auf möglichst großer Fläche erfolgen soll; ein tunlichst weites Umfassen des durchgehenden Rohres behindert seine Verformung und vermindert die Spannungsspitzen.

e) Dieser Anschluß des flach gepreßten Rohrendes widerspricht der eben erwähnten Forderung. In der Ausführung bedarf er keiner komplizierten Anarbeitung und ist deshalb billig. Die Belastungsversuche ergaben verhältnismäßig große Verformungen des waagrechten Rohres und demgemäß große Spannungsspitzen. Der Anschluß ist nur für untergeordnete Zwecke oder für starkwandige Gurtrohre zulässig.

f) Dagegen weist der Anschluß, bei dem das Ende des Anschlußrohres durch begrenztes Flachdrücken oval verformt und quer zur Achse des Gurtrohres mit diesem verschweißt wird, günstige Spannungsverhältnisse auf, verursacht aber wegen der erforderlichen sorgfältigen Anarbeitung höhere Kosten. Das Anschlußrohr umfaßt das waagrechte auf einem verhältnismäßig großen Teil seines Umfanges und auch die Anschlußfläche ist genügend groß. Die Verbindung eignet sich zur Übertragung von Längskräften, nicht aber von Biegemomenten.

g) Durch vollständiges Flachdrücken des Rohrendes erhält man eine gelenkartige Verbindung. Die weite Umfangung des waagrechten Rohres wirkt wohl günstig, die linienförmige Krafteintragung begünstigt aber das Auftreten von Spannungsspitzen. Bei gedrücktem Anschlußrohr darf das Flachpressen nicht auf zu großer Länge erfolgen, damit nicht Ausknicken eintritt.

Der geschweißte Anschluß soll womöglich die volle Kraft aufnehmen, für die das angeschlossene Rohr bemessen wurde. Bezeichnen F den Querschnitt des angeschlossenen Rohres, F' den der tragenden Schweißnaht, σ_{zul} die zulässige Spannung und S die Längskraft, so muß die folgende Bedingung erfüllt sein:

$$S = F\sigma_{\text{zul}} = F' k \sigma_{\text{zul}}. \tag{115}$$

Bei Ausführung von V-Nähten entspricht wohl das Verhältnis $\frac{F'}{F}$ dem Verhältnis $\frac{U}{U_k}$ nach (114) und steigt mit abnehmendem Winkel α, bei Kehlnähten aber oder nur teilweiser Ausbildung von V-Nähten trifft das nicht zu. Außerdem ist mit dem Vorhandensein von Spannungsspitzen zu rechnen, deren Größe von der Form des Anschlusses abhängig ist. DIN 4115 schreibt deshalb vor, daß der Anschluß nach

$$S = F k \sigma_{\text{zul}} \tag{115a}$$

zu berechnen ist, wobei F den Querschnitt des Anschlußrohres und k eine von der Ausführung abhängige Verminderungszahl bedeuten. Für $k\sigma_{\text{zul}}$ sind im allgemeinen die zulässigen Spannungen nach DIN 4100 einzusetzen.

3.3.2.3. Schweißanschluß eines in der Systemebene auf Biegung beanspruchten Rohres

Ist das angeschlossene Rohr, wie das beim Rahmenträger der Fall ist, auf Biegung beansprucht, wird die Verbindung nach Abb. 3.26 oder 3.27 ausgeführt. Um das Widerstandsmoment des angeschlossenen Rohres im Anschluß zu vergrößern, wird nach Abb. 3.26 das Ende oval oder rechteckig mit konischem Übergang verformt und an das durchgehende Rohr angepaßt. Die Verformung des Rohrendes wird in warmem Zustande vorgenommen, die Anarbeitung erfolgt durch Fräsen oder mit automatischen Brennschneidemaschinen.

Die Eckaussteifung nach Abb. 3.27a bringt, wie bereits erwähnt, keine Verminderung der Spannungsspitzen. Wird das Eckblech durch beide Rohre gesteckt und mit ihnen verschweißt, bedeutet auch das für das angeschlossene Rohr keine Verbesserung der Spannungsverhältnisse. Dagegen wirkt sich bei statischer Belastung die Eckversteifung durch U-förmig gebogene Bleche (Abb. 3.27c),

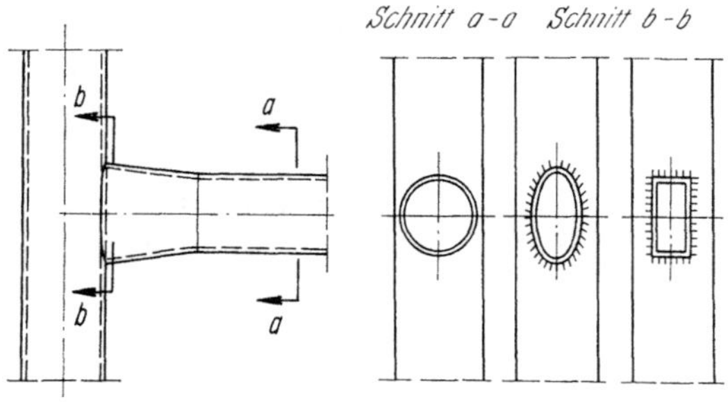

Abb. 3.26

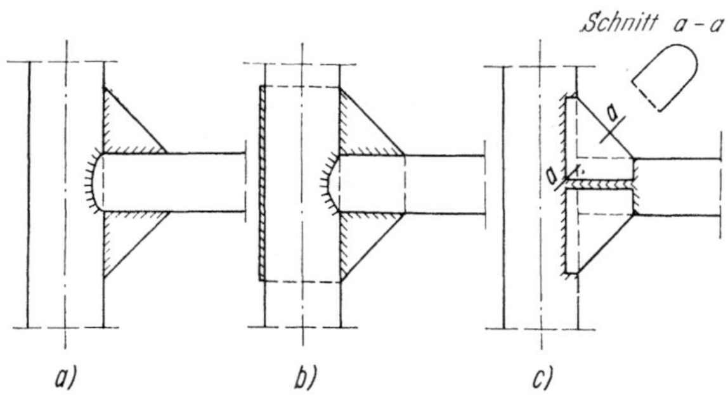

Abb. 3.27

außer bei dünnwandigen Rohren, infolge der großen Kraftübertragungsfläche günstig aus; sie ist zu empfehlen, wenn die Vergrößerung des Widerstandsmomentes durch die ovale Form nicht ausreicht.

Analog (115a) gilt für die Bemessung des Anschlusses

$$M = W k \sigma_{\text{zul}}, \tag{116}$$

wobei W das Widerstandsmoment des angeschlossenen Rohres im Querschnitt b-b ist (Abb. 3.26). Im Rohr ist $k = 1$, in der Anschlußnaht sind für k die Werte nach DIN 4100 einzusetzen, die im Sonderfalle bei Kehlnähten auf $k = 0{,}85$, bei V-Nähten auf $k = 1$ erhöht werden können.

3.3.2.4. Lagerartiger Anschluß eines einfachen Rohrträgers

Das als Träger in der lotrechten Ebene auf Biegung beanspruchte Rohr wird der leichtern Aufstellung wegen mit der Rohrstütze nicht verschweißt, sondern nach Abb. 3.28 mit ihr so verbunden, daß in der Hauptsache nur lotrechte Auflagerdrücke übertragen werden. Ein Rohrstutzen, dessen Durchmesser mit dem des

Rohrträgers übereinstimmt, wird an die Rohrstütze geschweißt. Dieser Stutzen wird durch einen ovalen Flansch abgeschlossen. Dieser Flansch besitzt eine mittige runde Öffnung, in die der kreisrunde Zapfen eines gleichen Flansches reicht, der mit dem Rohrträger verbunden ist. Der Zapfendurchmesser ist um ein Geringes kleiner als der Durchmesser der Öffnung. Die Flanschflügel werden verschraubt, wodurch der Träger in waagrechter Richtung gesichert wird, ohne daß die Lagerverdrehung in der lotrechten Ebene wesentlich behindert ist.

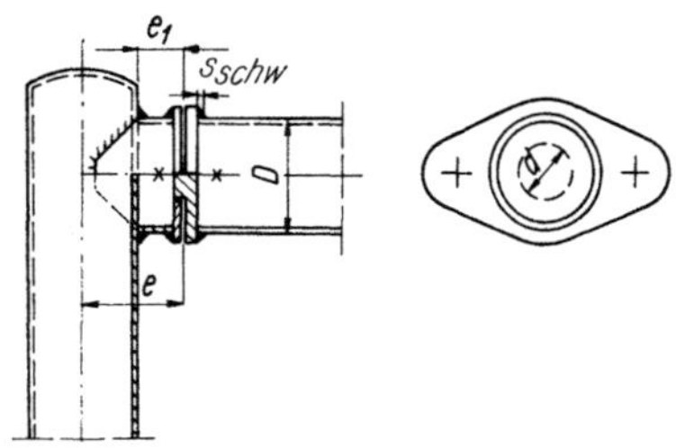

Abb. 3.28

Um das auf die Rohrstütze übertragene Moment $M = Ae$ (A = Auflagerdruck des Trägers) klein zu halten, ist der Rohrstutzen so kurz auszuführen, als die Ausführung der Kehlnähte es gestattet. Die Anschlußnaht der Flanschen ist als kreisrunde Kehlnaht zu bemessen nach

$$\sigma_{\text{schw}} = \frac{A}{\pi D a} = 0{,}65\,\sigma_{\text{zul}}. \tag{117}$$

Der runde Dorn vom Durchmesser d wird durch die Auflagerkraft A auf Abscheren und ein Moment beansprucht, das im äußersten Falle die Größe hat $M = As$, wenn s die Flanschdicke bezeichnet.

$$\tau = \frac{16A}{3\pi d^2}, \qquad \sigma = \frac{32As}{\pi d^3}. \tag{118}$$

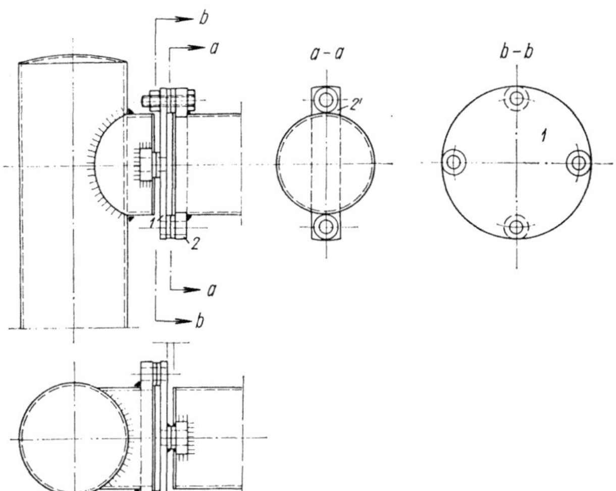

Abb. 3.29

Ist der Träger auch durch waagerechte Kräfte belastet, muß er auch in dieser Richtung frei drehbar gelagert werden. Dieser Forderung entspricht die Verbindung nach Abb. 3.29, die in der Tschechoslowakei entwickelt wurde. Sie ähnelt einem Cardanischen Gelenk und ermöglicht kleine Verdrehungen nach allen Richtungen. Auch hier ist an die Rohrstütze ein kurzer Stutzen angeschlossen. Die mittlere kreisförmige Platte *1* wird mit zwei senkrecht aufeinander stehenden Flachstählen *2* und *2'* verschraubt, von denen der eine mit dem durch eine dünne Platte abgeschlossenen Trägerende, der andere mit dem Rohrstutzen verschweißt ist.

Je zwei Schrauben sind für den Auflagerdruck A der resultierenden ungünstigten Belastung auf Abscheren und Lochwandungsdruck zu bemessen:

$$\frac{2\,A}{\pi d_s^2} = \tau_{a\,\text{zul}}, \qquad \frac{A}{2\,d_s s} = \sigma_{l\,\text{zul}}, \tag{119}$$

wobei d_s den Bolzendurchmesser der Schrauben, s die Dicke der mittleren Platte bezeichnen; die Flachstähle werden stärker gewählt.

Der zerlegbare Anschluß nach Abb. 6.30 überträgt auch Momente. An das Ende des Rohrträgers ist eine Rohrschale mit abgebogenen Rändern angeschweißt, deren Innendurchmesser dem Außendurchmesser der Rohrstütze entspricht. Diese Schale ist durch zwei Halbflansche, oben und unten, versteift und mit der zweiten gleichartigen Schale verschraubt. Kurze Knaggen, auf die sich die Schalen mit ihren abgebogenen Rändern abstützen, übertragen die Auflagerkraft der lotrecht belasteten Rohrträger.

Die Schrauben sind für das zu übertragende Moment, die Schweißen der Knaggen für die größte Auflagerkraft zu bemessen.

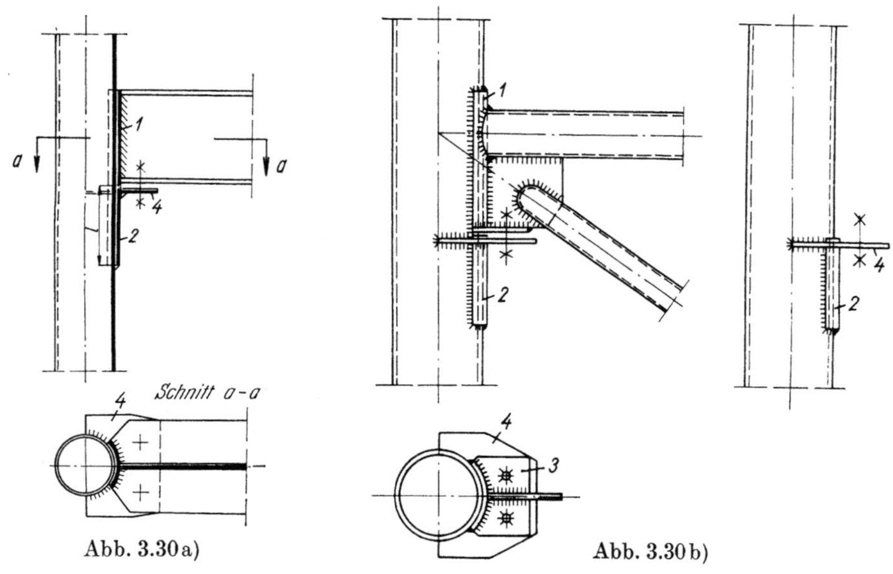

Abb. 3.30a) Abb. 3.30b)

3.3.2.5. Lagerartiger Anschluß eines vollwandigen oder gegliederten Trägers

Vollwand- oder Fachwerkträger können nach Art von Abb. 3.30 an Rohrstützen oder lotrechte Rohrelemente von gegliederten Trägern angeschlossen werden. Das Trägerende schließt mit einer Rohrschale *1* ab, die mit ihrer Stirnfläche auf einer gleichen Schale *2* sitzt, die mit dem lotrechten Rohr durch Schweißen verbunden ist. Die Schalen sind dem Außendurchmesser des Stützrohres angepaßt. Der angeschlossene Träger ist in seiner Lage durch Schrauben *3* gesichert, die den Unterflansch des Trägers oder ein an das Auflagerknotenblech angeschweißtes Blech *4* mit dem Blech *4′* verbinden, das mit dem Rohr und der Schale *2* verschweißt ist.

Dieser Anschluß ist lösbar. Durch eine obere Lasche *5*, die mit dem Rohr und den Trägeroberflansch verschweißt wird (Abb. 3.30c) wird er zur Aufnahme von negativen Biegemomenten geeignet. Wird auch das Blech *4′* mit dem Trägerunterflansch verschweißt, können auch doppelsinnige Momente übertragen werden. Bei diesem festen Anschluß wird nachträglich auch die obere Rohrschale an das lotrechte Rohr geschweißt.

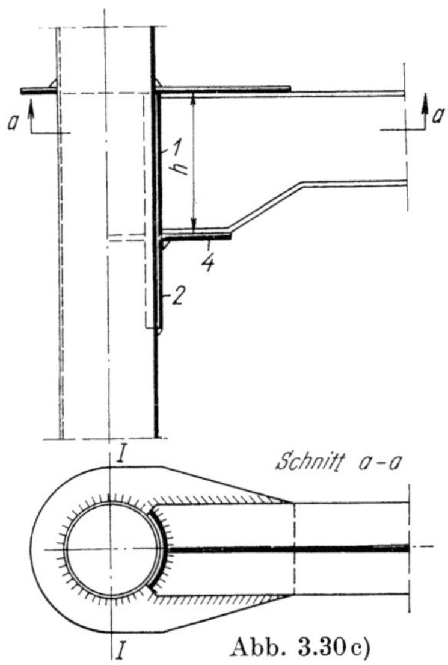

Abb. 3.30c)

Die Auflagerkraft A wird von den Schweißen der untern Rohrschale aufgenommen. Die Länge der Kehlnähte mit der Dicke a und damit die Länge der Schale ist durch folgende Beziehungen gegeben:

$$l = \frac{A}{2a\,0{,}65\,\sigma_{zul}} = \frac{A}{1{,}3a\,\sigma_{zul}} \qquad (120)$$

Die Beanspruchung der Stirnfläche ist bei freier Auflagerung nicht gleichmäßig, worauf bei der Festlegung der Schalendicke Rücksicht zu nehmen ist. Beim festen, durch Momente beanspruchten Anschluß rechnet man mit größerer Sicherheit, wenn der Querschnitt der Lasche im Schnitt I—I aus

$$F = \frac{M}{h\,\sigma_{zul}} \qquad (121)$$

ermittelt wird.

3.4. Knoten gegliederter Träger

Die Knoten ebener Rahmen- und Fachwerkträger unterscheiden sich wesentlich. Während beim ebenen Rahmenträger nur ein Rohr angeschlossen ist, das in der Regel nur Momente und Querkräfte überträgt, wird der Fachwerkknoten durch den Anschluß mehrerer achsial belasteter Stäbe günstiger beansprucht. Beim räumlichen Knoten können sich Schwierigkeiten aus dem Mangel an Anschlußfläche ergeben; die Beanspruchungen werden gegenüber dem ebenen Knoten meistens verbessert, zumindest nicht verschlechtert.

3.4.1. Rahmenknoten

Im ebenen Rahmenknoten wird ein Rohr an ein durchgehendes unter einem Winkel angeschlossen, der je nach dem System 90° beträgt oder sich nur wenig davon unterscheidet. Die Verbindung erfolgt in der Regel ohne Knotenblech. Beim räumlichen Knoten können Eckbleche zur Ausbildung von rahmenartigen Querverbänden dienen.

Bei Rohrrahmenmasten wurde ursprünglich das Gurtrohr durch ein- oder zweiteilige Rohrmanschetten verstärkt; eine derartige Ausführung hat heute nur mehr bei zerlegbaren Masten Bedeutung. Näheres darüber s. im Abschnitt „Maste“.

3.4.2. Fachwerkknoten

Im ebenen Knoten des Rohrfachwerkes werden zwei oder mehr Füllstäbe an ein durchgehendes Gurtrohr angeschlossen, wobei entsprechend der theoretischen Gelenkverbindung alle Rohrachsen in einem Punkte zusammengeführt werden. Beim Raumfachwerk erhöht sich die Zahl der anzuschließenden Rohre.

3.4.2.1. Ausführung

Der unmittelbare Anschluß der Füllstäbe an den Gurt ist die einfachste und gebräuchlichste Ausführungsart; in Sonderfällen können aber konstruktive Gründe zur Verwendung von Knotenblechen nötigen. Immer ist jeder Stab mit seiner vollen Kraft an den Gurt bzw. das Knotenblech oder teilweise auch an den benachbarten Füllstab anzuschließen, wobei in den Kehl- oder $^1/_2$ V-Nähten bzw. ihrer Kombination die zulässige Beanspruchung nicht überschritten werden darf. In der

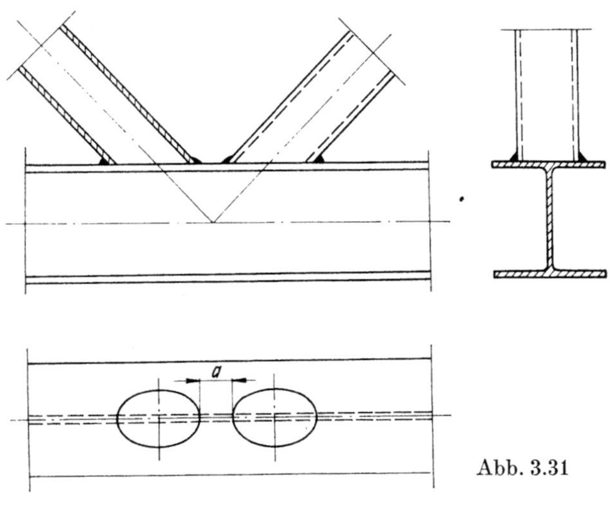

Abb. 3.31

Regel ist, wenn es sich nicht um einen rechtwinkligen Anschluß handelt, der Schweißquerschnitt so groß, daß ein besonderer Spannungsnachweis für die Schweiße entfallen kann. Das Auftreten von Spannungsspitzen wird durch die Ausführungsart des Knotens weitgehend beeinflußt.

Wird der Gurt durch eine Belastung außerhalb der Knoten außer durch die Längskraft auch durch ein Biegemoment beansprucht, kann es wirtschaftlich sein, hierfür ein I-Profil zu verwenden. Durch die bei einem solchen Profil vorhandenen ebenen Flächen vereinfacht sich die Ausführung des Knotens; die Enden der Diagonalen sind nur ihrem Anlaufwinkel entsprechend eben abzuschneiden und mit dem Trägerflansch durch Kehlnähte oder kombinierte Schweißen zu verbinden (Abb. 3.31). Der Abstand a soll so groß sein, daß auch an der engsten

Stelle das Schweißen bequem möglich ist. Wenn bei größerem Winkel der Füllstäbe die Rohre sich überschneiden, wird, sofern das Druckrohr nicht einen größeren Durchmesser hat als das Zugrohr, die gezogene Diagonale voll an den Gurtflansch

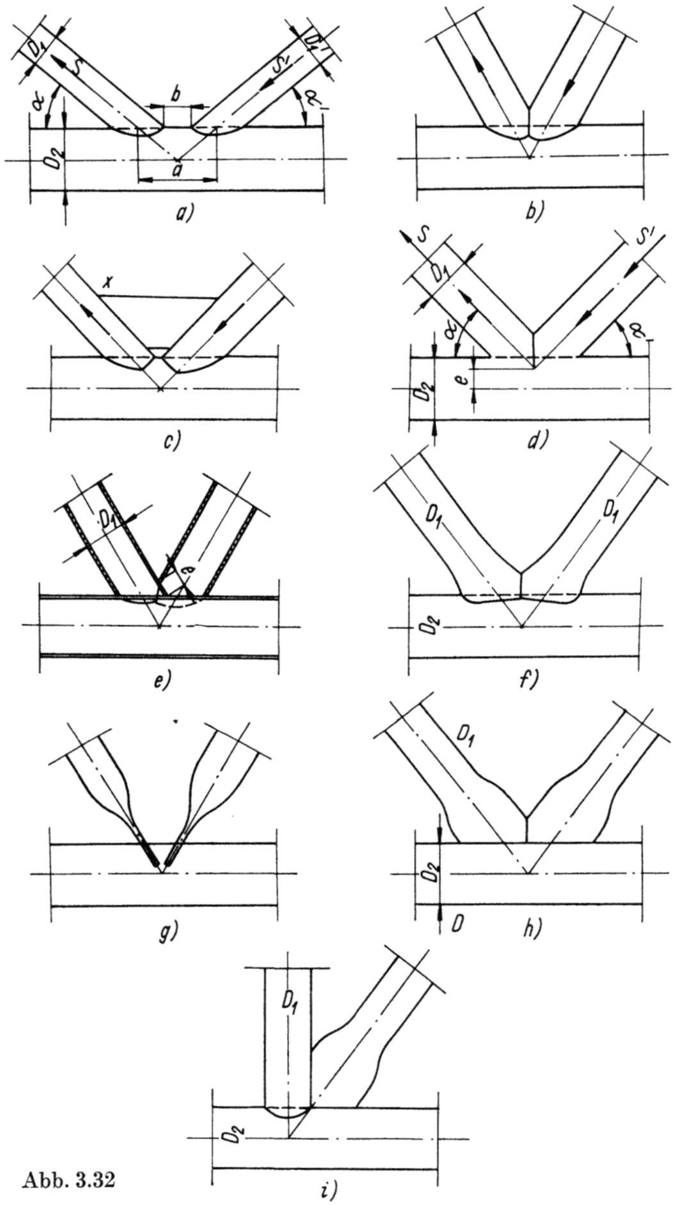

Abb. 3.32

angeschlossen und das Druckrohr an Gurt und Zugstab angepaßt (vgl. die Sonderausführung unter 12.3.4.). Ist der Gurt ein geschweißtes Profil, muß der Flansch im Bereich des Knotens durch Rippen versteift werden.

Abgesehen von dem Sonderfall, wo der Gurt auch auf Biegung beansprucht ist, werden in Rohrfachwerken auch für die Gurte Rohre verwendet. Die Enden der

Ausfachungsstäbe müssen beim unmittelbaren Anschluß der Form der Gurtrohre angepaßt werden. Das geschieht, wie bereits erwähnt, durch Fräsen oder auf Brennschneidemaschinen; nur bei der Ausführung mit flach gedrückten Enden der Füllstäbe können diese eben zugeschnitten werden. Abb. 3.32 zeigt verschiedene Möglichkeiten der Ausführung von Knoten: mit getrenntem Anschluß der Diagonalrohre, mit Überschneidung, mit Zwickel und mit flach gedrückten Rohrenden. Das Flachdrücken kann entweder nach Art von Abb. 3.33a oder 3.33b vorgenommen werden.

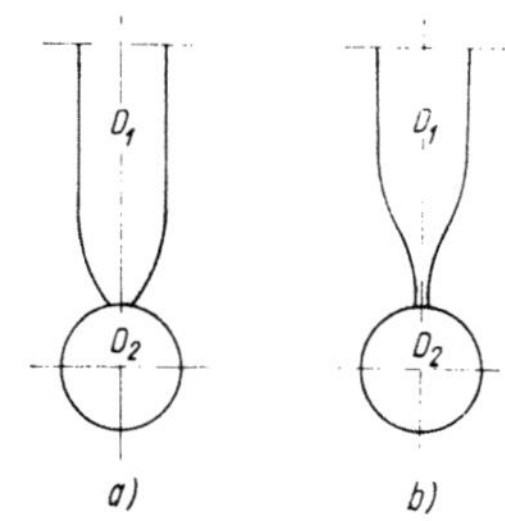

Abb. 3.33

Bei Auflagerknoten von einfachen Fachwerkbalken muß das Gurtrohr nicht durchgehend sein; die stark beanspruchte Enddiagonale oder der Zuggurt können an ein Knotenblech angeschlossen werden (Abb. 3.34). In Ausführung a ist die Enddiagonale unmittelbar mit einem starken Stützrohr verbunden; die gering belastete Vertikale steht auf der Platte, mit der das Stütz-

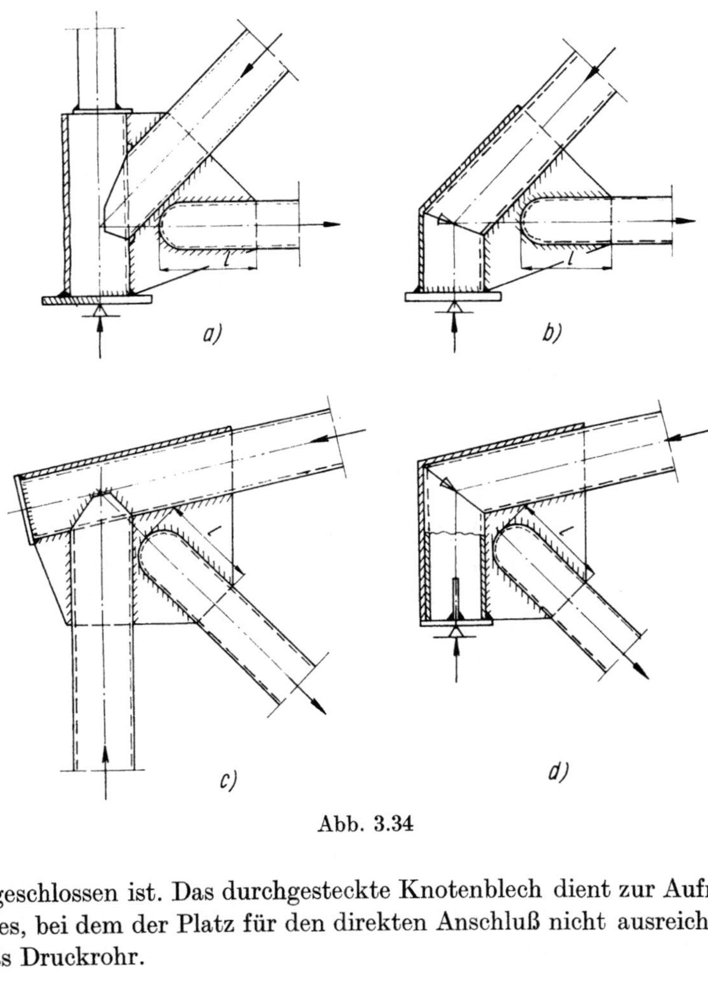

Abb. 3.34

rohr abgeschlossen ist. Das durchgesteckte Knotenblech dient zur Aufnahme des Zuggurtes, bei dem der Platz für den direkten Anschluß nicht ausreicht und versteift das Druckrohr.

Ausführung b zeigt den gleichen Knoten ohne Hilfsvertikale. Stützrohr und Enddiagonale sind auf Gehrung gestoßen. Obergurtknoten sind in Ausführung c und d dargestellt; sie sind in gleicher Weise ausgebildet wie die entsprechenden Untergurtknoten. Zur Stützung der obern Lagerplatte dient bei d ein Querblech.

Einer besonderen Aussteifung bedarf der Auflagerknoten, wenn das durchlaufende Gurtrohr von oben und unten belastet wird (Abb. 3.35). Um eine Verformung dieses Rohres zu vermeiden, muß entweder das Gurtende angestaucht und damit seine Wand verstärkt oder bei gleichem Durchmesser von Gurt, Enddiagonale und Lagerstutzen der teilweise Ausgleich der Kräfte durch beiderseitige

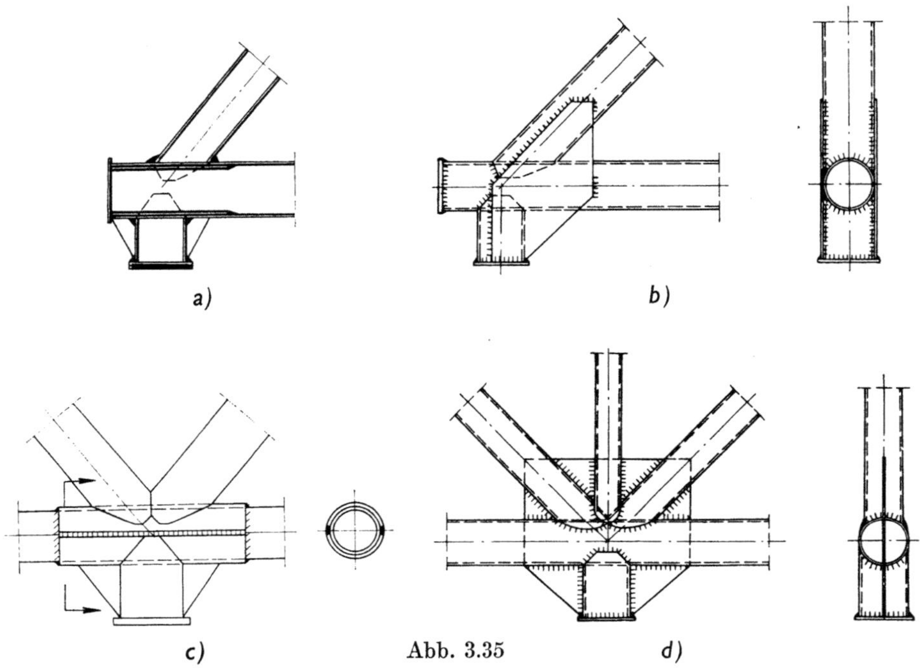

Abb. 3.35

Laschen erzwungen werden (Abb. 3.35a, b). Besonders gefährdet ist das Gurtrohr im Auflagerknoten von Durchlaufträgern. Die Aussteifung erfolgt hier durch zwei gleiche Rohrschalen, die miteinander und mit dem Gurt verschweißt werden oder mit durchgesteckten Knotenblechen, wobei die Diagonalen und der Lagerstutzen sowohl unmittelbar an das Gurtrohr angeschlossen als auch mit dem Knotenblech verschweißt werden (Abb. 3.35c, d).

Rohre von Raumverbänden können oft, auch wenn an der Baustelle Strom zur Verfügung steht, nicht unmittelbar angeschweißt werden. Man schließt sie an Knotenbleche an, mit denen nach Abb. 3.36a die Gabeln der Rohrenden verschraubt sind. Diese Rohrenden können auch durch Kümpeln und Schlitzen für den geschweißten Anschluß nach Abb. 3.36b vorbereitet werden. Ob das Knotenblech nur angeschweißt oder durchgesteckt wird, hängt von der Steifigkeit des durchgehenden Rohres ab.

Bei räumlichen Knoten häufen sich die Anschlüsse. Um genügend Anschlußfläche zu schaffen und dabei die teuere Anarbeitung der Rohrenden zu vermeiden, wurde der Knoten mit Hohlkugeln entwickelt. Dabei kann der Gurt durchgehen und mit der Hohlkugel verschweißt werden oder er wird wie alle übrigen Stäbe an die Hohlkugel geschweißt. Die Rohrenden werden nur auf der Säge rechtwinklig zugeschnitten. Abb. 3.37 zeigt einen Knotenpunkt in der untern Ebene einer Oktaplatte [46]. Der Durchmesser der Hohlkugel ist so zu wählen, daß jedes Rohr in seinem vollen Umfange angeschweißt werden kann. Sie wird aus zwei gleichen, durch Tiefziehen geformten Schalen durch Schweißen hergestellt. Ihre Erzeugung ist ausführlich von Svoboda-Konečný beschrieben [47].

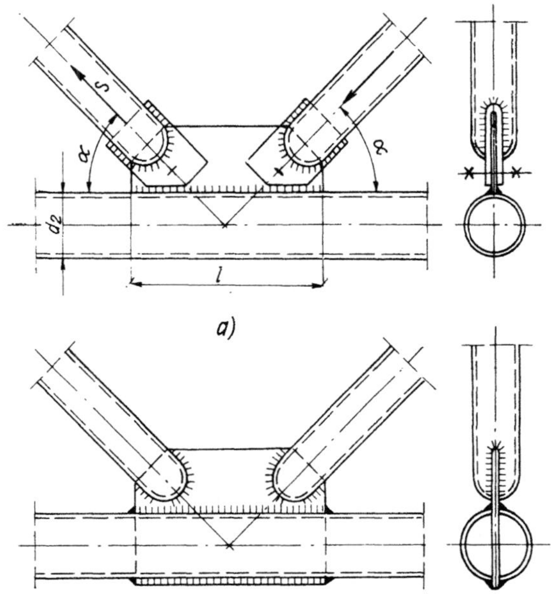

b) Abb. 3.36

3.4.2.2. Tragkraft

Bei der Beurteilung der Tragkraft des Fachwerkknotens spielt die Art der Querbeanspruchung des Gurtes und die Steifigkeit seines Querschnitts eine große Rolle. Zum Unterschied vom Anschluß *eines* Rohres, sei es in Form gekreuzter Rohre, sei es als einseitiger Anschluß, wird der Spannungsverlauf im Bereich des Knotens dadurch günstig beeinflußt, daß die sich ungünstig auswirkende Verformung des Gurtrohres beim Anschluß des einen Stabes durch den anderen behindert wird; gegenüber den Versuchsergebnissen bei gekreuzten Rohren kommt auch in Betracht, das das durchgehende Rohr nur einseitig, daher günstiger beansprucht wird. Die Ergebnisse der erwähnten Versuche können also nicht ohne weiteres auf Fachwerkknoten übertragen werden. Gültig aber bleibt die aus den Versuchen an T-förmigen Modellen abgeleitete Forderung, *daß das durchgehende Rohr auf einem möglichst großen Umfangsbereich umfaßt werden soll*, wenn es nicht starkwandig und daher steif ist. In dieser Hinsicht ist der Knoten mit einem steifen Träger als Gurt besonders vorteilhaft.

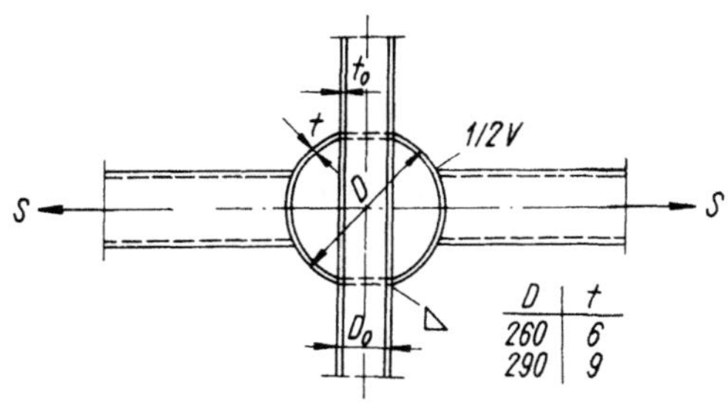

Abb. 3.37

Bei den Knotenausbildungen nach Abb. 3.32 ist die gegenseitige Versteifung des Gurtes durch die Diagonalen um so kleiner, je größer die Entfernung *a* ist. Die Verformung ist um so größer und damit die Tragkraft um so kleiner, je größer der Anlaufwinkel α und je kleiner das Verhältnis $\frac{D_1}{D_2}$ ist. Die Komponente der Stabkraft $S \sin \alpha$ ist die Ursache der Querverformung. Es ist deshalb erwünscht, daß sich diese Komponenten der beiden Diagonalkräfte wenigstens teilweise ausgleichen, was durch Überschneidung der Diagonalen möglich ist (Ausführung b). Dabei ist nicht nötig, daß die Diagonalen gleiche Durchmesser haben.

Die gleiche Wirkung wird bei Ausführung c durch Einschweißen eines Zwickelbleches erzielt. Die Zugdiagonale ist durch Spannungsspitzen in ihrem Anschluß an das Gurtrohr und bei x gefährdet.

Bei kleinem Anlaufwinkel α und kleinem Verhältnis $\frac{D_1}{D_2}$ kann die günstige Wirkung der Überschneidung der Diagonalen durch Ausführung d mit einem sogenannten negativen Fehlerhebel erzwungen werden. Die Außermittigkeit e soll $\frac{D_1}{4}$ nicht überschreiten. Dabei darf nicht übersehen werden, daß der Gurt durch ein zusätzliches Moment beansprucht wird, das annähernd, wenn die Außermittigkeit nur bei einem Knoten auftritt, den Wert $(S \cos \alpha - S' \cos \alpha') \frac{e}{2}$ hat, bei dem aber, wenn die Außermittigkeit sich bei anderen Knoten wiederholt, mit dem vollen Werte, also mit e statt $\frac{e}{2}$, zu rechnen ist.

Da der Anschluß der Zugdiagonale mehr gefährdet ist als der des Druckstabes, schließt man bei Überschneidung das gezogene Rohr voll an den Gurt an; das Druckrohr wird dann sowohl an den Gurt als auch an die Zugdiagonale angepaßt (Ausführung e). Wenn das Druckrohr, wie es manchmal der Fall ist, einen größeren Durchmesser hat als das Zugrohr, wird die Anarbeitung des Rohrendes erschwert. In diesem Falle kann die Druckdiagonale voll an den Gurt angeschlossen werden. Es ist aber vorzuziehen, sie so zu bemessen, daß beide Diagonalen gleichen Durchmesser haben. Wie bei Ausführung d kann auch hier der Knoten mit negativem Fehlerhebel ausgebildet werden.

Eine vereinfachte Knotenausbildung ergibt sich, wenn die Enden einer oder beider Diagonalen eingezogen oder flach gedrückt werden. Diese Anarbeitung erfolgt entweder nach Abb. 3.33a, wo ein ovaler offener Spalt verbleibt, oder nach Abb. 3.33b, wo das Rohrende auf eine gewisse Länge flach gderückt wird. Um die Knicksicherheit des gedrückten Rohres nicht zu gefährden, muß der flachgedrückte Teil knapp neben dem Gurtrohr enden. Abb. 3.32f bis i zeigen solche Knoten. Ausführung g hat eine zufriedenstellende Tragkraft, Ausführung h oder i nur dann, wenn ein genügend großer Teil der lotrechten Komponenten sich ausgleicht oder das Gurtrohr starkwandig ist.

Von den Knoten unter Verwendung von Knotenblechen (Abb. 3.36) bewährt sich im Gegensatz zum Anschluß *eines* gezogenen Stabes die Ausführung mit aufgesetztem Knotenblech besser als das durchgesteckte Blech. Die Anschlußnaht des Bleches ist außer durch die Resultierende der waagrechten Komponenten der Diagonalkräfte noch durch ein von den lotrechten Komponenten herrührendes Moment beansprucht. Durch die Nachgiebigkeit des Gurtrohres werden die Spannungsspitzen der waagrechten Nähte abgebaut. Die größte Spannung tritt im Übergang des Zugrohres zum gabelförmigen Verbindungselement oder Knotenblech auf. Bei dynamischer Beanspruchung ist diese Verbindung nicht zu empfehlen.

Bei der Knotenausbildung mit Hohlkugeln stehen die Anschlußrohre, da ihre Achsen durch den Kugelmittelpunkt gehen, senkrecht zur Kugeloberfläche. Außer bei besonders starkwandigen Rohren entfällt jede Anarbeitung der Rohrenden; es genügt, die Rohre senkrecht zur Achse abzuschneiden. Die Tragkraft des Anschlusses stimmt mit der der Schweißnaht überein. Die Durchmesser von Rohr und Hohlkugel müssen in einem solchen Mindestverhältnis zueinander stehen, daß die Schweiße das Rohr ganz umfaßt. Auch das Verhältnis der Wanddicken von Hohlkugel und Rohr darf ein gewisses Verhältnis nicht unterschreiten. KLÖPPEL und GODER [48] stellen auf Grund von Versuchen an ebenen Knoten mit sechs angeschlossenen Rohren gleichen Durchmessers die Forderung auf, daß die Wanddicke der Kugel um 1 mm größer als die der Rohre, die Dicke der Schweißnaht um 1 mm größer als die Rohrwanddicke sein soll, wenn man die zulässige Spannung in der Schweißnaht nach (115a) auf $0{,}9\,\sigma_{\text{zul}}$ erhöhen will. Bei den Versuchen war das Verhältnis Kugeldurchmesser/Rohrdurchmesser $= 100/51 \doteq 2{,}0$ und $150/62{,}5 = 2{,}36$, wobei beim zweiten Wert die Bruchspannungen höher lagen, da die Schweißnaht den ganzen Rohrumfang umfaßte. Der Werkstoff der Rohre war St. 55.29.

Anderer Art waren die in der Tschechoslowakei vorgenommenen Versuche [47]. Bei den Probekörpern wurde das Gurtrohr durchgesteckt und mit der Kugel durch Kehlnähte verbunden. Im Falle des Gurtrohrstoßes wurde das kleinere Rohr knapp über die Kugel hinausgeführt am freien Ende das größere Rohr darübergesteckt und mit $^1/_2$ V-Nähten an die Kugel angeschlossen. Senkrecht und symmetrisch zum Gurtrohr wurde auf beiden Seiten je ein Rohr mit der Kugel durch $^1/_2$ V-Nähte verbunden. Bei den Versuchen wurden entweder das Gurtrohr oder die beiden anderen Rohre gezogen. Während die Versuche mit gezogenem Gurt, wie vorauszusehen war, die Bestätigung erbrachten, daß die Hohlkugel praktisch nicht verformt wird, zeigte die letztere Versuchsreihe, daß die Steifigkeit der Kugel von zwei Faktoren abhängt: vom Verhältnis $\lambda_1 = \frac{\text{Durchmesser der Kugel}}{\text{Durchmesser der Gurtes}} = \frac{D}{D_0}$ (Abb. 3.37) und der Steifigkeit des Gurtquerschnittes $\lambda_2 = \frac{D_0}{t_0}$. Je kleiner λ_1 ist, um so größer muß die Steifigkeit des Gurtes sein. Damit durch die Verformung der Kugel die Tragkraft der Verbindung nicht beeinträchtigt wird, soll, wie aus den Versuchsergebnissen abgeleitet wurde, das Verhältnis $\lambda_3 = \lambda_2/\lambda_1$ den Wert 18 nicht überschreiten. Auch hier zeigt es sich, daß beim gezogenen Rohr mit der Fläche F die Bruchspannung größer ist als $0{,}85\,\sigma_F$; darnach muß es zulässig sein, das gezogene Rohr mit $0{,}85\,\sigma_{\text{zul}}$ zu bemessen.

Die Zahl der Versuche war aber sowohl bei [47] als auch bei [48] zu klein, um daraus endgültige Schlüsse ziehen zu können, um so weniger, als die Versuchsanordnung nicht die tatsächlichen Verhältnisse in der Konstruktion wiedergeben kann.

3.4.2.3. Berechnung

Ein Fachwerkknoten mit einem Gurt aus einem gewalzten oder geschweißten I-Profil und Rohren als Ausfachungsstäbe unterscheidet sich, wenn beim geschweißten Gurt der Flansch noch durch Rippen versteift ist, in keiner Weise von Knoten, bei denen die Diagonalen nicht Rohre sind. Der Anschluß der Füllstäbe erfolgt entweder unmittelbar, was vorzuziehen ist, oder mit einem Knotenblech. Bei statischer Belastung und unmittelbarem Anschluß sind die Schweißnähte entsprechend ihrer Ausführung nach ihren zulässigen Beanspruchungen zu bemessen. Die Nebenspannungen können durch die Wahl des Tragsystems beeinflußt werden; im allgemeinen bleiben sie unberücksichtigt.

Anders liegen die Verhältnisse beim reinen Rohrfachwerkknoten, bei dem wir zuerst die Regelausführung mit unmittelbarem Anschluß der Ausfachungsstäbe betrachten. Wie beim T-Anschluß des Einzelrohres (vgl. Abschnitt 3.3.2.2.) treten, verursacht durch die Nachgiebigkeit des querbelasteten Gurtrohres, Spannungsspitzen auf, deren Größe von der Art der Querbelastung und von dem Zusammenwirken der Füllstäbe abhängig ist. Obwohl durch das gleichzeitige Wirken eines gezogenen und eines gedrückten Stabes eine Versteifung des Gurtrohrquerschnittes eintritt, empfiehlt es sich, jeden Stabanschluß nach (115a) zu bemessen. Bei schrägen Füllstäben mit angepaßten Rohrenden wird die Bedingung, daß der Schweißquerschnitt größer ist als der Rohrquerschnitt, in der Regel übererfüllt, so daß ein Spannungsnachweis sich erübrigt; bei flachgedrückten Rohrenden aber, wo nicht nur bei $\alpha = 90°$ $F' \doteq F$, ist Vorsicht geboten.

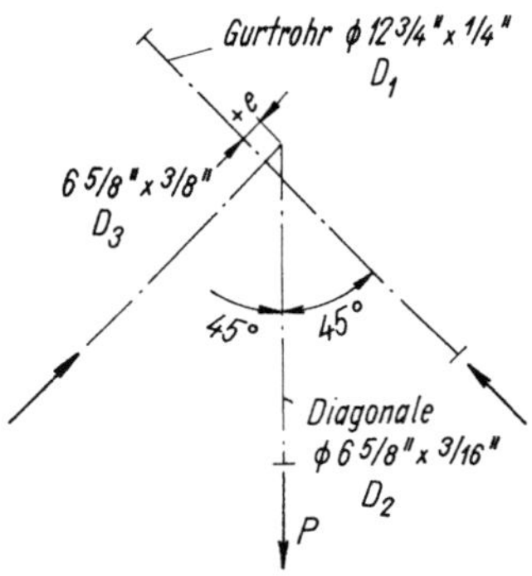

Abb. 3.38

Die Tragkraft eines Knotens ist nicht allein durch die Festigkeit der Anschlußnähte bestimmt. Wie Versuche gezeigt haben, ist ihr Wert, der durch die Höchstlast der Zugdiagonale ausgedrückt werden kann, weitgehend abhängig vom Verhältnis der Rohrabmessungen, der Art der Knotenausbildung und der dadurch und seine Steifigkeit bedingten Nachgiebigkeit des Gurtrohres.

Vom Verhältnis der Rohrabmessungen fallen ins Gewicht das der Außendurchmesser $\frac{D_1}{D_2}$, wenn D_1 den Durchmesser des kleineren Anschlußrohres, D_2 den des Gurtrohres bezeichnen, und mit der Wanddicke t_2 des Gurtrohres das Verhältnis $\frac{t_2}{D_2}$. Nach DIN 4115, Stahlleichtbau und Stahlrohrbau im Hochbau, muß $\frac{D_1}{D_2} \geq 0{,}25$ sein; das Verhältnis $\frac{t_2}{D_2}$ ist nicht begrenzt. In den britischen Vorschriften [49] ist ein kleinstes Verhältnis $\frac{D_1}{D_2} = 0{,}33$ zugelassen; die kleinste Wanddicke des Gurtrohres ist durch das Verhältnis $\frac{t_2}{D_2} = \frac{1}{10^3}$ gegeben mit t_2 und D_2 in Zoll, was bei nahtlosen Rohren ungefähr der Normalwand entspricht.

Die Ausbildung der Knoten unterscheidet sich nach der gegenseitigen Lage der Ausfachungsstäbe, ihrem Anlaufwinkel, der Anarbeitung ihrer Enden und der Lage des Schnittpunktes ihrer Achsen bezüglich der Gurtachse. Wie bereits im vorhergehenden Abschnitte dargelegt wurde, bewiesen zahlreiche Versuche [42, 50, 51, 52] die Abhängigkeit der Tragkraft des Knotens von den genannten Faktoren. Infolge der Verschiedenheit der Einflüsse, ist es schwer möglich, allgemeine Schlüsse zu ziehen. So lassen sich beispielsweise die Ergebnisse von Versuchen mit verschiedenem Fehlerhebel nicht ohne weiteres verallgemeinern.

Bei den in [52] beschriebenen Versuchen mit der in Abb. 3.38 schematisch angegebenen Anordnung wurden folgende Ergebnisse erzielt:

c	Bruchlast P in kips (Mp)	Bruch	$\frac{\text{Bruchlast des Knotens}}{\text{Bruchlast der Diagonale}}$
$+\frac{D_1}{4}$	137 (62,1)	im Gurt, knapp neben der Schweiße in der Diagonale,	0,54
0	209 (94,8)	am Beginn der Überschneidung in der Diagonale,	0,82
$-\frac{D_1}{4}$	277 (125,6)	$^1/_2$ Zoll vor der Überschneidung	1,08

Die Verhältniszahlen der letzten Kolonne sind mit einer durchschnittlichen Bruchlast der gezogenen Diagonale von 255 kips (115,7 Mp) errechnet. Der Wert $1{,}08 > 1{,}00$ erklärt sich aus der Art der Lasteintragung im Knoten, die von der theoretischen Annahme abweicht.

Je kleiner der Anlaufwinkel der Ausfachungsstäbe ist, um so größer ist der Umfang der Anschlußnähte, dieser Winkel soll aber 30° nicht unterschreiten, um die einwandfreie Ausführung der Schweiße zu gewährleisten. Die günstige Überschneidung der Füllstäbe kann durch die Ausführung des Knotens mit negativem Fehlerhebel erreicht werden (Abb. 3.32d).

Zur Ausführung mit abgeflachten bzw. flachgedrückten Rohrenden (Abb. 3.33) der Füllstäbe ist zu bemerken, daß sie die als vorteilhaft erkannte Bedingung der Umfassung des Gurtrohres in möglichst großer Fläche nicht erfüllt. Insbesondere bei den Beispielen nach Abb. 3.32f, h, i ist das Gurtrohr linienförmig parallel zur Rohrachse belastet; diese Verbindungsart ist nur bei starkwandigen Rohren zulässig. Besser schneidet bei den Versuchen eine Ausführung nach Abb. 3.32i ab.

Die durch das bereits erwähnte Verhältnis $\frac{t_2}{D_2}$ gekennzeichnete Steifigkeit des Gurtrohres kann durch geeignete konstruktive Maßnahmen günstig beeinflußt werden. Solche Maßnahmen sind das Einlegen eines kreisrunden Flansches zwischen die Füllstäbe, Rippen zwischen Gurt und Lager und in gewissen Fällen Knotenbleche.

Wie bei den Versuchen durch Vorbelastung des Gurtes nachgewiesen wurde, haben Spannungen, wie sie im Gurt des belasteten Fachwerkbalkens entstehen, einen untergeordneten Einfluß auf die Tragkraft des Knotens; ebenso spielt die Rohrwanddicke der Ausfachungsstäbe keine besondere Rolle, so lange sie nicht kleiner ist als die der üblicherweise im Stahlrohrbau verwendeten Rohre.

Wie sollen nun die verschiedenen Knotenausbildungen hinsichtlich ihrer Tragkraft beurteilt werden? Der von Jamm [50, 51], vorgeschlagene, als Verhältnis der Diagonalzugkraft beim Bruch des Knotens zur theoretischen Zugkraft der Diagonale definierte Gütegrad zeigt wohl den Einfluß der Bauart des Knotens, gibt aber keine Vergleichsmöglichkeiten der übrigen Einflüsse. Die bei verschiedenen Ausführungen festgestellten folgenden Gütegrade: 80 bis 85% bei Ausführung nach Abb. 3.32a, 90 bis 100% bei Ausführung c, 95 bis 100% bei Ausführung d, 95% bei aufgesetzten und 85% bei durchgesteckten Knotenblechen gelten nur für die Verhältnisse bei den bezüglichen Versuchen.

Deshalb verdient der Vorschlag, den SAMMET [53] auf Grund von Versuchen im Institut für Stahlbau und Leichtmetallbau, Leipzig, gemacht hat, besondere Beachtung. Danach ist die Tragkraft S des Knotens durch folgende Beziehung gegeben:

$$S = S' \frac{\beta}{\sin \alpha}. \tag{122}$$

Dabei bezeichnen:

S' die Tragkraft des rechtwinkligen Anschlusses nach Abb. 3.24,

α den Anlaufwinkel des Füllstabes,

β einen Formbeiwert.

Für S' können in ähnlicher Weise auch die Ergebnisse von Versuchen nach Abb. 3.25 (Prüfkörper in T-Form) benützt werden. Diese Tragkraft kann in Abhängigkeit vom Verhältnis $\gamma = \frac{\text{Füllstabdurchmesser}}{\text{Gurtrohrdurchmesser}}$ dargestellt werden, wie es auszugsweise das Diagramm in Abb. 3.39 zeigt. Die Tragkraft S ist nach (122) für jeden Füllstab getrennt zu ermitteln.

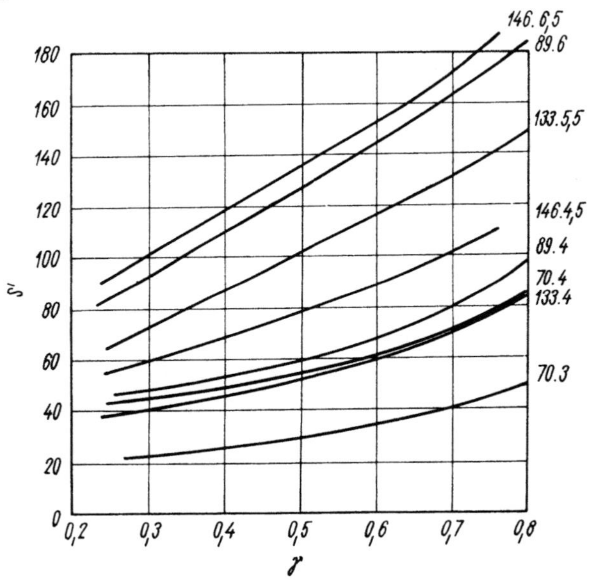

Abb. 3.39

Die Versuche an Probekörpern aus Werkstoff St. 37, über die SAMMET berichtet, ergaben die in Tab. 14 zusammengestellten β-Werte.
Die Zahl der vorgenommenen Versuche ist noch gering, vor allem fehlen Rohre aus St 52. Daß für jedes Gurtrohr der Wert S' bestimmt werden muß, ist ein Nachteil. Auch diese Versuche ergaben, daß der Einfluß der Gurtkräfte, sofern sie in den üblichen Grenzen bleiben, und der Wanddicke der Füllstäbe unbedeutend ist.

Mit Rücksicht auf die Unsicherheit der Tragkraftberechnung empfiehlt es sich, den Sicherheitsgrad höher als sonst üblich zu wählen. SAMMET schlägt für die Hauptbelastung $\nu = 3{,}0$, für Haupt- und Zusatzbelastung $\nu = 2{,}7$ vor.

Tabelle 14

Ausführung nach Abb. 3.32	Bemerkung zur Ausführung	Formbeiwert β
a	normale Anpassung der Rohrenden; β in Abhängigkeit von b	b | $\lesssim 10$, 14, 18, $\gtrsim 20$ β | 2,0, 1,6, 1,2, 1,0
b	Überschneidung symmetrisch	1,5, mit Querbl. 3,0
e	Überschneidung mit $c = 0,4\, D_1$ bis $0,6\, D_1$	3,5
c	mit Zwickel $b = 10$ mm	2,5
g	mit flachgedrückten Füllstabenden, abhängig von	γ | $\lesssim 0,3$ 0,4 $\gtrsim 0,5$ β | 1,0 1,75 2,5

Die Bemessung der Fachwerkknoten mit Hohlkugeln ist einfacher und übersichtlicher. Der rechtwinklige Anschluß der Stäbe ermöglicht die einwandfreie Ausführung der Kehlnähte. Bei ausreichender Steifigkeit der Hohlkugel, die bei Erfüllung der aus den erwähnten Versuchen abgeleiteten Bedingungen gesichert ist, kann für die Bemessung der Anschlußnähte nach (115a) $k = 0,9$ angenommen werden, wenn der Wert a der Schweißnähte um 1 mm größer ist als die Rohrwanddicke.

3.4.2.4. Dynamisch beanspruchte Fachwerkknoten

Die Dauerfestigkeit der Rohrknoten ist beträchtlich geringer als ihre statische Festigkeit. Die Ursache liegt in der Kerbwirkung der Kehlnähte und dem Auftreten von Spannungsspitzen. Eine weitgehende Verbesserung kann bei unmittelbarem Anschluß der Füllstäbe durch teilweise Ausbildung von $^1/_2$ V-Nähten erreicht werden; nur im spitzen Winkel, den die Zylindererzeugenden von Gurt- und Anschlußrohr im lotrecht durch beide Achsen geführten Schnitt einschließen, bleibt die Kehlnaht bestehen. Versuche haben gezeigt, daß die Dauerfestigkeit um so größer ist, einen um so größeren Teil der Oberfläche des Gurtrohres das angeschlossene angepaßte Rohr umfaßt [54]. Dieser Einfluß ist größer als bei statischer Belastung.

Bader schlägt einen Dimensionsbeiwert

$$\alpha_D = k \frac{D_1}{D_2} t_2 \tag{123}$$

vor, der aus dem Gestaltsfaktor k und dem mit der Gurtwanddicke t_2 in mm multiplizierten Durchmesserverhältnis besteht. Für den Faktor k, der von der Form des Anschlusses der Diagonale mit dem Durchmesser D_1 abhängt, sind die Werte der Tab. 15 einzusetzen.

Tabelle 15

Knotenform	k
Mit Schnitt aller Rohrachsen in einem Punkte nach Abb. 3.32a, b	1,0
Mit negativem Fehlerhebel nach Abb. 3.32d	1,1
Mit positivem Fehlerhebel	0,9
Mit Queranschluß flachgedrückter Rohrenden nach Abb. 3.32g	0,6

Bei einem Dimensionsbeiwert $\alpha_D = 2{,}0$ können für den Werkstoff St 35 die zulässigen Spannungen für Wechselbelastung einer Linie der Dauerfestigkeit zugeordnet werden, deren Ursprungfestigkeit ein zulässiger Spannungswert von rund 500 kp/cm² entspricht. Bei $\alpha_D = 1{,}2$ sinkt dieser Wert unter 300 kp/cm². Nach diesem Vorschlag beziehen sich die ausgerechneten zulässigen Dauerfestigkeitsspannungen auf die untersuchten Probekörper mit einem bestimmten Anlaufwinkel α der Füllstäbe. Bei einem anderen Winkel α' sind die gefundenen Spannungswerte mit dem Verhältnis $\frac{\sin\alpha}{\sin\alpha'}$ zu multiplizieren.

3.5. Lagerung von Rohrträgern

Die Trägerausbildung, ungegliedert oder gegliedert, und die überwiegende Richtung der Auflagerkräfte bestimmen die Lagerausführung.

3.5.1. Das Rohr als einfacher Balken

Die Lagerung des einfachen Rohres, das als Pfette dient, wird im Abschnitt 7 auf S. 196 behandelt. Wie Großrohre als selbsttragendes ebenes Tragwerk gelagert werden, zeigt Abschnitt 5.

Großrohre, die für abgespannte Antennenmaste verwendet werden, sind lotrechte Durchlaufträger, die durch das Eigengewicht des Mastes samt Einrichtungen, Winddruck und allfällige Antennenzüge belastet sind. Die Auflagerkräfte in den Aufhängepunkten der Ankerseile werden durch diese Seile und den Mastkörper aufgenommen. Der Fuß des Mastkörpers kann eingespannt oder gelenkig gelagert werden.

Das gelenkige Lager zeigt Abb. 3.40. Das Punktlager hat einen dem größten Auflagerdruck entsprechenden Lageroberteil. Auf den Durchmesser dieses Oberteils muß das Rohr eingezogen werden, wobei auf die Änderung des Spannungsflusses beim Übergang vom Zylinder in den Kegel zu achten ist. Bei kleineren Durchmessern kann man auch das Rohrende durch eine mit Rippen verstärkte kreisrunde Platte abschließen und den Lageroberteil damit durch Schrauben oder Schweißen verbinden. Den verhältnismäßig geringen waagrechten Lagerkräften wird durch geeignete Lagerausbildung Rechnung getragen.

Bei der Ausführung nach Abb. 3.40 sitzt der Kegelmantel senkrecht auf dem abgeschrägten Lageroberteil und ist mit ihm außen durch Schweißen verbunden. Der Krümmungshalbmesser der Kugelkalotte des Lagers, der Halbmesser der Berührungsfläche und die Materialbeanspruchung werden nach Hertz-Formel (100) berechnet, worin P den größten Auflagerdruck bezeichnet. Mit dem zulässigen Berührungsdruck von 8500 kp/cm² gilt (101). Die obere Lagerplatte wird als eine am Rande frei gelagerte Platte mit der Dicke h betrachtet und nach (99) berechnet. Die waagrechte Lagerkraft wird durch Reibung in der Berührungsfläche und den überstehenden Lagerteil übertragen. Der günstige Einfluß der nach innen wirkenden Komponente $S \operatorname{tg} \alpha$ wird dabei vernachlässigt. Der Durchmesser der

Aufstandsfläche (in der Abbildung 1300 mm) wird mit der zulässigen Betonbeanspruchung $\sigma_{b\,\text{zul}}$ aus der Beziehung

$$D = 2\sqrt{\frac{P}{\pi\sigma_{b\,\text{zul}}}} \tag{124}$$

berechnet.

In der Lagerfuge wird die waagrechte Kraft durch Reibung, die infolge der Schraubenvorspannung vergrößert ist, aufgenommen.

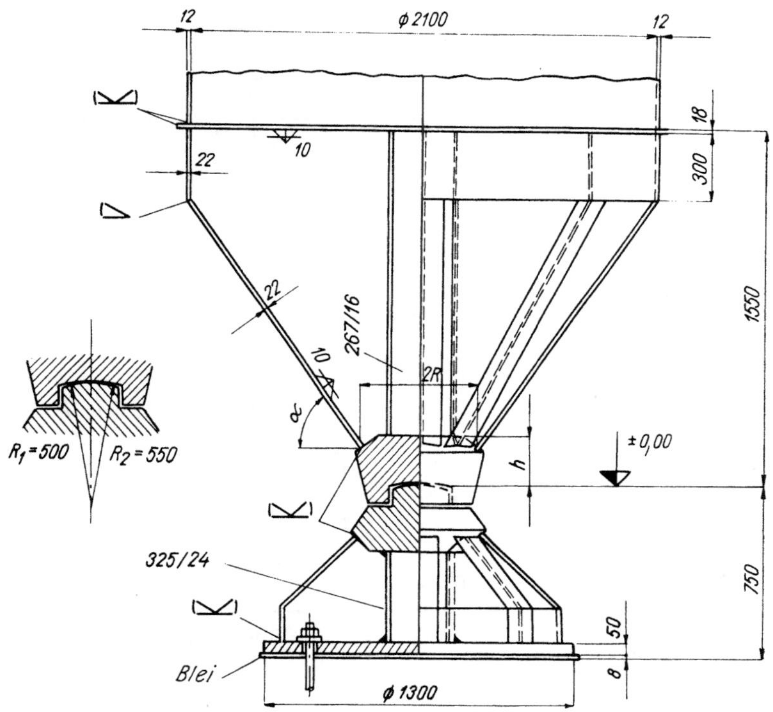

Abb. 3.40

Soll der Fuß eingespannt werden, wird das Rohr senkrecht zu seiner Achse abgeschnitten, auf eine kreisrunde Platte gestellt und mit dieser durch Kehlnähte verbunden (Abb. 3.41). Zur Verstärkung der Platte dienen radial gestellte Rippen, die zwischen ihr und der Rohraußenseite eingeschweißt sind und oben an einem Ring aus Winkelstahl oder einem U-Profil enden. Ein weiterer Ring aus Flachstahl verstärkt ihren Außenrand. Zwischen den Rippen auf einem Kreis angeordnete Ankerschrauben verbinden die Fußplatte mit dem Fundament. Ihre Abmessungen werden wie bei einem Kamin bestimmt. Der Längskraft N und dem Einspannmoment entsprechen in der Lagerfuge eine Außermittigkeit $e = \frac{M}{N}$ und Randspannungen, die mit den Bezeichnungen von Abb. 3.42 durch folgende Beziehung gegeben sind:

$$\sigma_{1,2} = \frac{N}{\pi R^2} \pm \frac{8Ne}{\pi R^3} = \frac{N}{\pi R^2}\left[1 \pm \frac{4e}{R}\right]. \tag{125}$$

Ist die Bedingung

$$e \lesseqgtr \frac{R}{4} \tag{126}$$

erfüllt, entstehen in der Lagerfuge nur Druckspannungen, deren Kleinstwert im Grenzfalle $e = \frac{R}{4}$ der durch die Schraubenvorspannung verursachten Beton-

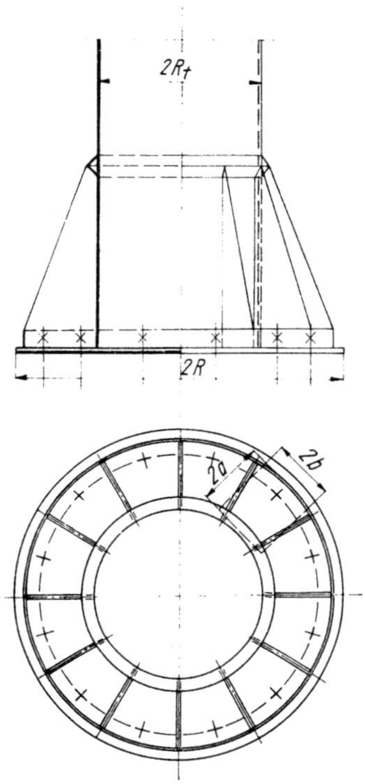

Abb. 3.41

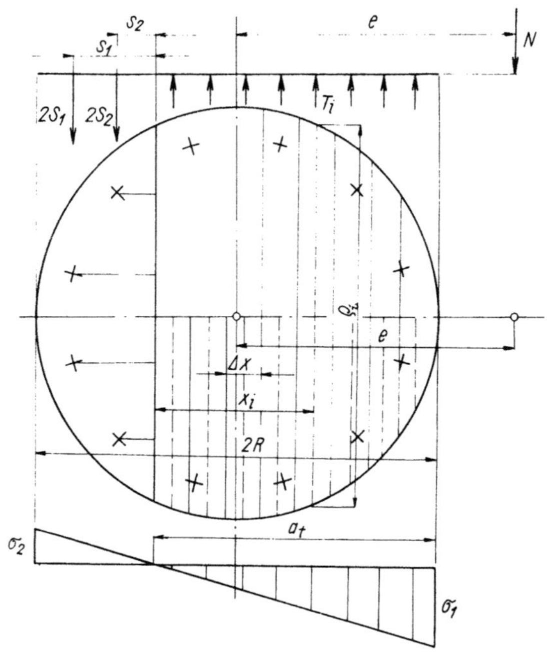

Abb. 3.42

pressung entspricht. Bei größerer Außermittigkeit beträgt die in ihrer Richtung gemessene Breite der gedrückten Zone

$$a_t = R\left(1 + \frac{R}{8e}\right). \tag{127}$$

Den Halbmesser der Fußplatte erhält man aus der Bedingung, daß $\sigma_1 < \sigma_{b\,\mathrm{zul}}$ sein muß, durch versuchsweise Auflösung der Beziehung

$$\frac{N}{\pi R^2}\left(1 + \frac{4e}{R}\right) = \sigma_{b\,\mathrm{zul}}. \tag{128}$$

Die Zugspannungen werden durch Ankerschrauben aufgenommen, deren Lage und Abmessungen vorteilhaft graphisch ermittelt werden:

Der gedrückte Teil der kreisförmigen Plattenfläche mit der Breite a_t wird in n Streifen gleicher Breite Δx geteilt; die Ankerschrauben sind auf einem Kreis vom Durchmesser d angeordnet: Mit den Bezeichnungen

ϱ_i	Länge	des Streifens i
x_i	Mittenabstand von der neutralen Achse	des Streifens i
$\sigma_i = \frac{x_i}{a_t}\,\sigma_1$	Spannung im Schwerpunkt	des Streifens i
S_1, S_2	Schraubenkräfte	
s_1, s_2	Abstand der Ankerschrauben von der neutralen Achse	

folgt aus dem Gleichgewicht der äußeren und inneren Kräfte

$$2 S_1 s_1 \left(1 + \frac{s_2}{s_1} + \ldots\right) + \Delta x \sum_1^n \varrho_i \sigma_i x_i = N(e - R - a_t). \tag{129}$$

Damit ist die Schraubenkraft S_1 gegeben; der Kerndurchmesser folgt aus

$$d_k = 2\sqrt{\frac{S_1}{\pi\,\sigma_{\text{zul}}}} \tag{130}$$

mit der zulässigen Schraubenbeanspruchung σ_{zul}.

Versuche haben gezeigt, daß eine solche Berechnung gegenüber der Bemessung als Stahlbetonquerschnitt und anderen Verfahren am besten mit der Wirklichkeit übereinstimmt.

Der Plattenteil zwischen den Rippen, Rohr und äußerem Versteifungsring kann ungünstig als rechteckige, am Rande frei gelagerte Platte mit den Seitenlängen 2a und 2b (s. Abb. 3.41) angesehen werden und ihre größte Beanspruchung ist mit $\mu = 0{,}3$ und der Plattendicke s nach [40]

$$\sigma_{\max} = -k\,\sigma_1 \left(\frac{b}{s_1}\right)^2. \tag{131}$$

Der Beiwert k ist vom Verhältnis $\frac{a}{b}$ abhängig:

$\frac{a}{b}$	1,0	1,5	2,0
k	1,16	1,95	2,44

Der innere Plattenteil vom Durchmesser $2R_t$ kann als an den Rändern eingespannte kreisrunde Platte berechnet werden, die gleichmäßig durch $\frac{N}{\pi R^2}$ belastet ist. Nach [40] sind die Spannungen

$$\begin{aligned} &\text{in Plattenmitte} && \sigma_r = \sigma_t = -0{,}488\left(\frac{R_t}{R}\right)^2 \frac{N}{\pi s^2}, \\ &\text{am Plattenrande} && \sigma_r = 0{,}75\left(\frac{R_t}{R}\right)^2 \frac{N}{\pi s^2}, \\ & && \sigma_t = 0{,}3\,\sigma_r. \end{aligned} \tag{132}$$

Rohre mit kleinerem Durchmesser werden nicht aufgesetzt, sondern einbetoniert (Abb. 3.43). Das Rohr ist unten durch eine ebene Platte abgeschlossen. Zur Erleichterung der Aufstellung dient ein Winkelstahlring, der nach dem Ausrichten mit Zementmörtel untergossen wird.

Die Länge c im Beton wird in bekannter Weise aus dem zulässigen Seitendruck bestimmt.

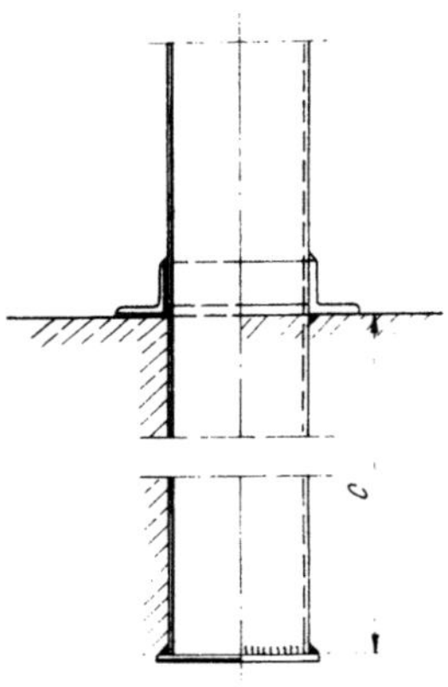

Abb. 3.43

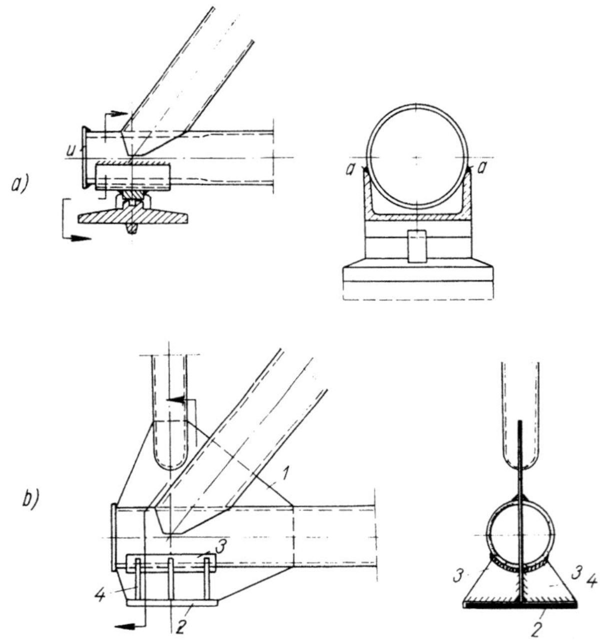

Abb. 3.44

3.5.2. Der gegliederte Rohrträger als einfacher Balken

Die Art der Lagerung muß den Anforderungen des statischen Systems entsprechen. Der einfache und durchlaufende Balken ohne Gelenke haben *ein* festes Lager, die übrigen sind beweglich. Dasselbe gilt für den durchlaufenden Träger mit Gelenken, wenn alle Gelenke fest ausgeführt sind. Weder das feste noch das bewegliche Lager dieser Rohrträger unterscheiden sich von den üblichen Ausführungen. Hier sei nur auf das Schrifttum verwiesen, insbesondere auf die Handbücher [55, 56]. Allein die Verbindung des Lageroberteils mit dem Träger erfordert eine besondere Lösung.

Beim Lager nach Abb. 3.44a wird mit dem in der Wand verstärkten Gurtrohr ein kurzer U-Stahl verbunden, dessen Profil zum Gurtdurchmesser paßt, beispielsweise U 14 zu ⌀ 133. Ein schmaler Flachstahl, der den Lageroberteil bildet, ist mit dem U-Stahl durch Kehlschweißen verbunden. Ein runder Dorn, allenfalls noch seitliche Knaggen, sichern beim festen Lager seine Lage in der Trägerlängsrichtung.

Beim Auflagerknoten nach Abb. 3.44b bildet eine mit dem Knotenblech *1* verschweißte Platte *2* den Lageroberteil. Das Gurtrohr ist auf die Länge dieses Teils durch eine Rohrschale *3* verstärkt und durch Rippen *4* versteift.

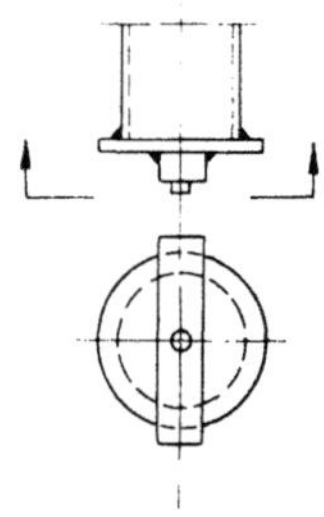

Abb. 3.45

Die Verbindung zwischen Lageroberteil und Gurt kann nach Abb. 3.35a, b auch durch einen kurzen Rohrstutzen erfolgen. Dieser Stutzen kann auch mit der am stärksten beanspruchten Enddiagonale auf Gehrung verbunden (Abb. 3.34b) oder durch verlängerte Endvertikale ersetzt werden, an das Gurtrohr und Enddiagonale mit durchgestrecktem Knotenblech angeschlossen werden (Abb. 3.34a). An eine starke kreisrunde Platte, die den Rohrstutzen dicht abschließt, ist wieder, wie Abb. 3.45 zeigt, ein Flachstahl angeschweißt, der beim festen Lager noch einen runden Dorn hat.

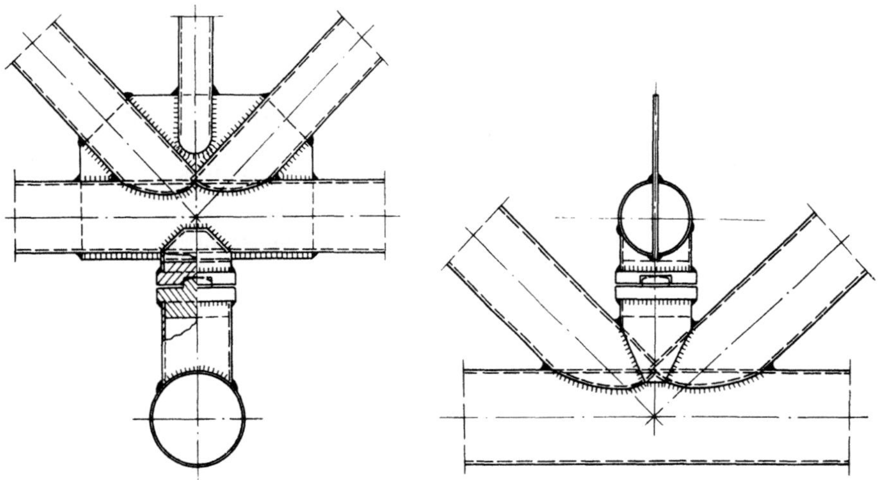

Abb. 3.46

Die Lagerausbildung unter Verwendung von Rohrstutzen eignet sich besonders gut für punktförmige Auflagerungen. Ähnlich wie bei der Stoßausbildung nach Abb. 3.8 wird der Stutzen durch eine aus einem Zaggel geformte und bearbeitete dicke Platte abgeschlossen, die zum Teil in das Rohr reicht und mit ihm durch Rundschweißen verbunden ist. Dazu gehört bei Trägerlagerung auf einer Mauer oder Stütze der übliche Unterteil des Punktlagers. Ist der Träger in einem Knoten eines ihn kreuzenden Fachwerkes gelagert, kann, wie Abb. 3.46 es zeigt, der Lagerunterteil in ähnlicher Weise wie der Oberteil mit einem Stutzen ausgebildet werden, der zwischen die Ausfachungsstäbe im Untergurtknoten eingesetzt wird.

Dieser Rohrstutzen mit der angeschweißten Lagerplatte bildet das Gegenstück zum Lageroberteil. In dieser Weise läßt sich ein festes Lager ausbilden.

Die Berechnung der Zentrierplatte des Rohrstutzen stimmt mit der von Abb. 3.8 überein. In der Formel (100) bis (104) ist für P der größte Auflagerdruck einzusetzen.

3.5.3. Der gegliederte Rahmen- oder Bogenträger

Während die Lager von Balkenträgern vorwiegend lotrecht belastet sind, haben Rahmen- und Bogenträger schräge Auflagerkräfte. Die gelenkartigen Lager werden so angeordnet, daß die Lagerfuge senkrecht zur Mittellage dieser schrägen Kräfte steht. Die Ausbildung des Lagers erfolgt in der Regel als Zapfenkipplager, ausnahmsweise nur als Punktkipplager. Um die Reibung im Zapfen zu vermindern, wähle man den Krümmungshalbmesser der oberen Lagerschale gegenüber dem Zapfen um 10% größer. Die Zapfenabmessungen — Halbmesser r und tragende Länge l in cm — sind bei gegebener Belastung durch den größten Auflagerdruck A in Mp unter das Annahme einer Druckverteilung auf einem Viertel des Zapfenumfangs nach $\sigma = \sigma_0 \cos \varphi$ aus

$$r = 0{,}7 \frac{A}{l} \text{ bis } 1{,}6 \frac{A}{l}, \tag{133}$$

wobei der größere Wert für kleine Auflagerdrücke gilt.

Treffen sich im Auflagerknoten zwei Stäbe, von denen, wie im rahmenartigen Längsverband von Abb. 7.46, der eine überwiegend belastet ist, muß der Lageroberteil vor allem senkrecht zur Achse dieses Stabes angeordnet werden; der schwächere Stab wird an den stärkeren angepaßt und mit ihm verschweißt (Abb. 3.47). Ist der Unterschied der beiden Stabkräfte geringer, wird

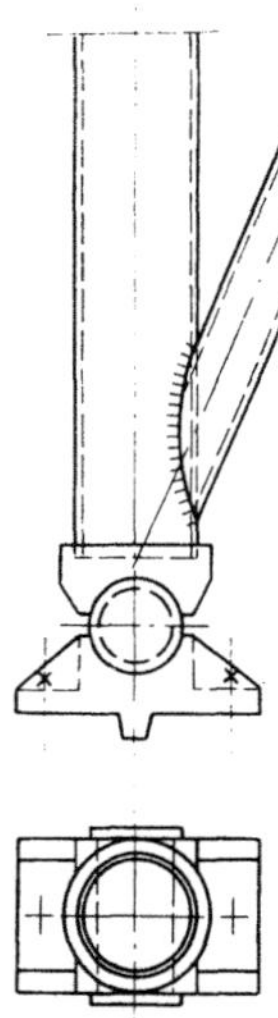

Abb. 3.47

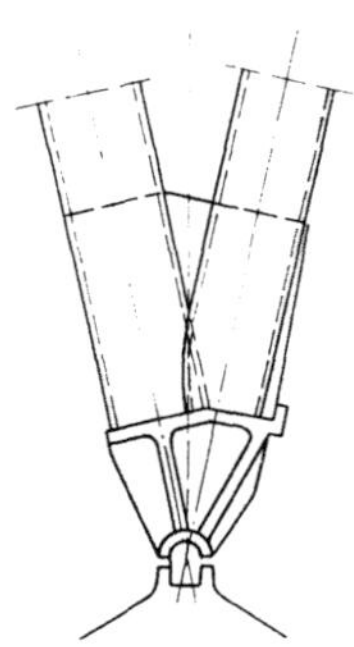

Abb. 3.48

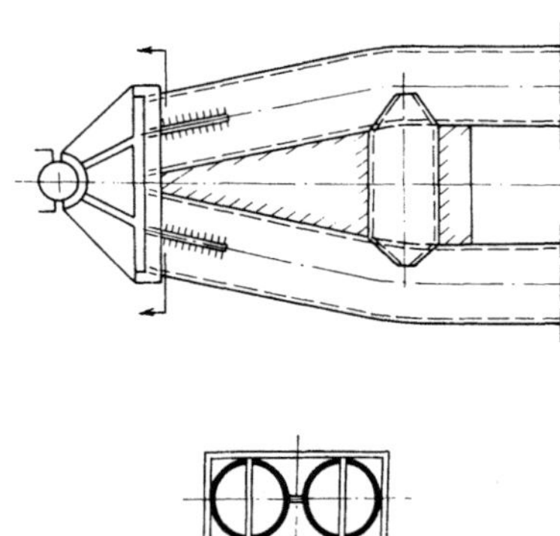

Abb. 3.49

der Oberteil so ausgebildet, daß beide Rohre eine Aufstandsfläche senkrecht zu ihrer Achse erhalten (Abb. 3.48). Das schwächere Rohr wird an das stärkere angepaßt und teilweise mit ihm verschweißt. Die Lagerfuge steht senkrecht zur Halbierenden des Winkels zwischen den beiden Rohrachsen.

Ist beim gegliederten Bogenträger mit parallelen Gurten die Achsenentfernung der Gurtrohre nicht größer als 300 bis 400 mm, erhält der obere Lagerkörper eine Aufstandsfläche senkrecht zur Bogenachse; bei größerer Entfernung werden die Gurtrohre näher zusammengeführt und durch ein Knotenblech verbunden, das in der Höhe des Knicks der Gurte durch beiderseits angeschweißte Rohrschalen versteift ist (Abb. 3.49).

3.6. Gelenke gegliederter Rohrträger

Gelenke gegliederter Durchlaufträger in Rohrkonstruktion können im Unter- oder Obergurt angeordnet werden (Abb. 3.50c, d). Des besseren Aussehens und der Vereinfachung der Ausführung wegen werden die Gelenke nicht in den Schnittpunkt der Endstabachsen von Kragarm und eingehängten Träger gelegt. Wie aus Abb. 3.51 am Gelenk nach Abb. 3.50c zu ersehen ist, wird das Untergurtrohr des Kragträgers über seinen Schnittpunkt mit der Achse der Diagonale hinaus verlängert und durch eine mit Rundnaht angeschlossene kreisrunde Platte abgeschlossen. An diese Platte, die auch mit dem Knotenblech verschweißt ist, wird unterhalb der Achse eine starke halbrunde Platte angeschlossen, so daß ein zahnartiger Absatz entsteht, auf den sich das gleichartige, jedoch mit Zahn oberhalb der Gurtachse ausgebildete Ende des eingehängten Trägers abstützt. Durch diese Gelenklage neben den beiderseitigen Knoten entstehen in den benachbarten Stäben zusätzliche Beanspruchungen, die bei den Diagonalen berücksichtigt werden müssen, bei den überbemessenen Gurtrohren aber keine Rolle spielen. In der Regel wird im Kragträger die normale Feldteilung beibehalten; nur die Endfelder des Einhängeträgers werden verkürzt.

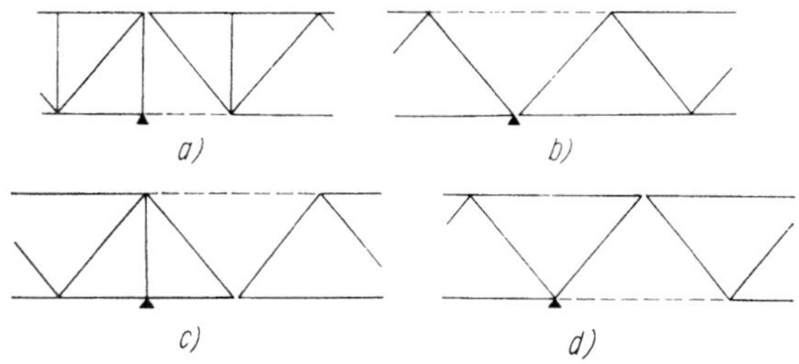

Abb. 3.50

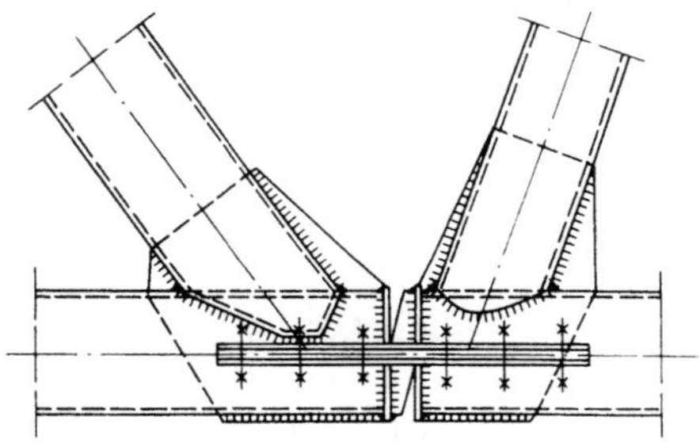
Abb. 3.51

Die Beanspruchungen im Gelenk gehen mit den in Abb. 3.52 eingetragenen Bezeichnungen aus der folgenden Rechnung hervor:

Die Anschlußschweiße des halbrunden Zahns ist durch ein Moment $M_1 = A e_1$ belastet, wobei A den Auflagerdruck des eingehängten Trägers bedeutet. Unter der Voraussetzung, daß der Zahn am ganzen Umfang mit der kreisrunden Platte durch eine Schweiße von der Breite $t_1 (a_1 = 0{,}7 t_1)$ verbunden ist, kann das Widerstandsmoment dieser Schweiße aus $W = 0{,}7 \cdot 0{,}808 R_1^2 t_1 \doteq 0{,}57 R_1^2 t_1$ berechnet werden. Mit den Spannungen

$$\sigma_{\text{schw}} = \frac{M}{W} = \frac{A e_1}{0{,}57 R_1^2 t_1},$$
$$\tau_{\text{schw}} = \frac{A}{F} = \frac{A}{0{,}7 \pi R_1 t_1} \tag{134}$$

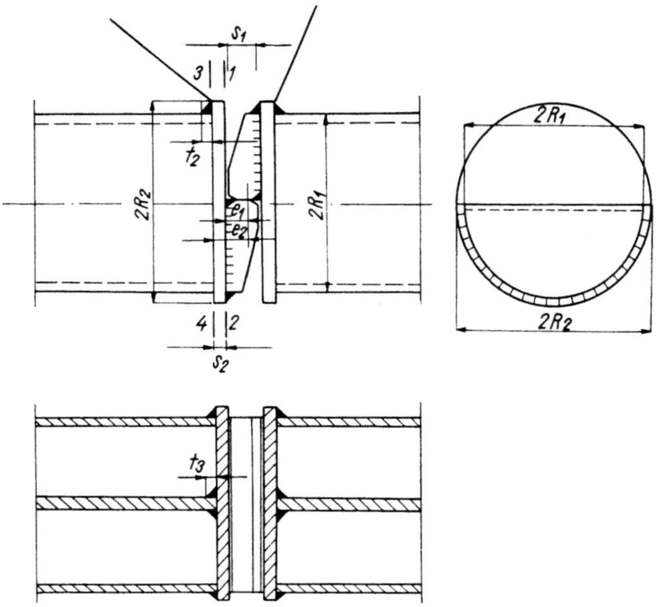

Abb. 3.52

muß die Vergleichsspannung

$$\sigma_V = {}^1/_2 \left[\sigma_{\text{schw}} + \sqrt{\sigma_{\text{schw}}^2 + 4\tau_{\text{schw}}^2}\right] \lessgtr 0{,}75\, \sigma_{\text{zu}}$$

sein. Im Querschnitt 3—4 wird die Aufnahme der Auflagerkraft A den Kehlnähten am Knotenblech, die des Momentes $M_2 = A e_2$ der Rundnaht zugewiesen. Die bezüglichen Spannungen müssen die Bedingung

$$\sigma_{\text{schw}} = \frac{A e_2}{0{,}7 \pi R_2^2 t_2} \lessgtr 0{,}80\, \sigma_{\text{zul}},$$
$$\tau_{\text{schw}} = \frac{A}{1{,}4 R_2 t_3} \lessgtr 0{,}65\, \sigma_{\text{zul}} \tag{135}$$

erfüllen.

In ähnlicher Weise kann auch die gemeinsame Lagerung zweier aufeinanderfolgender Fachwerkbalken vorgenommen werden (Abb. 3.50a, b). Abb. 3.53 zeigt eine solche Ausführung. Der Auflagerknoten des linken Trägers ist mit einem Rohrstutzen in der im Abschnitt 3.5.2 beschriebenen Weise ausgebildet. Um ein Abgleiten des folgenden Trägers zu verhüten, werden die seitlichen Flachstähle an den Gurtenden mit einem Flachstahlpaar verschraubt (vgl. Gelenkausbildung nach Abb. 7.13).

Abb. 3.54 zeigt ein Bolzengelenk im Scheitel eines gegliederten Bogenträgers. Das Gelenk liegt in der Untergurtachse in geringem Abstand von den benachbarten Knoten, so daß bei einseitiger Belastung des Bogens kleine Momente infolge der auftretenden Querkräfte die Knotenstäbe zusätzlich belasten. Die Lagerkörper aus Stahlguß sind in der Breite l bearbeitet und greifen mit ihrem dem Innendurchmesser des Gurtrohres angepaßten zylindrischen Teil in den Gurt ein. Allfällige Zugkräfte im Gelenk werden durch ein Flachstahlpaar übertragen, das mit kürzeren Flachstählen beiderseits der Gurtrohre der beiden Bogenhälften verschraubt ist. Der Bolzen kann auch zur Erleichterung der Aufstellung zweiteilig mit einem eingepaßten Zwischenstück ausgeführt werden.

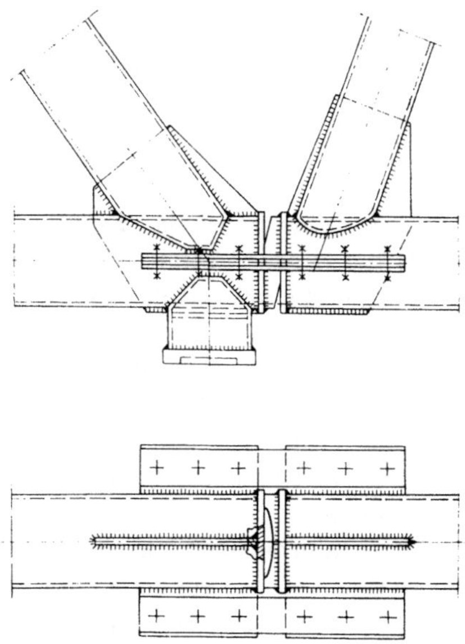

Abb. 3.53

Durchmesser und Länge des Bolzens werden für den größten Gelenkdruck nach den Hertzschen Formeln bemessen. Der Kontaktstoß der Gurtenden mit den Stahlgußlagerteilen wird durch Rundschweißen verstärkt, die tunlichst für den vollen Gelenkdruck berechnet werden sollen.

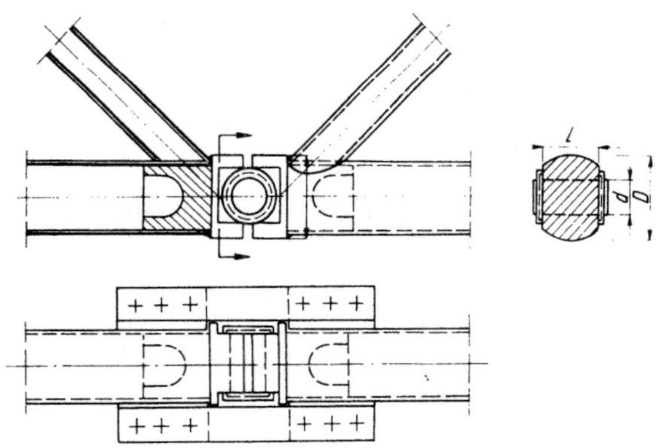

Abb. 3.54

4. Stahlrohrkonstruktionen

4.1. Begriffsbestimmung

Das Stahlrohr ist das Element der Stahlrohrkonstruktion. Seine Vorzüge in statischer Hinsicht kennzeichnen dieses Sondergebiet des Stahlbaues. Die Vorteile, die das geschlossene Rohrprofil bietet, im Verein mit der möglichen Verwendung geringer, im allgemeinen Stahlbau nicht üblicher oder nicht zulässiger Wandstärken und einer nach Durchmesser und Wanddicke fein abgestuften Profilreihe, bringen oft beträchtlich große Ersparnisse an Stahlverbrauch; man kann deshalb mit Recht Stahlrohrbauten zum Stahlleichtbau zählen. Es gelten daher für sie mit einigen Ergänzungen die für den Stahlleichtbau aufgestellten Normen und Richtlinien.

Als Stahlrohrbauwerk ist jedes Tragwerk anzusehen, das bei alleiniger oder überwiegender Verwendung von Stahlrohren unter Belastungen beliebiger Art tragfähig und stabil ist. Dazu gehören sowohl das Einzelrohr im ursprünglichen oder bearbeiteten Zustande, wenn es eine tragende Funktion hat, als auch das aus Rohren in beliebiger Weise zusammengesetzte und verbundene Tragwerk. In der Regel wird es nur aus Rohren gebildet, allenfalls unter Verwendung von Knotenblechen und sonstigen Verbindungselementen; nur wenn der Gurt auf Biegung beansprucht wird, kann der Ersatz des Rohres durch ein I-Profil vorteilhaft sein. An die Stelle eines kreisrunden Rohres kann auch ein Vierkant- oder sonstiges Profilrohr treten. Derartige Träger, die des Transportes und der leichteren Aufstellung wegen manchmal geteilt werden müssen, bilden die Großelemente von Stahlrohrbauten.

4.2. Ausführungsarten

Neben der erwähnten Unterteilung der Stahlrohrkonstruktionen in Tragwerke aus einfachen Rohren und solchen, die aus Rohren zusammengesetzt sind, unterscheiden sie sich nach der durch den Bestimmungszweck bedingten Ausführungsart. Wir gliedern sie deshalb in

Selbsttragende Rohrleitungen und Rohrleitungsbrücken,
Bauten aus Einzelrohren,
Industriebauten,
Krane,
Mehrgeschoßbauten,
Ausstellungs- und Sporthallen,
Verkehrsbauten,
Freileitungsmaste,
Antennenmaste,
Sonderausführungen,
zerlegbare Stahlrohrbauten.

Jedes dieser Anwendungsgebiete kann noch weiter entsprechend den Besonderheiten der Ausführung oder Bestimmung untergliedert werden. An Beispielen werden bei den bezüglichen Abschnitten diese Besonderheiten und die Berechnung des Tragwerks erläutert werden.

4.3. Belastungen

4.3.1. Gültigkeit der Belastungsannahmen des allgemeinen Stahlbaus

Sofern nicht Sondervorschriften für bestimmte Anwendungsgebiete bestehen, gelten auch im Stahlrohrbau die Lastannahmen nach DIN 1055, in Österreich die Norm B 4600, 1. Teil. Die Eigengewichtslast ist durch die Abmessungen des Bauwerks bzw. die seiner Einzelteile gegeben. Bei gleichem Werkstoff ist sie niedriger als die von Profilkonstruktionen.

Die Schneelast ist den klimatischen Verhältnissen an der Baustelle entsprechend zu wählen; namentlich im Gebirge sind alle Bestimmungen der Norm zu beachten und die allfälligen Höchstwerte in Rechnung zu stellen.

Die Zusammenstellung der Hauptlasten — Belastungsfall *H* nach DIN 1050 — bereitet keine Schwierigkeiten; dagegen erfordert die Ermittlung der Zusatzlasten und zusätzlichen Einflüsse besondere Sorgfalt. Gewisse Belastungen, die in der Regel zu den Zusatzlasten zählen, müssen zu den Hauptlasten gerechnet werden, wenn sie häufig auftreten. Bei Großrohren muß, ob ihr Spannungszustand durch Temperaturänderungen des Tragsystems beeinflußt wird oder nicht, die Wirkung von Temperaturunterschieden in der Wand untersucht werden. Wie im allgemeinen Stahlbau kann auch im Rohrbau der Spannungszustand der Konstruktion während der Herstellung, beim Transport und bei der Aufstellung von Bedeutung sein. Neben der Einhaltung der zulässigen Spannungen muß auch eine ausreichende Stabilität nachgewiesen werden. Besteht für eine der früher erwähnten Ausführungsarten eine Sondernorm, so geht aus ihr hervor, welche Belastungsart als Sonderlast oder Sondereinfluß anzusehen ist.

4.3.2. Windlasten

4.3.2.1. Windlast nach den bestehenden Normen

Nach DIN 1050 gehört die Windlast zu den Zusatzlasten; sie zählt aber zu den Hauptlasten, wenn ihr Einfluß, abgesehen vom Eigengewicht, überwiegt. Das ist der Fall bei hohen Masten und Kaminen.

Der statische, also bei konstanter Geschwindigkeit wirkende Winddruck W in kp auf eine unter dem Winkel α gegen die Waagrechte geneigte Fläche F in m² senkrecht zu ihr berechnet sich nach

$$W = q c F \sin \alpha . \tag{136}$$

Dabei bedeuten

q in kp/m² den Grundwert des Winddrucks, den Staudruck nach DIN 1055,

c einen dimensionslosen Formbeiwert. Die Windrichtung ist waagrecht anzunehmen.

Bei prismatischen und zylindrischen Körpern, bei denen die vom Wind getroffene Fläche in m²/m Länge angegeben ist, erhält man aus (136) die Windbelastung w in kp/m.

4.3.2.2. Grundwert des Winddrucks — Staudruck

In der Mitte einer großen Platte, die senkrecht zur Windrichtung steht, wirkt bei konstanter Windgeschwindigkeit v in m/s infolge des Windes ein Druck q in kp/m². Dieser ist von der Luftdichte ϱ in kp s²/m⁴ abhängig und hat einen Wert

$$q = {}^1/_2 \varrho v^2. \tag{137}$$

Mit dem spezifischen Gewicht γ der Luft in kp/m³ und der Erdbeschleunigung g in m/s² ist die Luftdichte

$$\varrho = \gamma / g.$$

Da γ mit fallender Temperatur zunimmt, mit der Höhe über dem Meeresspiegel abnimmt, wird auch q bei fallender Temperatur größer und nimmt mit der Höhe über dem Meeresspiegel ab. Bei einem Luftdruck von 760 mm Hg an der Küste und einer Temperatur von $+15\,^\circ$C ist die Luftdichte $\varrho_0 = 0{,}125$ kp s²/m⁴, somit der Staudruck

$$q = {}^1/_2\, 0{,}125 v^2 = \frac{v^2}{16}. \tag{137a}$$

Die extremen Temperaturen von $-20\,^\circ$C bzw. $+40\,^\circ$C entsprechenden Werte der Luftdichte sind um 13% größer bzw. rund 8% kleiner als der angegebene Wert ϱ_0. Berücksichtigt man die der Seehöhe entsprechenden mittleren Temperaturen (vgl. die Angaben nach [40], S. 459 und 515), beträgt die Luftdichte in 1000 ($t = 8{,}5\,^\circ$C) bzw. 2000 m ($t = 2{,}0\,^\circ$C) Höhe über dem Meeresspiegel nur $\varrho = 0{,}907 \varrho_0$ bzw. $\varrho = 0{,}822 \varrho_0$. Da in größeren Höhen starke Winde auch bei extrem niedrigen Kältegraden auftreten, bei denen ϱ größer ist als die für die mittleren Temperaturen angegebenen Mittelwerte, empfiehlt es sich nicht, mit den der Seehöhe entsprechenden kleineren ϱ-Werten zu rechnen; man bestimme allgemein den Staudruck nach (137a).

Den für die Bemessung der Bauten maßgebenden Staudruck erhält man, sofern man ihn nicht der Norm entnehmen kann, wenn man in (137a) die größte, in einem längeren Zeitraum beobachtete Windgeschwindigkeit v (Spitzengeschwindigkeit der Böen) einsetzt. Diese höchste Geschwindigkeit wächst mit der Höhe über dem Erdboden und wird auch durch die örtlichen Verhältnisse beeinflußt Häufig wird eine Zunahme in der Form eines Potenzgesetzes angenommen:

$$v = v_0 \left(\frac{h}{h_0}\right)^n. \tag{138}$$

Dabei bezeichnen v und v_0 die zu den Höhen h und h_0 über dem Erdboden gehörigen Windgeschwindigkeiten in m/s:

nach ARCHIBALD	$h_0 = 15$ m	$n = 1/4$
nach HELLMANN	$h_0 = 16$ m	$n = 1/5$
nach US-Weather Bureau	$h_0 = 30$ ft	$n = 1/7$

In ähnlicher Weise wird in England die Zunahme der Windgeschwindigkeit berücksichtigt:

$$v = v_{10} \left(\frac{h}{10}\right)^n. \tag{138a}$$

Mit v_{10} wird die Windgeschwindigkeit in 10 m Höhe über dem Erdboden bezeichnet. Der Exponent n ist von der Geländeart abhängig und wird bei flacher Umgebung mit 0,17 angenommen.

Mit einem logarithmischen Gesetz rechnen die russischen „Technischen Bedingungen“:

$$v = v_0' \frac{\ln z/z_0}{\ln z'/z_0}, \tag{139}$$

wobei z und z' die zu den Geschwindigkeiten v und v' gehörigen Höhen über dem Erdboden bedeuten und z_0 die in den Grenzen $0{,}05 > z_0 > 0{,}20$ liegende Rauhigkeitszahl zu wählen ist als jene Höhe, in der die Windgeschwindigkeit 0 ist.

DIN 1055, Blatt 4, Tafel I kennt nur vier mit der Höhe steigende Stufenbereiche. Über 100 m ändert sich der rechnungsmäßige Staudruck nicht mehr.

Die ÖNORM B 4000, 3. Teil, schiebt eine Zwischenstufe (6 bis 8 m) ein und stimmt sonst mit DIN 1055 überein.

In der belgischen Norm wird zwischen Höhen von 25 bis 275 ein lineares Ansteigen des Staudrucks angenommen und zwar für normale Verhältnisse von 75 auf 125 kp/m², für extreme Fälle von 150 auf 250 kp/m².

Englische und amerikanische Vorschriften legen für verschiedene Gegenden, deren Bereich Karten zu entnehmen ist, verschiedene Höchstgeschwindigkeiten und ihre Zunahme mit der Höhe über dem Erdboden fest.

In Sondervorschriften für Antennentragwerke sind die Staudrücke zunehmend mit der Höhe in Tabellenform zusammengestellt[1]. In der Bundesrepublik Deutschland wird an einer gleichen Norm gearbeitet. Nach den Deutschen Postvorschriften ist mit einer Zunahme des Staudrucks nach $q = 80 + 0{,}28h$ (h in m) zu rechnen.

---

[1] DDR-Standard TGL 13480, Tschechoslowakei ON 731430, russische „Technische Bedingungen“ SN 40–50.

Besonders hohe Staudrücke schreibt die Japanische Norm nach dem Gesetz $q = 120 \sqrt[4]{h}$ vor. In der Tschechoslowakei ist bei Höhen über 60 m in der Norm für Antennenmaste eine ähnliche Abhängigkeit annähernd durch $q = 38 \sqrt[4]{h}$ gegeben.

4.3.2.3. Formbeiwerte bei Einzelrohren und Rohrgruppen

Wie aus den Flachsbartschen Versuchen [57] (vgl. hierzu [58], S. 110) hervorgeht, ist der Formbeiwert von Rohren, zum Unterschied von Stäben und Körpern mit Kanten, von einer aus der Strömungslehre bekannten dimensionslosen Größe, der Reynoldsschen Zahl Re abhängig.

$$\mathrm{Re} = \frac{v D}{\nu}. \tag{140}$$

Dabei bedeuten

v	die Windgeschwindigkeit in cm/s,
D	den Außendurchmesser des Rohres in cm,
$\nu = \frac{\mu}{\varrho}$	die kinematische Zähigkeit der Luft in cm²/s,
μ	ihre Zähigkeit in kp s/cm²,
ϱ	ihre Dichtigkeit in kp s²/cm⁴.

Nach [40], S. 459 hat die kinematische Zähigkeit ν der Luft bei 760 mm Hg und bei verschiedenen Temperaturen folgende Werte:

Temperatur t °C	-20	0	$+20$	$+40$
ν	0,116	0,133	0,151	0,169

Demnach ist bei $t = +10\,°\mathrm{C}$ $\nu = 0{,}142$. Auch wenn man berücksichtigt, daß mit der Seehöhe ν größer wird, kann man mit einem Näherungswert $\nu = {}^1/_7$ rechnen. Damit hat die Reynoldssche Zahl den Wert

$$Re \doteq 7 v D. \tag{140a}$$

Bei Stäben mit Kanten ist der Formbeiwert konstant, solange $Re > 5 \cdot 10^3$ ist und das Längenverhältnis l/b unter einem bestimmten Wert zwischen 10 und 20 liegt. Da bei Windgeschwindigkeiten, die den rechnungsmäßigen Staudrücken entsprechen, Re auch bei kleiner Stabbreite den angegebenen Grenzwert überschreitet — beispielsweise entspricht $q = 50$ einer Geschwindigkeit $v = 2830$ cm/s; somit ist bei einer Stabbreite von 1 cm $Re = 7 \cdot 2830 \cdot 1 = 19{,}8 \cdot 10^3$ — ist der Winddruck vom Modellmaßstab unabhängig.

Dagegen gibt es bei Rohren einen weit über $5 \cdot 10^3$ liegenden Bereich der Re-Zahlen, in dem der Formbeiwert von $c = 1{,}2$ auf etwa 0,4 fällt und der Übergang von der linearen zur turbulenten Strömung erfolgt. Im Diagramm der Abb. 4.1 sind die c-Werte in Abhängigkeit von Re für Längenverhältnisse $l/D = \infty$ und $l/D = 5$ angegeben [59]. Danach liegt dieser Bereich der Re-Werte zwischen 10^5

und 10^6. Mit diesen Angaben decken sich die im Diagramm der Abb. 4.2 dargestellten c-Werte, die Toscano [60] nach dem Cigre-Bericht 227/1948 anführt.

Genauere Angaben macht Barth [61], der im Diagramm der Abb. 4.3 Ergebnisse eigener, im Windkanal der Technischen Hochschule Stuttgart vorgenommener Versuche mit den aus dem Schrifttum bekannten Messungen an ∞ langen Kreiszylindern vergleicht. Die Versuche zeigten, daß sowohl der kritische Re-Bereich als auch teilweise der Formbeiwert vom Rauhigkeitsgrad der Rohroberfläche abhängen. Die Rauhigkeit kann durch das Verhältnis k/D ausgedrückt werden, wobei k die Korngröße der Oberflächenrauhigkeit bezeichnet. Im überkritischen Bereich vergrößert sich c mit steigender Rauhigkeit, wobei sich die Grenze zum kritischen Bereich nach kleineren Re-Werten verschiebt; im unterkritischen Bereich dagegen ist c von der Rauhigkeit unabhängig. Bei Stahlrohren empfiehlt es sich, mit $k/D = 2$ bis $4 \cdot 10^{-4}$ zu rechnen.

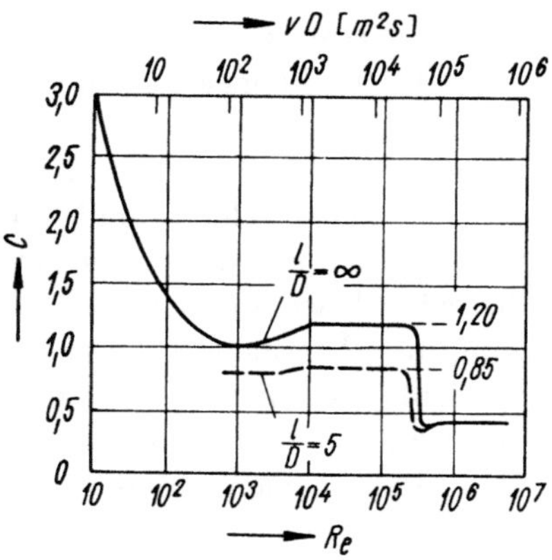

Abb. 4.1

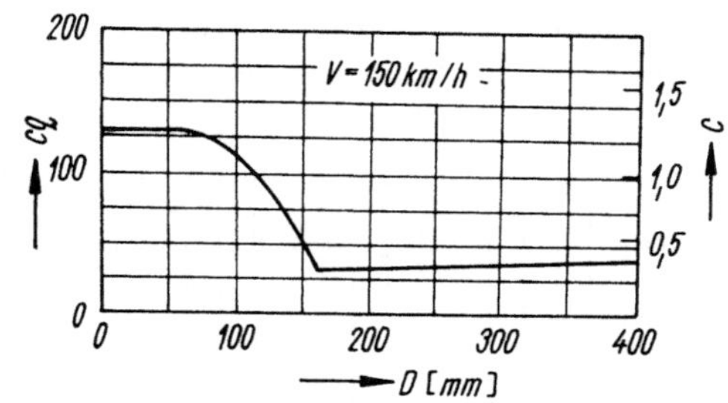

Abb. 4.2

Nach DIN 1055, Blatt 4 ist die Grenze zwischen den beiden Bereichen durch $D\sqrt{q}$ gekennzeichnet. Nach (140a) — v in m/s und D in cm eingesetzt — entspricht das $\mathrm{Re} = 2{,}8 \cdot 10^5$. Da der Übergang vom kritischen zum überkritischen etwa zwischen $1 \cdot 10^5$ und $5 \cdot 10^5$ erfolgt, empfiehlt es sich, in diesem Übergangsbereich die veränderlichen c-Werte durch eine Gerade auszudrücken, die $c = 1{,}2$ mit einem zwischen 0,4 bis 0,7 liegenden unteren Werte verbindet. Im überkritischen Bereich ist, wie aus Abb. 4.1 hervorgeht, c fast unabhängig vom Verhältnis l/D, wird dagegen vom Rauhigkeitsgrad beeinflußt; man kann aber ausreichende Sicherheit erwarten, wenn die Grenzwerte mit $c = 1{,}2$ und $c = 0{,}7$ gewählt werden. Die Sondernorm der Tschechoslowakei ON 73 1430 begrenzt den Übergangsbereich durch $2{,}5 > vD > 7{,}0$ (v in m/s und D in m) und rechnet hier mit $c = 1{,}2 - \frac{vD - 2{,}5}{9}$.

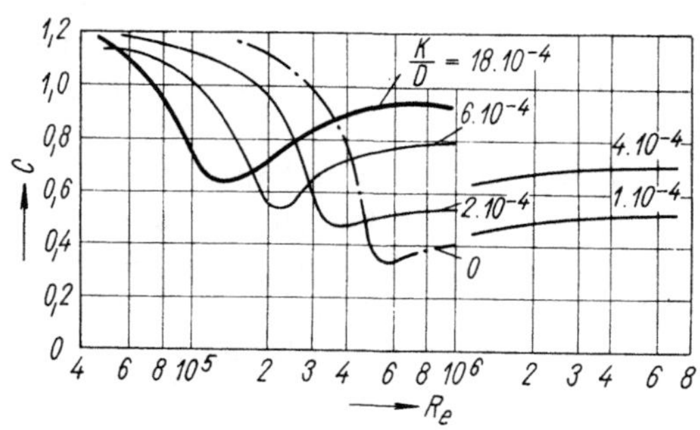

Abb. 4.3

Eine Abhängigkeit des Formbeiwertes von Re besteht wahrscheinlich auch für Stäbe mit sechseckigem und anderem regelmäßigen polygonalen Querschnitt. Ob und in welchem Maße bei solchen Stäben und prismatischen Körpern mit auf den Durchmesser des dem Querschnitt umschriebenen Kreises bezogenen Re-Zahlen der Formbeiwert vermindert werden kann, müßten erst Versuche an Stäben in natürlicher Größe bzw. mit großen Re-Zahlen zeigen. Der für alle übrigen Profilstäbe vorgeschriebene c-Wert gilt auch für Vierkantrohre, auch bei größeren Seitenlängen des Querschnitts. In DIN ist er mit $c = 1{,}2$ im Vergleich zu anderen Normen verhältnismäßig niedrig angesetzt.

Einer besonderen Untersuchung bedarf die Ermittlung des Winddruckes auf zwei oder mehrere Rohre, die hintereinander, übereinander oder räumlich in Bündeln in Abständen angeordnet sind. Das Problem kann nur durch Versuche im Windkanal geklärt werden. Bei der Übertragung der Versuchsergebnisse an Modellen, deren Re-Zahlen im unterkritischen Bereich liegen, ist zu beachten, daß diese Zahlen bei der Ausführung im überkritischen Bereich liegen können und deshalb die gefundenen Formbeiwerte nicht ohne weiteres zu verwenden sind.

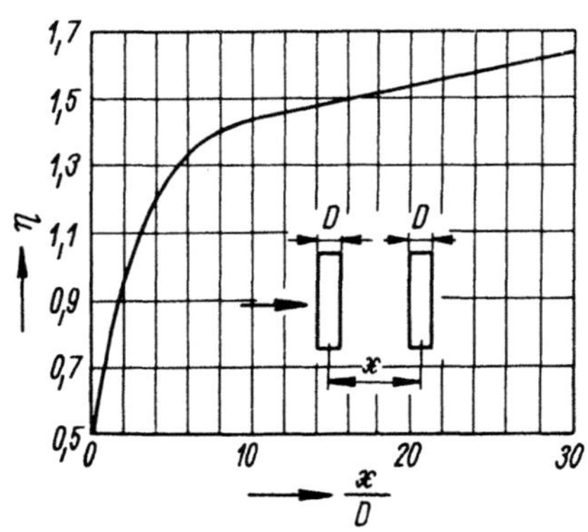

Abb. 4.4

Bei mehreren Rohren gleichen Durchmessers, die in Windrichtung hintereinander liegen, zeigen die Versuche die Abhängigkeit des Gesamtwinddrucks vom Abstand der Rohre und dem Winkel des schrägen Anblasens. Bei gebündelter Anordnung der gleichen Rohre spielen die verschiedenen Ausführungsmöglichkeiten eine Rolle. Verschieden große Durchmesser und unregelmäßige Anordnung komplizieren die Verhältnisse und lassen eine Ermittlung des Winddrucks nur im Versuch von Fall zu Fall zu.

Um den Luftwiderstand an den beiden Großrohren der schwedischen Bogenbrücke über den Askeröfjord, die die Insel Tjörn mit dem Festland verbindet, zu klären und brauchbare Belastungsangaben zu schaffen, waren Versuche an zwei Zylindern nötig (s. die bereits erwähnte Quelle [61] und eine Zusammenfassung der Versuchsergebnisse bei [62]). Aus dem Schrifttum war bekannt [63], daß für $Re = 1{,}6 \cdot 10^5$ eine wesentliche Verminderung des Gesamtwiderstandes nur bei x/D zwischen 2 und 4 zu erwarten ist; er ist bis $x/D < 3{,}5$ kleiner als der des Einzelrohres.

Bei dem der ausgeführten Brücke entsprechenden Verhältnis $x/D = 2$ ergaben Versuche an kleinen Modellen im Maßstab 1:24 mit einem Rauhigkeitsgrad $k/D = 2{,}2 \cdot 10^{-4}$, daß bis $Re = 3 \cdot 10^5$ der Gesamtwiderstand kleiner ist als der des Einzelrohres und im überkritischen Bereich kleiner als der Widerstand des Einzelrohres im unterkritischen.

Versuche an Modellen im Maßstab 1:3,17 zeigten, daß bei glatten Zylindern der Gesamtwiderstand, der 0,83 bei $Re = 1{,}6 \cdot 10^6$ betrug, bei $Re = 3{,}5 \cdot 10^6$ auf 0,5 fiel; dagegen blieb er bei rauhen Zylindern nach einem jähen Ansteigen bei Re $= 1 \cdot 10^5$ konstant 0,7. Schräganströmung verursachte einen Wert $c = 0,67$.

Die Abhängigkeit von zwei gleichen hintereinander liegenden Zylindern vom Verhältnis x/D geht allgemein aus dem Diagramm der Abb. 4.4 hervor, das dem bereits erwähnten Cigre-Bericht entnommen ist. Das Verhältnis Gesamtwiderstand zum Widerstand des Einzelrohres ist mit η bezeichnet.

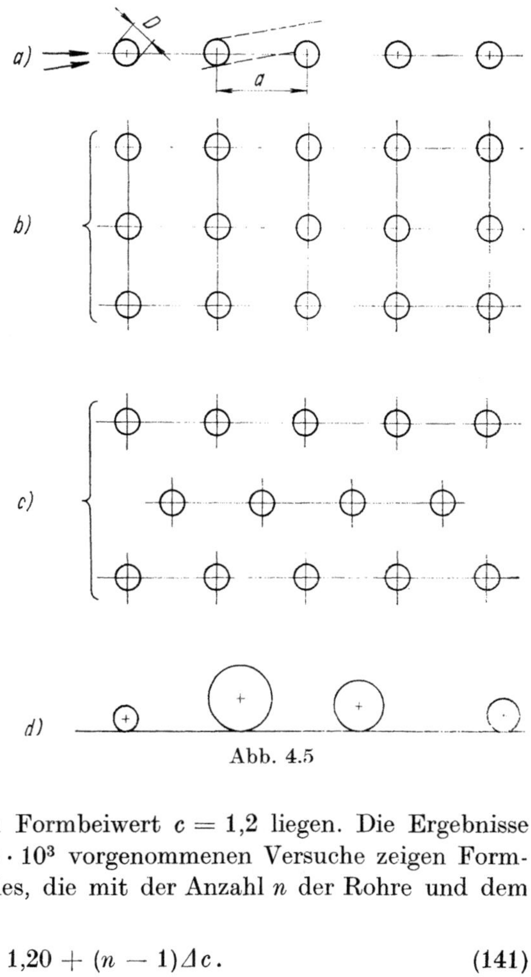

Abb. 4.5

Ist die Ermittlung des Luftwiderstandes zweier hintereinander liegender Rohre im Modellversuch noch verhältnismäßig einfach, wird sie schwierig, wenn es sich um mehrere Rohre in verschiedener Anordnung handelt. Liegen Rohre gleichen Durchmessers in der Windrichtung hintereinander, kann im Modellversuch die Abhängigkeit vom Durchmesser, der Anzahl und dem Abstand der Rohre nachgewiesen werden; die Reynoldssche Zahl soll mit der der Großausführung übereinstimmen. Derartige Versuche wurden im Auftrage des Österreichischen Stahlbauverbandes im Windkanal der Technischen Hochschule Wien durchgeführt [64]. Sie bezweckten hauptsächlich die Bestimmung des Luftwiderstandes von Stahlrohrgerüsten, deren Rohre im unterkritischen Bereich mit einem Formbeiwert $c = 1,2$ liegen. Die Ergebnisse der in Re-Bereichen von 7 bis $30 \cdot 10^3$ vorgenommenen Versuche zeigen Formbeiwerte c' des Gesamtwiderstandes, die mit der Anzahl n der Rohre und dem Verhältnis x/D zunehmen.

$$c' = 1,20 + (n - 1)\Delta c. \tag{141}$$

Die Werte Δc sind für verschiedene x/D (Abb. 4.5a) der folgenden Tabelle zu entnehmen:

x/D	4	6	8	10	12
Δc	0,25	0,32	0,40	0,45	0,50

Der Gesamtwiderstand vergrößert sich, wenn die Rohrreihe schräg angeblasen wird, so daß jedes Rohr ganz oder teilweise außerhalb des Windschattens des vorangehenden Rohres zu liegen kommt. Dabei spielt, wenn mehrere Reihen gleichartig oder versetzt übereinander angeordnet sind, das Verhältnis x/D eine Rolle

(Abb. 4.5c). Ergebnisse von analogen Versuchen in höheren Re-Bereichen, im überkritischen Bereich der Einzelrohre, liegen noch nicht vor. Versuche, die an Rohrgruppen mit verschiedenen Durchmessern (Abb. 4.5d) durchgeführt wurden, lassen keine allgemeingültigen Schlüsse zu; sie gelten nur für die gewählte Anordnung und die dem größten Rohr entsprechende Re-Zahl.

4.3.2.4. Formbeiwerte ebener gegliederter Rohrkonstruktionen

Der Formbeiwert ebener gegliederter Konstruktionen setzt sich aus den Widerständen der einzelnen Stäbe zusammen. DIN schreibt als Summe dieser Einzelwiderstände einen festen Wert 1,6 vor, der sich nur mit dem Winkel α der zur Windrichtung geneigten Fläche ändert. Der Wert $c = 1{,}6$ deckt sich mit dem Kleinstwert, der bei Versuchen an Modellen ebener Fachwerkträger aus Profilstäben in der Aerodynamischen Versuchsanstalt Göttingen [57] gefunden wurde. Bei diesen Versuchen wurden Träger verschiedener Völligkeitsgrade $\varphi = F/F_0$ unterschieden. Dabei bedeuten F die Projektionsfläche des Trägers senkrecht zur Windrichtung, F_0 seine Umrißfläche. Auf die im Versuch bei Völligkeitsgraden $\varphi < 0{,}30$ gefundenen größeren Formbeiwerte ist in DIN keine Rücksicht genommen, während andere Normen mit ihnen rechnen.

Da Einzelrohre, wie Modellversuche im Windkanal gezeigt haben, gegenüber Profilstäben verhältnismäßig niedrige Formbeiwerte zeigen, und insbesondere im kritischen Re-Bereich ein jähes Absinken der c-Werte eintritt, war anzunehmen, daß auch gegliederte Rohrträger in ähnlicher Weise von der Re-Zahl abhängig sein werden und die Unabhängigkeit vom Modellmaßstab für sie nicht besteht.

Man kann annehmen, daß sich die Winddrücke der ebenen gegliederten Träger aus Profilstäben und aus Rohren zueinander verhalten wie die Summen der nach (136) ermittelten Windlasten ihrer Einzelstäbe. Im unterkritischen Bereich ist bei ∞ langen Rohren ($l/D = \infty$) $c = 1{,}20$, während man bei Profilstäben mit $c = 1{,}8$ bis 2,0 rechnen muß. Da im Fachwerk sowohl bei den Füllstäben (wegen des Abschlusses ihrer Enden durch die Gurte) als auch bei den Gurten das Längenverhältnis der Einzelstäbe dem von ∞ langen Stäbe nahe kommt, so daß man mit ihm rechnen kann, steht die Windbelastung des Rohrträgers zu der des Trägers mit Profilstäben im Verhältnis ihrer c-Werte, demnach etwa $\frac{1{,}2}{1{,}8} = 2/3$, mit einer hinreichenden Sicherheit.

Bei der Ausführung von gegliederten Rohrträgern kann es vorkommen, daß einzelne Stäbe, namentlich die Gurte, Re-Zahlen haben, die im überkritischen Bereich liegen. Man muß deshalb die aus Modellversuchen abgeleiteten c-Werte im Verhältnis

$$\frac{\Sigma\, c_i\, F_i}{1{,}2\, \Sigma\, F_i} \tag{142}$$

vermindern, wobei $F_i = D_i \cdot l_i$ die Projektionsfläche des Stabes i, c_i den zugehörigen c-Wert bedeuten und die Summenzeichen sich auf alle Stäbe des Trägers erstrecken. In einigen Sondernormen wie TGL 13480, ON 73 1430 (Tschechoslowakei) und SN 40—58 (Rußland) sind die c_i-Werte angegeben und die Verminderung der für Träger aus Profilstäben geltenden Widerstandswerte nach (142) vorgeschrieben.

4.3.2.5. Formbeiwerte räumlicher gegliederter Rohrkonstruktionen

Wenn zwei gegliederte Träger gleichlaufend hintereinander angeordnet sind, ist nach DIN 1055, Blatt 4, beim zweiten Träger, soweit er vom vorderen gedeckt ist, mit $c = 1{,}2$ zu rechnen, der überstehende Teil mit $c = 1{,}6$ bzw. mit den durch $\sin\alpha$ verminderten Werten. Modellversuche an räumlichen Fachwerkträgern, über die FLACHSBART und WINTER berichteten [65], haben aber gezeigt, daß der Winddruck auf die rückwärtige Wand bis zu einem Völligkeitsgrad $\varphi < 0{,}6$ annähernd geradlinig mit φ abnimmt:

$$\begin{aligned} 0{,}1 < \varphi < 0{,}6 \ldots c &\doteq 1{,}00 - 1{,}40\,\varphi, \\ \varphi \gtreqless 0{,}6 \ldots c &= 0{,}16. \end{aligned} \tag{143}$$

Mit dem Formbeiwert c des ebenen (vorderen) Trägers, η dem Anteil des gleichartigen rückwärtigen Trägers, der vom vorderen gedeckt wird, ist die gesamte Windbelastung

$$W = c(1 + \eta)qF = c'qF\,. \tag{144}$$

Aus c und η läßt sich für bestimmte Bereiche von φ eine gradlinige Abhängigkeit der c'-Werte von φ aufstellen, was in den erwähnten Sondernormen geschehen ist. In diesem Zusammenhange seien die Versuchsergebnisse nach Professor VANDEPERRE [66] erwähnt, der für quadratische Freileitungsmaste bei einer Windrichtung senkrecht zu einer Wand verhältnismäßige Werte c' fand:

$$c' = 3{,}20 - 2{,}80\,\varphi\,. \tag{145}$$

Alle angegebenen Werte gelten für Tragwerke aus Profilstäben. Erst vermindert nach (142) kommen sie für Rohrkonstruktionen in Betracht. Eine gleiche Bestimmung müßte auch für die DIN-Werte angewandt werden.

4.3.3. Dynamische Einflüsse

4.3.3.1. Allgemeines

Wie im allgemeinen Stahlbau sind auch im Stahlrohrbau dynamische Einflüsse wie freie Massenkräfte von Maschinen, Brems- und Seitenkräfte von Kranen, Windstöße usw. zu berücksichtigen. Vielfach werden die von den Verkehrslasten herrührenden Einflüsse durch vorgeschriebene Stoßzahlen in Rechnung gestellt. Wie dort können auch die durch Windstöße hervorgerufenen Kräfte und Schwingungen eine Rolle spielen.

Bei Rohren kommt noch hinzu, daß im stationären Luftstrom Schwingungen quer zur Windrichtung entstehen. Bei gegliederten Trägern spielen sie keine Rolle. Ihre Auswirkungen sind zwar vorhanden, aber so unbedeutend, daß sie vernachlässigt werden können. Bei der Erörterung von Teilgebieten des Stahlrohrbaus, in denen Großrohre Verwendung finden, wird darauf noch eingegangen werden.

Zu den Sonderlasten gehören auch seismische Einwirkungen, denen in Erdbebengebieten durch geeignete Wahl des Tragsystems und konstruktive Maßnahmen zu begegnen ist. Für Gegenden, die durch Beben stark gefährdet sind, gelten namentlich für hohe Bauten Sondervorschriften, die im Stahlrohrbau ebenso zu berücksichtigen sind wie im allgemeinen Stahlbau. Dasselbe trifft auch für die Fälle zu, wo Belastungen schlagartig entweder auftreten oder aufhören. In beiden Fällen tritt in Wirklichkeit die Belastungsänderung nicht plötzlich ein; bei einer wirtschaftlichen Bemessung muß auf die gegenüber den statischen Werten erhöhte Fließ- und Festigkeitsgrenze Rücksicht genommen werden.

4.3.3.2. Stoßzahlen

Dynamische Einflüsse werden durch stoßartige Belastungen und durch sie erzeugte Schwingungen des elastischen Tragwerks verursacht. In der Berechnung werden sie im allgemeinen durch Einführung von Stoßzahlen zu den statischen Lasten berücksichtigt. Soweit sie bei Maschinen von freien Massenkräften herrühren, sind sie besonders nachzuweisen und zählen zu den Hauptlasten. Brems- und Seitenkräfte von Kranen und ähnliche nur zeitweilig auftretende waagrechte Kräfte werden zu den Zusatzlasten gerechnet und statisch wirkend angenommen.

4.3.3.3. Wirkung von Windstößen

Durch plötzliche Änderung der Windgeschwindigkeit, Windstoß oder Böe genannt, wird ein Bauwerk in Schwingungen versetzt, deren Wirkung auf den Spannungszustand der Konstruktion durch einen dynamischen Beiwert in Rechnung gestellt werden kann. Die Wirkung ist um so geringer, je höher die Eigenfrequenz des Tragwerks ist. Bei Frequenzen, die über 1 liegen (Eigenschwingungszahl $T \lessgtr 1$ s) kann sie vernachlässigt werden. Sondertragwerke, zu denen hohe Maste und Kamine zählen, haben Eigenfrequenzen, die kleiner sind als 1; bei diesen muß also die dynamische Wirkung des Windes berücksichtigt werden.

Nach Rausch [67] steigt die Windgeschwindigkeit vom Wert v_0, dem ein Wert $q_0 = \frac{v_0^2}{16}$ entspricht, in der Zeit t auf einen Wert v mit dem zugehörigen $q = \frac{v^2}{16}$, wobei der Druckanstieg sinusförmig angenommen werden kann. Hält die Geschwindigkeit v eine gewisse Zeit unverändert an, schwingt der angeblasene elastische Körper um eine Ruhelage, die der statischen Durchbiegung infolge q entspricht, mit der Kreisfrequenz ω_0 der Eigenschwingung. Der Zeit t, in der der Druck von q_0 auf q steigt (erste Phase der Belastung), entspricht eine fiktive Kreisfrequenz $\omega = \frac{\pi}{2\,t}$.

Die Amplitude x der erzwungenen Schwingung in der ersten Phase ist nach Föppel [68], wenn $\alpha = \frac{\omega}{\omega_0} = \frac{T}{4\,t}$ und x_1 die Durchbiegung infolge der statischen Kraft $(q - q_0)$ bezeichnen (Abb. 4.6)

$$x = \frac{x_1}{1 - \alpha^2} \sin(\omega t) - \alpha \sin(\omega_0 t). \tag{146}$$

In der zweiten Phase, in der der Druck konstant bleibt, ist die Amplitude

$$x = x_1 + x_2 \sin(\omega_0 t + \alpha), \tag{147}$$

wobei bedeuten

x_2 die Amplitude der Eigenschwingung um die Ruhelage x_1 mit der Kreisfrequenz $\omega_0 = \dfrac{2\pi}{T}$,

φ eine Phasenverschiebung.

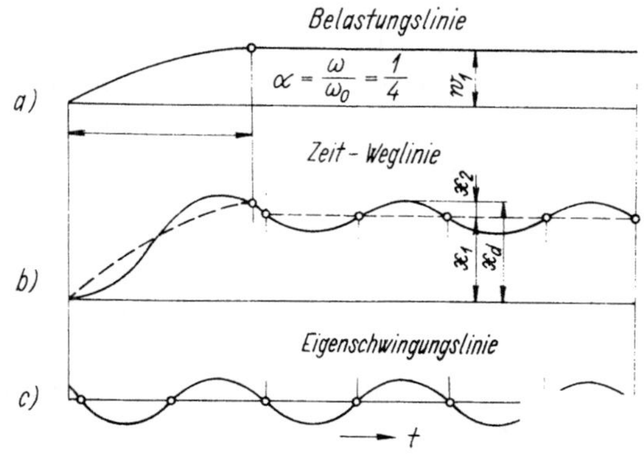

Abb. 4.6

Am Ende der ersten Phase muß sowohl die Amplitude x als auch die Geschwindigkeit $v = \dfrac{\mathrm{d}x}{\mathrm{d}t}$ übereinstimmen. Die Gleichsetzung der nach (146) und (147) berechneten Amplituden x und daraus abgeleiteten Geschwindigkeiten liefert bei Berücksichtigung von $\sin(\omega t) = \sin \pi/2 = 1$ und $\cos(\omega t) = 0$ zwei Bestimmungsgleichungen für x_2 und φ:

$$\begin{aligned} x_2 \sin\left(\frac{\pi}{2\alpha} + \varphi\right) &= x_1 \frac{\alpha}{1-\alpha^2}\left[\alpha - \sin\frac{\pi}{2\pi}\right], \\ x_2 \cos\left(\frac{\pi}{2\alpha} + \varphi\right) &= -\, x_1 \frac{\alpha}{1-\alpha^2} \cos\frac{\pi}{2\alpha}. \end{aligned} \tag{148}$$

Nach Quadrieren und Addieren dieser Gleichungen erhält man für den verhältnismäßigen Zuwachs

$$\begin{aligned} \nu &= \frac{x_2}{x_1} = \frac{\text{zusätzliche Beanspruchung infolge der Belastung } (q - q_0)}{\text{statische Beanspruchung } (q - q_0)} \\ &= \frac{\alpha}{\alpha^2 - 1} \sqrt{1 + \alpha^2 - 2\alpha \sin\frac{\pi}{2\alpha}}. \end{aligned} \tag{149}$$

Bezeichnen σ_0 und σ die statischen Beanspruchungen infolge der Belastungen q_0 und q, ist die dynamische Beanspruchung σ_d bei der Belastung q

$$\sigma_d = \sigma_0 + (1 + \nu)(\sigma - \sigma_0)$$

und der Stoßbeiwert ausgedrückt durch die Belastung ist

$$\delta = \frac{q_0 + (1 + \nu)(q - q_0)}{q}. \tag{150}$$

Nach Einführung der Geschwindigkeiten bzw. ihrer Verhältnisse v_0/v erhält er die Form

$$\delta = (v_0/v)^2 + (1 - \nu)[1 - (v_0/v)^2] = 1 - \nu[1 - (v_0/v)^2]. \tag{150a}$$

Mit diesem Stoßbeiwert ist der Winddruck nach (136) zu multiplizieren. Da die größten Windgeschwindigkeiten, die dem rechnungsmäßigen Staudruck zugrunde liegen, in Form von Spitzengeschwindigkeiten bei Windböen auftreten, muß man *immer* mit dem Winddruck nach

$$W = \delta q c F \sin \alpha \tag{136a}$$

rechnen, sofern nicht $\omega_0 > 1$ $(T < 1 \text{ s})$ ist.

Wie Beobachtungen zeigen, ist der Geschwindigkeitsunterschied der Böen nicht in allen Höhen gleich groß; bei Höhen bis etwa 100 m ist $v_0 = 0{,}65v$, darüber $v_0 = 0{,}8v$. Mit diesen Grenzen ergeben sich

$$\text{für} \qquad \begin{aligned} h &< 100 \text{ m} \ldots \delta = 1{,}0 - 0{,}5775\nu, \\ d &> 100 \text{ m} \ldots \delta = 1{,}0 - 0{,}36\nu. \end{aligned} \tag{151}$$

Der erste Wert stimmt mit TGL 13480 überein.

Man kann auch eine geradlinige Zunahme des Verhältnisses v_0/v annehmen. So rechnet die tschechoslowakische Sondernorm ON 731430 mit $v_0/v = 0{,}50 + 0{,}001\,h$ mit h in m. Damit ist der dynamische Beiwert

$$\begin{aligned} \delta &= 1 + \nu\mu, \\ \mu &= 0{,}75 - 0{,}001\,h[1 + 0{,}001\,h]. \end{aligned} \tag{152}$$

Eine ähnliche Form hat der dynamische Beiwert nach der russischen Norm SN 40-58. Technische Bedingungen für die Berechnung hoher Bauten auf Winddruck:

$$\delta = 1 + \beta m, \tag{153}$$

wobei die Stoßzahl β gleich ν in (150) von der Eigenfrequenz des Tragwerks abhängt, dazu noch die für Stahl- und Betonkonstruktionen verschiedene Dämpfung bzw. ihr logarithmisches Dekrement berücksichtigt, m nach langjährigen, statistisch ausgewerteten Beobachtungen die Böenhäufigkeit in verschiedenen Höhen ausdrückt.

Häufig wird noch mit einem Wiederholungszuschlag gerechnet. Ein solcher ist beim Stuttgarter Fernsehturm [69] mit $\varphi_W = 1{,}25$ angenommen worden. Mit dem gleichen Werte rechnen auch die amerikanischen Vorschriften.

Infolge der Dämpfung nimmt der Schwingungsausschlag ab. Man kann annehmen, daß beim nächsten Stoß die Schwingung bereits abgeklungen ist, zumindest wird die Phase der neuen Schwingung nicht mit der vorangegangenen übereinstimmen. Ein Wiederholungszuschlag, wie er anderwärts vorgeschlagen wurde, ist deshalb nicht erforderlich, um so weniger, als eine Periodizität der Böen nicht festgestellt werden konnte. Dagegen spricht auch, daß der Staudruck, mit dem gerechnet wird, der größten Windgeschwindigkeit entspricht, die aber nur sehr selten auftritt. Eine wenig wahrscheinliche Wiederholung bei niedrigen Staudrücken bleibt in ihrer Wirkung unter dem dynamischen Einfluß des einmaligen

Windstoßes mit größter Spitzengeschwindigkeit und einem Beiwert nach (150a). Die Annahme, daß der größte Windstoß sich wiederholt, ist zu ungünstig, es sei denn, daß damit eine etwaige Unsicherheit in der Annahme der größten Windgeschwindigkeit gedeckt werden soll.

4.3.3.4. Schwingungen quer zur Windrichtung

Im Luftstrom konstanter Geschwindigkeit ist jedes Tragwerk, also auch das beliebig gelagerte Einzelrohr und der gegliederte Rohrträger, gleichmäßig belastet und wird durchgebogen. Dabei wird der elastische Träger unter bestimmten Verhältnissen durch periodische rechtwinklig zur Windrichtung wirkende Kräfte beansprucht. Die dadurch entstehenden Schwingungen werden durch die Dämpfung des Systems weitgehend beeinflußt und können je nach dem Verhältnis der Erregerkräfte zur Dämpfung zu starkem Anwachsen der Amplituden führen. Diese Tatsache ist aus dem Brückenbau bekannt und hat namentlich bei Hängebrücken zu ausgedehnten Untersuchungen gezwungen, die sich wegen der Unsicherheit in der Annahme der Erregerkräfte auf Versuche im Windkanal stützen müssen.

Die ersten verläßlichen Ergebnisse von Messungen an zylindrischen Körpern stammen aus Amerika. Sie wurden an einem 176 m hohen Stahlbeton-Kamin vorgenommen[1]. Franks Modellversuche mit Zylindern von 2 und 10 cm Durchmesser zeigten ein parabolisches Ansteigen der Amplituden mit der Geschwindigkeit und ein deutliches Wirbelresonanzgebiet.

Die Ursache des Querschwingens zylindrischer Körper liegt darin, daß sich beiderseits des umströmten Zylinders abwechselnd Wirbel ablösen — Kármánsche Wirbelstraße. Dieses periodische Abreißen des Luftstroms und dadurch die Bildung von Erregerkräften quer zur Strömungsrichtung erfolgt mit einer Frequenz f_{er}, die durch folgende Beziehung ausgedrückt ist:

$$f_{er} = S \frac{v}{D}. \tag{154}$$

Dabei ist S die dimensionslose Strouhalsche Zahl, die den Zusammenhang zwischen der Erregerfrequenz, der Windgeschwindigkeit und dem Durchmesser kennzeichnet.

Die durch die erwähnten periodischen Kräfte erzwungenen Schwingungen führen zur Resonanz, wenn die Erregerfrequenz mit der Eigenfrequenz des Systems übereinstimmt: $f_{er} = f$. Unter der Annahme, daß diese Erklärung des Querschwingens richtig ist, fand Kunert [71] für die Strouhalsche Zahl $S = 0{,}1$, während im Schrifttum meist $S = 0{,}2$ angeführt wird. Dementsprechend wäre nach (154) die Geschwindigkeit v_{kr}, bei der Erreger- und Eigenfrequenz einander gleich sind,

$$v_{kr} \doteq 10 f D \tag{155}$$

statt $v_{kr} = 5 f D$. Um die Resonanzwirkung herabzusetzen, wird man trachten, die Dämpfung durch geeignete Maßnahmen zu vergrößern und die kritische

[1] Darüber und über eigene Versuche berichtet Frank [70].

Geschwindigkeit herabzusetzen. Letzteres kann nur durch Erniedrigung der Eigenfrequenz erreicht werden.

Der Ansicht, daß es sich beim Querschwingen um selbsterregte Schwingungen handelt, steht die Tatsache entgegen, daß das Rohrprofil zu den Querschnitten gehört, die gegen selbsterregte Schwingungen stabil sind.

Unter der Annahme, daß es sich nicht um selbsterregte Schwingungen handelt, kann die periodische Erregerkraft ausgedrückt werden durch

$$p(xt) = p_0 f(x) \sin(\omega_0 t), \tag{156}$$

wobei p_0 ihre größte Amplitude bedeutet und $f(x)$ ihren Verlauf beschreibt; ω_0 ist die Kreisfrequenz der Eigenschwingung.

Für die Amplitude p_0 fand Barštejn [72] auf Grund von theoretischen Untersuchungen und Versuchen

$$\begin{aligned} p_0 &= \frac{\varrho v_{kr}^2}{4 \cdot 2} D \doteq \frac{v_{kr}^2}{64} D, \\ \text{für } f(x) &= \frac{4}{\pi} \frac{y_x}{y_d}, \end{aligned} \tag{157}$$

wobei y_x die Ordinate der Eigenschwingungslinie, y_0 ihren größten Wert bezeichnen. Belastet man das Tragsystem mit diesen Erregerkräften, erhält man die statischen Momente M_{st} und Durchbiegungen y_{st}. Für die zugehörigen gedämpften Schwingungen leitet der genannte Verfasser mit dem logarithmischen Dekrement ϑ die dynamischen Momente M_d und die Resonanzamplituden y_d ab:

$$\begin{aligned} M_d &= \frac{4}{\vartheta} M_{st}, \\ y_d &= \frac{4}{\vartheta} y_{st}. \end{aligned} \tag{158}$$

Der Faktor $\frac{4}{\vartheta}$ ist etwas größer als der aus dem Schrifttum für gedämpfte Schwingungen bekannte Wert $\frac{\pi}{\vartheta}$. Eine besondere Bedeutung kommt der richtigen Wahl von ϑ zu. Barštejn empfiehlt für Stahlkonstruktionen einen Wert $\vartheta = 0{,}08$. Messungen an abgespannten Stahlrohrmasten haben aber ergeben, daß die Amplituden der Querschwingungen und die zugehörigen Spannungen etwa dreimal so groß waren wie die mit $\vartheta = 0{,}08$ errechneten Werte. Es empfiehlt sich also, die Dämpfung kleiner anzusetzen.

Messungen haben gezeigt, daß Querschwingungen nicht allein auftreten. Der Luftstrom hat nur begrenzte Zeit gleichbleibende Geschwindigkeit; von vorhergehenden Windstößen rühren Schwingungen in der Windrichtung her, die bewirken, daß das Tragwerk in Form einer flachen Ellipse schwingt. Die Hauptasche weicht dabei von der Senkrechten zur Luftstromrichtung ab.

Beim gegliederten Rohrträger treten Querschwingungen bei jedem Stab auf und beeinflussen das ganze System. Tatsächlich wurden auch hier Schwingungen beobachtet und gemessen, die, wie beim tragenden Einzelrohr, eine ellipsenartige Form hatten. Wegen der kleinen kritischen Geschwindigkeiten und kleinen Amplituden der Eigenschwingung der Stäbe ist diese Wirkung sehr gering.

4.3.3.5. Zuverlässigkeit der bestehenden Vorschriften

Es besteht kein Zweifel, daß die bestehenden Vorschriften über Windbelastung im allgemeinen als auch im Stahlrohrbau im besonderen unzureichend sind und einer Überarbeitung bedürfen. Das gilt sowohl für DIN 1055, Blatt 4, als auch für andere Normen. Wohl sind die meteorologischen Verhältnisse je nach der geographischen Lage verschieden und mancherlei Umstände stehen einer Vereinheitlichung der bezüglichen Vorschriften entgegen, trotzdem gibt es eine Reihe von Problemen, die grundsätzlich gelöst werden könnten.

Weitere Messungen und Versuche im Windkanal sind nötig und Fragen theoretischer Natur sind noch zu klären. Es ist deshalb zu begrüßen, daß ein zwischenstaatlicher Meinungsaustausch sich anbahnt. Die erste Internationale Tagung über den Windeinfluß auf Konstruktionen fand im Juni 1963 statt; über ihren Verlauf berichtete D'HAVÉ [73].

4.4. Berechnung

4.4.1. Auflager- und Schnittkräfte, Spannungsnachweis

Wie bei jedem anderen Tragwerk werden die Auflagerkräfte nach den Gesetzen der Statik aus den Gleichgewichtsbedingungen bestimmt. Wenn diese nicht ausreichen, müssen sie aus ihnen und den Formänderungsbedingungen ermittelt werden. Wird der Träger beliebig geschnitten, müssen die Schnittkräfte mit den am abgeschnittenen Teil wirkenden Auflagerkräften und Belastungen im Gleichgewicht stehen. Beim beliebig gelagerten einfachen Rohrträger sind diese Schnittkräfte Momente und Querkräfte; beim Rohrfachwerk werden unter Annahme vollkommen gelenkiger Verbindung der Stäbe die Stabkräfte in bekannter Weise aus dem Gleichgewicht des abgeschnitten gedachten Trägerteils oder dem in jedem Knoten herrschenden Gleichgewicht berechnet.

Mit der Querschnittsfläche F und dem Widerstandsmoment W des Rohres erhält man in einem rechtwinklig zur Rohrachse geführten Schnitt aus der Längskraft N, der Querkraft Q und dem Moment M die Rand- und maximalen Scherspannungen

$$\sigma = \frac{N}{F} \pm \frac{M}{W}$$
$$\tau \approx \frac{2\,Q}{F}. \tag{159}$$

Beim Wirken achsialer Druckkräfte muß außerdem der Knicksicherheitsnachweis gemäß DIN 4114 erbracht werden:

$$\sigma = \omega \frac{N}{F} + 0{,}9 \frac{M}{W}. \tag{159a}$$

Der günstige Einfluß des großen Verdrehungswiderstandes des geschlossenen Rohrprofils auf die Knicklänge kann ausgenützt, muß aber rechnerisch nachgewiesen werden.

Tritt ein Drehmoment M_d als äußere Belastung auf, errechnet sich die Schubspannung aus

$$\tau = \frac{M_d}{2\,W}. \tag{160}$$

Bei dünnwandigen Rohren ist noch die Stabilität der Rohrwand nach Abschnitt 2.5 bzw. 2.8 nachzuweisen, wobei zu berücksichtigen ist, ob es sich vorwiegend um Längs- oder Querbelastung handelt. Das gilt sowohl für das einzelne Großrohr als Träger als auch für das Rohr als Element eines rahmenartigen Tragwerks.

Beim Fachwerk sind die gedrückten Stäbe knicksicher zu bemessen, wobei die günstigeren ω-Werte des Nachtrages zu DIN 1414 benützt werden können. Je nach der Art des Tragsystems und der Belastung ist auch der Stabilitätsnachweis für das ganze System zu erbringen.

4.4.2. Verbindungen

Die verschiedenen Arten von Rohrverlängerungen und Stößen, die Anschlüsse und die Knoten gegliederter Träger sind im Abschnitt 3 behandelt worden. Dort sind auch die zulässigen Beanspruchungen der Verbindungensmittel und ihre Berechnung angeführt.

Werden die Rohre im Knoten unmittelbar miteinander verschweißt, darf die der Berechnung zugrunde liegende Schweißnahtfläche nicht größer angenommen werden als die kleinste Rohrquerschnittsfläche. Die für die Stabbemessung maßgebende zulässige Spannung in der Schweißnaht von $0{,}65\,\sigma_{zul}$ kann nach DIN 4115 von der Aufsichtsbehörde auf $0{,}9\,\sigma_{zul}$ bei Zug und $1{,}0\,\sigma_{zul}$ bei Druck erhöht werden. Die dazu erforderliche Prüfung ist in der genannten Norm beschrieben.

Wie aus Abschnitt 3.4 hervorgeht, bedürfen die Knoten gegliederter Träger, insbesondere die Fachwerkknoten besonderer Überlegungen. Ihre Ausführung, die Beurteilung ihrer Tragkraft bei verschiedenartigen Ausführungen und ihre Berechnung sind im Abschnitt 3.4.2. ausführlich behandelt. Ihre Tragkraft wird beeinflußt durch die radiale Nachgiebigkeit des Gurtrohres, die wiederum vom Verhältnis D/s (D Gurtrohrdurchmesser) und seiner Werkstoffgüte abhängig ist, durch das Verhältnis der Durchmesser der angeschlossenen Rohre zu dem des durchgehenden und dem gegenseitigen Verhältnis der Füllstabdurchmesser. Wie dort betont wurde, muß bei dünnwandigem Gurtrohr gefordert werden, um die Spannungsspitzen zu vermindern, daß ein möglichst großer Umfangbereich des Gurtrohres von den Enden der Anschlußrohre umfaßt wird.

Dem Konstrukteur obliegt es, bei gegebenen Abmessungen der Rohre des Knotens eine solche Ausführung zu wählen, die die größte Tragkraft aufweist und die gleiche Sicherheit hat wie die der Stäbe. Die Beurteilung kann nur auf Grund von Erfahrungen erfolgen, die im Versuch und in der Praxis erworben wurden. Ein Spannungsnachweis kann hierfür nicht erbracht werden, allenfalls ist die Sicherheit nach dem auf S. 96 erwähnten Vorschlag nachzuweisen. Mit Rücksicht auf den großen Arbeitsaufwand wird man sich damit begnügen können, den Sicherheitsnachweis an einem beispielsweise ausgewählten Knoten zu führen.

Schwieriger noch ist die Bemessung von dynamisch beanspruchten Fachwerkträgern. Mehr noch als bei statischer Belastung kommt es darauf an, Spannungsspitzen klein zu halten. Eine Möglichkeit der Beurteilung der Tragkraft des dynamisch beanspruchten Knotens bietet der Vorschlag BADERS, der in Abschnitt 3.4.2.4. erläutert wurde. Dabei ist zu beachten, daß die Versuche, die dem Vorschlag zugrunde liegen, nur mit Rohren aus Stahl St. 35 vorgenommen wurden.

4.5. Vorschriften

Die Besonderheiten des Stahlrohrbaus erfordern eine Berücksichtigung in der Ausführung und in den Berechnungsvorschriften. Zum Teil wurden sie als Zusätze zu den allgemeinen Stahlbaunormen herausgegeben, zum Teil wurden sie mit den Vorschriften für den Leichtbau zu einer eigenen Norm oder Richtlinien vereinigt. In Ländern, in denen eine eigene Norm für den Stahlrohrbau nicht besteht, hat die Praxis sich eigene Regeln geschaffen.

4.5.1. Sondernormen für den Stahlrohrbau

In DIN 4115, Leichtbau und Stahlrohrbau im Hochbau, sind auch Vorschriften für den Stahlrohrbau enthalten. In Österreich bestehen Richtlinien für die Berechnung und Ausführung von Leichtbauten, die auch für den Stahlrohrbau gelten. In der DDR wurde unter Stahlleichtbau eine eigene Norm für Stahlrohrtragwerke aufgestellt: TGL 13501, Blatt 1. Die wichtigsten Bestimmungen dieser drei Vorschriften sind im folgenden zusammengefaßt.

4.5.1.1. DIN 4115, Stahlleichtbau und Stahlrohrbau im Hochbau

Die in dieser Norm enthaltenen Vorschriften für den Stahlrohrbau verlangen:

1. Der Anlaufwinkel der Anschlußrohre darf nicht kleiner als 30° sein.

2. Bei Fachwerkknoten ohne Knotenblech darf der Durchmesser des kleinsten Rohres nicht kleiner sein als $^1/_4$ des größten.

3. Kann bei Rohren im Freien Wasser eindringen oder sich Kondenswasser bilden, ist dafür zu sorgen, daß dieses Wasser leicht abfließen kann.

4. Bei Stahlrohrkonstruktionen im Freien sind alle Schweißnähte luftdicht auszuführen.

5. Wie im allgemeinen Stahlleichtbau ist auf einen guten Korrosionsschutz zu achten.

6. Bei Druckstäben sind Schlankheitsgrade von mehr als 200 zu vermeiden.

7. Die zulässigen Spannungen müssen DIN 1050 entsprechen; für die Berechnung der Schweißen gelten die Werte nach DIN 4100.

8. Die für die Berechnung maßgebende Schweißfläche darf nicht größer sein als die Querschnittsfläche des angeschlossenen Rohres. Die zugehörige zulässige Spannung in der Schweißnaht von $0{,}65\sigma_{zul}$ kann bei unmittelbar miteinander verschweißten Rohren nach einer besonderen Prüfung von der Aufsichtsbehörde erhöht werden. Diese Prüfung erstreckt sich auf die Schweißer und die Art des Tragwerks.

Zu 2. wird noch bemerkt, daß die Angabe $^1/_4$ sich auf untergeordnete Stäbe bezieht; bei Hauptstreben empfiehlt es sich, den Durchmesser nicht kleiner als 0,4 des Gurtrohres zu wählen.

Was 3. anbelangt, werden bei Bauten im Freien Abflußlöcher nur dann vorgesehen, wenn aus konstruktiven Gründen nicht überall luftdichte Schweißen ausgeführt werden können; außerdem sind sie bei betongefüllten Bausäulen nötig, wenn Feuersgefahr nicht ausgeschlossen ist.

4.5.1.2. Österreichische Richtlinien für die Berechnung und Ausführung von Stahlleichtbauten

Nach diesen von einem Arbeitsausschuß beim Österreichischen Stahlbauverband aufgestellten, auch für den Stahlrohrbau geltenden Richtlinien ist die zulässige Mindestwanddicke von der Art der Korrosionsgefährdung und der Güte des Rostschutzes abhängig. Die Möglichkeit der Korrosion wird in einer Tabelle je nach der Querschnittsform, der Zugänglichkeit nach dem Einbau und des Vorliegens besonderer mechanischer, atmosphärischer oder chemischer Einwirkungen nach Punkten bewertet. Nach der Art des Rostschutzes werden besondere Güteklassen unterschieden. Einem Diagramm kann für eine bestimmte Punktzahl und Güteklasse des Rostschutzes die Mindestwanddicke entnommen werden. Danach können für ein Bauwerk im geschlossenen Raum (im Freien) mit luftdicht verschlossenen Rohren bei Sandstrahlentrostung und mit dem üblichen aus Grundanstrich und zwei Deckanstrichen bestehenden Rostschutz Rohre mit einer Mindestwanddicke von 1,25 mm (1,5 mm) zugelassen werden.

Werden bei einer geschweißten Konstruktion kaltgezogene Rohre verwendet, darf in der Umgebung der Schweißnaht nicht mit der durch die Kaltverformung erzielten Erhöhung der Festigkeit gerechnet werden. Im übrigen decken sich die Bestimmungen über Bauteile aus Rohren mit denen von DIN 4115, es fehlt jedoch der Hinweis, daß für die Berechnung die maßgebende Fläche der Schweißnaht nicht größer sein darf als die Querschnittsfläche des Rohres und die Möglichkeit der Zulassung höherer Schweißspannungen.

4.5.1.3. TGL 13501, 1. Blatt, Stahlleichtbau: Stahlrohrtragwerke, Berechnung, bauliche Durchbildung, Herstellung, Abnahme

Dieser DDR-Standard handelt ausschließlich von fachwerkartigen Tragwerken in Stahlrohrkonstruktion und gilt in Verbindung mit den allgemeinen Vorschriften für die Berechnung und bauliche Durchbildung von Stahltragwerken

TGL 13500. Die Norm führt die für Fachwerkträger aus Rohren verwendeten Grund- und Zusatzwerkstoffe an. Beim statischen Nachweis wird wie in DIN 4115 vorgeschrieben, daß die rechnungsmäßige Schweißnahtfläche nicht größer sein darf als der Querschnitt des angeschlossenen Rohres. Als zulässige Spannungen gelten die Werte nach TGL 13500. Beim statischen wie beim Dauer- oder Zeitfestigkeitsnachweis ist das Ergebnis der Versuche, die im Institut für Stahlbau und Leichtmetallbau vorgenommen wurden, verwertet.

Die beim statischen Spannungsnachweis maßgebenden Ausführungsklassen sind einer Tabelle zu entnehmen. Eine weitere Tabelle legt die Zuordnung der Ausführungsgruppen zu den Dauer- und Zeitfestigkeitslinien fest. Diese Linien sind durch vier Konstruktionsformen ergänzt, die in TGL 13500 nicht enthalten sind.

Bei den knotenblechlosen Anschlüssen ist die Dauer- und Zeitfestigkeit auch abhängig von einem Kennwert, dessen Mindestwerte für verschiedene Konstruktionsformen in einer Tabelle festgelegt sind. Bei derartigen Fachwerkknoten wird auch der Nachweis der Gestaltfestigkeit verlangt (vgl. Abschnitt 3.4.2.3. und 3.4.2.4.). Für die Ausführung enthält die Norm verschiedene Hinweise.

Bei den Knoten mit aufgesetzten Knotenblechen oder mit geschlitzten Rohren werden Regeln für die Ausführung aufgestellt.

Der Abschnitt Knoten mit Hohlkugeln enthält ausführliche Angaben für den Entwurf. So begrüßenswert diese Vorschriften sind, scheint es doch fraglich, ob die Ergebnisse der bisher bekannt gewordenen Versuche ausreichend für eine Normung sind.

Bei den Schweißstößen sind die ungewöhnlichen Ausführungen nach Abb. 4.18 und Abb. 4.19 auffallend. Letztere Stoßausbildung kann trotz Verwendung von Einlegeringen nicht eine genaue Zentrierung sichern.

Abweichend von der bisherigen Praxis werden Flanschstöße auch bei Zugbelastung zugelassen, wobei rippenlose Flanschen empfohlen werden. Dabei ist der Formänderungsnachweis für Platten- und Ringflansche nach einem Diagramm und der Schubspannungsnachweis zu erbringen.

Die Ausgabe dieser Norm, die sich auf die Ergebnisse zahlreicher Versuche und theoretischer Untersuchungen stützt, ist zu begrüßen, auch wenn Erfahrungen, die in naher Zukunft gewonnen werden, bald eine Neuausgabe erforderlich machen.

4.5.2. Normen des allgemeinen Stahlbaus, Zusammenstellung

4.5.2.1. Normen DIN

Neben den erwähnten Sondernormen des Stahlrohrbaus gelten im Rahmen von DIN folgende Normen des allgemeinen Stahlbaus:

DIN 1050, Stahl im Hochbau, Berechnung und bauliche Durchbildung,
DIN 1055, Lastannahmen für Bauten, Blatt 1 bis 5.
DIN 4100, Geschweißte Stahlhochbauten, Berechnung und bauliche Durchbildung,
DIN 4114, Berechnungsgrundlagen für Stabilitätsfälle im Stahlbau,
DIN 4420, Gerüstordnung.

Diesen Normen entsprechen teils in vollem Umfange, teils auf einige Normen verteilt,
in Österreich die Önormen der Reihe B 4300, die teilweise durch die neue Reihe B 4600 ersetzt sind — die bestehenden Richtlinien für eine Stahlrohrgerüstordnung werden in naher Zukunft durch eine Norm ersetzt werden —
in der DDR die DDR-Standards unter der Bezeichnung TGL.

4.5.2.2. Vergleichswerte der zulässigen Beanspruchung von DIN, Önorm und TGL

Wegen grundsätzlicher Unterschiede bei den maßgebenden Belastungsfällen ist es nicht möglich, die zulässigen Spannungen nach den in der BRD, Österreich und der DDR geltenden Normen auf gleicher Ebene zu vergleichen. Tab. 16 kann aber trotzdem bei Beachtung der Anmerkungen einen Überblick geben. Die Sicherheiten gegen Abheben von den Lagern, Kippen und Beulen ergänzen die Tabelle.

Tabelle 16

	Werkstoff	Spannungsart	Lastfall	DIN	Önorm	DDR-Standard
Bauteile	St 37	Zug, Druck, Biegung, wenn Stabilitätsnachweis nicht in Frage kommt	H (RF)	1600	1500	1600
			HZ (EF)	1800	1700	1800
			S			2000
		Beim Stabilitätsnachweis auf Knicken und Kippen	H (RF)	1400	zul σ_k	1400
			HZ (EF)	1600	zul σ_k	1600
			S			1800
		Für Vergleichsspannung	H (RF)	1800	1920	1800
			HZ (EF)	1920		1900
			S			2000
		Schub	H (RF)	900	900	920
			HZ (EF)	1050	1020	1040
			S			
	St 52	Zug, Druck, Biegung, nicht für Stabilitätsnachweis	H (RF)	2400	2200	2400
			HZ (EF)	2700	2500	2700
			S			3000
		Beim Stabilitätsnachweis auf Knicken und Kippen	H (RF)	2100	zul σ_k	2100
			HZ (EF)	2400	zul σ_k	2400
			S			2700
		Für Vergleichsspannung	H (RF)	2700	2880	2700
			HZ (EF)	2880		2850
			S			3000
		Schub	H (RF)	1350	1320	1390
			HZ (EF)	1550	1500	1560
			S			1730

Tabelle 16 (Fortsetzung)

	Werkstoff	Nahtart	Beanspruchungsart	Lastfall	DIN	Önorm	DDR-Standard
Geschweißte Verbindungen	St 37	Stumpfnaht mit durchgeschweißter Wurzel, Naht nicht durchstrahlt	Zug und Biegezug	H (RF) HZ (EF) S	1100 1300	1000 1300	1280 1440 [1] 1600
			Druck und Biegedruck	H (RF) HZ (EF) S	1400 1600	1400 1700	1600 1800 [2] 2000
		Kehlnähte	Zug, Druck, Schub	H (RF) HZ (EF) S	900 1050	900 1050	920 1040 1160
	St 52	Stumpfnaht mit durchgeschweißter Wurzel, Naht nicht durchgestrahlt	Zug und Biegezug	H (RF) HZ (EF) S	1700 1900	2200 2500	1920 2160 [1] 2400
			Druck und Biegedruck	H (RF) HZ (EF) S	2100 2400	2200 2500	2400 2700 [2] 3000
		Kehlnähte	Zug, Druck, Schub	H (RF) HZ (EF) S	1350 1550	1240 1550	1390 1560 1730
Ankerschrauben			Schraubenart				
			4D	H (RF) HZ (EF) S	1120 1120	1000 1150	1000 1000 1500
			5D	H (RF) HZ (EF) S	1500 1500	1400 1600	1500 1500 2000
Sicherheit gegen Abheben von den Lagern					1,3	1,2	1,15, 1,3
Standsicherheit					1,5	1,5	1,25, 1,5
Beulsicherheit				H (RF) HZ (EF)	1,35 1,25	1,5, 1,35 1,35 1,25	1,5 1,35

[1] Gültig für stichprobenweise durchstrahlte Stumpfnähte, Ausführungsklasse IIA, bei nicht sicher durchschweißter Wurzel, Ausführungsklasse IIB ermäßigen sich die Spannungen auf den 0,875fachen Wert.

[2] Gültig ohne Stabilitätsnachweis bei Ausführungsklasse IIA als auch IIB.

4.5.3. Normen des allgemeinen Stahlbaus, Vergleich von DIN, Önorm und DDR-Standard

Wie die Sondernormen des Stahlrohrbaus stimmen auch die Normen des allgemeinen Stahlbaus in der BRD, Österreich und der DDR nur teilweise überein. Im folgenden wird jeweils zuerst die DIN-Norm behandelt, worauf ihr die übereinstimmenden oder abweichenden österreichischen und die Bestimmungen des DDR-Standard gegenübergestellt werden.

4.5.3.1. DIN 1050, Stahl im Hochbau, Berechnung und bauliche Durchbildung

Die allgemeinen Bestimmungen dieser Norm gelten auch für die später noch behandelten Normen DIN 4115 und 4420. Sie enthalten die Bemessungsgrundsätze wie Lastannahmen und erforderliche Nachweise, die besonderen Bemessungsregeln für alle Tragwerksteile mit den Verbänden und zulässigen Spannungen sowie Angaben über die bauliche Durchbildung.

Österreich. Die bisherige Norm B 4300, 2. Teil, ist bis auf die Ermüdungsfestigkeit und den Abschnitt Ausführung durch B 4600, 2. Teil, Berechnung der Stahltragwerke, ersetzt worden. Der die Ermüdungsfestigkeit behandelnde Abschnitt ist in einer eigenen Norm B 4600, 3. Teil, Wöhlerfestigkeitsnachweis, enthalten. Beide Normen behandeln auch geschweißte Stahlbauwerke; deshalb sei hier auf die Ausführungen in Abschnitt 4.5.3.3. verwiesen.

DDR. TGL 13500, Stahltragwerke, Berechnung und bauliche Durchbildung, faßt die bezüglichen allgemeinen Vorschriften für Stahltragwerke zusammen; für den Hochbau im besonderen gilt TGL 13450, Stahltragwerke im Hochbau. An die Stelle des Wöhlerfestigkeitsnachweises tritt hier der Nachweis der Dauer- und Zeitfestigkeit. Die zulässigen Spannungen hängen ab vom Werkstoff, der konstruktiven Gestaltung und Ausführung und vom Verhältnis der Grenzspannungen. Je nach der Häufigkeit der Spannungswechsel werden die Ausführungen in drei Gruppen A bis C unterschieden. Stahlhochbauten fallen in der Regel in die Gruppe C, für die weder Zeit- noch Dauerfestigkeit nachgewiesen werden muß. Die zulässigen Spannungen für den statischen Spannungsnachweis stimmen mit denen von DIN überein.

4.5.3.2. DIN 1055, Lastannahmen für Bauten, Blatt 1 bis 5

Diese Norm enthält die der statischen Berechnung zugrunde liegenden Belastungen. Nach Blatt 4 sind die infolge Windeinwirkung entstehenden Belastungen zu ermitteln. Die Norm enthält die Staudrücke für vier verschiedene Höhenstufen, die Formbeiwerte für geschlossene und offene Tragwerke mit ebenen Wänden, zylindrische Baukörper, für ebene und räumliche Fachwerkskonstruktionen. In diesen Vorschriften ist weder die Abhängigkeit vom Völligkeitsgrad noch der Re-Zahl bei Rohren erwähnt.

Blatt 5 schreibt die Schneelast in kp/m^2 Grundfläche in Abhängigkeit vom Neigungswinkel α vor; sie beträgt bei $\alpha = 0$ bis $20°$ 75 kp/m^2.

Österreich. DIN 1055 entsprechen die Normen

B 4000, 2. Teil, allgemeine Grundlagen,
B 4000, 3. Teil, Windlasten und Erdbebenkräfte,
B 4000, 4. Teil, Schnee- und Eislasten.

Die Windlasten stimmen mit DIN überein, nur ist bei den Staudrücken der Wert 65 kp/m² für Höhen von 6 bis 8 m zwischengeschaltet. Die Norm enthält auch Angaben über die Wirkung des Windschutzes.

Zu B 4000, 4. Teil, gehört eine Karte, in die die Gebiete der Regelschneelasten (75 bis 650 kp/m²) eingetragen sind. Kleine Abweichungen von DIN bestehen auch bei den zu verschiedenen Dachneigungen gehörenden Schneelasten. Die Norm schreibt auch die Mindesteislasten von Seilen und Drähten vor.

DDR. In TGL 20167, Blatt 1, werden in Abhängigkeit von der Seehöhe drei Gebiete mit Schneelasten von $s_0 = 70$, 100 und 150 kp/m² waagrechter Fläche unterschieden. Die *Normallast* ist das Produkt von s_0 mit einem Beiwert, der von der Dachform abhängt und einer Tabelle zu entnehmen ist. Bei der Berechnung nach Grenzzuständen ist die *Rechnungslast* der 1,4fache Wert der Normallast.

Die gleiche Norm enthält auch die Windlasten, wobei die Staudrücke von den Werten nach DIN abweichen. Noch größer sind die Unterschiede bei den Formbeiwerten. Bei Fachwerkträgern ist der Formbeiwert c in Abhängigkeit vom Völligkeitsgrad φ festgelegt. Bei hintereinander liegenden Fachwerken ist der Wert c' für die zweite und folgende Tragwand nach $c' = c \cdot \eta$ zu bestimmen, wobei η vom Völligkeitsgrad und dem Verhältnis Trägerentfernung zu Trägerhöhe abhängig ist. Die Norm schreibt auch die Beiwerte für drei- und vierseitige Maste vor, die infolge der Einführung des Völligkeitsgrades beträchtlich von DIN abweichen. Unterschiede bestehen auch bei den Windbelastungen zylindrischer Körper; bei den c-Werten für den ganzen Baukörper bezogen auf die Projektionsfläche senkrecht zur Windrichtung ist die Abhängigkeit von der Reynoldsschen Zahl Re eingeführt, die Windlastverteilung über den Umfang weicht von DIN ab.

4.5.3.3. DIN 4100, Geschweißte Stahlhochbauten, Berechnung und bauliche Durchbildung

Die Norm enthält die Vorschriften über die Berechnung der Schweißverbindungen und die zulässigen Spannungen in Abhängigkeit von der Güte ihrer Ausführung. In Tab. 16 zu Abschnitt 4.5.2.2. sind sie auszugsweise angeführt.

Österreich. Die zugehörige Önorm B 4300, 3. Teil, wurde, wie bereits erwähnt, mit Ausnahme des Abschnittes Ausführung durch die Normen B 4600, 2. und 3. Teil, ersetzt.

Abweichend von Belastungsfällen H, HZ der DIN unterscheidet die Norm B 4600, 2. Teil, zwischen dem *Regelfall RF* mit Belastungen, die dem Fall HZ der DIN entsprechen, und einer durch die Norm festgelegten Regelausführung der Schweißnähte und dem *Erhöhungsfall EF* mit den Belastungen und der Güte der Schweißnähte des Regelfalls, wenn bestimmte durch die Norm vorgeschriebene Voraussetzungen erfüllt sind.

Die zulässigen Spannungen beim *EF* sind höher als beim *RF*. Aus der Tab. 16 sind die Unterschiede ersichtlich. Die Norm führt noch Sonderfälle an, bei denen die zulässige Spannung des RF erhöht werden kann oder ermäßigt werden muß.

Beim Wöhlerfestigkeitsnachweis sind die zulässigen Spannungen in Abhängigkeit vom Verhältnis der Grenzspannungen nach der Art der Beanspruchung und der Größe der Kerbwirkung der bezüglichen Tafel zu entnehmen. Tafel 1 der Norm gibt Aufschluß über die Gruppeneinteilung der Wöhlerfestigkeit. Der Wöhlerfestigkeitsnachweis ist zu erbringen, wenn die in Rechnung gestellten Lasten mehr als zwanzigmal im Tage auftreten.

DDR. TGL 13500 enthält im 6. Abschnitt zusätzliche Regeln für geschweißte Bauteile und unterscheidet fünf Ausführungsklassen für Stumpfnähte und zwei Klassen für Kehlnähte. Die zugehörigen zulässigen Spannungen sind zusammen mit den Werten der genieteten und geschraubten Verbindungen in einer Tabelle zusammengefaßt (s. Auszug in Tab. 16). Für die Werkstoffe St38 sind die Dauerfestigkeitslinien für die Ausführungsgruppen *A* mit den Stufen I bis IX und die Zeitfestigkeitslinien für die Ausführungsgruppe *B* mit den Stufen I bis VI und X, XI in zwei Tabellen zusammengestellt. Die Einstufung ist einer besonderen Tabelle zu entnehmen.

4.5.3.4. DIN 4114, Berechnungsgrundlagen, Stabilitätsfälle im Stahlbau

Diese bekannte, oft zitierte Norm enthält im ersten Teil den Wortlaut der Vorschriften, im zweiten Teil die Richtlinien als Erläuterung und Ergänzung hierzu.

Österreich. In B 4600, 4. Teil, Stabilitätsnachweis, Grundfälle, ist das Omega-Verfahren der DIN durch die Einführung von zulässigen Knickspannungen $\text{zul}\,\sigma_k$, die in Abhängigkeit vom Schlankheitsgrad, getrennt nach Werkstoff, Regel- und Erhöhungsfall in Tabellen zusammengestellt sind. Der Zusammenhang mit dem Omega-Verfahren ist durch die Beziehungen $\text{zul}\,\sigma_k = \frac{\text{zul}\,\sigma}{\omega}$ oder $\omega = \frac{\text{zul}\,\sigma}{\text{zul}\,\sigma_k}$ gegeben. Im übrigen bestehen keine wesentlichen Unterschiede gegenüber DIN.

DDR. TGL 0-4114 stimmt bis auf geringe redaktionelle Änderungen mit DIN überein.

4.5.3.5. DIN 4420, Gerüstordnung

Die Vorschriften für Stahlrohrgerüste sind in der Gerüstordnung, DIN 4420, enthalten. Sie beschreiben die verschiedenen Arten von Stahlrohrgerüsten, die zu benützenden Rohre und Zubehörteile, ihre Anordnung und die Anforderungen, die an die Verbindungen gestellt werden. Sie behandeln auch die Vorkehrungen, die für eine ausreichende Verstrebung und Verankerung getroffen werden müssen.

Soweit es sich um Regelausführungen mit vorgeschriebenen Abmessungen und Belastungen handelt, brauchen weder Zeichnungen noch eine statische Berechnung vorgelegt werden. Dasselbe gilt für eingeschossige Schalungsgerüste gewöhnlicher Hochbauten unter 5 m Höhe, wenn die lotrechten Lasten unmittelbar in die Ständer übertragen werden. In allen andern Fällen, insbesondere bei freistehenden und bei mehrgeschossigen Schalungs- und Lehrgerüsten wird die Vorlage des Festigkeitsnachweises und der Ausführungszeichnungen verlangt. Bei schweren

Lasten und Knicklängen der Ständer, die den 40fachen Durchmesser übersteigen, muß die Knicksicherheit nachgewiesen werden.

Die allgemein für Gerüste geltenden Lastannahmen unterscheiden zwischen lotrechten Betriebslasten und waagrechten Belastungen. Erstere richten sich nach der Gerüsteart; die waagrechten Kräfte, die für die Bemessung der Verstrebungen und deren Anschlüsse maßgebend sind, setzen sich aus den Windlasten, allen im Betrieb auftretenden Zug- und Stützkräften und einer waagrechten, in der Höhe des Gerüstbodens oder in Schalungsoberkante wirkenden Kraft zusammen. Letztere soll mit wenigstens $^1/_{100}$ der lotrechten Belastung angenommen werden, die durch den Gerüstboden oder die Schalung übertragen werden. Bei Gerüsten mit enggestellten Stielen, beispielsweise bei Lehrgerüsten, ist als Windangriffsfläche die Ansichtsfläche ohne Abzug der Zwischenräume anzunehmen. Ob bei tiefen Gerüsten diese Annahme richtig ist, scheint zweifelhaft; es empfiehlt sich mit schräger Windrichtung auf hintereinander liegende Rohre zu rechnen. Eingetretene Schadensfälle mahnen zur Vorsicht. Vor allem ist auf gute Querverstrebung zu achten. Dagegen sollte bei ein- oder zweireihigen Gerüsten die Windbelastung genauer untersucht werden, um an Verstrebungen zu sparen.

Österreich: Richtlinien für eine österreichische Stahlrohrgerüstordnung. Diese auf die Verwendung von Stahlrohren beschränkte Gerüstordnung deckt sich im allgemeinen hinsichtlich der Bauart, den Lastannahmen und des Nachweises der Standsicherheit mit der deutschen Gerüstordnung. Die als Gerüstrohre verwendeten Rohre nach Önorm 5612 (ausnahmsweise 5611) NW 40 können in den Güteklassen St00, St37, St44, St55 oder St52 ausgeführt sein, wobei für Traggerüste von Ingenieurbauten und Hochbausonderkonstruktionen Rohre aus Stahl St00 und St55 nicht verwendet werden sollen. Die Kennwerte und zulässigen Beanspruchungen der angeführten Stähle entsprechen der Önorm 4300.

Beim Knicksicherheitsnachweis soll das Schlankheitsverhältnis der Ständer nicht größer als 200, das der Verstrebungen und Riegel nicht größer als 250 sein. Diese Werte sind bei Schalungs- und Lehrgerüsten mit schweren Lasten auf 150 bzw. 200 herabzusetzen. Dabei kann mit dem Riegelabstand als Knicklänge der Ständer gerechnet werden. Die Wirkung außermittiger Anschlüsse ist nach $\sigma = \omega \frac{N}{F} + 0{,}9 \frac{M}{W} < \sigma_{zul}$ nachzuweisen. Bei Regelausführung bleibt sie unberücksichtigt.

DDR. Eine eigene Stahlrohrgerüstordnung besteht nicht[1].

4.5.4. Englische Vorschriften über Stahlrohrbau

Diese Vorschriften sind in einem 1953 herausgegebenen Zusatzblatt [49] zu B.S. 449 (1948), der Vorschrift über Stahlhochbauten enthalten. In diesem Zusatzblatt sind alle Abweichungen von der allgemeinen Norm angeführt. Die Unterschiede zwischen diesen beiden Normen und DIN 1050 bzw. 4115 sind im folgenden nach [74] zusammengestellt:

Die Fließgrenzen der verwendeten Stähle 13, 15, 20 sind umgerechnet 2047, 2362, 3150 kp/cm².

[1] Inzwischen als TGL 118—4420 für den Fachbereich FSB erschienen.

Der Formbeiwert wird, unabhängig von Re, einheitlich mit $c = 0,6$ angenommen, während nach DIN 1055 mit $c = 1,2$ bzw. 0,7 zu rechnen ist, wenn $D\sqrt{q}$ kleiner bzw. größer als 1 ist.
Wie in der Önorm 4600, 4. Teil, wird für jedes Schlankheitsverhältnis die zulässige Druckspannung, nicht der ω-Wert angegeben. Diese Spannungen sind, wenn die Stähle 15 und St37 verglichen werden, für $\lambda < 150$ um ein Geringes niedriger als die deutschen Werte.

Bei Fachwerkknoten ohne Knotenblech unterscheidet die englische Norm Anschlüsse mit $^1/_2$V-Nähten, V-Nähten und allmählichem Übergang der beiden Nahtformen, wobei die erstangeführte Form als Regel angesehen werden soll. Die Ausführung ist an kein bestimmtes Verhältnis des Durchmessers des Gurtes zu denen der angeschlossenen Rohre gebunden. Vollständige Kehlnähte kommen bei $D/D_1 > 3$, Anschlüsse mit allmählichem Übergang der Nahtform bei $D/D_1 < 3$ in Frage. Die zulässigen Schweißspannungen sind bei $^1/_2$V-Nähten gleich denen des Werkstoffs 15 oder des höherwertigen Werkstoffs der verwendeten Rohre für Zug, Druck oder Schub; bei andern Formen der Schweißnähte darf man für Zug und Druck nur bis zum zulässigen Wert der Schubspannungen gehen, d. i. $0,72\,\sigma_{zul}$. Die Mindestwanddicken sind beträchtlich größer als nach DIN 4115; sie betragen etwa 4 mm bei Bauwerken im Freien und 3,25 mm in geschlossenen Räumen.
Um eine genügende Beulsicherheit der Rohrwand zu gewährleisten, wird eine nach der auf metrisches Maß umgerechneten Formel $s > 0,864\sqrt{D}$ vorgeschrieben. Demnach entfällt bei allen Rohren mit Normalwand nach DIN 2448 der Beulsicherheitsnachweis.

4.6. Ausführung

4.6.1. Werkstattarbeiten und Vorbereitung für die Aufstellung

Stahlrohrkonstruktionen können nur in Werken hergestellt werden, die die erforderlichen Einrichtungen besitzen. Da Tragwerke aus einfachen Rohren wie Maste, Bausäulen und rahmenartige, aus Rohrstützen und Riegeln bestehende Bauwerke in der Regel vom Rohrwerk geliefert werden, handelt es sich bei den übrigen Herstellern von Stahlrohrbauten vor allem um Einrichtungen zur Anarbeitung der Rohrenden und für das Schweißen. Je vollkommener diese sind, um so wirtschaftlicher wird das Werk arbeiten können. Nicht zuletzt muß ein solches Werk über einen erfahrenen Schweißingenieur und gut ausgebildete Schweißer verfügen.

Die vom Rohrwerk angelieferten, nach der Stahlsorte gekennzeichneten Rohre müssen zur weiteren Verarbeitung vorbereitet werden. Das Ablängen erfolgt meistens auf kaltem Wege; das Verschließen der Rohrenden geschieht in warmem Zustande durch Kümpeln, wenn nicht entsprechend geformte Preßstücke oder ein ebener Deckel aufgeschweißt werden oder auch die Enden flachgedrückt und der Spalt zugeschweißt werden. Das Schlitzen der verschlossenen Rohrenden erfolgt auf der Kaltsäge oder durch Brennschneiden.

Die im Knoten des gegliederten Trägers verbundenen Rohre müssen für das Verschweißen vorbereitet werden. Die Längen l' der Füllstäbe zwischen den Gurten des Fachwerkträgers werden aus der Systemlänge l errechnet (Abb. 4.7a).

$$l' = l - \Delta l_1 - \Delta l_2. \tag{161}$$

Wie aus Abb. 4.7c hervorgeht, ist

$$\Delta l = \frac{D_2}{2 \sin \alpha} - x. \tag{161a}$$

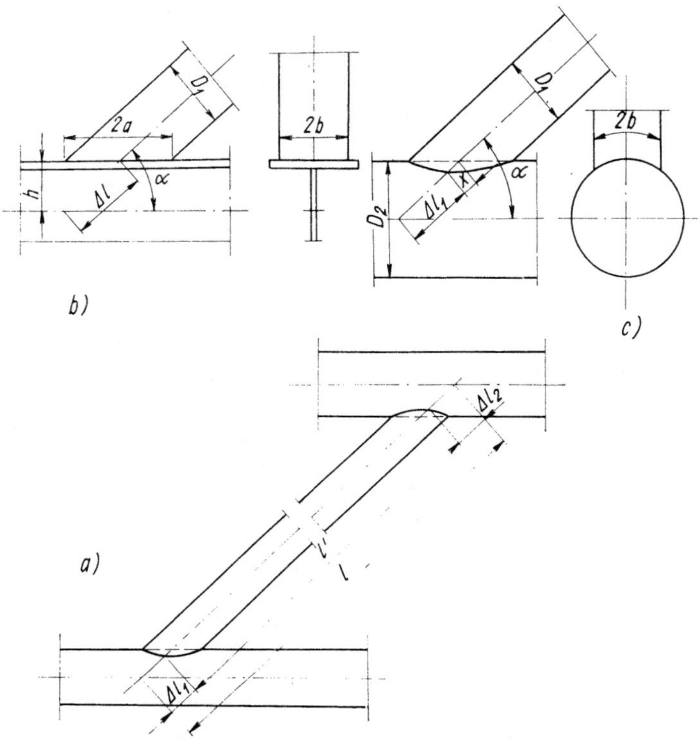

Abb. 4.7

Der theoretische Wert x ist einer im Maßstab 1:1 angefertigten Skizze zu entnehmen und um einen von der Wanddicke des angeschlossenen Rohres und dem Verhältnis D_1/D_2 abhängigen Betrag zu verringern. Beim Anschluß an eine ebene Fläche ist $x = 0$ und $\Delta l = \dfrac{h}{\sin \alpha}$ (Abb. 4.7b).

Zur Ermittlung der Schweißlänge dient die dem Anhang zur englischen Norm entnommene Formel für die Länge L der Schnittkurve. Mit den Bezeichnungen der Abb. 4.7c ist

$$L = a + b + 3\sqrt{a^2 + b^2}$$

$$a = \frac{D_1}{2 \sin \alpha} \tag{162}$$

$$b = \frac{D_1}{3} \, \frac{3 - (D_1/D_2)^2}{2 - (D_1/D_2)^2}.$$

Beim Anschluß an eine ebene Fläche (Abb. 4.7b) gilt

$$b = D_1/2. \tag{162a}$$

Die Vorbereitung der Rohrenden erfolgt durch Fräsen, Handbrennschneiden nach einer der Durchdringungslinie entsprechenden Schablone oder auf einer automatischen Brennschneidmaschine. Diese Maschine schneidet autogen alle sich ergebenden Durchdringungslinien und auch die Schweißfase. Bei allfälligen Stumpfstößen sind auch die Gurtrohre abzufasen und Einlegringe vorzubereiten.

Der Zusammenbau der gegliederten Konstruktion erfolgt auf einem Schnürbett, auf dem sorgfältig hergestellte Führungen und Anschläge das richtige Heften sichern. Auf diesem Schnürbett oder einer eigenen Schweißvorrichtung, die drehbar sein kann, wird das geheftete Tragwerk fertig geschweißt. Die Fertigschweißen müssen nicht nur hinsichtlich ihrer Festigkeit entsprechen, sondern müssen auch, wenn sie das Rohrinnere abschließen, dicht sein.

Ist der Bauteil zu lang oder zu sperrig für den Transport auf der Bahn oder der Straße, muß er in geteiltem Zustande an die Baustelle gebracht werden. Die Vorbereitung der Stöße richtet sich darnach, ob sie bei der Aufstellung geschweißt oder geschraubt werden sollen. Von der Art und Tragkraft der Montagegeräte hängt es ab, ob der Bauteil im ganzen gehoben und die Stöße vorher verschweißt werden sollen oder ob die Verschweißung bzw. Verschraubung erst nach Montierung der Einzelteile erfolgen soll. Die Aufstellung einer Stahlrohrkonstruktion ist wegen des geringern Gewichtes leichter zu bewerkstelligen als die einer Konstruktion aus Profilstäben. Die Art der Montierung muß bereits bei der Projektierung festgelegt werden; die Überprüfung des Spannungszustandes während der Aufstellung bildet einen Bestandteil der statischen Berechnung.

4.6.2. Korrosionsschutz

4.6.2.1. Außenkorrosion

Wie bei allen Stahlkonstruktionen muß auch im Stahlrohrbau die Außenfläche gegen Rost geschützt werden. Zugstäbe aus starkwandigen Rohren und gedrückte Rohre, auch bei Normalwand, haben eine kleinere Oberfläche als gleichwertige Profilstäbe aus dem gleichen Stahl. Die glatte Rohroberfläche und die gute Zugänglichkeit aller Konstruktionsteile erleichtern die Anstricharbeit und ermöglichen eine gute Ausführung, als Folge eine längere Lebensdauer des Anstrichs.

Der Grundanstrich, in der Regel mit Mennige, wird nach entsprechender Reinigung bereits in der Werkstätte aufgetragen. Dabei werden die Flächen in der Nähe der zu schweißenden Montagestöße und die einzubetonierenden Teile der Oberfläche ohne Anstrich gelassen. Der doppelte Deckanstrich wird erst an der Baustelle aufgetragen, nachdem während des Transportes beschädigte Flächen des Grundanstrichs ausgebessert worden sind. Bei längerem Lagern an der Baustelle oder anderwärts empfiehlt es sich, die Konstruktion nochmals zu reinigen und den Grundanstrich zu erneuern.

Ein ausgezeichnetes Schutzmittel gegen Korrosion bietet die Feuerverzinkung. Dabei müssen die Schweißstellen durch Spritzverzinkung nachträglich geschützt werden. In neuerer Zeit bewähren sich Zinkstaubfarben, die in die „Technischen Vorschriften für den Rostschutz von Stahlbauwerken“ (Ro St) der Deutschen

Bundesbahn aufgenommen wurden. Erläuterungen dazu gibt Seils [75]. Dabei handelt es sich um Anstrichfarben mit metallischem Zinkstaub als Pigment. Diese Farben haben den Vorteil, daß sie unempfindlich gegen Schweißwärme sind und die Güte der Schweißnaht nicht vermindern. Man braucht deshalb beim Auslassen der Fläche der eigentlichen Schweißnaht nicht besonders vorsichtig sein.

4.6.2.2. Innenkorrosion

Häufig wurde gegen Stahlrohrbauten der Vorwurf erhoben, daß sie sich nicht ausreichend gegen Innenkorrosion schützen lassen. Versuche haben aber gezeigt, daß die Korrosion der Innenfläche von Hohlkörpern, die nicht vollständig von der Außenluft abgeschlossen sind, bedeutend geringer ist als an ihrer Außenfläche. Es ist daher wirtschaftlich, in diesen Fällen einen vereinfachten Rostschutz zu verwenden. Sind diese Körper luftdicht verschlossen, kann Rostschutz überhaupt entfallen. Daraus ergibt sich für Rohrkonstruktionen die Forderung, alle Rohre luftdicht zu verschließen, die gleiche Forderung, wie sie bei geschlossenen Hohlkästen von Brücken besteht [76].

Das Innenasphaltieren oder die Feuerverzinkung innen und außen ist deshalb nur bei Bauteilen nötig, bei denen aus konstruktiven Gründen kein vollständiges Verschließen möglich ist. Das Eindringen von Regenwasser muß auf alle Fälle verhindert werden; Innenkorrosion ist dabei weniger gefährlich als das Gefrieren des Wassers. Dadurch kann das Rohr zersprengt werden, wie ein durch konstruktive Mängel und Unachtsamkeit beim Transport hervorgerufener Schadensfall an einem Antennenmast gezeigt hat.

4.6.3. Schutz gegen Feuereinwirkung

Da bei Temperaturen über 400 °C die Streckgrenze des Stahls stark sinkt, muß die Stahlrohrkonstruktion wie jeder andere Stahlbau vor der Einwirkung des Feuers geschützt werden. Die bei luftdichter Verschweißung im Rohrinnern durch Temperaturzunahme hochgespannte Luft kann zwar die Rohrwand versteifen — über einen solchen Fall beim Brand einer Scheuer mit Stahlrohrfachwerk als Binder berichtete Köhler [77] — bei längerer Feuereinwirkung das Versagen der gedrückten Stahlrohre nur kurze Zeit hinausschieben. Es empfiehlt sich jedoch nicht, damit zu rechnen, um so weniger, als bei gezogenen Rohren diese günstige Wirkung nicht eintritt; sie führen, wenn sie nicht überdimensioniert sind, vor dem Versagen der Druckstäbe zum Einsturz. Übrigens ist die Stahlrohrkonstruktion, wie jedes andere Stahltragwerk, auch bei Temperaturen unter 400 °C gefährdet, wenn keine ausreichende Ausdehnungsmöglichkeit gegeben ist.

Wie aus Brandversuchen des Deutschen Ausschusses für Stahlbau, über deren Ergebnisse Boué [78] berichtet hat, hervorgeht, wird die Feuerwiderstandsdauer der Stahlrohrstützen durch Betonfüllung nur unwesentlich erhöht. Diese Versuche führten aber zu der Forderung, daß betongefüllte Rohre, wenn sie durch Feuer gefährdet sind, Bohrungen erhalten müssen, die den Austritt von Wasserdampf ermöglichen. Über die Erhöhung des Feuerwiderstandes von Stahlstützen im allgemeinen gibt der Bericht des Deutschen Ausschusses für Stahlbau, Heft 21, [79] Aufschluß, ebenso der Artikel des gleichen Verfassers in der Festschrift zum 60. Geburtstage Prof. Klöppels [80].

5. Selbsttragende Rohrleitungen

In großen Industriebetrieben werden häufig Rohrleitungen, namentlich Gasleitungen, großen und mittleren Durchmessers, oberirdisch verlegt. Kreuzungen von Verkehrswegen, wie Straßen und mehrgeleisige Eisenbahnen, Wasserläufe und andere Hindernisse nötigen zu größern Stützenentfernungen. Auch aus betriebstechnischen Gründen empfiehlt es sich nicht, die Feldweiten zu klein zu wählen. Das führt dazu, daß man bei kleinen Durchmessern, bei denen das Rohr hinsichtlich seiner Tragfähigkeit dem I-Träger unterlegen ist, die Leitung auf einer eigenen Tragkonstruktion in Form eines Stütz- oder Hängeträgers verlegen muß. Dagegen sind dünnwandige Rohre mittleren und großen Durchmessers bei mittleren Spannweiten selbsttragend.

5.1. Wirtschaftlichkeitsbetrachtungen

5.1.1. Tragkraft eines dünnwandigen Rohres

Nach (1b) ist bei dünnwandigen Rohren $\frac{W}{F} = \frac{d_m}{4}\left(1 - \frac{s}{d_m}\right) \doteq \frac{d_m}{4}$. Dieses für die Wirtschaftlichkeit des Biegeträgers maßgebende Verhältnis ist bei dünnwandigen Rohren günstiger als bei gewalzten I-Trägern gleichen Widerstandsmoments. Beim Rohr muß aber noch die Beulsicherheit der Wand gewährleistet, also die Bedingung (40) erfüllt sein. Dabei ist σ_{kr}

bei $\frac{D}{s} < \frac{0{,}84}{\sigma_F}\,10^6$ aus (40b)

bei $\frac{0{,}84}{\sigma_F}\,10^6 < \frac{D}{s} < \frac{0{,}2625}{\sigma_F}\,10^6$ aus (40c) zu bestimmen.

Bei $\frac{D}{s} \gtrless \frac{0{,}2625}{\sigma_F}\,10^6$, also für St37 bei $\frac{D}{s} \doteq 100$, für St52 bei $\frac{D}{s} \doteq 66$ ist $\sigma_{kr} = \sigma_F$, demnach ist keine Herabsetzung der zulässigen Beanspruchung erforderlich.

Beispielsweise darf man bei einem Rohr mit $D = 1000$ mm erst bei der Wanddicke 10 mm mit der vollen zulässigen Beanspruchung rechnen. Dagegen erniedrigt sich bei einem Rohr mit dem gleichen Durchmesser und einer Wanddicke von 4 mm bei gleichem Werkstoff St37 die kritische Spannung nach (43b) auf 0,852 σ_F, die zulässige Spannung auf 0,852 σ_{zul}. Das Widerstandsmoment dieses Rohres ist $W = 3110$ cm³, sein zulässiges Tragmoment ist 0,852.3110 σ_{zul}

$= 2650\, \sigma_{\text{zul}}$ und $\frac{W}{F} \doteq 24{,}8$. Dem annähernd gleichwertigen Walzträger $I50$ mit einem zulässigen Tragmoment $2750\, \sigma_{\text{zul}}$ entspricht $\frac{W}{F} = 15{,}3$. Diese Überlegenheit des dünnwandigen Großrohres gegenüber I-Profilen besteht bei geschweißten Trägern in der Regel nicht. So besitzt beispielsweise ein aus einem Stehblech 500.8 und Gurtplatten 300.15 bestehendes I-Profil mit $M_{\text{zul}} = 2650\, \sigma_{\text{zul}}$ bereits $\frac{W}{F} = 24{,}1$.

5.1.2. Wirtschaftlichkeit selbsttragender Rohre

Bei einer Rohrleitung ist der Durchmesser durch den erforderlichen Durchflußquerschnitt bestimmt; die Wanddicke ist abhängig von Art und Größe der Belastung. In den Fällen der Querbelastung, bei denen das Wandbiegemoment in der Querrichtung vernachlässigt werden kann (s. Abschnitte 2.6.2 und 2.6.3), wird die Wanddicke nach der elementaren Theorie ermittelt, womit das Eigengewicht g gegeben ist. Bezeichnen g' das Gewicht der Isolierung in kp/cm, l die Spannweite, d_m den mittleren Rohrdurchmesser, s die Wanddicke in cm, σ_{kr} die kritische Beulspannung in kp/cm², muß mit dem Widerstandsmoment des dünnwandigen Rohres nach (1b) für die freitragende Länge folgende Bedingung erfüllt sein:

$$\frac{1}{2}\,\frac{(g+g')\,l^2}{\pi d_m^2 s} < \frac{\sigma_{kr}}{\nu}.$$

Daraus folgt die freitragende Länge

$$l < d_m \sqrt{\frac{2\pi s \sigma_{kr}}{(g+g')\,\nu}}. \tag{163}$$

Das Eigengewicht des leeren, aus Blechen hergestellten Rohres ist mit $\gamma = 0{,}008$ kp/cm³

$$g = \pi d_m s \gamma = 0{,}025\, d_m s.$$

Für das leere, nicht isolierte Rohr gilt mit $\nu = 1{,}5$

$$l < 13 \sqrt{d_m \sigma_{kr}}. \tag{163a}$$

Da bei nahtlosen Rohren aus Stahl St37 bzw. St52 das Verhältnis $\frac{D}{s}$ stets kleiner als 100 bzw. 66, somit $\sigma_{kr} = \sigma_F$ ist, erhält man nach (163a) verhältnismäßig große freitragende Längen:

$$\left.\begin{aligned} &\text{bei } \sigma_F = 2400\ \text{kp/cm}^2 \qquad l < 637\sqrt{d_m},\\ &\text{bei } \sigma_F = 3600\ \text{kp/cm}^2 \qquad l < 780\sqrt{d_m}. \end{aligned}\right\} \tag{163b}$$

Bei einer isolierten Leitung mit einem Gewichte der Isolierung g' verringert sich die frei tragende Länge der leeren Leitung auf

$$l' = l\sqrt{\frac{g}{g+g'}}. \tag{164}$$

Bei dünnwandigen Rohren mit einem Verhältnis $\frac{D}{s}$ 100 bzw. 66 ist

$$\begin{aligned} &\text{bei } \frac{Es}{\sigma_F D} < 2{,}5 && \sigma_{kr} \text{ nach (40b)}, \\ &\text{bei } \frac{Es}{\sigma_F D} = 2{,}5 \text{ bis } 8 && \sigma_{kr} \text{ nach (40c)} \end{aligned} \tag{165}$$

in (163) und (163a) einzusetzen.

Es ist immer wirtschaftlich, bei gegebenen Abmessungen die nach diesen Gleichungen errechneten freitragenden Spannweiten auszunützen.

Wenn für die erwünschte Spannweite die durch die Betriebsverhältnisse erforderliche Wanddicke s nicht ausreicht, ist es aber auch in der Regel vorteilhaft, die Rohrwand um Δs zu verstärken, statt eine besondere Tragkonstruktion anzuordnen. Der unverstärkten Leitung (mit oder ohne Isolierung) mit dem Gewichte g in kp/cm entspricht bei einer Spannweite l in cm ein Moment M und eine Spannung $\sigma < \sigma^b_{\text{zul}}$, der verstärkten mit dem Gewichte $g + \Delta g$ ein Moment M_1 und eine Spannung $\sigma_1 = \sigma^b_{1\,\text{zul}}$. Die Beziehungen zwischen diesen Größen sind durch die folgenden Gleichungen ausgedrückt:

$$\begin{aligned} \frac{4M}{\pi d_m^2 s} &= \sigma, \\ \frac{4M_l}{\pi d_m^2 (s + \Delta s)} &= \sigma^b_{1\,\text{zul}}. \end{aligned} \tag{166}$$

Daraus folgt die Wandverstärkung

$$\Delta s = \frac{4M_1}{\pi d_m^2 \sigma^b_{1\,\text{zul}}} - s, \tag{167}$$

der eine Gewichtszunahme in kp/cm von

$$\Delta g \doteq 0{,}025\, d_m \Delta s$$

entspricht. Da σ^b_{zul} vom Verhältnis $\frac{D}{s}$ abhängt, $\sigma^b_{1\,\text{zul}}$ von $\frac{D}{s+\Delta s}$ und auch M_1 mit Δs sich ändert, kann die Lösung nur durch Probieren gefunden werden.

5.1.3. Wirtschaftlichkeit des Großrohrs als Träger anderer Leitungen

Wegen des günstigen Verhältnisses $\frac{W}{F}$ kann die Großrohrleitung vorteilhaft auch als Träger für andere Leitungen verwendet werden, die bei der gewählten Spannweite l nicht selbsttragend sind. Diese meist kleineren Rohre stützen sich in

Zwischenpunkten auf das Großrohr, allenfalls auf zwei derartige Rohre. Gegenüber der Wahl kleinerer Spannweiten erweist sich diese Anordnung in der Regel auch dann als wirtschaftlich, wenn das Großrohr verstärkt werden muß. Zur Berechnung der notwendigen Wandverstärkung dienen wieder die Beziehungen (166), wenn $\sigma \leq \sigma^b_{\text{zul}}$ ist. Für M ist das Moment aus der Belastung g, für M_1 das von $g + \Delta g$ und den zusätzlichen in den Zwischenpunkten übertragenen Einzellasten hervorgerufene Moment einzusetzen. Mit den probeweise berechneten Werten σ^b_{zul}, $\sigma^b_{1\,\text{zul}}$ und Δg erhält man aus (167) die Wandverstärkung Δs.

5.1.4. Beispiel

Eine bei einer Spannweite $l = 24$ m selbsttragende Rohrleitung 2000.5, die einschließlich Isolierung 500 kp/m wiegt, soll so verstärkt werden, daß sie weitere Leitungen im Gewichte von 4,45 Mp/m trägt.

Leitung 2000.5
$$\frac{Es}{\sigma_F D} = \frac{2{,}1 \cdot 10^6}{2{,}4 \cdot 10^3}\,\frac{5}{2000} = 2{,}19\,,$$

$$\sigma_{kr} = 0{,}33 \cdot 2{,}1 \cdot 10^6\,\frac{5}{2000} = 1732 \text{ kp/cm}^2 \qquad \sigma^b_{\text{zul}} = 1154 \text{ kp/cm}^2$$

$$M = \frac{1}{8} \cdot 0{,}5 \cdot 24^2 = 36 \text{ Mpm}$$

$$W = \pi\,\frac{200^2}{4}\,0{,}5 = 15\,710 \text{ cm}^3$$

$$\sigma = \frac{36 \cdot 10^5}{15710} = 239 \text{ kp/cm}^2 < 1154$$

Verstärkung geschätzt 4 mm

$$\Delta g = 200 \cdot 0{,}4 \cdot 0{,}008 \cdot 100 = 200 \text{ kp/m}$$

$$g + \Delta g + g_1 = 5{,}15 \text{ Mp/m}$$

$$M_1 = \frac{1}{8}\,5{,}15 \cdot 24^2 = 371 \text{ Mpm}$$

$$\frac{Es}{\sigma_F D} = \frac{2{,}1 \cdot 10^6\, 9}{2{,}4 \cdot 10^3\, 2000} = 3{,}94$$

$$\sigma^1_{kr} = (0{,}738 + 0{,}0327 \cdot 3{,}94)\,2400 = 2080 \text{ kp/cm}^2 \qquad \sigma^b_{1\,\text{zul}} = 1387$$

$$\Delta s = \frac{4 \cdot 371 \cdot 10^5}{\pi\, 199^2 \cdot 1387} - 0{,}5 = 0{,}86 - 0{,}5 = 0{,}35 \sim 0{,}4$$

$$W_1 = \pi\,\frac{199^2}{4}\,0{,}9 = 27\,992 \text{ cm}^3$$

$$\sigma = \frac{371 \cdot 10^5}{27\,992} = 1325 < 1387\,.$$

Das Tragwerk, das durch die Verstärkung ersetzt wird, müßte ein Widerstandsmoment von $(36 + 72\,\bar{g})\,\frac{10^5}{1600} = 2250 + 4450\,\bar{g}$ haben, wobei $\bar{g}$ das Gewicht des Tragwerks in Mp/m ist. In der Regel wird sich herausstellen, daß $\Delta g < \bar{g}$ ist.

5.1.5. Wirtschaftlichkeit selbsttragender Rohrleitungen als Teil einer räumlichen Konstruktion

Wie im neuzeitlichen Stahlbau die Elemente im räumlichen Verband mehreren Zwecken dienen, können auch Rohrleitungen außer ihrer Bestimmung als Energieleiter noch als tragendes Element einer räumlichen Konstruktion herangezogen und als solches beansprucht werden. Solche Raumtragwerke können Bogen- oder Hängebrücken sein, die in der Hauptsache nur durch das Gewicht der Rohrleitung belastet sind, ausnahmsweise sind es gegliederte Balkenträger, deren Gurte als Leitung benützt werden.

Im Stahlbau hat die Berücksichtigung des Zusammenwirkens verschiedener Elemente von Raumkonstruktionen zu einer beträchtlich großen Werkstoffersparnis geführt; ebenso sind auch derartige räumliche selbsttragende Rohrleitungen sehr wirtschaftlich. Sie sind den eigentlichen Rohrleitungsbrücken überlegen, bei denen die Leitung nicht einen Teil der Raumkonstruktion bildet.

5.2. Ausführung

5.2.1. Gerade Rohrleitungen

Dünnwandige Rohre einer selbsttragenden Rohrleitung, die statisch als einfacher oder durchlaufender, frei aufliegender Träger wirkt, müssen über den Auflagern ringförmige Aussteifungen erhalten (Abb. 5.1), um die Kreisringform zu gewährleisten. Bei größeren Stützweiten müssen auch im Feld zwischen den Auflagern Ringe angeordnet werden (Abb. 2.17). Wird die Leitung in gewissen Abständen durch Einzelkräfte, wie Auflagerkräfte von andern Leitungen, belastet, müssen in diesen Querschnitten Zwischenringe die Verformung des Ringquerschnitts verhindern. Aus der schematischen Darstellung in Abb. 5.2 geht hervor, wie die andern Leitungen auf den Zwischenringen abgestützt oder an sie aufgehängt sind.

Form und Größe des Versteifungsring-Querschnitts richten sich nach dem Rohrdurchmesser und der Art der Belastung sowie Abstützung. Ein Querschnitt in *I*-Form, ausnahmsweise ein liegender oder stehender Rechteckquerschnitt, sichern bei ausreichender Höhe die erforderliche Biegesteifigkeit. Ist der Ring auch auf Verdrehen beansprucht, ist ein geschlossener Querschnitt mit zwei Stegen erforderlich (Abb. 5.3). Da der Ring mit dem Rohr durch runde Kehlnähte verbunden ist, kann ein Teil des Rohrmantels in das Ringprofil eingerechnet werden. Man rechnet gewöhnlich mit $b = 15s$.

Der Auflagerring wird in der Regel in zwei Punkten gelagert. Ist die gerade durchgehende Rohrleitung auf einer Pendelstütze gelagert, also in der Leitungsrichtung beweglich, sind auf der Stütze beide Lager fest. Eine Stütze, die allseitig pendelnd ausgeführt ist und ein festes Lager trägt, kann keine waagrechten Kräfte senkrecht zur Leitungsrichtung übertragen. Diese Lagerungsart beansprucht den Auflagerring ungünstiger als die Lagerung in zwei Punkten. Festpunkte der Leitung sind auf Stützen anzuordnen, die unten allseits eingespannt sind. Diese Lager übertragen sowohl lotrechte als auch in beliebiger Richtung waagrechte Lasten.

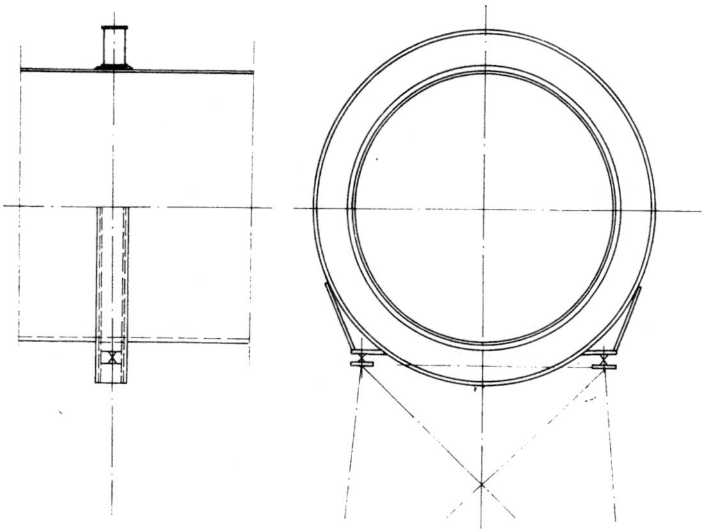

Abb. 5.1

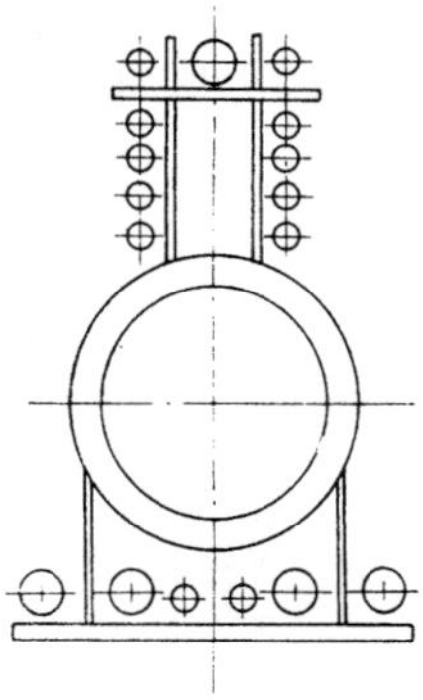

Abb. 5.2

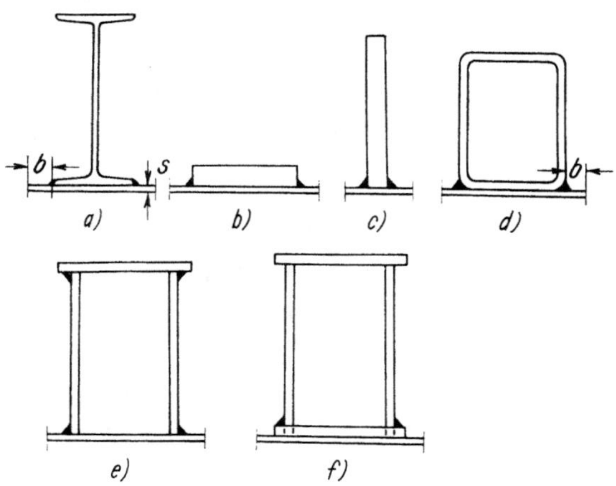

Abb. 5.3

Wie bei allen Rohrleitungen müssen auch bei selbsttragenden in gewissen Abständen Ausdehnungsvorrichtungen eingebaut werden. Dadurch zerfällt die gerade Leitung in eine Anzahl von Abschnitten, von denen jeder in der Leitungsrichtung einen Festpunkt haben muß. Von den Lagern der zugehörigen Stütze muß wenigstens eines so beschaffen sein, daß es die waagrechten Auflagerkräfte senkrecht zur Leitungsrichtung aufnehmen kann.

Die lotrechte Belastung der Versteifungsringe durch das Gewicht der zusätzlichen Leitungen soll eine durch die Rohrachse gehende Resultierende ergeben. Außermittige Belastungen, die zusätzlich zu den waagrechten Windkräften das Tragrohr auf Verdrehen beanspruchen, sollen tunlichst vermieden werden.

Besondere Sorgfalt ist der Lagerung von räumlich angeordneten Leitungen zu widmen. Sie bestehen aus geraden waagrechten, lotrechten oder schrägen Abschnitten, die durch Krümmer verbunden sind. Sie müssen so ausgeführt werden, daß, ausgehend vom Festpunkt jedes Abschnittes, die Ausdehnung ermöglicht wird.

Die Benützung der Gurte eines Rohrfachwerkträgers als Leitung erweist sich bei kleineren Durchmessern als vorteilhaft, wenn die Leitung nicht selbsttragend ausgeführt werden kann und der Träger noch anderen Zwecken dient. Häufig ist ein gegliederter Träger mit dreieckigem Querschnitt zweckmäßig, der gleichzeitig als Laufsteg dient. Der Anschluß an die Rohrleitung bereitet keine Schwierigkeiten.

5.2.2. Rohrleitungsbogen

Bei günstigen Gründungsverhältnissen kann die Rohrleitung als eingespannter Bogen selbsttragend ausgeführt werden (Abb. 5.4). Dafür kommen nur Rohre mit verhältnismäßig starker Wand in Betracht, beispielsweise nahtlose Rohre mit Normalwand oder stärker. Eignet sich ein eingespannter Bogen nicht, kann die Ausführung eines Bogens mit Zugband erwogen werden, namentlich wenn damit die Aufhängung eines Steges oder weiterer Rohrleitungen verbunden werden kann. Die Seitensteifigkeit ist bei zwei in geeigneter Weise verbundenen Bogen gegeben; sie kann auch durch Schrägstellung der beiden Bogen oder in anderer geeigneter Weise gesichert werden. Der Anschluß an die Rohrleitung erfolgt im Fundament oder neben ihm außerhalb des Brückenfeldes.

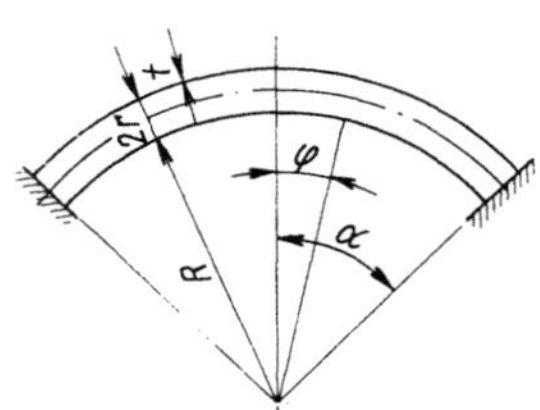

Abb. 5.4

5.2.3. Aufgehängte Rohrleitungen

Bei größere Spannweiten wird die Rohrleitung an Seilen aufgehängt und bildet den Versteifungsträger einer Hängebrücke mit Schrägseilen (Abb. 5.5). Die durchlaufenden Seile bilden mit dem Leitungsrohr und den Pylonen ein räumliches System, das sowohl lotrechte als auch waagrechte Lasten in die Fundamente der Pylonen und die Ankerblöcke der Seile überträgt.

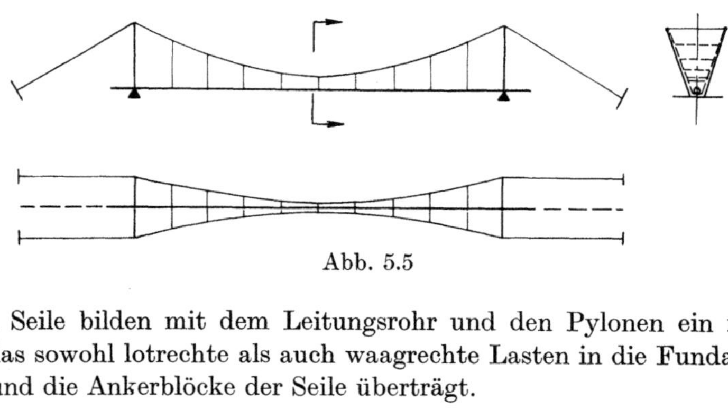
Abb. 5.5

Statt der beiden Schrägseile kann man auch nur ein Seil oder mehrere nebeneinander in der lotrechten Leitungsebene anordnen, muß aber dann die Seitensteifigkeit durch zwei waagrechte oder gegen die Waagrechte nach unten geneigte

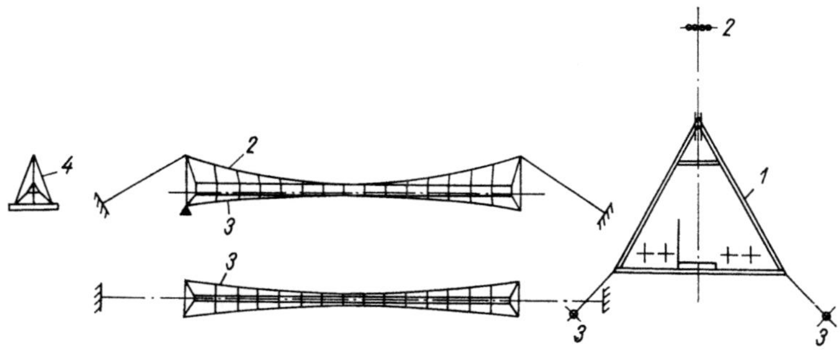

Abb. 5.6

Seile sichern (Abb. 5.6). Die Abbildung zeigt eine derartige Rohrbrücke, bei der die Rohrleitungen auf dreieckigen Rahmen *1* gelagert sind, die in gewissen Abständen an den Tragseilen *2* hängen und mit den Schrägseilen *3* verspannt sind. Die in Form eines dreieckigen Bockes ausgeführten Pylonen *4* tragen an ihrer Spitze die Lager der Tragseile.

Die Tragseile können auch in Form einer Zügelgurtbrücke unmittelbar die Rohrleitung tragen (Abb. 5.7a, b). Das dünnwandige Rohr muß in den Aufhängequerschnitten durch Ringe verstärkt werden.

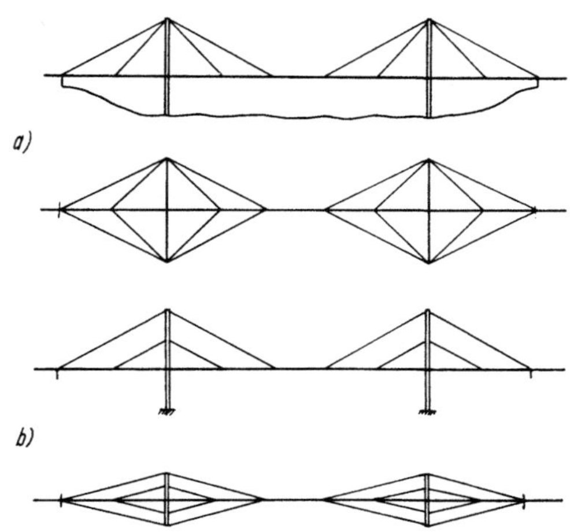

Abb. 5.7

5.3. Belastung

Die ständige Belastung der Leitung durch Eigengewicht einschließlich Isolierung und Inhalt läßt sich aus den Abmessungen genügend genau ermitteln; bei Gasleitungen kann die zusätzliche Belastung durch Sedimente nach der Erfahrung geschätzt werden. Da es sich bei selbsttragenden Rohrleitungen immer um größere Rohre handelt, die hinsichtlich des Winddrucks im überkritischen Bereich liegen, ist die Windbelastung in kp/m aus

$$W = 0{,}7 q D \tag{168}$$

zu bestimmen, wobei q den Staudruck in kp/m² und D den Außendurchmesser des Rohres bzw. der Isolierung in m bezeichnen. Damit ist auch die Rauhigkeit der Leitungsoberfläche in hinreichendem Maße erfaßt. Sind auf einer selbsttragenden Rohrleitung oder einer Rohrbrücke mehrere Leitungen gleichen oder verschiedenen

Durchmessers neben oder übereinander angeordnet, sind die Ausführungen des Abschnitts 4.3.2.3. zu beachten. Es lohnt sich sowohl im Interesse der Sicherheit als auch der Wirtschaftlichkeit, die Windbelastung genauer zu untersuchen. In Gegenden mit starker Rauhreifbildung ist bei der Anordnung nach Abb. 5.2 zu überprüfen, ob nicht die Annahme der voll, ohne Zwischenräume vereisten Leitungen eine größere Windbelastung ergibt, die nach

$$w = 1{,}4\, q' h \tag{169}$$

zu berechnen wäre. Dabei ist $q' = \frac{q}{2}$ und die Höhe der Eiswand h in m einzusetzen. Die zugehörige lotrechte Belastung durch Rauhreif in kp/m kann annähernd mit

$$q_s = 1{,}25 \sum_1^n D_\nu + 6n \tag{170}$$

angenommen werden, wenn mit D die verschiedenen Leitungsdurchmesser in cm und mit n die Anzahl der Rohre bezeichnet werden.

Dient bei einem gegliederten Rohrträger ein Gurt als Leitung, ist der Winddruck auf diese Rohrkonstruktion mit den Formbeiwerten nach Abschnitt 4.3.2.5. zu berechnen. Trägt diese Brücke Leitungen, so rechnet man ungünstigerweise den vollen, unter Vernachlässigung der gegenseitigen Windschattenwirkung ermittelten Winddruck auf diese Leitungen noch hinzu. In Wirklichkeit ist dieser Winddruck kleiner, da die Leitung teilweise durch die Brückenkonstruktion gedeckt wird.

Bei Temperaturänderungen während des Betriebes und beim Übergang aus dem Ruhe- in den Betriebszustand entstehen durch die Unvollkommenheit der Ausdehnungsvorrichtungen Längskräfte, deren Größe vom Abstand dieser Vorrichtungen und dem Temperaturunterschied abhängt. Außerdem muß im Betrieb noch mit Druckstößen gerechnet werden.

5.4. Berechnung

5.4.1. Gerade Leitungen

Hier sollen ebene und räumliche Leitungen behandelt werden, deren Abschnitte gerade sind. Die lotrechte Belastung q in Mp/m eines Leitungsabschnitts, der unter dem Winkel α gegen die Waagrechte geneigt ist, wird in die beiden Komponenten in lotrechter und waagrechter Richtung, $q \sin \alpha$ und $q \cos \alpha$, zerlegt. Die erstere ruft nur eine Längskraft hervor, die gleichmäßig über den Kreisringquerschnitt zu verteilen ist, durch die andere wird die Leitung wie ein ebener Träger auf Biegung beansprucht. Bei der Windbelastung kann die in der Leitungsachse liegende Komponente vernachlässigt werden.

Aus den für den einfachen oder durchlaufenden Träger ermittelten größten Momenten M_q und größten Querkräften Q_q folgen die Längs- und Schubspannungen in den bezüglichen Querschnittspunkten

$$\sigma_x = \frac{4 M_q}{\pi d_m^2 s} \cos \varphi,$$

$$\tau = \frac{Q_q}{\pi d_m s} \sin \varphi. \qquad (171)$$

Die Ringspannungen haben für einen bestimmten Winkel φ auf der ganzen Länge den gleichen Wert und errechnen sich bei der Belastung g aus Eigengewicht und Isolierung nach

$$\sigma_t = \frac{g R}{F} \cos \varphi,$$

bei Flüssigkeitsfüllung mit dem Gewichte $g_1 = \gamma \pi R^2$ nach

$$\sigma_t = \frac{g_1}{F} (H - R \cos \varphi), \qquad (171\,\mathrm{a})$$

wobei H die Druckhöhe bedeutet. Diese Spannungen sind mit den aus der Windbelastung nach Abschnitt 2.6.2.3. berechneten Werten zu kombinieren und die größte Vergleichsspannung zu bestimmen. Außerdem ist der Nachweis zu erbringen, daß die größte von der lotrechten und waagrechten Belastung herrührende Längsspannung nach (51/1) und (54/1) kleiner ist als die zulässige Beulspannung

$$\sigma_{x\,\max} < \frac{\sigma_{kr}}{\nu}, \qquad (172)$$

wobei σ_{kr} nach (40b) oder (40c) zu bestimmen ist. Bei der größten Längsspannung ist auch der von der Längsbelastung herrührende Anteil zu berücksichtigen.

Die Versteifungsringe sind nach Abschnitt 2.6.4. zu berechnen. Die bei einer allfälligen außermittigen Querbelastung auftretenden Torsionsmomente sind zu bestimmen und mit den Werten der übrigen Belastungsfälle zu kombinieren (s. hierzu die Abschnitte 2.7. und 2.8.).

5.4.2. Selbsttragende Rohrleitungsbogen

Selbsttragende Rohrleitungsbogen nach Abb. 5.4 sind gekrümmte Rohre, bei denen, wenn das Verhältnis $\lambda = \frac{R s}{r^2} \lesssim 4$ ist, in der Spannungs- und Formänderungsberechnung die Querschnittsabplattung berücksichtigt werden muß (s. Abschnitt 2.9.). Die Spannungen sind nach (91), (92) oder (94) zu berechnen. Aber auch bei größerem λ ist die für den geraden Träger gültige Spannungsberechnung nicht immer zulässig, wenn die dieser Berechnung zugrunde liegende Annahme einer linearen Spannungsverteilung wohl für die Längskraft, aber nicht mehr für die Biegungsmomente zutrifft. Man erhält dann die Spannungen aus (82) mit ϱ-Werten nach Tab. 9. Nur bei geringer Krümmung, etwa bei einem Verhältnis $\frac{R}{r} > 10$, können die Spannungen wie beim geraden Träger berechnet werden.

Der in (91) den Einfluß der Querschnittsabplattung ausdrückende Beiwert $\varkappa$ wurde für leere Rohre abgeleitet; bei gefüllten Leitungen verhindert aber, wie Dr. ESSLINGER in der Zeitschrift L'ossature métallique 1952 nachgewiesen hat[1], wird dieser Beiwert vermindert auf

$$\varkappa' = \frac{\beta\varkappa}{1 - \varkappa + \beta\varkappa} \tag{173}$$

mit $\beta = 1 + \frac{p}{E}\left(\frac{R}{s}\right)^3$.

In der erwähnten Arbeit werden für einen Rohrbogen mit dem Rohrhalbmesser R, der Wanddicke s und dem Krümmungshalbmesser der Rohrachse $(R + r)$ Formeln für verschiedene Belastungsfälle abgeleitet: für das Eigengewicht der vollen und halbvollen Leitung, den Innendruck, Temperaturveränderungen und Winddruck. Das für die elastischen Formänderungen maßgebende Trägheitsmoment ist mit dem abgeminderten Wert $\bar{I} = \varkappa' I_0$ einzuführen, so daß auch die Schnittkräfte vom Innendruck abhängig sind.

5.4.3. Aufgehängte Rohrleitungen

Da bei diesen leichten Hängebrücken nur ein sehr leichter oder überhaupt kein Versteifungsträger vorhanden und die waagrechte Belastung durch Wind in der Regel von derselben Größenordnung ist wie die lotrechte, muß in anderer Weise für eine ausreichende Steifigkeit in lotrechter und waagrechter Richtung gesorgt werden. Trägt ein leichter Träger die Rohrleitung oder auch mehrere und den Bedienungssteg, kann seine waagrechte Versteifung durch Schräglage der durchgehenden, außerhalb des Brückenfeldes verankerten Tragseile erzielt werden (Abb. 5.5). Die Berechnung muß die verhältnismäßig großen Formänderungen berücksichtigen, muß also nach der Theorie II. Ordnung erfolgen. Die größten Beanspruchungen und Verformungen sind durch Kombination verschiedener Belastungsfälle zu ermitteln. Dabei ist auch auf aerodynamische Wirkungen zu achten, umso mehr als bei Rohren und Seilen bei verhältnismäßig niedrigen Windgeschwindigkeiten Querschwingungen auftreten können. Glücklicherweise werden solche Schwingungen durch konstruktiv bedingte Unregelmäßigkeiten vermindert. Wenn nicht ähnliche Ausführungen zum Vergleich herangezogen werden können, gibt ein Modellversuch im Windkanal verläßliche Berechnungsunterlagen.

Schwieriger ist die Berechnung, wenn die Brücke nur *ein* Tragseil in der lotrechten Rohrebene besitzt und die Versteifungsseile in geneigten Ebenen unter der Leitungsnivellete liegen. Das aus drei Seilen bestehende Tragsystem ist in dreieckigen Rahmen verspannt, die in lotrechten, durch die Aufhängepunkte der Leitung gehenden Ebenen senkrecht zur Brückenachse angeordnet sind. Die starke Beweglichkeit des Systems muß durch Vorspannungen in den drei Seilen herab-

[1] Ein Auszug des Originalaufsatzes ist im Stahlbau 1953 [81] veröffentlicht.

gesetzt werden, die sich gegenseitig beeinflussen. Durch Probieren sind die Seilabmessungen und die Vorspannungen so zu bemessen, daß die Beweglichkeit des Systems möglichst klein wird (Abb. 5.6). Wie beim System mit zwei schrägen Tragseilen müssen auch hier größere Verschiebungen in der Brückenlängsrichtung dadurch verhindert werden, daß durch konstruktive Maßnahmen die drei Seile in Brückenmitte fixiert werden. Auch hier sollten die dynamischen Windeinflüsse überprüft werden.

Die Rohrleitung kann auch unmittelbar von geraden Schrägseilen nach Art einer Zügelgurtbrücke [82] getragen werden (Abb. 5.7a, b). Zwei Systeme dieser Seile liegen wie die Tragseile der Hängebrücke nach Abb. 5.5 in gegen die Leitungsachse geneigten Ebenen. Jedes gerade Seil ist an einem Ende an den Pylon angeschlossen, am andern ist die Rohrleitung aufgehängt. Die Schrägstellung der Seilebenen wird durch Spreizung der Pylonenarme erreicht, wie es in ähnlicher Weise bei der Barbarabrücke der Fall ist (Abb. 5.10a).

Damit die Seile gerade bleiben, erhalten alle eine Vorspannung; dadurch wird auch der Leitung eine Überhöhung gegeben. Bei größern Spannweiten empfiehlt es sich, auf die Formänderungen der Seile einzugehn (vgl. hierzu die Berechnung abgespannter Maste im Abschnitt 14.4.3.).

Die dynamischen Einflüsse der Windbelastung spielen auch hier eine Rolle. Mit der Ermittlung der Eigenfrequenz derartiger Systeme, die bei der Berechnung dieser Wirkungen benötigt wird, befaßt sich eine Arbeit von GOSCHY in der Zeitschrift Acier Stahl Steel vom Jahre 1961 [82].

Abb. 5.8a)

5.5. Beispiele

5.5.1. Gerade selbsttragende Gasleitung in einem Stahlwerk

In einem großen Stahlwerk konnten Gasleitungen aus Großrohren mit 1000 bis 3600 mm Durchmesser teils selbsttragend, teils auch zur Unterstützung kleinerer, verschiedenen Zwecken dienender Leitungen verwendet werden. Bei einer Spannweite von 30 bis 40 m beträgt die zusätzliche Belastung bis 5 Mp/m. Die in Entfernungen von 6 m angeordneten Zwischenringe aus *I*-Profilen und die Auflagerringe tragen die Stützkonstruktion; bei einigen Leitungen sind auch Rohre angehängt. Die Versteifungsringe über den Stützen sind mit geschlossenem Querschnitt ausgebildet. Alle Ringe sind mit dem Tragrohr durch Kehlschweißen verbunden, so daß die Rohrwand mit einer Breite von 15 s beiderseits in das Ringprofil eingerechnet wurde. Der Werkstoff von Rohr und Ringen ist St37. Abb. 5.8 zeigen zwei Aufnahmen dieser Leitungen während der Montierung. In Abb. 5.8a ist das Großrohr mit angehängten Leitungen (die rückwärtigen Leitungen sind durch das sichtbare vordere Rohr verdeckt) und die Stützkonstruktion zu sehn mit einer bereits montierten Leitung; Abb. 5.8b zeigt eine solche Leitung ohne Aufhängung von Rohren.

Die Platz sparende Anordnung mit angehängten Leitungen, die bezüglich des Spannungszustandes der Versteifungsringe sehr vorteilhaft ist, hat den Nachteil, daß sie höhere Stützen erfordert, wenn das Durchfahrtsprofil eingehalten werden muß.

Abb. 5.8b)

5.5.2. Gasleitungen über den Rhein-Herne-Kanal in Bogenform

Kreuzungen von Gasleitungen 600 mm lichter Weite mit dem Rhein-Herne-Kanal wurden mit freitragenden Rohrbogen von 60 bis 70 m Spannweite ausgeführt. Mit Rücksicht auf zu erwartende Widerlagerverschiebungen infolge des Bergbaus wurden die Brücken als Zweigelenkbogen mit einer Sonderkonstruktion für die Gelenke ausgeführt. Einseitige lotrechte Setzungen von 1,50 m und waagrechte Verschiebungen der Widerlager von 0,2 m in der Bogenebene mußten bei der Berechnung berücksichtigt werden, ebenso Temperaturschwankungen von 45° und $-20\,°$C. Bei einer Spannweite von 70 m hat das gebogene Rohr eine Wanddicke von 8 mm und die Bogenachse einen Krümmungsradius $r = 57$ m, was einem $\lambda = \frac{0{,}8 \cdot 5700}{30{,}8^2} = 4{,}8$ entspricht; mit einer Abplattung des Querschnitts braucht also nicht gerechnet zu werden.

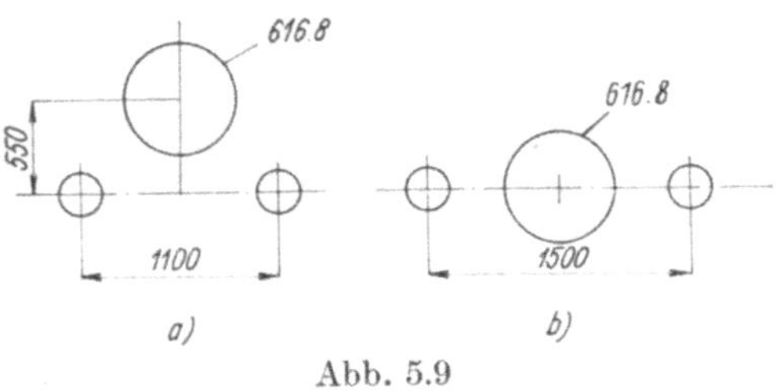

Abb. 5.9

Um die Knicksicherheit des Bogens, in seiner Ebene sowohl als auch senkrecht dazu, zu gewährleisten, ist er mit zwei nahtlosen Rohren 216 · 8 aus St 55 verbunden in einer Anordnung, wie sie Abb. 5.9a im Scheitel, Abb. 5.9b im Kämpfer zeigt.

In der Schweizerischen Bauzeitung 1950 werden drei derartige Brücken beschrieben. Bei zwei Brücken wurden die Bogenhälften auf einem Lehrgerüst an den Kanalufern aus 6 m langen Stücken hergestellt und mit zwei Derricks in die richtige Lage eingeschwenkt, worauf die Schweißung im Scheitel erfolgte. Bei der letzten Brücke wurden die Bogenhälften in der Werkstätte geschweißt, mit Kran an die Baustelle gebracht, dann mit einem Schwimmkran und Derrick aufgestellt und eingeschwenkt.

5.5.3. Zwei Rohrbogenbrücken in Australien

Zwei gegeneinander geneigte Bogen aus Rohren 18 Zoll sind durch waagrechte Rohre 12 Zoll zu einem gekrümmten Rahmenträger mit großer Seitensteifigkeit verbunden [83]. Spannweite und Bogenpfeil entsprechen etwa den Bogenbrücken in Abschnitt 5.5.2. Eine der beiden Brücken ist in statischer Hinsicht ein Zweigelenkbogen, die andere ein Zweigelenkbogen mit Zugband. An beide Rohrbogen ist entweder unmittelbar oder über ein Zwischenstück in Y-Form die Rohrleitung angeschlossen; (Abb. 5.10) in letzterem Falle ist an der Anschlußstelle der Rohrbogen verstärkt.

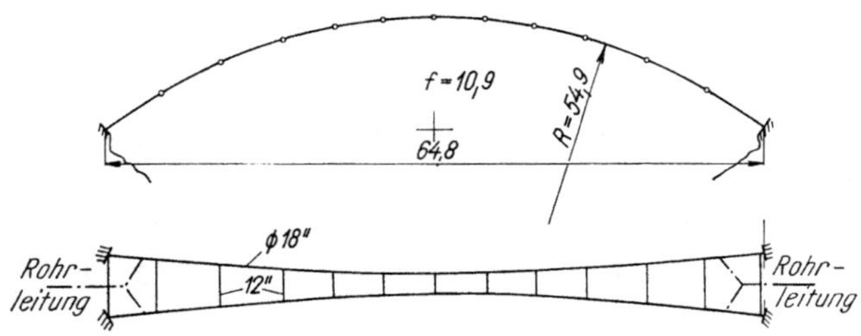

Abb. 5.10

5.5.4. Barbarabrücke über die Donau bei Wien

Diese Brücke dient zur Überführung einer Erdgasleitung mit 400 mm lichter Weite über die Donau; ihre Stützweite, gemessen zwischen den Achsen der Pylonen, beträgt 320 m. Im Schema entspricht die Brücke der Abb. 5.5, die schrägen Tragseile sind aber zusammengeführt und in der Brückenachse verankert. Das Leitungsrohr ist in trogförmigen Rahmen auf Rollen längsbeweglich gelagert. Über ihm ist ein 648 mm breiter Laufsteg mit einem Stahlgitterrost angeordnet. Die Rahmen hängen unter Zwischenschaltung eines Spannschlosses zur Höheneinstellung an schrägen Hängeseilen ⌀ 15 (Abb. 5.11 a).

Zur Versteifung der Brücke in lotrechter Richtung konnte die ohnehin geringe Wirkung des Rohrstranges nicht herangezogen werden, da man mit seiner Unterbrechung bei einer im Betrieb erforderlichen Auswechslung rechnen mußte. Eine Lösung des Problems der ausreichenden Versteifung wurde in origineller Weise durch Anordnung zweier Spannseile gefunden, die der leichten Überhöhung der Rohrachse folgend über die Pylonenfüße zu den Ankerblöcken der Tragseile geführt wurden. Diese Spannseile wirken wie ebene Tragseile mit umgekehrter Belastung, verhindern das Schlaffwerden der Hängeseile und vermindern die Formänderungen der Brücke. Durch die feste Verbindung dieser Spannseile mit den

Tragseilen in der Mitte der Spannweite wird in diesem Querschnitte die Längsverschiebung der Tragseile verhindert, wodurch eine weitere Verminderung der Formänderungen in lotrechter und waagrechter Richtung erreicht wird. Die Spannseile dienen gleichzeitig als Holm für den Laufsteg.

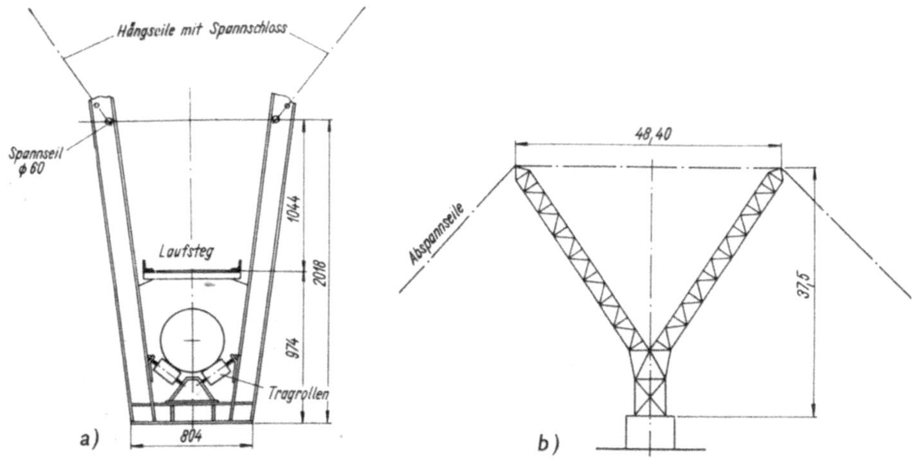

Abb. 5.11

Durch die Y-Form der Pylonen wird bei geringstem Aufwand für die Fundierung die Schrägstellung der Tragseile ermöglicht. Das die Spitzen verbindende vorgespannte Seil bewirkt eine weitgehende Ausschaltung von Biegungsmomenten in den Pylonenstielen. Während der Montage wurden die Pylonen beiderseitig abgespannt (Abb. 5.11 b).

Abb. 5.12

Über die Einzelheiten der Konstruktion und die zur Klärung der aerodynamischen Verhältnisse erforderlichen Modellversuche im Windkanal wird ausführlich in [84] und [85] berichtet. Abb. 5.12 zeigt die Ansicht der fertigen Brücke.

5.5.5. Rohrbrücke bei Pforzheim

Diese Rohrbrücke [86] gehört zu den Ausführungen von Überführungen von Gasleitungen über Wasserläufe, die unmittelbar nach dem zweiten Weltkrieg die mit den zerstörten Brücken unterbrochenen Verbindungen ersetzen mußten. Es handelt sich hier um eine Gasleitung von 200 mm lichter Weite aus glatten Rohren, die durch Stumpfschweißung mit überschobener Verstärkung hergestellt wurde. Die Pylonen in Form von Andreaskreuzen mit schrägen Ständern konnten auf den

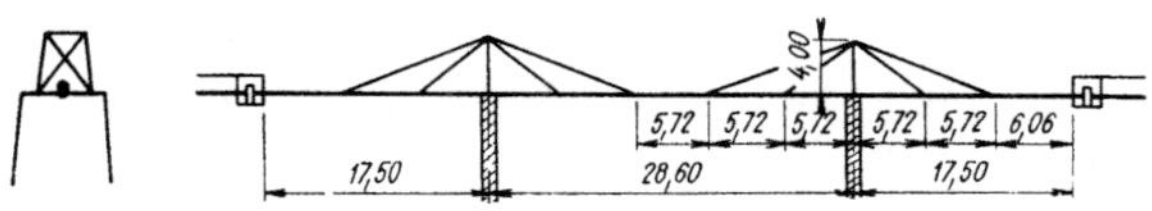

Abb. 5.13

unversehrten Pfeilern der gesprengten Brücke aufgestellt werden. Von ihren Köpfen gehen Schrägstäbe aus Rundstahl ∅ 16 mm zu den Aufhängepunkten der Leitung. In ihrem statischen Verhalten entspricht die Überführung einer Zügelgurtbrücke. Abb. 5.13 zeigt schematisch die Brücke. An beiden Enden sind Wellrohrkompensatoren eingebaut.

6. Bauten aus einfachen Rohren

Einfache Stahlrohre in zylindrischer glatter, abgesetzter oder konischer Form, mit kreisrundem oder beliebig geschlossenem Querschnitt, können bei geringer Anarbeitung unmittelbar verschiedenen Zwecken dienen. Sie finden Verwendung als Davits, Ladebäume und Deckstützen im Schiffbau, in geschlossener Form als Druckbehälter für Flüssigkeiten und Gase, als Fahnen- und Blitzableiterstangen; im Fahrrad-, Automobil- und Flugzeugbau bilden sie tragende Elemente. Ihr ausgedehntestes Anwendungsgebiet aber sind Maste, Bausäulen und andere Stützen sowie die Kombination von Stützen und Rohrriegeln zu rahmenartigen Tragwerken. Diese drei Anwendungsformen werden im folgenden behandelt.

6.1. Einfache Stahlrohrmaste

6.1.1. Ausführung

Wegen der geringen Herstellungslängen konnten anfänglich Rohre nur für niedrige Maste verwendet werden. Um größere Höhen zu erzielen mußten deshalb Rohre ungleicher Durchmesser nach Art der Abb. 3.2 durch Schrumpfen verbunden werden.

Mit der Vergrößerung der Herstellungslängen wurde es möglich, auch höhere Maste aus einem Stück ein- oder zweimal abgesetzt zu liefern (Abb. 6.1). Die Entfernung des Absatzes a_1 von der Mastspitze wird so gewählt, daß bei einer Belastung durch eine waagrechte Last an der Spitze die Beanspruchungen im Einspannquerschnitt und bei a_1 gleich groß sind; dabei soll der Stahlverbrauch ein Minimum sein. Der Absatz soll mit einem allmählichem Übergang auf eine Länge von $2(D_1 - D_2)$ ausgeführt werden (Abb. 6.1c).

Das Erdstück, der einbetonierte oder eingegrabene Mastteil, ist zylindrisch mit dem Durchmesser des Querschnitts an der Einspannstelle. Seine Länge z ist von der Belastung und dem zulässigen Seitendruck abhängig. Bei einem Betonfundament empfiehlt sich wenigstens in seinem obern Teil eine Rundarmierung (s. später Abb. 6.10).

Einfache Rohrmaste können auch konisch ausgeführt werden, entweder konisch auf die ganze Länge oder mit einem zylindrischen Erdstück. Der zylindrische Teil kann auch über den Einspannquerschnitt hinaus verlängert werden (Abb. 6.2).

Sind die Maste nicht auf der ganzen Länge verzinkt, werden sie innen asphaltiert geliefert. An der Spitze werden sie durch einen angeschweißten bombierten

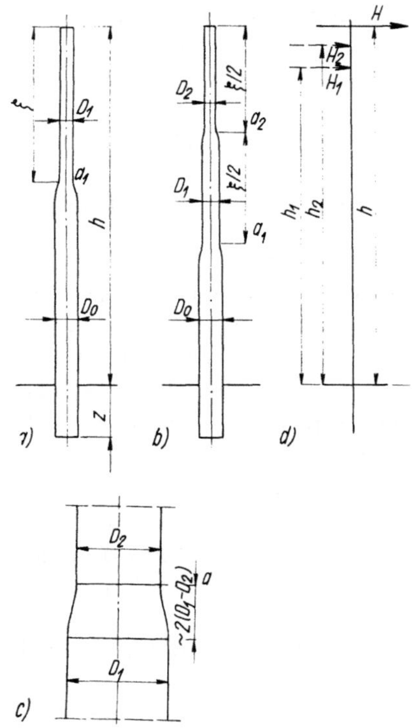

Abb. 6.1

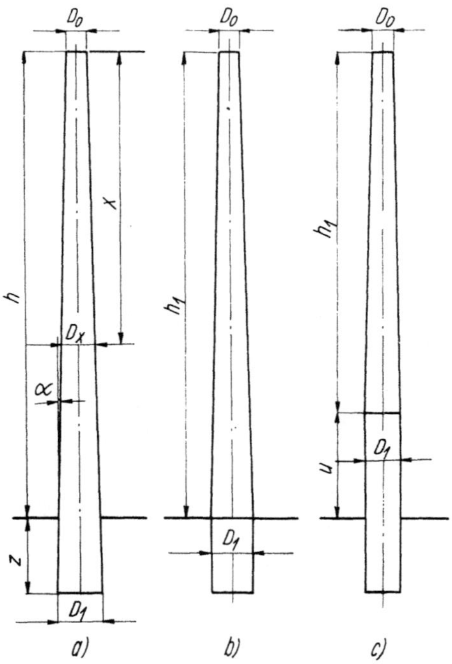

Abb. 6.2

Deckel, am untern Ende durch eine runde ebene Platte luftdicht abgeschlossen (Abb. 6.3a, b). Wenn der Mast Öffnungen hat, wie es beispielsweise bei Lichtmasten der Fall ist, muß dafür gesorgt werden, daß eingedrungenes Regen- oder Kondens-

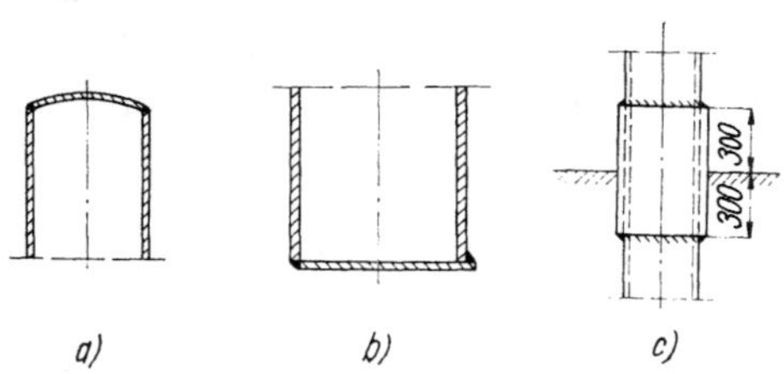

Abb. 6.3

wasser abfließen kann und das Mastinnere gut durchlüftet wird. Der durch Korrosion am meisten gefährdete Einspannquerschnitt muß durch eine aufgeschrumpfte oder aufgeschweißte Rohrmanschette geschützt werden (Abb. 6.3c). Die Manschette kann auch zweiteilig sein.

Einfache Rohrmaste werden als Beleuchtungsmaste mit verschiedener Ausrüstung (Abb. 6.4), als Leitungsmaste von Straßenbahnen, elektrifizierte Eisenbahnstrecken (Abb. 6.5) u. dgl. verwendet. Freileitungsmaste werden im Abschnitt 12 gesondert behandelt werden.

Als Werkstoff diente früher Stahl St 55 mit einer rechnungsmäßigen Streckgrenze von 3400 kp/cm²; heute wird allgemein ein einwandfrei schweißbarer Stahl St 52 unter verschiedenen Bezeichnungen verwendet.

Abb. 6.4

6.1.2. Berechnung

6.1.2.1. Zylindrische Maste

Ein einfacher Rohrmast ist als lotrechter, unten eingespannter Träger zu bemessen, der durch waagrechte Kräfte belastet ist. Wirken diese Kräfte H_ν in Höhen h_ν über dem Einspannquerschnitt, so bezieht man meistens ihre Wirkung auf eine waagrechte Kraft H, die an der Mastspitze oder 100 mm darunter in der Höhe h über dem Einspannquerschnitt angreift (Abb. 6.1 d)

$$H = \frac{1}{h} \sum H_\nu h_\nu . \qquad (174)$$

Mit diesem reduzierten Spitzenzug ist das Moment im Einspannquerschnitt

$$M = H \cdot h . \qquad (175)$$

Zu diesem Moment ist noch das Moment aus der Belastung durch Winddruck auf den Mast selbst $w = cqD$ und die Ausrüstung zuzuzählen, wobei c von Re abhängig ist. Bei großen Spitzenzügen und kleinen Masthöhen ist der Windeinfluß unbedeutend und kann daher vernachlässigt werden. Mit dem größten Moment M ist das erforderliche Widerstandsmoment des Mastrohres zu berechnen aus

$$W_{\text{erf}} = \frac{M}{\sigma_{\text{zul}}} . \qquad (176)$$

Aus der Tabelle der statischen Werte sind der zugehörige Durchmesser D_0 und die Wanddicke s zu bestimmen.

Oft wird vorgeschrieben, daß die waagrechte Durchbiegung an der Mastspitze einen zulässigen Wert nicht überschreiten darf. Diese waagrechte Auslenkung beträgt (vgl. [78])

beim glatten Mast

$$\delta = \frac{H h^3}{3 E I_0} , \qquad (177\text{a})$$

beim einfach abgesetzten Mast

$$\delta = \frac{H}{3EI_0}[h^3 + \alpha\xi^3] \tag{177b}$$

mit $\alpha = \frac{I_0}{I_1} - 1$,

beim zweifach abgesetzten Mast

$$\delta = \frac{H}{3EI_0}\left[h^3 + \left(\alpha + \frac{\beta}{8}\right)\xi^3\right] \tag{177c}$$

mit $\beta = \frac{I_0}{I_2} - \frac{I_0}{I_1} = \frac{I_0 - I_2}{I_1 I_2} I_0$.

Abb. 6.5

Bei der gegebenen, (176) entsprechenden Wanddicke bezeichnen I_0, I_1, I_2 die zu den Durchmessern D_0, D_1, D_2 gehörigen Trägheitsmomente, die der Tabelle der statischen Werte zu entnehmen sind. Die Auslenkung δ wurde früher mit 2% der Masthöhe begrenzt, was bei hohen Masten zu Abmessungen führte, bei denen die zulässige Beanspruchung bei weitem nicht ausgenützt werden konnte. Daher sollen aus Gründen der Wirtschaftlichkeit die Maste vorerst für die zulässige Beanspruchung bemessen und dann erst überprüft werden, ob die den berechneten Abmessungen entsprechende Durchbiegung beim betreffenden Verwendungszwecke zulässig ist.

6.1.2.2. Konische Maste

Bei konischen Masten unveränderlicher Wanddicke treten infolge des Spitzenzugs die größten Beanspruchungen nicht im Einspannquerschnitt, sondern höher, in einem Abstande x von der Mastspitze bzw. dem Angriffspunkte des Spitzenzugs auf. Wenn D_0 den Rohrdurchmesser an der Angriffsstelle von H, α den Winkel der Konizität und $k = 2\,\mathrm{tg}\,\alpha$ bezeichnen (Abb. 6.2a), ist der Durchmesser in einer Entfernung x

$$D_x = D_0 + kx. \tag{178}$$

Das zugehörige Widerstandsmoment ist

$$W_x = \frac{\pi s}{4}(a + bkx + k^2x^2). \tag{179}$$

Wenn

$$a = D_0^2 - 3D_0 s + 4s^2$$

$$b = 2D_0 - 3s \qquad (179\,\text{a})$$

bezeichnen, hat die Spannung

$$\sigma_x = \frac{Hx}{W_x} = \frac{4\,Hx}{\pi s(a + bkx + k^2x^2)}$$

ihren Größtwert bei

$$\frac{x}{a + bkx + k^2x^2} \to \max,$$

also bei

$$x = \xi = \frac{\sqrt{a}}{k}. \qquad (180)$$

In diesem Querschnitt ist das Widerstandsmoment

$$W_\xi = \frac{\pi s}{4}\left(2a + b\sqrt{a}\right), \qquad (181)$$

daher ist bei den gegebenen Abmessungen der zugehörige Spitzenzug

$$H_{\max} = \frac{\pi s}{4}\left(2\sqrt{a} + b\right)k\sigma_{\text{zul}}. \qquad (182)$$

In einer Überschlagsrechnung kann bei einem verhältnismäßig dünnwandigen Rohr (dazu zählt auch ein nahtloses Rohr mit Normalwand) angenommen werden

$$a \doteq D_0^2$$

$$b \doteq 2D_0,$$

somit

$$H_{\max} \doteq \pi s D_0 k \sigma_{\text{zul}} \qquad (183)$$

Bei gegebenem Spitzenzug und angenommener Konizität werden in der Tabelle der statischen Werte der nahtlosen Rohre D_0 und s so ausgewählt, daß (182) oder (183) erfüllt sind. Ist der Mast aus zwei Rohren zusammengesetzt, kann das obere Rohr auch geringere Wanddicke haben. Für diesen obern Mastteil ist der Abstand ξ neu zu ermitteln und zu prüfen, ob in diesem Querschnitt die zulässige Beanspruchung nicht überschritten wird.

Die Durchbiegung an der Spitze des Mastes nach Abb. 6.2a, b ist beim Spitzenzug H

$$\delta = \frac{H}{E}\int_0^h \frac{x^2\,\mathrm{d}x}{I_x}. \qquad (184)$$

Für I_x kann nach (1 b) der Näherungsausdruck $I_x = \frac{\pi s}{8}(D_x - s)^3$ eingesetzt werden. Mit D_x nach (178) erhält man

$$\delta = \frac{8H}{\pi s E}\int\limits_0^h \frac{x^2 \mathrm{d}x}{(D_0 - s + kx)^3}$$

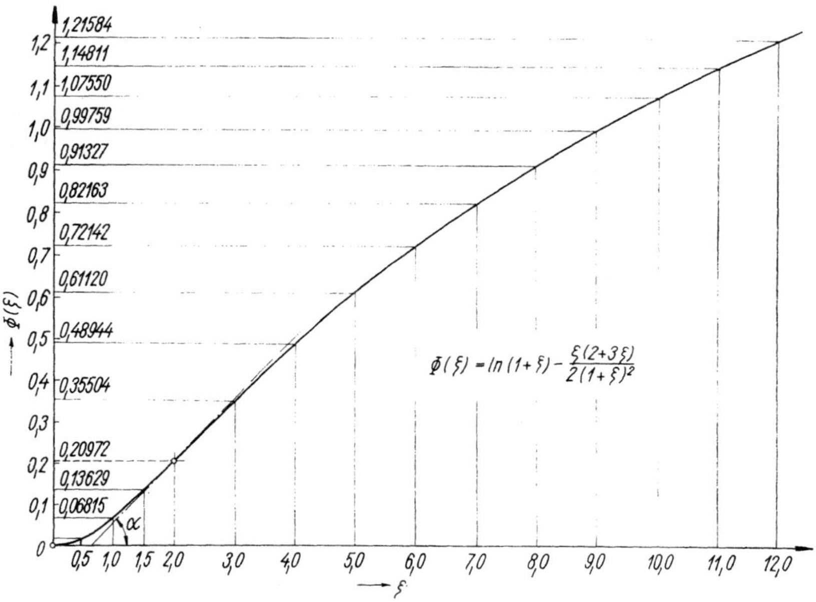

Abb. 6.6

und nach Integration und Einführung von $D_0 = D_0' + s$, $\frac{kx}{D_0'} = \zeta_x$ und der Grenzen

$$\delta = \frac{8H}{\pi s E k^3} \ln(1 + \zeta) - \frac{\zeta(2 + 3\zeta)}{2(1 + \zeta)^2} = \frac{8H}{\pi s E k^3}\,\Phi(\zeta) \tag{184a}$$

mit $\zeta = \frac{kh}{D_0'}$.

Der Verlauf der Funktion $\Phi(\zeta)$ ist in Abb. 6.6 dargestellt, ihre Zahlenwerte gehen aus Tab. 17 hervor. Die Kurve hat bei $\zeta = 2$ eine Wendetangente mit $\operatorname{tg}\alpha = \frac{4}{27}$.

6.1.3. Wirtschaftliche Abmessungen

Der Stahlverbrauch eines Mastes ist am geringsten, wenn sein Volumen am kleinsten ist. Dabei darf im maßgebenden Querschnitt die zulässige Spannung nicht überschritten werden. Ist auch die Durchbiegung an der Spitze begrenzt, so ist die entsprechende andere Bedingung $\delta < \delta_{\text{zul}}$ zu erfüllen; es handelt sich um ein Extrem mit einer Nebenbedingung.

Tabelle 17

ζ	0,5	1,0	1,5	2,0	3,0	4,0	5,0
$\Phi(\zeta)$	0,01657	0,06815	0,13629	0,20972	0,35504	0,48944	0,61120
ζ	6,0	7,0	8,0	9,0	10,0	11,0	12,0
$\Phi(\zeta)$	0,72142	0,82163	0,91327	0,99759	1,07550	1.14811	1.21584

6.1.3.1. Zylindrische Maste

Soll die *zulässige Spannung* eingehalten werden, gilt für jeden Querschnitt im Abstande x vom Angriffspunkte des reduzierten Spitzenzugs H die Bedingung

$$W_x \sigma_{\text{zul}} = Hx .$$

Nach Einsetzen von W_x aus (1b) folgt bei Vernachlässigung eines Gliedes mit s^2 aus der quadratischen Gleichung

$$D = \frac{1}{2}\left[3s + \sqrt{\frac{16Hx}{\pi s \sigma_{\text{zul}}}}\right]. \tag{185}$$

Wird weiter der Ausdruck

$$\varkappa = 2\sqrt{\frac{H}{\pi s \sigma_{\text{zul}}}} \tag{186}$$

eingesetzt, erhält man für den mittleren Durchmesser

$$D' = \frac{s}{2} + \varkappa\sqrt{x} .$$

Die Querschnittsfläche ist $F \doteq \pi s D'$. Im Einspannquerschnitt, also für $x = h$ ist ihr Wert

$$F_0 = \pi s \left[\frac{s}{2} + \varkappa\sqrt{h}\right]$$

und der Inhalt des nichtabgesetzten Mastes mit der Erdstücklänge z ist

$$V_0 = F_0(h + z) = \pi s \left[\frac{s}{2} + \varkappa\sqrt{h}\right](h + z) \doteq \pi s \varkappa (h + z)\sqrt{h} . \tag{187}$$

Der Inhalt des einmal abgesetzten Mastes nach Abb. 6.1a ist

$$\begin{aligned} V_1 &= \pi s [D_1' \xi + D_0'(h - \xi + z)] \\ &= \pi s \left[\left(\frac{s}{2} + \varkappa\sqrt{h}\right)(h + z) - \varkappa\xi\left(\sqrt{h} - \sqrt{\xi}\right)\right] \\ &\doteq \pi s \varkappa \left[(h + z)\sqrt{h} - \xi\left(\sqrt{h} - \sqrt{\xi}\right)\right]. \end{aligned} \tag{188}$$

Der Wert ξ, für den V_1 einen Kleinstwert erreicht, errechnet sich aus $\frac{d}{d\xi}\left[\xi\sqrt{h} - \xi\sqrt{\xi}\right] = 0$ mit

$$\xi = \frac{4}{9}\,h. \tag{189}$$

Damit ist der Kleinstwert des Volumens

$$V_1 = V_0 - 0{,}148\pi s\varkappa h\sqrt{h}\,. \tag{188a}$$

Der Durchmesser des obern Mastteils ist

$$D_1 = \frac{3s}{2} + \frac{2}{3}\varkappa\sqrt{h}. \tag{190}$$

Beim doppelt abgesetzten Mast nach Abb. 6.1 b setzen wir voraus, daß die Abstände der Absätze a_1 und a_2 von der Spitze ξ und $\frac{\xi}{2}$ sind. Da $\frac{\xi}{2} > \frac{4}{9}\,\xi$, ist die Spannung im Querschnitt a_2 etwas größer als in a_1, was aber durch die, wenn auch geringfügige Wandverstärkung beim Ziehen teilweise ausgeglichen wird und daher vernachlässigt werden kann. Der Inhalt ist

$$\begin{aligned} V_2 &= \pi s\left[D_0'(h - \xi + z) + (D_1' + D_2')\,\frac{\xi}{2}\right] \\ &= \pi s\left[\left(\frac{s}{2} + \varkappa\sqrt{h}\right)(h + z) - \varkappa\xi\left(\sqrt{h} - 0{,}8535\sqrt{\xi}\right)\right]. \\ &\doteq \pi s\varkappa\left[(h + z)\sqrt{h} - \xi\left(\sqrt{h} - 0{,}8535\sqrt{\xi}\right)\right]. \end{aligned} \tag{191}$$

Aus $\xi\left(\sqrt{h} - 0{,}8535\sqrt{\xi}\right) \to \min$ folgt

$$\xi \doteq 0{,}781^2 h = 0{,}61\,h. \tag{189a}$$

Mit diesem Wert für ξ ergibt sich der Kleinstwert des Volumens

$$V_2 = V_0 - 0{,}203\varkappa\pi s h\sqrt{h}. \tag{191a}$$

Die Durchmesser der Absätze sind

$$\begin{aligned} D_1 &= \frac{3s}{2} + 0{,}781\,\varkappa\sqrt{h}\,, \\ D_2 &= \frac{3s}{2} + 0{,}552\varkappa\sqrt{h}\,. \end{aligned} \tag{190a}$$

Soll die *zulässige Durchbiegung* eingehalten werden, ohne daß die zulässige Beanspruchung ausgenützt wird, kann angenommen werden, daß auch bei diesen Masten die Spannungen in den Querschnitten der Einspannung und der Absätze gleich sind, also wenn ξ nach (189) bzw. (192) berechnet wird. Der Inhalt vergrößert sich im Verhältnis H_δ/H_σ, wobei H_σ den aus (176), H_δ den aus (177) berechneten Spitzenzug bedeuten:

$$H_\sigma = \frac{W_0}{h}\,\sigma_{\text{zul}}, \tag{192}$$

$$H_\delta = \frac{3\,E I_0}{h^3+\gamma}\,\delta_{\text{zul}} \tag{193}$$

mit folgenden Werten für γ

glatter Mast $\gamma = 0$,

einmal abgesetzter Mast $\gamma = \alpha\,\xi^3$,

zweimal abgesetzter Mast $\gamma = \left(\alpha + \frac{\beta}{8}\right)\xi^3$.

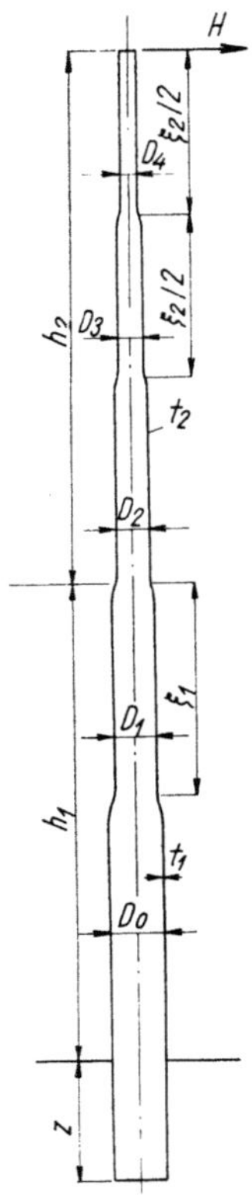

Abb. 6.7

Bei größeren Höhen, namentlich wenn die Fabrikationslängen dazu nötigen, empfiehlt es sich aus Wirtschaftlichkeitsgründen, den Mast mehrfach abzusetzen, wie an dem Beispiel der Abb. 6.7 erläutert wird.

$$\xi_1 = \frac{4}{9}h_1, \qquad \xi_2 = 0{,}61\,h_2$$

$$\varkappa_1 = 2\sqrt{\frac{H}{\pi s_1 \sigma_{\text{zul}}}}, \qquad \varkappa_2 = 2\sqrt{\frac{H}{\pi s_2 \sigma_{\text{zul}}}}$$

$$D_0 = \frac{3s_1}{2} + \varkappa_1\sqrt{h_1+h_2}$$

$$D_1 = \frac{3s_1}{2} + \frac{2}{3}\varkappa_1\sqrt{h_1+\xi_1}$$

$$D_2 = \frac{3s_2}{2} + \varkappa_2\sqrt{h_2}$$

$$D_3 = \frac{3s_2}{2} + 0{,}781\,\varkappa_2\sqrt{h_2}$$

$$D_4 = \frac{3s_2}{2} + 0{,}552\,\varkappa_2\sqrt{h_2}$$

Die Wertepaare (D_0, s_1) und (D_2, s_2) werden bei nahtlosen Rohren der Tabelle der statischen Werte entnommen, die übrigen berechneten Werte der Außendurchmesser sind Kleinstwerte.

Bei wirtschaftlich bemessenen Masten sind α und β annähernd konstant. Die Ausdrücke für die Trägheitsmomente werden nach (1a) gebildet und die Außendurchmesser nach (185) mit $\varkappa$ nach (186) eingesetzt:

Einfach abgesetzter Mast

$$I_0 = \frac{\pi s D_0^2}{8} (D_0 - 3s) = \frac{\pi s}{8} \left[\varkappa^2 h \left(\varkappa \sqrt{h} + \frac{3s}{2}\right)\right]$$

$$I_1 = \frac{\pi s D_1^2}{8} (D_1 - 3s) = \frac{\pi s}{8} \left[\frac{4}{9} \varkappa^2 h \left(\frac{2}{3} \varkappa \sqrt{h} + \frac{3s}{2}\right)\right]$$

Daraus folgt

$$\frac{I_0}{I_1} = \frac{9}{4} \frac{\varkappa \sqrt{h} + \frac{3s}{2}}{\frac{2}{3} \varkappa \sqrt{h} + \frac{3s}{2}} \doteq \frac{27}{8}$$

$$\alpha = \frac{I_0}{I_1} - 1 = 2{,}375 \tag{194 a}$$

$$\gamma = \alpha \xi^3 = 2{,}375 \left(\frac{4}{9} h\right)^3 = 0{,}2085 h^3 .$$

Zweifach abgesetzter Mast

In ähnlicher Weise wie beim einfach abgesetzten Mast erhält man

$$\alpha = 1{,}099 , \quad \beta = 3{,}838$$

$$\left(\alpha + \frac{\beta}{8}\right) \xi^3 = (1{,}099 + 0{,}4798)\,(0{,}61\,h)^3 = 0{,}3583 h^3 . \tag{194 b}$$

Werden diese Werte in (177) eingesetzt, kann der Ausdruck (193) für die Durchbiegung an der Spitze umgeformt werden in

$$\delta = \frac{\varepsilon h^3}{E I_0} H \tag{193 a}$$

mit folgenden Werten ε:

glatter Mast $\varepsilon = \frac{1}{3}$,

einfach abgesetzter Mast $\varepsilon = 0{,}4027$, (177 b)

zweifach abgesetzter Mast $\varepsilon = 0{,}4528$.

Der zulässige Spitzenzug H_δ ist bei Einhaltung der zulässigen Durchbiegung δ_{zul}

$$H_\delta = \frac{E J_0}{\varepsilon h^3} \delta_{zul} . \tag{193 b}$$

Aus der Gleichsetzung des Trägheitsmomentes aus (193 b) und (1 b)

$$\frac{\varepsilon h^3 H_\delta}{E \delta_{zul}} = \frac{\pi s}{8} (D_0 - s)^3$$

folgt der Außendurchmesser D_0

$$D_0 = 2h \sqrt[3]{\frac{\varepsilon H_\delta}{\pi s E \delta_{\text{zul}}}}. \tag{195}$$

Die Gleichsetzung der Spitzenzüge nach (192) und (193)

$$\frac{2 I_0}{\overline{D}_0} \sigma_{\text{zul}} = \frac{E I_0}{\varepsilon h^2} \delta_{\text{zul}}$$

ergibt den Durchmesser $\overline{D}_0$ des Einspannquerschnitts, bei dem sowohl σ_{zul} als auch δ_{zul} eingehalten sind:

$$\overline{D}_0 = \frac{2\varepsilon h^2}{E} \frac{\sigma_{\text{zul}}}{\delta_{\text{zul}}}. \tag{196}$$

Maste mit $D_0 < \overline{D}_0$ sind nach der zulässigen Durchbiegung zu bemessen.

6.1.3.2. Konische Maste

Der Inhalt des konischen Teils des Mastes mit der Höhe h_1 nach Abb. 6.2b, c ist bei kleinem Konus nach der Guldinschen Regel

$$V = \pi s h_1 \left[\frac{D_0 + D_1}{2} - s\right] \tag{197}$$

oder nach Ersatz der Außendurchmesser D durch die mittleren Durchmesser D' (die Bezeichnung weicht von der in (1b) ab)

$$D_0 = D_0' + s$$

$$D_1 = D_0' + k h_1 + s$$

$$V = \frac{\pi s h_1}{2} (2 D_0' + k h_1). \tag{198}$$

Nach Einführung der mittleren Durchmesser auch in die Abkürzungen gemäß (179a)

$$a = (D_0' + s)^2 - 3 D_0' s + s^2 \doteq \left(D_0' - \frac{s}{2}\right)^2$$

$$\sqrt{a} = D_0' - \frac{s}{2}$$

$$b = 2(D_0' + s) - 3s = 2\left(D_0' - \frac{s}{2}\right)$$

$$2\sqrt{a} + b = 4\left(D_0' - \frac{s}{2}\right)$$

erhält man für die Konizität nach (182)

$$k = \frac{4H}{\pi s (2\sqrt{a} + b)\sigma_{zul}} = \frac{H}{\pi s \left(D_0' - \frac{s}{2}\right)\sigma_{zul}}. \tag{199}$$

Damit ist der Inhalt

$$V = \frac{\pi s h_1}{2}\left(2D_0' + \frac{c}{D_0' - \frac{s}{2}}\right), \tag{198a}$$

wobei zur Abkürzung $\frac{H h_1}{\pi s \sigma_{zul}} = c$ gesetzt wurde.
Beim Mast der Abb. 6.2a ist $h_1 = h + z$.
Die Minimum-Bedingung zu (198a) liefert

$$D_0' = \frac{1}{2}\left(s + \sqrt{2c}\right) \tag{200}$$

und damit den Kleinstwert des Volumens

$$V_0 = \frac{\pi s (h + z)}{2}\left[s + 2\sqrt{2c}\right]. \tag{201}$$

Nach (199) ist die zugehörige Konizität

$$k = \frac{\sqrt{2c}}{h + z}. \tag{202}$$

Der maßgebende Querschnitt liegt nach (180) und (200) in einer Entfernung von der Spitze

$$\xi = \frac{\sqrt{a}}{k} = \frac{D_0' - \frac{s}{2}}{\sqrt{2c}}(h + z) = \frac{h + z}{2}. \tag{203}$$

Bei zylindrischem Erdstück (Abb. 6.2b) ist $h_1 = h$ und der Inhalt

$$V = \frac{\pi s h}{2}[2D_0' + kh] + \pi s D_1' z$$

$$= \frac{\pi s (h + z)}{2}\left[2D_0' + k\frac{(h + 2z)h}{h + z}\right]$$

oder nach Einführung von k aus (199) und c

$$V = \frac{\pi s(h+z)}{2}\left[2D_0' + \frac{h+2z}{h+z}\,\frac{c}{D_0' - \frac{s}{2}}\right]. \tag{198b}$$

Die Minimum-Bedingung zu (198b) ergibt

$$D_0' = \frac{1}{2}\left[s + \frac{\sqrt{2c}}{h+z}\sqrt{h(h+2z)}\right] \tag{200a}$$

und damit den kleinsten Inhalt

$$V_1 = \frac{\pi s(h+z)}{2}\left[s + 2\,\frac{\sqrt{2c}}{h+z}\sqrt{h(h+2z)}\right]. \tag{201a}$$

Die zugehörige Konizität ist

$$k = \sqrt{\frac{2c}{h(h+2c)}}, \tag{202a}$$

der maßgebende Abstand von der Mastspitze

$$\xi = \frac{D_0' - \frac{s}{2}}{k} = \frac{h(h+2z)}{2(h+z)}. \tag{203a}$$

Aus dem Vergleich von V_0 und V_1 geht hervor, daß der konische Mast mit zylindrischem Erdstück wirtschaftlicher ist als der rein konische. Seine Konizität ist größer, der Abstand ξ kleiner als beim Mast mit konischem Erdstück. Die Wirtschaftlichkeit kann noch, wenn auch geringfügig gesteigert werden, wenn der zylindrische Teil über das Erdstück hinaus bis zu einem Querschnitt verlängert wird, der zwischen der Einspannung und ξ nach (203a) liegt. Die richtige Lage kann durch Probieren mit einer Konizität nach (202a) leicht gefunden werden.

Weniger einfach ist die Ermittlung des kleinsten Volumens beim konischen Mast mit vorgeschriebener Durchbiegung. Für den Mast nach Abb. 6.2a ist mit $\xi = kh/D_0'$ das Volumen nach (198)

$$V = \frac{\pi s h_1}{2} D_0'\left(2 + k\,\frac{h_1}{D_0'}\right) = \frac{\pi s h_1^2}{2} D_0'\left(2 + \frac{h+z}{h}\,\xi\right). \tag{204}$$

Die Nebenbedingung (184a) lautet mit Einführung der abkürzenden Bezeichnung

$$m = \frac{\pi s E \delta}{8 H h^3}$$

$$\Phi(\zeta) - m D_0' \zeta^3 = 0,$$

woraus folgt

$$D_0' = \frac{1}{\zeta} \sqrt[3]{\frac{\Phi(\zeta)}{m}}. \tag{205}$$

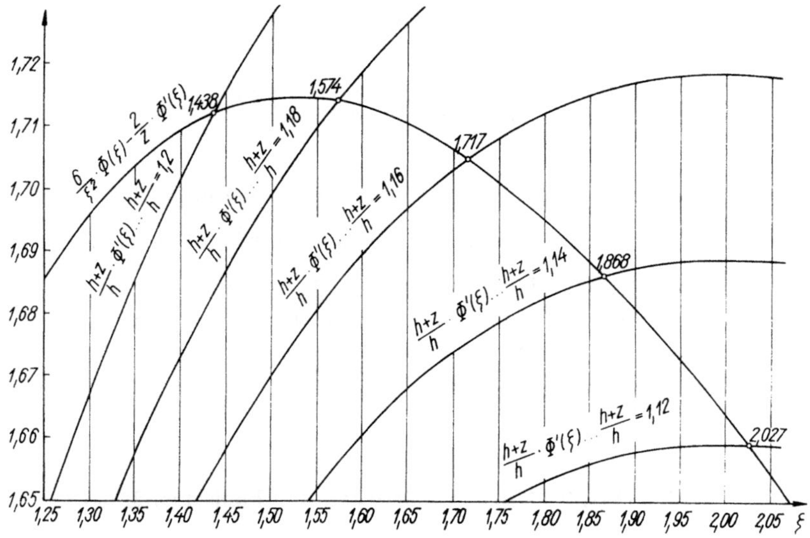

Abb. 6.8

Damit ist nach (204) der Inhalt

$$V = \frac{\pi s (h + z)}{2 \sqrt[3]{m}} \left[\frac{2}{\zeta} + \frac{h + z}{h} \right] \sqrt[3]{\Phi(\zeta)}. \tag{204a}$$

Aus der Minimum-Bedingung $\frac{dV}{d\xi} = 0$ folgt

$$-\frac{2}{\zeta^2} \Phi(\zeta) + \frac{1}{3} \left(\frac{2}{\zeta} + \frac{h + z}{h} \right) \Phi'(\zeta) = 0 \tag{206}$$

mit $\Phi'(\zeta) = \frac{\zeta^2}{(1 + \zeta)^2}$.

Die graphische Lösung (Abb. 6.8) liefert ζ im Schnittpunkte der Kurven $\frac{6}{\zeta^2} \Phi(\zeta) - \frac{2}{\zeta} \Phi'(\zeta)$ und $\frac{h + z}{h} \Phi(\zeta)$. Die so gefundene Lösung läßt sich rechnerisch durch Probieren leicht überprüfen. Mit ζ ist D_0' nach (205), daraus

$$k = \frac{D_0'}{h}\zeta = \frac{1}{h}\sqrt[3]{\frac{\Phi(\zeta)}{m}} \tag{207}$$

und das Volumen nach (204a) gegeben.

Der Mast mit *zylindrischem Erdstück* nach Abb. 6.2b hat ein Volumen

$$V = \frac{\pi s(h+z)}{2} D_0' \left[2 + \frac{k}{D_0'} \frac{h(h+2z)}{h+z}\right].$$

Mit dem aus der Nebenbedingung folgenden Wert für D_0' ist

$$V = \frac{\pi s(h+z)}{2\sqrt[3]{m}} \left[\frac{2}{\zeta} + \frac{h+2z}{h+z}\right] \sqrt[3]{\Phi(\zeta)}\,.$$

Dieser Ausdruck unterscheidet sich von (204a) nur dadurch, daß $\frac{h+z}{h}$ durch $\frac{h+2z}{h+z}$ ersetzt ist. Die Lösungen ζ sind die gleichen wie früher. Es zeigt sich, daß das Volumen in wenig empfindlicher Abhängigkeit von ζ steht. Wenn bei einem nach der zulässigen Spannung bemessenen Mast die zulässige Durchbiegung überschritten wird, kann man mit unveränderter Konizität die Funktion $\Phi(\zeta)$ und daraus den Durchmesser D_0 berechnen, ohne Gefahr zu laufen, unwirtschaftliche Abmessungen zu erhalten.

6.1.3.3. Vergleich der zylindrischen und konischen Maste

Beim Vergleich der abgesetzten und konischen Maste zeigt es sich, daß der konische Mast mit zylindrischem Teil nach Abb. 6.2c hinsichtlich des Stahlverbrauchs allen andern Formen immer überlegen ist. Bei den Masten nach Abb. 6.2a, b ist diese Überlegenheit nur dann gegeben, wenn die Ausgangsrohre mit dem Durchmesser D_0 beim abgesetzten und D_1 beim konischen Mast gleiche Wandstärke haben.

Die bei der wirtschaftlichen Bemessung beider Mastarten nach der zulässigen Beanspruchung gefundenen Werte ξ bzw. k können vorteilhaft auch bei der Bemessung nach der vorgeschriebenen Durchbiegung verwendet werden. Bei gleichen Spitzenzügen sind in der Regel die nach beiden Bemessungsarten errechneten Durchmesser der Ausgangsrohre der abgesetzten bzw. konischen Maste verschieden. Die vorstehenden Ergebnisse gelten sowohl für nahtlose Rohrmaste als auch für Leichtmaste, die aus Blechen geschweißt werden.

Ist bei der Bemessung die Durchbiegung maßgebend, ist immer der zwei- oder mehrfach abgesetzte Mast vorteilhafter als der konische.

In Tab. 18 sind doppelt abgesetzte Maste aus nahtlosen Stahlrohren mit den zu $\xi = \frac{4}{9}h$ gehörigen Durchmessern, den Wandstärkern und Teillängen zusammengestellt (Spannmaste).

Tabelle 18[1]

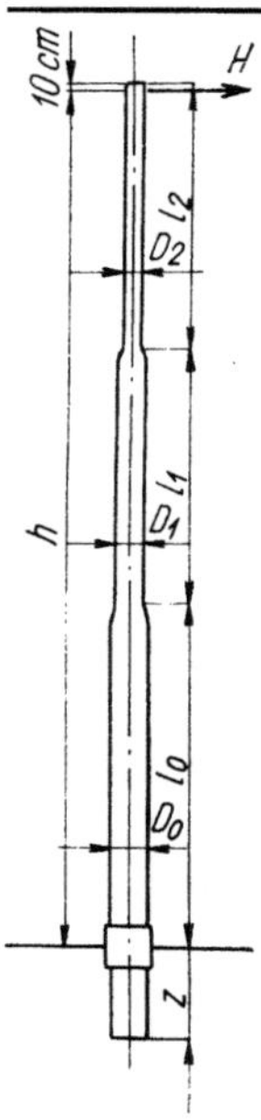

Durchmesser und Wandstärke in mm

D_0	133	146	159	171	191	216	241	267	292	318	345
D_1	108	121	133	146	159	171	291	216	241	267	206
D_2	76	83	95	102	121	133	146	159	171	191	206
s	4,0	4,25	4,5	4,5	5,25	5,0	6,25	6,5	7,0	7,5	8,0

Längen in cm

h(m)	6	7	8	9	10	11	12	13	14	15
l_0	230	270	310	350	390	430	470	510	540	580
l_1	180	210	240	270	300	330	360	390	425	455
l_2	190	220	250	280	310	340	370	400	435	465

[1] Die Tabelle entspricht nicht der neuesten Stahlrohrnorm mit deren weitgehender Übernahme der genauen englischen Maße.

6.1.4. Beispiele

6.1.4.1. Zweifach abgesetzter Mast

$h = 10$ m, $z = 1{,}5$ m, $H = 800$ kp, St 52, $\sigma_{zul} = 2400$ kp/cm²

$$M_0 = 0{,}8 \cdot 10 = 8{,}0 \text{ Mpm}, \qquad W_0 = \frac{8 \cdot 10^5}{2{,}4 \cdot 10^3} = 333 \text{ cm}^3$$

Gewählt ∅ 267 · 6,5 $W = 338$ cm³, $F = 53{,}2$ cm²

$$\sigma_0 = \frac{8 \cdot 10^5}{338} = 2367 \text{ kp/cm}^2$$

$$\xi = 0{,}61 \cdot 10 = 6{,}10 \text{ m} \tag{189 a}$$

$$\varkappa = 2 \sqrt{\frac{800}{\pi\, 0{,}65 \cdot 2367}} = 0{,}8139 \tag{186}$$

$$\left.\begin{aligned} D_1 &= 3 \cdot \frac{0{,}65}{2} + 0{,}781 \cdot 0{,}8139 \sqrt{10^3} = 21{,}1 \text{ cm} < 216 \\ D_2 &= 0{,}975 + 0{,}552 \cdot 0{,}8139 \sqrt{10^3} = 15{,}2 \text{ cm} < 159 \end{aligned}\right\} \tag{190a}$$

$$V_0 = \pi\, 0{,}65 \cdot 0{,}8139 \cdot 1150 \cdot 31{,}63 = 60455 \text{ cm}^3 \tag{187}$$

$$V_2 = 60455 - 0{,}203 \cdot 0{,}8139 \cdot 1000 \cdot 31{,}63 = 55230 \text{ cm}^3 \tag{191 a}$$

Die Trägheitsmomente des Mastes mit den Abmessungen nach Tab. 17 sind

$$I_0 = 4520 \text{ cm}^4 \qquad \alpha = \frac{4520}{2349} - 1 = 0{,}9242$$

$$I_1 = 2349 \text{ cm}^4$$

$$I_2 = 1907 \text{ cm}^4 \qquad \beta = 4520\left(\frac{1}{1907} - \frac{1}{2349}\right) = 4{,}460$$

$$\alpha + \frac{\beta}{8} = 1{,}4817$$

$$\delta = \frac{800}{3 \cdot 2{,}1 \cdot 10^6 \cdot 4520}(1 + 1{,}4817 \cdot 0{,}61^3)10 = 37{,}54 \text{ cm} \qquad (177\text{c})$$

im Vergleich zu dem genügend genauen Näherungswert nach

$$\delta = \frac{0{,}4528 \cdot 10^9 \cdot 800}{2{,}1 \cdot 10^6 \cdot 4520} = 38{,}16 \text{ cm}. \qquad (193\text{a}) \text{ und } (177\text{b})$$

Einfluß der Windbelastung $q = 80 \text{ kp/m}^2 \ldots w = 1{,}2 \cdot 80 \cdot D$

$W_0 = 96 \cdot 0{,}267 \cdot 3{,}9 = 100$ kp	$100 \cdot 1{,}95 = 195$ kpm
$W_1 = 96 \cdot 0{,}216 \cdot 3{,}00 = 62$ kp	$62 \cdot 5{,}40 = 335$ kpm
$W_2 = 96 \cdot 0{,}159 \cdot 3{,}1 = 47$ kp	$47 \cdot 8{,}45 = 397$ kpm
	$M_W = 927$ kpm

$$\sigma_W = \frac{92700}{338} = 274 \text{ kp/cm}^2 < 2700 - 2367$$

6.1.4.2. Zweifach abgesetzter Mast mit den gleichen Bemessungsangaben wie bei 6.1.4.1., ergänzt durch $\delta_{zul} = 0{,}02\, h = 20$ cm

Mit $\varepsilon = 0{,}4528$ und $D_0 = 26{,}7$ cm folgt aus

$$26{,}7 < \frac{2 \cdot 0{,}4528 \cdot 10^6}{2{,}1 \cdot 10^6}\frac{2400}{20}; \qquad (196)$$

somit ist die Durchbiegung für die Bemessung maßgebend.

$$I_0 = \frac{0{,}4528 \cdot 10^9 \cdot 800}{2{,}1 \cdot 10^6 \cdot 8820} = 8625 \text{ cm}^4 \qquad (193\text{a})$$

$\varnothing\, 318 \cdot 7{,}5 \ldots I_0 = 8820 \text{ cm}^4$, $W = 555 \text{ cm}^3$

$$\delta = \frac{0{,}4528 \cdot 10^9 \cdot 800}{2{,}1 \cdot 10^6 \cdot 8820} = 19{,}55 \text{ cm} < 20.$$

6.1.4.3. Konischer Mast

$h = 10$ m, $z = 1{,}50$ m, $s = 4$ mm, $H = 600$ kp, $\sigma_{zul} = 1500$ kp/cm², $\delta_{zul} = 30$ cm.

$$h + z = 11{,}50 \text{ m} \qquad \frac{h+z}{h} = 1{,}15$$

$$h + 2z = 13{,}00 \text{ m} \qquad \frac{h+2z}{h+z} = 1{,}13.$$

a) Mast mit konischem Erdstück

Berechnung nach der zulässigen Spannung

$$c = \frac{600 \cdot 1150}{0{,}4 \cdot 1500} = 366{,}05 \text{ cm}^2$$

$$\sqrt{2c} = 27{,}06 \text{ cm}$$

$$D_0 = \frac{1}{2}\,(3 \cdot 0{,}4 + 27{,}06) = 14{,}1 \text{ cm} \qquad (200)$$

$$k = \frac{27{,}06}{1150} = 0{,}02353. \qquad (202)$$

Berechnung nach der zulässigen Durchbiegung

$$m = \frac{\pi\, 0{,}4 \cdot 2{,}1 \cdot 10^6 \cdot 30}{8 \cdot 600 \cdot 10^9} = 16{,}49361 \cdot 10^{-6}$$

$$\sqrt[3]{m} = 2{,}55 \cdot 10^{-2}.$$

Aus der graphischen Lösung für $\frac{h+z}{h} = 1{,}15$ folgt $\zeta = 1{,}78$ und aus Tab. 17 die Funktion $\Phi(\zeta) = 0{,}177$.

$$D_0 = 0{,}4 + \frac{\sqrt[3]{0{,}177} \cdot 10^2}{1{,}78 \cdot 2{,}55} = 0{,}4 + 12{,}37 = 12{,}8 < 14{,}1\,, \qquad (205)$$

somit ist die zulässige Spannung für die Bemessung maßgebend.

$$V_0 = \frac{\pi\, 0{,}4 \cdot 1150}{2}\,[0{,}4 + 2 \cdot 27{,}06] = 39395 \text{ cm}^3. \qquad (201)$$

b) Mast mit zylindrischem Erdstück

$$\sqrt{h \cdot (h + 2z)} = 13 \cdot 10^5 = 1140 \text{ cm}$$

$$D_0 = \frac{1}{2}\left(3 \cdot 0{,}4 + \frac{27{,}06 \cdot 1140}{1150}\right) = 14{,}0 \text{ cm} \qquad (200\text{a})$$

$$k = \frac{26{,}06}{1140} = 0{,}02374. \qquad (202\text{a})$$

Berechnung nach der zulässigen Durchbiegung

Für $\frac{h+2z}{h+z} = 1{,}13$ liefert das Diagramm die Lösung $\zeta = 1{,}949$ und Tab. 17 die zugehörige Funktion $\Phi(\zeta) = 0{,}2023$.

$$D_0 = 0{,}4 + \frac{10^2 \sqrt[3]{0{,}2023}}{1{,}949 \cdot 2{,}55} = 12{,}2\ \text{cm} < 14{,}0\,, \tag{205}$$

also ist auch hier die Spannung maßgebend.

$$D_1 = 14{,}0 + 0{,}02374 \cdot 1000 = 37{,}7\ \text{cm}.$$

$$V_1 = \frac{\pi\, 0{,}4 \cdot 1150}{2} \left(0{,}4 + 2\,\frac{27{,}06}{1150}\, 1140\right) = 39060\ \text{cm}^3. \tag{201a}$$

6.2. Bausäulen und andere einfache Rohrstützen

6.2.1. Ausführung

Im Wohnhaus- und Industriebau wurden früh schon Rohrstützen verwendet, anfänglich in Form von gußeisernen Bausäulen, später, von den ersten Jahrzehnten des 20. Jahrhunderts an, als Stahlrohrstützen. In ihrer einfachsten Ausführung bestehen sie jetzt aus einem glatten Rohr, dessen Enden rechtwinklig entsprechend der verlangten Höhe zugeschnitten sind, einer Fuß- und einer Kopfplatte, die mit dem Stützenschaft verschweißt sind. Die rechteckigen oder kreisrunden Platten werden oft durch Rippen verstärkt, die zwischen Rohr und Platte eingeschweißt sind. Durch die Fußplatte gehen Schrauben, die die Stütze im Fundament verankern. Die Kopfplatte hat eine gleiche oder ähnliche Form oder sie wird, wenn mittige Krafteintragung gewährleistet sein soll, mit den Einrichtungen eines festen Lagers ausgestattet (Abb. 6.9).

Wenn die Bausäule als unten allseitig eingespannt wirken soll, müssen die Ankerschrauben so angeordnet werden, daß sie die Einspannung in zwei rechtwinklig zueinander stehenden Richtungen sichern. Einfacher ist die Einbetonierung des Rohres. Die Tiefe ist so zu wählen, daß der zulässige Seitendruck nicht überschritten wird. Eine Rundarmierung im obern Teil des Fundamentes nach Art von Abb. 6.10 erhöht den Wert des zulässigen Seitendrucks. Für das einbetonierte Rohr genügt eine angeschweißte runde Platte mit einem Durchmesser, der um 10 bis 20 mm größer ist als der Außendurchmesser des Rohres. Im vorbereiteten Betonfundament ist ein zylindrisches Loch vorgesehen, dessen Abmessungen das Ausrichten der Stütze bei der Aufstellung gestatten und das nachher von einer Seite aus mit Beton vergossen wird. Dem genauen Einrichten dient auch eine knapp über dem Loch an das Rohr geschweißte runde Platte, die nur die seitliche Einfüllschräge frei läßt.

Diese eingespannten Säulen haben infolge der waagrechten Belastung am Kopfende eine vom Trägheitsmoment des Rohres und der Höhe abhängige ela-

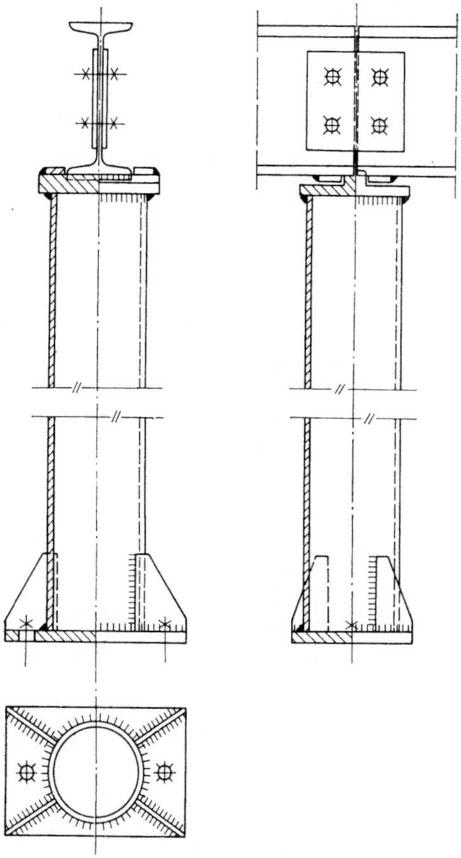

Abb. 6.9

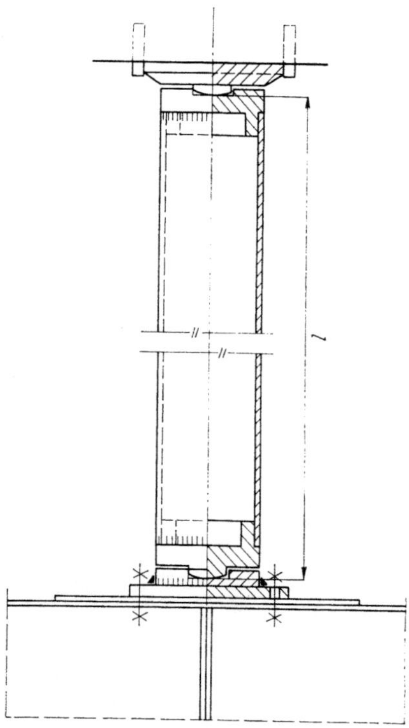

Abb. 6.11

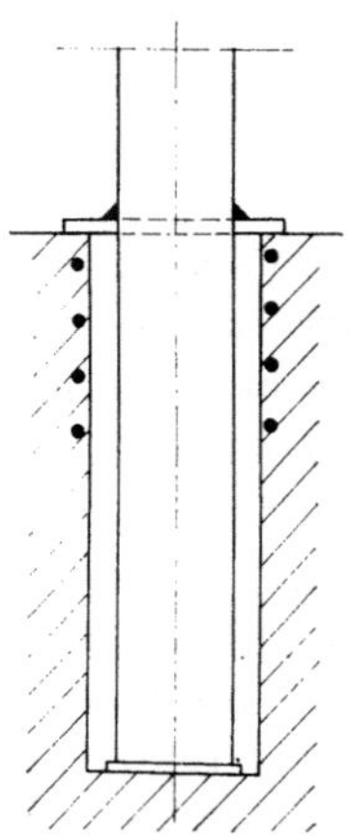

Abb. 6.10

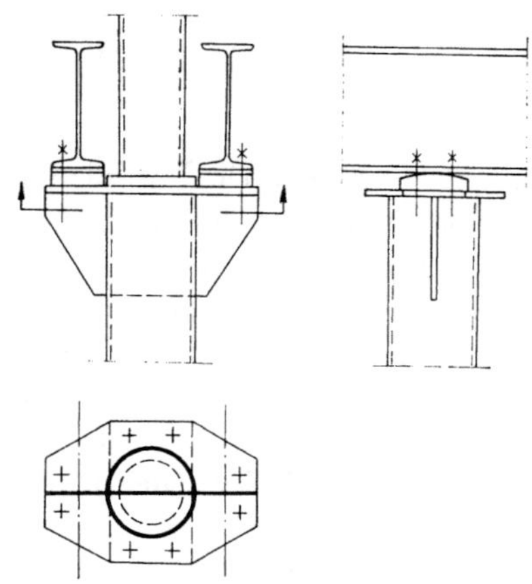

Abb. 6.12

stische Durchbiegung. Darauf ist bei der Berechnung zu achten, sowohl bei Anordnung einer besonders steifen festen Stütze als auch bei gleich nachgiebigen Stützen.

Besonders stark durch lotrechte Kräfte belastete Stützen, beispielsweise Brückenstützen, werden vorteilhaft mit Fuß- und Kopfgelenk ausgebildet (Abb. 6.11). Bei Brücken werden die Fußgelenke der Stützen einer Querreihe auf eine bewehrte Betonschwelle gesetzt. Damit kann die zulässige Beanspruchung in der Lagerfuge höher gewählt werden und das Lager fällt kleiner und unauffälliger aus.

In Mehrgeschoßbauten werden die Stützen in jedem Stockwerk oder jedem zweiten gestoßen. Die Abb. 6.12 zeigt einen solchen Stoß und die Auflagerung der

Abb. 6.13

Deckenträger auf Konsolen. Die Konsolen selbst bestehen aus einer durchgehenden waagrechten Platte, die mit dem Kopf der untern Stütze verschweißt und unter der Fußplatte der obern verbreitert wird, und einem lotrechten Blech, das mit der Platte und dem geschlitzten Kopfteil des untern Rohres verschweißt ist. Die Fußplatte der obern Stütze wird mit der Konsolplatte verschraubt.

Die Abb. 6.13 zeigt ein Montagebild einer eingeschossigen Halle. Die einfachen Rohrstützen tragen die Rohrfachwerke von Bindern mit überstehenden Enden.

Konstruktive Gründe oder Rücksichtnahme auf das Aussehen können dazu nötigen, ein Ende der Rohrstütze oder beide konisch auszuführen. Ein Beispiel hierzu ist die in Abb. 6.14 dargestellte Eckstütze des Pavillons der ČSSR auf der Brüsseler Weltausstellung. Durch die Überführung des nahtlosen Rohres $\varnothing$ 508 in einen kurzen konischen Teil konnte das Punktlager aus Stahlguß verhältnismäßig klein ausgeführt und damit eine Forderung des Architekten erfüllt werden.

Stützen, die an beiden Enden fest oder elastisch eingespannt sind, erhalten auf der ganzen Länge unveränderlichen Querschnitt. Stützen mit beiderseitigen Gelenken haben entweder unveränderlichen Durchmesser und gleiche Wanddicke (Abb. 6.15a) oder werden mit kurzen konischen Endstücken ausgebildet (Abb. 6.15b). Bei großen Stützenhöhen empfiehlt es sich mit Rücksicht auf den Stahlverbrauch bei unveränderlichem Durchmesser veränderliche Wanddicke und, bei großem Durchmesser, konische Ausführung der Enden zu wählen (Abb. 6.15c).

In Abb. 6.16 ist das Stahlgußgelenk der geschweißten Rohrstützen mit konischen Enden der Bogenbrücke über die Moldau bei Ždákov dargestellt

Abb. 6.14

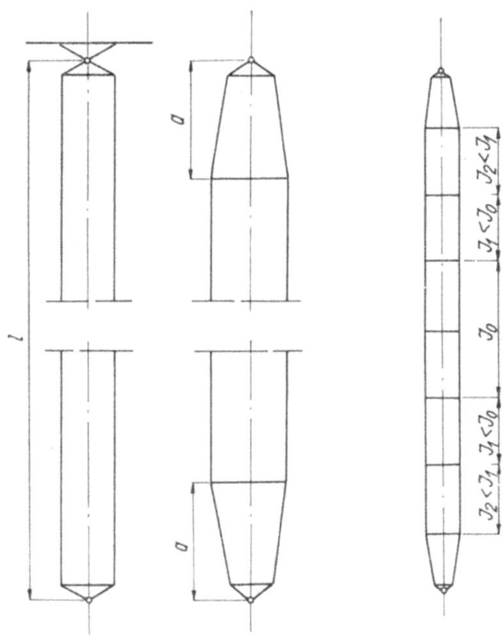

a) b) c)

Abb. 6.15

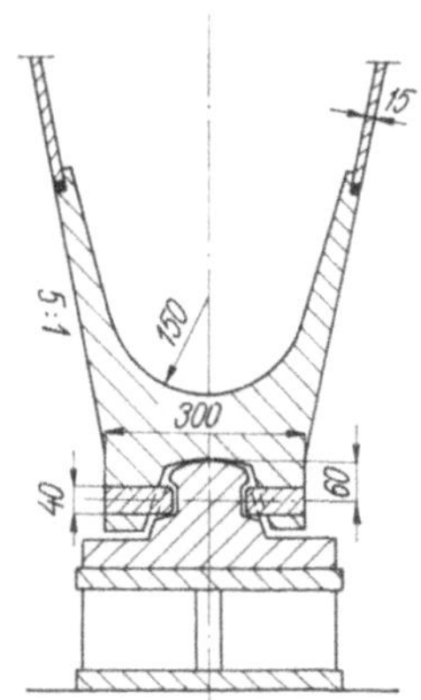

Abb. 6.16

[88]. Dorne von 40 mm Durchmesser, die beiderseits in den Lageroberteil eingeschraubt sind, und unter den Zentrierteil des Unterteils greifen, verhindern

das Abheben. In ähnlicher Weise ist auch das obere Lager ausgebildet. Einzelheiten des Übergangs vom zylindrischen in den konischen Teil sind in Abb. 6.17 dargestellt.

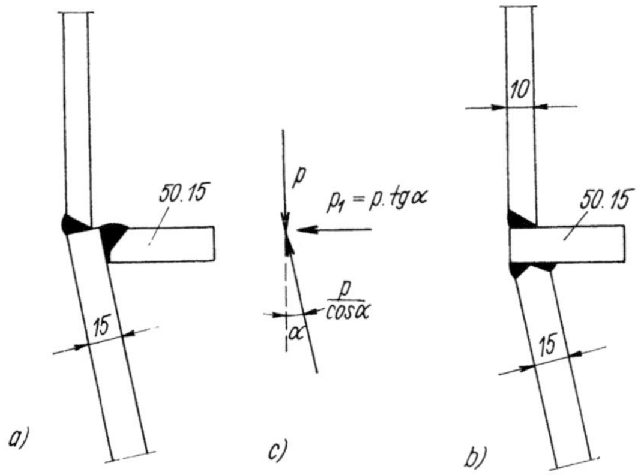

Abb. 6.17

Die Ständer der Bogenbrücke über den Askeröfjord [62] sind als Rohrpendelstützen aus längsgeschweißten Rohren mit Durchmessern bis zu 750 mm und unveränderlicher Wanddicke 10 oder 11 mm ausgeführt; nur die kurzen Stützen beiderseits des Bogenscheitels sind nahtlose Rohre ∅ 318 mm. Die höhern Stützen sind stumpf mit Einlegeringen gestoßen. Die Rohrenden sind durch kreisrunde Platten abgeschlossen und mit ihnen verschweißt. Zur bessern Übertragung der durch Punktlager mittig eingeleiteten Auflagerkräfte sind sie durch Rippenkreuze versteift, die mit den geschlitzten Rohrenden verschweißt sind (Abb. 6.18).

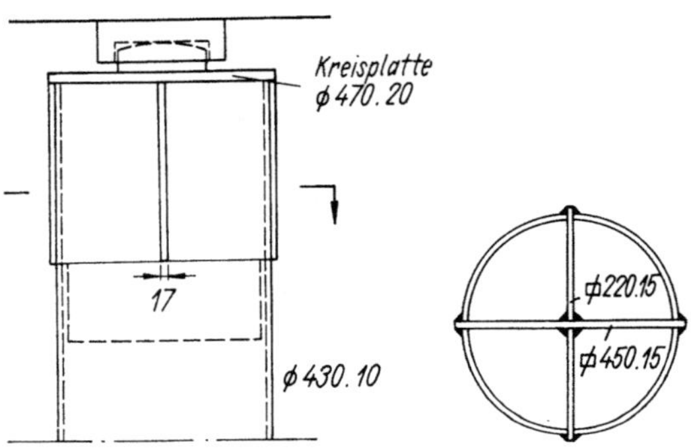

Abb. 6.18

6.2.2. Berechnung

6.2.2.1. Stützen mit unveränderlichem Querschnitt

Bei Bausäulen aus nahtlosen Rohren ist die Bedingung $\frac{E\,s}{\sigma_F D} > 8$ immer erfüllt. Sie sind also in gleicher Weise wie Stäbe mit Vollquerschnitt zu bemessen. Die Knicklänge ist bei Pendelstützen gleich der Entfernung der beiden Gelenke. Dabei ist vorausgesetzt, daß die Lage dieser Gelenke in allen Richtungen gesichert ist. Treten zu den Längskräften N noch Biegemomente M infolge Außermittigkeit der lotrechten Lasten oder Querbelastung hinzu, ist der Spannungsnachweis nach

$$\omega \frac{N}{F} + 0{,}9 \frac{M}{W} \leqq \sigma_{\text{zul}} \qquad (208)$$

zu erbringen, wenn F, W Fläche, Widerstandsmoment des Rohrquerschnitts und ω den Knickbeiwert nach der Ergänzung zu DIN 4114, Blatt 1, bedeuten und für

N oder M die zum Größtwerte des einen jeweils die zugehörigen Werte des andern eingesetzt werden. In den österreichischen Vorschriften tritt nach Önorm B 4600, 4. Teil, an die Stelle von (208) der im wesentlichen gleiche Ausdruck

$$\frac{N}{F}\,\frac{\sigma_{\mathrm{zul}}}{\sigma_{k\,\mathrm{zul}}} + 0{,}9\,\frac{M}{W} \lesseqgtr \sigma_{\mathrm{zul}}, \qquad (208\,\mathrm{a})$$

wobei für $\sigma_{k\,\mathrm{zul}}$ je nach Werkstoff die Werte der Tafeln 2 bis 4 der genannten Norm einzuführen sind.

Handelt es sich um eingespannte Stützen mit freiem obern Ende, ist die Knicklänge gleich der doppelten Höhe; dazu ist noch mit der Wirkung der waagrechten

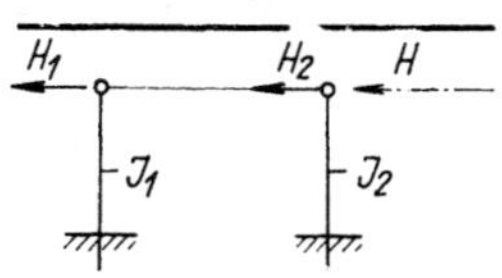

Abb. 6.19

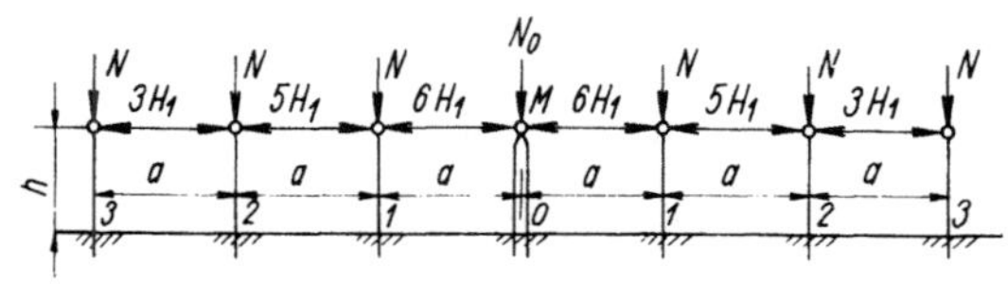

Abb. 6.20

Kräfte zu rechnen. Wirkt auf ein Stützenpaar nach Abb. 6.19 mit den Trägheitsmomenten I_1 und I_2, deren Köpfe gelenkig aber starr miteinander verbunden sind, eine waagrechte Kraft H, so verteilt sich diese auf die beiden Stützen 1 und 2 nach

$$H_1 = \frac{I_1}{I_1 + I_2}\,H, \qquad H_2 = \frac{I_2}{I_1 + I_2}\,H. \qquad (209)$$

also im Verhältnis ihrer Trägheitsmomente.

Hat eine Reihe gleicher Stützen mit gleichem Trägheitsmoment I und der Höhe h, die durch verhältnismäßig kleine lotrechte Kräfte N belastet und deren Köpfe starr miteinander verbunden sind, eine schwerer belastete Mittelstütze (Abb. 6.20), können die seitlichen Stützen mit der Knicklänge h bemessen werden, aber bei Berücksichtigung der durch Temperaturänderungen hervorgerufenen Momente. Ändert sich die Temperatur um $\Delta t\,°C$, entstehen an den Stützenköpfen waagrechte Kräfte H_1, $H_2 = 2H_1$ und $H_3 = 3H_1$ mit den ihnen entsprechenden Verschiebungen δ_1, $\delta_2 = 2\delta_1$ und $\delta_3 = 3\delta_1$. Mit dem Wärmebeiwert α_t und der Stützenentfernung a ist die Verschiebung an der Stütze 1 $\delta_1 = \alpha_t a \Delta t$. Dieser Verschiebung entspricht eine waagrechte Kraft

$$H_1 = \frac{3\delta_1}{h^3}\,EI = \frac{3\alpha_t a \Delta t}{h^3}\,EI. \qquad (210)$$

Bei der am stärksten belasteten Stütze 3 ist

$$H_3 = 3H_1 = \frac{9\alpha_t a \Delta t}{h^3}\,EI \qquad (210\,\mathrm{a})$$

und das zugehörige Einspannmoment

$$M_3 = H_3 h = \frac{9\alpha_t a \Delta t}{h^2}\,EI. \qquad (211)$$

Ist die angenommene Starrheit der Verbindung der Stützenköpfe soweit gesichert, daß sie zwischen den Stützen 0 und 1 die Kraft $5H_1$ ohne auszuknicken trägt, gilt für den Einspannquerschnitt der Stütze 3

$$\frac{N}{F} + \frac{M_3}{W} = \lessgtr \sigma_{\text{zul}}. \tag{212}$$

Außerdem muß noch die Stabilitätsbedingung erfüllt sein:

$$\omega \frac{N}{F} + 0{,}9 \frac{M_3}{2W} = \lessgtr \sigma_{\text{zul}}, \tag{213}$$

wobei unter der Voraussetzung, daß der Stützenkopf in der Richtung rechtwinklig zur Stützenreihe gegen Ausweichen gesichert ist, als Knicklänge die Stützenhöhe anzunehmen ist.

Bei Stützen mit konischen Enden entstehen im Übergang vom zylindrischen zum konischen Teil (Abb. 6.18), wenn $p = \frac{N}{\pi D}$ die auf die Umfangseinheit bezogene Längskraft bezeichnet, radial gerichtete Kräfte $p_1 = p \operatorname{tg} \alpha$. Die Spannung im Aussteifungsring berechnet sich wie bei einem auf Außendruck beanspruchten dickwandigen Rohr nach (18). An der Außenseite ist der Ring räumlich beansprucht durch die positiven Umfangs- und Radialkräfte sowie den Achsialdruck $P = N$.

6.2.2.2. Stützen mit veränderlichem Querschnitt

Bei längeren Pendelstützen kann es auch bei konischen Enden wirtschaftlich sein, die Wanddicke gegen die Enden zu abnehmen zu lassen. Dann ändern sich

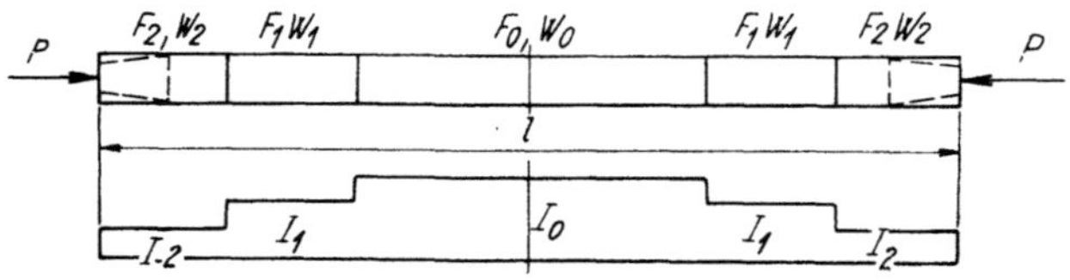

Abb. 6.21

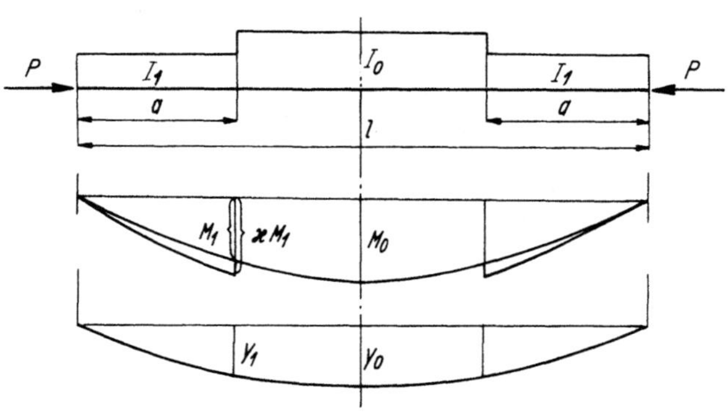

Abb. 6.22

sowohl die Querschnittsflächen als auch die zugehörigen Trägheitsmomente (Abb. 6.21). In der folgenden Untersuchung ist der Einfluß der kurzen konischen Endstücke vernachlässigt. In diesem Falle wird die kritische Belastung der Stütze durch Iteration nach ENGESSER-VIANELLO aus der Momenten- und Biegelinie als das kleinste Verhältnis ihrer Ordinaten gefunden (Abb. 6.22):

$$P_{kr} = \frac{M}{y} \to \text{Min.} \tag{214}$$

Durch Vergleich dieser kritischen Kraft mit der Eulerlast $P_E = \frac{\pi^2 E I_0}{l^2}$ erhält man die Knicklänge l_{ki} des fiktiven Stabes mit dem konstanten Querschnitt F_0

$$l_{ki} = \pi \sqrt{\frac{E I_0}{P_{kr}}}. \tag{215}$$

Die Sicherheit ist nachgewiesen, wenn

$$\frac{P_{kr}}{F_0} \gtrless 1{,}5\,\sigma_{\text{zul}}. \tag{216}$$

Bei diesem Iterationsverfahren geht man vorteilhaft von einer zur Last $P = 1$ geschätzten Biegelinie $y = \sin \frac{\pi x}{l}$ aus. Die zugehörigen Momente M_0 in der Mitte und M_1 im Abstande a vom Auflager sind

$$x = \frac{l}{2} \ldots M_0 = 1$$

$$x = a \;\ldots M_1 = \sin \frac{\pi a}{l}.$$

Nach MOHR ist die zugehörige Biegelinie die Momentenlinie des mit der reduzierten Momentenfläche $\frac{M}{EI}$ belasteten Trägers der Stützweite l. Mit $\varkappa = \frac{I_0}{I_1}$ sind die Auflagerreaktionen

$$A = B = \varkappa \int_0^a \sin \frac{\pi x}{l}\, \mathrm{d}x + \int_0^{l/2} \sin \frac{\pi x}{l}\, \mathrm{d}x = \varkappa \frac{l}{\pi}\left(1 - \cos \frac{\pi a}{l}\right) + \frac{l}{\pi} \cos \frac{\pi a}{l}.$$

Die Momente sind

für $x < a$

$$\begin{aligned} E I_0 y &= A x - \varkappa \int_0^x (x - \xi) \sin \frac{\pi \xi}{l}\, \mathrm{d}\xi \\ &= \varkappa \frac{l x}{\pi}\left(1 - \cos \frac{\pi a}{l}\right) + \frac{l x}{\pi} \cos \frac{\pi a}{l} - \varkappa \left[\frac{l x}{\pi} - \frac{l^2}{\pi^2} \sin \frac{\pi x}{l}\right] \\ &= \varkappa \frac{l}{\pi}\left(\frac{l}{\pi} \sin \frac{\pi x}{l} - x \cos \frac{\pi a}{l}\right) + \frac{l x}{\pi} \cos \frac{\pi a}{l}; \end{aligned} \tag{217}$$

für $x = a$

$$EI_0 y_1 = \varkappa \frac{l}{\pi}\left(\frac{l}{\pi}\sin\frac{\pi a}{l} - a\cos\frac{\pi a}{l}\right) + \frac{la}{\pi}\cos\frac{\pi a}{l}$$

$$= \frac{l^2}{\pi^2}\sin\frac{\pi a}{l}\left[\varkappa - (\varkappa - 1)\frac{\pi a}{l}\operatorname{cotg}\frac{\pi a}{l}\right]; \tag{217a}$$

für $x > a$

$$EI_0 y = EI_0 y_1 + \frac{l}{\pi}(x-a)\cos\frac{\pi a}{l} - \int\limits_0^{x-a}(x-a-\xi)\sin\frac{\pi(a+\xi)}{l}\,d\xi$$

$$= \frac{l^2}{\pi^2}\left[(\varkappa - 1)\left(\sin\frac{\pi a}{l} - \frac{\pi a}{l}\cos\frac{\pi a}{l}\right) + \sin\frac{\pi x}{l}\right]; \tag{217b}$$

für $x = \frac{l}{2}$

$$EI_0 y_0 = \frac{l^2}{\pi^2}\left[1 + (\varkappa - 1)\left(\sin\frac{\pi a}{l} - \frac{\pi a}{l}\cos\frac{\pi a}{l}\right)\right]. \tag{217c}$$

Damit sind die Ergebnisse des ersten Iterationsschrittes

$$\begin{aligned} P_1^{(1)} &= \frac{M_1}{y_1} = \frac{\pi^2 EI_0}{\beta_1^2 l^2} \\ P_0^{(1)} &= \frac{M_0}{y_0} = \frac{\pi^2 EI_0}{\beta_0^2 l^2} \end{aligned} \tag{218}$$

mit

$$\begin{aligned} \beta_1 &= \varkappa - (\varkappa - 1)\frac{\pi a}{l}\operatorname{ctg}\frac{\pi a}{l}, \\ \beta_0 &= 1 + (\varkappa - 1)\left(\sin\frac{\pi a}{l} - \frac{\pi a}{l}\cos\frac{\pi a}{l}\right). \end{aligned} \tag{218a}$$

Für $\varkappa = 1$ folgt $\beta_0 = \beta_1 = 1$ und als kritischer Wert P die Eulerlast $P_E = \frac{\pi^2 EI_0}{l^2}$.

Aus dem Vergleich von P_E mit $P_1^{(1)}$ und $P_0^{(1)}$ erkennt man die Knicklänge des fiktiven Stabes konstanten Querschnitts

$$l_{ki} = \begin{cases} \beta_1 l \\ \beta_0 l \end{cases} \tag{219}$$

Beim zweiten Iterationsschritt werden zur Berechnung der neuen Biegelinie vorteilhaft die elastischen Gewichte verwendet. In der Regel ist bereits die Genauigkeit des ersten Iterationsschrittes ausreichend.

Tritt zur Längsbelastung durch P eine Querbelastung (Wind) oder Außermittigkeit hinzu, kann mit ausreichender Genauigkeit beim Stabilitätsnachweis nach (216) die zulässige Spannung um den den zusätzlichen Momenten M' entsprechenden Anteil

$$\sigma' = \frac{M'}{W} \tag{220}$$

verringert werden. In Fällen mit extrem großer Querbelastung empfiehlt sich die genauere Berechnung nach der Theorie II. Ordnung.

Bei geschweißten Rohren größeren Durchmessers sind die Übergänge von einer Wanddicke zur anderen durch die Blechbreite gegeben. Bei der Berechnung der kritischen Belastung ist keine große Genauigkeit erforderlich.

6.2.3. Beispiele

6.2.3.1. Pendelstütze

$l = 3{,}75$ m, ständige Last $P_{st} = 44$ Mp, Nutzlast $P_n = 22$ Mp, Werkstoff St 35, $\sigma_{\text{zul}} = 1400$ kp/cm²

a) Leeres Rohr

⌀ 267 · 6,5 $F = 53{,}2$ cm², $i = 9{,}21$ cm, $g = 41{,}8$ kp/m.

$$\lambda = \frac{375}{9{,}21} = 41 \ldots . \ \omega = 1{,}07 \ \text{(nach Ergänzung zu DIN 4114)}$$

$$\sigma = 1{,}07 \frac{66\,000}{53{,}2} = 1330 \ \text{kp/cm}^2 < 1400.$$

b) Betongefülltes Rohr

⌀ 216 · 6 $F_e = 39{,}6$ cm², $F_b = 326{,}8$ cm², $g_e = 31{,}1$ kp/m

$$\mu = F_e/F_b = 0{,}121, \qquad \varphi = 0{,}5$$

$$i_e = 7{,}43 \ \text{cm}, \qquad \lambda_e = \frac{37{,}5}{7{,}43} = 50.$$

$\sigma^*_{\text{zul}} = 2300$ kp/cm² interpoliert in Tab. 7

$$P = 1{,}5 \cdot 44 + 22 = 88 \ \text{Mp}$$

$$\sigma = \frac{88\,000}{39{,}6} = 2222 \ \text{kp/cm}^2 < 2300.$$

Die Stahlersparnis gegenüber a) beträgt (41,8–31,1). 3,75 = 40,1 kp, d. i. 31% $\left(\frac{41{,}8}{31{,}1} - 1 = 1{,}31\right)$, die mindestens die Kosten der Betonfüllung decken müssen.

6.2.3.2. Stütze einer aufgeständerten Brückenfahrbahn

$l = 35$ m, $P = 275$ Mp, $\sigma_{zul} = 2400$ kp/cm² (Abb. 6.23).

Eine Überschlagsrechnung ergibt für den Mittelteil der Stütze

$\varnothing\, 900 \cdot 15 \ldots F_0 = 417\ \text{cm}^2, \quad I_0 = 408420\ \text{cm}^4, \quad W_0 = 9076\ \text{cm}^3, \quad i_0 = 31{,}3\ \text{cm}$

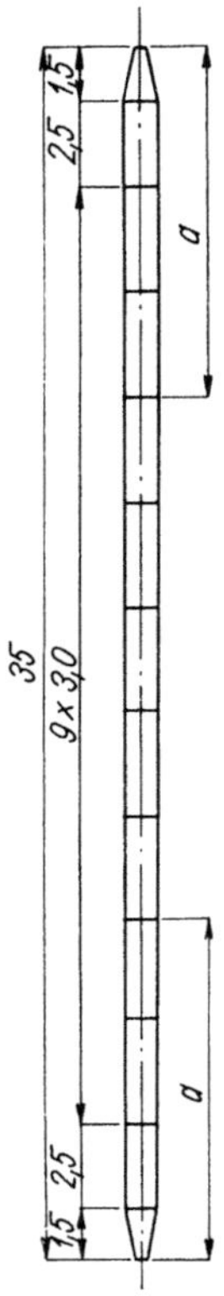

Abb. 6.23

$$\frac{a}{l} = \frac{10}{35} = \frac{2}{7} \ldots \frac{\pi a}{l} = 0{,}897598 \ldots 51°25'43''$$

$$\sin\frac{\pi a}{l} = 0{,}78184, \quad \cos\frac{\pi a}{l} = 0{,}62348, \quad \operatorname{ctg}\frac{\pi a}{l} = 0{,}79746$$

$$\varkappa = \frac{108420}{330030} = 1{,}23752$$

$$\beta_1 = 1{,}23752 - 0{,}23752.\ 0{,}897598.\ 0{,}79746 = 1{,}0675$$

$$\beta_0 = l + 0{,}23752\,(0{,}78184 - 0{,}897598.\ 0{,}62348) = 1{,}05278$$

(218a)

$$l_{ki} = 1{,}0675.\ 35 = 37{,}36\ \text{cm} \tag{219}$$

$$\lambda_i = \frac{3736}{31{,}3} = 120 \ldots \omega = 3{,}65$$

$$\sigma = 3{,}65\,\frac{275000}{41{,}7} = 2407\ \text{kp/cm}^2 \approx 2400.$$

Der Inhalt der Stütze ohne konische Enden ist

$$V = (417 \cdot 15 + 334{,}8. \cdot 17) \cdot 10^2 = (6255 + 5692)\,10^2 = 1194700\ \text{cm}^3$$

2. Annahme:

$$a = 1{,}5 + 2{,}5 + 2 \cdot 3{,}0 = 7{,}0\ \text{m}$$

$\varnothing\, 900 \cdot 10 \quad F_1 = 279{,}6\ \text{cm}^2, \quad I_1 = 276870\ \text{cm}^4, \quad W_1 = 6153\ \text{cm}^3, \quad i_1 = 31{,}4\ \text{cm}$

$$\frac{a}{l} = \frac{7}{35} = 0{,}2 \qquad \frac{\pi a}{l} = 0{,}628319 \ldots 36°$$

$$\sin 36° = 0{,}587785, \quad \cos 36° = 0{,}809017, \quad \operatorname{ctg} 36° = 1{,}376382$$

$$\varkappa = \frac{408420}{276870} = 1{,}47513$$

$$\beta_1 = 1{,}47513 - 0{,}47513 \cdot 0{,}628319 \cdot 1{,}376382 = 1{,}06424$$

$$l_{ki} = 1{,}06424 \cdot 35 = 37{,}24 \text{ m}$$

$$\lambda_i = \frac{3724}{31{,}3} = 119 \ldots \omega = 3{,}59$$

$$\sigma = 3{,}59 \, \frac{275\,000}{417} = 2368 \text{ kp/cm}^2 < 2400\,.$$

Der Inhalt der Stütze ohne konische Enden ist

$$V = (417 \cdot 21 + 279{,}6 \cdot 11)\, 10^2 = (8757 + 3076)\, 10^2 = 1\,183\,300 \text{ cm}^3.$$

Der Unterschied im Stahlverbrauch gegenüber a) beträgt etwa 1% zugunsten der zweiten Annahme.

3. Annahme: konstanter Querschnitt

$\varnothing$ 900 · 14 $F = 390 \text{ cm}^2$, $I = 382\,470 \text{ cm}^4$, $W = 8499 \text{ cm}^3$, $i = 31{,}3$ cm

$$\lambda = \frac{3500}{31{,}3} = 112 \ldots \omega = 3{,}18$$

$$\sigma = 3{,}18 \, \frac{275\,000}{390} = 2242 \text{ kp/cm}^2 < 2400\,.$$

Inhalt ohne konische Enden

$$V = 390 \cdot 3200 = 1\,248\,000 \text{ cm}^3.$$

Bei der Ausführung nach der zweiten Annahme beträgt die Stahlersparnis gegenüber der Stütze mit konstanten Querschnitt etwa 5,5%.

Für das Rohr 900 · 14 besteht noch keine Beulgefahr.

6.3. Rahmentragwerke aus Stützen und Riegeln

6.3.1. Ausführung

Zu den Vorteilen des Rohres zählen sein günstiges Verhalten bei Beanspruchungen auf Knicken und Verdrehen; dagegen ist seine Verwendung in der Regel unvorteilhaft, wenn es nur in einer Ebene quer belastet wird. Trotzdem können die Einfachheit der Ausführung und der gegenüber gegliederten Rohrträgern niedrige Einheitspreis dazu führen, daß einfache Rohre auch als Träger benützt werden. Einen derartigen Fall bieten Rahmentragwerke, die aus Stützen und Riegeln oder Konsolen bestehen, die außer durch lotrechte auch durch waagrechte, in zwei oder mehreren Richtungen wirkende Kräfte belastet sind. Ein Beispiel für eine solche

Verwendung bieten die Freiluftstationen von Hochspannungsleitungen, bei denen nicht nur die Stützen, sondern auch die Riegel und Konsolen als einfache Rohre

Abb. 6.24

ausgeführt werden können (Abb. 6.24). Das nach allen Richtungen gleiche Widerstandsmoment der Riegel erweist sich hier als besonders vorteilhaft.

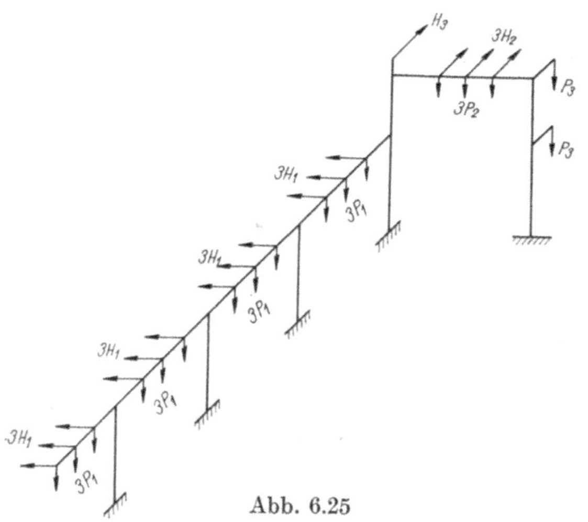

Abb. 6.25

Derartige Freiluftstationen wurden erstmals von Brown-Boveri vorgeschlagen und von Mannesmann-Düsseldorf in nahtlosen Rohren ausgeführt. Das nach dem zweiten Weltkrieg verstaatlichte Werk Komotau des gleichen Unternehmens hat nach 1945 eine Anzahl ähnlicher Tragwerke in der ČSSR geliefert.

Rahmen, die in verschiedenen lotrechten Ebenen liegen, werden, wie Abb. 6.25 zeigt, zu einem Ganzen verbunden; dabei können die Riegel in verschiedenen

Höhen liegen. Aus der Abbildung ist das Belastungsschema zu ersehen. Die Freiluftstation setzt sich aus derartigen oder ähnlichen Elementen zusammen. Aus Montage- und Transportgründen ist die einfache Schweißverbindung von Stützen und Riegel nicht immer ausführbar.

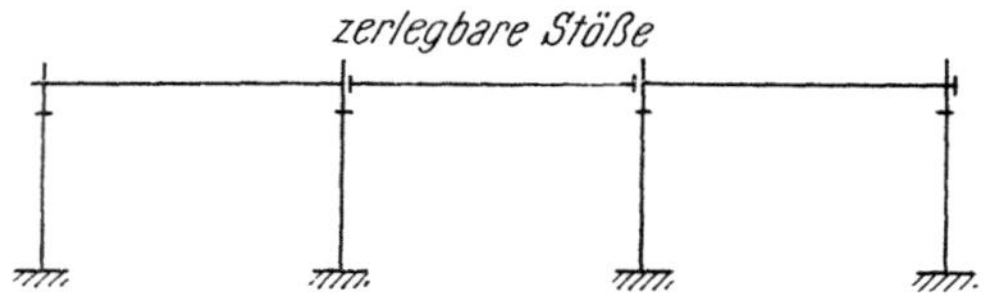

Abb. 6.26

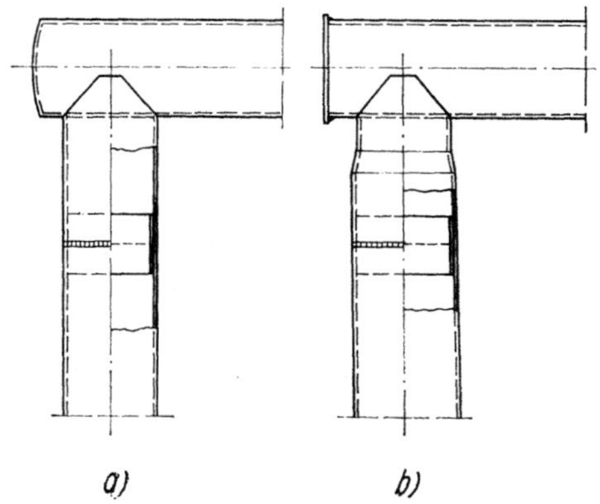

Abb. 6.27

Die Stöße von Säulen oder Riegeln können aber in der Werkstätte so vorbereitet werden, daß das Schweißen an der Baustelle vorgenommen werden kann. Beim Rahmen nach Abb. 6.26 sind die Stöße in den Stützen nach Abb. 6.27 ausgebildet; im Mittelfeld wird der Riegel beiderseits an die geschweißten Rahmen geschraubt, wenn man nicht vorzieht, alle Riegel mit Schraubverbindungen anzuschließen.

Die Stöße können vorteilhaft auch in die Stützen verlegt werden, und zwar in solche Querschnitte, in denen die Rahmenmomente klein sind. Zwischen Stützenrohr und dem in üblicher Weise mit dem Riegel verschweißten, gleich großen Rohrstutzen wird der Stoß stumpf mit Einlegering ausgeführt. Ist der Stützendurchmesser größer als der des Riegels, muß das Stützenrohr auf den Riegeldurchmesser eingezogen werden (Abb. 6.27b).

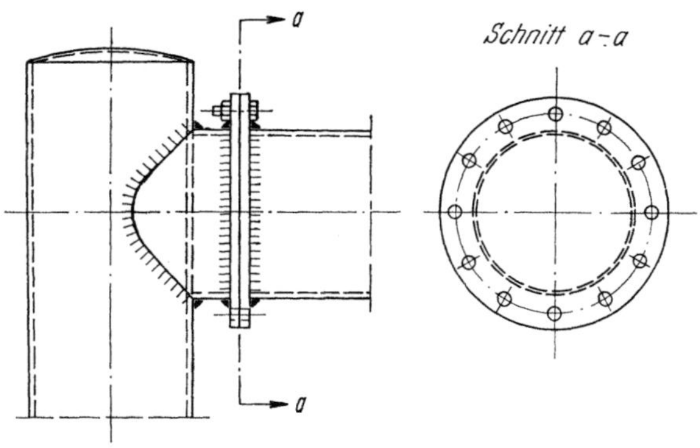

Abb. 6.28

Eine einfache lösbare Verbindung im Riegel ist aus Abb. 6.28 zu ersehen. Der an das Säulenrohr angeschweißte kurze Rohrstutzen wird durch eine kreisrunde Platte abgeschlossen und mit einer gleichen Platte des Riegelendes verschraubt. Die auf Abscheren und Zug beanspruchten Verbindungsschrauben können durch eine Verbindung nach Art der Abb. 3.28 entlastet werden. Eine leichte Aufstellung ermöglicht die Verbindung nach Abb. 3.29. Sie bewährte sich bei Verteilerstationen, von denen Abb. 6.29 eine im Lichtbild zeigt.

Abb. 6.29

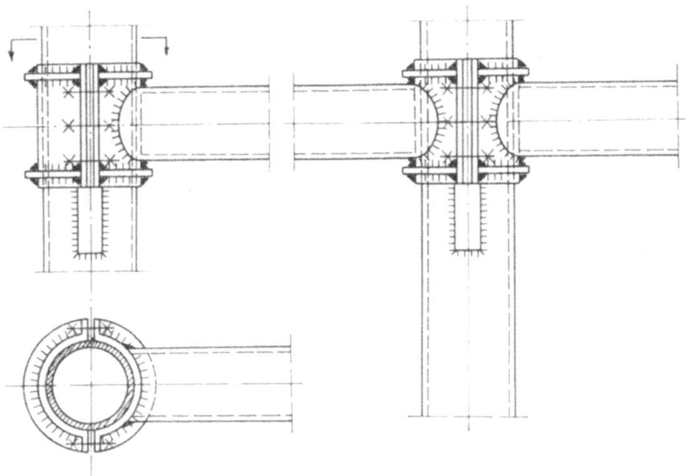

Abb. 6.30

Der Anschluß der Riegel an die Stützen kann auch nach Abb. 6.30 lösbar aus geführt werden. Diese Verbindung eignet sich besonders, wenn die lotrechte Lasten klein sind. An das Riegelende ist eine halbe Rohrschelle angeschweißt, di oben und unten durch zwei halbe Flanschen versteift ist. Die ebenen Flügel de

Schelle werden mit gleich ausgeführten auf der andern Seite der Stütze verschraubt. Diese Flügel stützen sich auf zwei Knaggen, die an das Stützenrohr geschweißt sind und die lotrechten Kräfte übertragen.

Ein anderes geeignetes Tragwerk in T-Form ist im Belastungsschema der Abb. 6.31 dargestellt. Es besteht aus einem unten eingespannten lotrechten Rohr als Stütze, das einen Riegel in der Mitte unterstützt und mit ihm biegungssteif verbunden ist. Je nach dem Belastungsfall ist die Stütze auf Achsialdruck und Biegung beansprucht oder es kommt noch Verdrehen hinzu.

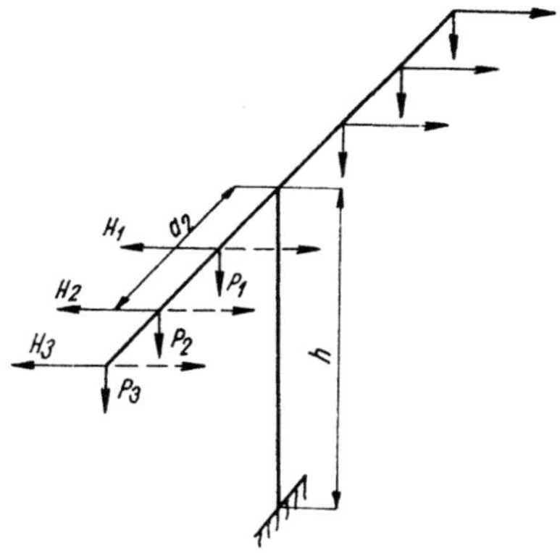

Abb. 6.31

Tragwerke wie die erwähnten Verteilerstationen elektrischer Energie eignen sich auch für andere Zwecke, wenn die Rahmen durch Kräfte verschiedener Richtungen belastet werden.

6.3.2. Berechnung

6.3.2.1. Tragsystem nach Abb. 6.31, Werkstoff St 35

$P_\nu = 0{,}12$ Mp

$H_\nu = 1{,}00$,, $\qquad \nu = 1, 2, 3$

$a_1 = 2{,}00$ m, $\quad a_2 = 3{,}80$ m, $\quad a_3 = 5{,}60$ m, $\quad h = 7{,}00$ m

zulässige Durchbiegung: Riegelende $\frac{560}{200} = 2{,}80$ cm

Stütze in Riegelhöhe $0{,}02 \cdot 7{,}00 = 14$ cm.

Riegel

$$M_p = 0{,}12\,(2{,}00 + 3{,}80 + 5{,}60) = 1{,}37 \text{ Mpm}$$

$$M_h = 1{,}00\,(2{,}00 + 3{,}80 + 5{,}60) = 11{,}40 \text{ Mpm}.$$

Eigengewicht geschätzt $\quad g = 88$ kp/m

$$\text{Mg} = \frac{1}{2}\,0{,}088 \cdot 5{,}6^2 = 1{,}38 \text{ Mpm}$$

$$M_{\max} = \sqrt{(1{,}37 + 1{,}38)^2 + 11{,}40^2} = 11{,}73 \text{ Mpm}$$

$\varnothing$ 368 · 10 $\quad F = 112$ cm², $\quad I = 18030$ cm⁴, $\quad W = 980$ cm³, $\quad g = 88{,}3$ kp/m

$$\sigma = \frac{1173000}{980} = 1197 \text{ kp/cm}^2.$$

Durchbiegung am Riegelende

$$H \ldots f_h = \frac{10^3}{6 \cdot 2{,}1 \cdot 18030} (2{,}0^2 \cdot 14{,}8 + 3{,}8^2 \cdot 13{,}0 + 2{,}0 \cdot 5{,}6^3) = 2{,}633 \text{ cm}.$$

$$P, g \quad f_p = 2{,}633 \cdot \frac{12}{100} + \frac{1}{8} \frac{0{,}4928 \cdot 5{,}6^3 \cdot 10^3}{2{,}1 \cdot 18030} = 0{,}316 + 0{,}286 = 0{,}602 \text{ cm}$$

$$f = \sqrt{2{,}633^2 + 0{,}602^2} = 2{,}701 \text{ cm} < 2{,}8.$$

Stütze

Endgültiger Zustand: alle Leiterzüge wirken in einer Richtung

$$N = 6 \cdot 0{,}12 + 11{,}2 \cdot 0{,}088 = 1{,}706 \text{ Mp}.$$

Im Einspannquerschnitt wirkt $M = 6 \cdot 1{,}0 \cdot 7{,}0 = 42$ Mpm

$$l_k = 2 \cdot 7{,}0 \text{ m} = 14 \text{ m}$$

$\varnothing$ 508 · 11 $\quad F = 171{,}8 \text{ cm}^2, \quad I = 53050 \text{ cm}^4, \quad W = 2089 \text{ cm}^3, \quad i = 17{,}6 \text{ cm}$

$$\lambda = \frac{1400}{17{,}6} = 80 \ldots \omega = 1{,}62$$

$$\sigma = 1{,}62 \frac{1706}{171{,}8} + \frac{42 \cdot 10^5}{2089} = 16 + 2010 = 2026 \text{ kp/cm}^2$$

$$f_h = \frac{6{,}0 \cdot 7{,}0^3 \cdot 10^3}{3 \cdot 2{,}1 \cdot 53050} = 6{,}16 \text{ cm} < 14.$$

Erste Phase des Ausbaus: Drei Leiter wirken auf einer Seite

$$N = 3 \cdot 0{,}12 + 11{,}2 \cdot 0{,}088 = 1{,}346 \text{ Mp}$$

$$M = 3 \cdot 1{,}0 \cdot 7{,}0 = 21 \text{ Mpm}$$

$$M_d = 3{,}0 \cdot 3{,}8 = 11{,}4 \text{ Mpm}$$

$$\sigma = 1{,}62 \frac{1346}{171{,}8} + \frac{21 \cdot 10^5}{2089} = 13 + 1005 = 1018 \text{ kp/cm}^2$$

$$\tau = \frac{11{,}4 \cdot 10^5}{2 \cdot 2089} = 273 \text{ kp/cm}^2$$

$$\sigma_{\text{vgl}} = \sqrt{1018^2 + 3 \cdot 273^2} = 1122 \text{ kp/cm}^2.$$

Die waagrechte Durchbiegung des Riegelendes setzt sich aus der Durchbiegung des eingespannten Trägers (f_h) und dem aus der Stützenverdrehung ψ entstehenden Anteil f_ψ.

$$f_h = 2{,}63 \text{ cm}$$

$$\psi = \frac{M_d}{2 \cdot GI} h = \frac{11{,}4 \cdot 7{,}0 \cdot 10^2}{2 \cdot 8{,}1 \cdot 53080} = 9{,}0854 \cdot 10^{-3}$$

$$f_\psi = \psi l = 9{,}0854 \cdot 10^{-3} \cdot 560 = 5{,}10 \text{ cm}$$

$$f = 2{,}63 + 5{,}10 = 7{,}63 \text{ cm}$$ (mit Rücksicht auf die außergewöhnliche Belastung zulässig).

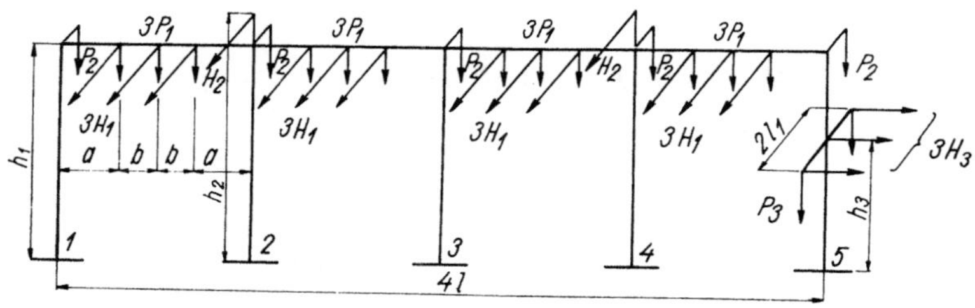

Abb. 6.32

6.3.2.2. Tragsystem nach Abb. 6.32

$P_1 = 0{,}24$ Mp	$H_1 = 1{,}00$ Mp	$h_1 = 10{,}0$ m
$P_2 = 0{,}36$,,	$H_2 = 0{,}50$,,	$h_2 = 11{,}5$,,
$P_3 = 0{,}12$,,	$H_3 = 1{,}00$,,	$h_3 = 7{,}0$,,

$a = 2{,}70$ m $\quad l = 9{,}00$ m

$b = 1{,}80$,, $\quad l_1 = 1{,}80$,,

Riegel, Werkstoff St 35

$$M_p = 0{,}24\,(1{,}5 \cdot 4{,}5 - 1{,}8) = 1{,}188 \text{ Mpm}$$

$$M_h = 1{,}80\,(1{,}5 \cdot 4{,}5 - 1{,}8) = 4{,}950 \text{ Mpm}.$$

Eigengewicht nach einer Vorberechnung $g = 61$ kp/m

$$M_g = \frac{1}{8}\, 0{,}061 \cdot 9{,}0^2 = 0{,}618 \text{ Mpm}$$

$$M_{\max} = \sqrt{(1{,}188 + 0{,}618)^2 + 4{,}95^2} = 5{,}269 \text{ Mpm}$$

$\varnothing$ 318 · 8 $\quad I = 9370 \text{ cm}^4, \quad W = 589 \text{ cm}^3, \quad g = 61$ kp/m

$$\sigma = \frac{5{,}269 \cdot 10^5}{589} = 895 \text{ kp/cm}^2.$$

Durchbiegung in der Mitte der Riegellänge

$$f_{ü} = \frac{10^3}{2{,}1 \cdot 9370}\left[\frac{9{,}0^3}{48} + 2{,}7\,(3 \cdot 3{,}6^2 + 8 \cdot 2{,}7^2 + 12 \cdot 2{,}7 \cdot 3{,}6)\right] = 1{,}994 \text{ cm}$$

$$f_p = 1{,}994 \cdot \frac{24}{100} + \frac{5}{384}\,\frac{0{,}55 \cdot 9{,}0^3 \cdot 10^3}{2{,}1 \cdot 9370} = 0{,}479 + 0{,}265 = 0{,}744 \text{ cm}$$

$$f = \sqrt{1{,}994^2 + 0{,}744^2} = 2{,}13 < \frac{900}{400}.$$

Querriegel, Werkstoff St 35

$$M_p = 0{,}12 \cdot 1{,}8 = 0{,}216 \text{ Mpm}$$

$$M_h = 1{,}0 \cdot 1{,}8 = 1{,}80 \text{ Mpm}$$

$$g = 25 \text{ kp/m}$$

$$M_g = \frac{1}{2}\,0{,}025 \cdot 1{,}8^2 = 0{,}041 \text{ Mpm}$$

$$M_{\max} = \sqrt{(0{,}216 + 0{,}041)^2 + 1{,}80^2} = 1{,}818 \text{ Mpm}$$

$$⌀\ 191 \cdot 5{,}5 \quad I = 1380 \text{ cm}^4, \quad W = 144 \text{ cm}^3, \quad g = 25 \text{ kp/m}$$

$$\sigma = \frac{1{,}818 \cdot 10^5}{144} = 1259 \text{ kp/cm}^2.$$

Durchbiegung am Riegelende

$$f_h = \frac{1}{3}\,\frac{1{,}0 \cdot 1{,}8^3 \cdot 10^3}{2{,}1 \cdot 1380} = 0{,}67 \text{ cm}$$

$$f_p = \frac{12}{100}\,0{,}67 = 0{,}080 \text{ cm}$$

$$f_g = \frac{1}{8}\,\frac{0{,}025 \cdot 1{,}8^4 \cdot 10^9}{2{,}1 \cdot 1380 \cdot 10^6} = 0{,}014 \text{ cm}$$

$$f = \sqrt{(0{,}080 + 0{,}014)^2 + 0{,}67^2} \doteq 0{,}67 \text{ cm} < \frac{180}{200}.$$

Stützen, Werkstoff St 52

Die Längskräfte N und die durch die Kräfte H und P im Einspannquerschnitt hervorgerufenen Momente M sind in Tab. 19 zusammengestellt, wobei der geringe günstige Einfluß von P_2 vernachlässigt wurde.

Tabelle 19

Stützen	1	2, 4	3	5
N Mp	0,755	1,390	1,390	0,755
M Mpm	15,00	35,75	30,00	15,00
Rohr	368 · 8	508 · 11	508 · 11	368 · 8
F cm²	90,5	171,8	171,8	90,5
I cm⁴	14660	53060	53060	14660
i cm	12,7	17,5	17,5	12,7
W cm³	797	2023	2023	797
M' Mpm	0,132	0,477	0,477	5,380
M_t Mpm	0,60	1,08	1,08	0,60
σ kp/cm²	1895	1780	1495	2035

Die Stütze 5 überträgt infolge $H = 3H_3$ auf die übrigen Stützen eine Kraft X (Abb. 6.33).

$$X = \frac{\Sigma_1^4 I_\nu}{I_5 + \Sigma_1^4 I_\nu} \frac{7^2(3+20)}{2 \cdot 10^3} H = 1{,}562 \text{ Mp},$$

die sich auf die Stützen 1 bis 4 im Verhältnis ihrer Trägheitsmomente verteilt (Abb. 6.33) mit den Werten H'_ν, so daß in deren Einspannquerschnitten in der Rahmenebene wirkende Momente $M'_\nu = 10 \cdot H'_\nu$ entstehen. Die Momente der Stütze 5 sind

in der Höhe von H_3 $\quad M = 1{,}562 \cdot 3 = 4{,}686$ Mpm,

in der Einspannung $\quad M'_5 = 1{,}562 \cdot 10 - 3{,}0 \cdot 7 = -5{,}38$ Mpm.

Zum Einfluß der Belastung durch H_3 kommt noch die Wirkung von Temperaturänderungen. Wie aus Tab. 19 hervorgeht, weist das System hinsichtlich des Temperatureinflusses vollkommene Symmetrie auf: die Stütze 3 bleibt unverformt. Bei Vernachlässigung der unbedeutenden achsialen Formänderungen der Riegel erfahren die Stützen 2 und 4 eine waagrechte Ausbiegung $\delta' = 3\alpha_t l \Delta t$, die Stützen 1 und 5 $\delta'' = 6\alpha_t l \Delta t$. Wenn die Riegelkräfte in den Feldern 2—3 und 3—4 mit X', in den Feldern 1—2 und 4—5 mit X'' bezeichnet werden, lauten die Formänderungsbedingungen

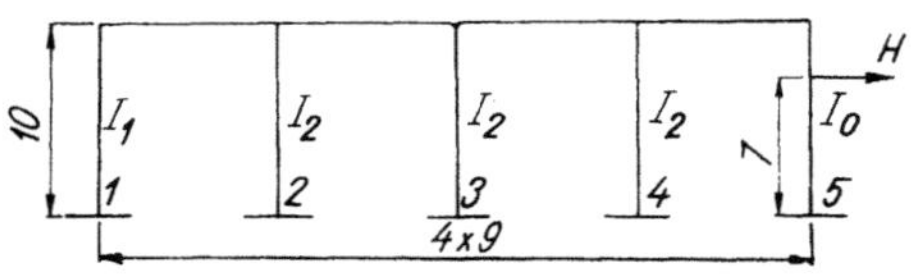

Abb. 6.33

$$(X'' - X')\, h_1^3 = 3\alpha_t l \Delta t E I_2$$

$$X' h_1^3 = 6\alpha_t l \Delta t E I_1.$$

Daraus folgen

$$X' = 3\alpha_t \frac{l}{h_1^3} E I_2 \frac{2I_1}{I_2}$$

$$X'' = 3\alpha_t \frac{l}{h_1^3} E I_2 \left(1 + \frac{2I_1}{I_2}\right)$$

Mit $\alpha_t = 0{,}00012$ und $\Delta t = \pm 30\,°\mathrm{C}$ ist

$$3\alpha_t \frac{l}{h_1^3} E I_2 = 108{,}3\ \mathrm{kp}$$

$$2\frac{I_1}{I_2} = 0{,}55258$$

$$X' = 108{,}3 \cdot 0{,}55258 = 59{,}8\ \mathrm{kp}$$

$$X'' = 108{,}3 \cdot 1{,}55258 = 168\ \mathrm{kp}$$

$$M'_{1t} = M'_{5t} = 0{,}060 \cdot 10 = 0{,}60\ \mathrm{Mpm}$$

$$M_{2t} = M_{4t} = (168 - 60)\,10 = 1{,}08\ \mathrm{Mpm}$$

$$\lambda_1 = \lambda_5 = \frac{2000}{12{,}7} = 157 \qquad \omega = 6{,}24$$

$$\lambda_2 = \lambda_4 = \frac{2000}{17{,}5} = 115 \qquad \omega = 3{,}35\,.$$

Die Spannung im Einspannquerschnitt berechnet sich aus

$$\sigma = \frac{N}{F} + \frac{\sqrt{M^2 + (M' + M_t)^2}}{W}\,.$$

Die Auswertung ist in Tab. 19 eingetragen.

7. Eingeschossige Industriehallen

7.1. Entwurf

Eingeschossige Industriehallen in reiner Stahlrohrkonstruktion oder in einer Bauweise mit überwiegender Verwendung von Stahlrohren stimmen im Grundsätzlichen mit den gleichen Bauten des allgemeinen Stahlbaus überein. Hier wie dort sind die Normen zu beachten, die die Austeilung im Grundriß und der Höhe nach regeln. Im einzelnen ergeben sich aber bei den Stahlrohrkonstruktionen gegenüber den üblichen Stahlbauten Unterschiede, die bei den Rohrverbindungen vom Fehlen ebener Anschlußflächen und bei gegliederten Rohrträgern, deren Ebenen sich unter beliebigem Winkel schneiden und deren Gurte sich in beliebiger Höhe kreuzen, von den abweichenden Anschluß- und Lagermöglichkeiten herrühren.

Die Umfassungswände werden entweder selbsttragend oder als Fachwerkwände mit Füllungen aus schwachem Ziegelmauerwerk oder vorgefertigten Platten aus verschiedenen Stoffen ausgeführt. Bei den Längswänden sind diese Riegelwände entweder mit ihrem Trägergerippe aus I- oder U-Profilen zwischen den Stützen der Tragkonstruktion angeordnet oder sie werden durchlaufend vor diese Stützen gesetzt. Die Stiele der Giebelwand werden durch einen in der Dachebene oder in der Höhe der Kranbahnen liegenden Träger waagrecht unterstützt; bei größerer Höhe werden zwei derartige Träger angeordnet, von denen einer in der Dachebene liegen kann. Je nach der Art der Stützung sind die Stiele einfache lotrechte Träger, Träger mit überkragenden Enden oder Durchlaufträger. Die Giebelwand kann aber auch selbsttragend mit unten eingespannten Stützen ausgeführt werden.

Die Dachhaut besteht aus der Dacheindeckung und ihrer tragenden Unterlage. Eindeckungen aus Wellblech, Stahlplatten, Welleternit und Wellplatten aus plastischen Stoffen sind selbsttragend. Für doppelte Dachpappe, Ruberoid oder ebene Bleche bilden eine Holzschalung oder vorgefertigte Platten aus armiertem oder Leichtbeton die Unterlage. Aus wärmetechnischen Gründen können auch Wellplatten mit einer Isolierschicht verwendet werden.

Die Dachhaut bzw. ihre Unterlage wird in der Regel durch stählerne Pfetten unterstützt. Bei der Holzschalung sind hölzerne Sparren zwischengeschaltet, die auch unmittelbar auf den Bindern ruhen können.

Die richtige Wahl der Dachhaut bestimmt weitgehend die Wirtschaftlichkeit des Baus. Sie soll leicht sein und bei möglichst großer Spannweite der Platten eine größtmögliche Tragfähigkeit haben; dazu kommen noch Forderungen an die

Wärmeisolierung. Große Spannweiten der Dachplatten ermöglichen eine pfettenlose Ausführung, die bei nicht zu großer Hallenbreite die wirtschaftlichste Lösung sein kann.

Ein- und mehrschiffige Hallen größerer Länge müssen in Abschnitte so unterteilt werden, daß jeder sich frei ausdehnen kann. Die Länge dieser Abschnitte richtet sich nach der Ausführungsart. Als Regel kann gelten, daß die vom Festpunkt aus gerechnete Ausdehnungslänge 50 m nicht viel überschreiten soll. Jeder Abschnitt besteht aus Bindern, den durch deren Auflagerdrücke belasteten Unterzügen und Stützen, die zusammen ein Raumtragwerk bilden, dessen Stabilität durch räumliche Verbände gesichert sein muß. Zu den Verbänden in der Ebene der Dachhaut gehören auch die Pfetten, die die gedrückten Bindergurte vor dem Ausknicken sichern. Sind streckenweise die Untergurte auf Druck beansprucht, müssen geeignet gelagerte Verbände in ihrer Ebene sie knicksicher machen oder sie müssen durch lotrechte Verbände unter den Pfetten seitlich gestützt werden.

Durchlaufende Binder müssen wenigstens eine Stütze erhalten, die in der Binderebene als fest anzusehen ist. In der Hallenlängsrichtung sorgt für einen Festpunkt eine in dieser Richtung unten eingespannte Stütze oder ein lotrechter Verband in der Stützebene. Die Stützen der Dachkonstruktion und einer allfälligen Kranbahn werden in der Regel zu einem zwei- oder mehrstieligen Ganzen verbunden, so daß sie in der Hallenquerrichtung unten eingespannt sind. Soll eine solche Stütze für die Dachkonstruktion als Pendelstütze wirken, muß ihr Oberteil ein- oder in der Hallenlängsrichtung zweistielig ausgeführt werden.

Die Kranbahn erhält in der Längsrichtung einen Festpunkt durch Ausbildung eines Verbandes zwischen den Stützen eines Feldes. Durch geeignete Maßnahmen können die in der Kranbahn wirkenden Längskräfte auf den Verband zwischen den Stielen unter der Dachkonstruktion übertragen werden. In der Anordnung der räumlichen Verbände besteht zwischen der Rohrkonstruktion und den bekannten Ausführungen des allgemeinen Stahlbaus kein grundsätzlicher Unterschied.

Für die Aufstellung ist es vorteilhaft, für die Binder das System des freiaufliegenden einfachen Trägers mit einer Spannweite gleich der Stützenentfernung zu wählen. Wird aus Gründen der Werkstoffersparnis ein Durchlaufträger gewählt, empfiehlt es sich, einen solchen mit Gelenken zu verwenden, dessen Gelenke nur während der Aufstellung für einen Teil der Gesamtlast oder ständig wirksam bleiben. Bei einschiffigen Hallen kann die Verbindung von Bindern und Stützen zu Rahmen Vorteile bringen. Auch die dreigurtige Ausführung kann zusammen mit der Wahl größerer Binderentfernungen und gegliederter Pfetten vorteilhaft sein. Vergleichsentwürfe bringen Klarheit über die Wirtschaftlichkeit verschiedener Lösungen.

Die Anwendung eines Moduls von 3 m (früher 5 m) ermöglicht die Ausarbeitung von Ausführungstypen ebener Binder. Lassen die gegebenen Grundrißabmessungen eine ausschließliche Verwendung von genormten Bindern nicht zu, kann man sich deren Abmessungen durch Wahl eines Systems mit ein- oder beiderseitig abnormalen Endfeldern anpassen.

7.2. Pfetten und ihre Lagerung auf Rohrgurten

Sparren, die selbsttragende Dachhaut oder ihre Unterlage stützen sich auf Pfetten, die als einfache oder durchlaufende Träger mit oder ohne Gelenke ausgeführt werden. Ihre Spannweite stimmt mit der Binderentfernung überein. Ihre schräge Entfernung ist von der Tragfähigkeit der Dachhaut oder ihrer Unterlage abhängig und soll in Einklang mit dem Modul bzw. der Feldweite der Binder stehen, damit diese womöglich nur in den Knotenpunkten belastet werden. Bei geringer Dachneigung sind nur Walzträger, allenfalls untersprengt, aufgehängt oder mit Kopfstreben, oder geschweißte Fachwerksträger wirtschaftlich; bei größerer Neigung kann das Stahlrohr wegen seines allseitig gleichen Widerstandsmomentes vorteilhaft sein. Da die Berechnung der Pfetten mit Kopfstreben oder Aufhängungen bekannt ist — unter anderen hat der Verfasser hierfür Bemessungstabellen ausgearbeitet — beschränken wir uns auf die Ausführung der Pfetten und ihre Lagerung auf den Bindern.

Bei der Montierung der leichten durchlaufenden, Stütz- oder Hängepfetten, die in der Regel für gleichmäßige Vollbelastung bemessen werden, ist besonders darauf zu achten, daß es nicht zu katastrophalen Teilbelastungen kommt. Für das Verlegen der Dachplatten ist deshalb ein Montageplan auszuarbeiten, der unbedingt eingehalten werden muß. Um ein Ausknicken oder Kippen zu vermeiden, empfiehlt sich die Aufhängung in der Ebene der Dachhaut zum First; in der Regel genügt es, sie in den Drittelpunkten der Spannweite auszuführen.

7.2.1. Pfetten aus I-Walzträgern

Für die Auflagerung und Befestigung von Sparren, Wellblechen, stählernen Dachplatten, Welleternit und ebenen Eternitplatten genügt die Flanschbreite des I-Profils. Beton- und Leichtplatten aber können auf Walzträgern mit einer Höhe kleiner als 200 mm nicht mehr so gelagert werden, daß ein Abrutschen aus-

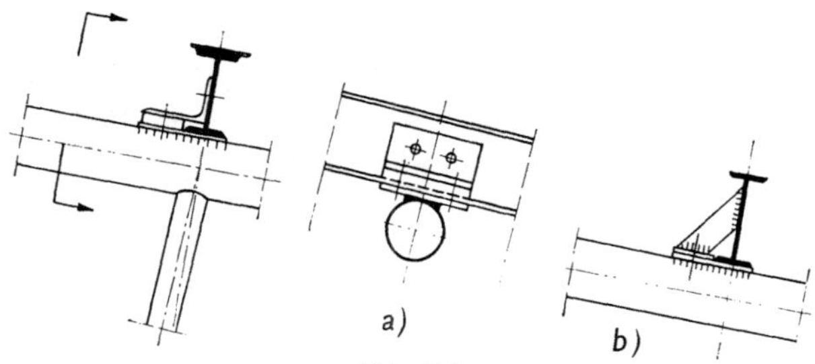

Abb. 7.1

geschlossen ist. Ihre Flanschbreite muß deshalb vergrößert werden auf 120 mm. Diese Verbreiterung kann durch schmale Querplatten erfolgen, die in Abständen entsprechend der Austeilung der Dachplatten auf den Oberflansch geschweißt werden, wobei die Zwischenräume durch aufgeklebte Filz- oder Pappestreifen auszufüllen sind. Die Verbreiterung kann aber auch durchgehend mit Blechstreifen 120 · 5 erfolgen; sie darf in den Querschnitt eingerechnet werden.

Die Auflagerung einer solchen Pfette auf dem Rohrgurt eines Binders ist aus Abb. 7.1 zu ersehen. Eine quadratische oder rechteckige Platte, die auch zum Anschluß der Rohrdiagonale des Dachverbandes dienen kann, und die beiderseits durch Schweißen mit dem Gurtrohr verbunden ist, bildet die Lagerfläche. Mittels eines kurzen Winkelstahls wird die Pfette mit dieser Platte verschraubt (Abb. 7.1 a) Der Raum zwischen der Platte und dem Winkelstahl wird durch ein Futter ausgefüllt. Bei der Ausführung nach Abb. 7.1 b wird ein an die Pfette geschweißter Flachstahl am andern Ende mit einem Querstreifen verschweißt, der mit der Lagerplatte verschraubt wird.

Die Pfetten können aber auch, wenn die Binderentfernung 6 bis 9 m beträgt, in jedem zweiten Feld unterbrochen werden, so daß sie freiaufliegende Träger mit überkragenden Enden bilden. Zwischen diese Enden werden Oberlichter eingebaut, bei denen der Lichteinfall durch keine Innenkonstruktion gestört ist. In diesem Falle muß in jedem Feld ohne Oberlichter ein Dachverband angeordnet werden, um

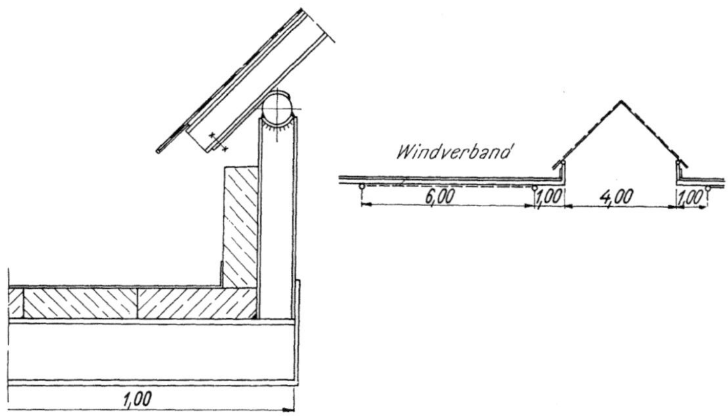

Abb. 7.2

die gedrückten Bindergurte gegen Ausknicken zu sichern. Die Lichtweite der Oberlichter wird so gewählt, daß es möglich wird, Dachplatten normaler Breite zu verwenden. Abb. 7.2 zeigt diese Ausführung bei einer Binderentfernung von 6 m. Bei dieser Entfernung ist es nicht nötig, die Glasplatten mit Drahteinlage der Oberlichter zu stoßen; dasselbe gilt für die durchsichtigen Platten aus Kunststoff. Aber auch der Stoß bereitet keine Schwierigkeiten.

7.2.2. Pfetten aus einfachen Rohren

Bei geringer Dachneigung ist die Pfette hauptsächlich in einer Ebene beansprucht, wofür sich Rohre nicht eignen. Bei größerer Neigung ist die parallel zur Dachebene wirkende Komponente der Dachlast einschließlich Schnee verhältnismäßig groß, so daß das Widerstandsmoment auch in dieser Richtung besser ausgenützt wird und die Rohrpfette wirtschaftlich ist. Auch die Rücksichtnahme auf ästhetische Wirkungen, namentlich bei Hallen, deren Dachhaut lichtdurchlässig ausgeführt wird, läßt sie Verwendung von Rohren als Träger der Dachhaut empfehlenswert erscheinen. Für kleine Stützweiten wurden große Mengen von Rohrpfetten — in gleicher Weise auch Riegel von Außenwänden — während des zweiten Weltkrieges und in der Nachkriegszeit in England [89] verwendet.

Eine einfache Ausführung der gemeinsamen Lagerung der Pfetten nebeneinander liegender Felder zeigt Abb. 7.3. Das eine Ende ist durch eine kreisrunde Platte *1* abgeschlossen, die in der Mitte einen Gewindezapfen trägt. Die gleiche Platte *3* am gegenüberliegenden Ende hat eine mittig über der runden Öffnung aufgeschweißte Mutter *4*. Der Gewindezapfen wird durch das kreisrunde Loch einer auf das Gurtrohr aufgeschweißten Platte *2* gesteckt und in die Mutter *4* eingeschraubt.

Eine verläßlichere, allerdings auch teurere ähnliche Verbindung ist in Abb. 7.4 dargestellt. Bei dieser in England entwickelten Verbindung sind beide Pfettenenden durch kreisrunde Platten luftdicht abgeschlossen. Die Platte der Pfette *1* stützt sich auf einen Absatz der rechteckigen Platte *3*, die auf den Rohrgurt geschweißt ist. Eine gleiche Platte, die die Pfette *2* abschließt, greift mit einem runden Dorn in eine runde Öffnung der Platte *3* und stützt so die Pfette *2* ab. Flachstähle *4* verbinden kurze Flügel *5* an den Pfettenenden und schützen sie so vor dem Abgleiten.

Die Dachhaut aus ebenen oder gewellten Platten, die sich über der Pfette überdecken, werden in ähnlicher Weise mit hakenförmigen Schrauben befestigt wie bei I-Pfetten, nur mit dem Unterschiede, daß der Haken rund ist und unter das Rohr greift. Eine andere Befestigungsart zeigt Abb. 7.5. Auch diese Ausführung ist in England entwickelt worden.

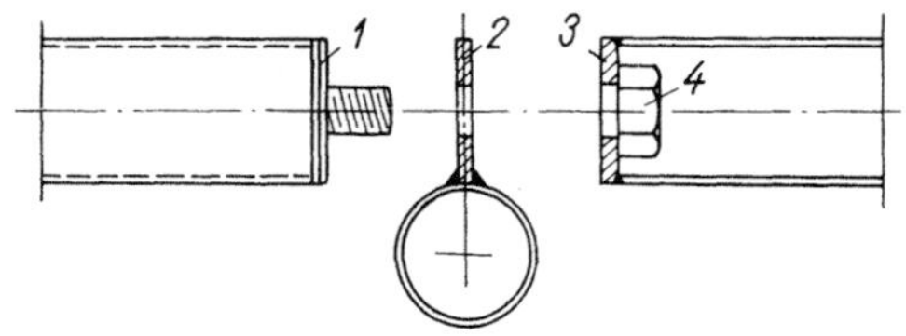

Abb. 7.3

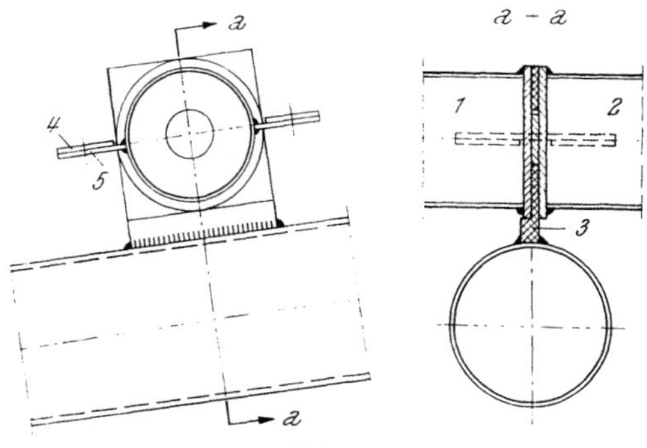

Abb. 7.4

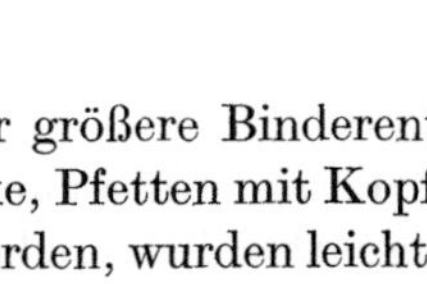

Abb. 7.5

7.2.3. Fachwerkpfetten

Für größere Binderentfernungen, wenn durchlaufende Pfetten mit und ohne Gelenke, Pfetten mit Kopfstreben oder Aufhängungen aus I-Profilen unwirtschaftlich werden, wurden leichte geschweißte Fachwerkspfetten entwickelt, die ganz aus Rohren oder unter Verwendung von Rundstählen für die Diagonalen ausgeführt werden. Sie sind sehr leicht und besonders wirtschaftlich, wenn sie serienweise hergestellt werden können.

Beim leichten Obergurt solcher Pfetten kann angenommen werden, daß er durch die Dachplatten, bei entsprechender Verbindung auch durch Sparren gegen Ausknicken gesichert ist, namentlich wenn ein verstärkter Traufenträger vorhanden ist. Mehr noch als bei durchlaufenden oder abgestrebten Pfetten empfiehlt sich hier, insbesondere mit Rücksicht auf die Montage, die schräge Aufhängung in den Drittelpunkten der Spannweite. Die gemeinsame Lagerung auf dem Bindergurt wird, wie aus dem Detail *A* zu Abb. 7.6 zu ersehen ist, in ähnlicher Weise wie bei den einfachen Rohrpfetten durchgeführt.

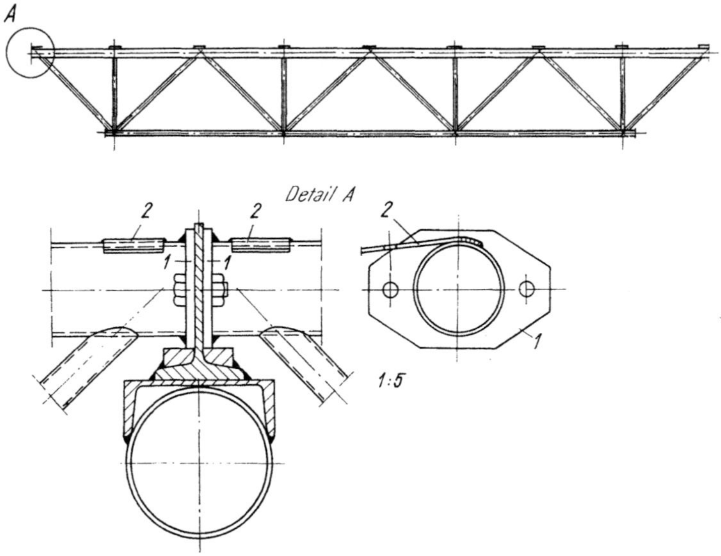

Abb. 7.6

Die in dieser Abbildung dargestellte Pfette hat, waagrecht gemessen, eine Spannweite von 9 m und trägt in den 1,125 m voneinander entfernten Knotenpunkten Sparren. Die Obergurtknoten des Binders sind durch ein U-Profil verstärkt, das solche Abmessungen hat, daß es auf das Gurtrohr geschweißt werden

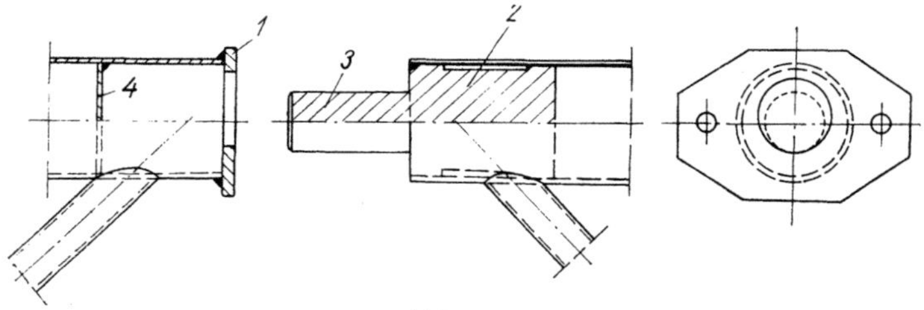

Abb. 7.7

kann. Darauf ist ein kurzer halber I-Träger geschweißt, dessen Unterflansch für die Auflagerung der Abschlußplatte *1* des Pfettenobergurtes hergerichtet ist. Diese Platten haben seitliche Flügel, durch die zwei Verbindungsschrauben M20 gehen. Die leichten Flachstähle *2* dienen zur Befestigung der Sparren.

Die Ausdehnungsfugen der Hallenabschnitte werden oft so hergestellt, daß in geringem Abstand zwei Binder angeordnet sind, an die einseitig die Pfetten fest angeschlossen sind. Wenn in der Nähe der Dehnungsfuge die Konstruktion des Oberlichtes einseitig beweglich gelagert ist, kann auch die normale Binderteilung beibehalten werden. Eine sehr wirtschaftliche Lösung, die auch eine normale Binderanordnung zuläßt, ist in Abb. 7.7 dargestellt. Die Auflagerung entspricht der

Abb. 7.6. Die Platte *1* der linken Pfette hat seitliche Flügel, die fest mit dem halbierten *I*-Stahl verschraubt sind, wodurch diese Pfette fest gelagert ist. Bei der andern Pfette ist die Platte durch einen eingepaßten und mit dem Gurtrohr verschweißten Rundstahl *2* ersetzt, dessen Zapfen *3* in der Gurtachse in eine runde Öffnung der Platte *1* und des halbierten I-Stahls reicht, Diese Öffnung ist außermittig über der Gurtachse angebracht und hat einen Durchmesser, der größer ist als der des Zapfens. Um ein leichtes Einpassen zu gewährleisten, werden nur die Zapfenenden kalibriert; der größere Mittelteil wird mit kleinerem Durchmesser ausgeführt. Die eingeschweißte Rundplatte *4* schließt das Gurtrohr luftdicht ab.

7.3. Binder und Unterzüge

7.3.1. Besonderheiten der Anordnung

Wie in Abschnitt 7.2. bereits besprochen wurde, werden das Gewicht der Dachhaut sowie die Schnee- und Windbelastung durch Pfetten auf die Binder in deren Knotenpunkten übertragen. Nur bei geringer Breite der Hallenschiffe kann es wirtschaftlich sein, diese Lasten unmittelbar an die Binder abzugeben, wobei die Binderentfernung von der Spannweite der Dachplatten abhängt. Voraussetzung ist, daß die Knicksicherheit der Bindergurte durch ausreichende Steifigkeit der Platten, ihre einwandfreie Befestigung oder anderweitig gewährleistet ist.

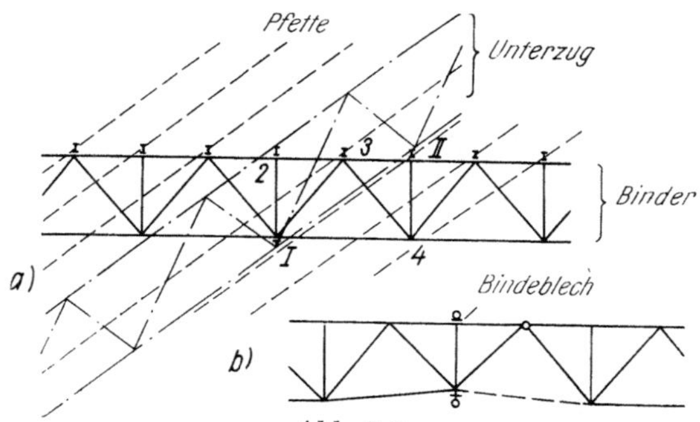

Abb. 7.8

Die Binder sind so anzuordnen, daß sie entweder unmittelbar oder durch Zwischenschaltung von Unterzügen von Stützen getragen werden. Aber auch bei unmittelbarer Eintragung der Binderlasten in die Stützen wird in der Stützenebene ein Versteifungsträger statt eines Unterzuges zur räumlichen Stabilisierung angeordnet. Dem gleichen Zweck dienen ähnliche Träger im First oder im Feld zwischen den Stützen.

Da im Stahlrohrbau ebene Anschlußflächen fehlen, ist der Anschluß der Binder an die Unterzüge schwieriger als im allgemeinen Stahlbau. Die Schwierigkeiten mehren sich, wenn die Binder Durchlaufträger sind oder ihre Gurte sich mit denen der Unterzüge in gleicher Höhe kreuzen. Die einfachste Lösung bei Binderlagerung in einem Untergurtknoten des Unterzugs ist die Wahl ungleich hoher Tragsysteme für Binder und Unterzug derart, daß die Kreuzung der Obergurte in gleicher Höhe vermieden wird, die Gurte aber selbst sich aussteifen. Bei durchlaufenden Bindern bewährt sich sehr gut eine Anordnung, bei der der Binderobergurt so geführt wird, daß er unterhalb des Obergurts des Unterzugs geführt und mit ihm durch ein Futter verbunden wird. Die Wahl der Systemhöhen bleibt frei, wenn der Binder in einem Obergurtknoten des Unterzugs gelagert wird.

In Abb. 7.8 ist schematisch die Binderlagerung in einem Hauptknoten des Unterzugs mit Diagonalausfachung dargestellt. Die Binderhöhe ist so gewählt, daß zwischen den Obergurten ein Spielraum bleibt, der bei der Aufstellung durch eingepaßte Verbindungsbleche ausgefüllt wird. Das Binderlager kann nach Abb. 3.46 ausgeführt werden. In diesem Falle kann der Obergurt des Unterzugs eine Pfette ersetzen, was konstruktiv nur bei annähernder Gleichheit von Pfettenhöhe und Durchmesser des Unterzugobergurtes möglich ist.

Zwei benachbarte Binder als einfache Träger können gemeinsam in einem Obergurtknoten des Unterzugs nach Art der Abb. 7.9 gelagert werden. Bei dieser Anordnung kann der Unterzug auch niedriger als der Binder sein. Bei beiden Arten der Binderlagerung, im Ober- oder Untergurt des Unterzugs, würden bei einer Bindereinteilung, ausgehend von einer Stütze und der Regelausbildung der Unterzüge als einfache Balkenträger die Lager des Unterzugs und des Binders übereinander liegen, was zu konstruktiven Schwierigkeiten führen würde. Es empfiehlt sich daher, die Binder so auszuteilen, daß sie zwischen die Stützen zu liegen kommen, wie das Abb. 7.10 bei einer Binderauflagerung im Obergurt des Unterzugs zeigt.

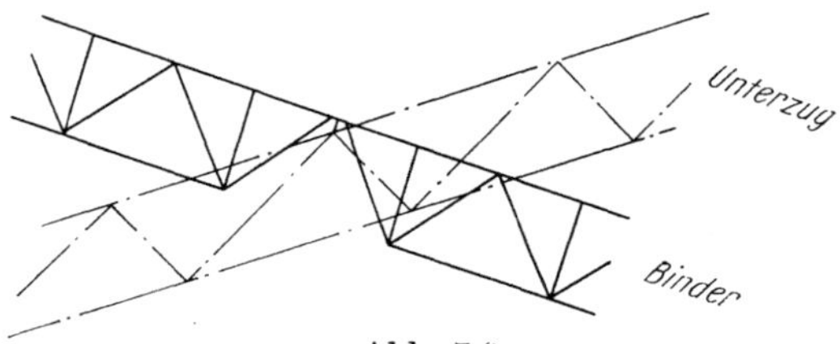

Abb. 7.9

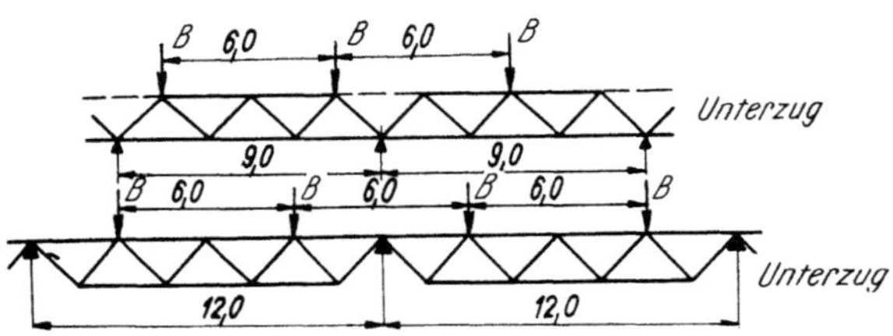

Abb. 7.10

Räumlich ausgefachte Träger mit dreieckigem Querschnitt bieten in Rohrkonstruktion keine Schwierigkeiten. Sie werden mit parallelen Gurten entweder mit doppeltem Ober- oder doppeltem Untergurt ausgeführt. Bei entsprechender Lagerung sind sie torsions- und seitensteif; sie bedürfen zu ihrer räumlichen Stabilität keiner Verbände. Die Knicklängen der gedrückten Stäbe sind klein. Ihre Verwendung ist wirtschaftlich, wenn große Stützenentfernungen verlangt werden. Sie werden unmittelbar von Stützen getragen, wobei oft auch die Pfetten als Dreigurtträger ausgebildet werden. Durch biegungssteife Verbindung mit gleich ausgebildeten Stützen entstehen dreigurtige Rahmentragwerke. Im Industriebau werden allerdings Anforderungen, die zu solchen Bauten nötigen, selten gestellt.

Die Gliederung des ebenen oder räumlichen Bindertragwerks kann statt durch Dreiecksausfachung auch durch steifen Anschluß von Pfosten an die Gurte als Rahmen erfolgen. Da bei diesen Trägern die Gurte außer durch Längskräfte auch durch Biegemomente beansprucht werden, bietet bei ebenen, nur in ihrer Ebene belasteten Trägern die Ausführung in Rohrkonstruktion wenig Vorteil, es sei denn, daß das ruhigere Aussehen dafür spricht. Sie sind schwerer als andere Rahmenträger aus Profilen, die für die Aufnahme von Biegemomenten besser geeignet sind als Rohre, und haben in der Regel größere Durchbiegungen. Trotz einfacher Herstellung der Rahmenträger mit parallelen Gurten bleibt ihre Anwendung auf Sonderfälle beschränkt. Günstiger liegen die Verhältnisse bei räumlichen Trägern mit Belastungen in mehreren Ebenen.

7.3.2. Ausführung

Die Regelausführung der Binder und Unterzüge sind Fachwerkträger mit parallelen Gurten oder geraden Gurten bei veränderlicher Trägerhöhe. Endet der Träger mit einer Diagonale, die den gleichen Durchmesser hat wie der Untergurt,

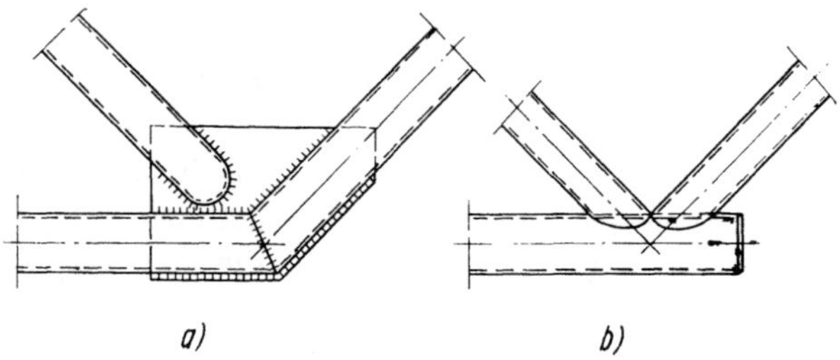

Abb. 7.11

werden beide Rohre auf Gehrung gestoßen und der Knoten durch ein Knotenblech verstärkt (Abb. 7.11a). Ist der Durchmesser der Diagonale kleiner als der des Gurtrohres, wird die Enddiagonale unmittelbar an den Gurt angeschlossen (Abb. 7.11b). Diese Ausführung kann auch bei gleichen Durchmessern von Diagonale und Gurt gewählt werden, ebenso die Verstärkung durch ein Knotenblech.

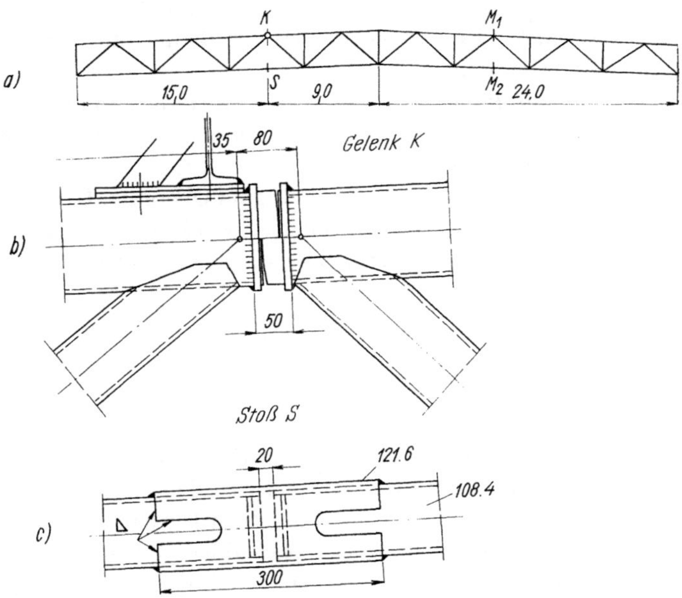

Abb. 7.12

Werkstättenstöße der Gurte sind nötig, wenn die üblichen Herstellungslängen der Rohre nicht ausreichen. In der Regel werden sie als geschweißte Stumpfstöße (s. Abschnitt 3.2.4.) ausgeführt. Wenn Binder und Unterzüge als einfache Balken ausgeführt werden, sind Montagestöße nicht erforderlich. Sollte ihre Teilung aus Transportgründen nötig sein, werden die Stöße in der Werkstätte so vorbereitet, daß sie an der Baustelle vor der Aufstellung geschweißt werden können. Schraubstöße lassen sich aber nicht immer vermeiden.

Durchlaufträger werden mit Gelenken in einem Gurt an die Baustelle geliefert. Durch Festschweißen des gegenüberliegenden, während der Aufstellung als Blindstab wirkenden Gurtes kann das Gelenk unwirksam gemacht werden. Der Träger ist dann ein Durchlaufträger ohne Gelenke und als solcher für die nach der Aufstellung hinzukommenden Lasten zu berechnen. Der Binder der zweischiffigen Halle in Abb. 7.12 hat im linken Feld ein Gelenk K; im zugehörigen Detail b ist, um das Gelenk besser sichtbar zu machen, die nach Abb. 3.51 ausgeführte Schraubverbindung, die das Abgleiten verhindern soll, ausgelassen. Durch Trennung des gegenüberliegenden Stabes im Querschnitt S wird dieser unwirksam und ist als Blindstab anzusehn. Nach Aufbringen der Pfetten und Dachverbände werden die beiden Stabteile, wie Detail c zeigt, mit Rohrmanschetten verschweißt. Die Rohrenden waren vorher schon durch kreisrunde Platten luftdicht abgeschlossen. Der Abstand der Rohrenden von 20 mm dient zum Ausgleich von Ungenauigkeiten bei der Herstellung.

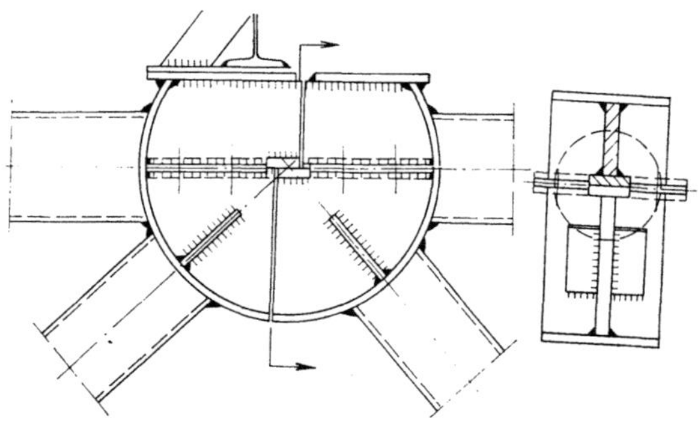

Abb. 7.13

In den Querschnitten M_1 und M_2 werden die Gurte mit Einlegeringen stumpf geschweißt. Diese Stöße werden in der Werkstätte so vorbereitet, daß sie an der Baustelle hergestellt werden können.

Abb. 7.13 zeigt eine andere Gelenkausbildung im Obergurt. In ein kurzes Rohrstück wird in der Mitte eine starke Platte eingeschweißt, und das Ganze so geteilt, daß ein Absatz entsteht, in dem die Druckplatten des Gelenks eingeschweißt werden. Beide Gelenkhälften sind oben durch eine Platte abgeschlossen, von denen eine für die Auflagerung der Pfette verwendet wird. Die Achse des Rohres, das das Gelenk bildet, steht senkrecht zur Trägerebene. Sein Durchmesser ist, wie bei den räumlichen Knoten mit Hohlkugeln, so groß zu wählen, daß alle Stäbe ohne Überschneidung angeschlossen werden können. In der Gurtachse sind an die Hälften der starken Platte beiderseits kurze Flachstähle angeschweißt, die mit längeren Flachstahlpaaren verschraubt werden. Damit sind die Gelenkhälften in ihrer richtigen Lage gesichert; außerdem ist der Rohrmantel ausgesteift. Zur Aussteifung des Rohrmantels dienen auch kurze Flachstähle, in der Achse der Diagonalen, die an das Rohr und die Mittelplatte geschweißt sind.

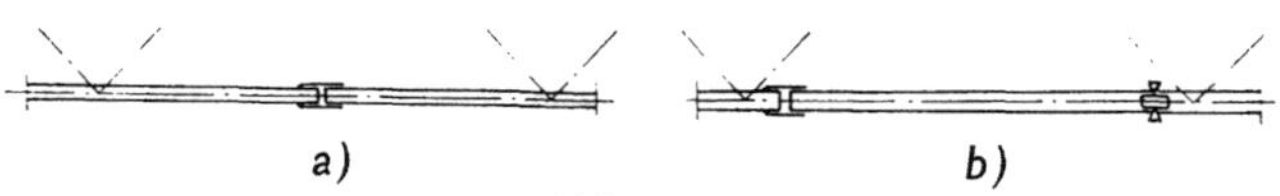

Abb. 7.14

Der Blindstab zum Gelenk im Obergurt kann nach Abb. 7.14 ausgeführt werden. Zu Abb. 7.14a sind die Einzelheiten aus Abb. 7.12c zu ersehen. Die Rohrmanschette, deren Durchmesser wenig größer ist als der des Gurtrohres, wird mit dem einen Trägerteil an die Baustelle geliefert. Während des Transportes muß das freie Ende des Blindstabes mit dem gegenüberliegenden Gurt verbunden werden. Der Blindstab kann auch lose an die Baustelle geliefert werden (Abb. 7.14b). Der Anschluß — zur Aufhebung der Gelenkwirkung — erfolgt links als Stumpfstoß mit Einlegering, rechts mit Rohrmanschette wie früher.

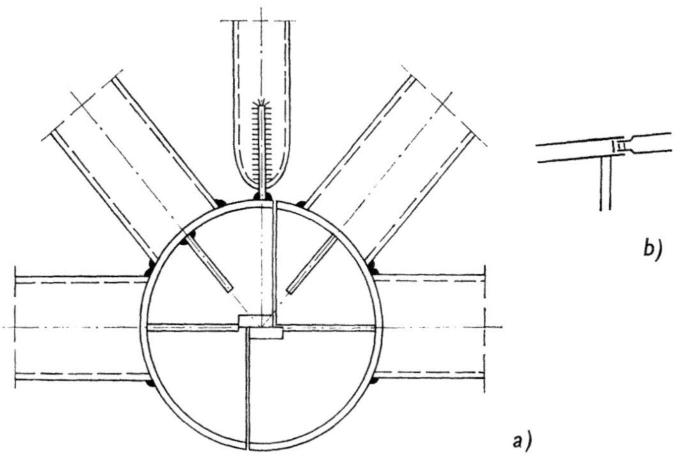

Abb. 7.15

In ähnlicher Weise kann auch das Gelenk im Untergurt ausgeführt werden (Abb. 7.15a). Der Hilfspfosten wird mit Knotenblech angeschlossen, da für einen unmittelbaren Anschluß an das Gelenkrohr nicht genügend Platz bleibt. Den Anschluß des Blindstabs im Obergurt zeigt schematisch Abb. 7.15b; die Einzelheiten stimmen mit denen des Blindstabs im Untergurt überein.

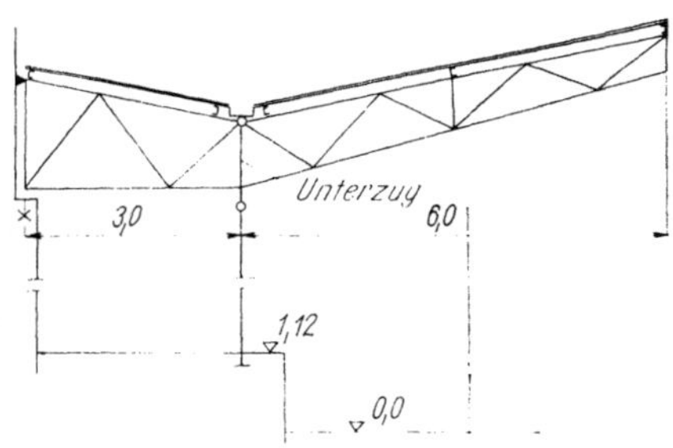

Abb. 7.16

Die Verbindung von Binder und Unterzug gestaltet sich schwieriger, wenn die Ober- oder Untergurte sich in gleicher Höhe oder mit einem so geringen Höhenunterschiede kreuzen, daß sie nicht übereinander verbunden werden können. Ein Beispiel hierfür bietet die Rampenüberdachung nach Abb. 7.16. Der Obergurt des auskragenden Binders kreuzt den Unterzug in geringem Abstand von dessen Obergurtachse (Abb. 7.17). Die waagrechten Komponenten der Gurtzüge werden oben durch eine Lasche, unten durch einen Rundflansch übertragen, der in der Werkstätte bereits an den Pfosten des Unterzugs montiert wird. An Rohrschellen sind in der Binderebene Knotenbleche angeschweißt, die oben durch Flachstähle, unten durch halbe Flanschen abgeschlossen sind. Die Binderobergurte sind mit diesen Knotenblechen, die Diagonalen außerdem noch mit den Rohrschellen verschweißt. Die waagrechten Einzelteile und die lotrechten Flügel der Rohrschellen werden verschraubt. Die Rohrschellen (ohne Flügel) werden unter dem Rundflansch von Knaggen unterstützt, die an den Pfosten des Unterzugs

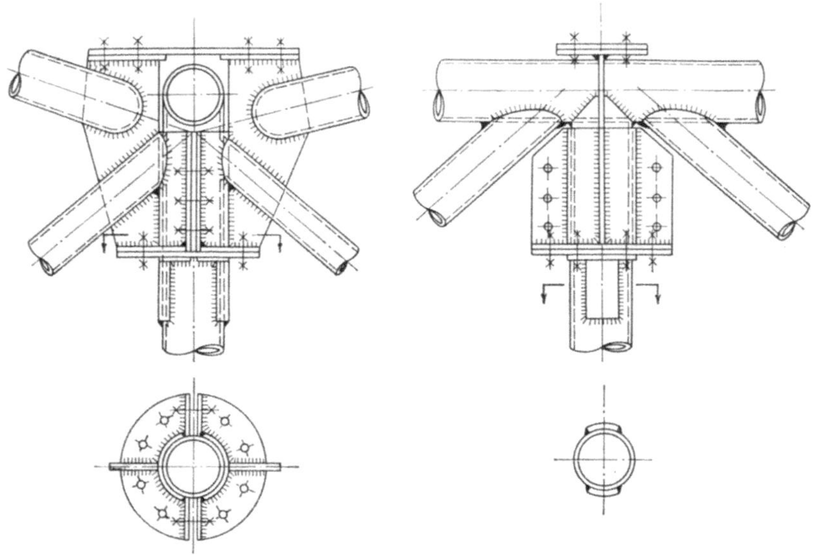

Abb. 7.17

geschweißt sind. Abgesehen von der Reibung der Rohrschellen, übertragen diese Knaggen den Auflagerdruck des Binders auf den Unterzug. Der Anschluß der Untergurte ist einfacher. Die Gurtrohre werden an Rohrschellen geschweißt, deren lotrechte Flügel verschraubt sind (Abb. 7.18).

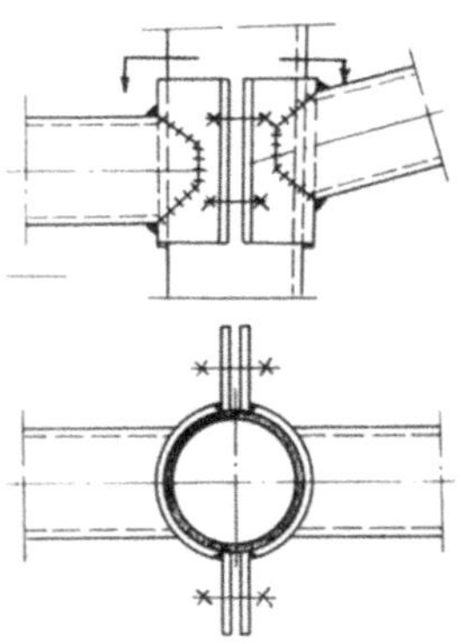

Abb. 7.18

7.3.3. Berechnung

Bei den vorstehend beschriebenen Industriehallen wird die Belastung durch die Dachhaut, Schnee und Wind in den Knotenpunkten der Binder übertragen, so daß bei Fachwerkausbildung alle Binderstäbe nur achsial beansprucht sind. Auch Katzenbahnen und leichte Kranbahnen werden so angehängt, daß die Gurte nicht auf Biegung beansprucht werden. Ebenso werden auch die Unterzüge durch die Binder nur in Knotenpunkten belastet. Nur ausnahmsweise, wenn die Spannweite der Dachplatten nicht dem Modul der Binder entspricht, belasten die Pfetten den Binderobergurt auch außerhalb der Knotenpunkte.

Die gemeinsame Lagerung benachbarter Binder nach Abb. 3.59 und die Gelenke von Durchlaufträgern nach Abb. 3.51 sind so auszuführen, daß die Außermittigkeit so klein als möglich ist. Das kleine Moment überträgt sich auf Diagonale und Gurt im Verhältnis ihrer Trägheitsmomente.

Bei der Berechnung des Durchlaufträgers ohne Gelenke und anderer statisch unbestimmter Tragwerke kann der Fachwerkträger durch einen Vollwandträger ersetzt werden, dessen Trägheitsmoment

$$I = \frac{F_0 F_u}{F_0 + F_u} h^2 \tag{221}$$

ist, wobei F_0 und F_u die Querschnittsflächen von Ober- und Untergurt und h die Entfernung der Gurtachsen bezeichnen.

Der Druckgurt muß immer in geeigneter Weise gegen seitliches Ausweichen gesichert sein. Darauf ist besonders bei überstehenden Enden und bei Rahmentragwerken zu achten.

7.4. Kranbahnen

Die für Laufkrane bestimmten Kranbahnen von Hallen in Rohrkonstruktion werden, wie in andern Hallen, vollwandig ausgeführt; bei größern Stützenentfernungen ist aber die gegliederte Ausführung wirtschaftlicher. Diese Kranbahnen sollten dann der Hallenkonstruktion angepaßt, also aus Rohren hergestellt werden. Solche Rohrfachwerkträger eignen sich jedoch nur zu Bahnen leichter und mittelschwerer Krane, keinesfalls für Krane mit besonders großen dynamischen Einflüssen. Als Werkstoff kommt Stahl mit den Eigenschaften von St37 und gewährleisteter Schweißbarkeit in Betracht.

7.4.1. Ausführungsarten

Kranbahnen werden durch die Auflagerdrücke der Laufkrane belastet, wobei die Stellung des Kranes beliebig sein kann; für die Berechnung kommt eine solche Lage in Frage, die die größten Auflagerdrücke liefert. Je nach der Eintragungsart dieser Lasten in den Fachwerkträger werden zwei verschiedene Ausführungen unterschieden:

a) Der Obergurt wird unmittelbar belastet und daher außer durch Längskräfte noch durch Biegungsmomente beansprucht; die Kranschiene liegt unmittelbar auf ihm. Er erhält deshalb einen für die Aufnahme von Biegemomenten geeigneten Querschnitt, sei es in Form eines Walzträgers (I oder][), sei es ein Sonderprofil, das für die Auflagerung der Kranschiene geformt ist. Die räumliche Stabilität wird in gleicher Weise gesichert wie bei andern gegliederten Kranbahnen.

b) Die Kranschiene wird auf einem Träger in I- oder][-Form befestigt, der nur in den Obergurtknoten des Fachwerkträgers gelagert ist. Diese bereits aus den Anfängen unseres Jahrhunderts bekannte Ausführung wurde aus Wirtschaftlichkeitsgründen durch erstangeführte Ausführung verdrängt.

7.4.1.1. Ausführung mit unmittelbar belastetem Obergurt

Das Obergurtrohr muß durch Aufschweißen eines liegenden U-Stahls oder zweier Winkelstähle für die Lagerung der Kranschiene hergerichtet werden. Auf diese Profile, deren Abmessungen passend zum Rohrdurchmesser gewählt werden müssen, ist die Kranschiene aufgeschweißt (Abb. 7.19). Diese Ausführung ist zwar einwandfrei, wegen der vielen Schweißen aber teuer. Für leichte Krane empfiehlt es sich daher, als Träger der Kranschiene ein starkwandiges kreisrundes oder ovales Rohr zu verwenden (Abb. 7.20a, b). Die waagrechten Seitenkräfte des Kranes wirken in Schienenoberkante und beanspruchen das Rohr auf Biegung und Verdrehen. Bei stärkerer lotrechter Belastung erweist sich ein Vierkantrohr mit aufgeschweißter breitfüßiger Kranschiene als vorteilhaft (Abb. 7.20c). Der Schienenquerschnitt darf immer in das Gurtprofil eingerechnet werden, nur ist eine 25%ige Abnützung der Kopfhöhe zu berücksichtigen.

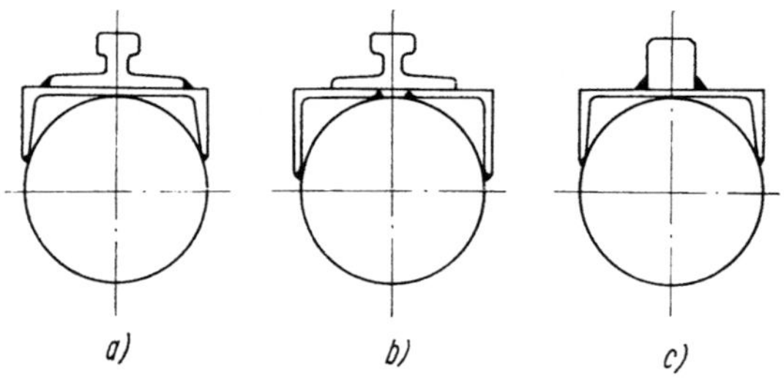

Abb. 7.19

Handelt es sich um längere Kranbahnen, also um vielfache Wiederholung desselben Trägers, kann es vorteilhaft sein, ein durch Warmziehen aus einem kreisrunden Rohr hergestelltes Sonderprofil mit aufgeschweißter Breitfußschiene zu verwenden. Abb. 7.20d zeigt ein Beispiel einer derartigen Ausführung. Das Sonderprofil mit den in der Abbildung eingetragenen Abmessungen wurde aus einem Rohr ∅ 216 · 6,5 gezogen, die Kranschiene hat die Bezeichnung A 55 (früher KS 32). Mit Einrechnung der Abnützung der Schienenkopfhöhe von 25% sind die statischen Werte des gezeichneten Profils:

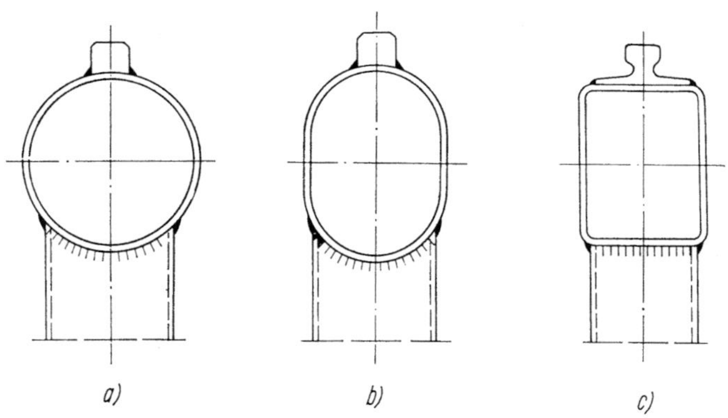

Abb. 7.20

$$F = 80{,}2\ \text{cm}^2, \quad I_x = 4800\ \text{cm}^4, \quad W_1 = 3521\ \text{cm}^3, \quad W_2 = 291\ \text{cm}^3,$$

$$I_y = 2020\ \text{cm}^4, \quad W_y = 227\ \text{cm}^3.$$

Das angegebene Profil hat sich im Betrieb bewährt, allerdings bei einer verhältnismäßig kleinen Spannweite des Kranbahnträgers. Aus größern Rohren hergestellte Sonderprofile mit einer Breite von 180 bis 200 mm sind noch vorteilhafter (s. Variante b des Beispiels in Abschnitt 7.4.6.). Die Herstellung der zugehörigen Ziehmatrizen lohnt sich allerdings nur bei größeren verlangten Mengen.

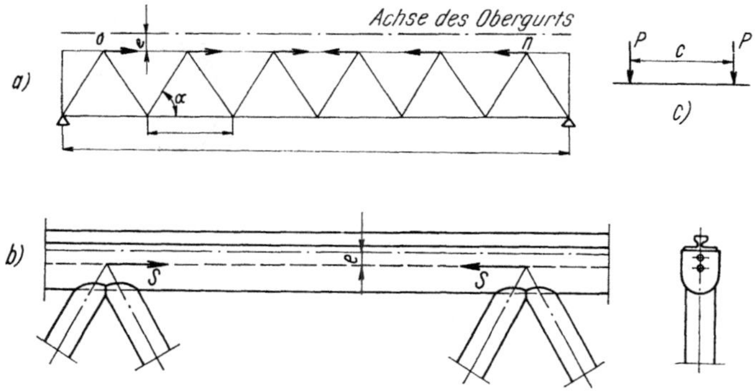

Abb. 7.21 a), b), c)

Als Gurtachse im System wird die Achse des Sonderprofils ohne Kranschiene angenommen. Dadurch entstehen im Gurt infolge des außermittigen Anschlusses der Diagonalen negative Momente. Diese vermindern die Feldmomente des als Durchlaufträger auf elastisch nachgiebigen Stützen betrachteten Gurtes (Abb. 7.21).

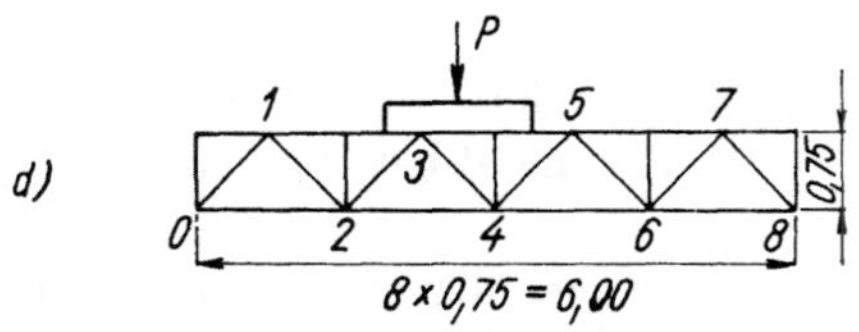

Abb. 7.21 d)

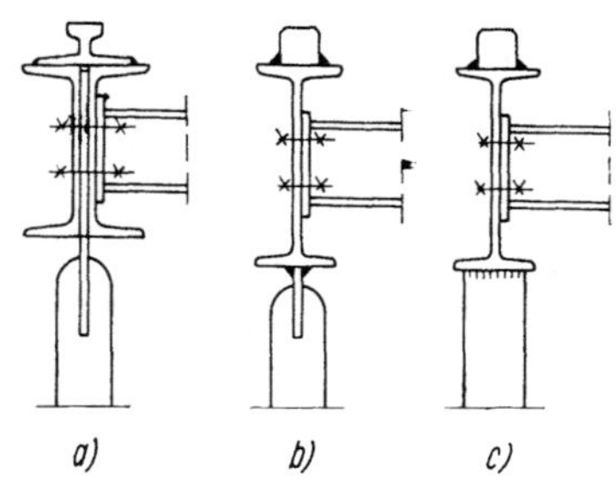

Abb. 7.22

Einfacher ist es, das Hohlprofil des Obergurts durch einen gewalzten I-Träger oder einen geschweißten Träger gleichen Profils zu ersetzen (Abb. 7.22). Die Ausfachungsstäbe werden in der Regel unmittelbar an den Unterflansch angeschlossen. Das Stehblech des Schweißträgers ist im Bereich des Knotens auszusteifen.

7.4.1.2. Ausführung mit besonderem Schienenträger

Für den Rohrfachwerkträger empfiehlt sich eine Ausführung mit steilen Diagonalen; Hilfspfosten sind wegen ihrer ungünstigen Wirkungen bei dynamischer Belastung unerwünscht. In den Obergurtknoten sind Sättel aufgeschweißt, die aus einem kurzen U-Stahl in der Längsrichtung und einem querliegenden schmalen Flachstahl bestehen. Auf diesen Sätteln lagern längsbeweglich die aus zwei U-Stählen zusammengesetzten Träger mit aufgeschweißter Schiene. Durch die feste Lagerung des Schienenträgers in der Mitte des Kranbahnfeldes werden

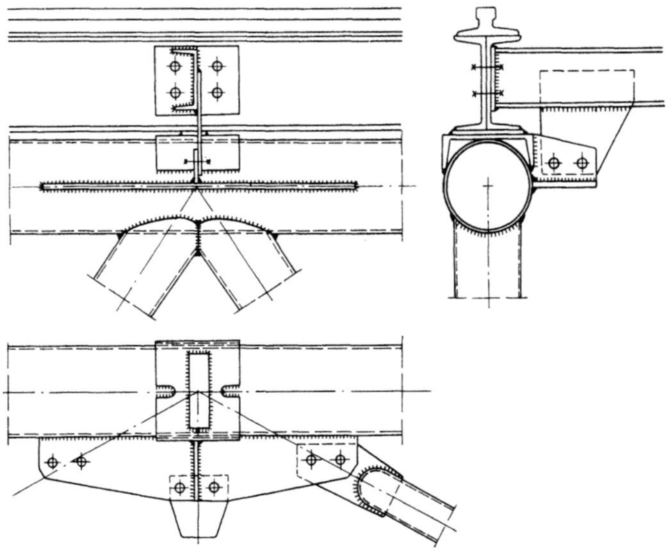

Abb. 7.23

die Bremskräfte an den Fachwerksträger abgegeben. Die Riegel, die zwischen den beiden Schienenträgern angeordnet sind, werden durch nachgiebige Bleche mit dem gegliederten Verband zwischen den Obergurten so verbunden, daß die Längsbeweglichkeit des Schienenträgers nicht behindert ist und sie an der Aufnahme der Gurtkräfte nicht beteiligt sind (Abb. 7.23 und 7.24).

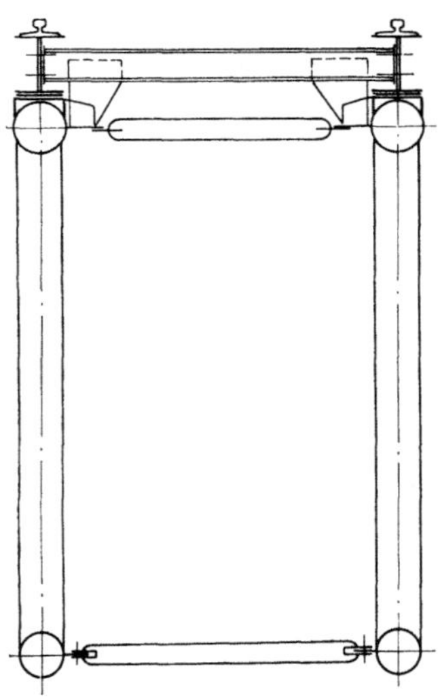

Abb. 7.24

Die aufeinanderfolgenden Kranbahnträger sind getrennt gelagert, die Überbrückung der Lücke erfolgt durch einerseits längsbeweglich angeschlossene Verbindungsstücke im Obergurt und Schienenträger. In dieser Art wurden mehr als 4000 m Kranbahn für je zwei 5-t-Krane als einfache Balken von 21 m Stützweite ausgeführt. Die Abb. 7.25 zeigt ein solches Kranbahnpaar über den Mittelstützen einer mehrschiffigen Walzhalle.

Der Stahlverbrauch ist bei dieser Ausführungsart größer als bei einer Kranbahn mit unmittelbar belastetem Obergurt, was durch den Vergleich der Gewichte der Varianten des Beispiels in Abschnitt 7.4.5. bestätigt wird. Es ist anzunehmen, daß diese Kranbahnen dynamisch günstiger beansprucht sind als die andern. Dafür spricht, daß derartige Bahnen bereits 18 Jahre im Betrieb sind, ohne daß sich Anstände ergeben hätten.

Abb. 7.25

7.4.2. Aussteifung

Die Seitensteifigkeit des ausgefachten Kranbahnträgers reicht bei den in Betracht kommenden Spannweiten nicht aus, um den vom Kran ausgeübten Seitenkräften standzuhalten. Auch eine seitliche Aussteifung des Obergurtes

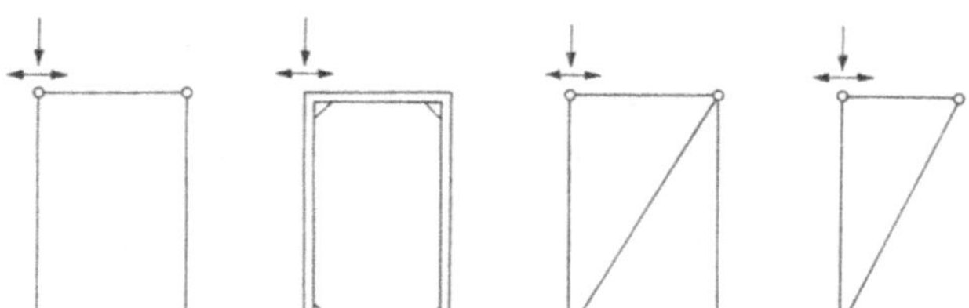

Abb. 7.26

durch liegende U-Stähle oder in anderer Art genügt nicht. Nur ein gegliederter Träger, möglichst in der Ebene der angreifenden Seitenkräfte, kann seinen Zweck als Versteifungsträger erfüllen, vorausgesetzt, daß das Ausweichen des zweiten Gurtes nach oben oder unten verhindert ist. Das ist der Fall bei zwei nebeneinanderliegenden Kranbahnen auf den Mittelstützen einer Halle, bei Kranbahnen an der Hallenaußenwand, wenn der andere Gurt an einem Stiel dieser Wand oder in anderer Weise gehalten wird. Von diesen Fällen abgesehen, müssen drei oder vier Trägerscheiben zu einem räumlichen Tragwerk verbunden werden (Abb. 7.26); bei drehsteifer Ausbildung muß dieses räumliche Gebilde so gelagert sein, daß es die Drehmomente an die Stützen abgeben kann. Die Ausführung mit drei Scheiben (Abb. 7.26d) ist weniger torsionssteif als das Raumtragwerk mit vier Scheiben und Schrägstäben in einigen Querschnitten. Wird beim dreigurtigen Tragwerk die schräge Scheibe durch Schrägstäbe ersetzt, werden bei mittleren und großen Spannweiten die Verdrehungen so groß, daß der Kranbetrieb gefährdet ist.

Die Lastverteilung auf das nicht verdrehungssteife, aus vier Scheiben — je einem Haupt- und Nebenträger und waagrechten Trägern zwischen den Ober- und Untergurten — bestehende Tragwerk ist sehr ungleichmäßig. Durch Anordnung von Diagonalen oder Querrahmen im Drittel oder Viertel der Spannweite wird eine Entlastung des Hauptträgers auf Kosten des in der Regel überbemessenen Nebenträgers und die Übertragung der waagrechten Kräfte auf alle vier Scheiben erreicht. Das so entstehende Raumtragwerk ist zwar nicht vollkommen verdrehungssteif, die Tragfähigkeit der vier Scheiben wird aber besser ausgenützt.

Bei einem Trägerpaar über den Mittelstützen einer mehrschiffigen Halle werden sowohl die Ober- als auch die Untergurte fachwerkartig, die Obergurte allenfalls durch Bleche des Laufstegs vollwandig verbunden. Überträgt der obere waagrechte Träger seine Auflagerkräfte nicht unmittelbar an die Stützen, muß diese Aufgabe ein Querrahmen oder ein Diagonalverband in der Ebene der Stützen oder der Enddiagonalen übernehmen. Der untere Versteifungsträger ist im Lager des Hauptträgers oder in einem Sonderlager waagrecht abzustützen. Schrägdiagonalen in Querschnitten des Trägerpaares zwischen den Lagern bringen hier keine Vorteile.

Die Kranbahnträger sind entweder auf Konsolen der Gebäudestützen oder auf eigenen Stützen gelagert, die meistens mit denen der Halle zu einem Ganzen verbunden sind. Bei diesen drei- oder vierstieligen Stützen ist eines der Trägerlager fest und überträgt die Bremskräfte des Kranes. Zweistielige Stützen mit einem Stiel unter der Kranbahn sind in der Längsrichtung als Pendelstützen anzusehen. In einem Feld des Ausdehnungsabschnitts der Halle ist ein Bremsportal anzuordnen, das parallel zum gleichen Portal der Gebäudestützen im gleichen System anzuordnen ist. Das Kranbahnportal kann auch entfallen, wenn durch konstruktive Maßnahmen die Übertragung der Bremskräfte auf die Gebäudekonstruktion gesichert ist. Wie die Raumverbände der Hallenkonstruktion ist auch das Bremsportal der Kranbahn mit Rohren auszubilden.

7.4.3. Berechnung

Bei einer aus vier Scheiben ohne Querdiagonalen bestehenden einfachen Kranbahn (Abb. 7.26a) wird bei der Berechnung der Lastverteilung eine gelenkige Verbindung der Scheiben in den vier Kanten angenommen. Darnach nehmen der Hauptträger als lotrechte Belastung die vollen Achsdrücke des Kranes, sein Eigengewicht und die Hälfte des Gewichtes der waagrechten Scheiben, der Nebenträger außer seinem Eigengewichte die andere Hälfte dieses Scheibengewichtes auf.

Die Seitenkräfte H, die vom Kran ausgeübt werden, wirken in der Höhe der Schienenoberkante und übertragen die Anteile H_0 und H_u auf den oberen und unteren waagrechten Träger (Abb. 7.27)

$$H_n = H_0 = H\,\frac{h+k}{h}$$
$$H_d = H_u = H\,\frac{k}{h}. \tag{222}$$

Bei Kranen im Freien kommen die in Richtung senkrecht zur Kranbahn wirkenden Anteile des Winddrucks auf den Haupt- und Nebenträger hinzu, wobei man der Einfachheit halber die Windkräfte auf beide Träger addiert. Die in Schienenhöhe wirkende Kraft H vom Wind auf den Kran quer zur Kranbahn ergibt nach (222) weitere Anteile von H_0 und H_u.

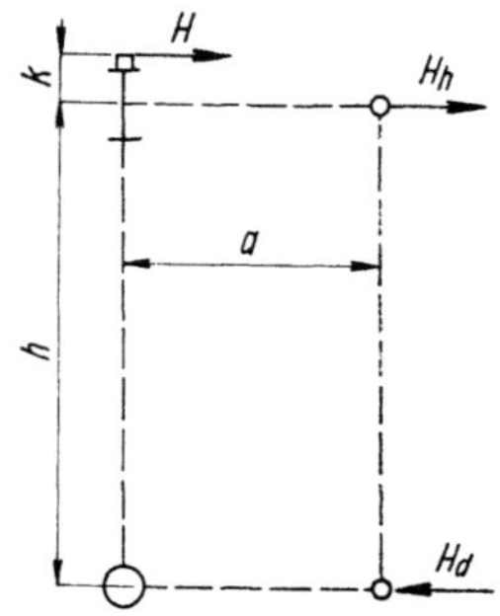

Abb. 7.27

Wie bereits erwähnt wurde, wählt man bei Einrechnung der Kranschiene in das Gurtprofil die Schwerachse des Hohlprofils als Gurtachse. Da der tatsächliche Gurtschwerpunkt um e höher liegt (Abb. 7.21), werden in den Obergurtknoten des Fachwerks Momente eingetragen, deren Größe sich infolge der Kontinuität des Obergurts auf etwa den halben Wert vermindert, also auf $M_i = -{}^1/_2\, Se \cos\alpha$, wobei mit S die Summe der Diagonalkräfte des Knotens i bezeichnet wird. Mit den Querkräften Q_{i-1} links und Q_i rechts vom Knoten i hat dieses Moment den Wert

$$M_i = {}^1/_2(Q_{i-1} + Q_i)e \operatorname{ctg}\alpha. \tag{223}$$

Das größte Moment tritt in dem Knoten auf, in dem $(Q_{i-1} + Q_i)$ ihren Größtwert haben, beim einfachen Balken also neben dem Auflager. Für die gleichmäßige Vollbelastung durch das Eigengewicht g und die Kranbelastung nach dem Schema der Abb. 7.21 c mit einer Achse über dem Knoten 0 ist mit den Bezeichnungen der Abbildung das Größtmoment

$$M = -{}^1/_2\, gn\lambda + \frac{P}{n}\left(2n + 1 - \frac{c}{\lambda}\right) e \operatorname{ctg}\alpha. \tag{223a}$$

An der Stelle, wo dieses Moment wirkt, ist aber der Gurt am geringsten beansprucht.

Der unmittelbar belastete Obergurt des Kranbahnträgers kann als durchlaufender Träger auf elastisch nachgiebigen Stützen angesehen werden. Die Nachgiebigkeit, die von der Steifigkeit des Fachwerkträgers abhängt, bewirkt eine Verminderung der negativen Stützen- und eine Vergrößerung der positiven Feldmomente. Da der Obergurt stets mit gleichem Profil über die ganze Trägerlänge durchgeführt wird, genügt es, ihn für Knickung und Biegung in der Mitte der Spannweite zu bemessen. Dabei sind die Momente für eine Stellung des Kranes zu ermitteln, die die größten Gurtkräfte ergibt. Wenn mit $c = \lambda$ der Kran so aufgestellt ist, daß der Fachwerkträger nur in den Obergurtknoten belastet wird, entfällt auf den Gurt ein Moment

$$M_0 = \frac{I_0}{I_0 + I_e} M, \tag{224}$$

wobei I_0 das Trägheitsmoment des Obergurtes und I_e das Ersatzträgheitsmoment des Fachwerkträgers bezeichnet, das nach (221) zu ermitteln ist. Da mit einer Laststellung des Kranes zwischen den Knotenpunkten zu rechnen ist, kommt noch der Anteil von der Feldbelastung hinzu, der wie für den Durchlaufträger auf festen Stützen zu berechnen ist. Die Sicherheit dieser Näherungsrechnung ist ausreichend, da der Einfluß der Einspannung des Obergurts in die Diagonalen vernachlässigt ist.

Bei angenommener gelenkiger Verbindung der vier Scheiben haben Haupt- und Nebenträger bzw. die Träger eines Trägerpaares entsprechend der ungleichen Belastung verschiedene Durchbiegung. Infolge der Unvollkommenheit der Gelenke in den Scheibenkanten weicht die tatsächliche Durchbiegung und damit die Lastverteilung vom theoretischen Werte ab.

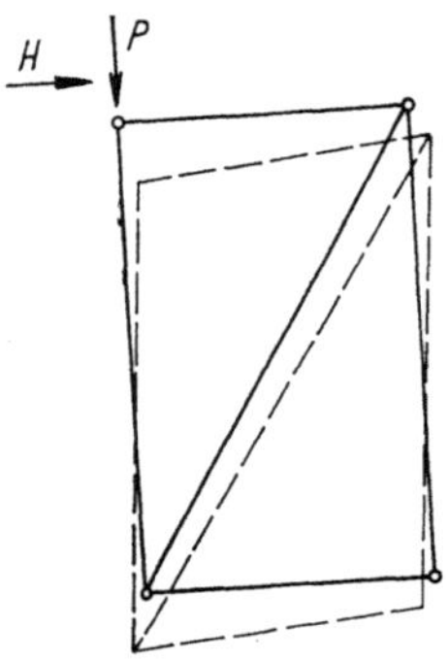

Abb. 7.28

Eine, wenn auch nicht vollkommene, Verdrehungssteifigkeit des durch die vier Scheiben gebildeten Kastenprofils kann dadurch erreicht werden, daß es in einigen Querschnitten durch Einziehen von Diagonalen oder Ausbildung von Rahmenecken versteift wird (Abb. 7.26b, c). Diese Querverbände sind nachgiebig und können die Verformung des rechteckigen Kastenprofils nicht ganz verhindern. Die Berechnung als dünnwandiger Träger mit geschlossenem Profil, die die Unveränderlichkeit des Querschnitts voraussetzt, kann deshalb nur angenähert richtig sein. Wie bei einseitiger Belastung des durch Querdiagonalen versteiften Kastenträgers der Querschnitt sich verformt, zeigt Abb. 7.28 (gestrichelt der Querschnitt nach der Verformung). Bei der genauen Berechnung geht man vom statisch bestimmten Grundsystem mit gelenkigen Kanten aus und wählt als Unbekannte die schrägen Diagonalkräfte oder die Eckmomente der Querrahmen. Das gleiche Problem tritt bei den Brücken von Laufkranen auf und wurde unter anderen von Eckinger [90] und Schwarz [91] behandelt.

7.4.4. Dynamische Versuche

Die Träger von Kranbahnen sind wie die Brücken von Laufkranen im Betrieb dynamisch beansprucht. Für die Berechnung der Knoten gelten deshalb die Erwägungen, die in Abschnitt 3.4.2.4. angestellt wurden, allenfalls mit dem Dimensionsbeiwert α_d nach (123). Die in der dort angeführten Quelle [54] enthaltenen Tabellenwerte sind auf Grund von Versuchen an Knotenmodellen aufgestellt (vgl. TGL 13501).

Die in der Tschechoslowakei bald nach dem zweiten Weltkriege am Modell eines Kranbahnträgers in Rohrkonstruktion (Abb. 7.27d) vorgenommenen Versuche brachten kein günstiges Ergebnis. Der Obergurt war aus einem kreisrunden Rohr mit einem nach Abb. 7.19a aufgeschweißten U-Stahl ohne Schiene gebildet. Die Rohrdiagonalen waren ohne Knotenblech an die Gurtrohre angeschlossen. Der Rohrwerkstoff kam in seinen Eigenschaften einem Stahl St 42 nahe.

Das Modell wurde unter einer pulsierenden Last $P = 2$ bis $12\ Mp$ erprobt. Bereits nach 780000 Lastwechseln brach die Zugdiagonale im Knoten 2 neben der Anschlußschweiße. Der Belastung von $12\ Mp$ entsprechen Spannungen in der Zugdiagonale von 1020, im Untergurt von 1200 kp/cm^2.

Da wegen Zeitmangel die Versuche nicht wiederholt werden konnten, wurden für die Ausführung der Kranbahnträger folgende Grundsätze aufgestellt:

a) Als Rohrwerkstoff ist St 35 mit gewährleisteter Schweißbarkeit zu verwenden.

b) Der Fachwerkträger ist mit steilen Diagonalen ohne Hilfspfosten auszuführen.

c) Die Schweißfolge ist so zu wählen, daß möglichst geringe Eigenspannungen entstehen.

d) Der geschweißte Träger ist mit dem Beiwert ψ des genieteten Trägers zu bemessen, wobei die zulässigen Spannungen in den Zugdiagonalen um 200, im Zuggurt um 100 kp/cm^2 zu ermäßigen sind.

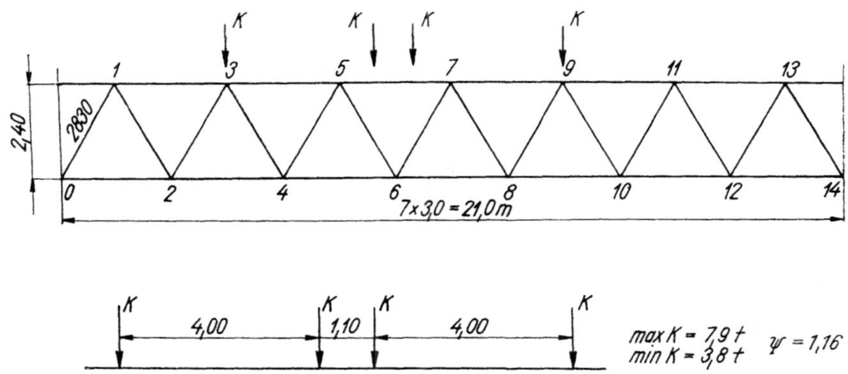

Abb. 7.29

Diese Vorschriften verbesserten die Bedingungen, unter denen die Modellversuche vorgenommen wurden. Die Bewährung der darnach entworfenen Kranbahn in 18 jährigem Betrieb zeugt von der Richtigkeit der getroffenen Maßnahmen. Richtig mag auch sein, daß die Ermüdungsfestigkeit im Betrieb größer ist als die mit Pulsator ermittelten Werte.

7.4.5. Beispiel

Kranbahnträgerpaar von 21 m Stützweite, System und Belastungsschema nach Abb. 7.29.

a) Variante mit geschweißtem I-Profil und Schiene als Obergurt

a) Stabkräfte infolge Eigengewichtsbelastung mit $g = 200$ kp/m

Diagonalen: $S_{i,\,i+1} = 0{,}2 \cdot 10{,}5 - (2i + 1)\,0{,}75\,\frac{2{,}83}{2{,}40} = 1{,}7912 \cdot 1{,}95 - 0{,}3i$

i	0	1	2	3	4	5	6
$S_{i,\,i+1}$	−2,30	1,95	−1,59	1,24	−0,88	0,45	−0,18

Gurte:

$$S_{5,7} = S_{7,9} = -0{,}1 \cdot 6 \cdot 8\,\frac{1{,}5^2}{2{,}4} = -4{,}50 \text{ Mp}$$

$$S_{6,8} = 0{,}1 \cdot 7 \cdot 7\,\frac{1{,}5^2}{2{,}4} = 4{,}6 \text{ Mp}.$$

Stabkräfte infolge der Kranlasten mit $K = 1{,}16 \cdot 7{,}9 = 9{,}16$ Mp.

Diagonalen:

$$S_{0,1} = -\frac{4 \cdot 9{,}16}{21}\,14{,}95\,\frac{2{,}83}{2{,}40} = -30{,}75 \text{ Mp}$$

$$S_{1,2} = -S_{2,3} = \frac{4 \cdot 9{,}16}{21}\,11{,}95\,\frac{2{,}83}{2{,}40} = 24{,}59 \text{ Mp}.$$

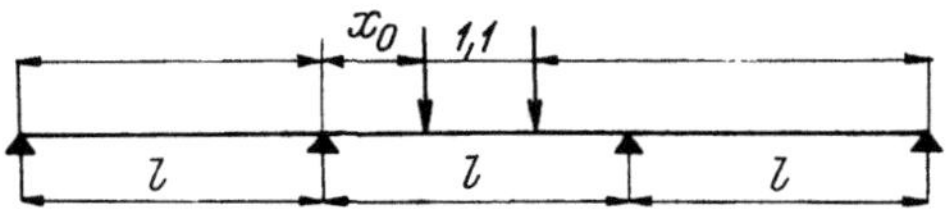

Abb. 7.30

Obergurt bei einer Kranstellung entsprechend dem Größtmoment im Feld (5—7) des Durchlaufträgers:

$$S_{5,7} = -\frac{9{,}16}{2{,}4}\,4\left[\frac{11{,}05 \cdot 9}{21} - 3{,}6\right] = -58{,}56 \text{ Mp}.$$

Untergurt bei einer Kranstellung symmetrisch zu Knoten 7:

$$S_{6,8} = \frac{9{,}16}{2{,}4}\,21 - 5{,}10 = 60{,}69 \text{ Mp}.$$

Das größte Feldmoment des Obergurts als Durchlaufträger auf festen Stützen entsteht bei einer Kranstellung nach Abb. 7.30 (s. Stahl im Hochbau für $\frac{x_0}{l} = 0{,}46$)

$$M' = 0{,}21 \cdot 9{,}16 \cdot 3{,}0 = 5{,}77 \text{ Mp}.$$

Zur Bestimmung des Einflusses der Trägerdurchbiegung wird das Trägheitsmoment I_e des Ersatzträgers auf Grund der aus Tab. 20 folgenden statischen Werte berechnet:

Tabelle 20

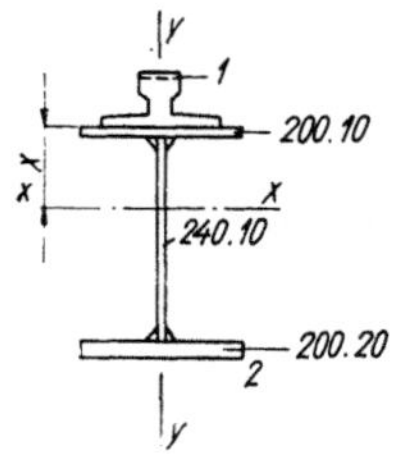

Profil	F	e'	$F \cdot e'$	e	e^2	$F \cdot e^2$	I
A 55[1]	37,4	−2,30	−86,0	−12,81	164,1	6137	
200 · 10	20,0	0,50	10,0	10,01	100,2	2004	
240 · 10	24,0	13,00	312,0	2,49	6,2	149	11,52
200 · 20	40,0	26,00	1040,0	15,49	239,9	9598	
	121,4		1276			17888	
						1152	
						19040	

$$x = \frac{1276}{121,4} = 1051 \text{ cm}$$

$$W_1 = \frac{19040}{16,41} = 1160 \text{ cm}^3$$

$$W_2 = \frac{19040}{16,49} = 1155 \text{ cm}^3$$

$$I_y = 328 + \frac{1}{12}\, 3 \cdot 20^3 = 2328 \text{ cm}^4$$

$$i_y = \sqrt{\frac{2328}{121,4}} = 4,38 \text{ cm}$$

$$\lambda_y = \frac{150}{4,38} = 34 \ldots \omega = 1,10\,.$$

Untergurt: $\varnothing$ 267 · 7 ... $F_u = 57,2 \text{ cm}^2$, $I_u = 4840 \text{ cm}^4$
Schwerpunktsabstand von der Untergurtachse

$$e = \frac{57,2}{57,2 + 121,4}\, 240 = 76,9 \text{ cm}\,.$$

Trägheitsmoment des Ersatzträgers

$$I_e = 19040 + 4840 + 121,4 \cdot 76,9^2 + 57,2 \cdot 163,1^2 = 2265400 \text{ cm}^4$$

$$\frac{I_0}{I_e + I_0} = \frac{19040}{2265400 + 19040} = 0,008335\,.$$

Das Balkenmoment vom Eigengewicht und vom Kran bei der oben erwähnten Stellung ist

$$M = {}^1/_8\, 0,2 \cdot 21^2 + 58,54 \cdot 2,4 = 11,02 + 140,54 = 151,56 \text{ Mpm}\,.$$

[1] Mit Berücksichtigung einer Schienenkopfabnützung von 25%.

Somit ist nach (224)

$$M_0 = M'' = 0{,}008335 \cdot 151{,}56 = 1{,}26 \text{ Mpm}$$

$$\overline{M} = M' + M'' = 5{,}77 + 1{,}26 = 7{,}03 \text{ Mpm}.$$

Bemessung

Obergurt: $S = 4{,}50 + 58{,}56 = 63{,}06$ Mp

$$\sigma = 1{,}10\,\frac{63060}{121{,}4} + \frac{703000}{1160} = 571 + 606 = 1177 \text{ kp/cm}^2.$$

Gewicht des Obergurtes $12{,}14 \cdot 7{,}85 = \underline{95{,}3 \text{ kp/m}}$.

Untergurt: $S = 4{,}60 + 60{,}69 = 65{,}29$ Mp

$$\varnothing\, 267 \cdot 7 \ldots F = 57{,}2 \text{ cm}^2$$

$$\sigma = \frac{65290}{57{,}2} = 1142 \text{ kp/cm}^2.$$

Enddiagonale: $S_{0,1} = -2{,}30 - 30{,}75 = -33{,}05$ Mp

$$\varnothing\, 191 \cdot 5 \ldots F = 32{,}1 \text{ cm}^2, i = 6{,}56 \text{ cm}$$

$$\lambda = \frac{283}{6{,}56} = 43 \ldots \omega = 1{,}16$$

$$\sigma = 1{,}16\,\frac{33050}{32{,}1} = 1174 \text{ kp/cm}^2.$$

Diagonale (1,2): $S = 1{,}95 + 24{,}59 = 26{,}54$ Mp

$$\sigma = \frac{26540}{24{,}2} = 1097 \text{ kp/cm}^2.$$

b) *Variante mit Hohlprofil als Obergurt nach Abb. 7.31*

Ausgangsrohr $\varnothing\, 318 \cdot 7{,}5 \ldots F = 73{,}2 \text{ cm}^2$, $I = 8820 \text{ cm}^4$, $W = 589 \text{ cm}^3$
Umfang U = 99,9 cm.

Das Sonderprofil hat angenähert den gleichen Umfang und die gleiche Querschnittsfläche. Bei der Berechnung seiner statischen Werte wird die Ausrundung der Ecken vernachlässigt.

$$x_r = \frac{20\,\frac{0{,}75^2}{2} + 23{,}4 \cdot 1{,}5 \cdot 13{,}2 + 23{,}68 \cdot 31{,}0}{73{,}2} = \frac{1203}{73{,}2} = 16{,}43 \text{ cm}$$

$$I_{xr} = \frac{1}{12}\,1{,}5 \cdot 24{,}15^3 + 208 + 20 \cdot 0{,}75 \cdot 9{,}24^2 + 23{,}4 \cdot 1{,}5 \cdot 3{,}21^2 + 23{,}68 \cdot 21{,}01^2$$

$$= 1360 + 208 + 1281 + 362 + 10453 = 12440 \text{ cm}^4.$$

Schwerpunkt des ganzen Querschnitts:

$$x = \frac{73{,}2 \cdot 16{,}43 - 37{,}4 \cdot 2{,}62}{73{,}2 + 37{,}4} = 9{,}99 \text{ cm}.$$

$$I_x = 136 + 12440 + 73{,}2 \cdot 6{,}44^2 + 37{,}4 \cdot 12{,}61^2 = 21\,560 \text{ cm}^4$$

$$W_1 = \frac{21\,560}{13{,}82} = 1560 \text{ cm}^3$$

$$W_2 = \frac{21\,560}{24{,}91} = 866 \text{ cm}^3$$

$$I_y = 328 + 24{,}9 \cdot 1{,}5 \cdot 9{,}625^2 + 1052 = 4840 \text{ cm}^4$$

$$i_y = \sqrt{\frac{4840}{110{,}6}} = 6{,}52 \text{ cm}.$$

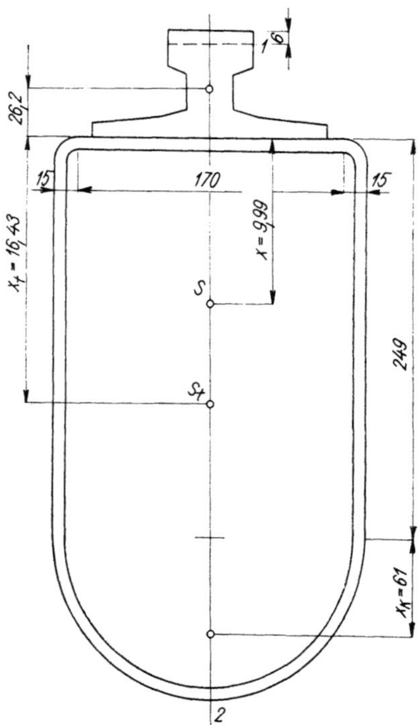

Abb. 7.31

Berechnung des Trägheitsmomentes des Ersatzträgers

$$F_0 = 73{,}2 + 37{,}4 = 110{,}6 \text{ cm}^2$$

$$F_u = 57{,}2 \text{ cm}^2 \ldots \varnothing\ 267{,}7$$

$$I_e = 21\,560 + 4840 + 110{,}6 \cdot 81{,}8^2 + 57{,}2 \cdot 158{,}2^2 = 2\,199\,010 \text{ cm}^4$$

$$\frac{I_1}{I_1 + I_e} = \frac{21\,500}{21\,500 + 2\,199\,010} = 0{,}009\,682.$$

Biegemoment des Obergurtes infolge der Trägerdurchbiegung

$$M'' = 0{,}009\,682 \cdot 140{,}54 = 1{,}36 \text{ Mpm}$$

$$\overline{M} = 5{,}77 + 1{,}36 = 7{,}13 \text{ Mpm}$$

$$\lambda = \frac{150}{6{,}62} = 23 \ldots \omega = 1{,}05$$

$$\sigma = 1{,}05\, \frac{4500 + 58\,560}{110{,}6} + \frac{713\,000}{1560} = 599 + 457 = 1056 \text{ kp/cm}^2.$$

Theoretisches Gewicht des Obergurtes 11,06 · 7,85 = $\underline{86{,}8 \text{ kp/m}}$.

c) *Variante mit Kranschienenträger*

Der Untergurt und die Ausfachungsstäbe sind wie bei Variante a ausgeführt; die Spannungen in diesen Stäben sind annähernd die gleichen wie dort. Der Obergurt des nur in den Obergurtknoten belasteten Fachwerkträgers ist für $S = -63{,}06\,\mathrm{Mp}$ zu bemessen.

$$\varnothing\ 267 \cdot 6{,}7 \ldots F = 53{,}2\ \mathrm{cm}^2,\quad I = 4520\ \mathrm{cm}^4,\quad i = 9{,}21\ \mathrm{cm}$$

$$\lambda = \frac{150}{9{,}21} = 16 \ldots \omega = 1{,}04$$

$$\sigma = 1{,}04\,\frac{63\,060}{53{,}2} = 1233\ \mathrm{kp/cm^2}.$$

Spannungsnachweis für den Kranschienenträger

Statische Werte von] [300 + Schiene A 55:

$$I = 7540\ \mathrm{cm}^4,\quad W_1 = 661\ \mathrm{cm}^3,\quad W_2 = 520\ \mathrm{cm}^3.$$

Trägheitsmoment des Ersatzträgers

$$e = \frac{57{,}2 \cdot 240}{110{,}4} = 124\ \mathrm{cm}$$

$$I = 4520 = 4840 + 53{,}2 \cdot 124^2 + 57{,}2 \cdot 116^2 = 1\,597\,045\ \mathrm{cm}^4$$

$$M'' = \frac{7540}{7540 + 1\,597\,045}\,151{,}56 = 0{,}71\ \mathrm{Mp}$$

$$M' = 5{,}77\ \mathrm{Mp}\ \text{(wie bei der 1. Variante)}$$

$$\overline{M} = 5{,}77 + 0{,}71 = 6{,}48\ \mathrm{Mp}$$

$$\sigma = \frac{648\,000}{520} = 1246\ \mathrm{kp/cm^2}.$$

Gewicht des Obergurtes und des Schienenträgers ohne Sättel

$$41{,}8 + 80{,}0 = \underline{121{,}8\ \mathrm{kp/m}}.$$

Diese Ausführung erfordert demnach einen beträchtlich höhern Stahlaufwand als die andern Varianten. Vergleichsversuche müßten zeigen, ob dieser höhere Stahlverbrauch und die höheren Kosten durch Zulassung höherer Spannungen aufgewogen werden kann. Sicher ist nur, daß diese Ausführung sich im Betrieb sehr gut bewährt hat.

7.5. Zwei- und mehrstielige Stützen

7.5.1. Ausführungsarten

7.5.1.1. Zweistielige Stützen

Pendelstützen aus einem einfachen Rohr übertragen in der Regel nur Längskräfte, ausnahmsweise auch Biegemomente. Auch die einfache, unten eingespannte Rohrstütze kann außer Achsialkräften nur kleine Momente aufnehmen, allerdings

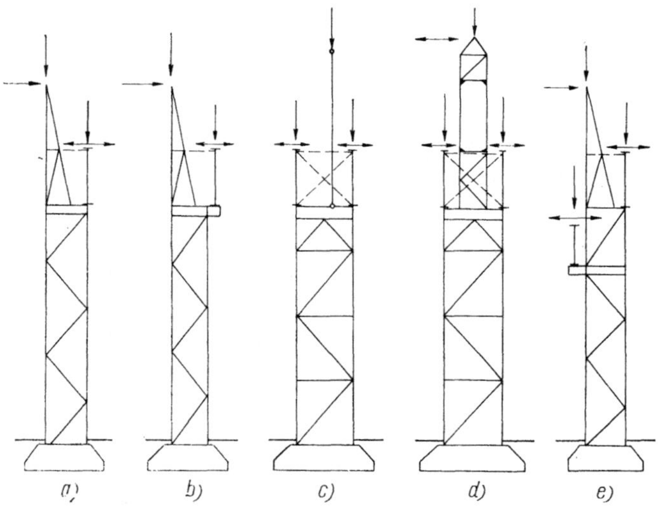

Abb. 7.32

vorteilhafterweise unabhängig von der Richtung der angreifenden Kräfte. Wirken größere Kräfte nur in einer Ebene, eignen sich besser zweistielige, unten eingespannte Stützen. Wegen des verhältnismäßig kleinen Trägheitsmomentes der Stiele, können diese Stützen rechtwinklig zu ihrer Ebene als Pendelstützen angesehen werden. Dabei sind die Ankerschrauben in der Stützenebene anzuordnen, damit rechtwinklig dazu eine möglichst geringe Einspannwirkung entsteht. Wenn die zweistieligen Stützen auch eine Kranbahn tragen, sind die Stiele so anzuordnen, daß die Lasten unmittelbar eingetragen werden (Abb. 7.32a). Ausnahmsweise kann die Kranbahn auch auf dem überstehenden Ende eines Querriegels gelagert werden, der beide Stiele verbindet (Abb. 7.32b).

Trägt die Mittelstütze einer mehrschiffigen Halle außer der Dachkonstruktion noch zwei Kranbahnen, werden diese unmittelbar durch die beiden Stiele unterstützt. Ein die Stielköpfe verbindender Riegel trägt zwischen den Kranbahnen die ein- oder zweistielige Stütze des Dachtragwerks (Abb. 7.32c, d). Die zweistielige Ausführung erfordert eine rahmenförmige Öffnung für den Bedienungssteg in der Höhe der Schienenoberkante.

In ähnlicher Weise sind auch die Stützen, die nur eine Kranbahn tragen, auszuführen (Abb. 7.33). Der die Stielköpfe verbindende waagrechte Riegel wird mit dem Fuß der aus Stiel und Strebe bestehenden Dachstütze verschraubt.

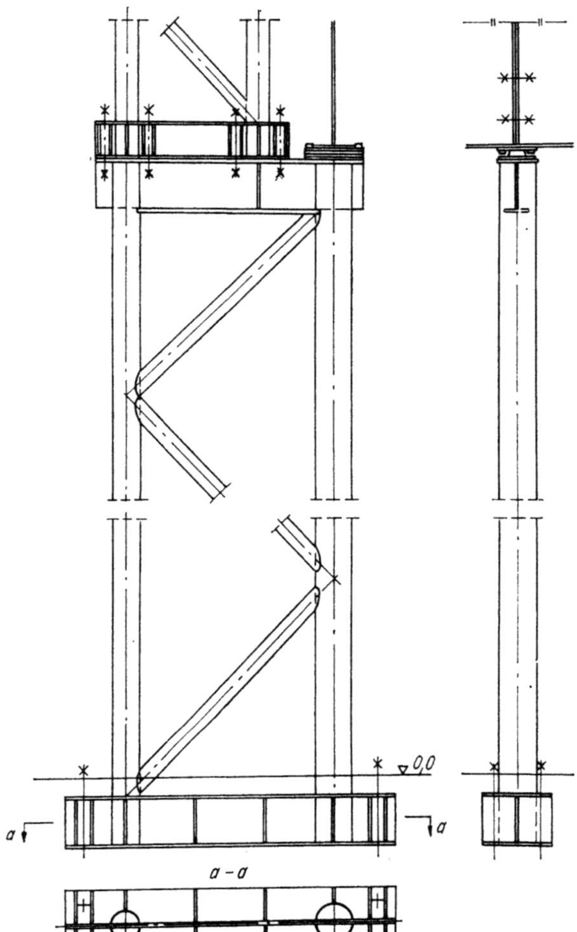

Abb. 7.33

Da der Teil unter den Kranbahnen (Mittelstütze) oder der Kranbahn (Stütze an der Außenwand der Halle) als Pendelstütze anzusehen ist, sollen die Kranbahnen vor der Aufstellung der Dachstützen montiert werden; die Verschraubung des oberen mit dem unteren Stützenteil ist nicht verläßlich. Die Abb. 7.34 zeigt derartige Mittel- und Außenstützen, wo wegen verspäteter Lieferung der Kranbahnen das Tragwerk ohne sie montiert werden mußte. Eine derartige Aufstellung ist ohne geeignete Stabilisierungsmaßnahmen nicht zu empfehlen.

Der lotrechte Querverband zwischen den beiden Kranbahnen in Abb. 7.32c, d (gestrichelt gezeichnet), der die Auflagerkraft des Verbandes zwischen den Obergurten der Kranbahnträger in die Stützenköpfe leitet, muß beiderseits der Stiele der Dachstütze angeordnet werden, um deren Wirkung in der Hallenlängsrichtung als Pendelstütze nicht zu stören.

Die Ausfachung der Außenwandstützen ist so zu wählen, daß die waagrechten Riegel der Längswand oder der waagrechte Träger zur Unterstützung der Wandstiele in Knotenpunkten gelagert werden können. Leichte Kranbahnen im Freien können auf dem auskragenden Ende eines Querriegels gelagert werden, der als Ausfachungsstab der Außenstütze angehört (Abb. 7.32e).

Abb. 7.34

Da für die Bemessung der zweistieligen Stützen die Stützenhöhe als Knicklänge maßgebend ist, sind Querriegel der Ausfachung, die bei Stielen aus I- und U-Stählen notwendig sind, zwecklos. In Ausnahmsfällen kann der Verdrehungswiderstand des weniger belasteten Stiels zur Verringerung der Knicklänge des andern herangezogen werden.

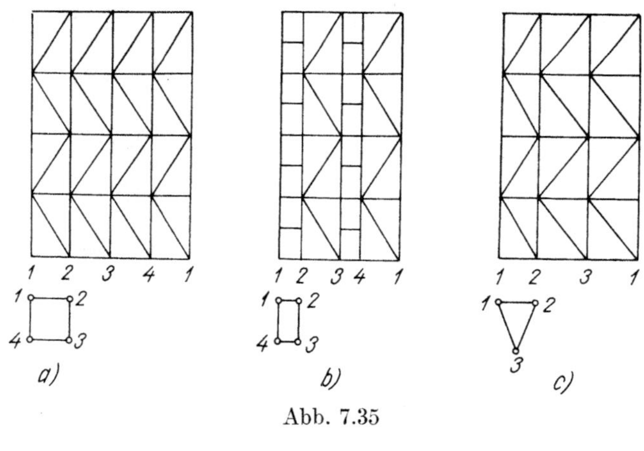

Abb. 7.35

7.5.1.2. Mehrstielige Stützen

Vierstielige Stützen haben einen quadratischen oder rechteckigen Querschnitt. Die Ausfachung besteht aus Rohrdiagonalen (Abb. 7.35a), Riegel bringen meistens keine merkliche Verringerung der Knickbeiwerte. Wirken in den Schmalseiten der Stütze nur geringe Querkräfte, kann die Gliederung in der Art der Stockwerksrahmen erfolgen (Abb. 7.35b). Die auf die Stütze wirkenden waagrechten Kräfte können Verdrehungsmomente hervorrufen, die in den Wänden als Querkräfte wirken und die Stiele verdrehen. Um den günstigen Verdrehungswiderstand auszunützen, müssen in der Nähe der angreifenden Drehmomente unnachgiebige waagrechte Versteifungen angeordnet werden.

Vierstielige Stützen aus Rohren sind oft wirtschaftlicher als zweistielige. In manchen Fällen kann die dreistielige Ausführung vorteilhaft sein. Ihre Ausfachung zeigt Abb. 7.35c. Der dreieckige Querschnitt erfordert keine Versteifung zur Aufnahme von Drehmomenten; der Schweißanschluß der Diagonalen sichert die Übertragung solcher Momente auf die Stiele. Die Ausführung bereitet keine Schwierigkeiten.

7.5.2. Einzelheiten der Ausführung

Die Abb. 7.33 zeigt die Regelausbildung des Fußes einer zweistieligen Stütze. Der Oberflansch des I-förmigen Fußes hat kreisrunde Öffnungen für die beiden Stiele und ist mit ihnen durch runde Kehlnähte verbunden. Die Stege und der

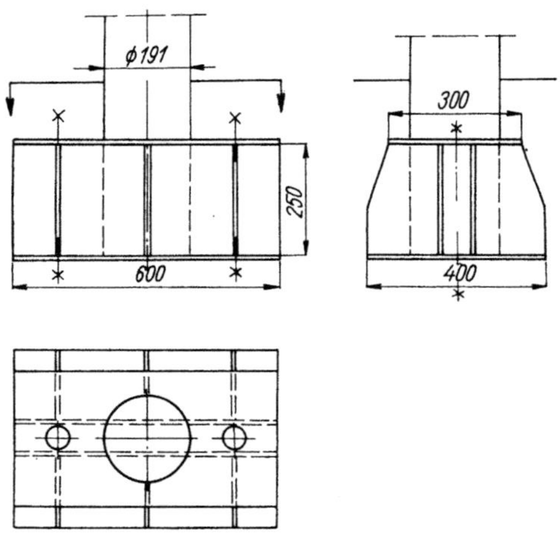

Abb. 7.36

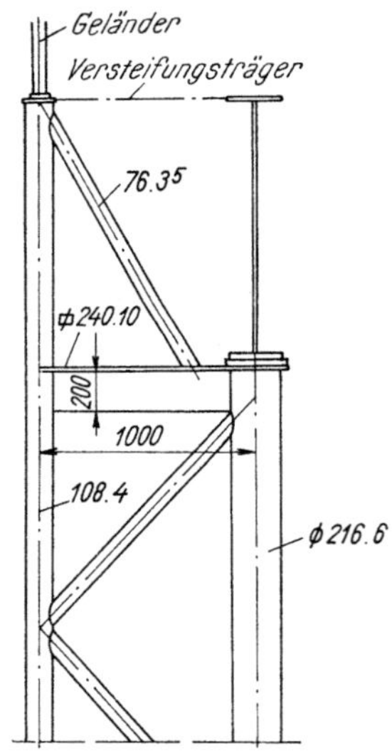

Abb. 7.37

Unterflansch des Fußes sind mit den geschlitzten Stielrohren verschweißt. Zwischen den Stielen und neben den Ankerschrauben in der Stützenebene ist das Fußprofil durch Querstege ausgesteift. Bei größerer Stielentfernung empfiehlt es sich, jeden Stiel für sich zu verankern, wie es Abb. 7.36 zeigt. Durch Anordnung von zwei Stegen mit Querrippen kann eine bessere Aussteifung der Flanschen erzielt werden. Bei der Fußausbildung mit zwei Stegen ist es möglich, die Ankerschrauben in die Stützenebene zu verlegen, wodurch die volle Einspannung in der Längsrichtung der Halle vermieden wird.

Bei drei- und vierstieligen Stützen wird in der Regel jeder Stiel einzeln verankert; bei rechteckigen Stützen aber, deren Schmalseiten in der Hallenlängsrichtung liegen, ist es vorteilhaft, deren Stiele durch einen gemeinsamen Fuß zu verbinden, in der gleichen Weise wie bei den zweistieligen Stützen.

Die Kranbahnträger erhalten Tangentialkipplager in der Richtung der Bahn in Form einer Zentrierungsplatte, wodurch die mittige Eintragung der lotrechten Auflagerkräfte in den Stiel gesichert ist. Dieses Lager ist etwas breiter als das Stielrohr und hält den Träger in seiner Lage quer zur Bahn fest. Unter dem Lager ist der Stielkopf durch einen Querträger T- oder I-förmigen Querschnitts mit dem anderen Stiel verbunden. Dieser Querriegel ist bei der Randstütze nach Abb. 7.37 durch die Strebenkraft, bei der Mittelstütze nach Abb. 7.38 durch die waagrechte Auflagerkraft des Kranbahnverbandes beansprucht. Sein Oberflansch deckt den Kopf des Stieles unter der Kranbahn und umfaßt bei der Randstütze zur Hälfte das andere Stielrohr. Sein Steg wird entweder an die Stiele angeschweißt oder mit den geschlitzten Stielrohren durch Schweißen verbunden. Bei einer Mittelstütze mit Kranbahnpaar deckt der Oberflansch beide Stielköpfe; der Unterflansch des I-Profils wird an die Stiele angepaßt.

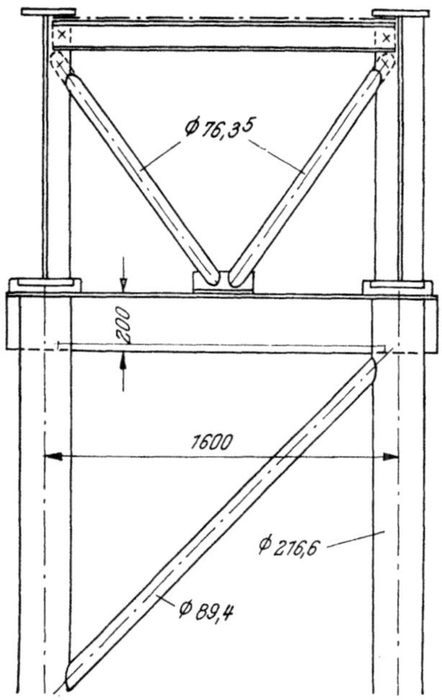

Abb. 7.38

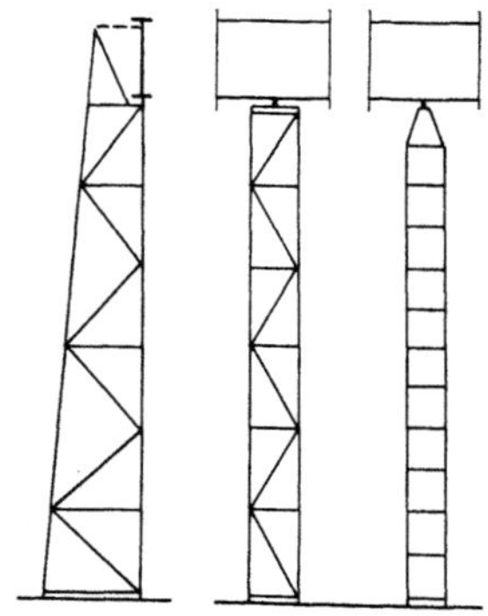

Abb. 7.39

Die Stützen von Kranbahnen im Freien werden in der Regel zweistielig ausgeführt und der Festpunkt, wie bei den Stützen im Innern der Halle, durch ein Portal oder eine vierstielige Stütze geschaffen. Bei größerer Höhe werden auch hier zweistielige Rohrstützen wegen der großen Knicklänge in der Bahnrichtung unwirtschaftlich und vierstielige Stützen sind vorteilhafter. Trägt die Stütze nur *eine* Bahn, wird nur der zugehörige Stiel lotrecht, der andere aber schräg ausgeführt (Abb. 7.39). Die Schmalseiten gleichartiger vierseitiger Stützen werden wie in Abb. 7.35b ausgebildet.

Bei Randsützen, wo die in der Außenwand liegenden Stiele durch Verbindung mit ihren Riegeln gegen Ausknicken gesichert sind, kann es wirtschaftlich sein, auch hier vierstielige Stützen auszuführen. Die parallelen Stiele unter der Kranbahn werden, um die Lagerentfernung zu verkleinern, im obern Teil geneigt ausgeführt. Bilden durchlaufende Träger die Kranbahn, können, da nur *ein* Lager nötig ist, die Stiele noch enger zusammengeführt werden. Weitere Einzelheiten derartiger Randstützen sind der Abb. 7.40 zu entnehmen. Die Dachkonstruktion wird von einer einfachen Rohrstütze (Pendelstütze) getragen. Um den untern Gelenkpunkt in der Höhe der Kranschiene in seiner Lage zu sichern, sind die Stiele der Wand *A* zusammengeführt; in der andern Richtung ist dieser Punkt durch eine schräge Rohrstrebe gehalten, die unten durch einen waagrechten Riegel glei-

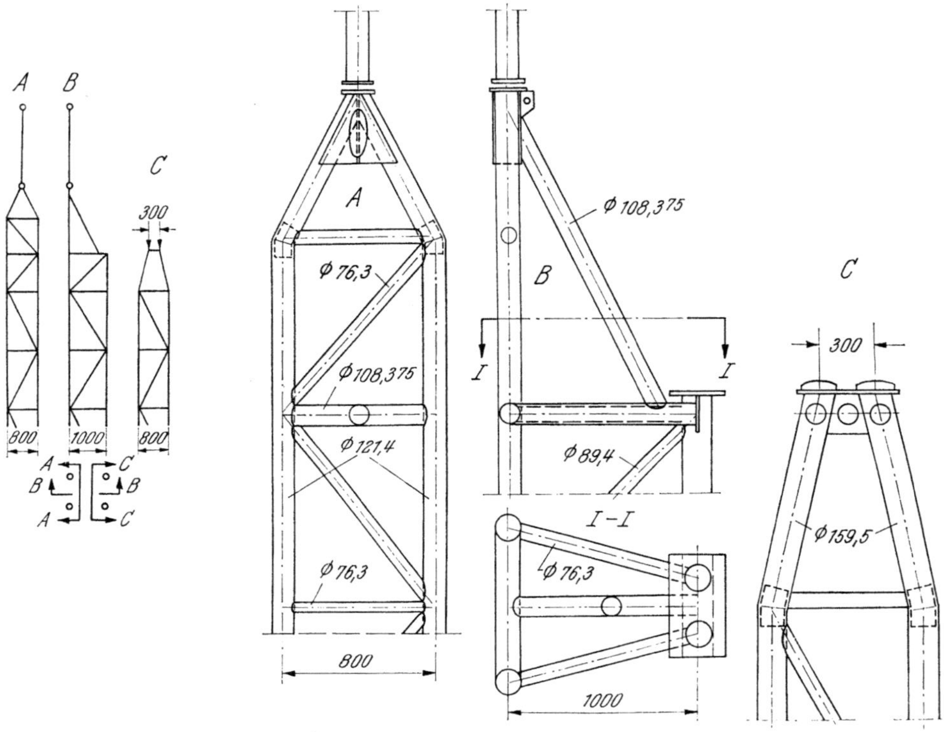

Abb. 7.40

chen Durchmessers gestützt wird. Dieser Riegel wird in der Wand *A* von einem Querrohr getragen und ist in der Wand *C* an den Steg des T-Trägers angeschlossen, der in dieser Wand die Köpfe der geneigten Stiele verbindet.

Die Einzelheiten der Ausführung einer Mittelstütze, die die festen Lager eines durchlaufenden Binders und eines Paares durchlaufender Kranbahnträger trägt, zeigt Abb. 7.41. Die vierseitige Stütze ist zweiteilig ausgeführt. Ihr Oberteil ist auf einen rechteckigen Rahmen geschraubt, der die Stielköpfe des Unterteils verbindet. Dieser aus T-Trägern gebildete Rahmen ist durch eine Diagonale ausgesteift. Die Flanschen dieses Rahmens reichen in den Breitseiten über die Stielköpfe und sind mit ihnen verschweißt, ihre Stege sind mit den geschlitzten Köpfen durch Schweißen verbunden. In den Schmalseiten stoßen die Flanschen stumpf an die der Breitseiten und die Stege an die Stiele. In den Schmalseiten wird der Riegel unter dem Lager der Kranbahn durch Streben gestützt, in den Breitseiten ist ein rahmenartiger Träger mit Zugband ausgebildet, der die Auflagerdrücke des obern

Stützenteils aufnimmt. Dieser Rahmen kann auch durch eine Ausführung nach Abb. 7.32 c, d mit einem waagrechten Riegel in I-Form ersetzt werden. Die Streben werden für die Durchführung des Riegelsteges geschlitzt und stützen unmittelbar die Kranbahnlager bzw. die Stiele des Stützenoberteils. Die Breite des Stützenoberteils wird bei Vorhandensein eines Laufsteges durch die erforderliche Rahmenöffnung bestimmt.

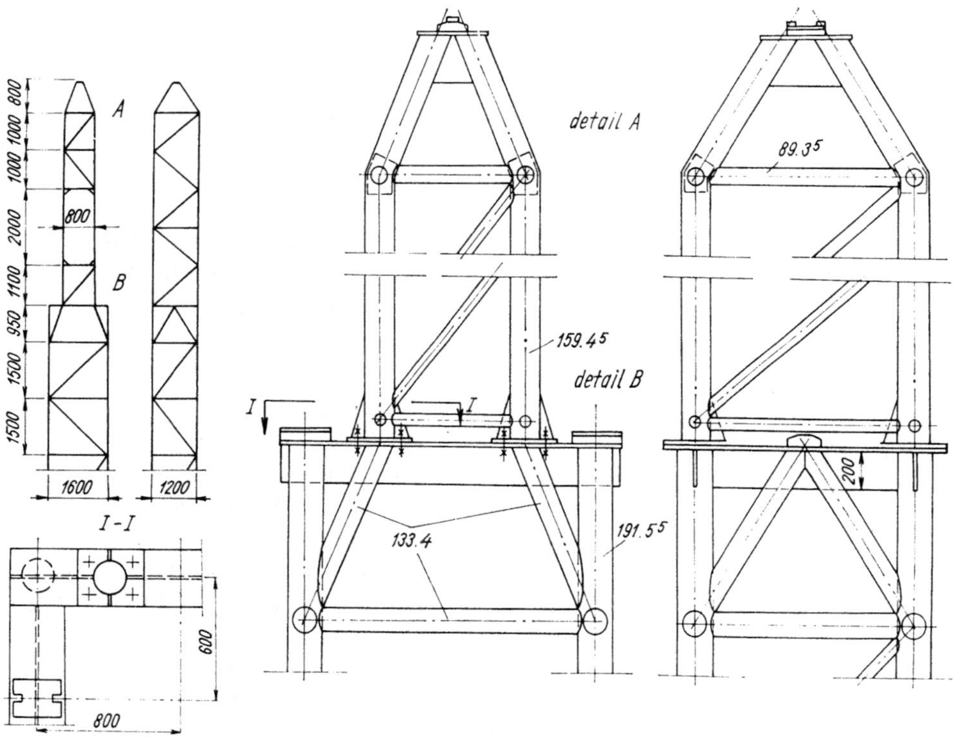

Abb. 7.41

7.5.3. Berechnung

7.5.3.1. Zweistielige Stützen

Zweistielige Stützen können bei üblicher Ausführung in der Richtung der Halle als Pendelstützen angesehen werden. Um sie als unten eingespannt anzunehmen, muß für eine richtige Verankerung gesorgt und das Fundament ausreichend stark ausgeführt werden. Dadurch gehen die statischen Vorteile, die diese Stützen bieten, meistens wieder verloren. Bei Randstützen kann die Knicklänge in der Hallenlängsrichtung durch entsprechende Verbindung mit den Riegeln der Außenwand vermindert werden. Die Stiele unter der Kranbahn werden für eine Knicklänge gleich der Entfernung zwischen Unterkante Kranbahnträger und Fußplatte bemessen, wobei die elastische waagrechte Stützung durch die steife Verbindung der Ausfachung mit dem drehsteifen andern Stiel vernachlässigt wird. Da infolge der waagrechten Belastung die Stabkräfte in den Stielen veränderlich sind, wird ihre Knicksicherheit für die größte Kraft mit einer Knicklänge nach Tafel 5 in DIN 4114, Blatt 2, nachgewiesen.

In der Breitenrichtung der Halle sind die Stützen unten eingespannt; die Ankerschrauben sind für das Einspannmoment zu bemessen. Erfordert das Tragwerk des Daches eine bewegliche Lagerung quer zur Halle, empfiehlt es sich, den Stützenoberteil als Pendelstütze auszuführen. Die Schraubverbindung zwischen Ober- und Unterteil ist in der Hallenlängsrichtung als gelenkig anzusehen; eine bei der üblichen Ausführung vorhandene teilweise Einspannung ist nicht verläßlich, so daß man bei der Aufstellung nicht mit ihr rechnen sollte.

Die Querkraft Q ruft in den Diagonalen der Ausfachung Kräfte

$$S_d' = Q \sec \alpha = Q \frac{d}{b} \tag{225}$$

hervor. Außerdem werden sie durch Verformung beeinflußt. Ist in Abb. 7.42 S die größte Druckkraft im rechten Stiel mit der Querschnittsfläche F, wird die Diagonale über dem Stützenfuß mit dem Querschnitt F_d annähernd durch die Kraft

$$S_d'' = \frac{F_d}{F} \left(\frac{\lambda}{d}\right)^2 S \tag{226}$$

beansprucht. Bei der Ableitung dieser Formel ist die gelenkige Verbindung aller Stäbe und gleiche Belastung beider Stiele vorausgesetzt.

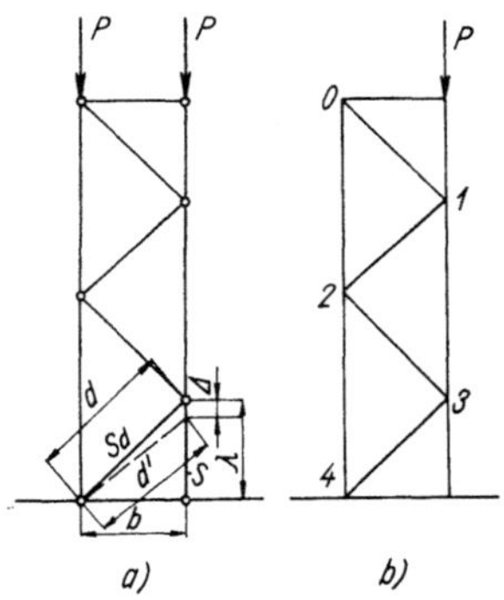

Abb. 7.42

Ist nur ein Stiel durch P belastet (Abb. 7.42b), ist letztere Voraussetzung nicht mehr erfüllt. Die dieser Belastung entsprechenden zusätzlichen Diagonalkräfte sind oben am größten. Da alle Diagonalen gleichen Querschnitt haben und die von der waagrechten Belastung herrührenden Diagonalkräfte unten am größten sind, genügt es, S_d'' aus der größten Stielkraft über dem Stützenfuß nach (226) zu berechnen.

Bei der üblichen Bemessung der Diagonalen aus der Querkraft nach (225) empfiehlt es sich, die zulässige Spannung um $\sigma_d'' = \frac{S_d''}{F_d}$ auf $\sigma_{\text{zul}}' = \left[1 - \frac{F_d}{F}\left(\frac{\lambda}{d}\right)^2\right] \sigma_{\text{zul}}$ zu erniedrigen.

Beispiel: $b = 1{,}60$ m, $\lambda = 1{,}80$ m, $d = 2{,}40$ m, $\frac{F_d}{F} = \frac{1}{5}$,

$\sigma_{\text{zul}} = 2400$ kp/cm².

$$\sigma_{\text{zul}}' = \left[1 - \frac{1}{5}\left(\frac{180}{240}\right)^2\right] 2400 = (1 - 0{,}1125) 2400 = 2130 \text{ kp/cm}^2.$$

7.5.3.2. Drei- und vierseitige Stützen

Die Stiele von drei- und vierseitigen Stützen werden für die größte Stabkraft auf Knickung bemessen. Als Knicklänge ist bei den Stützen der Abb. 7.40 und 7.41 die Entfernung der Knotenpunkte anzunehmen. Mit der gleichen Knicklänge kann aber auch gerechnet werden, wenn die in Abb. 7.35a, c eingezeichneten Riegel weggelassen werden; wenn nicht besondere Gründe für ihre Beibehaltung sprechen, können sie fortfallen, auch bei unveränderlicher Felderteilung (vgl. den Spannungsnachweis zur Berechnung der Gittermaste im Abschnitt 13.5.3.2c).

Die Diagonalen werden für eine Druckkraft bemessen, die der Querkraft in der Wand und der Wirkung der Formänderung nach (226) entspricht. Ihre Knicklänge ist, wenn d die Systemlänge die Diagonale und D den Durchmesser des Stielrohres bezeichnen, $d - D \sec \alpha = d\left(1 - \frac{D}{b}\right)$. Wenn die vierwandige Stütze auf Verdrehen beansprucht ist, empfiehlt es sich, ohne Rücksicht darauf, daß dadurch keine Verringerung der Knicklänge bei den Stielrohren erreicht wird, Querriegel aus Rohr vorzusehen, deren Trägheitsmoment etwa halb so groß ist wie das der Diagonalen.

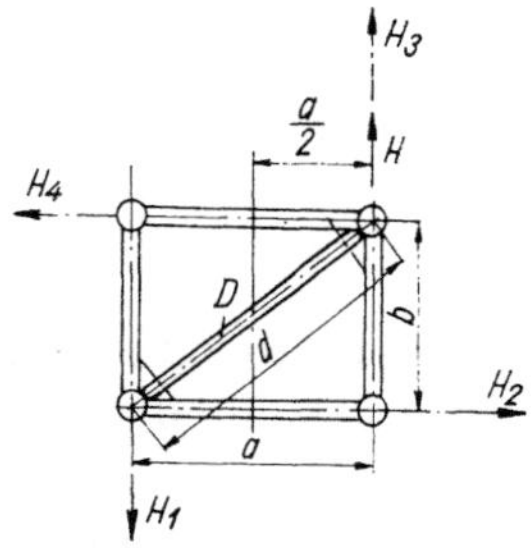

Abb. 7.43

Das Drehmoment $M_d = H \frac{a}{2}$, das in Abb. 7.43 beispielsweise durch die Bremskraft einer Kranbahn hervorgerufen wird, verlangt, daß der Stützenquerschnitt in der Angriffsebene des Momentes oder in seiner Nähe ausgesteift wird, in einfachster Weise durch eine Diagonale. In diesem Falle entstehen in dieser Ebene in den vier Wänden waagrechte Kräfte mit (vgl. die Berechnung vierseitiger Maste auf Verdrehen in Abschnitt 13.5.3.2b.) folgenden Näherungswerten:

$$\begin{aligned} H_1 &= \frac{H}{2} + \frac{M_d}{2a} = \frac{3}{4} H \\ H_2 &= H_4 = \frac{M_d}{2b} = \frac{a}{4b} H \\ H_3 &= -\frac{H}{2} + \frac{M_d}{2a} = -\frac{H}{4}. \end{aligned} \tag{227}$$

In der Diagonale entsteht eine Kraft

$$D = \frac{d}{4b} H. \tag{227a}$$

Bei dieser Berechnung ist der Verdrehungswiderstand der Stiele vernachlässigt.

7.6. Raumverbände

7.6.1. Anordnung der Verbände

Wird das Tragwerk einer Industriehalle in Rohrkonstruktion ausgeführt, verwendet man aus Gründen der einheitlichen Herstellung und des bessern Aussehens wegen auch für die Raumverbände Rohre. Diese Verbände dienen sowohl der räumlichen Stabilität des ganzen Bauwerks als auch der Aussteifung seiner gedrückten Teile. Sie sind erforderlich zur Aussteifung der Dachkonstruktion, in den Umfassungswänden, in den Reihen der Rand- und Mittelstützen und zur Übertragung der Seiten- und Bremskräfte der Krane in die Stützen und deren Fundamente. Die Dachverbände liegen zwischen den Binderobergurten, in der Ebene der Binderuntergurte, soweit diese bei Durchlaufträgern oder Rahmen gedrückt sind, und in lotrechter oder geneigter Lage zwischen den Bindern. Wenn von den Stützen eines Hallenteils zwischen zwei Ausdehnungsfugen nicht in jeder Reihe eine unten eingespannt ist und so den Festpunkt bildet, sind die Pendelstützen durch je einen lotrechten Verband oder ein Portal in jeder Längsreihe auszusteifen; dasselbe gilt für die Kranbahnstützen. Für die Stiele der Umfassungswände ist ein oberes Auflager in der Form eines gegliederten Verbandes zu schaffen. Dieser kann in der Ebene der Binderobergurte liegen oder als waagrechter Träger in der Wand angeordnet werden.

7.6.2. Dachverbände

Bei durchgehenden Pfetten ist in jedem dilatierendem Hallenabschnitt zwischen den Binderobergurten in der Mitte des Abschnitts oder je einer an seinen

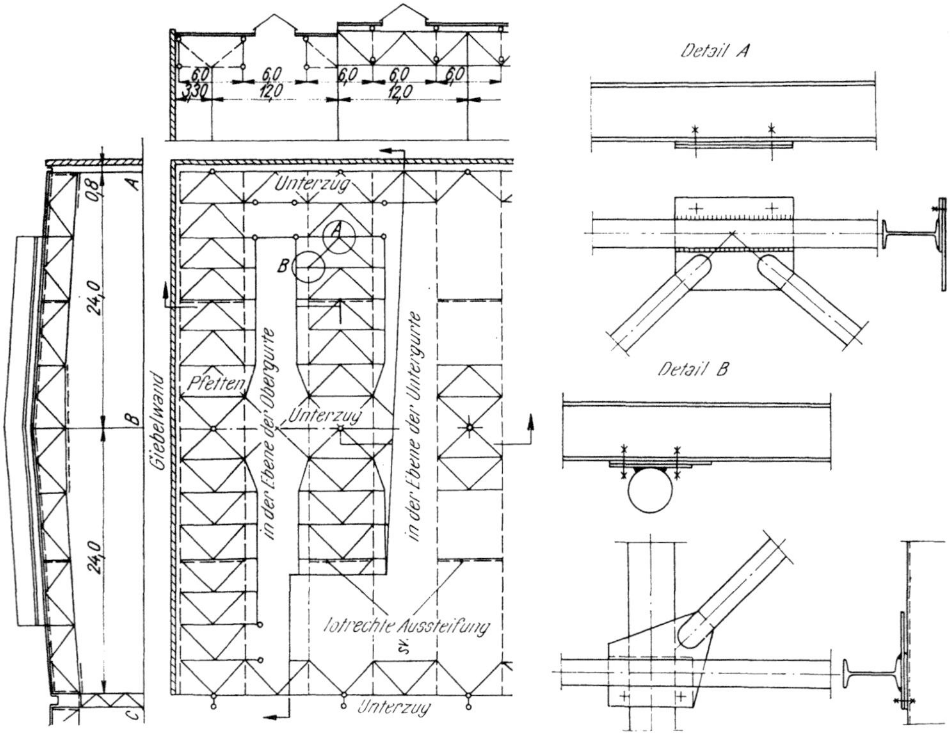

Abb. 7.44

Enden anzuordnen, ein Fachwerkträger auf zwei Stützen oder ein Durchlaufträger je nach dem Bindersystem. Werden die Pfetten im Bereich der Oberlichter unterbrochen, muß ein solcher Verband in jedem Feld ohne Oberlichter vorhanden sein. Die Abb. 7.44 zeigt als Beispiel die Dachverbände einer vierschiffigen Halle mit durchlaufenden Bindern von 2×24 m Spannweite und festen Stützen C in der Mittelreihe. Der Windverband aus Diagonalen und Pfetten ist ein durchlaufender Träger über zwei Felder, der seine Auflagerkräfte an die Unterzüge über den Stützen abgibt. Zur Sicherung der gedrückten Untergurte gegen seitliches Ausweichen ist zwischen ihnen in der Nähe der Stützen B ein weiterer Verband angeordnet. Neben den festen Stützen C ist in den Ebenen der Binderober- und Untergurte je ein Fachwerkträger von 12 m Stützweite vorhanden, die die feste Lagerung der Binder auf den Unterzügen sichern. Die Druckgurte der Unterzüge A und B als Träger auf zwei Stützen sind in der Achse der Oberlichter gegen Ausknicken durch schräge, vom Verband zwischen den Binderobergurten ausgehende Streben gesichert. Je eine Pfette bildet mit den benachbarten Diagonalen des Verbandes ein Montageelement. Einzelheiten der Verbindung von Diagonalen und Pfette sind aus der Abbildung ersichtlich. Die Diagonalen werden mit Schrauben oder Schweißen nach Art der Abb. 3.36 angeschlossen.

7.6.3. Lotrechte Verbände in den Stützenlängsreihen

Für eine niedrige Halle ohne Kranbahn zeigt Abb. 7.45a die einfachste Ausführungsform des Längsverbandes. Die Streben werden in der Regel nur auf Zug bemessen. Dasselbe gilt auch für Verbände nach 7.45b, c, die für hohe Hallen in

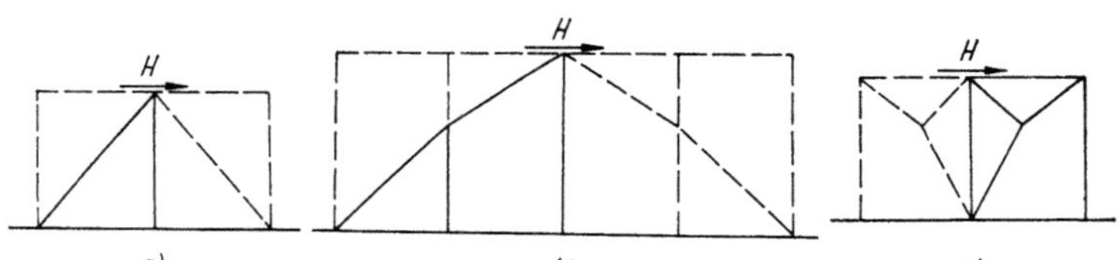

Abb. 7.45

Betracht kommen. Gegenüber der Ausführung von Andreaskreuzen hat diese Ausbildung den Vorteil, daß Kreuzungen von Rohren vermieden werden. Bei kleinen Strebenkräften genügt der Anschluß an einseitig an das Rohr der Stütze geschweißte Bleche; bei größern Kräften empfiehlt es sich, das Stützenrohr zu schlitzen. Die schrägen Streben sollen bei der Aufstellung eine kleine Vorspannung erhalten.

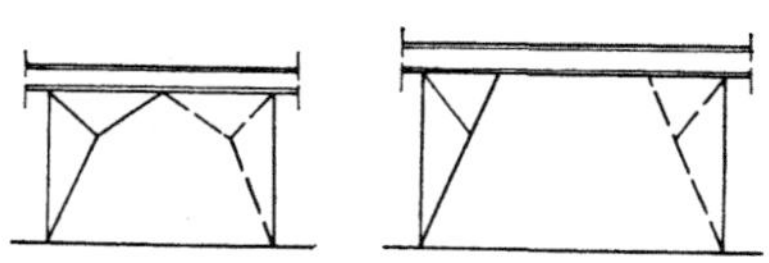

Abb. 7.46

In gleicher Weise der Abb. 7.46a, c können auch die Verbände unter der Kranbahn ausgeführt werden, wobei auch hier die Stäbe bei größerer Länge auf Zug zu bemessen sind. In Abb. 7.46a, b sind weitere Ausführungsmöglichkeiten dargestellt. Derartige Verbände unter einem Kranträgerpaar oder die parallelen Verbände der Kranbahn und der Gebäudekonstruktion werden durch zwischen ihnen liegendes Fachwerk seitlich ausgesteift; die Stäbe sind dann auf Druck zu bemessen.

Die Belastung der Verbände zwischen den Dachstützen über der Kranbahn kann auf bekannte Weise auch in das Kranportal eingeleitet werden. Alle lotrechten Verbände, die zwischen den Stützen eines Feldes angeordnet werden, können, wie bereits erwähnt, durch eine feste, unten eingespannte Stütze ersetzt werden, was für den Querverkehr von Vorteil ist.

7.6.4. Waagrechte Windträger der Umfassungswände

Die Stiele der Längs- und Giebelwände werden in der Regel durch einen ausgefachten Träger in der Ebene der Binderobergurte gestützt. Ihre Auflagerkräfte geben sie in den Längswänden an die Randstützen, in den Giebelwänden an die Endstützen der Halle ab; in selbsttragenden Giebeln werden sie durch eigene eingespannte Stützen in deren Fundamente geleitet. Bei größerer Wandhöhe können waagrechte Träger niedriger, beispielsweise in der Höhe der Kranbahn, angeordnet werden, so daß die Stiele Träger mit überkragenden Enden bilden; manchmal kann die Ausführung zweier Träger übereinander wirtschaftlich sein. Die Ausfachung ist so zu wählen, daß die Stiele in den Knotenpunkten des waagrechten Trägers unterstützt werden.

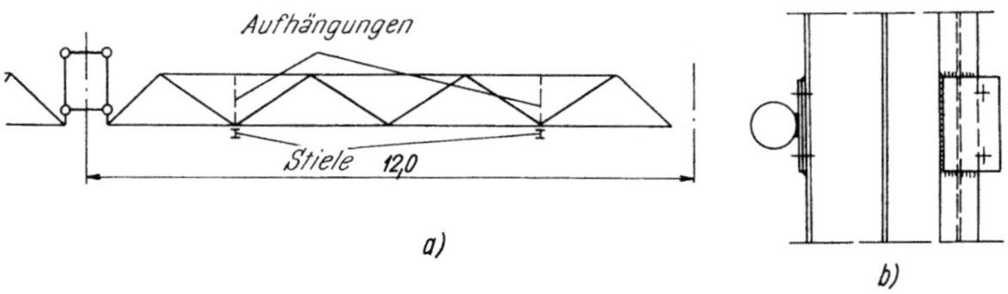

Abb. 7.47

Als Beispiel zeigt Abb. 7.47a die Ausbildung des Windträgers einer Längswand bei einer Entfernung der Randstützen von 12 m und einer Stielentfernung der vorgesetzten Riegelwand von 6 m. Der Flansch des Stiels aus einem I-Stahl wird durch einen Flachstahl verbreitert, der mit einem gleich großen an das Gurtrohr angeschweißten Flachstahl durch Schrauben verbunden wird (Abb. 7.47b). Der freie Gurt ist am Wandstiel durch je ein schräges Rohr aufgehängt.

7.7. Beispiele ausgeführter Industriehallen

In allen Ländern, in denen die Erzeugung von Stahlrohrkonstruktionen bereits eingeführt ist, in Europa vor allem in der Bundesrepublik, in England, Belgien, Frankreich, Italien, der Tschechoslowakei und in geringerem Ausmaße auch in andern Oststaaten, steigt von Jahr zu Jahr die Anzahl und überdachte Fläche von eingeschossigen Industriehallen in Stahlrohrkonstruktion. Mit Ausnahme von Pfetten, für die nur in Sonderfällen Rohre verwendet werden, werden alle tragenden Bauteile und Verbände dieser Hallen aus Rohren hergestellt. Laufkrane und zugehörige Kranbahnen in vollwandiger Ausführung fügen sich gut zum Aussehen der Rohrkonstruktion. Je mehr aber die Erkenntnisse über dynamische Beanspruchungen und ihre Beherrschung wachsen, umso öfter wird es möglich werden, bei größeren Spannweiten den Vollwandträger durch einen gegliederten Rohrträger zu ersetzen. Auf keinen Fall eignen sich Fachwerkträger aus Winkelstählen zu Kranbahnen und Brücken von Laufkranen für eine Halle, die ganz in Stahlrohrkonstruktion ausgeführt ist.

Im folgenden werden einige ausgeführte Hallen beschrieben:

7.7.1. Zweischiffige Halle einer Betriebswerkstätte

Diese Werkstätte mit einer überdachten Fläche von 6500 m² bei einer Länge von 150 m war eine der ersten Hallen, die nach dem zweiten Weltkrieg ganz in Stahlrohrkonstruktion ausgeführt wurde (Abb. 7.48). Die in gegenseitigem Abstande

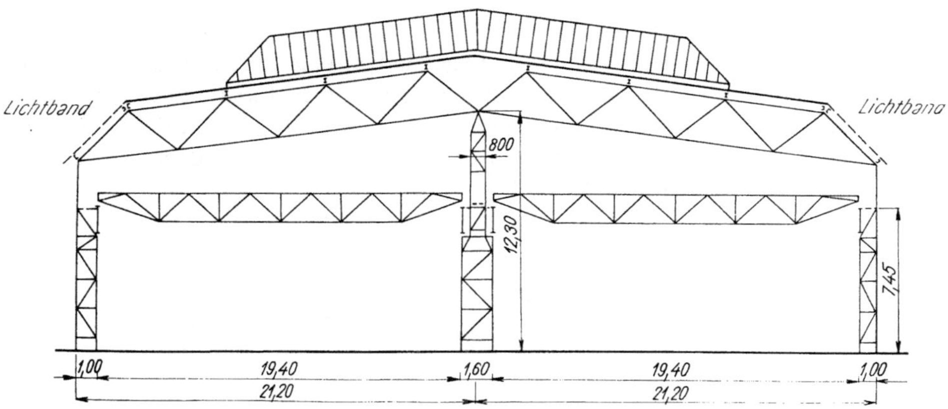

Abb. 7.48

von 10 m angeordneten Fachwerkbinder, einfache Balken mit 21,2 m Spannweite, sind über den Mittelstützen gemeinsam, gelenkig fest gelagert; die Pendelstützen des Oberteils der Randstützen bilden die beweglichen Endauflager. Auch die Pfetten, die Holzsparren mit einer waagrechten Spannweite von 5,3 m tragen, sind als leichte Rohrfachwerksträger mit einem Gewichte von 4,6 kp/m² Grundrißfläche ausgeführt. Die Kranbahnen sind durchlaufende gegliederte Rohrträger mit zwei Gelenken in jedem zweiten Feld. Ein Profilrohr mit aufgeschweißter Kranschiene (s. Abb. 7.20d) bildet den Obergurt der Kranbahnträger, die auf den Stielen des Stützenunterteils ruhen.

In einer Entfernung von 40 m von den Giebelwänden sind im Dach Ausdehnungsfugen angeordnet. In den Außenabschnitten liegen die festen Stützen in den Giebeln, im Mittelabschnitt in der Mitte der Hallenlänge. Diese Stützen sind im Unterteil vierstielig, im Oberteil in den Längswänden zweistielig, in der Mittelreihe vierstielig. Die übrigen Stützen haben einen zweistieligen Unterteil. In den Außenwänden bilden die aus einem einfachen Rohr bestehenden Pendelstützen des Daches die Fortsetzung des äußern Stiels; die zweistieligen Pendelstützen der Mittelreihe ruhen auf einem Querriegel, der die Stielköpfe des Unterteils verbindet. Diese zweistielige Stütze hat über Schienenoberkante eine rahmenartige Öffnung für den Bedienungssteg.

7.7.2. Halle einer Werkstätte zur Schraubenerzeugung

Die dreischiffige Halle mit einer verbauten Fläche von 14450 m² wurde zwischen selbsttragenden Umfassungswänden mit Pfeilern aus armiertem Beton aufgestellt. Die über drei Felder mit 20,0 + 24,0 + 20 m Spannweite durchlaufenden Fachwerkbinder mit Gelenken G in den Obergurten der Außenfelder und einem 5,5 m

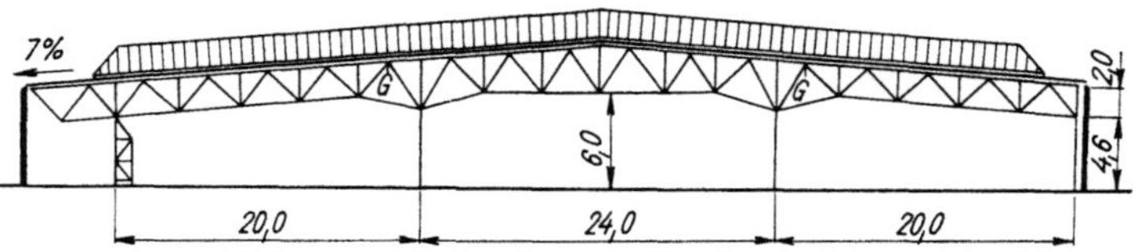

Abb. 7.49

auskragenden Teil neben dem festen Lager haben eine gegenseitige Entfernung von 5 m und werden von Unterzügen getragen, die in Entfernungen von 20 m unterstützt sind. Bei einer Hallenlänge von 205 m sind zwei Ausdehnungsfugen vorgesehen. Unter diesen sind die Unterzüge unterbrochen und die Stützenentfernung beträgt 5 m (Abb. 7.49).

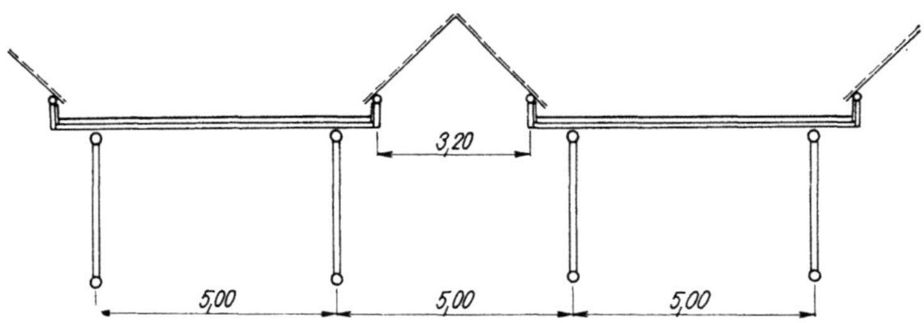

Abb. 7.50

Die Dachhaut aus armiertem Schlackenbeton im Gewichte von 110 kp/m² ruht auf 2 m voneinander entfernten Pfetten, die die Binder in den Obergurtknoten belasten. Diese Pfetten sind in jedem zweiten Feld unterbrochen und tragen an ihren Enden Raupenoberlichter mit einer Lichtweite von 3,20 m (Abb. 7.50). Nur die Oberlichter in dem 5-m-Feld der Unterzüge haben ein Zugband und sind einerseits beweglich gelagert, während alle übrigen Oberlichter frei von Einbauten sind. In den Feldern zwischen den Oberlichtern sind Dachverbände angeordnet.

Der gesamte Stahlverbrauch einschließlich des Tragwerks der Oberlichter betrug rund 25 kp/m² Grundrißfläche; davon entfallen auf die Binder 7,2 kp/m².

7.7.3. Halle einer Feilenwerkstätte

Diese vierschiffige Halle hat bei einer Gesamtbreite von 96,6 m eine verbaute Fläche von 9190 m². Die sattelförmigen Binder wurden wegen der günstigen Fundierungsverhältnisse durchlaufend über zwei Felder von je 23,45 m ohne Gelenke ausgeführt; nur während der Aufstellung war in einem der Felder ein Gelenk wirksam (Abb. 7.51). Die Rohrfachwerkträger der Unterzüge von 10 m Spannweite sind als einfache Balken einerseits unmittelbar auf den Stützen, auf der andern Seite gelenkig auf dem Obergurt des benachbarten Unterzugs knapp neben der

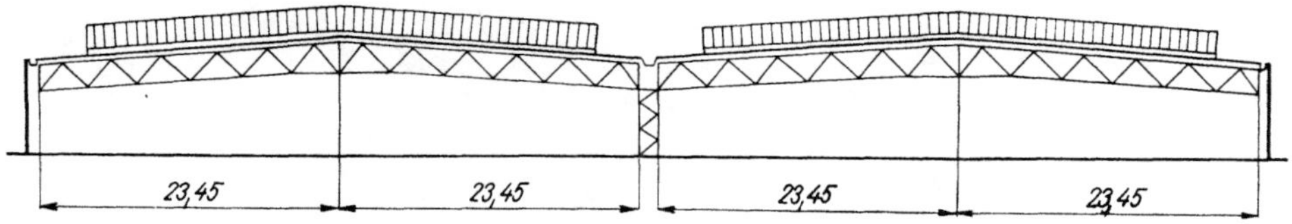

Abb. 7.51

Stütze gelagert (vgl. Abb. 3.53). Die Entfernung der Binder beträgt 5 m. Ihre Lagerung erfolgt in Knotenpunkten des Unterzugs, die 2,5 m von den Stützen entfernt sind, auf niedrigen Rohrstutzen zwischen den Diagonalen des Knotens (vgl. Abb. 3.46). Ein waagrechter Verband zwischen den Unterzügen über den Stielen der Mittelstützen macht die Binderauflager in diesen Unterzügen zu festen Lagern.

7.7.4. Hallen in Shedkonstruktion

Zur Erzielung einer guten natürlichen Beleuchtung der Halle dient die Ausführung des Tragwerks in Shedform. Das räumliche Tragwerk besteht aus zwei ausgefachten Trägern, deren Ebenen miteinander einen Winkel von 90° einschlie-

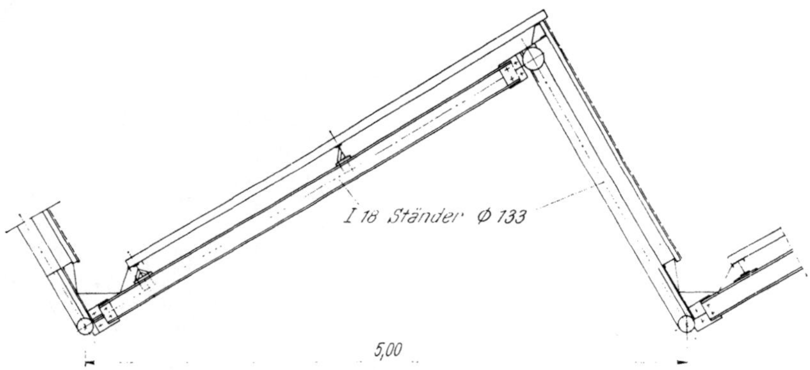

Abb. 7.52

ßen; der steilere, verglaste Träger ist unter einem Winkel von 0 bis 30° gegen die Lotrechte geneigt. Ihre gegenseitige Lage ist über den Lagern durch ein Zugband oder eine Ausfachung zwischen den Endpfosten der schrägen Hauptträger gesichert. Die lichtundurchlässige Dachhaut wird von Pfetten getragen, die von den Ständern der Ausfachung des flacheren Trägers unterstützt sind. Diese auf Biegung beanspruchten Stäbe sind als Walzträger in I-Form oder als gegliederte Rohrträger auszubilden. Die beiden Hauptträger haben gemeinsame Gurte.

Den Querschnitt einer solchen, verhältnismäßig kleinen Halle mit Schiffen von 11,5 + 16,1 m Breite und einer Länge von 14 × 5,0 = 70 m zeigt Abb. 7.52.

Die undurchsichtige Dachhaut wird von Walzträgerpfetten getragen, die durch die als I-Stähle ausgeführten Ständer des unter 30° geneigten Trägers unterstützt werden. Der ganz aus Rohren hergestellte steile Träger ist mit Drahtglas gedeckt.

Abb. 7.53

Abb. 7.54

Die Entfernung der gemeinsamen Untergurte beträgt 5,0 m. Einzelheiten sind aus Abb. 7.52 zu ersehen. In den Giebeln und über den Mittelstützen sind die Untergurte durch ein waagrechtes Rohr verbunden, das sowohl auf Zug als auch auf

Druck bemessen ist. Die Lager in den Längswänden und über dem Unterzug der Mittelstützen sind hinsichtlich ihrer Beweglichkeit den Anforderungen des Raumtragwerks entsprechend ausgeführt. Die Abb. 7.53 und 7.54 zeigen Aufnahmen während der Aufstellung der Stahlkonstruktion.

Weit größere Abmessungen weist die Mittelhalle der Werkstätten von Orenstein und Koppel in Mailand auf [92]. Die Stützweite der Rohrfachwerksträger beträgt 10 × 3,18 = 31,8 m, ihre schräge Höhe 2,80 und 9,60 m, die Entfernung ihrer Untergurte ist 10,0 m. Die Spannweite von 31,8 m erfordert je zwei Montagestöße im Ober- und Untergurt, die als Stumpfstöße mit Einlegenippel, im Untergurt verstärkt durch Rundlochschweißen, ausgeführt wurden. Die Pfosten des Trägers unter der undurchsichtigen Dachhaut sind wegen ihrer verhältnismäßig großen Länge und Biegebeanspruchung als ausgefachte Rohrträger hergestellt. Die Abb. 7.55 zeigt schematisch den Querschnitt und einen Ausschnitt des Grundrisses.

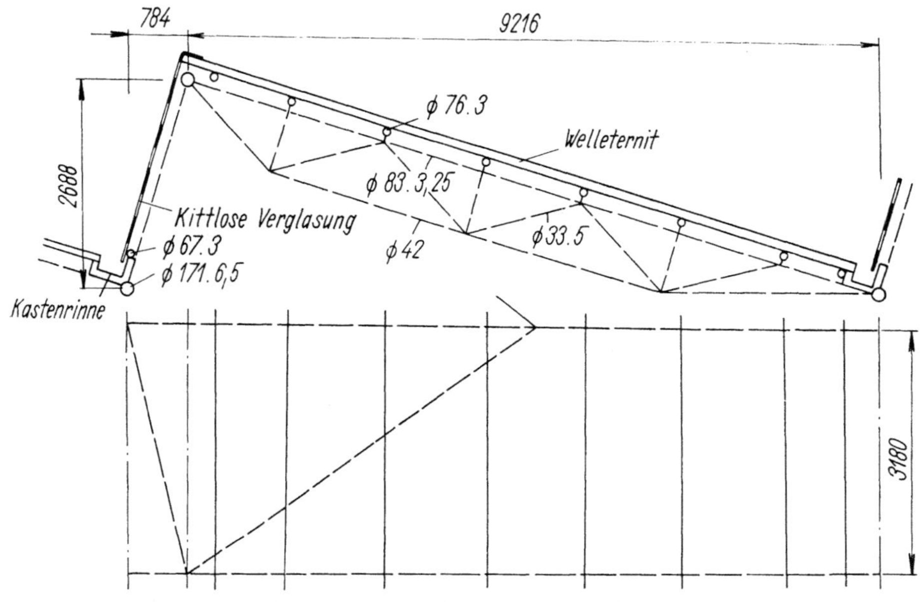

Abb. 7.55

7.7.5. Fertighalle eines Rohrwalzwerks

Diese Halle wurde mit Kabelkran so aufgestellt, daß der Betrieb in den alten hölzernen Shedbauten nicht unterbrochen werden mußte. In der neuen Halle

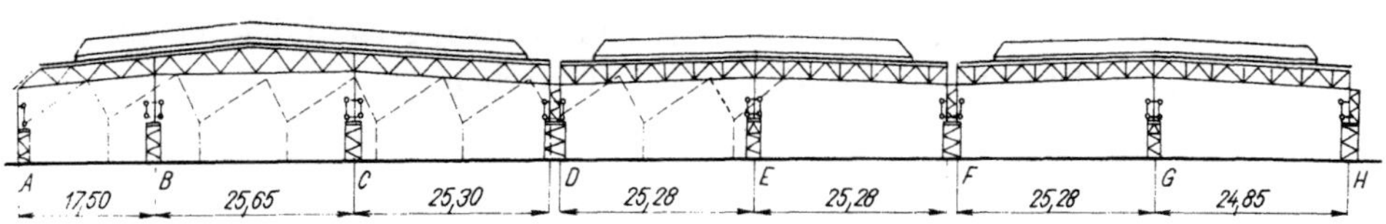

Abb. 7.56

überdecken Satteldächer mit 7% Neigung zwei bzw. drei Schiffe. Die Spannweite der 7 m voneinander entfernten durchlaufenden Binder beträgt etwa 25 m (Abb. 7.56), die der Unterzüge und Kranbahnen für je zwei 10 t-Laufkrane 21 m.

Calofrigplatten mit guter Wärmeisolierfähigkeit (Kieselguhr) von 25 cm Breite mit einer Armierung in den Längsfugen und einer Spannweite von 2,0 m liegen auf Pfetten, die in jedem zweiten Feld unterbrochen sind. Die Oberlichter zwischen ihnen haben eine lichte Weite von 4,0 m. Die Binder wiegen 10,3 kp/m² der Grundrißfläche. Der Unterteil aller Stützen ist vierstielig ausgebildet, der Oberteil, entsprechend den Anforderungen des Tragsystems, fest oder pendelnd.

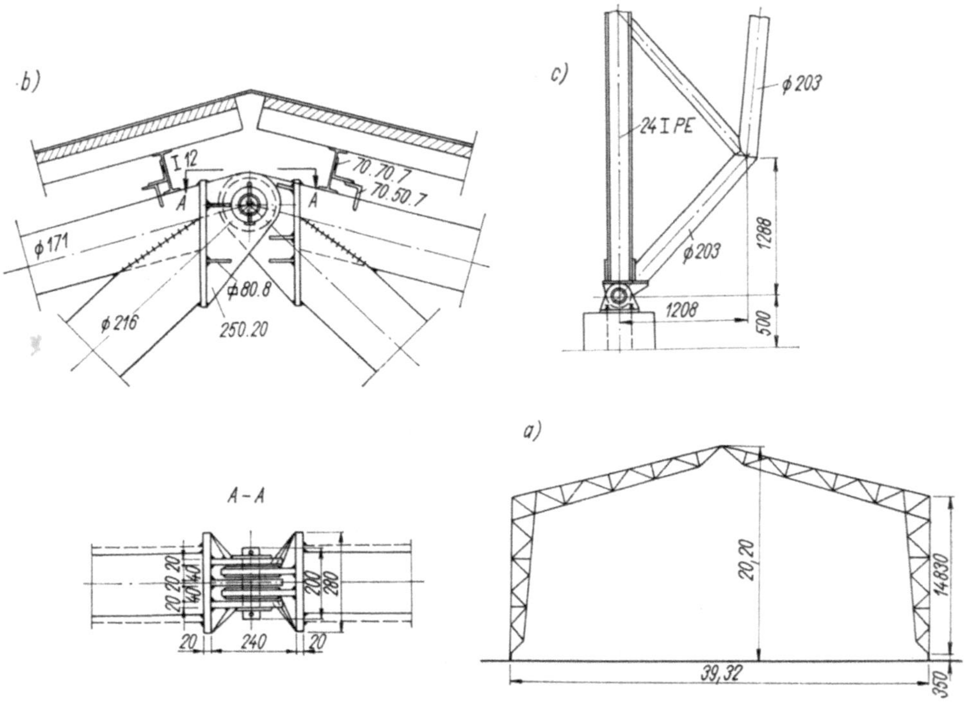

Abb. 7.57

Die Kranbahnen, deren Schienenoberkante 7,0 m über Hüttenflur liegt, sind als einfache Rohrfachwerkbalken mit eigenem Schienenträger aus zwei vernieteten U-Stählen in der in Abschnitt 7.4.2.2. beschriebenen Art ausgeführt. Jeder Träger ist einzeln, abwechselnd fest und beweglich, auf den vierstieligen Stützen gelagert. Die Lücke zwischen den Obergurten und den Schienenträgern zweier aufeinander folgender Träger ist so überbrückt, daß keine Zwängspannungen entstehen können. Aus Abb. 7.25 sind die Lagerung der Kranbahnträger auf dem vierstieligen Unterteil einer Mittelstütze und diese selbst zu ersehen.

7.7.6. Werkshalle einer Zuckerraffinerie

Die 5 m voneinander entfernten Binder der Halle mit einer überdachten Fläche von 2175 m² sind Dreigelenkrahmen mit 39,32 m Entfernung der Fußgelenke und einer Höhe des Scheitelgelenks von 20,2 m über dem Flur (Abb. 7.57a) [93]. Mit

Ausnahme der lotrechten Gurte in den Außenwänden, wo I-Stähle sich für den Anschluß der Fachwerkwände besser eignen als Rohre, sind diese Rahmen ganz aus Rohren hergestellt. Reichlich bemessene Verbände sichern die Stabilität des Raumtragwerks. Die durch I-Stähle gebildeten Stiele der Giebelwände werden im oberen Teil durch einen Rohrfachwerkträger unterstützt. Wegen der geforderten guten Wärmeisolierung erhielten Längs- und Giebelwände eine Füllung von 18 cm starkem Ziegelmauerwerk; die Stahlrippenplatten des Daches sind durch eine besondere Schicht isoliert und mit Asphalt abgedeckt.

Die Gelenke der Rahmenbinder sind als Zapfengelenke ausgeführt; ihre Einzelheiten gehen aus den Abb. 7.57b, c hervor.

8. Krane

8.1. Allgemeines zur Verwendung von Stahlrohren im Kranbau

Brücken von Laufkranen werden vorteilhaft vollwandig ausgeführt, wobei für die zur Erzielung der räumlichen Stabilität oder ausreichenden Formbeständigkeit erforderlichen Nebenkonstruktionen auch Rohre verwendet werden können. Derartige Krane mit vollwandigen Hauptträgern eigenen sich auch für Industriehallen, deren Tragwerk in Rohrkonstruktion ausgeführt ist. Für Brücken von Kranen, die nach der Art des Betriebes in die Gruppe I und II, vielleicht auch III, einzureihen sind, kann es bei größerer Spannweite wirtschaftlich sein, auch die Hauptträger gegliedert herzustellen. Dann kommen für Hallen, die ganz in Stahlrohrkonstruktion hergestellt wurden, aus Gründen des besseren Aussehens, der Harmonie zwischen Kran und Hallentragwerk, nur geschweißte Rohrfachwerkträger in Betracht.

Auch für Bockkrane und Brücken von Verladekranen kann sich die Verwendung von Rohren als vorteilhaft erweisen, wobei aber gewisse, vorwiegend auf Biegung beanspruchte Teile aus Walzstählen oder entsprechenden geschweißten Trägern herzustellen sind. Die große Tragfähigkeit des Stahlrohrs bei Knickbeanspruchung macht es besonders geeignet für Derrick- und Drehkrane und deren Ausleger.

8.2. Brücken von Laufkranen

8.2.1. Ausführung

Die Brücken von Laufkranen sind dynamisch beansprucht. Das schließt aber die Ausführung von Fachwerkträgern aus Rohren für Krane der Gruppen I und II nicht aus. Bei der Regelausführung besteht jede der beiden durch die Kopfträger verbundenen Brückenhälften aus einem Haupt- und Nebenträger, die im gleichen System auszuführen sind, und einem Verband zwischen deren Ober- und Untergurten. Haupt- und Nebenträger unterscheiden sich in den Rohrabmessungen und in der Form der Obergurte. Der durch die Achsdrücke der Katze unmittelbar belastete Obergurt des Hauptträgers erhält I- oder][-Querschnitt; wie bei der Kranbahn kann auch ein Hohlprofil, Vierkantrohr oder Sonderprofil (Abb. 7.20c, d) verwendet werden. Auch die Ausfachungsstäbe des oberen und unteren Versteifungsträgers werden in Rohr ausgebildet. Die Kopfträger bestehen gewöhnlich aus zwei Trägern in][-Form, die außerhalb des Bereichs der Laufräder zu einem Kastenprofil verbunden sind. Des Transportes wegen werden sie in der Mitte ihrer Länge gestoßen und verschraubt. Abb. 8.1 zeigt die Aufnahme eines solchen Kranes.

Abb. 8.1

Der halbe Querschnitt der Brücke eines Laufkranes ist in Abb. 8.2 dargestellt. Die Auflagerung des Hauptträgerobergurtes ist aus Detail A, der Anschluß der Enddiagonale an das Untergurtrohr aus Detail B ersichtlich. Der obere Versteifungsträger, der zugleich als Bedienungssteg dient, wird aus gelochten oder Riffelblechen gebildet, die in den durch die Knotenpunkte gehenden Querebenen durch niedrige I- oder liegende U-Stähle verstärkt sind; diese sind beiderseits mit den Gurten verschweißt. Die Rohre des untern waagrechten Trägers sind in der Regel unmittelbar an die Gurte angeschlossen.

Der rechteckige, aus den lotrechten und waagrechten Trägern gebildete Querschnitt kann entweder frei bleiben oder in einigen Knotenebenen durch Diagonalen versteift werden. Statt Diagonalen einzuziehen, kann in diesen Ebenen der Querschnitt auch rahmenartig ausgebildet werden. Während der freie Querschnitt sich bei einseitiger Belastung stark verformt, ist der versteifte Querschnitt in hohem Maße verdrehungssteif, wodurch eine Entlastung des Hauptträgers erreicht wird. Die durch die Schweißung erzielte steife Verbindung der vier Trägerscheiben allein, ohne Querschnittsversteifung durch Diagonalen oder Rahmen, hat nur eine unwesentliche Wirkung.

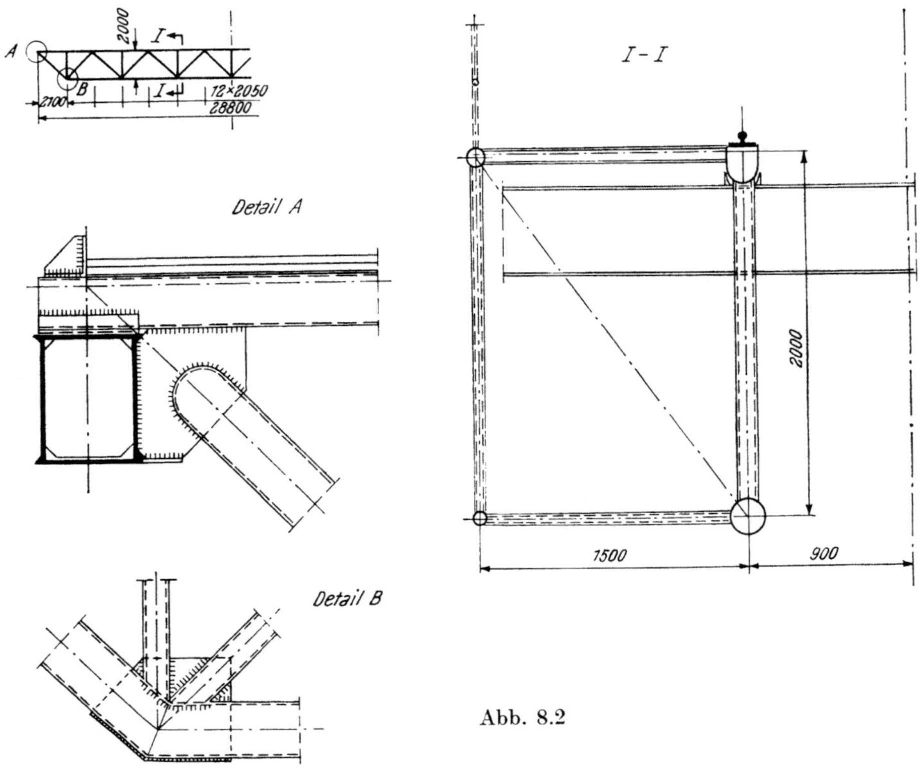

Abb. 8.2

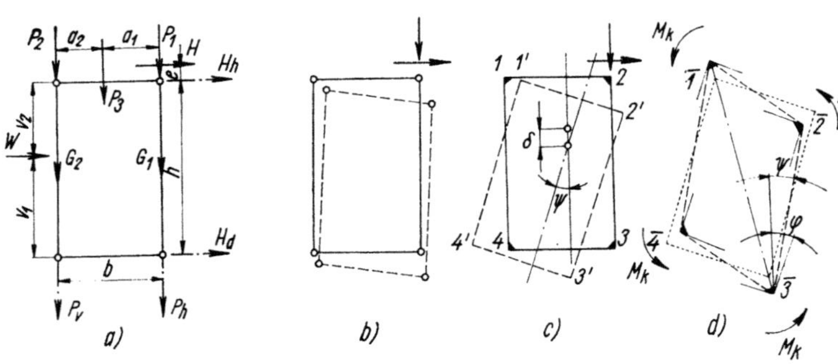

Abb. 8.3

8.2.2. Berechnung

8.2.2.1. Belastung

Die Hälfte der Kranbrücke, die aus Haupt- und Nebenträger sowie dem oberen und unteren waagrechten Träger besteht, bilden ein räumliches Tragwerk (Abb. 8.3a). Dieser räumliche Träger wird belastet durch

das Eigengewicht G_1 und G_2 der vier Trägerscheiben,
das Gewicht G_3 der Kraneinrichtung (Hub- und Laufwerk),
die Achsdrücke P der belasteten oder unbelasteten Katze,
die Seitenkräfte H der Katze, in Schienenhöhe wirkend,
den Winddruck W auf die Kranbrücke (beim Kran im Freien).

Der Winddruck auf die Katze wird den Achsdrücken der Seitenkräfte H zugezählt. Er errechnet sich aus $W_k = 1{,}4\,F_k q$, wobei F_k die Umrißfläche der Katze in der Richtung rechtwinklig zur Kranbrücke bedeutet. Der Winddruck auf Haupt- und Nebenträger kann annähernd aus

$$W = 1{,}2\,F q \tag{228}$$

errechnet werden, wobei F die Windangriffsfläche beider Träger (Summe der Projektionsflächen aller Stäbe) und q den zulässigen Staudruck bezeichnen, bei dem der Kran in Betrieb sein darf ($q = 30$ kp/m²). Der Winddruck greift im Schwerpunkt der Fläche F an. Das Gewicht der waagrechten Träger ist je zur Hälfte auf die lotrechten Träger aufgeteilt.

8.2.2.2. Unversteiftes Raumtragwerk

Für die Berechnung kann angenommen werden, daß die vier Trägerscheiben in ihren Kanten gelenkig verbunden sind. Mit den Bezeichnungen der Abb. 8.3a verteilt sich die Belastung wie folgt:

Hauptträger $$P_h = P_1 + G_3 \frac{a_2}{b} + G_1$$

Nebenträger $$P_v = P_2 + G_3 \frac{a_1}{b} + G_2 \tag{229}$$

Oberer waagrechter Träger $$H_h = H \frac{h+e}{h} + W \frac{v_1}{h}$$

Unterer waagrechter Träger $$H_d = -H \frac{e}{h} + W \frac{v_2}{h}. \tag{230}$$

Beim Obergurt des Hauptträgers ist der Einfluß der Belastung zwischen den Knotenpunkten und der Durchbiegung in gleicher Weise zu berücksichtigen wie bei den Kranbahnen (s. Abschnitt 7.4.4.).

Bei dieser Ausführungsart werden Haupt- und Nebenträger sehr ungleich belastet. Der ursprünglich rechteckige Querschnitt verformt sich, wie Abb. 8.3b zeigt. Der Nebenträger ist in der Regel überbemessen.

8.2.2.3. Versteiftes Raumtragwerk

Wird das vierwandige Raumtragwerk außer über den Kopfträgern noch in einigen durch die Knotenpunkte des Hauptträgers gehenden Querebenen durch Diagonalen oder rahmenartig verstärkt, wird der räumliche Träger in hohem Maße verdrehungssteif. Sein Querschnitt ändert nur soweit seine Form, als die Formänderungen seiner Querrahmen (mit oder ohne Diagonalen) es zulassen; der Träger nähert sich in seinem Verhalten dem dünnwandigen Stab mit geschlossenem Querschnitt. Der nach der Theorie dieser Stäbe berechnete vierwandige Kranträger ändert bei außermittiger lotrechter Belastung nicht seine Querschnittsform, er verdreht sich nur (Abb. 8.3c) um einen Winkel ψ und biegt um δ durch. Sind die Gurtrohre im Kopfträger eingespannt, ist in Wirklichkeit der Winkel ψ infolge des Verdrehungswiderstandes der Rohre kleiner. Die Abb. 8.3d zeigt den wirklichen Verformungszustand.

Am einfachsten wird die Querschnittsaussteifung durch eine Diagonale erreicht, die den Obergurt des Nebenträgers mit dem Untergurt des Hauptträgers verbindet. Dazu ist erforderlich, daß beide Träger im gleichen Querschnitt Ständer aufweisen. Da das Strebenfachwerk mit Hilfsständern sich hinsichtlich der dynamischen Spannungen ungünstig verhält, empfiehlt sich die Verwendung des Ständerfachwerks. Einem Strebenfachwerk mit steilen Diagonalen ohne Hilfsständer, das für dynamische Belastung sich gut eignen würde, fehlen die lotrechten Stäbe; die Aussteifung müßte deshalb in die Schrägstäbe verlegt werden.

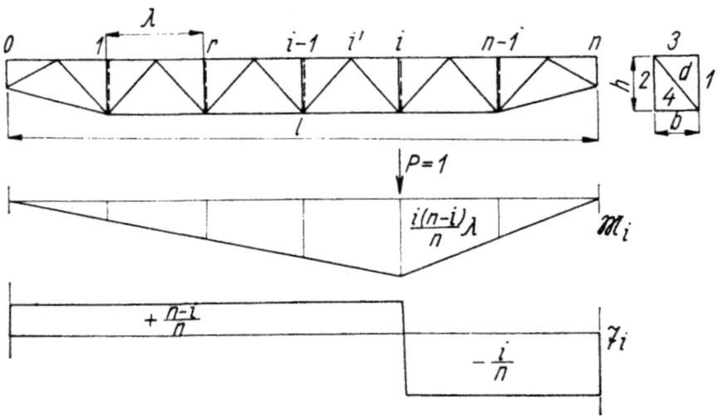

Abb. 8.4

Die Berechnung setzt die gelenkige Verbindung aller Stäbe voraus. Als Grundsystem wird das aus vier Trägerscheiben gebildete Raumtragwerk angenommen, das über den Kopfträgern ausgesteift ist und als statisch bestimmt gelagert angesehen werden kann. Für die vier Träger werden Ersatzträgheitsmomente eingeführt, die sinngemäß nach (221) zu ermitteln sind. Als Unbekannte werden die Diagonalkräfte in den Querverbänden eingeführt. Um die Raumsteifigkeit auf die ganze Länge zu sichern, müssen mehrere Querverbände vorgesehen werden.

Im folgenden wird der Berechnung ein System nach Abb. 8.4, ein Strebenfachwerk mit Hilfsständern, zugrunde gelegt. Die größten Wirkungen der beweglichen Belastung werden mit Hilfe von *Einflußlinien* bestimmt. Dazu sind für $P = 1$ im Knoten i des Hauptträgers die Unbekannten zu berechnen. Für diese Belastung werden die Momente des Balkens mit $\mathfrak{M}_i$ bezeichnet.

Infolge der Diagonalkraft des Querverbandes $X_r = 1$ entstehen im Träger $\varkappa$ Momente

$$m_r^\varkappa = c_\varkappa m_r, \tag{231}$$

wenn mit m_r das Balkenmoment bezeichnet wird, das durch die im Knoten r wirkende Last $P = 1$ entsteht.

Die Bezeichnung $\varkappa$ der Trägerscheiben und der Beiwerte $c_\varkappa$ geht nach Abb. 8.4 aus Tab. 21 hervor.

Tabelle 21

Träger	$\varkappa$	$c_\varkappa$
Hauptträger	1	$-h/d$
Nebenträger	2	h/d
Oberer Verband	3	b/d
Unterer Verband	4	$-b/d$

Die Elastizitätsgleichungen der Unbekannten X_r lauten:

$$\sum X_r \delta_{\nu,r} = -\delta_r. \tag{232}$$

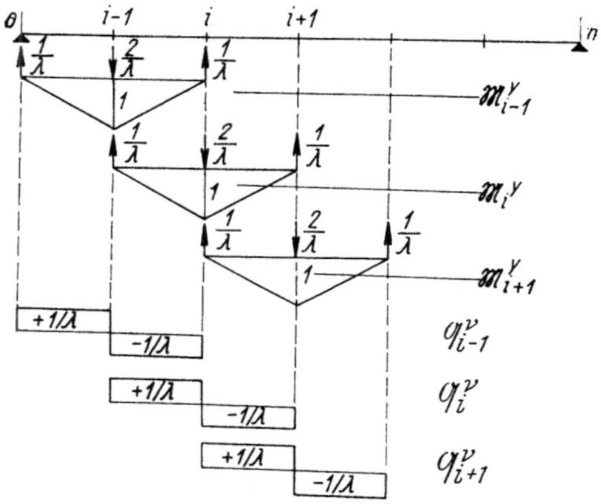

Abb. 8.5

Mit der abkürzenden Bezeichnung

$$\alpha_\varkappa = \frac{I_1}{I_\varkappa}, \tag{233}$$

wo I_1 das Trägheitsmoment des vollwandigen Ersatzträgers 1 oder ein beliebiges Trägheitsmoment,

$I_\varkappa$ das Trägheitsmoment des Ersatzträgers $\varkappa$ bedeuten,

sind die Beiwerte der Unbekannten und die Belastungsglieder

$$\begin{aligned}
\delta_{\nu,r} &= \sum_1^4 \alpha_\varkappa c_\varkappa^2 \int_0^l m_\nu m_r \, dx \cdots\cdots\cdots \quad \nu \neq r \\
\delta_{r,r} &= \sum_1^4 \alpha_\varkappa c_\varkappa^2 \int_0^l m_r^2 dx + I_1 \left[\frac{d}{F_d} + h \sum_1^2 \frac{c^2}{F_\varkappa} + b \sum_3^4 \frac{c^2}{F_\varkappa}\right] \\
\delta_r &= \alpha_1 c_1 \int_0^l m_r \mathfrak{M}_i \, dx.
\end{aligned} \tag{234}$$

Dabei bedeuten F_d und $F_\varkappa$ die Querschnitte der Diagonalen und der in den Querverbänden liegenden Stäbe der Träger $\varkappa$.

Wir erhalten so $(n-1)$ Elastizitätsgleichungen, die nach Einführung von Gruppen Y der Unbekannten in Differenzengleichungen 4. Ordnung mit konstanten Beiwerten übergeführt werden können. Der Belastung $Y_r = 1$ entspricht folgende Belastungskombination: $X_{r-1} = X_{r+1} = -\frac{1}{\lambda}$, $X_r = \frac{2}{\lambda}$. Die zugehörigen Momente und Querkräfte sind aus Abb. 8.5 (i ersetzt durch r) zu ersehen.

Unter der Voraussetzung, daß der Momentenverlauf $\mathfrak{M}_i$ zwischen den Knoten geradlinig ist und daß $\mathfrak{M}_{\nu,i}$ die Momentenwerte in den Knoten ν bezeichnen, erhalten die Elastizitätsgleichungen nach Teilung durch $\frac{\lambda}{6}\sum_1^4 \alpha_\varkappa c_\varkappa^2$ die folgende Form:

$$f\,Y_{r-2} + (1-4f)\,Y_{r-1} + (4-6f)\,Y_r + (1-4f)\,Y_{r+1} + f\,Y_{r+2}$$
$$= -\frac{\alpha_1 c_1}{\sum_1^4 \alpha_\varkappa c_\varkappa^2}\,(\mathfrak{M}_{r-1,i} + 4\,\mathfrak{M}_{r,i} + \mathfrak{M}_{r+1,i}). \tag{235}$$

Die Randgleichungen sind

$$(4+5f)\,Y_1 + (1-4f)\,Y_2 + f\,Y_3 = -\frac{\alpha_1 c_1}{\sum_1^4 \alpha_\varkappa c_\varkappa^2}\,(4\,\mathfrak{M}_{1,i} + \mathfrak{M}_{2,i})$$

$$f\,Y_{n-3} + (1-4f)\,Y_{n-2} + (4+5f)\,Y_{n-1} = -\frac{\alpha_1 c_1}{\sum_1^4 \alpha_\varkappa c_\varkappa^2}\,(4\,\mathfrak{M}_{n-1,i} + \mathfrak{M}_{n-2,i}). \tag{235a}$$

Der durch

$$f = \frac{6 I_1}{\lambda^3 \sum_1^4 \alpha_\varkappa c_\varkappa^2}\left[\frac{d}{F_d} + h\sum_1^2 \frac{c_\varkappa^2}{F_\varkappa} + b\sum_3^4 \frac{c_\varkappa^2}{F_\varkappa}\right] \tag{236}$$

abgekürzte Ausdruck übergeht, wenn $F_d = F_\varkappa = F$, in

$$f = \frac{\sigma I_1}{F\lambda^3 \sum_1^4 \alpha_\varkappa c_\varkappa^2}\left[d + \frac{2}{d^2}\,(h^3 + b^3)\right]. \tag{236a}$$

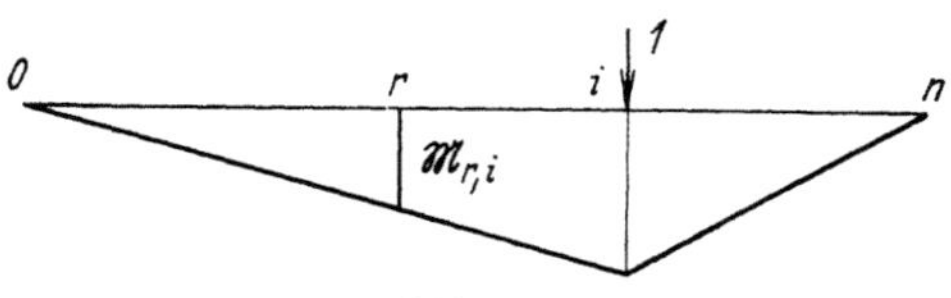

Abb. 8.6

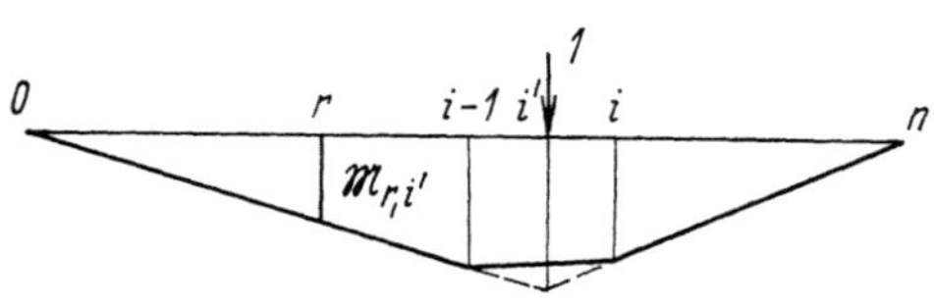

Abb. 8.7

In den Belastungsgliedern gilt der Zähler, wenn nur der Hauptträger belastet ist, sonst die bezüglichen Werte der andern Träger.

Bei $P = 1$ im Querschnitt i ist das Moment des Balkens im Querschnitt r (Abb. 8.6)

$$\mathfrak{M}_{r,i} = \frac{r(n-i)}{n} \qquad r \leq i$$
$$\mathfrak{M}_{r,i} = \frac{ir}{n} \qquad r \geq i \tag{237}$$

Im Strebenfachwerk mit Hilfsständern sind die bezüglichen Werte im Knoten i' (Abb. 8.7)

$$\mathfrak{M}_{r,i'} = \frac{r(n-i+{}^1\!/_2)}{n} \qquad r \leq i-1$$
$$\mathfrak{M}_{r,i'} = \frac{r(n-{}^1\!/_2)}{n} \qquad r \geq i. \tag{237a}$$

Mit diesen Momenten berechnen sich die Belastungsglieder der Gl. (235) und (235a); in den Gleichungen i und $i - 1$ sind in der runden Klammer die Werte $\frac{5\lambda}{16}$ hinzuzufügen. Die damit ermittelten Y-Werte sind die Einflußwerte der Unbekannten Y_1 bis Y_{n-1} im Querschnitt i bzw. i'. Aus der Größe f ist ersichtlich, daß der Einfluß der Formänderung des Querverbandes beträchtlich groß sein kann.

Mit den Unbekannten Y sind die Momente in den Querschnitten r und die Querkräfte in den Feldern $(r - 1) - r$ des Trägers

$$M_{r,i} = \mathfrak{M}_{r,i} + c_\varkappa Y_{r,i}$$
$$Q_{r,i} = \mathfrak{Q}_{r,i} + c_\varkappa (Y_{r,i} - Y_{r-1,i}). \tag{238}$$

Damit werden auf bekannte Weise die Stabkräfte in den Trägern $\varkappa$ berechnet. Die Diagonalkräfte der Querverbände sind

$$D_r = -\frac{1}{\lambda}(Y_{r-1} - 2Y_r + Y_{r+1}). \tag{239}$$

Ist $f = 0$, ist also der Querverband steif, ändern sich die Elastizitätsgleichungen (235) in Differenzengleichungen 2. Ordnung mit konstanten Beiwerten, deren geschlossene oder iterative Lösungen Y-Werte ergeben, die den Stützenmomenten des Durchlaufträgers entsprechen. Mit $f = 0$ kann die Berechnung des Raumtragwerks auch als dünnwandiger Stab mit geschlossenem Querschnitt vorgenommen werden, da die Voraussetzung hierfür, die Unveränderlichkeit des Querschnitts, erfüllt ist.

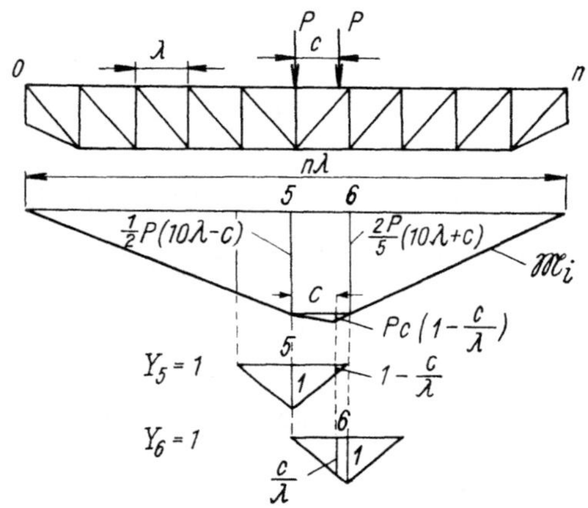

Abb. 8.8

Werden die Gurte mit gleichem Querschnitt über die ganze Brückenlänge ausgeführt, genügt die *Ermittlung der größten Gurtkraft.* Diese erhält man beim Obergurt bei einer Laststellung der Katze, die das größte Balkenmoment liefert. Beim Träger nach Abb. 8.8 wird die Katze so aufgestellt, daß eine Achse über dem Knoten $\frac{n}{2}$ zu stehen kommt und die andere Achse im Abstand c davon. Die Momente $\mathfrak{M}$ sind leicht zu berechnen; sie sind in der Abbildung eingetragen. Damit sind die Belastungsglieder nach (225) zu bestimmen, wobei beispielsweise mit $n = 10$ noch hinzugefügt werden muß

$$\text{in der 5. Gleichung} \quad \frac{3Pc^2}{\lambda}\left(1 - \frac{c}{\lambda}\right),$$
$$\text{in der 6. Gleichung} \quad 3Pc\left(1 - \frac{c}{\lambda}\right), \tag{240}$$

vorausgesetzt, daß $\lambda > c$.

Ebenso läßt sich die *größte Kraft im Endständer* (in der Enddiagonale) bei einer Katzenstellung mit einer Achse über dem Knoten 0(1) aus der zugehörigen Querkraft bestimmen. Die dieser Stellung entsprechenden Momente $\mathfrak{M}_r$ und die von der unmittelbaren Gurtbelastung durch die zweite Achse herrührenden Zusatzglieder (240) ergeben die Belastungsglieder der Elastizitätsgleichungen, daraus die Y-Werte und die Querkräfte.

Aus den Laststellungen für die größten Kräfte der Gurte, der Endständer und Enddiagonalen folgen auch die bezüglichen größten Kräfte, die von den Seitenkräften der Katze herrühren. Im Grundsystem ist die Belastung der Träger 3 und 4 durch die Kräfte H_0 und H_u einzuführen.

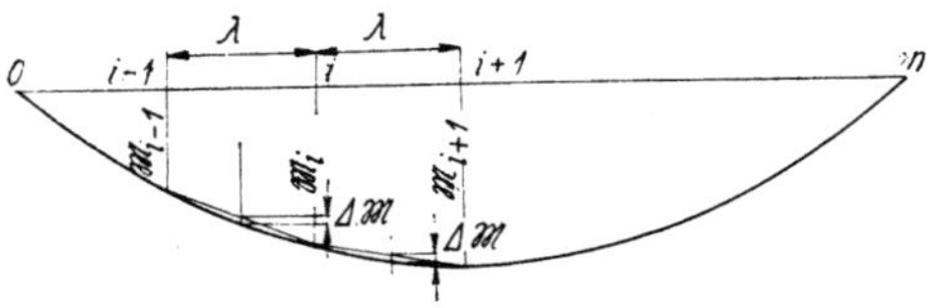

Abb. 8.9

Eigengewicht und Wind sind *gleichmäßig verteilte Lasten*, die einen parabolischen Momentenverlauf haben. Im Grundsystem werden die Trägerscheiben *1* und *2* durch die ständigen Lasten, die Träger *3* und *4* durch den Wind auf die Kranbrücke belastet. In den Elastizitätsgleichungen ist beim Eigengewicht für die Klammerausdrücke zu setzen

$$\begin{aligned} \mathfrak{M}_{r-1,r} + 4\mathfrak{M}_{r,r} + \mathfrak{M}_{r+1,r} + \frac{1}{2}\lambda^2 &= (g_1 + g_2)\left[3r(n-r) - \frac{1}{2}\right]\lambda^2 \\ 4\mathfrak{M}_1 + \mathfrak{M}_2 &= (g_1 + g_2)\,[3n - 3{,}5]\,\lambda^2. \end{aligned} \tag{241}$$

Das Glied $\frac{1}{2}\lambda^2$ rührt von der unmittelbaren Belastung des Obergurtes her, wodurch zusätzliche Momente $\frac{1}{8}g_1^2\lambda^2$ und $\frac{1}{8}g_2\lambda^2$ entstehen (Abb. 8.9). Ihnen entsprechen die Zusatzglieder $2(g_1 + g_2)\frac{\lambda^3}{24}\frac{6}{\lambda} = (g_1 + g_2)\frac{\lambda^2}{2}$.

Wie bereits erwähnt wurde, hat die Ausführung von Querverbänden eine Entlastung der Hauptträger auf Kosten der meist überbemessenen Nebenträger zur Folge; damit wird auch die Verformung geringer. Eine Vergleichsrechnung [94] zeigt, daß die Unterschiede beträchtlich groß sind. Dagegen bringt die Berücksichtigung der Formänderung der Querverbände im Vergleich zur Annahme ihrer vollkommenen Steifheit im Hauptträger keine wesentliche Erhöhung der Gurtspannungen; bei den Gurten des Nebenträgers aber, den Ausfachungsstäben aller Träger und den Querdiagonalen sind die Spannungsunterschiede größer.

8.3. Andere Krane in Stahlrohrkonstruktion

Trotz einer in der letzten Zeit feststellbaren Tendenz zur bevorzugten Verwendung von Kastenprofilen [95], wird noch immer für Portal- und Halbportalkrane, für feste und bewegliche Turmdrehkrane mit schwenkbarem Ausleger die gegliederte Ausführung angewandt. Rohre erweisen sich dabei als vorteilhaft, da der geringe Luftwiderstand der Rohrkonstruktion bei im Freien arbeitenden Kranen sich günstig auswirkt. Das gilt sowohl für den arbeitenden Kran, bei dem mit einem Staudruck $q = 30$ kp/m² zu rechnen ist, als auch für den Kran in Ruhe, bei dem die größte Windgeschwindigkeit in Betracht kommt. Das geringe Gewicht des Rohrtragwerks hat bei bewegten Tragteilen weiter den Vorteil, daß die Massenkräfte kleiner sind als bei schweren Konstruktionen. Bei Auslegern spielt auch die Verringerung der Biegemomente infolge des kleinern Eigengewichtes eine Rolle.

Bord- und Stückgutkrane, die auf Schiffen und in Häfen mit zweiholmigen, drei- oder viergurtigen Rohrauslegern in Betrieb sind, haben sich bewährt. Da der Einheitspreis sowohl der Rohre als auch der Rohrkonstruktion höher ist als bei andern Bauelementen, muß der Kran aus Rohren, wenn er nicht zu teuer werden soll, leichter sein als bei anderer Ausführung. MINNER [96] findet, daß ein Kranausleger aus Stahlrohren etwa 30 bis 35% leichter sein muß als der eines gleichartigen Krans für dieselbe Nutzlast und Ausladung, wenn die Kosten gleich sein sollen.

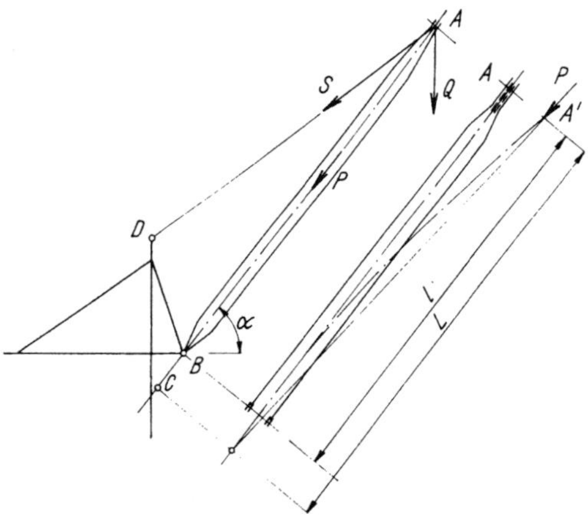

Abb. 8.10

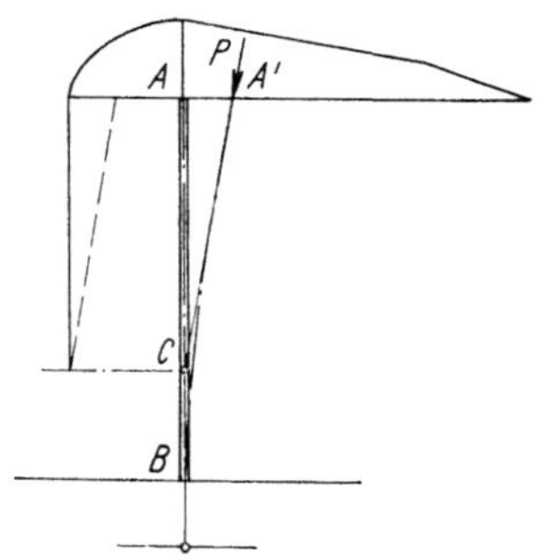

Abb. 8.11

Obwohl laut DIN 120 ausgefachte Ausleger nur bei den Krangruppen I und II geschweißt werden dürfen, sind Greifer- und Autokrane mit Rohrausleger, die in die Gruppen III einzureihen sind, ausgeführt worden. Bei der Bemessung der räumlichen Knoten sind die Ausführungen von Abschnitt 3.4.2.4. zu beachten.

Im harten Kranbetrieb spielt auch die Frage der Ausbesserung von Stäben und ihr Ersatz eine Rolle. Einbeulungen an Rohrstäben werden durch Aufschweißen von schalenförmigen Laschen beseitigt. Die Auswechslung von Rohren kann in entlasteter Stellung so erfolgen, daß der beschädigte Stab in einem gewissen Abstande von den Knoten abgebrannt und der abgepaßte Ersatzstab mit verschiebbaren Nippel stumpf eingeschweißt wird.

Der Bemessung des Auslegers ist besondere Aufmerksamkeit zu widmen. Die Abb. 8.10 zeigt schematisch einen Drehkran mit Ausleger, der sich um die waagrechte Achse B dreht. In A hängt die Last Q. Die Auslegerkraft P ist die Resultierende aus dieser Last und der Summe S der Züge in den Hub- und Halteseilen. In der lotrechten Ebene ist der Ausleger an beiden Enden gelenkig gelagert; seine Knicklänge stimmt mit seiner Länge l zwischen den Gelenken überein. Außer durch die Längskraft, die vom Winkel α abhängt, ist er durch Eigengewicht und Wind auf Biegung beansprucht.

Senkrecht zur Bildebene ist der Ausleger unten eingespannt. Bei der Verformung geht die Kraft durch den Punkt C, dessen Lage auf der Auslegerachse von der Anordnung der Rollen und Trommeln der Hub- und Halteseile abhängt [97].

Im verformten Zustande biegt die Auslegerspitze um y_0 von A nach A' aus und der in der Achse B eingespannte Ausleger wird durch eine Kraft P in der Richtung

Abb. 8.12

$A' - C$ belastet. Es ergibt sich somit der Fall eines an einem Ende eingespannten, am andern Ende richtungstreu (zum Punkte C) durch P belasteten Stabes. Für diesen Belastungsfall folgt die Tragkraft aus der bekannten Bedingung

$$\frac{\operatorname{tg} \alpha l}{\alpha l} = 1 - \frac{L}{l} \tag{242}$$

mit $\alpha^2 = \frac{P}{EI}$,
wobei I das Trägheitsmoment des vollen Ersatzstabs ist.

Die Knicklänge $l_k = \beta l$ des fiktiven Eulerstabs kann aus der nach (242) abgeleiteten Beziehung bestimmt werden:

$$\operatorname{tg} \frac{\pi}{\beta} = \frac{\pi}{\beta} \left(1 - \frac{L}{l}\right). \tag{243}$$

Sie stimmt mit DIN 4114, Ri. 6,2 überein. Der Wert L wird positiv in der Richtung vom freien zum eingespannten Ende eingesetzt (vgl. [98], S. 67). Die Werte β sind in Tab. 22 zusammengestellt.

Tabelle 22

L/l	∞	1,5	1,0	0,5	0,0	−0,5	−1,0
β	0,70	0,77	1,00	1,55	2,00	2,37	2,69

Abb. 8.13

In ähnlicher Weise wird die Knicklänge des Turmdrehkrans bestimmt, der schematisch in Abb. 8.11 dargestellt ist. Bei der Belastung des waagrechten Auslegers verformt sich der Turmstiel und die Kraft P wirkt in der Richtung $A'-C$, wobei wiederum die Lage von C auf der Turmachse konstruktiv gegeben ist. Das Turmrohr ist im Einspannquerschnitt B verstärkt (s. [99], S. 176).

Ein einfaches Rohr als Kranausleger zeigt Abb. 8.12; eine gegliederte Ausführung eines derartigen Auslegers ist aus Abb. 8.13 ersichtlich.

9. Hochbauten mit Stahlrohrskelett

9.1. Ausführungsmöglichkeiten

Das Stahlskelett von Mehrgeschoßbauten kann ganz oder teilweise aus Stahlrohren hergestellt werden. Die für die Stützen der üblichen Skelette verwendeten, aus Walzstählen oder geschweißten Profilen gebildeten offenen oder geschlossenen Querschnitte können leicht durch Rohre ersetzt werden. Das aus Unterzügen und Deckenträgern gebildete Tragwerk der Decken aber wird, da es überwiegend auf Biegung beansprucht ist, in der Regel aus Walzstählen in I- und U-Form gebildet; nur für Deckenträger kommen bei ausreichender Bauhöhe auch leichte Rohrfachwerkträger in Betracht.

Stützen und Unterzüge bilden zwei- oder mehrstielige Rahmen, die in gleichen Abständen quer zur Längsachse des Gebäudes angeordnet sind. Das Eigengewicht der Konstruktion einschließlich Decken, Trenn- und Umfassungswänden sowie die Nutzlasten werden als lotrechte Kräfte in die Stützen geleitet. Die waagrechten, vom Wind herrührenden Kräfte werden, wie am Beispiel der Abb. 9.1 zu ersehen ist, in die lotrechten Fachwerkwände in den Wänden des Kerns und den Stirnflächen der Trakte abgegeben. Der Kern in der Mitte des mittleren Traktes umschließt die Treppen, Personen- und Lastenaufzüge sowie sanitären Anlagen.

Die Vorteile der Skelettbauweise unter Verwendung von Stahlrohren und ihre Anwendung decken sich mit den Vorzügen der Ausführung aus gewalzten und geschweißten Profilen. Sie eignet sich für hohe Verwaltungs- und Bürogebäude, für Hotels und andere hohe Gebäude zur Unterkunft und Erholung.

Als Stahlskelettbauten können auch Gebäude angesehen werden, die nicht mehrgeschossig sind, deren Abmessungen aber, wie freie Höhe und Größe der stützenlosen Grundrißfläche, die Verwendung von Stahlrohren empfehlen. In diesem Sinne zählen dazu Gebäude mit einem Raum für Großveranstaltungen und Kirchen.

Mit Stahlrohrskelett sind in der Nachkriegszeit auch Wohnhäuser, eingeschossige und solche mit einem weitern Stockwerk, ausgeführt worden. Ihr Vorteil ist, daß sie, wie alle sogenannten Fertighäuser, rasch aufgestellt werden können. Die an ein Wohnhaus hinsichtlich Schall- und Wärmeisolierung zu stellenden Anforderungen können bei solchen Häusern nicht immer vollkommen zufriedenstellend erfüllt werden.

Im folgenden werden einige Ausführungen und Besonderheiten von Stahlrohrskelettbauten beschrieben. Da ihre Berechnung nach den früheren Ausführungen und Erläuterungen als bekannt angenommen werden kann, wird auf diesbezügliche Angaben verzichtet.

9.2. Verwaltungs- und Bürogebäude

9.2.1. Phoenix-Rheinrohr-Hochhaus in Düsseldorf

Dieses Hochhaus besteht aus einem 7,3 m breiten und 95 m hohen Mittelteil und zwei gegenüber dem Mitteltrakt und gegeneinander versetzten Seitenteilen

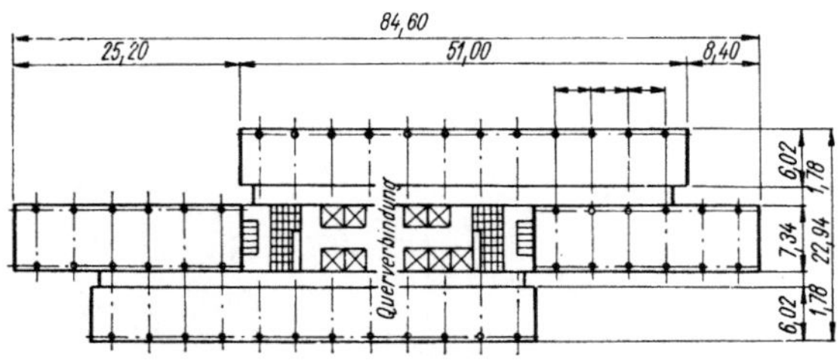

Abb. 9.1

von je 7,8 m Breite und 83 m Höhe [100]. Den Grundriß eines Normalgeschosses mit der Stützenausteilung zeigt Abb. 9.1. Die Stützen werden durch Stahlrohre mit einem Durchmesser von 170 bis 318 mm gebildet, nur für die Stützen der Umfassungswände des Kerns und der Giebelwände wurden Profilstähle verwendet. Die Rohrstützen sind in jedem zweiten Stockwerk mit angeschweißten und vor dem Einbau gefrästen Kopf- und Fußplatten stumpf gestoßen.

Die Längsunterzüge in I-Form, teils Walzstähle, teils geschweißte Profile, sind mit den 4,2 m voneinander entfernten Rohrstützen durch angeschweißte Konsolbleche und Schrauben verbunden. Die durchlaufenden Deckenträger sind im Abstande von 1,4 m so angeordnet, daß jeweils eine Stütze in einer Entfernung von 0,7 m vom benachbarten Deckenträger durchgeht. Sie bilden mit der 8 cm starken aufgestelzten Stahlbetonplatte einen Verbundträger. Die vorgesetzte Fassadenkonstruktion lagert auf der 0,5 m über den Unterzug ausgekragten Deckenplatte.

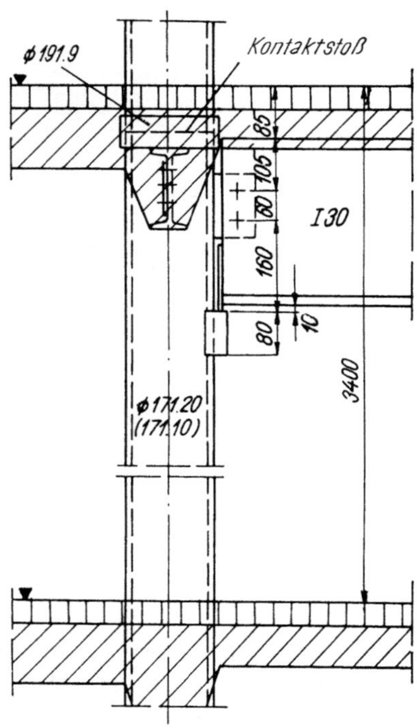

Abb. 9.2 a)

9.2.2. Mannesmann-Hochhaus in Düsseldorf

Dieser Bau hat bei einer Grundrißfläche von 36,8 × 15,2 m eine Höhe von 88,55 m [101]. Die normale Geschoßhöhe beträgt 3,40 m, die lichte Höhe 2,85 m. Einen als Massivbau in den Abmessungen 21,6 × 5,4 m ausgeführten Kern umschließt dreiseitig in einer Breite von 7,2 m die Skelettkonstruktion mit Fassadenstützen im Abstand von 1,8 m und Hauptstützen in 7,2 m Entfernung. Die Fassadenstützen sind Rohre mit gleichbleibendem Durchmesser von 171 mm und einer von oben nach unten zunehmenden Wanddicke von 10 bis 22 mm. Sie sind in jedem zweiten

Abb. 9.2 b)

Stock unmittelbar über dem Anschluß der Deckenträger, noch in der Stahlbetondecke, gestoßen. Der Stoß ist als Kontaktstoß mit einem am Kopf aufgeschweißten Ring ausgebildet, in den die obere Stütze gesteckt und mit dem sie nach dem Ausrichten verschweißt wird (Abb. 9.2 a, b).

Die Deckenträger I 30 sitzen mit einem lotrechten Kopfblech auf einer Knagge der Fassadenstützen und sind durch Verschraubung mit einem Konsolblech dieser Stützen gegen Abrutschen gesichert, ein Anschluß, dessen Zuverlässigkeit durch Versuch geprüft wurde. Die bis zum Unterflansch dieser Träger reichende Aufstelzung der 7 cm starken Stahlbetondecke ummantelt sie feuerbeständig. Die

Decke, die auf drei Seiten des Kerns fest mit ihm verbunden ist, ist auf der vierten Seite als Kragplatte ausgeführt, so daß dort eigene Fassadenstützen entfallen können; sie überträgt die waagrechten Windkräfte auf den festen Kern. Abb. 9.2c zeigt eine Ansicht des Hochhauses vom Rheinufer aus.

Abb. 9.2c)

9.3. Bauten für Unterkünfte und Erholungsstätten

Für große Hotels, Pensionen, Ferienheime u. ä. eignen sich Gebäude mit Stahlrohrskelett in gleicher Weise wie für hohe Verwaltungs- und Bürogebäude. Die Skelettbauweise kommt auch bei kleinerer Stockwerkzahl noch in Betracht. Abb. 9.3 zeigt eine Aufnahme des Hotels Krummerweg in Düsseldorf. Die durchgehenden runden Stahlrohrsäulen in den verglasten Wänden kommen dem Aussehen sehr zugute.

In gleicher Weise können auch die offenen Liegeterrassen von Erholungsheimen und die offenen oder geschlossenen Terrassen von Gaststätten ausgeführt werden. Dabei kommen vor allem die schlanken Stahlrohrsäulen zur Geltung.

Abb. 9.3

9.4. Gebäude für große Versammlungsräume, Schulen, Laboratorien u. ä.

Große Räume, die frei von Stützen bleiben müssen, werden durch eine Stahlkonstruktion überdacht, die entweder frei sichtbar bleibt oder eine Decke mit ebener Untersicht erhält, die kassettenförmig ober beliebig gestaltet wird. Wegen ihres geringen Gewichtes und, wenn sie sichtbar bleibt, ihres guten Aussehens ist eine Stahlrohrkonstruktion für diesen Zweck besonders gut geeignet. Ob die in letzter Zeit öfter ausgeführten plattenförmigen Raumtragwerke (s. Oktaplatten bei freier Sichtbarkeit nicht unruhig wirken und so den guten Eindruck stören muß der Architekt beurteilen (Abb. 9.4). Angehängte Decken werden so leicht als möglich ausgeführt; wenn darüber Rohrleitungen untergebracht sind, müssen zu ihrer Kontrolle eigene Bedienungsstege angelegt werden.

Die Stützen und das Stahlskelett der Umfassungswände können, wenn konstruktive Vorteile dafür sprechen, aus einfachen oder zusammengesetzten Walzstählen hergestellt werden. Als Beispiel dafür sei der Plenarsaal des Bundeshauses in Bonn angeführt, dessen Stahlrohrbinder des Daches eine Spannweite von 30,3 m haben. Der waagrechte Untergurt liegt in einer Höhe von 9,3 m über dem Saalboden.

Abb. 9.4

In Frankreich sind einige Schulbauten mit Shedüberdachung ausgeführt worden, wobei überwiegend Rohre verwendet wurden. Von den in der vom Syndikat der Röhrenwerke herausgegebenen reich bebilderten Schrift über die Entwicklung der Rohrkonstruktion in Frankreich [102] angeführten Schulbauten seien die folgenden besonders hervorgehoben: Lycée Technique in Saint-Quentin und College Technique E.N.E.T. in Rennes.

9.5. Kirchen

Der Kirchenbau war bis weit in unser Jahrhundert hinein eine Domäne des Massivbaues; erst nach dem zweiten Weltkriege begann man sich auf diesem Gebiete mehr für den Werkstoff Stahl zu interessieren, namentlich wenn es sich um den Wiederaufbau einer zerstörten Kirche oder eines baufälligen Kirchturms handelte. Die große Tragfähigkeit des auf Druck beanspruchten Rohres führten auch hier dazu, für gegliederte Dachkonstruktionen Stahlrohre zu verwenden, gleichgültig, ob die Konstruktion sichtbar blieb oder eine Decke angehängt wurde.

Abb. 9.5

Hettich beschreibt einige in Stahlrohrkonstruktion ausgeführte Kirchen [103]. Eine Aufnahme des Innern der St. Engelbert-Kirche in Mülheim ist in Abb. 9.5 zu sehen. Die schlanken Rohrstützen tragen die geschweißten gegliederten Dachbinder aus Stahlrohr. An den abgesetzten Stützen fällt auf, daß sie sich nach unten verjüngen. Das gekümpelte untere Rohrende steht auf einem Stahlgußgelenk mit kugeliger Oberfläche; durch einen Stahldorn wird die Stütze in ihrer Lage gehalten.

Auch in Frankreich sind einige Kirchen unter Verwendung von Stahlrohren gebaut worden. Alle fallen durch ihre besondere architektonische Gestaltung auf. In [103] sind einige Beispiele dargestellt, jeweils mit einer knappen Beschreibung

9.6. Fertighäuser

Nach dem letzten Weltkriege wurden zur raschen Behebung der Wohnungsnot, namentlich in England und bald auch in anderen europäischen Ländern, sogenannte Fertighäuser (montierte Wohnhäuser) mit Stahlskelett entworfen und hergestellt; darunter waren auch solche mit Elementen aus Stahlrohr oder Rohrfachwerk. Solche Häuser waren in der Regel ebenerdig; sie wurden aber auch mehrstöckig ausgeführt, wie das Schema in Abb. 9.6 zeigt. Deckenträger und Dachbinder sind Rohrfachwerkträger im Abstande von 1,40 m, die Stützen einfache Rohre ∅ 76 · 3 und 76 · 5. Durch Verbände in der Fassade, in den Giebelwänden und den Decken wird die räumliche Stabilität erzielt.

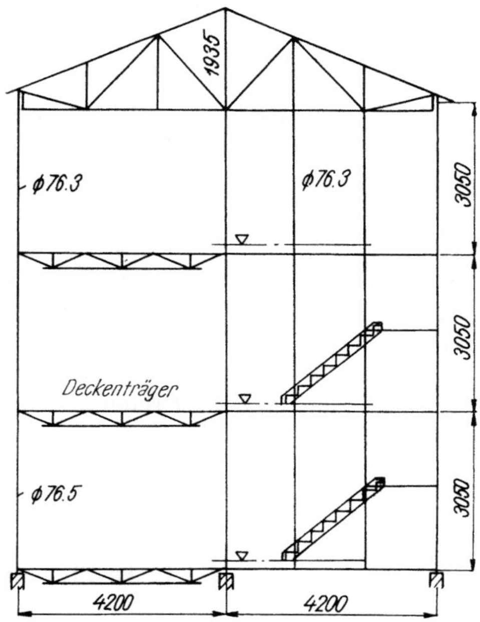

Abb. 9.6

Die Wärmeisolierung derartiger Fertighäuser, ob ebenerdig oder mehrstöckig, ist noch verhältnismäßig leicht in ausreichendem Maße zu erreichen. Schlechter bestellt ist es um die Schallisolierung. Die Anforderungen, die an die Außenwände, bei Mehrgeschoßhäusern auch an die Decken hinsichtlich ihrer Isolierfähigkeit gegen Schall und Wärme gestellt werden müssen, verteuern die Ausführung. Obwohl beim Fertighaus der Abb. 9.6 der Stahlverbrauch 8 kp/m^3 umbauten Raums nicht übersteigt, haben sich derartige ein- oder zweistöckige Fertighäuser nicht einführen können.

10. Ausstellungshallen

Für Landes- und Weltausstellungen, für Ausstellungsräume der alljährlich veranstalteten Messen sind Hallen erforderlich, für die in den letzten zwei Jahrzehnten in zunehmendem Maße Stahlrohrkonstruktionen beliebt geworden sind. Oft ist dabei der Bau aus Stahlrohr selbst Ausstellungsobjekt, das ob seiner besonderen Form und des gefälligen Aussehens wegen die Aufmerksamkeit der Besucher auf sich zieht. Was die Ausführungsmöglichkeiten anbelangt, kann man behaupten, daß jede für diesen Zweck in anderer Bauweise projektierte oder ausgeführte Halle auch aus Stahlrohr hergestellt werden kann.

Derartige Hallen werden entweder über einem rechteckigen, oder einem runden, kreisrund oder elliptisch, Grundriß errichtet.

10.1. Hallen über rechteckigem Grundriß

10.1.1. Ausführung der Überdachung

Bei rechteckigem Grundriß ähnelt die Überdachung einer Ausstellungshalle der einer Industriehalle. Die auf den Stützen der Längswände gelagerten ausgefachten Binder zeichnen sich oft durch größere Spannweite aus. Erfordert die Breite der Halle Mittelstützen, soll zur Erhöhung der Übersichtlichkeit ihre Entfernung so groß wie möglich gewählt werden. Die Umfassungswände sind mit Stahlbeton- oder Stahlrohrstützen in den Binderebenen und großen Paneelen auszubilden, allenfalls sind noch Zwischenstützen anzuordnen.

Statt der von den Industriehallen übernommenen, aus Bindern, Pfetten und Verbänden bestehenden Dachkonstruktion kann auch ein Raumtragwerk gewählt werden, ein tonnenförmiges Flechtwerk sich schief kreuzender Balken- oder Bogenträger oder ein räumliches Stabwerk.

In den folgenden Beispielen werden einige ausgeführte Ausstellungshallen beschrieben.

10.1.2. Messehalle in Graz

Das Dach der Halle mit quadratischem Grundriß 43×43 m wird von einem Trägerrost getragen, der von vier unten eingespannten Stützen mit Kreuzquerschnitt gehalten wird [104]. Dieser Querschnitt setzt sich aus zwei sich rechtwinklig kreuzenden I-Stählen zusammen. Die Stützen sind in einem Quadrat von 24 m Seitenlänge angeordnet. Der Rost besteht aus je sechs sich rechtwinklig kreuzenden dreigurtigen Rohrfachwerkträgern gleicher Höhe. Auf den beiden Obergurten dieser Rostträger sind die Pfetten aus I-Stählen entsprechend der Neigung der Dachwalme aufgestelzt. Die Randträger haben zwischen den Obergurten einen waagrechten Verband.

Die Auflagerung des Trägerrostes auf den Stützen erfolgt über je eine Vollkugel, die in die Pfanne des Stützenkopfes paßt. Die Trägergurte kreuzen sich in gleicher Höhe. Der Ausbildung dieser räumlichen Knoten wurde besonderes Augenmerk geschenkt. Sämtliche Stabanschlüsse wurden sowohl in der Werkstätte als auch an der Baustelle geschweißt, da erfahrene Schweißer auch für die Aufstellung zur Verfügung standen.

Die Stiele der verglasten Umfassungswände hängen an der ausgekragten Dachkonstruktion; ihr Fuß ist längsbeweglich gelagert, so daß sie nur auf Biegung durch Wind beansprucht sind und daher schlank gehalten werden konnten. Aus Abb. 10.1 ist zu ersehen, wie übersichtlich die Halle ist.

Abb. 10.1

10.1.3. Messehalle in Hannover

Diese dreischiffige Halle ist auf einem Grundriß von 100×100 m erstellt [105]. Die Umfassungswände sind in Beton mit Pfeilern und Riegeln ausgeführt, das Dach ist reine Stahlrohrkonstruktion. Auch die Stützen sind Stahlrohre. Die in einer Entfernung von 12,5 m angeordneten Rohrfachwerkbinder sind durchlaufende Träger über drei Felder von je 33 m Breite. Auf der einen Längswand sind sie fest gelagert, auf der andern ist die Beweglichkeit durch Einrollenlager erreicht; die Mittelstützen sind Pendelstützen aus einfachen Rohren. Die natürliche Belichtung der Halle erfolgt durch rund 5,0 m breite Oberlichter längs der Binder. Die Pfetten

Abb. 10.2

sind durch Schraubverbindung an die Untergurtknoten der Binder angeschlossen und innerhalb der Oberlichter an den Binderobergurt aufgehängt (Abb. 10.2).

Die Dehnfuge befindet sich in Hallenmitte neben dem Oberlicht. Je ein Dachverband in der Nähe der Giebelwände sichert die Stabilität der Dachkonstruktion und überträgt die geringen auf die Oberlichter einer Hallenhälfte wirkenden Windkräfte auf die Längswände. Der Stahlverbrauch betrug 18,8 kp/m².

10.2. Hallen über kreisrundem oder elliptischem Grundriß

10.2.1. Ausführungsmöglichkeiten

Derartige Hallen, Kuppeln genannt, können in verschiedener Weise ausgeführt werden: mit ebenen Bindern, Bogen oder Halbbogen, die in der Regel radial angeordnet sind, wobei die Lasten der Dachhaut auf sie durch waagrechte Hilfsträger übertragen werden, oder als räumliche Stabwerke, bei denen alle Stäbe auf der Kuppeloberfläche liegen. In ersterem Falle empfiehlt es sich, den Schub der Binder durch einen Fußring aufzunehmen. Bei kreisrundem Grundriß wird dieser Ring, wenn nur gleichmäßig verteilte lotrechte Belastung vorliegt, nur auf Zug beansprucht; bei gleicher Belastung kommen bei elliptischem Grundriß noch Biegemomente hinzu. Bei beiden Grundrißformen kann ein Laternenaufsatz ausgeführt werden; der zugehörige Ring wird durch den Binderschub auf Druck oder Druck und Biegung beansprucht.

Flechtwerkkuppeln der bekannten Formen bieten sich direkt zur Ausführung in Stahlrohr an. Die Vorbereitung der Stäbe für das Schweißen und die Ausführung der zahlreichen Schweißverbindungen erfordern aber einen großen Arbeitsaufwand und peinlichste Genauigkeit, wodurch die Konstruktion verteuert wird. Auch die Berechnung ist langwierig; sie kann aber durch Ersatz des Flechtwerks durch eine Schale gleicher Form erleichtert werden. Allerdings sollte dabei die Voraussetzung erfüllt sein, daß sich alle Stabachsen eines Knotens in einem Punkt kreuzen, alle Knotenpunkte in der Schalenfläche liegen. Die Berechnung derartiger Flechtwerkkuppeln und der Nachweis ihrer Stabilität wurden in der letzten Zeit eingehend theoretisch behandelt und die Ergebnisse durch Versuche überprüft [106].

10.2.2. Kuppeln mit meridionalen gegliederten Rohrbogen

Die meridionalen Fachwerkbogen aus Rohr kreuzen sich, wenn keine Laterne vorgesehen ist, im Scheitel der Kuppel. Um dort zu nahe liegende Kreuzungen oder im Laternendruckring zu nahe Bogenanschlüsse zu vermeiden, wird gegen die Mitte zu die Anzahl der Bogen durch einen oder zwei Wechsel auf die Hälfte oder ein Viertel vermindert. Der Fußring wird mit räumlicher Ausfachung so angeordnet, daß die Stützen — in der Regel sind es einfache Rohrstützen — von den ständigen Lasten nur auf Druck beansprucht sind.

Als Beispiel für eine derartige Ausführung kann die später in Abschnitt 11.2.4. beschriebene Sporthalle in Bologna dienen, die auch als Ausstellungshalle ihren Zweck erfüllen würde.

10.2.3. Flechtwerkkuppeln

10.2.3.1. Schwedlerkuppel

Als Beispiel einer in Rohren ausgeführten Flechtwerkkuppel zeigt Abb. 10.3 eine Schwedlerkuppel von 37,2 m Spannweite. Die meridionalen Sparrenrohre sind durch waagrechte Ringe verbunden, die im mittleren Viertel durch einfache Rohre, im übrigen durch lotrecht gestellte Rohrfachwerkträger gebildet werden. Ringstäbe und Diagonalen werden mit Schrauben und Knotenblechen an die Sparrenrohre angeschlossen. Die Aufstellung erfolgt auf Stahlrohrgerüsten.

Abb. 10.3

10.2.3.2. Messehalle in Brünn

Der Nachteil der aus vielen Stäben bestehenden Flechtwerkkuppel ist, wie bereits erwähnt wurde, die große Anzahl der Anschlüsse, die mit Rücksicht auf die großen Abmessungen der Kuppel alle an der Baustelle geschweißt werden müssen. Auch wenn ein Teil der Anschlüsse geschweißt wird, sind die grundsätzlichen Schwierigkeiten nicht beseitigt. Die Schwierigkeiten, die der Zusammenschluß von sechs Stäben zu einem räumlichen Knoten verursacht, umgeht Lederer bei Kuppeln mit kreisförmigem Grundriß und Laterne dadurch, daß er drei Systeme von Stäben nicht in einer Ebene sondern übereinander liegend kreuzt. Zwei der drei Systeme sind Kugelschnitte, deren Ebenen unter dem gleichen Winkel gegen die lotrechte Achse der Kugelfläche geneigt und jeweils um einen der Teilung am Fußring entsprechenden Winkel verdreht sind. Diese beiden Systeme bilden sphärische Vierecke, durch deren Ecken die das dritte System bildenden Parallelkreise gehen, so daß ein Netz von sphärischen Dreiecken entsteht (Abb. 10.4).

Die kreisförmig gebogenen Stäbe der drei Systeme werden durch besondere Verbinder zusammengehalten, die nachträglich durch Schweißen versteift werden können.

Die größte dieser auf dem Messegelände in Brünn aufgestellten Kuppeln hat folgende Hauptabmessungen:

Durchmesser des Fußringes		93,5 m
Durchmesser der Laterne		18,0 m
Pfeil der Kugelkalotte		19,7 m
Durchmesser der Kugelschale		63,5 m
Querschnitt des Fußrings		∅ 330.17
Rohre der Schrägsysteme:	an der Laterne	∅ 60.4
	am Fußring	∅ 102.6

Der Rohrwerkstoff ist St 35 mit gewährleisteter Schweißbarkeit. Der Stahlverbrauch beträgt rund 33 kp/m² Grundriß [107, 108].

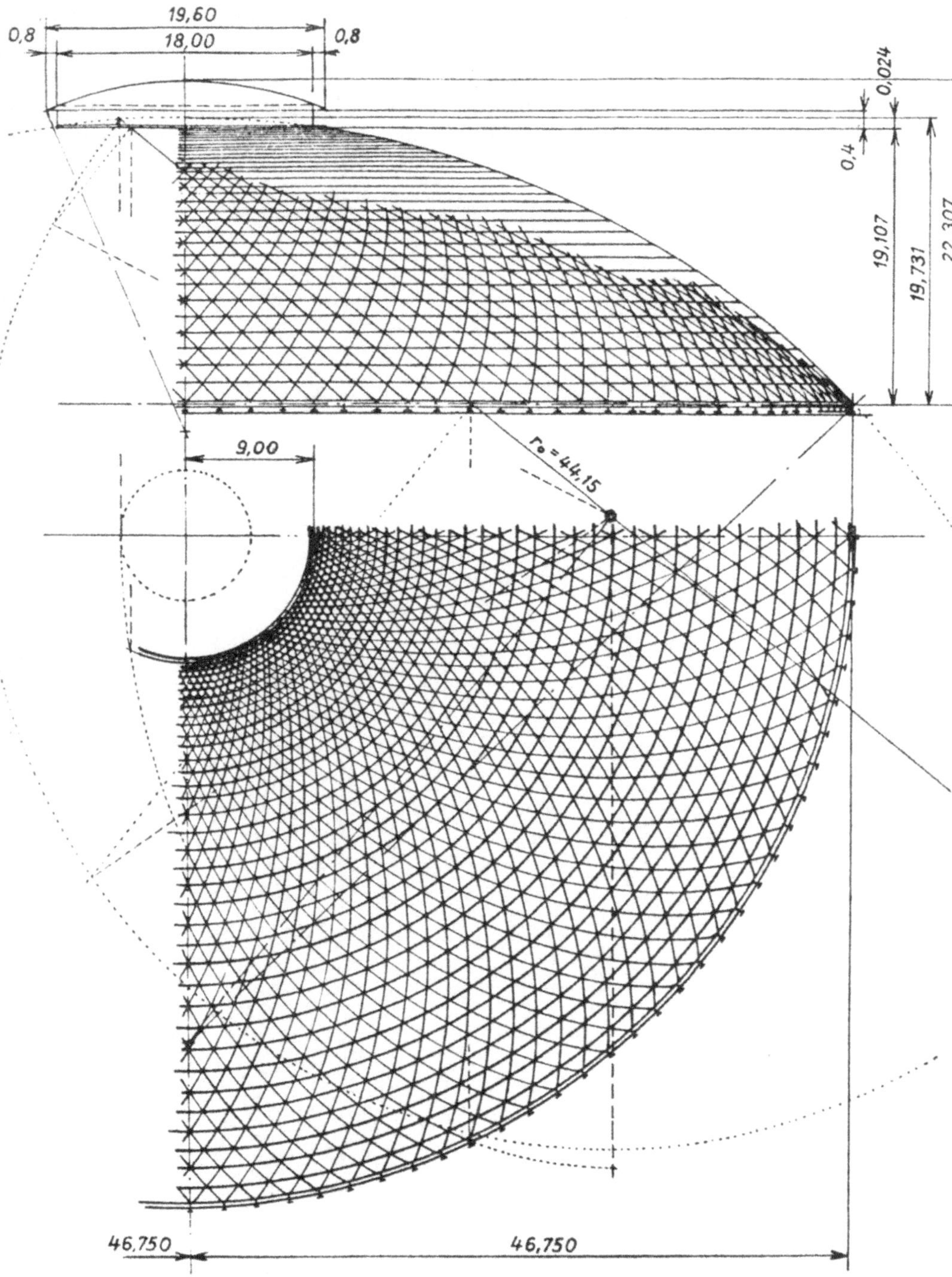

Abb. 10.4

Die Berechnung der Stahrohrkonstruktion konnte dadurch erleichtert werden, daß das Netzwerk durch eine Kugelschale ersetzt wurde. Allerdings ist dabei die Voraussetzung, daß alle Knoten auf der Kugelfläche liegen, nicht erfüllt. Die durch die außermittige Verbindung entstehenden Biege- und Drehmomente wurden vernachlässigt. Da sich die Konstruktion bei einer Spannweite bewährt hat, die nicht weit von 100 liegt, scheinen diese Einflüsse nicht groß zu sein. Jedenfalls ist diese Lösung eine glückliche Idee und ein bemerkenswertes Beispiel dafür, wie die wirtschaftlichen Vorteile der Rotationsschalen auch im Stahlrohrbau ausgenützt werden können.

11. Sportbauwerke

Neben den großen Sporthallen, die ganz eingedeckt sind, gehören zu den Sportbauwerken auch die Tribünenüberdachungen, die zerlegbaren Tribünen, die an anderer Stelle behandelt werden, und Nebenbauten, die mit Stahlskelett ausgeführt werden können.

11.1. Tribünenüberdachungen

Die Überdachungen sollen so angelegt sein, daß die Spielfläche von jedem Tribünenplatz aus voll eingesehen und die Sicht womöglich durch keine Stützen gestört ist. Der leichte Rohrfachwerkträger mit Stützen aus einfachen Rohren eignet sich als Unterzug für diesen Zweck besonders gut. Die weit auskragenden Binder sind in der Rückwand verankert. Der Unterbau einschließlich Tribünen wird gewöhnlich in Stahlbeton ausgeführt. Der Unterzug erlaubt verhältnismäßig große Spannweiten, so daß nur wenige Stützen erforderlich sind. Ein Rahmen- oder Diagonalverband zwischen unten eingespannten Stützen oder eine zweistielige Endstütze und Dachverbände stabilisieren die Konstruktion.

Um Stützen zwischen den Tribünensitzen ganz zu vermeiden, können die weit auskragenden Binder in die massive Tribünenkonstruktion eingespannt werden. Werden auch die Tribünen in Stahlrohren ausgeführt, können Tribünen- und Dachtragwerke biegungssteif verbunden werden.

11.2. Sporthallen

11.2.1. Ausführung

Um von der Witterung unabhängig zu sein, entschloß man sich bei dem steigenden Interesse für Sportveranstaltungen bald, nicht nur die Tribünen, sondern die ganze Anlage zu überdachen. Der Unterbau mit Tribünen und Nebenräumen wurde in Massivbauweise ausgeführt; für die Überdachung aber kam nur eine Stahlkonstruktion in Frage, wofür sich die Ausführung aus Stahlrohren besonders gut eignet.

Wie die Ausstellungshallen werden auch die Sporthallen über rechteckigem, kreisrundem oder elliptischem Grundriß errichtet. Die Stahlrohrkonstruktion bleibt dabei in der Regel sichtbar, so daß auf gutes Aussehen besonders zu achten ist. Die dort angewandten Ausführungsformen wie gewölbte Trägerroste, Flechtwerkkuppeln mit und ohne Laterne, kreisrund oder oval, kommen auch hier in Betracht. Jede der in anderer Bauweise errichteten Sporthallen läßt sich auch in Stahlrohrkonstruktion ausführen. Das Problem liegt nur in der verläßlichen und wirtschaftlichen Herstellung räumlicher Knotenpunkte in der Werkstätte und auf der Baustelle.

11.2.2. Sporthalle in Kladno (Tschechoslowakei)

Die Abmessungen dieser Halle sind aus dem Grundriß (Abb. 11.1) zu ersehen [109]. Der Mittelteil der Überdachung über der Eisfläche und den Tribünen an den Längswänden ist quadratisch 60 × 60 m in gegliederter Rohrkonstruktion ausgeführt, die restlichen Flächen *2* und *3* sind Flachdächer mit Vollwandträgern. Die darüber hinausragenden Teile der Giebel *1* sind verglast, so daß die Halle ausreichend natürlich belichtet ist.

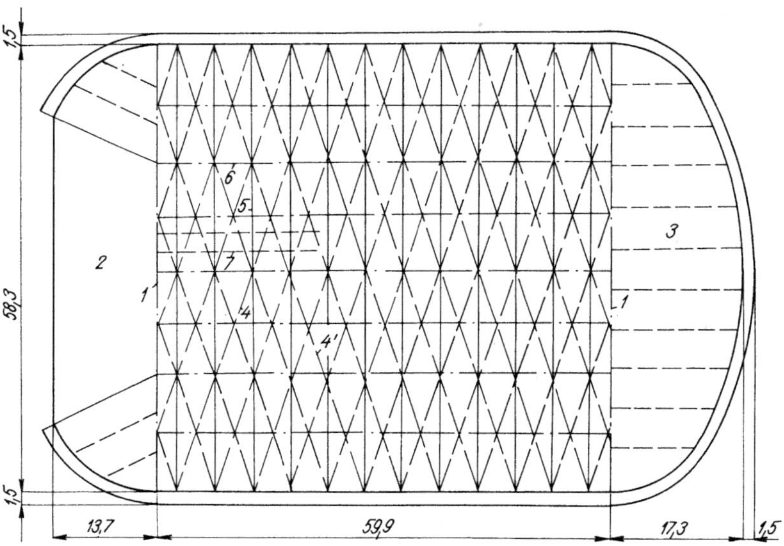

Abb. 11.1

Das Tragwerk des Mittelteils besteht aus zwei Systemen sich schräg kreuzender Zweigelenkfachwerkbogen *4* und *4'* im gegenseitigen Abstande von 4,91 m und leichten Fachwerkträgern *6*, die die Kreuzungspunkte der schrägen Fachwerkbogen in der Hallenlängsrichtung verbinden. Diese tragen zusammen mit den dazwischen liegenden Pfetten *7* gleichen Systems die aus verzinktem Stahlblech bestehende Dachhaut. Der Schub der Bogen wird durch Zugbänder *5* aufgenommen, die gegenüberliegende Kämpfer verbinden. Den Giebelabschluß bilden Vollwandbogen *1* mit Zugband. Die waagrechten Komponenten der Schübe der an den Giebelbogen angeschlossenen Rohrbogen gleichen sich zwischen den Giebeln durch die Pfetten *6* aus.

Durch die Giebelbogen mit ihrem großen Trägheitsmoment werden die Rohrbogen des Mittelteils entlastet. Diese Wirkung, die gegen die Hallenmitte zu ab-

Abb. 11.2

Abb. 11.3

nimmt, kann, da Herstellungsgründe eine ungleiche Ausführung ausschließen, nur teilweise ausgenützt werden, bildet aber eine Tragreserve bei zufälliger, in der Hallenlängsrichtung ungleichmäßig verteilter Belastung.

Die Achse der schiefen Rohrbogen von 75 cm Systemhöhe bildet einen Kreisbogen mit $R = 54{,}2$ m; die Bogen kreuzen sich unter einem Winkel von 37°. Im Querschnitt rechtwinklig zur Hallenlängsachse ist die Gewölbespannweite 58,28 m, die Pfeilhöhe 8,50 m. Die Länge der Bogenelemente beträgt 8,00 m, die zugehörige Verdrehung der Schraubenlinie 30 mm. Um bei der Erzeugung gleiche Elemente zu haben, die sich nur links und rechts unterscheiden, wurde diese geringe Verdrehung vernachlässigt. Die dadurch entstehenden Zwängspannungen sind verhältnismäßig klein.

Die Abb. 11.2 zeigt die sich kreuzenden Rohrbogen mit den Pfetten, Abb. 11.3 die vollwandigen Giebelbogen. Bezüglich der Einzelheiten der Tragkonstruktion sei auf die Veröffentlichung [109] verwiesen.

11.2.3. Lido-Stadion in Mailand

Die Stahlrohrkonstruktion überdacht ein Rechteck mit den ungefähren Seitenlängen 60 × 40 m [110]. Den Unterbau bildet eine zweistöckige Betonkonstruktion (Abb. 11.4). Die Dreigelenk-Rohrfachwerkbogen in gegenseitiger Entfernung von

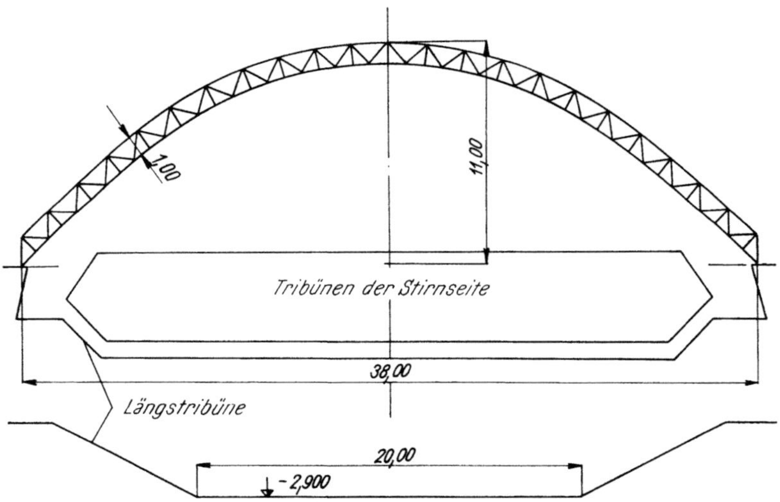

Abb. 11.4

8,30 m haben eine Spannweite von 38 m bei einer Pfeilhöhe von 11,00 m. Ihr dreieckiger Querschnitt hat eine gleichbleibende Höhe von 1,00 m, die Entfernung der beiden Obergurte beträgt 0,65 m (Abb. 11.5). In der Nähe des Kämpfers ist der Untergurt geteilt, so daß zwei Gelenke die Standsicherheit des Bogens gewährleisten. Ebene Rohrfachwerkträger, deren Höhe mit der der Rohrbogen übereinstimmt und in den Ebenen der Hilfsposten liegen, sichern mit den Dachverbänden die Stabilität des Bauwerks. Die Dachhaut wird von Walzstählen IPE getragen, auf deren Unterflanschen die wärmeisolierende Untersicht ruht.

Die Dachhaut aus Welleternit und die Untersicht sind in beiden Bogenhälften auf eine Breite von 7,84 m durch gewellte armierte Glasplatten unterbrochen. Die so erzielte natürliche Belichtung wird durch Fenster in den Längswänden verbessert, während die Giebelwände zur Vermeidung von Blendwirkung geschlossen ausgeführt sind.

Die Tragkonstruktion ist für eine ständige Belastung von 180 kp/m² und einseitige Schneelast von 100 kp/m² bemessen. Beim Belastungsfall „Ständige Lasten + Wind“ von 80 kp/m² wurde nur mit 25 kp/m² Schnee gerechnet. Der Stahlverbrauch betrug 24 kp/m².

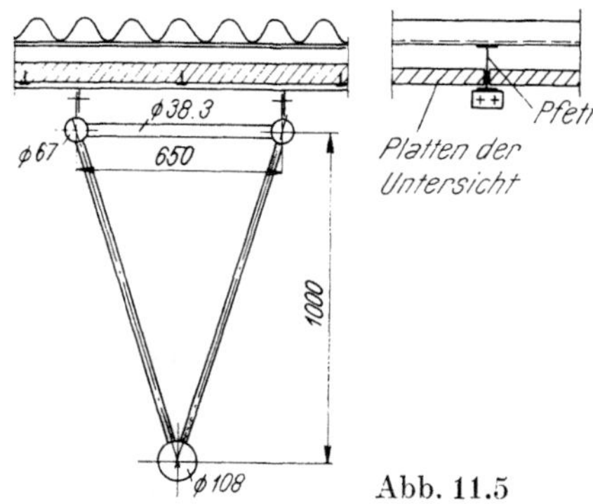

Abb. 11.5

11.2.4. Sporthalle in Bologna

Der ovale, als Korbbogen gebildete Grundriß mit den Achsen 68,8 × 62,0 m wird von einer Kuppel überdacht, deren Hauptträger radial gestellte Halbbogen mit parabolischen Gurten aus Stahlrohr bilden [111]. Der gegliederte dreieckige Fußring nimmt den Schub der Halbbogen auf und überträgt auf die 5,3 m hohen, unten

Abb. 11.6

eingespannten einfachen Rohrstützen nur lotrechte Kräfte. Die Anzahl der Halbbogen wird im mittleren Kuppelteil auf die Hälfte vermindert, so daß der Anschluß an das räumliche Scheitelstück einfacher wird, um so mehr als dort die Bogengurte zusammengeführt sind.

Die Abb. 11.6 ist eine Aufnahme während der Aufstellung. Sie zeigt deutlich die sichelförmigen Halbbogen, den dreieckigen Fußring und die Verbände.

12. Verkehrsbauten und Transporteinrichtungen

Hierher gehören alle Bauten, die mit dem Verkehr auf Bahnhöfen in Zusammenhang stehn, die für den Luftverkehr dienenden Anlagen, Brücken und Stege sowie die Brücken im Transportwesen. Die Verkehrs-, Verwaltungs- und Lagergebäude für See- und Binnenschiffahrt unterscheiden sich in der Tragkonstruktion nicht von ähnlichen Anlagen des Verkehrswesens, so daß sie nicht gesondert angeführt werden müssen. Der Stahlrohrbau hat sich, wie nach den zahlreichen ausgeführten Bauten geschlossen werden kann, im Verkehrswesen und bei Transportanlagen bewährt, wenn auch nicht auf allen Gebieten gleich gut.

12.1. Bahnhofsanlagen

12.1.1. Anlagen für den Reiseverkehr

Während früher in großen Städten Bahnhofshallen, die eine große Anzahl von Gleisen und Bahnsteigen überdachen, als repräsentative Bauten errichtet wurden, zieht man heute Einzelüberdachung von Bahnsteigen und ihre Verbindung vor.

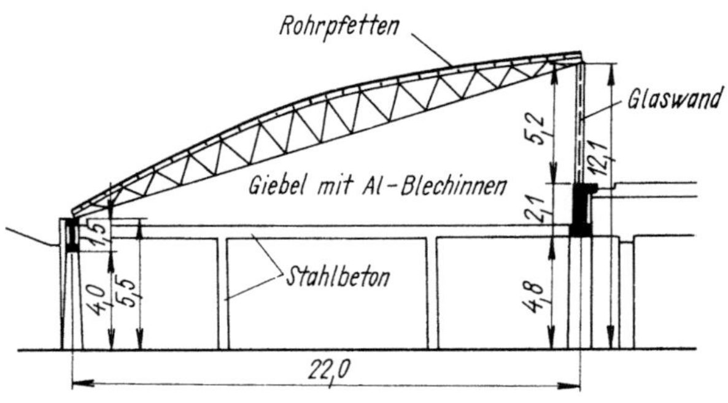

Abb. 12.1

Für Bahnhofshallen würde sich die Stahlrohrkonstruktion zweifelsohne eignen, für Bahnsteigüberdachungen ist wegen der vorwiegend auf Biegung beanspruchten Tragkonstruktion die vollwandige Ausführung vorzuziehen.

Dagegen sind den Bahnsteigen vorgelagerte Hallen bei zwei Pariser Bahnhöfen mit Sheds aus Stahlrohren überdacht worden [112]. Aus Abb. 12.1 ist der Querschnitt der rund 52 m langen Vorhalle des Bahnhofs Paris—Maine ersichtlich. Die leichte Stahlrohrkonstruktion ruht auf Unterzügen und Stützen aus Stahlbeton. Die 1,70 m voneinander entfernten Binder mit parabolischem Obergurt lagern unten auf einem Stahlbetonträger; oben werden sie durch eine Rohrstützenreihe getragen, der eine mit Aluminiumstäben gebildete 5,2 m hohe Glaswand vorgesetzt ist. Die Rohrpfetten ∅ 34 mm sind mit Abständen von 0,80 m verlegt. Die Giebelflächen über dem Unterzug erhielten eine Aluminiumblechverkleidung, die an I-Stählen befestigt ist.

Mit etwas geringeren Abmessungen und einem dreieckigen gegliederten Unterzug an Stelle der lotrechten Glaswand ist die Vorhalle des Bahnhofs Marseille-Saint-Charles ausgeführt.

12.1.2. Nebenanlagen

Für den Stahlrohrbau kommen Lokomotivschuppen, Verlade- und Lagerräume in Betracht.

Abb. 12.2

Eine große Lokomotivhalle in den Abmessungen 60 × 60 m zeigt Abb. 12.2. Sowohl die Binder mit Spannweiten von 2 × 30 m als auch der Unterzug mit Feldern 2 × 30 m sind als Stahlrohrfachwerke mit einer Systemhöhe von 3,0 m ausgeführt. Die Stützenhöhe beträgt 7,25 m.

Einen Güterschuppen mit durchlaufender Laterne von 4 m Breite und zwei Reihen von Mittelstützen aus einfachen Rohren zeigt Abb. 12.3. Die Stützenhöhe beträgt 4,50 m.

Abb. 12.3

12.2. Bauten für den Flugverkehr

Auf einem Flugplatz sind die wichtigsten Gebäude die unmittelbar dem Reiseverkehr dienenden Anlagen und die Hangare.

12.2.1. Anlagen für den Reiseverkehr

Zum Unterschied von den Bahnhöfen werden für die Verwaltung und alle Zwecke, die mit dem Flugverkehr unmittelbar in Zusammenhang stehen, Gebäude errichtet, die auch repräsentativ wirken sollen. Die dafür in Betracht kommenden Formen werden weitgehend vom Architekten bestimmt, der für diesen Zweck Bauten mit großen Räumen ohne Stützen vorzieht. Dieser Forderung und andern Sonderwünschen kann der Stahlrohrbau entsprechen. Da bei diesen Bauten Wirtschaftlichkeit wohl zu beachten ist, aber nicht an erster Stelle steht, bieten sich der Phantasie des entwerfenden Ingenieurs oft interessante Lösungsmöglichkeiten.

12.2.2. Hangare

Hangare haben gewöhnlich einen rechteckigen Grundriß und erhalten ein Pultdach (Abb. 12.4). Ihre Tiefe ist kleiner als die Breite. Die Binder liegen entweder rechtwinklig zur Ebene der Tore oder parallel dazu. Die großen Flügelabmessungen der Flugzeuge erfordern große Toröffnungen und damit im ersteren Falle eine große Spannweite des durch die Binder belasteten Unterzugs über den Toren, im andern Falle große Spannweiten der Binder und des weniger belasteten Torträgers. Für die Stahlrohrkonstruktion eignet sich die Ausführung mit Bindern rechtwinklig zum Torträger besser. In den Abb. 12.4a, b sind die Binder mit *B*, die Tore mit *T* und der Unterzug über ihnen mit *U* bezeichnet. Die Stützen der Rückwand sind entweder unten eingespannt und übernehmen die Windkräfte auf Vorder- und Rückwand oder sie sind als Pendelstützen ausgeführt und die Binder werden durch einen waagrechten Windträger in der Untergurtebene des Torträgers *U* gehalten. Die Tore, Falt- oder Schiebetore, sind entweder am Unterzug aufgehängt oder werden nur an ihm geführt.

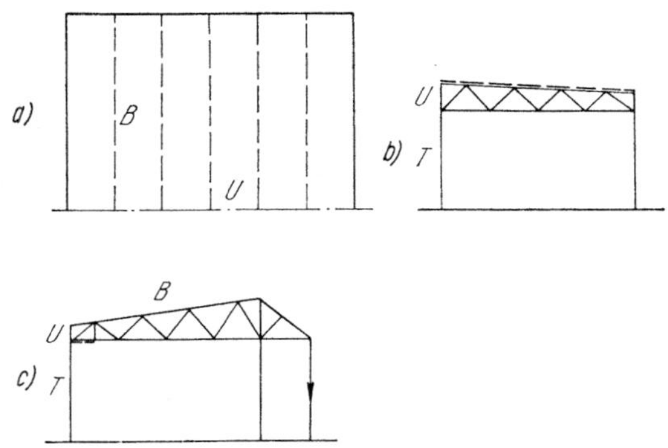

Abb. 12.4

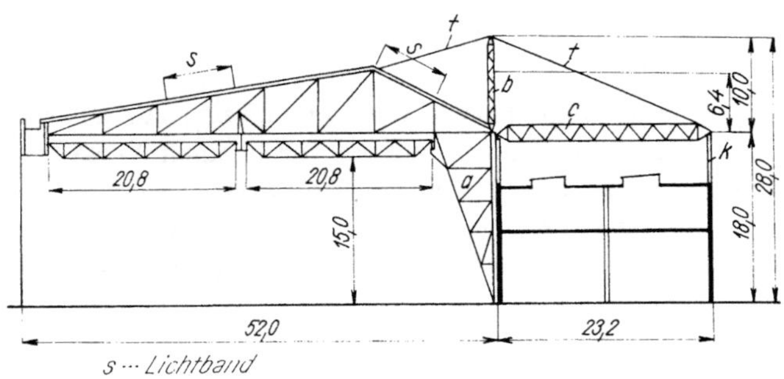

Abb. 12.5

Die gleiche Anordnung der Binder eignet sich auch, wenn sie nach Abb. 12.4c verankert sind, also als Kragträger wirken, die für die waagrecht geführten Tore nur einen leichten Unterzug *U* und einen Windträger benötigen.

Die Flugzeughalle auf dem Flugplatz in Rom ist ein Beispiel für eine derartige Ausführung; ihr Querschnitt ist in Abb. 12.5 dargestellt [113]. Bei einer Länge von 238,4 m beträgt die gesamte überdachte Fläche der Halle 1250 m².

Die zweiwandigen, 1,30 m breiten Stahlrohrbinder in einer gegenseitigen Entfernung von 7,90 m haben waagrechte Untergurte und tragen zwei Bahnen für je einen Kran von 5t Tragkraft. Auch die Stützen *a* sind zweiwandig; die

Entfernung der lotrechten und schrägen Stiele verringert sich von 6,15 m beim Anschluß an den waagrechten Binderteil auf 0 an den Gelenken. An die freien Enden der Binder ist ein 3 m hoher und 2 m breiter Fassadenträger angeschlossen, der sich über die ganze Hallenlänge erstreckt und die Führungseinrichtungen für die Tore trägt. Die schrägen aus Rohren ⌀ 343,14 bestehenden Zugbänder *t* verankern die Kragträger über die lotrechten Stützen *b*, die waagrechten Streben *c* und die Rohre *k* im Betonblock des Fundaments. Die ausgefachten Stützen *b* und Streben *c* haben quadratischen Querschnitt 1,30 × 1,30 m und verjüngen sich an ihren Enden zur gelenkigen Verbindung mit den benachbarten Tragteilen.

Die Pfetten sind im Dachteil mit geringer Neigung aus I-Stählen, im andern als einfache Rohre ausgeführt. Die Montagestöße der Binder und Streben sind abweichend von der üblichen Praxis auch in den gezogenen Gurten als Schraubverbindung mit Flanschen ausgeführt.

12.3. Brücken und Stege

12.3.1. Verwendungsmöglichkeit von Stahlrohrträgern

Zur Überführung von Verkehrswegen über Wasserläufe und andere Hindernisse kommen Stahlrohrbauwerke nur in beschränktem Maße in Betracht; vor allem scheiden sie für die stark dynamisch beanspruchten Fachwerkträger von Eisenbahnbrücken aus. Gegen die Verwendung von einfachen Rohrstützen ist aber nichts einzuwenden. Bei Straßenbrücken zeigen die im folgenden angeführten Beispiele, daß Stahlrohre, Walzstähle und geschweißte Profile im gleichen Tragwerk verwendet werden können.

Für Stege, die dem Fußgängerverkehr dienen, sei es zur Überbrückung kleiner Hindernisse, sei es zur Verbindung zweier durch einen Verkehrsweg getrennter Gebäude eignet sich die Verwendung von Stahlrohren sehr gut. Eine der ersten Ausführungen eines solchen Steges, die von der Tubewrights-Gesellschaft in England geliefert wurde, ist durch eine Veröffentlichung aus dem Jahre 1949 bekannt geworden [114].

12.3.2. Brücke in Hamburg

Diese Brücke, ein Langerbalken von 96,0 m Spannweite, überführt im Hamburger Osthafen zwei Laufstege von 80 cm Breite und zwischen ihnen in einem 1,70 m breiten Streifen verschiedene Rohrleitungen und Kabel über das Hafenbecken [115]. Die Gesamtbreite der Brücke beträgt 4,3 m, die Pfeilhöhe der Bogen 12,0 m. Die beiden Hauptträger sind Langerbalken mit einem 1,10 m hohen Versteifungsträger und einem Stabbogen aus nahtlosen Rohren ⌀ 419, deren Wanddicke von 9,5 mm auf 20 mm im Bereich der Windportale verstärkt ist.

Wie aus Abb. 12.6 zu ersehen ist, dient im Stoßquerschnitt des Rohrbogens eine 30 mm starke runde Platte als Unterlage der Stumpfnaht und zum Anschluß der beiden Bleche der Hängestangen. Das Rautenfachwerk des Windverbandes zwischen den Rohrbogen mit Pfosten in den Kreuzungspunkten der Diagonalen besteht aus Rohren ∅ 108.

Zur Überleitung der Druckkräfte des Bogens ∅ 419,20 in den einwandigen Versteifungsträger ist das Bogenrohr vor dem Lager geschlitzt, fächerartig aufgeweitet und an den waagrechten Träger angeschlossen; zwischen den durch das Schlitzen entstehenden Rohrschalen sind Zwickelbleche eingesetzt.

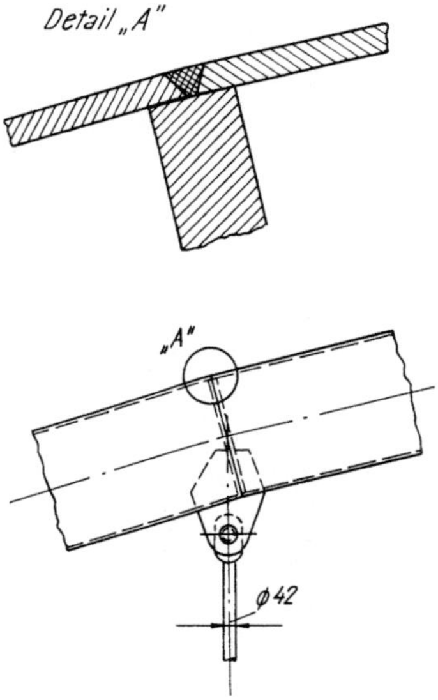

Abb. 12.6

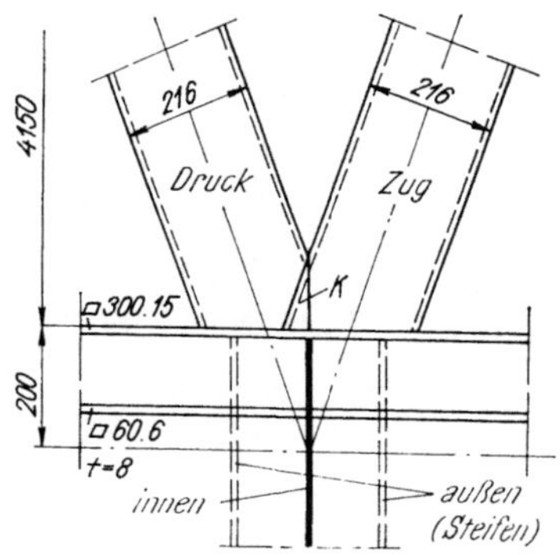

Abb. 12.7

12.3.3. Fußgängerbrücke in Köln

Diese überdachte und beiderseits verglaste Fußgängerbrücke bildet den Zugang zum Ausstellungsgelände in Köln [116]. Die Hauptträger sind Durchlaufträger mit Spannweiten von 26 bis 34 m und einer Breite von 12,24 m; ein anschließender verbreiterter und erhöhter Teil führt unmittelbar in eine Messehalle. Beide Gurte sind geschweißte I-Träger, deren Stege an der Brückeninnenseite durch ein abgekantetes Blech, an der Außenseite im Bereich der Knoten durch zwei Rippen versteift sind (Abb. 12.7).

Des bessern Aussehens wegen durften über den Stützen keine Querrahmen angeordnet werden. Statt dessen sind die Querträger mit den im gleichen Untergurtknoten angeschlossenen Diagonalen biegungssteif verbunden und die Dachquerträger gelenkig an die Obergurte angeschlossen, so daß sie als Zugband von Zweigelenkrahmen wirken. Auf diese Weise ist die Seitensteifigkeit des gedrückten Gurtes gesichert.

Die Rohrdiagonalen überschneiden sich im Knoten. Das gezogene Rohr wird voll mit dem Gurtflansch verschweißt. Beim Druckrohr mußte beim Einbau ein Zwickel K herausgeschnitten werden, der nachher wieder eingeschweißt wurde. Die vollständig geschweißten Baustellenstöße sind so angeordnet, daß jeweils nur eine gedrückte Diagonale eingebaut werden mußte.

12.3.4. Bahnsteigüberführung

Als Beispiel eines leichten Steges zeigt Abb. 12.8 eine Bahnsteigüberführung. Die Breite des Steges und der Treppen beträgt 2,0 m. Für die Stützen, Verbände und Geländer wurden Rohre verwendet.

Abb. 12.8

12.4. Transport- und Verladebrücken

Transportbrücken, die in der Regel vollständig geschlossen mit Fenstern in den Seitenwänden ausgeführt werden, bilden das schräge oder waagrechte Tragwerk für Transport- und Fördereinrichtungen mit ihren Bedienungsstegen. Mit Ausnahme der Querträger können sie ganz aus Rohren hergestellt werden. Der Anschluß der Dach- und Seiteneindeckung sowie die Montierung der Förderbänder und die Ausführung der Bedienungsstege bereiten keine Schwierigkeiten.

Die Abb. 12.9 zeigt eine Aufnahme derartiger schräger und waagrechter Transportbrücken samt ihren gegliederten Stützen in Rohrkonstruktion. Beim Entwurf ist auf die richtige Lagerung der Brückenträger und Anordnung der Stützen zu achten, insbesondere bei den Schrägbrücken.

Verladebrücken, die zum Umschlagen von Gütern zwischen Eisenbahn oder Schiff und Lagerplatz sowie zur Bedienung von großen Lagern im Freien dienen, werden als feststehende oder bewegliche Bockkrane ausgeführt. Mit Ausnahme von

Teilen, die vorwiegend auf Biegung beansprucht werden, können, wie bereits im Kapitel Krane erwähnt wurde, diese Brücken samt Stützen vorteilhaft in Rohrkonstruktion hergestellt werden.

Abb. 12.9

Abb. 12.10

Als Verladeanlagen mit feststehendem Tragwerk sind auch die Katzenbahnen der Abb. 12.10 anzusehen. Die Aufnahme zeigt die Leichtigkeit und Mannigfaltigkeit der Stahlrohrkonstruktion. Die Katzenbahnen von 1,0 t Tragkraft werden von dreieckigen Fachwerkträgern von 15 m Spannweite getragen; sie sind an Querträgern aus I-Stählen zwischen den beiden Untergurten aufgehängt. Alle drei Seiten des Trägers haben Ausfachung durch Diagonalen. Dieser räumliche Träger leitet sowohl die lotrechten als auch die waagrechten Kräfte in die Stützen.

Die Katzenträger sind in einem vierseitigen räumlich ausgesteiften Unterzug festgehalten, der auf einer vierseitigen Stütze fest, sonst auf zweistieligen Pendelstützen längsbeweglich gelagert ist.

13. Freileitungsmaste

13.1. Mastarten

Die elektrische Energie wird von ihrer Erzeugungsstätte zum Verbraucher in der Regel mit oberirdisch verlegten Leitungen überführt. Die Entfernung der Maste und damit ihre Höhe und Belastung steigen mit der Stromspannung. Bei geringer Belastung und Höhe genügen einfache Maste oder zweistielige Flachmaste, während größere Belastungen und Höhen, die durch größere Stromspannungen bedingt sind, eine vierstielige Ausführung erfordern. Einfache Rohrmaste werden entweder ein- oder zweimal abgesetzt verwendet.

Freileitungsmaste sind in der Regel freistehend; bei größeren Höhen, wie sie bei Kreuzungen von Flüssen oder anderer großer Hindernisse notwendig werden, nennt man sie Türme. Sie sind durch Einbetonieren im Fundament eingespannt, können aber auch aufgesetzt und durch Schrauben im Fundament verankert werden. Unter besonderen Verhältnissen werden sie mit einem Schwellenrost versehen und eingegraben. In der letzten Zeit sind auch Maste aufgestellt worden, die durch Rundstähle oder Seile vorgespannt und verankert sind.

Die Wände der zwei- oder mehrstieligen Maste werden durch Diagonalen ausgefacht; Riegel können bei Rohrmasten meistens entfallen. Bei strebenlosen Masten sind die Riegel biegungssteif mit den Stielen zu ebenen oder räumlichen Stockwerkrahmen verbunden.

Nach ihrer Lage in der Leitungstrasse werden unterschieden: Trag-, Winkel-, Abspann-, Winkelabspann-, End-, Verteilungs- und Abzweigungsmaste. Für Kreuzungen von Verkehrswegen, Ortschaften und anderen Freileitungen bestehen eigene, strengere Vorschriften.

13.2. Belastungen

Die Freileitungsmaste sind ständig durch ihr Eigengewicht, das Gewicht der Leiter und Isolatoren und die Leiterzüge belastet. Vorübergehend treten hinzu der Winddruck auf den Mast mit seinen Auslegern und auf die Leiter rechtwinklig zu ihrer Richtung. Die Leiterzüge und die Durchhänge sind von der Temperatur abhängig und wachsen, wenn Frost und Rauhreif auftreten. Bei Leitungsmasten in der geraden Trasse und in der Ebene sind die Leiterzüge ausgeglichen. Eckmaste sind durch die Resultierende dieser Züge, Endmaste durch den vollen einseitigen Zug belastet. Auch bei unterschiedlichen Längen der benachbarten Felder und Höhenunterschieden zwischen Leiteraufhängungen in diesen Feldern treten einseitige Züge auf, die nicht immer waagrecht wirken müssen.

Entstehen einseitige Züge durch ungleiche Belastung der angrenzenden Felder oder durch Bruch eines oder mehrerer Leiter, wird der Mast außer auf Biegung auch auf Verdrehen beansprucht. Die Möglichkeit einer derartigen Belastung ist in der Norm bei allen Masten je nach ihrer Art durch Vorschrift einer außerordentlichen Belastung in Betracht gezogen. Die größte Sicherheit wird bei Kreuzungsmasten verlangt.

13.3. Einfache Rohrmaste

13.3.1. Einteilige Maste aus nahtlosen Stahlrohren

Bei geringer Höhe und einer Belastung, die im Einspannquerschnitt ein Biegemoment hervorruft, das kleiner ist als das Tragmoment des größten Rohrquerschnitts, können für Freileitungsmaste auch die in Abschnitt 6 beschriebenen einfachen Rohrmaste verwendet werden. Aus wirtschaftlichen Gründen wählt man für den Einspannquerschnitt ein Rohr mit Normalwand.

13.3.1.1. Kopfausrüstung

Die Leiter werden von Querträgern getragen, die aus Rohren oder U-Stählen gebildet werden. Diese Rohrkonsolen werden aus Transportgründen nicht unmittel-

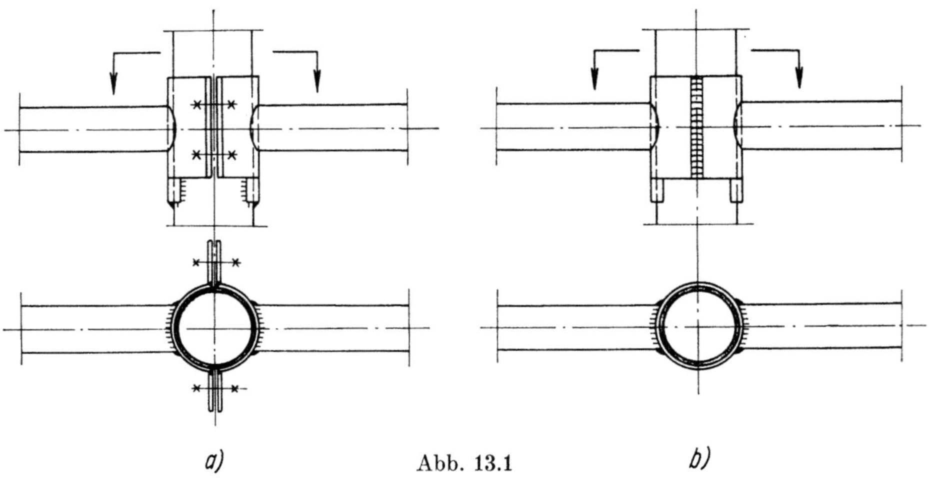

Abb. 13.1

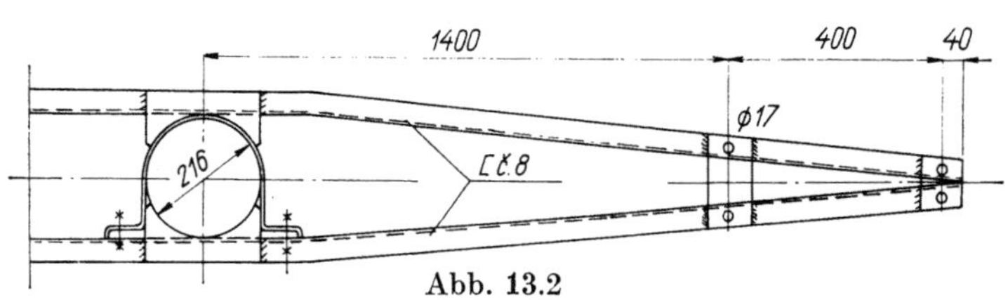

Abb. 13.2

bar an die Maste geschweißt, sondern an eine Schelle, die mit einer zweiten das Mastrohr umfaßt und mit ihr verschraubt wird (Abb. 13.1a). Steht an der Baustelle Strom zur Verfügung, werden die flügellosen Schellen (Schalen aus halben Rohren) verschweißt (Abb. 13.1 b). Diese Schellen sitzen auf Knaggen, die an das Mastrohr geschweißt sind.

Die Ausführung der Querträger aus zwei U-Stählen und ihre Verbindung mit den Mastrohren zeigt Abb. 13.2. Bei größerer Belastung und Auskragung wird der Ausleger durch ein schräges Stützrohr gehalten, das unten mit einem an das Rohr

Abb. 13.3

Abb. 13.4

geschweißten kurzen Flachstahl verschraubt wird, oder er wird in gleicher Weise aufgehängt (Abb. 13.3). Eine wirtschaftliche Ausführung des Mastkopfes mit drei Leitern in einer Ebene zeigt Abb. 13.4. Die Hauptmaße der Kopfausrüstung (gegenseitige Leiterabstände) sind durch die elektrotechnischen Vorschriften gegeben. Für den Querträger aus Rohren gilt, wie für Rohrkonstruktionen überhaupt, daß jedes Rohr luftdicht abgeschlossen sein muß.

13.3.1.2. Gründung

Wegen des kleinen Durchmessers des „Erdstücks" empfiehlt es sich, den Mast in ein Betonfundament mit rundem oder quadratischem Querschnitt einzuspannen.

Ein Stufenfundament ist nur bei größerer Belastung erforderlich. Auf bekannte Weise ist der Nachweis zu erbringen, daß die zulässige Bodenpressung nicht überschritten und die Sicherheit gegen Kippen wenigstens 1,5fach ist. Auch die Betonbeanspruchung darf den zulässigen Wert nicht übersteigen. Für den oberen Teil des Betonfundaments ist eine Spiralarmierung zu empfehlen, deren Durchmesser etwas größer sein soll als der Rohrdurchmesser.

13.3.1.3. Berechnung mit Beispiel

Von den Freileitungsmasten sind die Tragmaste am wenigstens beansprucht, was für sie die wirtschaftliche Anwendung von einfachen Rohrmasten ermöglicht. Diese Maste sind auf Winddruck rechtwinklig zur Leitungsrichtung und auf Verdrehen, das beim Riß *eines* Leiters entstehen kann, zu untersuchen. Der Winddruck in der Leitungsrichtung ist nicht entscheidend. Im Falle eines Leiterrisses rechnet man mit dem halben Zug, der bei normaler Eisbelastung in *dem* Leiter entsteht, der das größte Drehmoment hervorruft. Dabei darf mit der erhöhten zulässigen Beanspruchung gerechnet werden. Die Art der Berechnung zeigt das folgende Beispiel:

60 kV-Leitung 3×95 mm² Alfa $6 + 1 \times 50$ mm² Fe, Mastentfernung 200 m, Masthöhe $12{,}20 + 2{,}60 + 2{,}00 = 16{,}80$ m, Staudruck $q = 80$ kp/m².

Mastabmessungen und statische Werte:

⌀	F	I	W	g
292.7	62,7	6370	436	49,2
241.7	51,5	3530	293	40,4
171.7	36,1	1210	142	28,3

a) Belastung rechtwinklig zur Leitung nach Abb. 13.5

Windbelastung des abgesetzten Mastes: $1{,}2 \cdot 80 = 96$ kp/m²

$$W_0 = 0{,}096 \cdot 0{,}292 \cdot 6{,}56 = 0{,}184 \text{ Mp}$$
$$W_1 = 0{,}096 \cdot 0{,}241 \cdot 5{,}12 = 0{,}118 \text{ Mp}$$
$$W_2 = 0{,}096 \cdot 0{,}171 \cdot 5{,}12 = 0{,}084 \text{ Mp}$$

Moment im Einspannquerschnitt

$$M_0 = 0{,}087 \cdot 16{,}8 + 3 \cdot 0{,}129 \cdot 13{,}5 + 0{,}184 \cdot 3{,}28 + 0{,}118 \cdot 9{,}12 + + 0{,}084 \cdot 14{,}24 + 0{,}13 \cdot 2{,}00$$
$$= 1{,}462 + 5{,}225 + 0{,}604 + 1{,}076 + 1{,}196 + 0{,}26 = 9{,}823 \text{ Mpm}$$

Längskraft im Einspannquerschnitt

$$N_0 = 0{,}080 + 3 \cdot 0{,}130 + 0{,}0492 \cdot 6{,}56 + (0{,}0404 + 0{,}0283)\, 5{,}12$$
$$= 0{,}080 + 0{,}390 + 0{,}323 + 0{,}352 = 1{,}145 \text{ Mp}$$

Beanspruchung im Einspannquerschnitt

$$\sigma = \frac{1145}{62,7} + \frac{982\,300}{436} = 18 + 2253 = 2271 \text{ kp/cm}^2$$

Reduzierter Spitzenzug

$$H_{\text{red}} = \frac{9,823}{16,8} = 0,585 \text{ Mp}$$

Durchbiegung an der Spitze nach (193a), (194a)

$$\delta = \frac{\varepsilon h^3}{E I_0} H_{\text{red}} = \frac{0,4528 \cdot 16,8^3 \cdot 10^6}{2,1 \cdot 10^6 \cdot 6370} 585 = 93,9 \text{ cm}$$

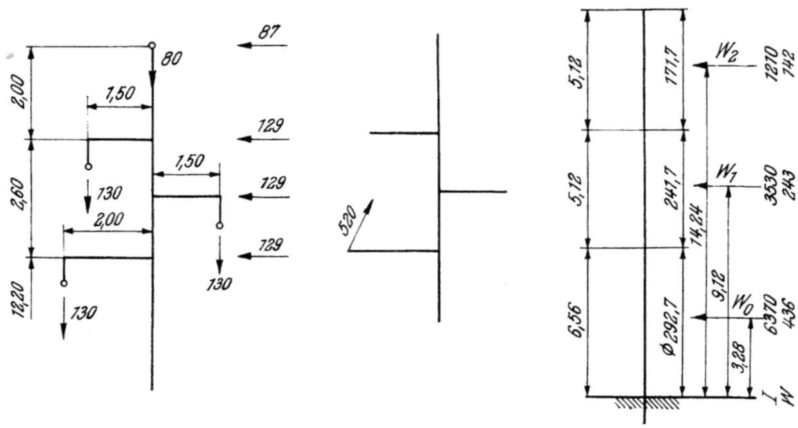

Abb. 13.5

Wenn man diese verhältnismäßig große Durchbiegung (~5,6% der Höhe) bei Tragmasten als zulässig ansehen und nicht einen Mast mit ∅ 318 · 7,5 im Einspannquerschnitt wählen will, darf nicht übersehen werden, daß infolge der Durchbiegung zusätzliche Momente durch die Längskräfte entstehen. Statt der genauen Berechnung nach der Theorie II. Ordnung genügt es, mit einem Zusatzmoment $M_0' = N_0 \cdot \delta$ zu rechnen, im gegebenen Falle $M_0' = 1,145 \cdot 0,94 = 0,108$ Mpm. Die zugehörige Zusatzspannung von $\frac{10800}{436} = 25$ kp/cm² ist durch die Reserve in der zulässigen Spannung gedeckt.

b) Belastung durch Verdrehen

$$M_d = 0,52 \cdot 2,00 = 1,04 \text{ Mpm}$$

Größte Beanspruchung im Mastquerschnitt des Anschlusses des untersten Querträgers

$$\tau = \frac{M_d}{2W} = \frac{104\,000}{2 \cdot 142} = 366 \text{ kp/cm}^2$$

13.3.2. Zerlegbare Maste

13.3.2.1. Maste aus nahtlosen Rohren

Zur Erleichterung des Transports in unwegsamem Gelände und für den Schiffstransport dienen die Adapta-Maste. Sie bestehen aus zylindrischen Elementen von 2450 mm Länge mit konischen Enden. Die Elemente haben derartige Abmessungen, daß sie sich teleskopisch ineinander schieben lassen (Abb. 13.6). Am unteren Ende sind sie konisch aufgeweitet, am oberen konisch eingezogen. Die Einstecklänge a wächst mit dem Durchmesser des zylindrischen Teils von 215 bis 330 mm. Aus diesen Elementen lassen sich Maste mit verschiedenen Höhen und verschiedenen Spitzenzügen zusammenstellen.

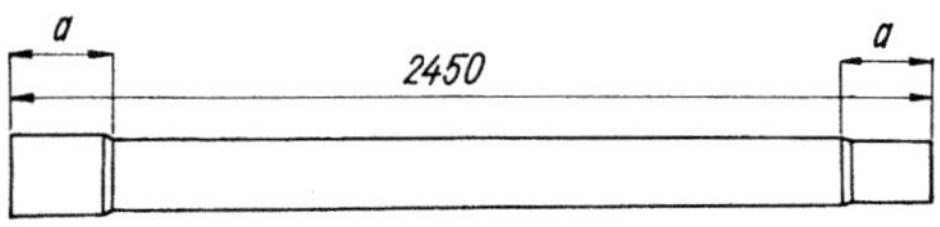

Abb. 13.6

13.3.2.2. Maste aus geschweißten Rohren

Die konischen Elemente haben bei gleicher Länge ovalen oder kreisrunden Querschnitt. Sie wurden vor dem zweiten Weltkrieg nach dem Patent PFISTERSHAMMER unter dem Namen des Lizenzinhabers GEMEINHARD hergestellt. Da die Maste vorwiegend in einer Richtung belastet werden, ist der ovale Querschnitt wirtschaftlich. Der Unterschied im Widerstandsmoment gegenüber dem kreisrunden Querschnitt gleichen Umfangs ist aber, wie aus Tab. 3 hervorgeht, verhältnismäßig gering, so daß auch der patentrechtlich nicht geschützte Mast mit kreisrundem Querschnitt verwendet werden könnte.

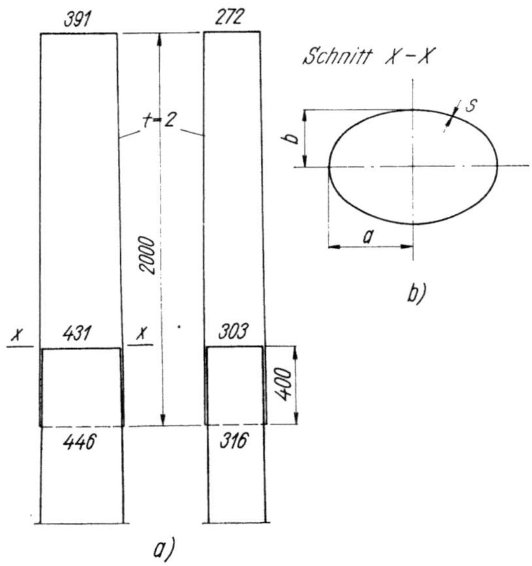

Abb. 13.7

In der ursprünglichen Ausführung nach dem genannten Patente sind diese Maste aus 2 m langen konischen Elementen zusammengesetzt, die sich ineinander schieben lassen. Die Elemente werden aus 1,0 bis 2,5 mm starken Blechen mit einer kleinsten Festigkeit von 5000 kp/cm² hergestellt; sie sind längsüberlappt geschweißt und außen wie innen feuerverzinkt. Der Übergriff beträgt 200 bis 500 mm.

Die Konizität der Elemente nimmt von oben nach unten zu; außerdem kann die Wand bei jedem Stoß verstärkt werden. Der gefährdete Querschnitt liegt jeweils am unteren Ende des Elementes. In Abb. 13.7 sind zwei Elemente im Längsschnitt dargestellt. Das Widerstandsmoment des elliptisch angenommenen Querschnitts ist $W = \frac{\pi s a}{4}(a + 3b)$ (Abb. 13.7b).

Die Elemente werden unter einem Längsdruck von 1,0 bis 2,0 t ineinander gesteckt, wobei der Druck mit den Rohrabmessungen steigt. Damit entsteht eine Verbindung, die auch gegen Verdrehen genügend steif ist. Das zulässige Drehmoment ist

$$M_d = \pi a s (2b - 3s) \tau_{\text{zul}}. \tag{244}$$

Der durch das Überlappen entstandene Spalt ermöglicht eine Durchlüftung des Mastinnern, so daß sich kein Kondenswasser bilden kann.

Die Querträger werden, wie die Maste, als geschweißte konische Rohre hergestellt. In gleicher Weise wie bei den Masten aus einfachen nahtlosen Rohren werden sie an Rohrschellen geschweißt, deren Abmessungen in der erforderlichen Länge denen des Mastes entsprechen. Da das Erdstück verhältnismäßig große Durchmesser hat, ist kein Betonfundament erforderlich. Das geringe Gewicht und, daraus folgend, die niedrigen Transport- und Aufstellungskosten sind weitere Vorteile dieser Maste.

Die Maste wurden für Spitzenzüge von 750 kp und Höhen von 20 m typisiert.

13.4. Flachmaste

13.4.1. Ausführung

Trag- und Winkelmaste sind vorwiegend in einer Richtung belastet. Die nach allen Richtungen gleich große Tragkraft der einfachen Rohrmaste kann deshalb nicht immer wirtschaftlich ausgenützt werden. Bei nicht zu großer Entfernung und Belastung eignen sich besser Flachmaste aus Rohren; sie sind beträchtlich leichter als einfache Maste, ihr Einheitspreis ist aber höher.

Die Stiele sind in der Regel geneigt; an der Einspannstelle wählt man die Achsentfernung etwa gleich $^1/_{10}$ der Masthöhe. Die Maste werden als Rahmen- oder Fachwerkmaste aus Rohrstählen entsprechend St 52 mit gewährleisteter Schweißbarkeit hergestellt.

Portalmaste mit Stielen aus abgesetzten Rohren nach Abb. 13.8 können auch als Flachmaste angesehen werden. Die Rahmenwirkung der angeschraubten oder angeschweißten Querträger ist gering.

13.4.1.1. Rahmenmaste

Die Riegelentfernung wird in der Regel zunehmend von oben nach unten gewählt. Die Stiele haben über die ganze Länge gleichen Durchmesser, wenn nicht die Belastung rechtwinklig zur Mastebene zu einer Ausführung aus abgesetzten Rohren zwingt. Eine gleiche Ausführung der Stielrohre erfordern auch die Maste nach Abb. 13.9, bei denen der Teil der Querträger zwischen den Stielen als Rahmenriegel wirkt.

Die waagrechten Riegelrohre sind unmittelbar an die Stiele geschweißt (Abb. 3.26). Die kurzen obern Riegel können auch mit kreisrunden Enden angeschlossen werden.

Abb. 13.8

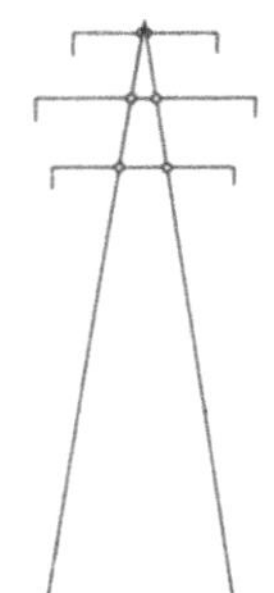

Abb. 13.9

Abb. 13.10

In der Ebene der Querträger muß immer ein Riegel angeordnet werden, damit die Stiele nicht außerhalb der Knoten belastet werden (Abb. 13.10). Der Schweißanschluß der aus Rohren hergestellten Querträger wird nach Art der Abb. 13.11 ausgeführt.

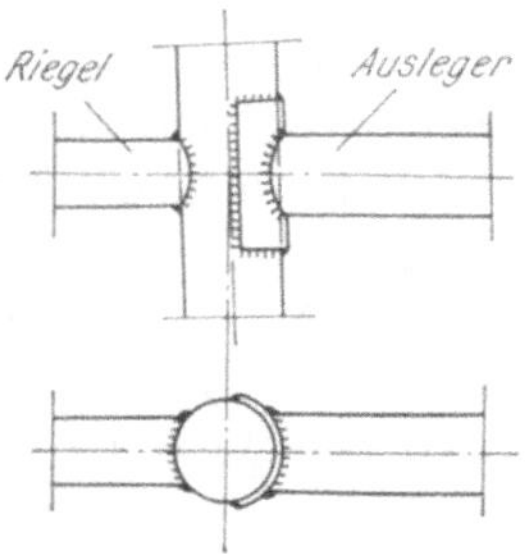

Abb. 13.11

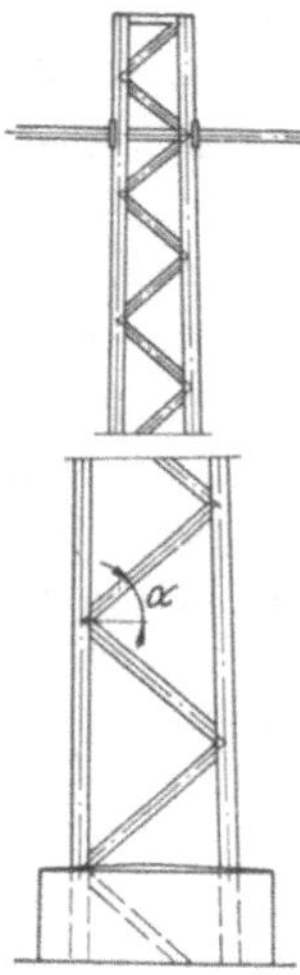

Abb. 13.12a)

Abb. 13.12b)

13.4.1.2. Fachwerkmaste (Gittermaste)

Die Diagonalen der Ausfachung werden womöglich mit gleicher Neigung $\alpha = 45^\circ$ bis 60° angeordnet (Abb. 13.12). Einseitige Ausleger werden in einem Knoten angeschlossen. In der Ebene aller Ausleger ist ein Riegel erforderlich, auch wenn die Ausfachung im übrigen nur aus Diagonalen besteht. Dieser Riegel soll ein größeres Trägheitsmoment haben als die Diagonalen; er hat das von einem einseitigen Leiterzug herrührende Drehmoment auf die Stiele zu übertragen. Die Rohrdiagonalen werden ohne Knotenbleche an die Stiele geschweißt.

Die Stielrohre müssen luftdicht abgeschlossen sein. Die Stöße sind mit unterlegten Stumpfschweißen auszuführen; bei Schraubverbindung muß das Rohrinnere durch eingeschweißte runde Platten vor und nach dem Stoß luftdicht abgeschlossen sein.

13.4.2. Gründung

Flachmaste sind gewöhnlich in einem Betonfundament rechteckigen Grundrisses eingespannt. Bei einer derartigen Ausführung wird die Ausfachung im Fundament fortgesetzt. Die Fundamentabmessungen hängen von der Mastbelastung und der zulässigen Bodenbeanspruchung ab. Es empfiehlt sich, wie bei den einfachen Rohrmasten, den Beton an den Stielen spiralig zu armieren. Bei weitgespreizten Masten nach Abb. 13.9 wird jeder Stiel für sich in einen Block viereckigen oder runden Querschnitts einbetoniert.

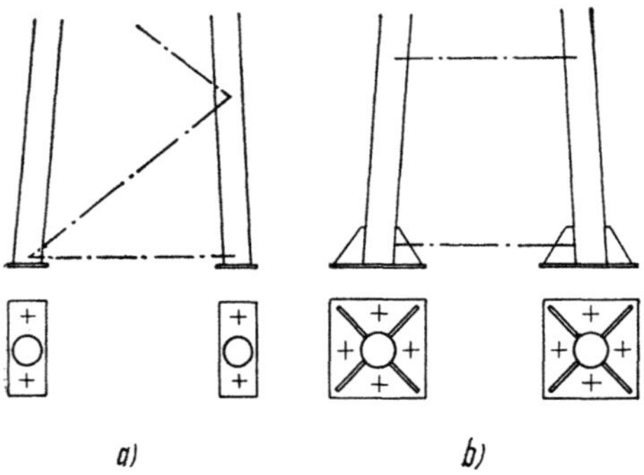

Abb. 13.13

Flachmaste können auch aufgesetzt werden. Die Verbindung mit dem Fundament muß dann so ausgeführt sein, wie es das statische System des Mastes erfordert. Die quadratische oder runde Fußplatte jedes Stiels wird bei Fachwerkmasten mit zwei, bei Rahmenmasten mit vier Schrauben im Fundament verankert. Die Anordnung der Anker ist aus Abb. 13.13 ersichtlich. Mit dem Stiel ist die Fußplatte durch Rundschweißen verbunden; die Verbindung kann durch Rippen verstärkt werden, die sowohl mit dem Stiel als auch der Platte verschweißt sind. Die Schrauben sind für die Zugkraft im Stiel und bei Rahmenmasten für das Einspannmoment zu bemessen. Die Betonpressung unter dem gedrückten Stiel darf den zulässigen Wert nicht überschreiten.

Die Fundamentberechnung ist in bekannter Weise vorzunehmen.

13.4.3. Berechnung

13.4.3.1. Belastung rechtwinklig zur Mastebene

Flachmaste kommen fast ausschließlich nur für Tragmaste in Betracht. Die für diese Maste durch die Norm vorgeschriebene Belastung wirkt entweder als Normalfall mittig oder bei einem Leiterbruch so, daß außer einem Zug in der Leitungsrichtung noch ein Drehmoment auftritt.

a) Normalbelastung

Diese waagrechte mittig wirkende Belastung erzeugt im Einspannquerschnitt ein Moment M. Die in diesem Querschnitt hervorgerufene Spannung in einem Stielrohr mit dem Widerstandsmoment W ist

$$\sigma = \frac{M}{2\,W}. \tag{245}$$

b) Einfluß eines Drehmoments

Bei einem Leiterriß tritt ein einseitiger Zug H auf, dessen Größe in der Norm vorgeschrieben ist. Sie beträgt bei Tragmasten die Hälfte des größten Leiterzugs. Das entstehende Drehmoment ist am größten, wenn H am Ende des Auslegers mit der größten Ausladung wirkt, beim Mast mit einer Kopfanordnung nach Abb. 13.14 also am Ausleger 1.

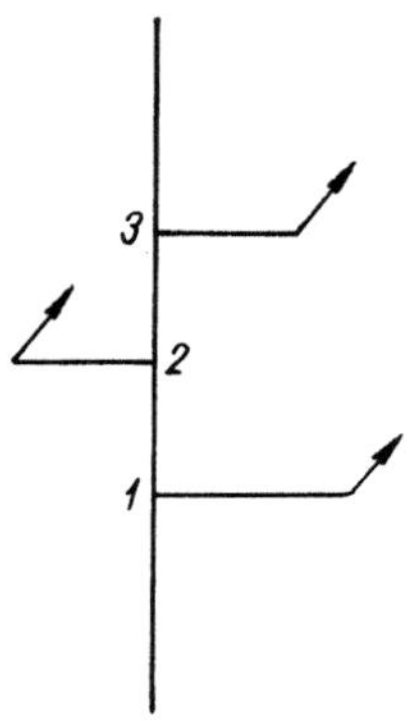

Abb. 13.14

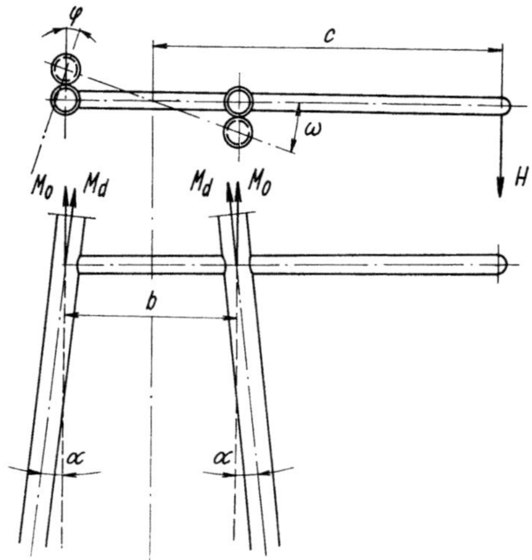

Abb. 13.15

Bei der folgenden Berechnung wird vorausgesetzt, daß der Riegel in der Ebene dieses Auslegers vollkommen steif ist. Die waagrechte Kraft H ruft ein Drehmoment $H \cdot c$ hervor (Abb. 13.15). Dadurch entstehen in der Auslegerebene an den Stielen angreifende waagrechte Kräfte H_1 rechtwinklig zur Mastebene und Momente M_0. Die Komponenten der Momente M_0 sind Drehmomente $M_d = M_0 \cos \alpha$ und Biegemomente $M = M_0 \sin \alpha$, wenn α den Neigungswinkel der Stiele bezeichnet.

Aus der Gleichgewichtsbedingung

$$H_1 \cdot b + 2 M_0 = H \cdot c$$

erhält man

$$H_1 = \frac{H \cdot c - 2 M_0}{b}. \tag{246}$$

Die unbekannten Momente M_0 ergeben sich aus der Formänderungsbedingung, wonach der Drehwinkel ω des Mastes in der waagrechten Ebene der angreifenden Kraft H dem Drehwinkel φ der Stiele in dieser Ebene gleich sein muß. Wirkt H in der Höhe l über dem Fundament, ist die Ausbiegung y der Stiele infolge H_1 und M

$$y = \frac{l^2}{EI} \left(\frac{H_1 l}{3} - \frac{1}{2} M_0 \sin \alpha \right)$$

und der Mastdrehwinkel

$$\omega = \frac{2y}{b}.$$

Infolge M_d, der andern Komponente von M_0, verdreht sich der Stiel um den Winkel

$$\varphi' = \frac{M_d l}{G I_d} = \frac{M_0 l}{G I_d} \cos \alpha ,$$

dem in der waagrechten Ebene ein Winkel φ entspricht

$$\varphi = \varphi' \cos \alpha = \frac{M_0 l}{G I_d} \cos^2 \alpha .$$

Aus der oben angeführten Formänderungsbedingung $\omega = \varphi$ folgt

$$\begin{aligned} M_0 &= \frac{H c}{2 + \frac{3}{2}\left(\frac{b}{l}\right) \sin \alpha + \frac{3}{2}\left(\frac{b}{l}\right)^2 \frac{E I}{E I_d} \cos^2 \alpha} \\ &= \frac{H c}{2 + 1{,}5 \frac{b}{l} \sin \alpha + 1{,}85 \left(\frac{b}{l}\right)^2 \cos^2 \alpha} \end{aligned} \tag{247}$$

und daraus

$$H_1 = \frac{H c}{b} \frac{1{,}5 \frac{b}{l} \sin \alpha + 1{,}85 \left(\frac{b}{l}\right)^2 \cos^2 \alpha}{2 + 1{,}5 \frac{b}{l} \sin \alpha + 1{,}85 \left(\frac{b}{l}\right)^2 \cos^2 \alpha} . \tag{248}$$

Bei kleiner Stielneigung ist $\sin \alpha \doteq 0$ und $\cos \alpha \doteq 1$, somit

$$M_0 = \frac{H c}{2 + 1{,}85 \left(\frac{b}{l}\right)^2}, \tag{247 a}$$

$$H_1 = \frac{H c}{b} \frac{1{,}85 \left(\frac{b}{l}\right)^2}{2 + 1{,}85 \left(\frac{b}{l}\right)^2} . \tag{248 a}$$

Aus (247 a) ist ersichtlich, daß der Verdrehungswiderstand der Stiele fast die Hälfte des Drehmomentes $H \cdot c$ aufnimmt. Die Stiele sind durch die Biegemomente $M_s = \left(\frac{H}{2} + H_1\right) l + M$ und das Drehmoment $M_d = M_0 \cos \alpha$ beansprucht. Die zugehörigen Spannungen sind mit $I_d = 2 I$ und $W_d = 2 W$

$$\begin{aligned} \sigma &= \frac{M_s}{W}, \\ \tau &= \frac{M_d}{2 W} . \end{aligned} \tag{249}$$

Die Vergleichsspannung ist

$$\sigma_{\text{vgl.}} = \sqrt{\sigma^2 + 3\tau^2} \gtreqless \sigma_{\text{zul}}.$$

13.4.3.2. Belastung in der Mastebene

Der Tragmast ist in seiner Ebene waagrecht durch den Winddruck senkrecht auf die Leiter der Hälfte der benachbarten Felder und in gleicher Richtung auf die Mastkonstruktion belastet. Winkelmaste sind durch die Resultierende der größten Leiterzüge und Wind auf den Mast in der Richtung dieser Resultierenden beansprucht. In der folgenden Berechnung beschränken wir uns auf diese waagrechten Kräfte.

a) Rahmenmaste

Die Berechnung der innern Kräfte des zweistieligen Stockwerkrahmens ist aus dem Schrifttum bekannt. In der Regelausführung haben die Stiele gleiche Neigung und auf die ganze Höhe gleichen Querschnitt. Die Ausleger sind so angeordnet, daß der Winddruck auf die Leiter in den Knoten wirkt. Ein solcher symmetrischer Stockwerkrahmen ist bei n Stockwerken $n$fach statisch unbestimmt. Die anschließende Berechnung folgt der einschlägigen Arbeit des Verfassers [117].

Die statisch unbestimmten Größen Y greifen in Riegelmitte an; im statisch bestimmten Grundsystem sind dort Gelenke angenommen (Abb. 13.16). Die äußere Belastung verteilt sich bei Vernachlässigung des unbedeutenden Einflusses der Formänderungen in den Riegeln je zur Hälfte auf die beiden unten eingespannten Stiele. Die Elastizitätsgleichungen sind Differenzengleichungen 2. Ordnung mit veränderlichen Beiwerten. Sind $\mathfrak{M}_r$ die Momente im Punkte r des unten eingespannten Trägers infolge der äußern Belastung, lauten die Elastizitätsgleichungen:

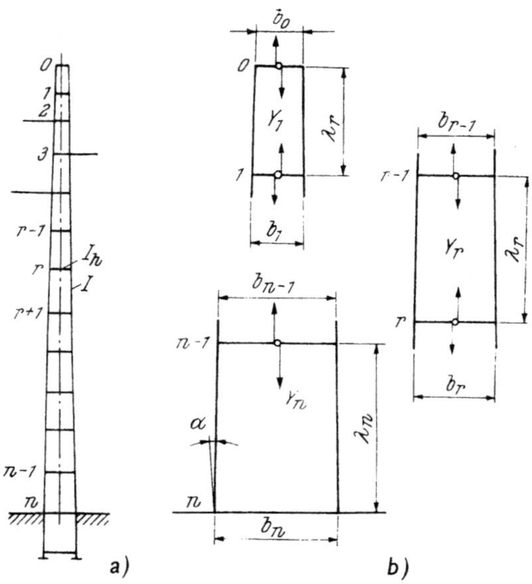

Abb. 13.16

$$a_{11} Y_1 + a_{12} Y_2 = \frac{\lambda_1}{12} c_{11} \mathfrak{M}_1,$$

$$a_{r,r-1} Y_{r-1} + a_{rr} Y_r + a_{r,r+1} Y_{r+1} = \frac{\lambda_r}{12} (c_{r,r-1} \mathfrak{M}_{r-1} + c_{rr} \mathfrak{M}_r),$$

$$a_{n,n-1} Y_{n-1} + a_{nn} Y_n = \frac{\lambda_n}{12} (c_{n,n-1} \mathfrak{M}_{n-1} + c_{nn} \mathfrak{M}_n). \qquad (250)$$

Mit der abkürzenden Bezeichnung $\delta = \frac{I \cos \alpha}{I_h}$ und $\beta = \frac{I \cos \alpha}{F_h}$ sind die Beiwerte

$$\begin{aligned}
a_{r,r-1} &= -\frac{1}{12}\,\delta b_{r-1}^3, \\
a_{rr} &= \frac{1}{12}\,\delta(b_{r-1}^3 + b_r^3) + \frac{\lambda_r}{6}(b_{r-1}^2 + b_{r-1}b_r + b_r^2) + 2\lambda_r\beta, \\
a_{r,r+1} &= -\frac{1}{12}\,\delta b_r^3, \\
a_{nn} &= \frac{1}{12}\,\delta b_{n-1}^3 + \frac{\lambda_n}{6}(b_{n-1}^2 + b_{n-1}b_n + b_n^2) + 2\lambda_n\beta_n, \\
c_{r,r-1} &= 2b_{r-1} + b_r, \\
c_{rr} &= b_{r-1} + 2b_r.
\end{aligned} \tag{250a}$$

Mit den aus den Gl. (250) errechneten Y-Werten sind die Stielmomente im Stockwerk $(r-1)-r$

$$\begin{aligned}
M_{r-1} &= \frac{1}{2}(\mathfrak{M}_{r-1} - Y_r b_{r-1}) \\
M_r &= \frac{1}{2}(\mathfrak{M}_r - Y_r b_r),
\end{aligned} \tag{251}$$

die Riegelmomente in den Knoten

$$\begin{aligned}
\overline{M}_0 &= \pm\frac{1}{2}\,Y_1 b_0 \\
\overline{M}_r &= \pm\frac{1}{2}(Y_r - Y_{r-1})b_r
\end{aligned} \tag{252}$$

und die Stielkräfte

$$S_r = \pm Y_r \cos\alpha. \tag{253}$$

Mit den Stockwerkhöhen als Knicklänge ist der Spannungsnachweis für die Stiele zu führen nach

$$\omega\frac{S_r}{F_r} + 0{,}9\,\frac{M_r'}{W_r} \lesseqgtr \sigma_{\text{zul}}, \tag{254}$$

wobei M_r' das arithmetische Mittel der beiden Endmomente im Stockwerk r bedeutet, oder nach der Beziehung

$$\frac{S_r}{F_r} + \frac{M_r}{W_r} \lesseqgtr \sigma_{\text{zul}}, \tag{254a}$$

wenn M_r das größere der Endmomente ist.

Es ist aber noch notwendig, die Stabilität des ganzen Systems nachzuweisen. Bei waagrechter Belastung ist ein Stiel auf Zug, der andere auf Druck beansprucht.

Der gedrückte Stiel wird beim Ausknicken in der Höhe eines Riegels um einen Betrag y ausgelenkt und verdreht dabei den Mast um einen Winkel ω. Dieser Verdrehung wirken an den Riegelenden Kräfte H entgegen, die dem Biegungswiderstand der Stiele entsprechen. Zur Vereinfachung der Rechnung wird angenommen, daß diese Kräfte durch eine einzige Kraft H ersetzt werden, die in einem Riegel zwischen den Auslegern wirkt, und die Auslenkung y in der zugehörigen waagrechten Ebene liegt.

Die Beziehung (H, y) läßt sich in ähnlicher Weise wie bei der Belastung durch ein Drehmoment (Abschnitt 13.3.4.1.) ermitteln. Die Kraft H wirkt am Hebelarm $c = \frac{b}{2}$, wenn b die Riegellänge bezeichnet. Die zugehörigen Kräfte H_1 sind nach (248a)

$$H_1 = \frac{H}{2} \frac{1{,}85 \left(\frac{b}{l}\right)^2}{2 + 1{,}85 \left(\frac{b}{l}\right)^2}$$

und die Auslenkung

$$y = \frac{l^3}{3EI} H_1 = \frac{H l^3}{6EI} \frac{1{,}85 \left(\frac{b}{l}\right)^2}{2 + 1{,}85 \left(\frac{b}{l}\right)^2}.$$

Daraus folgt

$$H = \frac{6EI \left[2 + 1{,}85 \left(\frac{b}{l}\right)^2\right]}{1{,}85 \left(\frac{b}{l}\right)^2} \cdot y = C y. \tag{255}$$

Der gedrückte Stiel des in seiner Ebene belasteten Rahmenmastes hat also eine kritische Last P_k, die aus der Differentialgleichung des lotrechten Stabes hervorgeht, der unten eingespannt und oben elastisch gelagert ist (vgl. [98], S. 37). Die Lösung folgt aus der Bedingung

$$\operatorname{tg} \varkappa l = \varkappa l \left(1 - \frac{P_k}{C l}\right). \tag{256}$$

Die kritische Last ist von der Federkonstante C abhängig. Im Grenzfalle ist $\frac{P_k}{Cl} = 0$ und damit

$$\frac{\operatorname{tg} \varkappa l}{\varkappa l} = 1 \ldots \varkappa l \doteq 4{,}5$$

$$P_k = \varkappa^2 E I = \frac{20{,}25 \; EI}{l^2} \doteq \frac{\pi^2 EI}{(0{,}7\, l)^2}.$$

Darnach entspricht die Knicklänge dem Eulerfall III. Die günstige Wirkung des Drehmomentes, das durch den geringen Unterschied der Leiterzüge der benachbarten Felder entsteht, ist dabei vernachlässigt.

Melan [118] fand auf Grund von theoretischen Untersuchungen eine Knicklänge von $0{,}66\,l$, was gut mit den Ergebnissen von Versuchen der österreichischen Bundesbahnen übereinstimmt. Es bestehen keine Bedenken, bei Rohrmasten die Knicklänge mit $0{,}7\,l$ anzusetzen, wobei l den Abstand der Resultierenden der Windbelastungen der Leiter von der Einspannstelle bedeutet.

b) Gittermaste

Gittermaste sind unten eingespannte lotrechte Fachwerkträger, deren Stabkräfte auf bekannte Weise zu ermitteln sind. Die Ausfachung erfolgt nur durch Diagonalen, lediglich in den Ebenen der Ausleger dienen Riegel zur Übertragung von Drehmomenten auf den ganzen Mast. Die Berücksichtigung der Drehmomente erfolgt in gleicher Weise wie beim Rahmenmast.

Alle Stäbe sind auf Druck zu bemessen. Die Knicksicherheit der Stiele ist wie bei den Rahmenmasten für eine Knicklänge von $0{,}7\,l$ nachzuweisen.

13.5. Mehrstielige Maste

13.5.1. Ausführung

Flachmaste sind bei größerer Höhe und Belastung unwirtschaftlich, auch wenn sie vorwiegend in ihrer Ebene belastet werden. Man wählt dann in der Regel vierstielige Maste mit quadratischem oder rechteckigem Querschnitt. Maste mit polygonalem Querschnitt kommen nur ausnahmsweise bei außergewöhnlichen

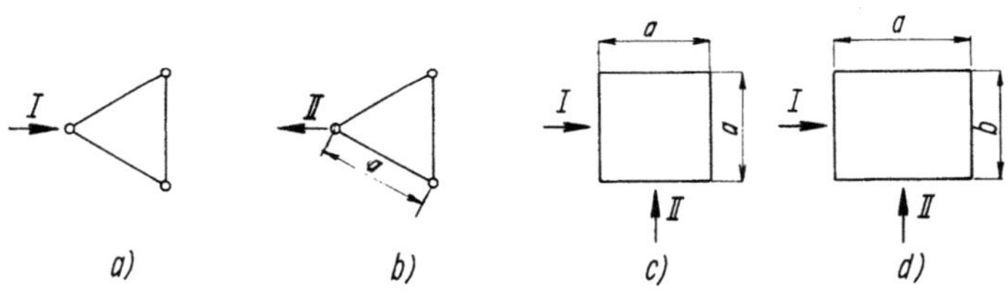

Abb. 13.17

Spannweiten und Belastungsverhältnissen vor. Ein Beispiel hierfür bieten die Türme von Cadiz [119]. Wirkt die Belastung vorwiegend in einer Richtung, kann der dreistielige Mast leichter sein als der vierbeinige. Während bei dreiseitigen Gittermasten aus Winkel- und ⊥-Stählen die Gewichtsersparnis durch die höheren Herstellungskosten aufgewogen wird, bestehen bei Rohrmasten keine Schwierigkeiten in der Werkstätte, die die Herstellung verteuern würden. Die Wahl dreiseitiger Ausführung empfiehlt sich bei einer Belastung nach Abb. 13.17a, manchmal auch, bei Freileitungsmasten auf Bahnhöfen und auf der Strecke, nach Abb. 13.17b. Für Fernleitungen dagegen ist der dreibeinige Mast nicht wirtschaftlich.

Die am meisten ausgeführten vierseitigen Maste (Abb. 13.17c, d) werden aus wirtschaftlichen Gründen, wenn die Belastung in Richtung I beträchtlich größer ist als in Richtung II, mit rechteckigem Querschnitt hergestellt, wobei das Seitenverhältnis a/b nicht 1,5 übersteigen soll.

Jeder mehrstielige Mast, der aus Winkelstählen oder zusammengesetzten Profilen hergestellt ist, läßt sich auch aus Rohren ausführen. Die Rohrmaste sind am vorteilhaftesten zu verwenden, wenn ihre Montageelemente als Ganzes an die Baustelle befördert werden können. Das setzt bei Bahntransport voraus, daß die zwischen den Stielachsen einer Seite gemessene Breite bei dreiseitigen Masten nicht größer als 2,90 bis 3,00 m, bei vierseitigen nicht größer als 2,30 bis 2,40 m ist. Bei einer Breite bis 3,30 m lassen sich die Mastwände einzeln auf der Bahn transportieren; nur ausnahmsweise werden die Stäbe einzeln an die Baustelle gebracht, wo der Mast zusammengesetzt wird.

Aus Gründen der leichteren Erzeugung empfiehlt es sich, den Mast in Form einer abgestumpften Pyramide mit gleicher Stielneigung auszuführen, Bei größerer waagrechter Belastung wählt man im Unterteil eine größere Stielneigung. Die Wandbreite beträgt am Mastfuß $^1/_{16}$ bis $^1/_{10}$ der Masthöhe; sie steigt mit der Belastung. Die Breite an der Mastspitze beträgt 40 bis 70 cm bei Tragmasten, und 50 bis 100 cm bei Masten mit großen Drehmomenten. Bei großen Lieferungen empfiehlt es sich, durch Vergleichsrechnungen die wirtschaftlichsten Abmessungen der Masttypen zu ermitteln.

13.5.1.1. Rahmenmaste

Für die Stiele und Riegel werden normale glatte Rohre aus Stahl der Reihe St 52 mit gewährleisteter Schweißbarkeit verwendet; geschweißte Rohre sind nicht ausgeschlossen.

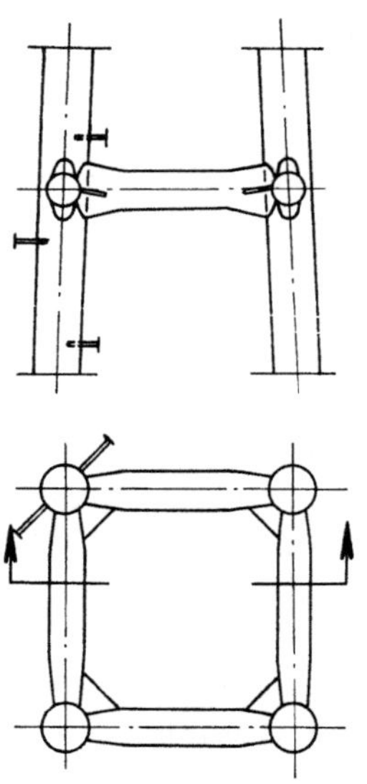

Abb. 13.18a)

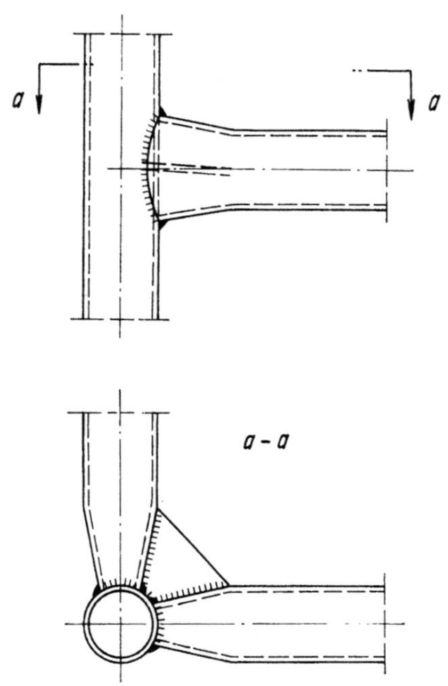

Abb. 13.18b)

Die Stielrohre laufen mit gleichem Durchmesser, oft auch mit unveränderter Wanddicke durch. Aus konstruktiven Gründen sind die Enden der Riegelrohre oval gepreßt, womit auch ein größeres Widerstandsmoment im Anschluß an die Stielrohre erzielt wird. Die Ecken der Querrahmen sind durch dreieckige Bleche ausgesteift, die schwach nach innen geneigt sind (Abb. 13.18).

Die Eckstiele werden durch Längskräfte und Momente, die Riegel hauptsächlich durch Momente beansprucht. Mit Rücksicht auf den großen Anteil der Momente an den Spannungen in den Stielen soll die Riegelentfernung nicht zu groß gewählt werden, was auch schon des Aussehens wegen gefordert werden muß. Werden für die Riegel nicht Rohre sondern I-Stähle gewählt, kann Material gespart werden. Die Füllung der Rohre mit Beton ist nur bei stark belasteten Masten wirtschaftlich; die Werkstoffersparnis wird oft durch die Mehrarbeit mehr als aufgewogen.

Damit die Ausleger und die Leiteraufhängungen zugänglich sind, wird ein Eckstiel in einer zu den Auslegern parallelen Ebene mit Sprossen versehen, die

a)

b)

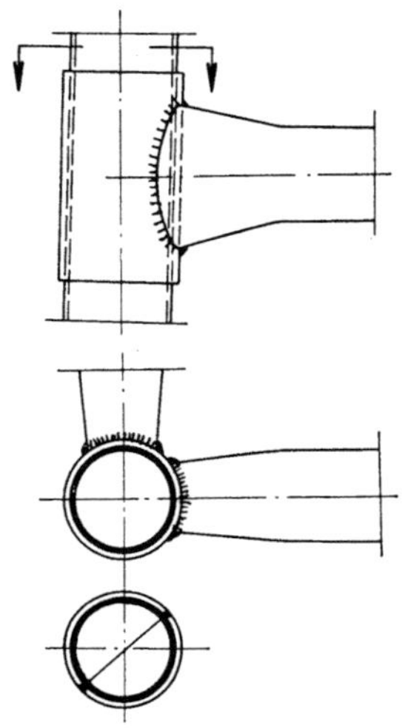

Abb. 13.19

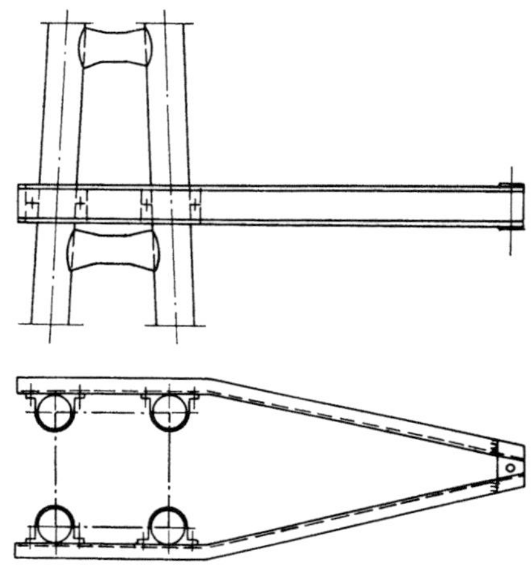

Abb. 13.20

abwechselnd auf beiden Seiten in Abständen von 300 bis 350 mm angeordnet sind. Diese Sprossen sind in die Rohrwand eingeschraubt und außen angeschweißt, am freien Ende mit einer Rundplatte von ⌀ 30 mm versehen. Während des Transportes und vor der Montage sind die Öffnungen für die Sprossen provisorisch verschlossen.

Früher wurden die Stielrohre an den Riegelanschlußstellen durch eine aufgeschrumpfte Manschette verstärkt, deren Innendurchmesser dem Außendurchmesser des Stielrohres entsprach. Diese Manschette kann auch zweiteilig ausgeführt werden, wobei ihre Hälften miteinander und mit dem Stielrohr verschweißt werden (Abb. 13.19).

Zweiteilige Manschetten eignen sich auch für eine Sonderausführung von Rahmenmasten, die an der Baustelle aus Stielrohren und Querrahmen zusammengestellt werden können [120]. Die Querrahmen bestehen aus Rohrriegeln und halben Manschetten. Dabei ist Voraussetzung, daß an der Baustelle elektrischer Strom zur Verfügung steht.

Heute werden Rahmenmaste mit unmittelbarem Anschluß der oval geformten Riegelenden an die Stielrohre ausgeführt (Abb. 3.26). Um eine gute Übertragung der Drehmomente auf die Seitenwände zu gewährleisten, empfiehlt es sich, die Querrahmen in den Ebenen der Ausleger durch größere Eckbleche oder Diagonalen so auszusteifen, daß sie möglichst unnachgiebig sind. Damit sind die Voraussetzungen für die Berechnung des Einflusses einseitiger Leiterzüge gegeben.

Ausleger aus U-Stählen können auch bei Rohrmasten verwendet werden; sie werden mit Schellen, die dem Durchmesser der Stielrohre entsprechen, angeschlossen (Abb. 13.20). Die steifen Querrahmen liegen hier allerdings unter den Auslegern.

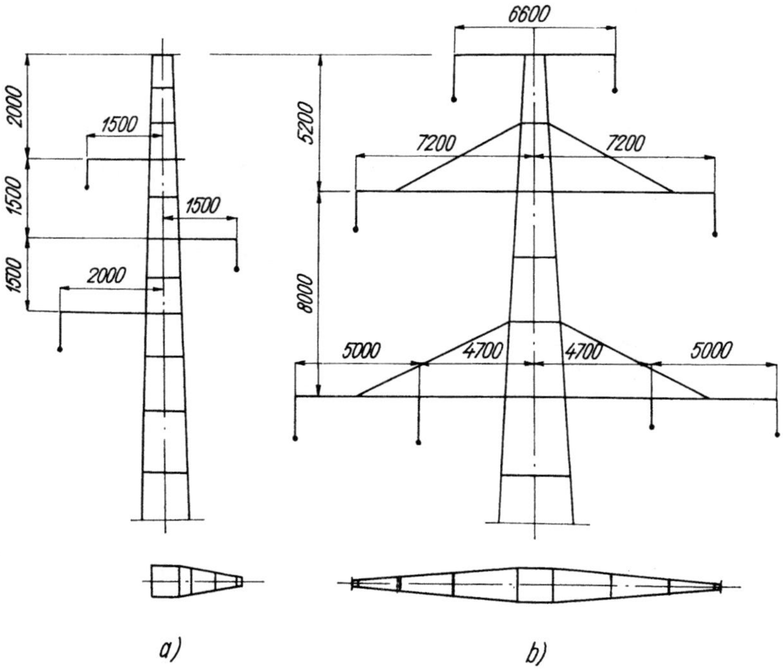

Abb. 13.21

Im Aussehen eignen sich besser Rohrausleger, die in der Riegelebene angeschlossen werden können. In der Abb. 13.21 a ist schematisch die Kopfausrüstung eines Mastes für eine 60 kV-Leitung, in Abb. 13.21 b für eine 220 kV-Leitung dargestellt.

Bei größerer Ausladung wird jeder Gurt der Rahmenausleger schief in der Höhe eines Riegels mit Rohren oder Rundstählen aufgehängt. Diese Aufhängestäbe haben an den Enden Gabeln mit Öffnungen für die waagrechten Bolzen. Die Gurte kleinerer Ausleger werden unmittelbar an die Stielrohre geschweißt (Abb. 13.22a). Bei großen, schwer belasteten Auslegern werden die Gurte mit Schraubverbindung an einen kurzen waagrechten Stutzen angeschlossen, der in der Werkstätte an das Stielrohr geschweißt wird. Bei einer Verbindung nach Abb. 3.29 werden die Schrauben auf Zug beansprucht, was sich nicht empfiehlt. Diesen Nachteil beseitigt die Verbindung nach Abb. 3.8. Auf eine sorgfältige Zentrierung kann aber hier verzichtet werden, so daß auch eine Verbindung nach Abb. 13.22b ausgeführt werden kann. Drei Flachstähle sind am Umfang der Gurtenden des rahmenförmigen Auslegers und der Rohrstutzen so angeordnet, daß das Wasser abfließen kann; durch zwei Flachstahlpaare sind sie mit Schrauben verbunden.

Der Mast wird an die Baustelle womöglich als Ganzes, aber mit losen Auslegern gebracht. Reichen die Herstellungslängen nicht für die Stielrohre, werden sie in der Werkstätte in einem Querschnitt mit kleinem Moment gestoßen, in dem der unterlegte Stumpfstoß ausreicht. Der Montagestoß wird in ähnlicher Weise ausgeführt, wobei die Lage des geschlitzten Einlegeringes auf einer Seite gesichert wird. Der Stoß nach Abb. 3.8 erfordert zwar keine Schweißen an der Baustelle, wirkt aber im Aussehen schwer. Ebenso auffallend ist der Flanschstoß; außerdem hat er den Nachteil, daß die Schrauben auf Zug beansprucht sind.

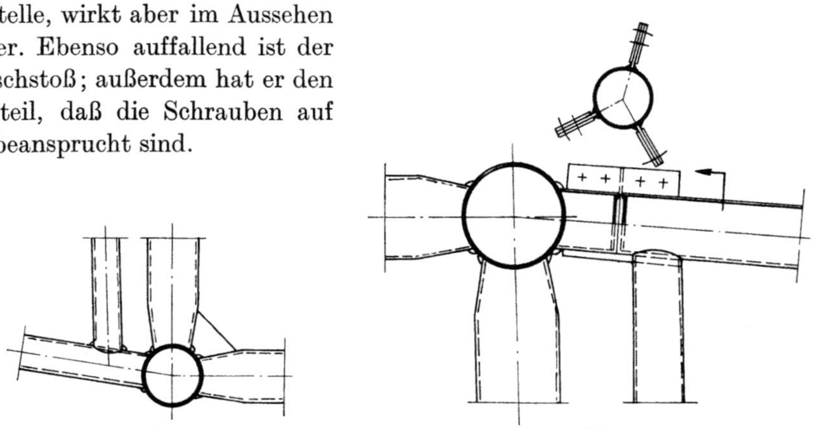

a) Abb. 13.22 b)

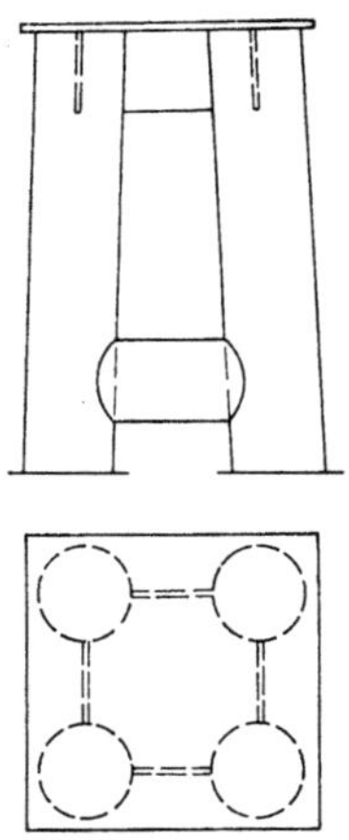

Abb. 13.23

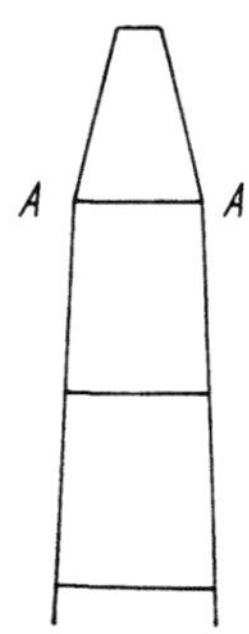

Abb. 13.24

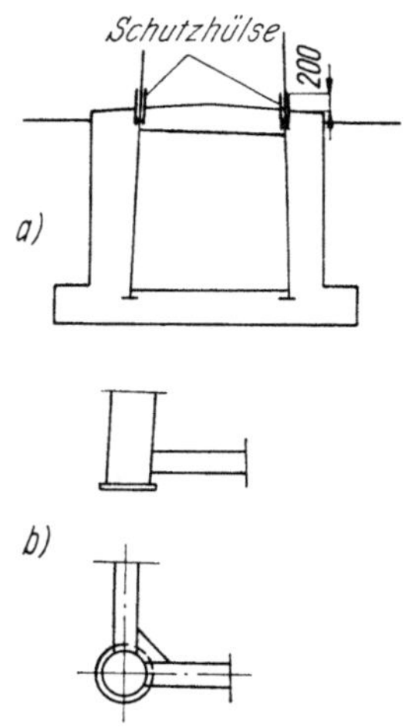

Abb. 13.25

Hat der Mast auch am obern Ende einen Ausleger (Abb. 13.21 b), wird der Stiel bis in diese Höhe gerade durchgeführt; er wird in gleicher Weise wie die andern angeschlossen. Auch bei Masten mit einem Erdseil (Abb. 13.21 a) ist diese Ausführung am einfachsten, wie Abb. 13.23 zeigt. Nur bei größerer Breite der Wände werden im obersten Feld die Stiele näher zusammengeführt (Abb. 13.24). Im Querschnitt $A-A$ werden die Stielrohre auf Gehrung mit unterlegten Stumpfschweißen gestoßen.

In Übereinstimmung mit dem statischen Wirken muß jeder Stiel im Betonfundament eingespannt werden. Der vorletzte Riegel soll bereits unter Fundamentoberkante liegen. Der Endrahmen kann leichter ausgeführt werden als die übrigen. Die Stielrohrenden werden durch eine runde oder quadratische Platte abgeschlossen (Abb. 13.25).

13.5.1.2. Gittermaste

Als Werkstoff kommen die gleichen Stähle wie bei den Rahmenmasten in Betracht; hauptsächlich werden nahtlose Rohre verwendet. Die Eckstiele haben auf die Länge eines Montageelementes oder zwischen den Werkstättenstößen gleichen Querschnitt. Alle Stäbe werden für die auftretenden größten Kräfte auf Druck bemessen.

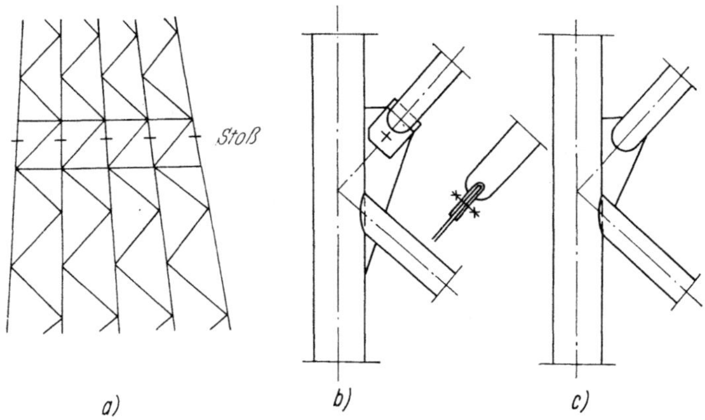

Abb. 13.26

Die Diagonalen werden unmittelbar an die Stielrohre angeschlossen (Abb. 3.20), nur für Diagonalen im Felde des Montagestoßes sind Knotenbleche erforderlich (Abb. 13.26a). An diese Knotenbleche werden entweder die Gabeln der Diagonalen geschraubt (Abb. 13.26b) oder das geschlitzte gekümbelte Ende wird angeschweißt (Abb. 13.26c).

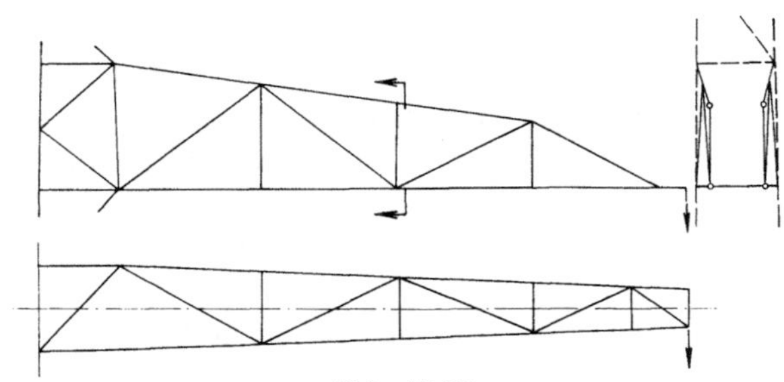

Abb. 13.27

Die quadratischen oder rechteckigen Rahmen, die bei vierseitigen Masten die Montageelemente abschließen, werden durch Diagonalen oder Eckbleche ausgesteift. Mit Ausnahme der Rahmen in der Höhe der Ausleger erfordern Rohrmaste keine besondere Aussteifung, da der steife Anschluß der Rohrdiagonalen eine gewisse, für den Zweck ausreichende Rahmenwirkung hat.

Die Ausleger werden als Raumfachwerk mit einem waagrechten und zwei lotrechten Trägern aus Rohren hergestellt (Abb. 13.27). Nur bei geringer Ausladung und Belastung wird der waagrechte ausgefachte Träger mit zwei Rundstählen oder Rohren aufgehängt. Die Verbindung mit den Stielrohren ist die gleiche wie bei den Rahmenmasten (Abb. 13.22a, b). Bei einer solchen Ausführung sind die Auslegerstäbe nur durch Längskräfte beansprucht, so daß verhältnismäßig kleine Rohre ausreichen.

Bei Masten mit der sehr günstigen Ausfachung nach Abb. 13.26a werden die Stielrohre in einer Ebene zwischen den Knotenpunkten gestoßen. Die Stöße werden mit Stumpfschweißen und kurzen Einlagen ausgeführt. Der Schraubstoß könnte nicht sicher abgedichtet werden und die Ausführung nach Abb. 3.9 ist zu teuer. Die Diagonalen werden an Knotenbleche angeschlossen, die an die Stielrohre angeschweißt sind.

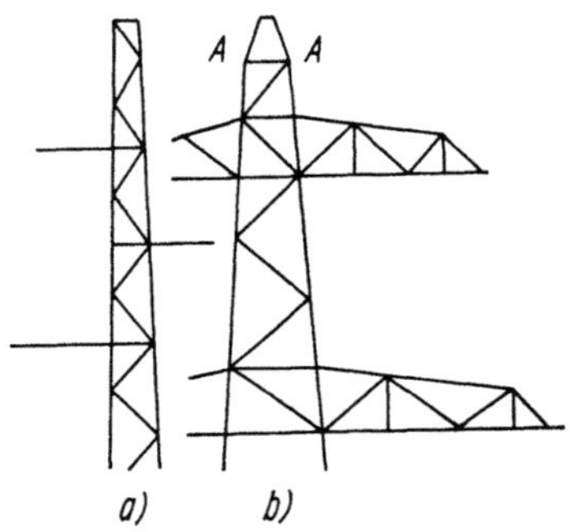

Abb. 13.28

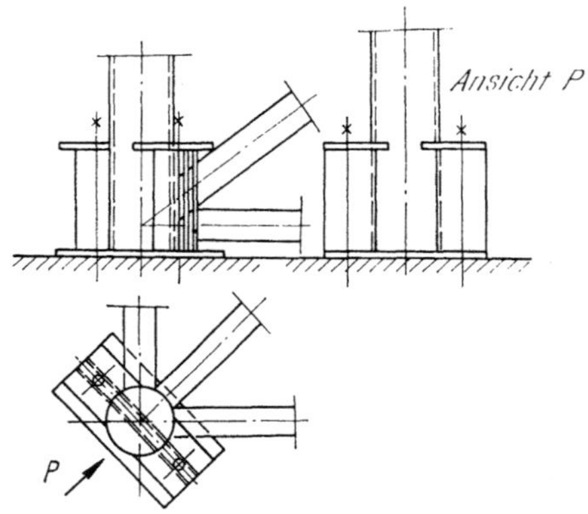

Abb. 13.29

Die bei Abb. 3.12 bereits beschriebene Schraubverbindung wurde von Mannesmann-Düsseldorf entwickelt. Die zylindrischen Teile der Verbindungsstücke S_1 und S_2 sind durch eine Stirnnaht und vier Lochschweißen mit dem Stielrohrende verbunden. Die Innenflächen von S_1 und S_2 sind konisch so bearbeitet, daß sie nach dem Zusammensetzen anliegen. Drei Paßschrauben übertragen zusammen mit der Reibung im Konus die Längskräfte. Diese Verbindung ist sehr verläßlich, erfordert aber genaue Anarbeitung und ist deshalb teuer.

Der Kopf des Gittermastes unterscheidet sich nicht wesentlich von dem der Rahmenmaste. Die Stielneigung und die Ausfachung bleiben auf die ganze Länge unverändert. Bei größerer Mastbreite kann die Stielneigung im Querschnitt $A-A$ so geändert werden, daß an der Spitze gerade nur Platz für die Erdseilbefestigung bleibt (Abb. 13.28b).

Der Mastfuß wird entweder einbetoniert oder auf ein Betonfundament aufgesetzt und mit Schrauben verankert. Eine besondere Fußausbildung erfordert die Flachgründung oder die Schwellenfundierung. Die einbetonierten Maste enden mit einer Queraussteifung, die aus vier Riegeln und einer Diagonale besteht. Dicht darunter werden die Stielrohre mit einer Rundplatte abgeschlossen. Im einbetonierten Mastteil können die Diagonalen mit stärkerer Neigung ausgeführt werden.

Aufgesetzte Maste haben den Vorteil, daß die Fundamente bei günstigem Wetter vorbereitet werden können; bei felsigem Untergrund kann das Fundament entfallen und der Mast im Fels verankert werden. Jeder Eckstiel wird einzeln verankert (Abb. 13.29). Die Querträger bestehen aus zwei Stegen, dem Unterflansch, dessen Breite etwas größer ist als der Stieldurchmesser, und dem zweiteiligen Obergurt. Das Stielrohr ist auf die Höhe der Stege geschlitzt; der Stegabstand entspricht dem Durchmesser der Ankerschrauben. Beide Gurte sind mit dem Stielrohr und den Stegen durch Kehlnähte verbunden. Genügen zwei Ankerschrauben nicht, wird der zweistegige Querträger durch einen I-Träger ersetzt, der mit vier Schrauben beiderseits des Steges verankert wird (Abb. 13.30).

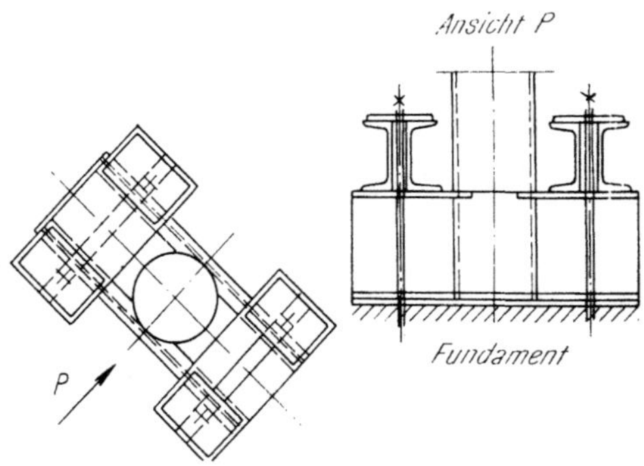

Abb. 13.30

Im vorbereiteten Fundament können in der Verlängerung der Stiele Rohre so einbetoniert sein, daß sie einerseits die Längskraft unmittelbar übertragen, andererseits die Ausbildung eines Montagegelenks ermöglichen. Runde Platten, die mit den Stielenden durch runde Kehlschweißen verbunden sind, übertragen die Druckkräfte. An jedem Eckstiel und am Ende des zugehörigen einbetonierten Rohres sind drei Flachstähle angeschweißt, die, wie bei der Verbindung nach Abb. 3.8, mit Flachstahlpaaren verschraubt sind und Zugkräfte aufnehmen. Durch ein an den Stielenden einer Wand angeschweißtes Konsolblech und zwei gleiche Bleche an den Enden der bezüglichen einbetonierten Rohre geht parallel zu dieser Wand der

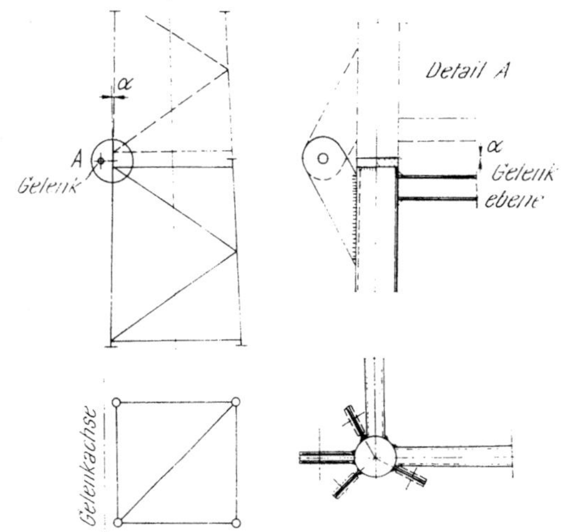

Abb. 13.31

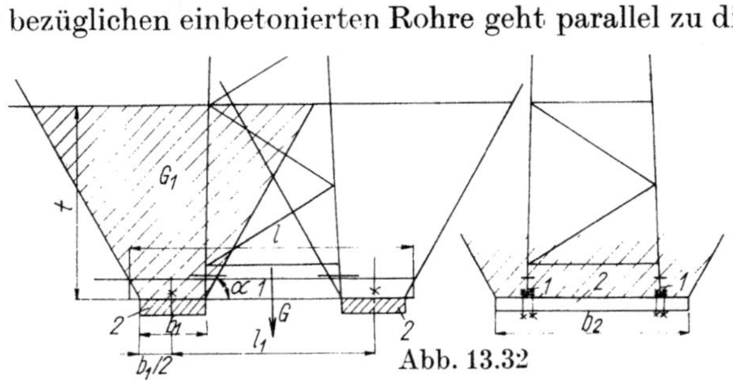

Abb. 13.32

waagrechte Bolzen des Gelenkes, das eine leichte Aufstellung des Mastes ermöglicht (Abb. 13.31).

Das Wesentliche der Fußausbildung bei der Schwellenfundierung geht aus der schematischen Skizze der Abb. 13.32 hervor. Der Mast steht auf zwei Querträgern *1* unter den am meisten belasteten Wänden. Diese Querträger werden durch Schwellen oder Betonplatten *2* unterstützt. Das Gewicht des Erdkörpers über den Schwellen muß größer sein als der mit der Sicherheitszahl vervielfachte Zug in den Stielen. Steg und Untergurt des Querträgers laufen durch, der Obergurt ist gestoßen; der Stoß ist durch Laschen verstärkt. Die Schwellen sind mit Schrauben an den Querträgern aufgehängt.

13.5.2. Gründung

Die Rahmenmaste, in der Regel auch die Gittermaste, sind im Betonfundament eingespannt. Wie früher bereits erwähnt wurde, können Gittermaste auch aufgesetzt werden, was eine besondere Fußausbildung erfordert, oder der Mast kann für eine Schwellenfundierung vorbereitet werden.

Beim einbetonierten Mastfuß empfiehlt es sich, den in Fundamentoberkante liegenden Knoten durch eine zweiteilige Manschette zu schützen, da an dieser Stelle das Stielrohr besonders durch Korrosion gefährdet ist (Abb. 13.33).

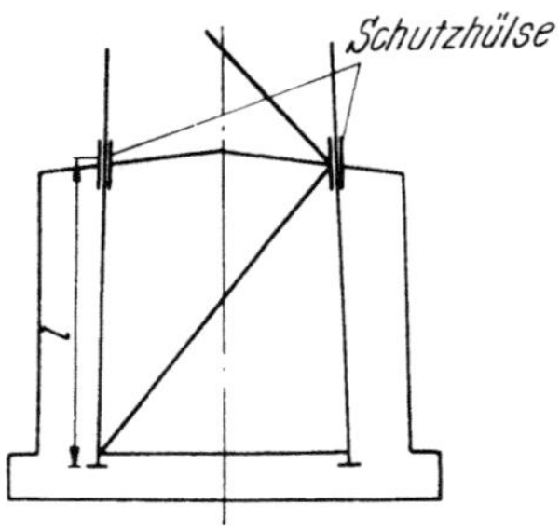

Abb. 13.33

Die Länge l des Stiels im Fundament ist durch die Haftfestigkeit gegeben. Ist S die größte Stielzugkraft, D der Stieldurchmesser, τ_{zul} die zulässige Haftfestigkeit, muß folgende Bedingung erfüllt sein:

$$l \gtrless \frac{S}{\pi D \tau_{zul}}. \tag{257}$$

Das Betonfundament wird als ein Block mit quadratischem oder rechteckigem Querschnitt mit ebenen geraden Seitenflächen oder abgestuft ausgeführt. Nur bei größerer Breite kann das Fundament in zwei oder vier Teile zerlegt werden, die durch eine bewehrte Betonplatte oder eine gemeinsame Grundplatte zu verbinden sind.

Die erforderlichen Abmessungen bei der Schwellenfundierung ergeben sich aus der Bedingung, daß die Kippsicherheit mindestens 1,5fach sein muß. Bezeichnen M das größte Moment der waagrechten Kräfte in Schwellenunterkante, G das Mastgewicht einschließlich Querträger und Schwellen, G_1 das Gewicht des in der Abbildung schraffierten Erdkörpers über den Schwellen, lautet die Kippbedingung:

$$G_1 l_1 = \left(M - G\,\frac{l_1}{2}\right) 1{,}5\,. \tag{258}$$

Der Winkel α richtet sich nach der Bodenart, $t_{min} = 1{,}00$ m.

13.5.3. Statische Berechnung

13.5.3.1. Allgemeines

Auf den Mast wirken lotrechte Kräfte, das sind das Eigengewicht des Mastes samt Auslegern und Isolatoren, das Gewicht der Leiter der Hälfte der benachbarten Spannfelder, mit oder ohne Eisbehang, und das Gewicht eines Monteurs mit Werkzeug (100 kp), waagrechte Kräfte, die vom Wind auf den Mast samt Ausrüstung und die Leiter herrühren, und waagrechte oder schräge Kräfte als Unterschied oder Resultierende von Leiterzügen. Diese Kräfte werden in verschiedener Kombination berücksichtigt.

Der Winddruck wird statisch wirkend angenommen. Bei hohen Masten, wie sie bei Kreuzungen von breiten Hindernissen nötig sind, dürfen die dynamischen Windeinflüsse nicht mehr vernachlässigt werden. Enthalten die einschlägigen Normen darüber keine Vorschriften, rechne man nach den bezüglichen Bestimmungen der Norm für Antennenmaste. Es darf auch nicht übersehen werden, daß bei Rohrmasten die Windkräfte von der Re-Zahl und vom Völligkeitsgrad der Konstruktion abhängen.

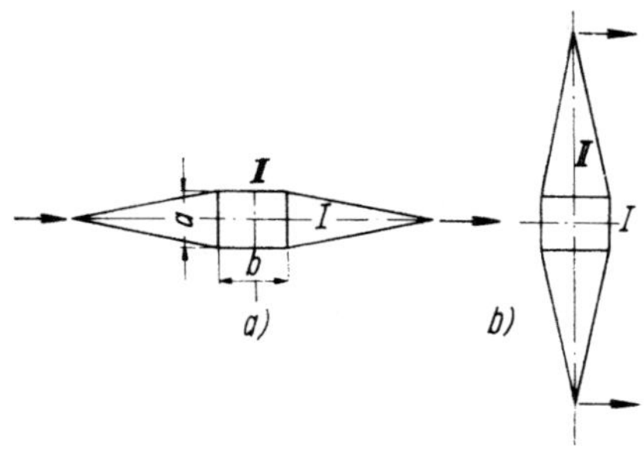

Abb. 13.34

Vierseitige Maste werden so aufgestellt, daß die größte Resultierende der waagrechten Kräfte in der Symmetrieebene I wirkt (Abb. 13.34a). Die Auslegerachse liegt in der gleichen Ebene, nur bei Abspann- und Endmasten in der Ebene II (Abb. 13.34b). Bei dreiseitigen Masten ist die Auslegeranordnung nach Abb. 13.35a günstiger als nach Abb. 13.35b.

Abb. 13.35

Die ständigen lotrechten Lasten G verteilen sich gleichmäßig auf die Stiele; wenn n die Anzahl der Stiele und α ihren Neigungswinkel bezeichnen, ist die auf einen Stiel entfallende Kraft

$$S = \frac{G}{n} \sec \alpha .$$

Der Einfluß einer nichtsymmetrischen Verteilung der Leiter ist gewöhnlich so unbedeutend, daß er vernachlässigt werden kann.

Die waagrechte Belastung wirkt bei vierseitigen Masten in einer der beiden Symmetrieebenen. Fällt die Resultierende nicht in eine dieser Ebenen, muß sie nach diesen Ebenen zerlegt werden. Durch einseitige Züge entstehen Drehmomente.

Die waagrechte Belastung für verschiedene Mastarten ist in der Norm für Freileitungsmaste angeführt; ihr sind auch die Vorschriften für Maste mit erhöhten Sicherheitsanforderungen zu entnehmen. Die folgenden Ausführungen beschränken sich auf die Berechnung von vierseitigen Masten.

13.5.3.2. Rahmenmaste

a) Waagrechte Belastung in einer Symmetrieebene

Eine derartige Belastung rührt entweder von Leiterzügen oder vom Wind auf Mast und Leiter her. Die in beliebiger Höhe in einer Riegelebene wirkende Kraft H überträgt sich bei symmetrischer Mastausbildung je zur Hälfte auf die Wände *1* und *2*, die als zweistielige Stockwerkrahmen für die Belastung mit $\frac{H}{2}$ zu berechnen sind (Abb. 13.36). Das Berechnungsverfahren stimmt mit dem des im Abschnitt 13.4.3.2. behandelten Flachmastes überein. Ergänzend sei hier noch die Berechnung der Durchbiegung angeführt, die in der Höhe des Auslegers entsteht, wenn dort eine waagrechte Kraft H angreift.

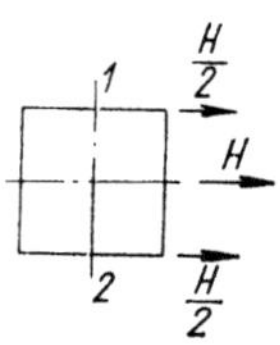

Abb. 13.36

Die Auslenkung y errechnet sich nach

$$Ey = \int \frac{M\mathfrak{M}}{I}\,dx + \int \frac{N\mathfrak{N}}{F}\,dx. \tag{259}$$

M und N sind die Momente und Längskräfte im statisch unbestimmten System infolge einer in einem Ausleger wirkenden Belastung H. Sie werden nach Auflösung der Elastizitätsgleichungen aus (251) erhalten. $\mathfrak{M}$ und $\mathfrak{N}$ sind die Momente und Längskräfte im statisch bestimmten Grundsystem (Abb. 13.37 b, c) bei der gleichen Belastung $H = 1$.

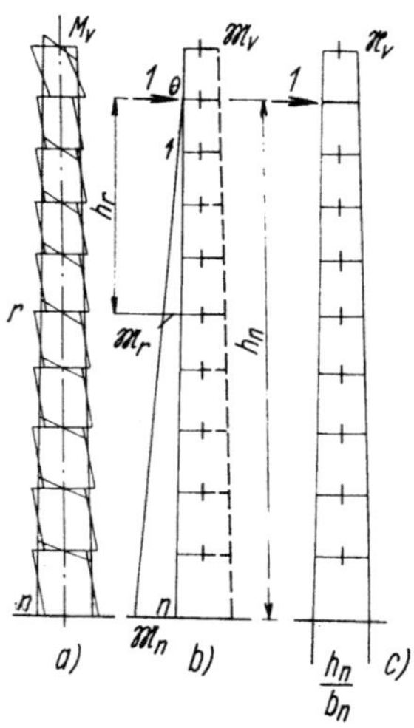

Abb. 13.37

$$\mathfrak{M}_r = h_r$$

$$\mathfrak{N}_r = \frac{h_n}{b_n}\cos\alpha \doteq \frac{h_n}{b_n} \text{ (linker Stiel)} \tag{260}$$

$$\mathfrak{N}_r = -\frac{h_n}{b_n}\cos\alpha \doteq \frac{h_n}{b_n} \text{ (rechter Stiel)}.$$

Mit den Bezeichnungen der Abb. 13.16 lassen sich die Integrale in (259) durch Summen ausdrücken:

$$\int \frac{M\mathfrak{M}}{I}\,dx = \frac{1}{3}\sum_{1}^{n}\frac{\lambda r}{I_r}\left[h_r\left(M_r + \frac{1}{2}\,M_{r-1}\right) + \right.$$

$$\left. + h_{r-1}\left(M_{r-1} + \frac{1}{2}\,M_r\right)\right], \tag{261}$$

$$\int \frac{N\mathfrak{N}}{F}\,dx = 2\,\frac{h_n}{b_n}\sum \frac{Y_r}{F_r}\,\lambda_r\cos^2\alpha.$$

Die Momente M_r und M_{r-1} beziehen sich auf das Stockwerk r.

b) Außermittig wirkende waagrechte Belastung

Die einseitig wirkende Kraft H (Abb. 13.38a) kann durch eine mittig angreifende Kraft H und ein Moment $M_d = H\left(\frac{b}{2} + c\right)$ ersetzt werden. Bei einer Belastung nach Abb. 13.38b wird die schräge Kraft H durch ihre Komponenten $H \sin\gamma$ und $H \cos\gamma$ und das Moment $M_d = H\left(\frac{b}{2} + c\right)\cos\gamma$ ersetzt. Bei der Mastberechnung wird vorausgesetzt, daß der Querschnitt in der Auslegerebene, wo die Kraft H wirkt, vollkommen steif ist. Das Drehmoment M_d verteilt sich auf den Verdrehungswiderstand der vier Stiele mit einem Anteil $4M_s$ und den Mast mit gelenkigen Kanten mit dem Anteil M_m. Diese Anteile berechnen sich aus den folgenden Gleichungen:

$$4M_s + M_m = M_d$$

$$\frac{M_r l}{G I_d} = M_m \omega. \qquad (262)$$

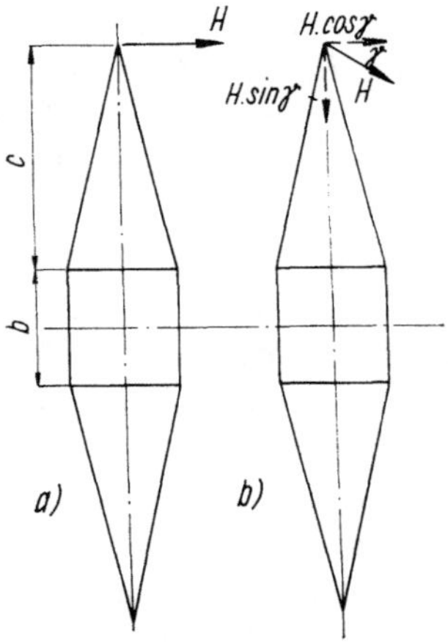

Abb. 13.38

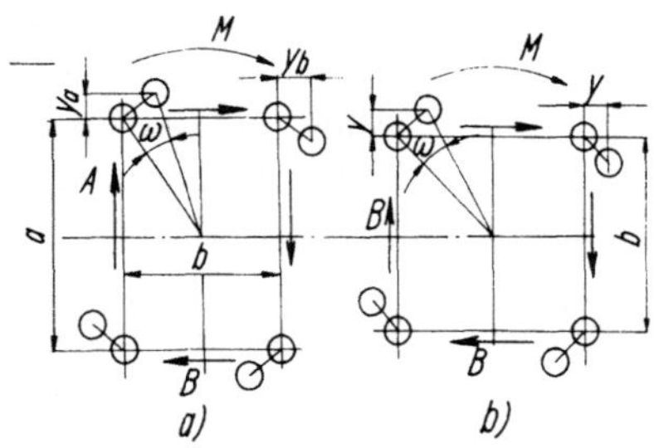

Abb. 13.39

Darin bezeichnen:

- l — die Stiellänge zwischen Einspannquerschnitt und Querverband in der Ebene von H,
- ω — Verdrehungswinkel des Mastes mit gelenkigen Kanten infolge $M_d = 1$,
- G — Gleitmodul 810000 kp/cm²,
- $I_d = 2I$ Verdrehungs- oder Verdrillungswiderstand des Stielrohrs.

Dabei ist wegen kleiner Stielneigung $\sin\alpha \doteq 0$ und $\cos\alpha \doteq 1$ gesetzt. Aus den Gl. (262) folgen die Lösungen

$$M_s = \frac{2\omega G I}{8\omega G I + l} M_d, \qquad M_m = \frac{l}{8\omega G I + l} M_d. \qquad (263)$$

Bei der angenommenen vollkommenen Steifheit des Querrahmens in der Auslegerebene ist die Verdrehung ω des Mastes (Abb. 13.39)

bei rechteckigem Mast $\quad \omega = \frac{2 y_a y_b}{a^2 y_a + b^2 y_b}$,

beim quadratischen Mast $\quad \omega = \frac{y}{b^2}$, $\qquad (264)$

wo y_a, y_b die waagrechten Ausbiegungen der Wände A, B des Stockwerkrahmens infolge der in diesen Wänden in der Höhe des Auslegers wirkenden Kraft 1 bedeuten; beim quadratischen Mast ist $y = y_a = y_b$.

Aus dem auf den Mast mit gelenkigen Kanten entfallenden Anteil M_m des Drehmoments ergibt sich die Belastung der einzelnen Wände in der Höhe des Auslegers

$$\text{beim rechteckigen Mast} \qquad H_a = \frac{M_m}{2b}, \qquad H_b = \frac{M_m}{2a},$$
$$\text{beim quadratischen Mast} \qquad H_a = H_b = \frac{M_m}{2b}. \tag{265}$$

Die Stabkräfte in den Wänden A, B erhält man aus den bei der Berechnung von y_a, y_b gefundenen Werten durch Multiplikation mit H_a, H_b. Beim quadratischen Mast heben sich in den Stielen die Längskräfte infolge H_a und H_b auf, während sich die Momente geometrisch addieren. Dazu kommt noch das Drehmoment M_s.

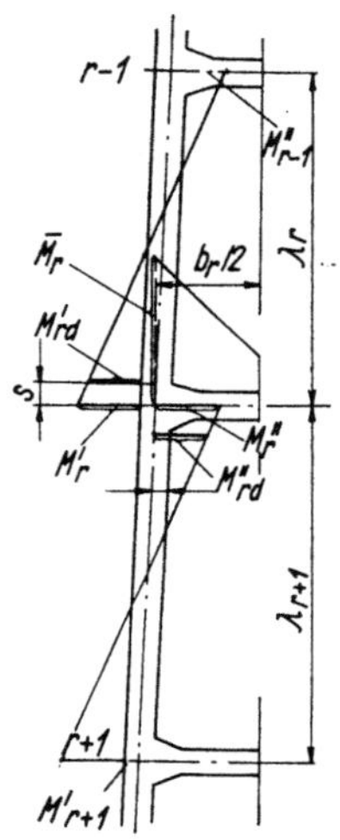

Abb. 13.40

Als einseitige Züge schreibt die Norm fiktive Werte vor, die den Einfluß des Drehmomentes ersetzen sollen, die durch Änderung der Leiterzüge infolge eines Leiterbruches oder ungleichmäßiger Belastung der Leiter der benachbarten Felder entstehen.

In einer unveröffentlichten Arbeit hat der Autor die Verhältnisse bei Leiterbruch genauer untersucht und gefunden, daß bei Rohrrahmenmasten das Drehmoment kleiner ist als bei den steifern Gittermasten (s. [121], S. 180). Trotz des großen Verdrehungswiderstandes der Stielrohre ist der Widerstand des Rohrrahmenmastes gegen Verdrehen geringer als der des Gittermastes. Dadurch vermindern sich die einseitigen Züge und damit das Drehmoment bei Leiterbruch, was man als Vorteil der Rohrrahmenmaste ansehen könnte.

c) *Spannungsnachweis*

Durch Kombination der verschiedenen Einflüsse erhält man die größten innern Kräfte. Die Stielrohre werden nach (254) und (254a) bemessen. Es ist zulässig, die in einer Wand entstehenden Momente nach Abb. 13.40 zu reduzieren:

$$M'_{rd} = M'_r - \frac{s}{\lambda_r}\left(M'_r - M''_{r-1}\right),$$
$$M''_{rd} = M''_r - \frac{s}{\lambda_{r+1}}\left(M''_r - M'_{r+1}\right), \tag{266}$$
$$\bar{M}_{rd} = \left(1 - \frac{2t}{b_r}\right)\bar{M}_r.$$

13.5.3.3. Gittermaste

Die Gittermaste werden unter der Annahme von Gelenken in den räumlichen Knoten berechnet. Der ausgefachte vierseitige, oben offene Pyramidenstumpf ist statisch bestimmt, wenn er nicht mehr als acht Auflagergrößen aufweist.

a) Waagrechte Belastung in einer Symmetrieebene

Die in einer Symmetrieachse des Querschnitts wirkende Kraft H verteilt sich gleichmäßig auf die beiden zu H parallelen Wände; die Stabkräfte in diesen Wänden berechnen sich auf bekannte Weise. Die waagrechte Ausbiegung einer Wand ist nach der folgenden Formel zu ermitteln:

$$y = \sum \frac{S S_1}{E F} s . \tag{267}$$

Darin bezeichnen:

S die Stabkräfte einer Wand infolge der äußern Belastung in dieser Wand,

S_1 die Stabkräfte derselben Wand infolge $H = 1$ an der Stelle, an der y bestimmt werden soll,

F, s Querschnitt, Länge der Stäbe der gleichen Wand.

Diese Berechnung erfordert nicht allzuviel Zeit, so daß von der Benützung von Näherungsformeln abgesehen werden kann.

b) Belastung durch ein Drehmoment

Für eine solche Belastung ist die statisch bestimmte Lagerung des oben offenen Pyramidenstumpfes in Abb. 13.41 dargestellt. In diesem System entstehen durch das Drehmoment verhältnismäßig große Verformungen, die je nach der Eintragung des Drehmomentes verschiedenartig sein können. Der ursprünglich rechteckige Querschnitt wird zu einem Rhomboid. An diesen Verhältnissen ändert sich wenig, wenn alle Eckstiele im Fundament eingespannt sind; die Ausbildung eines Fußverbandes ist dann aber überflüssig.

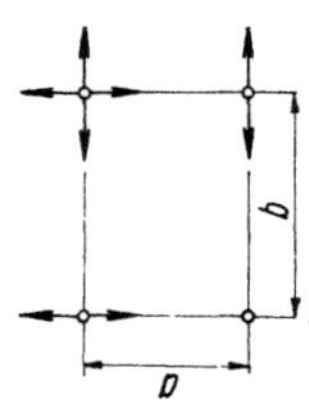

Abb. 13.41

Die großen Formänderungen lassen sich dadurch vermeiden, daß in den Querschnitten der Ausleger, in denen die Drehmomente übertragen werden, eine oder zwei Diagonalen eingezogen werden. Das statisch bestimmt gelagerte Tragsystem wird dadurch ein- oder zweifach statisch unbestimmt. Die Querschnittsaussteifung kann auch rahmenartig erfolgen. Nach Abb. 13.42 ruft das Drehmoment $H(b_0 + 2c)$ in den Wänden in der Höhe von H des oben offenen Tragsystems (ohne Diagonalen im Querschnitt der Ebene von H) waagrechte Kräfte hervor $H_a^0 = H$ und $H_b^0 = \frac{2c}{a_0} H$. Die zugehörigen Stabkräfte in den Wänden werden mit S_0 bezeichnet. Infolge $X = 1$ entstehen nach Abb. 13.42c in den gleichen Wänden Stabkräfte S_x.

Wenn wie früher F und s Querschnitt und Länge der Stäbe bedeuten, errechnet sich die Kraft der Diagonale des versteiften Querschnitts aus

$$X = -\frac{\Sigma \frac{S_0 S_x}{F} s}{\Sigma \frac{S_x^2}{F} s}. \tag{268}$$

In den Wänden wirken in der Ebene des Drehmomentes die Kräfte

$$\begin{aligned} H_a &= H_a^0 + X \frac{a_0}{d_0} \\ H_b &= H_b^0 + X \frac{b_0}{d_0} \end{aligned}. \tag{269}$$

Beim quadratischen Mast ist $X = 0$, wenn der Querverband vollkommen steif ist oder $\frac{M_d}{2b_0} = 0$ ist. Beim rechteckigen Mast ist $X = 0$, wenn der Zähler in (268) verschwindet, was bei steifem Querverband mit $H_a^0 = \frac{M_d}{2b_0}$ und $H_b^0 = \frac{M_d}{2a_0}$ die Erfüllung folgender Bedingung fordert:

$$\sum \frac{S_0 S_x}{F} = \frac{M}{2b_0} \frac{a_0}{d_0} y_a - \frac{M}{2a_0} \frac{b_0}{d_0} y_b = 0 \qquad a_0^2 y_a - b_0^2 y_b = 0, \tag{270}$$

wo y_a und y_b, wie früher, die waagrechte Auslenkung der Wände A und B in der Höhe des Querverbandes infolge der waagrechten Kraft 1 bedeuten, die in der gleichen Höhe wirkt.

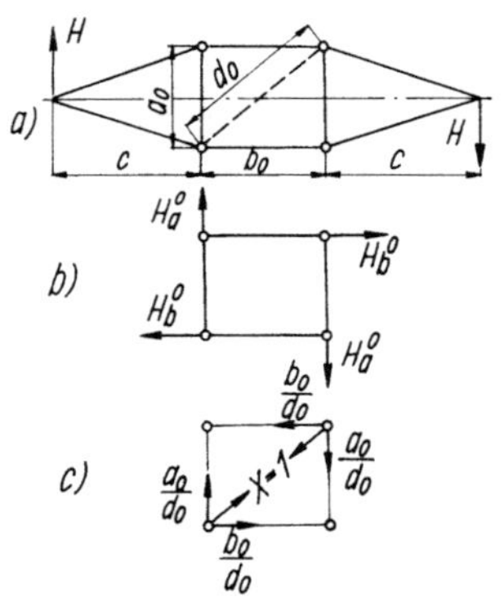

Abb. 13.42

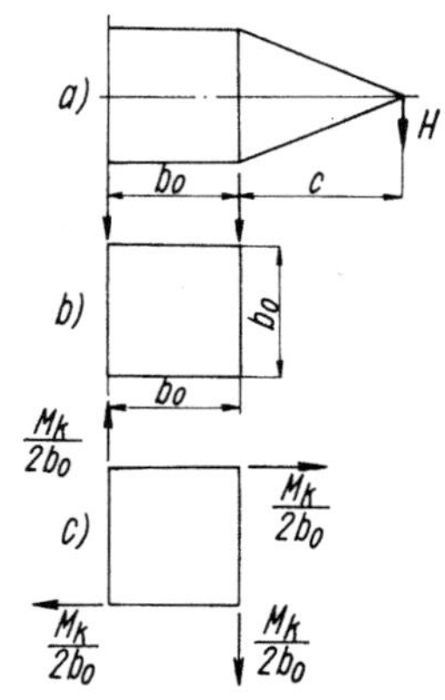

Abb. 13.43

Bei größern Masthöhen empfiehlt sich die Aussteifung weiterer Querschnitte, was auch aus Transportgründen nötig ist. Die Berechnung nach der Theorie I. Ordnung zeigt wohl, daß bei quadratischen Masten diese Aussteifungsdiagonalen spannungslos bleiben [122], aber bei größern Verdrehungen werden ohne sie die rhombischen Querschnittsverformungen zu groß.

Zur Vereinfachung der Rechnung wird nur *ein* ausgesteifter Querverband berücksichtigt und zwar in der Ebene des angreifenden Drehmomentes. Mit den nach (263) ermittelten Komponenten des Drehmoments werden die Stabkräfte in den Wänden und nach (267) die Ausbiegungen berechnet. Da die Fachwerkwände steifer sind als die Rahmenwände, ist der Verdrehungswiderstand der Stielrohre verhältnismäßig klein, so daß bei Vernachlässigung dieses Einflusses das Drehmoment nur waagrechte Kräfte H_a und H_b nach (265) mit $M_m = M_d$ hervorruft.

Wird das Verdrehen nach Abb. 13.43 durch einen einseitigen Leiterzug erzeugt, wird diese Belastung durch einen mittigen Zug H (Abb. 13.43b) und ein Drehmoment $M_d = H\left(\frac{b}{2} + c\right)$ ersetzt. Die Einflüsse dieser Belastungen werden kombiniert.

c) *Spannungsnachweis*

Alle Stäbe sind auf Druck zu bemessen. Die Knicklänge der Eckstiele ist gleich der Entfernung l der Knoten; das gilt bei Rohrmasten auch, wenn nach Abb. 13.25 die Knoten eben sind. Bei Eckstielen aus Winkelstählen wird bekanntlich die Einschränkung gemacht, daß die Stielkräfte und Längen von oben nach unten zunehmen müssen (vgl. [123] und [124]).

Bei den Diagonalen kann mit Rücksicht auf die Einspannung in den starken Stielen die Knicklänge mit ausreichender Sicherheit gleich 0,9 der theoretischen Länge gesetzt werden.

13.6. Portalmaste

Portalmaste bestehen aus zwei einfachen oder gegliederten Stielen und einem Querträger zwischen ihnen mit beiderseitigen Auslegern. An diesem Querträger, der ein einfaches Rohr oder ein eben oder räumlich gegliederter Träger sein kann, sind die Leiter aufgehängt oder an ihm abgespannt. Die Abb. 13.44 zeigt die Aufnahme eines Portalmastes, der aus zwei Rahmenflachmasten und einem ebenen Rahmenträger als waagrechter Querträger besteht.

Die Portalmaste sind zwar niedriger als die üblichen Mastarten, da sie die Anordnung mehrerer Leiter in einer Ebene ermöglichen, ihre Wirtschaftlichkeit aber ist in jedem Falle nachzuweisen. Sie haben den Nachteil, daß sie mehr Platz als andere Maste und doppelte Fundamente erfordern. Ihr Vorteil ist, daß sie in Teilen, die in der Werkstätte herzustellen sind, zur Baustelle gebracht werden können.

Ihre Ausführung unterscheidet sich nicht von der einfacher und gegliederter Maste. Die Querträger sind entweder fest angeschlossen oder sie werden bei großen Längen der gegliederten Querträger knapp neben den Stielen durch Gelenke unterbrochen (Abb. 13.45). Im ersteren Falle bilden Stiele und Querträger einen Rahmen, der auf Verdrehen angenähert wie ein Flachmast berechnet werden kann. Die Anordnung von Gelenken verringert den Einfluß von Drehmomenten.

Abb. 13.44

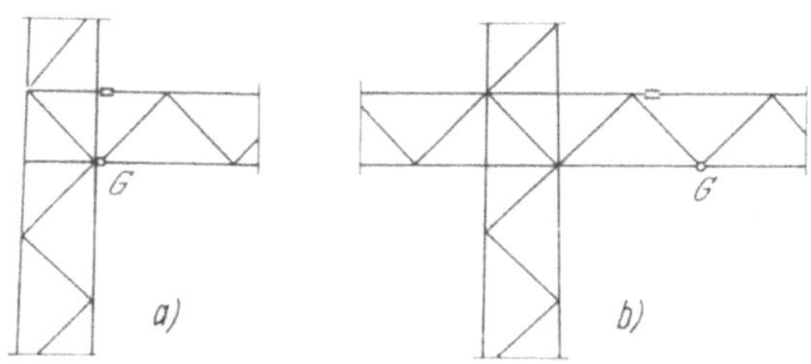

Abb. 13.45

13.7. Wirtschaftliche Abmessungen vierseitiger Rohrmaste

Da der Einheitspreis des einfachen Rohrmastes beträchtlich niedriger ist als der gegliederter Maste, müssen die Maste nicht nur dem Gewicht nach, sondern auch nach dem Preis verglichen werden. Da dreiseitige Maste nur in Ausnahmsfällen Gewichtsersparnisse bringen, kommen für den Vergleich mit einfachen Rohrmasten nur vierseitige in Betracht, von denen im folgenden nur Fachwerkmaste berücksichtigt wurden.

Die vierseitigen Gittermaste werden in der Regel mit quadratischem Querschnitt ausgeführt. Bei gleichen Wänden und einer Ausfachung nach Abb. 13.25 ist der Stahlverbrauch von der Neigung der Wände (α) und der Diagonalen (φ) abhängig (Abb. 13.46). Die lotrechte Projektion der Diagonalen zwischen den Systempunkten $h' = s_d \sin \alpha$ wird konstant und der Winkel φ zwischen $30°$ und $60°$ gewählt.

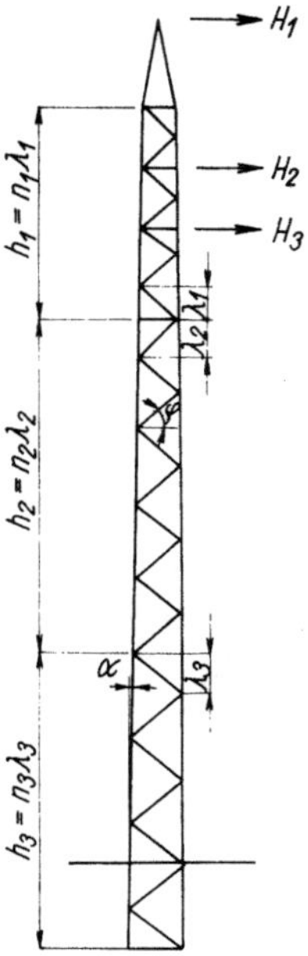

Abb. 13.46

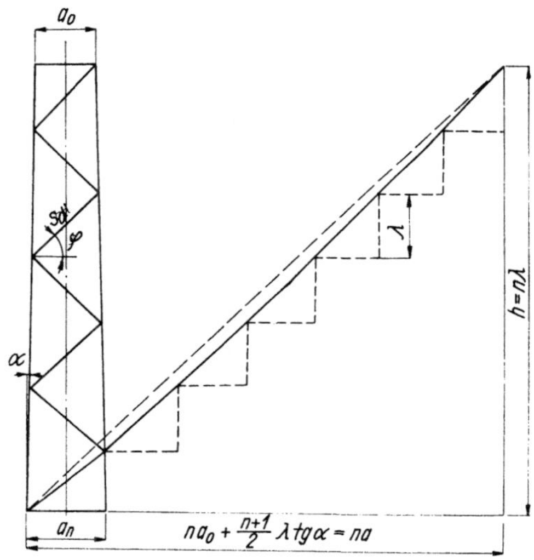

Abb. 13.47

Der Stahlverbrauch kann genügend genau durch den Inhalt aller Maststäbe ausgedrückt werden. Unter der Annahme, daß der Querschnitt der Eckstiele und Diagonalen in einem Mastabschnitt sich nicht ändert, und mit den Bezeichnungen F_s und F_d für die Querschnitte, s_s und s_d für die Längen dieser Stäbe kann der Inhalt aller Maststäbe ausgedrückt werden durch

$$V = \sum [F_s \sum s_s + F_d \sum s_d]. \tag{271}$$

Alle Stäbe werden auf Knickung bemessen, davon die Mehrzahl im elastischen Bereich. Da dies in der Formel (271) nicht zum Ausdruck gebracht werden kann, ist es nötig, für die vorgeschriebenen Belastungen die Stabflächen zu bestimmen und den Gesamtinhalt zu berechnen. Da die Stababmessungen hauptsächlich von der Breite und der Neigung der Wände abhängen, müssen mehrere Alternativen untersucht werden, um den sparsamsten Stahlverbrauch zu erkennen.

Wenn die Flächen der Eckstiele und Diagonalen sich auf die Abschnittslänge oder ganze Mastlänge sich nicht ändern, ist mit den Bezeichnungen der Abb. 13.47 die Summe der Stablängen

$$s_s = \frac{4h}{\cos\alpha},$$

$$s_d = 4\,n\,\sqrt{a^2 + h^2}.$$

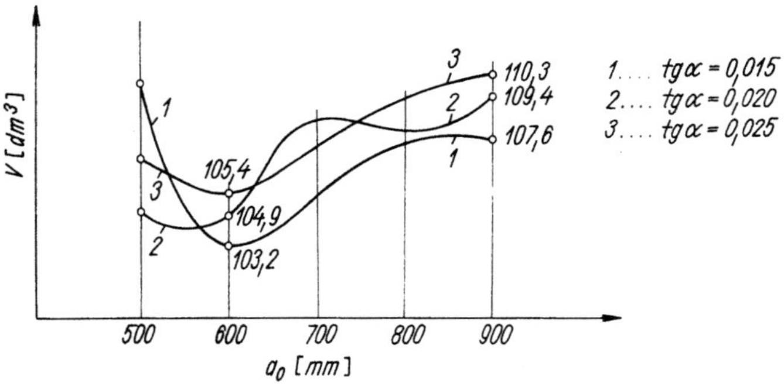

Abb. 13.48

Für eine bestimmte Belastung wurde zu verschiedenen Werten von a_0 (Wandbreite an der Mastspitze) und Neigungen α der Stahlverbrauch ermittelt; in der Abb. 13.48 sind sie im Schaubild als Beispiel zusammengestellt.

14. Antennenmaste

14.1. Allgemeines

Antennenmaste werden für Rundfunk und Fernsehen als Träger von Antennen verwendet; für den Rundfunk kann der Mast selbst als Antenne dienen und muß dann in der Regel vom Fundament isoliert und durch Seile abgespannt werden. Bei den Fernsehmasten ist eine solche Abisolierung nicht nötig, so daß auch frei stehende Maste aus Stahl oder Stahlbeton, bei großen Höhen Türme genannt, verwendet werden können. Die gleiche nichtisolierte Aufstellung ist auch bei Rundfunkmasten möglich, wenn sie eigene Antennen tragen.

Bei großen Höhen wird der Stahlturm, und früher noch der Turm aus Stahlbeton, unwirtschaftlich. An seine Stelle tritt dann der abgespannte Mast mit stählernem Mastkörper. Dieser Mastkörper ist der Höhe nach einmal oder mehrfach übereinander in drei oder vier Richtungen abgespannt; unten ist er mit oder ohne Isolator abgestützt. Ist keine Isolierung erforderlich, kann er auch im Fundament eingespannt werden. Für den Rundfunk muß jedes Ankerseil einmal oder mehrfach durch Isolatoren unterbrochen werden; der Fußisolator kann in Ausnahmefällen entfallen. Die Entscheidung über die Notwendigkeit und Anordnung von Isolatoren in den Abspannseilen und am Fuß liegt beim Projektanten der elektrischen Einrichtung.

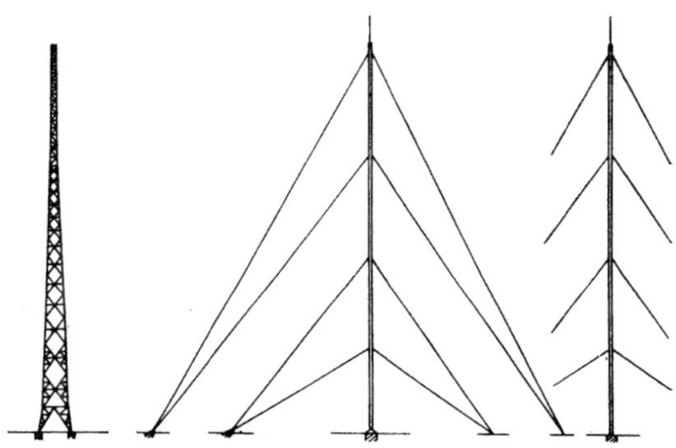

Abb. 14.1

Der Turm erfordert weniger Platz als der abgespannte Mast (Abb. 14.1) und ist steifer. Wirtschaftliche Gründe nötigen in der Regel zu einer gegliederten Ausführung in der Art des Eiffelturms. Eine Ausführung ähnlicher Form aber mit geschlossenem Querschnitt, wie sie in der Tschechoslowakei in zwei Fällen gewählt wurde, ist beträchtlich schwerer und daher teuer. Sie hat, wie das Großrohr beim abgespannten Mast, den Vorteil, daß die Führung des Aufzugs im Mastinnern leicht ausgeführt werden kann und die übrige Einrichtung vor Witterungseinflüssen geschützt ist. Schwierigkeiten, die durch Querschwingen entstehen können, sind aber nicht außer acht zu lassen.

Als Mastkörper eines abgespannten Mastes wird entweder ein Rohr größeren Durchmessers oder eine gegliederte Stahlrohrkonstruktion mit parallelen Stielen gewählt. Im ersteren Falle kommt aus Gründen der Platzersparnis nur eine Verankerung nach drei Richtungen in Betracht. Da bei der Verwendung von Rohren die dreiseitige Ausführung keine Schwierigkeiten bereitet, zieht man auch bei gegliederter Ausführung des Mastkörpers den dreiseitigen Mast dem vierseitigen Mast vor. Dabei bleibe es dahingestellt, ob der dreiseitige Mast wirtschaftlicher ist als der vierseitige.

14.2. Belastungen

14.2.1. Vorschriften und Normen

In der BRD ist in Kürze mit der Herausgabe einer Sondernorm für Antennenmaste zu rechnen. In der DDR ist im Februar 1964 TGL 13480, Stählerne Antennentragwerke, Berechnung und bauliche Durchbildung, erschienen. In Österreich gelten für Antennenmaste die Vorschriften der Österreichischen Rundfunkgesellschaft GmbH. In der Tschechoslowakei gilt ab 1. Oktober 1964 die Fachnorm 731430 über „Entwurf der Stahlkonstruktionen von Antennenmasten“. In Rußland werden die „Technischen Vorschriften für die Berechnung hoher Bauten auf Windbelastung“, SN 40–58, in Polen die Norm BN 63, 8991–01 beim Entwurf von Antennenmasten angewandt. In den USA wird nach den Vorschriften der RETMA und ASA gearbeitet.

14.2.2. Belastungsarten

Der Antennenmast wird ständig durch sein Eigengewicht einschließlich Ausrüstung, durch Antennenzüge, das Gewicht der elektrotechnischen Einrichtung und die Züge der Abspannseile infolge der Vorspannung beansprucht. Die Eigengewichtslasten sind aus den Abmessungen des Mastes und seiner Ausrüstung, allenfalls nach Angaben der Lieferanten leicht festzustellen. Diese ständigen Lasten sind so zu verteilen, daß ihre Resultierende in der Mastachse wirkt.

Zu den zufälligen Lasten zählen Schnee auf den Plattformen und der Meßkabine, die Nutzlast des Aufzugs, Windbelastung und die Einflüsse von Temperaturänderungen.

Wie in DIN 1050 werden die auf den Mast wirkenden Lasten in Haupt- und Zusatzlasten eingeteilt. Zum Unterschied von der genannten Norm zählen bei den Antennenmasten die Windkräfte zur Hauptbelastung. Bei den Zusatzlasten kommen seismische Einflüsse hinzu. Diese Lasten sind in der von der Norm vorgeschriebenen Weise zu kombinieren. Bei den abgespannten Masten sind in jeder Kombination, die Windlasten enthält, die Seilzüge aus Vorspannung und durch Wind gemeinsam zu berücksichtigen.

14.2.3. Besondere Lastannahmen

14.2.3.1. Schnee und Rauhreif

Die Schneelast ist mit 300 kp/m² der Grundrißfläche der Plattformen und der Meßkabine anzunehmen.

Rauhreif und Eisbehang werden nicht in allen Normen in gleicher Weise berücksichtigt; die Dicke wird in cm am Umfang des Tragteils oder auf der ebenen Fläche, je nach der Gegend verschieden groß, angenommen, wenn die Norm es nicht der Absprache zwischen Lieferant und Auftraggeber bzw. Dienststelle überläßt. Daß man sie nicht zu niedrig annehmen soll, beweist die Abb. 14.2, eine Aufnahme eines exponiert stehenden Turmes.

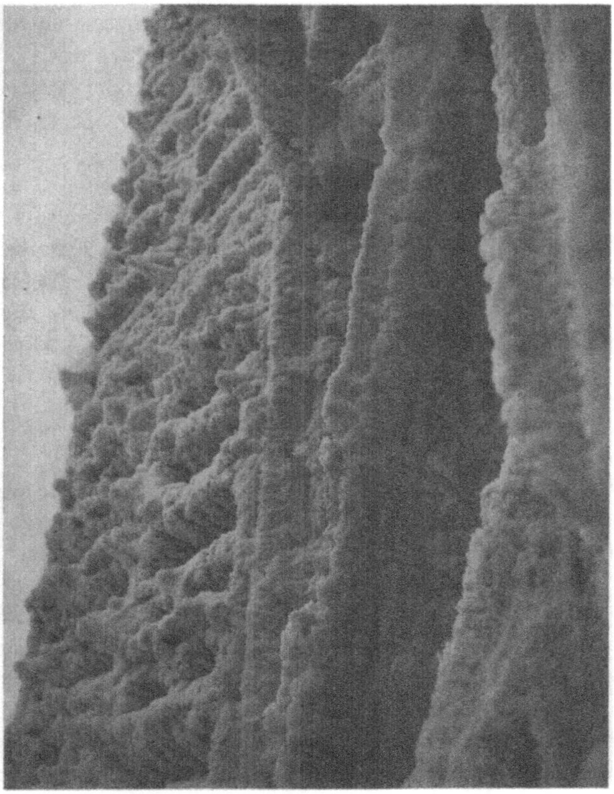

Abb. 14.2

14.2.3.2. Windwirkung

Sofern die Norm keine ausführlichen Bestimmungen darüber enthält, sei auf die Ausführungen im Abschnitt 4.3.2. (Stahlrohrkonstruktionen) verwiesen. Die Angaben des Blatt 4 DIN 1055 sind an und für sich für hohe Antennenmaste unzureichend, um so weniger für Rohrmaste. Die Abhängigkeit der Formbeiwerte von der Re-Zahl und dem Völligkeitsgrad verlangt, genauer auf diese Einflüsse einzugehen.

Die dynamischen Windwirkungen, die bei Antennenmasten zu berücksichtigen sind, wurden im Abschnitt 4.3.3. ausführlich behandelt, sowohl die Wirkung von Windstößen als auch die des Querschwingens. Ob eine Wiederholung von Windstößen in Betracht zu ziehen ist, darüber gehen die Meinungen auseinander. Bei einfachen Rohren müssen die Wirkung von Querschwingungen und die kritische Windgeschwindigkeit untersucht werden; bei einer gegliederten Rohrkonstruktion ist ihr Einfluß so gering, daß er vernachlässigt werden kann.

14.2.3.3. Windwirkung bei Rauhreif

Versuche im Windkanal ergaben, daß der Formbeiwert c von Rohren mit der Größe der Oberflächenrauhigkeit steigt. Sie zeigten, daß er im oberkritischen Bereich sich auf $c = 1$ vergrößert, während er im unterkritischen Bereich unverändert bleibt. Da auch der fiktive Durchmesser des Rohres mit Eisbehang (Rauhreif), natürlich auch die wirkliche Windangriffsfläche, größer ist als der des glatten Rohres, ist der Winddruck auf das bereifte Rohr größer als der des Rohres ohne Aneisung.

Bei gegliederten Rohrmasten mit weiter Ausfachung ermittelt man die gesamte Windangriffsfläche als Summe der Einzelflächen unter Berücksichtigung der Eisdicke laut Norm; damit und mit einem einheitlichen Formbeiwert $c = 1{,}2$ wird der gesamte Winddruck berechnet. Ist der Völligkeitsgrad $\varphi \geq 0{,}2$, empfiehlt es sich, mit einer Windangriffsfläche einer vollen Seite mit der Achsentfernung der Stiele als Breite und einem Formbeiwert $c = 1{,}4$ zu rechnen.

14.2.3.4. Temperatureinflüsse

Eine gleichmäßige Temperaturänderung beeinflußt den Spannungszustand eines Turmes nur bei größerer Wandbreite in der Nähe des Fundamentes und im Einspannquerschnitt. Beim abgespannten Mast dagegen ändert sich mit der Temperatur der Zustand der Ankerseile, wodurch auch der Spannungszustand des Mastkörpers verändert wird. Wie bei allen statisch unbestimmten Konstruktionen wird auch hier eine Temperaturänderung von $\pm 30\,^\circ$C, bezogen auf eine Aufstellungstemperatur von $+10\,^\circ$C, angenommen.

Einseitige Sonnenbestrahlung erzeugt beim freistehenden Mast im Mastkörper mit geschlossenem Querschnitt Spannungsunterschiede. Der Temperaturunterschied zwischen der der Sonne zugekehrten und abgekehrten Seite wird mit $15\,^\circ$C in Rechnung gestellt.

14.3. Türme

14.3.1. Ausführung

Türme werden entweder mit geschlossenem kreisrunden Querschnitt oder gegliedert vierseitig oder polygonal ausgeführt. In beiden Fällen ist die Umrißlinie ähnlich wie beim Eiffelturm gekrümmt und die Breite der Umrißfläche nimmt von oben nach unten zu. Bei geschlossenem Querschnitt muß die Wand in Längs- und Querrichtung ausgesteift werden; diese Maste können nur in weiterm Sinne als konische Maste angesehen werden. Wirtschaftlicher ist der gegliederte Turm mit quadratischem oder polygonalem Querschnitt; aus Gründen der leichteren Herstellung kann die krumme Umrißlinie über die ganze Höhe oder in Abschnitten durch eine Gerade ersetzt werden.

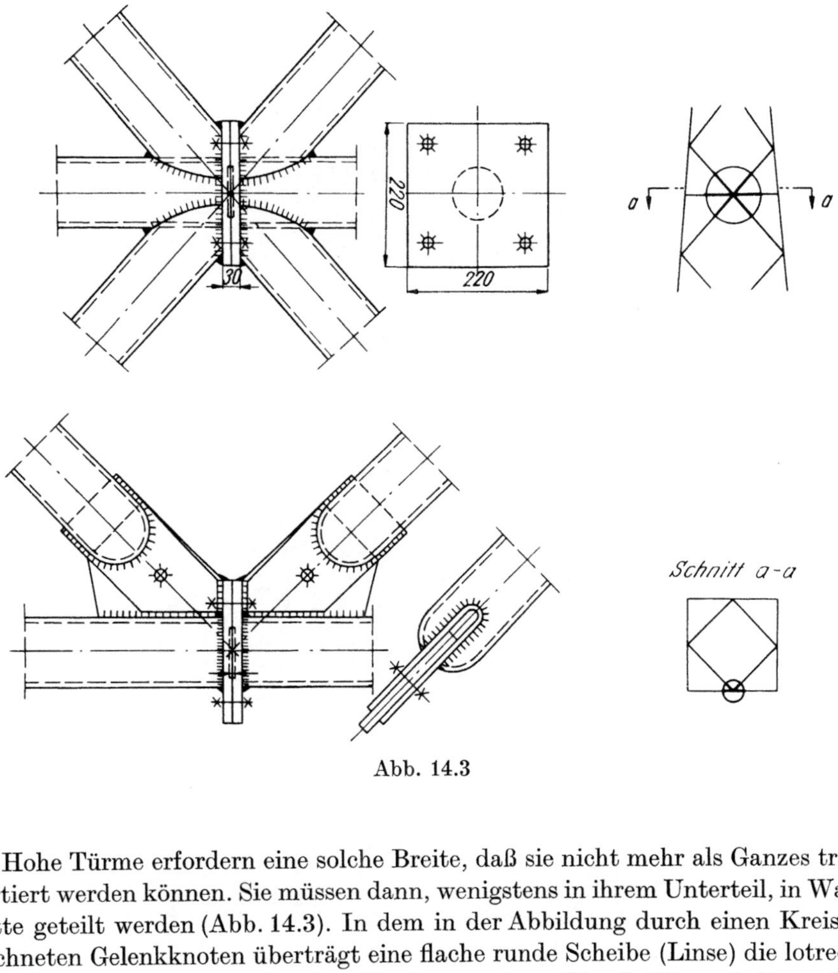

Abb. 14.3

Hohe Türme erfordern eine solche Breite, daß sie nicht mehr als Ganzes transportiert werden können. Sie müssen dann, wenigstens in ihrem Unterteil, in Wandmitte geteilt werden (Abb. 14.3). In dem in der Abbildung durch einen Kreis bezeichneten Gelenkknoten überträgt eine flache runde Scheibe (Linse) die lotrechte Komponente der dort wirkenden Kraft von einer Wandhälfte auf die andere; die geringfügige waagrechte Komponente wird durch Schrauben über und unter der Scheibe aufgenommen. In Abb. 14.4 sind dieser Knoten und die Flanschstöße der Stiele (s. Abb. 3.11) eines Turmes zu sehen, dessen Montageelemente wegen schwieriger Transportverhältnisse besonders klein gehalten werden mußten.

Bei noch größerer Wandbreite werden die Ausfachungsstäbe an Knotenbleche geschraubt, die an die Stielrohre geschweißt sind. Die Anzahl der Schrauben richtet sich nach der Stabkraft. Damit der Turm nach der Aufstellung gerade ist und lotrecht steht, müssen die Stablängen genau bestimmt und eingehalten werden. Kleine Korrekturen werden durch Vorbohren der Schraubenlöcher auf einen Durchmesser, der etwas kleiner ist als der vorgeschriebene, und Aufreiben bei der Aufstellung möglich. Die verlangte Genauigkeit gewährleistet ein Diagonalanschluß

Abb. 14.4

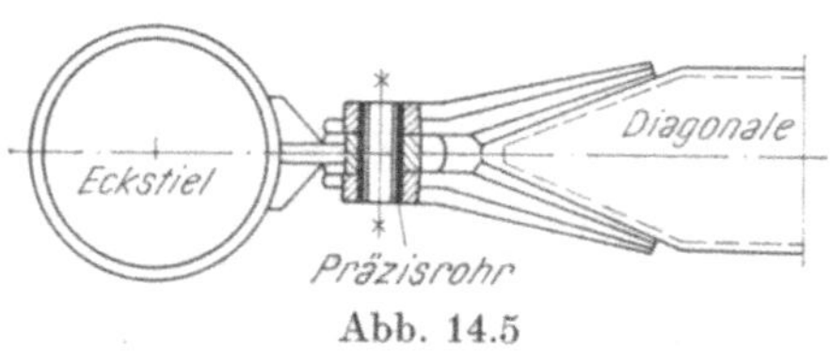

Abb. 14.5

nach Abb. 14.5. Diesen Anschluß entwickelte die Firma Mannesmann-Düsseldorf für den Turm auf der Ausstellung in Hannover [39].

Auch Rahmenmaste haben nur bei geringer Höhe eine Wandbreite, die den Transport als Ganzes erlauben würde. Die Teilung in der Wandmitte wäre möglich, da bei symmetrischer Ausführung und waagrechter Belastung in diesem Querschnitt das Moment 0 ist. Die Ausbiegungen sind beträchtlich größer als bei Fachwerktürmen. Wegen der großen Biegemomente in den Rahmenknoten empfiehlt es sich, die Riegelentfernung nicht zu groß zu wählen, was auch des Aussehens wegen zu fordern ist.

Der oberste Turmteil, der die Antennen trägt, wird mit parallen Stielen ausgeführt. Zur Kontrolle der Antennen und der Warnlichter, die aus Gründen der Luftfahrtsicherheit in Abständen von etwa 50 m vorzusehen sind, dienen ein Aufzug und Notleitern. Diese sind womöglich in der Turmachse anzuordnen, ausnahmsweise an einem Stiel an der Mastaußenseite. Plattformen ermöglichen das Umsteigen von einer Leiter auf die andere und sichern durch die Steifigkeit ihrer Konstruktion die räumliche Stabilität des Turmes. Sie sind so anzuordnen, daß von ihnen aus auch die Warnlichter bedient werden können.

14.3.2. Gründung

Bei kleinen Wandbreiten wird der Turm in einem Fundament einbetoniert, wobei, wie bei den Freileitungsmasten, die Ausfachung im Beton fortgesetzt wird. Türme mit größerer Fußbreite erhalten geteilte Fundamente; jeder Stiel wird da-

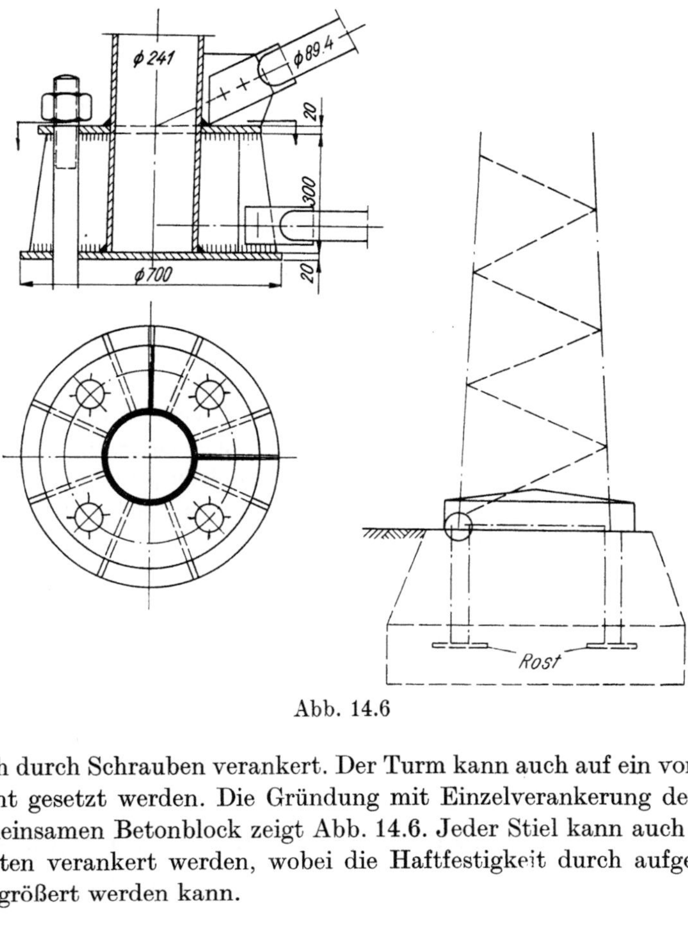

Abb. 14.6

bei für sich durch Schrauben verankert. Der Turm kann auch auf ein vorbereitetes Fundament gesetzt werden. Die Gründung mit Einzelverankerung der Stiele in einen gemeinsamen Betonblock zeigt Abb. 14.6. Jeder Stiel kann auch in Einzelfundamenten verankert werden, wobei die Haftfestigkeit durch aufgeschweißte Ringe vergrößert werden kann.

14.3.3. Berechnung

14.3.3.1. Übliche Berechnung

Der Turm wird durch lotrechte und waagrechte Kräfte belastet, die zum Großteil von den Abmessungen seiner Teile abhängen. Diese Kräfte sind nach Türmen ähnlicher Art zu schätzen oder in einer Überschlagsrechnung zu bestimmen. Beim Winddruck ist zu beachten, daß mit der von unten nach oben abnehmenden Breite der Völligkeitsgrad und damit der Formbeiwert c sich ändert. Die Konstruktion wird deshalb der Höhe nach in Abschnitte unterteilt; für diese werden getrennt die mittlere Windangriffsfläche in m^2/m und der Formbeiwert berechnet.

Die Berechnung der innern Kräfte erfolgt ohne Berücksichtgung des Einflusses der Formänderungen in bekannter Weise. Die vorausgesetzte Verteilung der waagrechten Belastung auf die Wände ist durch räumliche Aussteifung zu sichern. Alle Stäbe sind auf Druck mit einer Knicklänge gleich der Systemlänge zu bemessen.

Für Türme mit geschlossenem, im Umriß kreisrundem Querschnitt sind die von oben nach unten zunehmenden Windlasten zu schätzen oder auch nach einer Vorberechnung anzunehmen; der Durchmesser des Oberteils ist meistens konstruktiv gegeben. Bei der Bemessung ist auf die Beulgefahr der längs- und querversteiften Blechwände besonders zu achten. Der Einfluß des Querschwingens infolge Wind muß gesondert untersucht werden; bei einem Aufsatz als Antennenträger ist dadurch dessen Verbindung mit dem Mastkörper besonders gefährdet.

14.3.3.2. Genauere Berechnung

Durch die waagrechten und außermittig wirkenden lotrechten Kräfte wird der frei stehende Mast ausgebogen, wodurch die lotrechten Lasten zusätzliche Momente hervorrufen. Bei Masten mit geschlossenem Querschnitt entstehen dadurch größere Biegungsspannungen und damit erhöhte Beulgefahr, bei gegliederter Ausführung zusätzliche Stielkräfte. Die zusätzlichen Beanspruchungen sind von der Größe der Ausbiegungen, somit von der Steifigkeit des Mastes abhängig und können nach der Theorie II. Ordnung berechnet werden. Dabei genügt beim ausgefachten Mast eine Näherungsrechnung mit dem Trägheitsmoment des Ersatzträgers, eines Trägers mit geschlossenem Querschnitt.

Die Diagonalen werden nicht nur bei waagrechter Belastung mit oder ohne Berücksichtigung der Ausbiegungen beansprucht, sie beteiligen sich auch infolge der Verformung der Stiele an der Aufnahme der Achsialkraft des Turmes. Ihr Anteil darf bei größerer Höhe und damit größeren lotrechten Kräften nicht mehr vernachlässigt und soll wenigstens annähernd ermittelt werden.

Wir setzen voraus, daß im Knoten K (Abb. 14.7), neben dem auf ihn entfallenden Anteil $\frac{N}{4}$ der Achsialkraft die Stabkräfte S, D und H wirken, S und D unter dem Winkel α und φ, H parallel zur Ebene des Mastfußes. Die lotrechte Verformung ist in allen vier Eckpunkten gleich. Aus der Gleichgewichts- und Formänderungsbedingung im Knoten K folgt mit $s \cdot \sin \alpha = d \cdot \sin \varphi = h$

$$S \sin \alpha + D \sin \varphi = \frac{N}{4}$$

$$\frac{S}{EF_s} \cdot \frac{s}{\sin \alpha} = \frac{D}{EF_d} \cdot \frac{d}{\sin \varphi}. \tag{272}$$

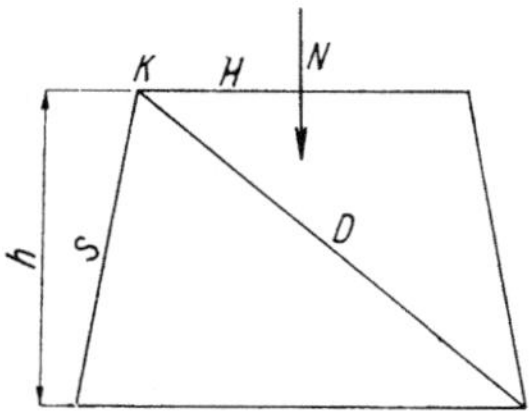

Daraus erhält man

$$S = \frac{\frac{s}{h}}{1 + \frac{F_d}{F_s}\left(\frac{s}{d}\right)^3} \cdot \frac{N}{4}$$

$$D = \frac{\frac{F_d}{F_s}\left(\frac{s}{d}\right)^3 \frac{d}{h}}{1 + \frac{F_d}{F_s}\left(\frac{s}{d}\right)^3} \cdot \frac{N}{4}. \tag{273}$$

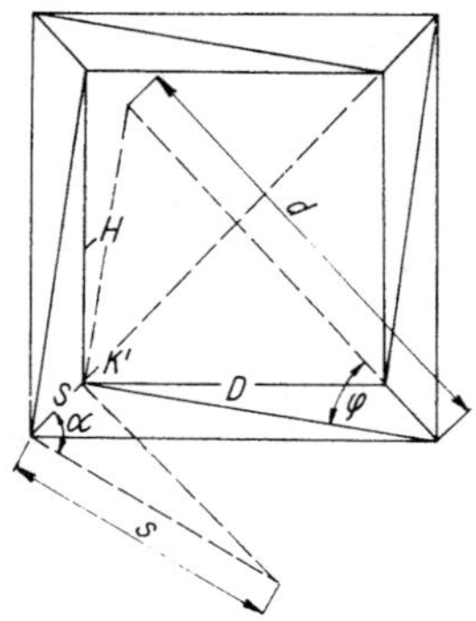

Abb. 14.7

Diesen Werten sind wie bei den Stützen (s. Abschnitt 7.5.3.) die Stabkräfte aus den waagrechten und außermittig wirkenden Längsbelastungen zuzuzählen.

14.3.3.3. Durchbiegung

Die Durchbiegung in einer Symmetrieebene kann aus der Formänderung der Stabkräfte nach (267) berechnet werden. Darin bezeichnen hier

S die Stabkräfte infolge der äußern Belastung,

S_1 die Stabkräfte infolge einer waagrechten Kraft 1 in der Höhe, in der die Durchbiegung bestimmt werden soll,

F, s Querschnitt, Länge der Stäbe.

Näherungsweise kann die Durchbiegung mit einem Ersatzträgheitsmoment $I = F \cdot a^2$ berechnet werden, wenn F den Querschnitt eines Eckstiels und a die veränderliche, zwischen den Achsen der Stiele gemessene Wandbreite bedeuten. Da dabei der Formänderungseinfluß der Diagonalen vernachlässigt wurde, ist die wirkliche Durchbiegung größer als der so berechnete Wert.

14.4. Abgespannte Maste

14.4.1. Ausführung

Der abgespannte Antennenmast besteht aus dem Mastkörper, dem Mastaufsatz, der meistens allein die Antennen trägt, der Ausrüstung und den Abspannseilen.

14.4.1.1. Mastkörper

Als Mastkörper dienen bei geringen Höhen nahtlose Rohre, bei größeren Höhen Großrohre in genieteter, geschraubter oder geschweißter Ausführung, deren Durchmesser auf die ganze Höhe sich nicht ändert, oder eine gegliederte räumliche Konstruktion mit parallelen Stielen und dreieckigem oder quadratischem Querschnitt. Die gegliederten Wände haben eine Ausfachung wie bei anderen Masten, also einfache oder gekreuzte Diagonalen mit waagrechten Riegeln in deren Kreuzungspunkten oder den Anschlüssen an die Stiele; auch K-Ausfachung wurde angewandt. Da der abgespannte Mast an sich schon weich ist, wird das System des Stockwerkrahmens, das nachgiebiger ist als der Fachwerkträger, trotz seiner konstruktiven Vorteile, nur ausnahmsweise angewandt.

Das Großrohr als Mastkörper hat den Vorteil, daß die Inneneinrichtung — Aufzug, Notleitern, Kabel u. ä. — gegen Witterungseinflüsse geschützt ist. Was die Bildung von Rauhreif anbelangt, hat sich gezeigt, daß er sich auch im geschlossenen Mast an den Aufzugseilen und den Leitern bilden kann. Über einen derartigen Fall berichteten die VDI-Nachrichten 1955, Nr. 28 (Mast Torfhaus im Harz).

Aufzug und Notleitern erfordern einen geringsten Rohrdurchmesser von 2000 mm; aus statischen Gründen können auch größere Durchmesser mit stärkerer Wand oder Versteifungen notwendig sein. Diese Abmessungen werden durch die Entfernung der Pardunenkränze und die Anzahl der Verankerungsrichtungen beeinflußt.

Bildet der Mastkörper selbst die Antenne, muß er am Fuß isoliert gelagert werden. Beim Fernsehmast entfällt die Isolierung des Fußgelenks, der Mast kann sogar im Fundament eingespannt werden. Die Einspannung kann durch Einbetonieren im Fundament oder durch Ausbildung von Fußplatten mit Rippen und Verankerung mittels Schrauben erfolgen. Sie ist einfacher als die gelenkige Lagerung, vergrößert aber die Anzahl der Unbekannten.

Der Teil des Großrohrs, an den die Abspannseile angeschlossen sind, muß verstärkt werden. Ein Umgang von 60 cm bis 1,0 m Breite, der außen unter oder über den Seilaufhängungen angeordnet und durch eine abgedichtete Tür vom Innern aus zugänglich ist, ermöglicht die Kontrolle der Aufhängungen [125] (vgl. hierzu die vollständig geschweißte Ausführung zweier Maste in der Tschechoslowakei [126]). Kreisförmige Aussteifungen bei jedem Stoß an der Innenseite des Mantels sichern die Form des Ringquerschnitts.

Die Schüsse des Großrohrs sind längs gestoßen und haben eine der Blechlieferbreite entsprechende Länge. Die Längs- und Querstöße sind entweder mit Paßschrauben überlappt [125] oder stumpf geschweißt [126]. Beim überlappten Stoß sind die Paßschrauben einschnittig beansprucht, die Anzahl der Schrauben ist groß. Die Stumpfschweißung erfordert sehr genaue Arbeit und sorgfältige Vorbereitung, die man nur von einem Unternehmen mit reichen Erfahrungen erwarten kann. Die ganzgeschweißte Ausführung ist wirtschaftlich sowohl hinsichtlich des Stahlverbrauchs als auch der Kosten.

Für den gegliederten Mast empfiehlt sich die Verwendung von nahtlosen Rohren. Da bei den Antennenmasten die Windbelastung entscheidend ist und die Formbeiwerte der Rohrkonstruktion sehr günstig sind, sind die wirtschaftlichen Vorteile der Antennenmaste aus Rohren so groß, daß eine andere Ausführung kaum in Frage kommt, um so weniger, als die Herstellung von Mastkörpern mit dem für diesen Zweck günstigen Dreieckquerschnitt keine Schwierigkeit bereitet.

Der Rohrwerkstoff des gegliederten abgespannten Antennenmastes ist Stahl der Klasse St 52 mit gewährleisteter Schweißbarkeit, nur für Gegenden mit extrem niedrigen Temperaturen bis unter $-40\,^{\circ}$C, die in Mitteleuropa nicht in Frage kommen, muß ein Sonderstahl mit ausreichend großer Kerbzähigkeit bei niedrigen Temperaturen gewählt werden.

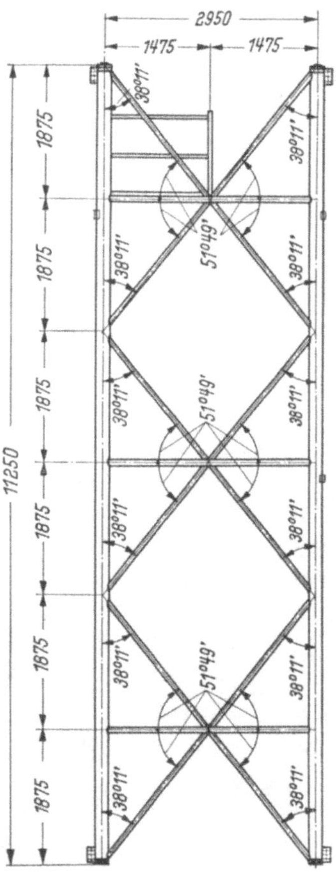

Abb. 14.8

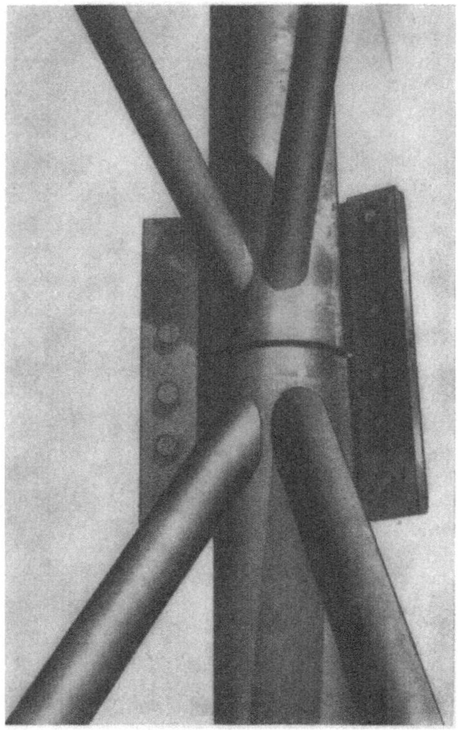

Abb. 14.9

Die Wandbreite bleibt über die ganze Höhe des Mastkörpers konstant, die Durchmesser der Eckstiele und Diagonalen können in engen Grenzen verändert werden; es empfiehlt sich aber, eher die Wanddicken als die Durchmesser zu ändern. Da der Winddruck auf das Rohr von der Wanddicke unabhängig ist, anderseits aber die Tragkraft des Rohres mit wachsendem Verhältnis $\frac{D}{s}$ zunimmt, muß versuchsweise ein solches Verhältnis $\frac{D}{s}$ der Stiele gefunden werden, bei dem der Stahlverbrauch am geringsten ist.

Der gegliederte Mastkörper wird in der Regel dreiseitig mit Abspannungen nach drei Richtungen gewählt. Da die für die Bemessung maßgebende Windbelastung von allen Seiten wirken kann, ist es nicht sicher, daß diese Ausführung wirtschaft-

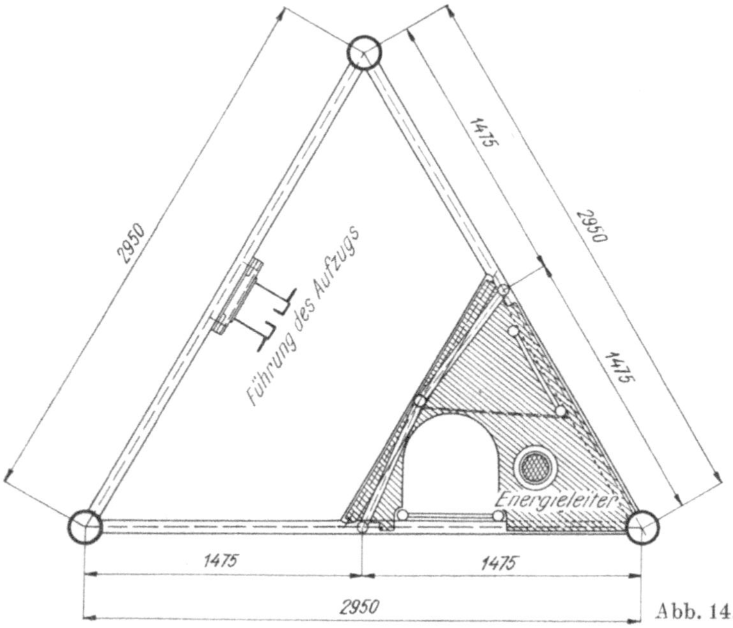

Abb. 14.10

Abb. 14.11

licher ist als die vierseitige, bei der die platzsparende Abspannung nach drei Seiten auch möglich ist (vgl. Abschnitt 13.5.1.). Der dreistielige Mast ermöglicht bis zu einer Wandbreite von 2,95 m den Bahntransport der Montageteile als Ganzes. So wurden in der Tschechoslowakei zwei Fernsehmaste mit Höhen über 300 m aus Rohren geliefert [127]. Diese Maste haben gekreuzte Diagonalen und waagrechte Riegel in deren Schnittpunkten. Die Diagonalen haben eine unveränderliche Neigung; der Modul 3,75 m bestimmt die Normallänge von 11,25 m und die Länge

Abb. 14.12

von 7,50 m der zur Erzielung einer Gewichtsverminderung verkürzten Montageelemente. Aus Abb. 14.8 ist die Zeichnung eines Normalelementes zu ersehen. Die Abb. 14.9 zeigt die Ausführung des Stielstoßes in einem Knoten mit Diagonalanschluß (vgl. dazu den Stoß in Abb. 3.8). Der Druck wird durch eine Zentrierplatte übertragen; kleine Züge und Querkräfte werden durch Beilagen und Schrauben aufgenommen. Unter jedem Montagestoß ist in der Ebene der Riegel eine kleine Plattform angeordnet, die den Übertritt von einer Leiter auf die andere ermöglicht (Abb. 14.10). Unter den Seilaufhängungen und den Warnlichtern sind die Plattformen durch einen 60 cm breiten Umgang mit einem 1,20 m hohen Geländer vergrößert.

Bei Rundfunkmasten ohne Aufzug erstrecken sich die Plattformen über den ganzen Querschnitt und lassen nur eine Öffnung für den Leiterdurchstieg offen.

Abb. 14.13

Abb. 14.14

Damit durch Wind keine Drehmomente entstehen, sind die Leitern zyklisch versetzt.

Der Fernsehmast ist aufgesetzt und im Fundament eingespannt. Die Fußplatte jedes Stiels ist durch Rippen verstärkt und so groß, daß die zulässige Betonpressung nicht überschritten wird. Drei Ankerschrauben M42 übertragen die geringen Züge, die bei der Aufstellung entstehen können, in das Fundament (Abb. 14.11).

Abb. 14.15

Abb. 14.16

Bei gelenkiger Lagerung muß der Mastkörper konisch so verschmälert werden, daß die Ausbildung eines Kugelgelenks möglich ist. Beim Oldenburger Mast [125] steht das Großrohr auf einem mit Rippen versehenen Stahlgußoberteil, in dessen kugelige Schale der gleichartig ausgebildete Lagerunterteil greift (Abb. 14.12).

Beim gegliederten Mast mit gelenkiger Lagerung werden die Stiele in der Art einer umgekehrten Pyramide auf den Oberteil des Kugellagers stumpf aufgesetzt. Dem geringern Auflagerdruck entsprechend ist beim Mast der Abb. 14.13 das Lager kleiner und einfacher ausgeführt als beim Mast der Abb. 14.12.

Die Abspannseile werden in starken Eckblechen aufgehängt, die bei den früher beschriebenen Masten mit den Elementen der Abb. 14.8 Ausleger der Rohrfachwerkträger bilden, deren Achsen in den benachbarten Wänden Knotenpunkte mit Diagonalen verbinden (Abb. 14.14). Diese Träger übernehmen die Biegemomente, die durch die außermittige Aufhängung der Seile entstehen. Ihre Höhe stimmt mit der der Eckbleche überein. In der Nähe der Löcher für den waagrechten Bolzen sind die Eckbleche durch aufgeschweißte Laschen verstärkt.

14.4.1.2. Mastaufsatz

Bei Antennenmasten — bei Rundfunkmasten, sofern ihr Mastkörper nicht selbst als Antenne dient — wird in der Regel der Querschnitt des Mastkörpers in

Abb. 14.17

Abb. 14.18

geringer Entfernung von der Aufhängung des höchsten Seils zum Mastaufsatz verkleinert. Dieser trägt entweder allein die Antennen oder weitere sind ober- und unterhalb der höchsten Seilaufhängung angeordnet. Er bildet die Verlängerung des auskragenden Teils des Mastkörpers und ist in ihn eingespannt. Sein Querschnitt ist dreiseitig oder quadratisch.

In Abb. 14.15 ist der Übergang eines ausgefachten dreiseitigen Mastkörpers mit einer Wandbreite von 2,95 m in den um 180° verdrehten, ebenfalls dreiseitigen Aufsatz mit einer Wandbreite von 1,30 m zu sehen. Die eigentlichen Antennenträger sind Rohrringe, die an den Eckrohren des Aufsatzes befestigt sind (Abb. 14.16). Die Befestigung der Antennen am Umfang der Ringe kann verschieblich ausgeführt werden; die endgültige Lage wird im Probebetrieb ermittelt. F.M.-Antennen können auch unterhalb der höchsten Seilaufhängung in gleicher Weise an Ringen größern Durchmessers befestigt werden. Bei den erwähnten Fernsehmasten in der Tschechoslowakei hatten die kleinern Ringe aus Rohren ⌀ 60 · 4 einen Durchmesser von 1,80 m, die größern aus Rohren ⌀ 89 · 8 einen solchen von 4,10 m.

14.4.1.3. Mastausrüstung

Rundfunkmaste mit dem Mastkörper als Antenne erfordern außer Leitern und Plattformen keine besondere Ausrüstung. Bei den andern Masten sind die Antennen der wichtigste Teil der Ausrüstung. Der Energieleiter führt meistens zu einem Verteilerkopf in der Kabine, die verschiedene Meßinstrumente enthält und den Mastkörper abschließt; von dort aus wird die Energie mit Kabeln den Antennen zugeführt. Es empfiehlt sich, den Aufzug in dieser Kabine enden zu lassen.

Für die Führung des Aufzugs genügt beim Großrohr als Mastkörper wegen der bequemen seitlichen Stützung eine leichte Konstruktion. Beim Fachwerkmast wird die Führung in der Mitte einer Wand an den Riegeln befestigt. Wie Abb. 14.17 zeigt, ist dafür ein steifes, schweres Profil erforderlich. Die Stöße sind so angeordnet, daß die Führung gemeinsam mit dem Mastkörper aufgestellt werden kann.

Den Maschinenraum kann man im Betonfundament unterbringen oder über ihm anordnen. Der erste Fall hat den Vorteil, daß der Aufzug zu ebener Erde zugänglich ist, hat sich aber nicht bewährt, da das Eindringen von Wasser entlang der Aufzugführung nicht verhindert werden kann und seine Ableitung Schwierigkeiten bereitet. In Abb. 14.18 ist der Maschinenraum über dem Fundament angeordnet; der Aufzug ist über eine Treppe zugänglich.

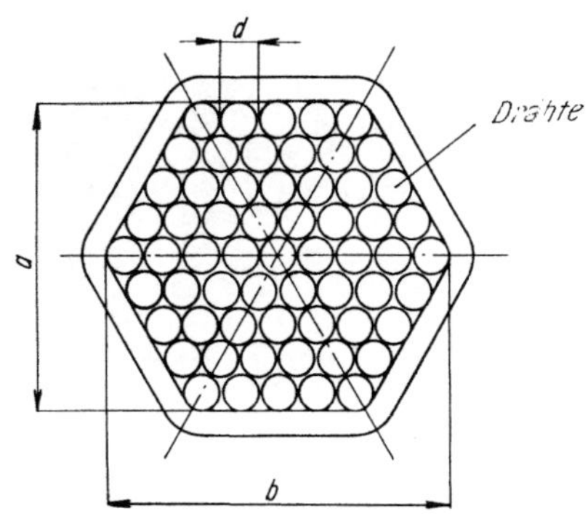

Abb. 14.19

14.4.1.4. Abspannseile

Als Abspannseile werden patentverschlossene oder Paralleldrahtseile verwendet. Bei geringen Höhen können auch weniger hochwertige Seile benützt werden. Bei der Mastberechnung sind für Paralleldrahtseile $E = 2{,}0 \cdot 10^6$ kp/cm², bei patentverschlossenen Seilen $E = 1{,}5 \cdot 10^6$ kp/cm² einzusetzen. Bei höheren Masten, deren mittlere Seillänge 200 m überschreitet, empfiehlt es sich, Paralleldrahtseile zu wählen, die aus Drähten mit 140 bis 180 kp/mm² Festigkeit und 2,5 bis 4 mm Durchmesser hergestellt werden. Da sie für den Transport in Rollen zu

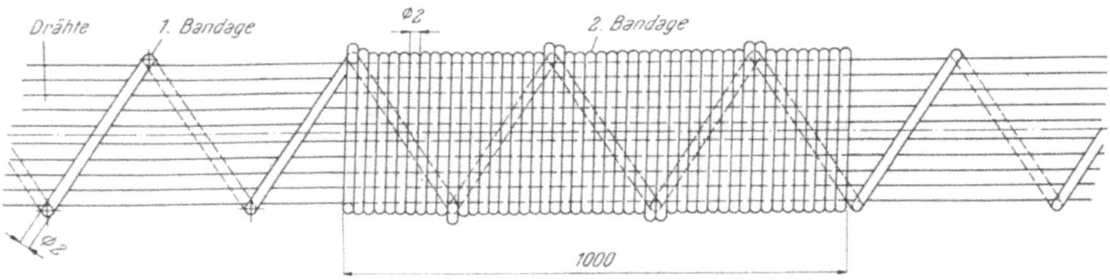

Abb. 14.20

Abb. 14.21 a)

Abb. 14.21 b)

steif sind, werden sie an der Baustelle verfertigt. Ihre sechseckige Form (Abb. 14.19) ist durch das Bildungsgesetz des Querschnitts $1 + 6 + 12 + 18 + 24 + \cdots$ gegeben. Sie werden mit einem verzinkten 2-mm-Draht abwechselnd eng und weit umwickelt (Abb. 14.20).

Die übrigen Seilarten, patentverschlossen oder offen, müssen an der Baustelle vorgespannt werden, damit der größte Teil der aus dem Drall der Drähte folgenden bleibenden Verformung beseitigt wird. Diese Seile werden in der verlangten Länge transportiert; die Seilköpfe aber müssen an der Verwendungsstelle vergossen werden.

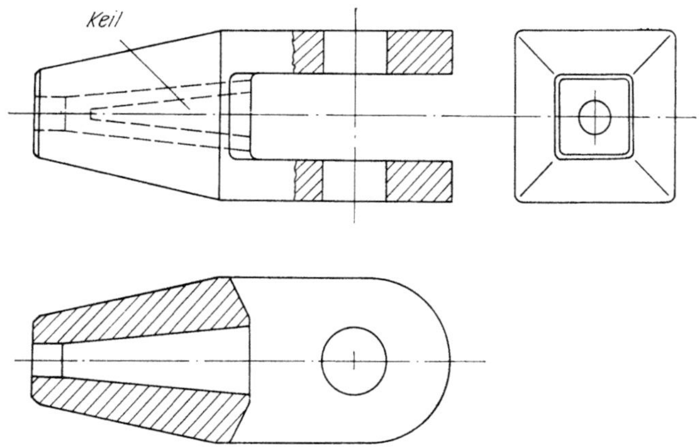

Abb. 14.22

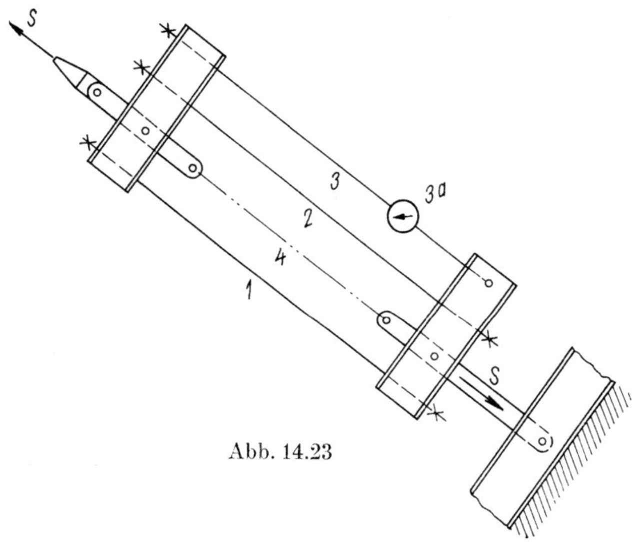

Abb. 14.23

Die Seilenden werden in Seilschuhen aus Stahlguß mit einem Spezialgemisch aus Blei-Antimon bei einer Temperatur vergossen, bei der die Festigkeit der patentierten Drähte nicht verändert wird; diese Temperatur muß genau eingehalten werden. Vor dem Eingießen werden die Drahtenden abgebogen und besenartig geformt (Abb. 14.21 a). Der konische Abguß wird in der zweiteiligen Matrize durch einen kegeligen Keil gleicher Konizität erreicht. Das Vergießen erfolgt bei waagrechter Seillage. Nach dem Lösen der Matrize (Abb. 14.21 b) wird das konische Seilende in den Seilkopf montiert. Das gabelförmige Ende des untern Seilkopfes (Abb. 14.22) wird durch einen Bolzen mit dem obern Zugstab S der

Spannvorrichtung (Abb. 14.23), das gleiche Ende des obern Seilkopfs mit dem Eckblech der Aufhängung oder dem Isolator vor dem Eckblech (Abb. 14.24) verbunden.

Damit das Seil angezogen und vorgespannt werden kann, muß zwischen dem untern Seilende und dem Ankerblock eine Spannvorrichtung eingeschaltet werden, deren Wirken aus der schematischen Zeichnung der Abb. 14.23 hervorgeht. Sie besteht aus den durch je zwei U-Stähle gebildeten Querträgern und den Schrauben *1, 3*. Der obere Zugstab *S* verbindet den obern Querträger mit dem benachbarten Seilkopf, der untere ist mit zwei U-Stählen, die einen Teil des Ankerblocks bilden,

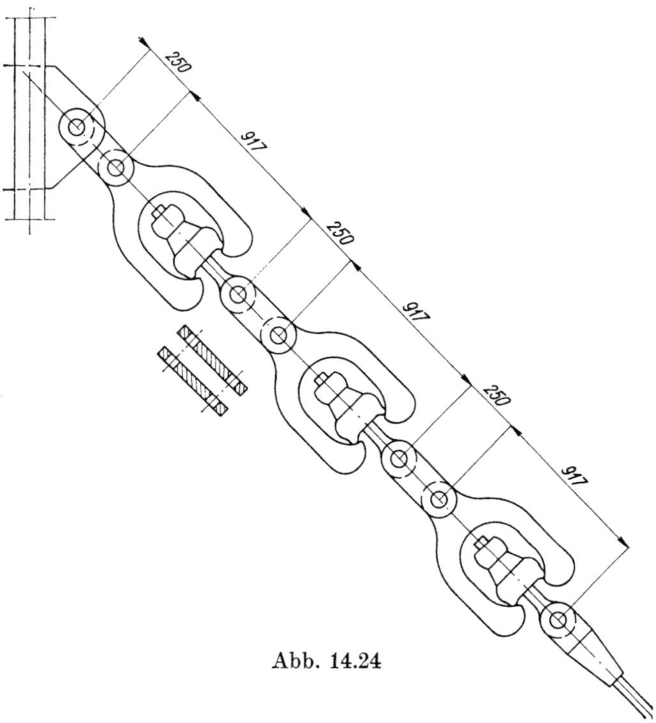

Abb. 14.24

oder einem einbetonierten Blech verbunden. In die Schraube *3* ist ein geeichtes Dynamometer eingebaut, das nach vollkommenem Lösen der Schrauben *2* die Seilkräfte nach dem Hebelgesetz mißt. Nach Erreichen der gewünschten Zugkraft wird die Schraube *3* und damit das Dynamometer entlastet.

Während der Aufstellung werden die Seile auf etwa zwei Drittel des vorgeschriebenen Wertes vorgespannt. Bei der Berechnung des Seilzuges an der Spannvorrichtung ist zu beachten, daß er sich von dem Zug an der Aufhängung unterscheidet. Nach Beendigung der Montage und nach Anspannen der Seile auf den vollen der Rechnung zugrunde liegenden Wert, wird zwischen die Enden der Zugstäbe *S* ein Schlußstück eingepaßt; darauf werden die Querträger und die Schrauben entfernt und die Einrichtung für eine Kontrolle der Vorspannung oder eine Seilauswechslung aufbewahrt. Eine solche Kontrolle ist im Laufe des Betriebes bei allen Seilen mit Ausnahme der Paralleldrahtseile nötig. Die Schraube *3* und der Einbau eines Dynamometers sind nicht erforderlich, wenn auf andere Weise

Abb. 14.25a)

Abb. 14.25b)

die Seilkraft gemessen werden kann. Die Abb. 14.25 zeigt die Seilverankerung einmal mit der Spannvorrichtung, einmal nach Einbau des Schlußstückes. In Abb. 14.26 ist eine andere Art der Verankerung und Spannvorrichtung zu sehen. Wird der Mast der Höhe nach mehrfach abgespannt, können auch zwei Seile übereinander in einem Block verankert werden.

Abb. 14.26

Bei Rundfunkmasten sind an beiden Seilenden und im Feld Isolatoren einzuschalten. Diese Isolatoren hängen in Stahlgußkörben; die Verbindung zwischen Isolator und Korb oder Korb und Seilanschluß erfolgt durch zweiteilige Zwischenstücke. Diese Anordnung ist in Abb. 14.24 schematisch dargestellt.

14.4.2. Gründung und Verankerung

Wegen der geringen Grundrißfläche des Mastkörpers genügt ein einfaches Blockfundament. Bei gelenkiger Lagerung ist das Fundament nur durch die Längskraft und die im Gelenk angreifende Summe der waagrechten Kräfte belastet. Beide

Belastungsfälle, die jeweils die größten Längs- oder waagrechten Kräfte ergeben, müssen untersucht werden. Ist der Mastfuß eingespannt, kommt noch das Einspannmoment hinzu, wobei wiederum der ungünstigste Belastungsfall zu ermitteln ist. Ist der Maschinenraum über dem Fundament vorgesehen, genügt eine geringe Fundamenttiefe; die Abmessungen sind so zu wählen, daß die Bodenpressung in den Kanten den zulässigen Wert nicht überschreitet.

Die Abspannseile sind in Betonblöcken zu verankern. Zur Verankerung können auch Ankerplatten dienen, die unter der Erde rechtwinklig zur Seilrichtung oder der Resultierenden zweier übereinanderliegenden Seile angeordnet sind. Die Blöcke oder Platten sind so zu bemessen, daß die vorgeschriebene Sicherheit gegen Abheben, Verschieben in der Fundamentfuge oder Kippen nicht überschritten wird.

14.4.3. Statische Berechnung

14.4.3.1. Beschreibung der Berechnung

Unter der Voraussetzung, daß die Resultierende der ständigen und zufälligen lotrechten Kräfte in der Mastachse wirkt, verteilt sie sich gleichmäßig auf den Querschnitt des Großrohres oder die Stiele des gegliederten Mastkörpers. Das durch außermittig wirkende lotrechte Kräfte hervorgerufene Moment wird

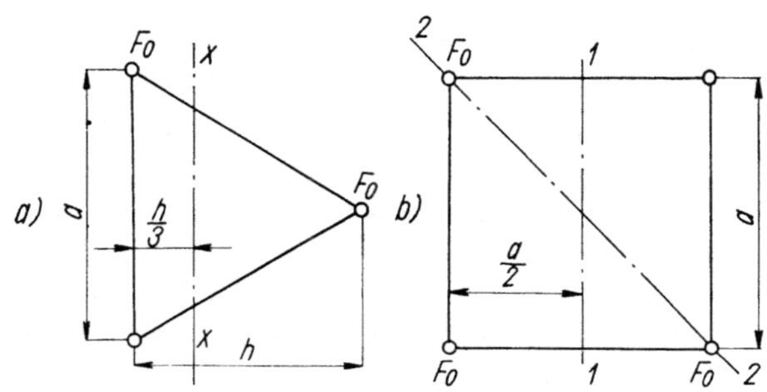

Abb. 14.27

denen der waagrechten Lasten zugeschlagen. Zu den ständigen lotrechten Kräften gehören auch die lotrechten Komponenten der Seilzüge aus der Vorspannung; ihre waagrechten Komponenten heben sich bei symmetrischer Verankerung auf [132].

Für waagrechte Belastung ist der abgespannte Mast ein räumlicher lotrechter Durchlaufträger auf elastisch nachgiebigen waagrechten Stützen, wobei die Beziehung zwischen Stützkraft und Verschiebung nur in einem, meistens engen Bereich linear ist. Deshalb gilt auch das Gesetz der linearen Superposition nur in diesem Bereich und es ist nötig, immer eine bestimmte Lastenkombination in Betracht zu ziehen. Ein solches räumliches Tragsystem ist bei beliebig gerichteter waagrechter Belastung vielfach statisch unbestimmt. Melan [128, 129] zeigte die verwickelte genaue Berechnung des dreiseitigen abgespannten Mastes als Raumtragwerk. Wegen des großen Arbeitsaufwandes, den eine solche Berechnung bei beliebiger Windrichtung erfordert, beschränkt man sich in der Regel auf die Berücksichtigung von Windrichtungen, die in einer Symmetrieebene der Abspannrichtungen liegen; diese fällt bei gegliederten Masten mit einer Symmetrieebene des Querschnitts zusammen. Dann ist es möglich, das Raumtragwerk durch ein ebenes zu ersetzen, durch einen Stab mit dem Querschnitt F und dem Widerstandsmoment I. Mit den Bezeichnungen der Abb. 14.27 ist

beim dreiseitigen Mast
$$F = 3F_0 \qquad I \doteq \frac{1}{2} F_0 a^2, \tag{274}$$

beim vierseitigen Mast
$$F = 4F_0 \qquad I \doteq I_1 = I_2 = F_0 a^2. \tag{274a}$$

Das ebene System des $n$fach übereinander abgespannten Mastes mit Fußgelenk ist $(n-1)$fach statisch unbestimmt; bei eingespanntem Mastfuß vergrößert sich die Anzahl der Unbekannten um 1. Aus den Elastizitätsgleichungen mit den Stützenmomenten X als Unbekannte werden diese Größen und mit ihnen die innern Kräfte des ebenen Ersatzmastes berechnet. Damit sind im Großrohr die Spannungen, im Fachwerk die Stabkräfte gegeben.

Diese Berechnung berücksichtigt zwar die geometrischen und elastischen Formänderungen der Abspannseile und damit die waagrechten Verschiebungen der Seilaufhängungspunkte, vernachlässigt aber im Sinne der Theorie I. Ordnung den Einfluß der Auslenkungen des lotrechten Ersatzstabes, also die zusätzlichen Momente infolge der lotrechten Lasten. Auch der Stabilitätsnachweis des Mastes als Ganzes kann angenähert mit Knicklängen gleich der lotrechten Entfernung der Seilaufhängungen geführt werden. Mit Rücksicht auf die verhältnismäßig großen Formänderungen empfiehlt es sich, wenigstens diesen Nachweis nach der Theorie zweiter Ordnung zu erbringen.

Man kann auch den Spannungsnachweis nach der Theorie II. Ordnung führen. Die genaue Berechnung des gedrückten, elastisch gestützten mehrfeldrigen Stabes, allerdings unter Annahme gegebener Längskräfte, hat JUNGBLUTH gezeigt [130]. Wegen des großen Zeitaufwandes, den die genaue Berechnung erfordert, ersetzt man sie durch ein Iterationsverfahren, bei dem für verschiedene Grenzlasten verschiedene Sicherheiten gewählt werden.

Bei der Berechnung der abgespannten Maste wurde von manchen Autoren, darunter auch Bleich, angenommen, daß die Seilbelastung ungeändert bleibt oder sich so ändert, daß die Seilzüge im Pardunenkranz sich aufheben. Bei der Windbelastung des Mastes wurde nur der Wind auf den Mastkörper berücksichtigt, der Wind auf die Seile aber vernachlässigt. Es zeigt sich aber, daß die durch die ungleichartige Belastung der Seile auf der dem Wind zugekehrten und abgekehrten Seite entstehenden Rückstellkräfte bei stärkeren Seilen durchaus nicht so klein sind, daß sie ohne wesentlichen Einfluß auf die Berechnung vernachlässigt werden könnten. Rechnet man mit ihnen, sind die Mastauslenkungen geringer als ohne sie; beim Spannungsnachweis liegt wohl die Rechnung mit Vernachlässigung der Rückstellkräfte in der Regel auf der sichern Seite, es empfiehlt sich aber doch, mit Verhältnissen zu rechnen, die der Wirklichkeit nahe kommen und die Rückstellkräfte in die Rechnung einzubeziehen.

14.4.3.2. Statik der Abspannseile

a) Das Einzelseil

Unter der Voraussetzung, daß es zulässig ist, die Kettenlinie durch eine Parabel II. Ordnung zu ersetzen, leitete Bleich [131] eine Beziehung zwischen der waagrechten Verschiebung y des obern Aufhängepunktes und den Größen Länge s, Belastung γ_0 und γ sowie Spannungen σ_0 und σ vor nach der Zustandsänderung und

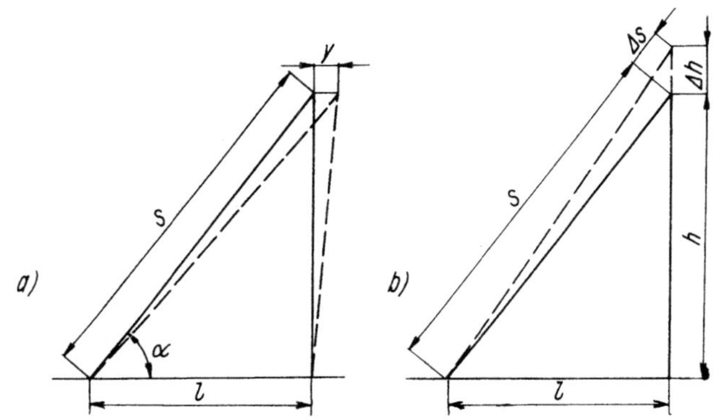

Abb. 14.28

der Temperaturänderung $\Delta t = t - t_0$ ab (Abb. 14.28a). Nach Einführung der Ausdrücke

$$L = \frac{s^3 \gamma_0^2 \cos \alpha}{24}$$

$$M = \frac{s}{E \cos \alpha} \tag{275}$$

$$y_0 = -\frac{L}{\sigma_0^2} + M \sigma_0 \tag{275a}$$

lautet mit dem Beiwert α_t für die Temperaturänderung diese Beziehung

$$y = -\frac{L}{\sigma^2} = M \sigma - y_0 + \frac{\alpha_t s}{\cos \alpha} \Delta t. \tag{276}$$

Mit dem Seilgewicht g in kp/m und dem Seilquerschnitt F in cm² ist $\gamma_0 = \frac{g}{100 \cdot F}$ in kp/cm³; die Seilspannungen σ_0 und σ sind in kp/cm² einzuführen. Beim Entwurf sind weder g noch F bekannt; mit Hilfe eines geschätzten Konstruktionsbeiwertes β des Seils kann man aber γ_0 bestimmen:

$$\gamma_0 = 0{,}00785 \beta. \tag{277}$$

Bei Paralleldrahtseilen ist $\beta = 1{,}05$; auch bei andern Seilen hat er einen unveränderlichen Wert.

Bei isolierten Seilen kann das Gewicht der Isolatoren durch ein zusätzliches Seilgewicht ersetzt werden, dessen größtes Moment dem Größtmoment aus den Einzellasten der Isolatoren gleich ist

$$\gamma_0 = \frac{g_0 + g' \cos\alpha}{100 \cdot F}, \tag{278}$$

wo

$$g' = \frac{8 M_{\max}}{l^2} \text{ ist.}$$

Wenn der Mast lotrecht bleibt, ist $y = 0$. Aus Abb. 14.28b folgt $\Delta s = \Delta h \sin\alpha$. Wird die unbedeutende Formänderung des Mastkörpers vernachlässigt, ist $\Delta h = \alpha_t s \Delta t \sin\alpha$ und $\Delta s = \Delta h \sin\alpha = \alpha_t s \Delta t \sin\alpha^2$: die zugehörige waagrechte Komponente ist

$$y = \frac{\Delta s}{\cos\alpha} = \alpha_t s \Delta t \frac{\sin^2\alpha}{\cos\alpha}. \tag{279}$$

Aus der Gleichheit der Verschiebungen nach (276) und (279)

$$-\frac{L}{\sin^2\alpha} + M\sigma - y_0 + \frac{\alpha_t s}{\cos\alpha}\Delta t = \alpha_t s \Delta t \frac{\sin^2\alpha}{\cos\alpha}$$

folgt

$$y = -\frac{L}{\sigma^2} + M\sigma - (y_0 - \alpha_t s \Delta t \cos\alpha). \tag{280}$$

Eine Temperaturerhöhung hat also die gleiche Wirkung wie eine Verminderung der Vorspannung. Ändert sich die Belastung nicht, so daß $y = 0$ ist, kann man aus (280) die Spannung infolge einer Temperaturerhöhung berechnen. Bei größerer Vorspannung können die Glieder $\frac{L}{\sigma^2}$ und $\frac{L}{\sigma_0^2}$ vernachlässigt werden. Mit $\sigma_t = \sigma - \sigma_0$ erhält man

$$M\sigma_t = -\alpha_t s \Delta t \cos\alpha.$$

Nach Einsetzen von M aus (275) ist

$$\sigma_t = -E\alpha_t \Delta t \cos^2\alpha = -26{,}25\,\Delta t \cos^2\alpha. \tag{281}$$

Diese für die lotrechte Mastlage abgeleitete Beziehung gilt mit genügender Genauigkeit auch allgemein. Bei einer Belastungsänderung von γ_0 in γ kann man allgemein schreiben

$$-\frac{L}{\sigma^2}\left(\frac{\gamma}{\gamma_0}\right)^2 + M\sigma - (y_0 - \alpha_t \Delta t \cos\alpha) = 0. \tag{282}$$

Bei unveränderter Belastung und $\Delta t = 0$ gilt

$$-\frac{L}{\sigma_0^2} + M\sigma_0 - y_0 = 0. \tag{279a}$$

b) Seile eines Kranzes

In einem Kranz sind drei oder vier Seile aufgehängt. Die in der Rechnung zu berücksichtigenden Windrichtungen I, II und III sind in den Abb. 14.29a, b, c und 14.30a, b eingetragen. Die Seile sind auf der Windseite mit dem Index 1, auf der andern Seite mit dem Index 2 bezeichnet; $\Delta\sigma = \sigma_1 - \sigma_2$ bedeutet den

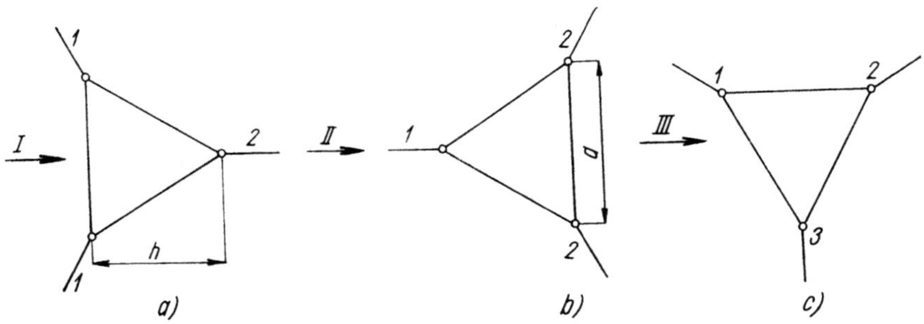

Abb. 14.29

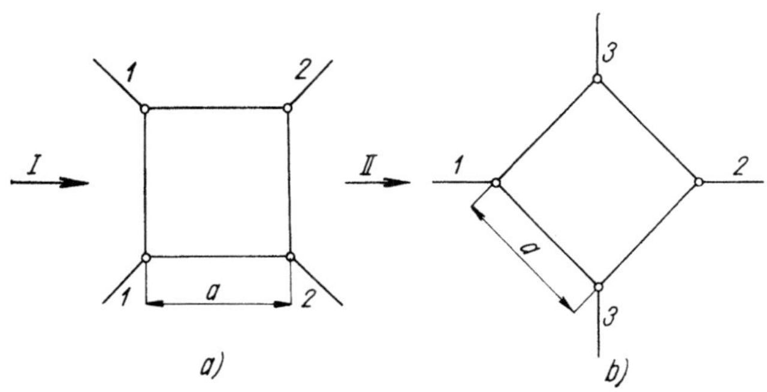

Abb. 14.30

Spannungsunterschied zwischen diesen Seilen. Bei unveränderter Belastung und gleichbleibender Temperatur hat die Gleichgewichtsbedingung die Form

$$\Delta\sigma = \frac{c_1 H}{F \cos\alpha}, \tag{283}$$

wenn H die waagrechte Belastung in einer der Hauptrichtungen bedeutet. Die Formänderungsbedingungen liefern die aus (279a) hergeleiteten Gleichungen

$$\sigma_1 = \frac{1}{M}(c_2 y + y_0) + \frac{L}{M}\frac{1}{\sigma_1^2} \tag{284a}$$

$$\sigma_2 = -\frac{1}{M}(c_3 y - y_0) + \frac{L}{M}\frac{1}{\sigma_2^2}. \tag{284b}$$

Die Beiwerte c_1, c_2 und c_3 sind in Tab. 23 zusammengestellt.

Tabelle 23

Art der Verankerung	Windrichtung	c_1	c_2	c_3
in drei Richtungen	I	1,0	0,5	1,0
	II	1,0	1,0	0,5
	III	1,155	0,867	0,867
in vier Richtungen	I	0,707	0,707	0,707
	II	1,0	1,0	1,0

Aus den Gleichgewichts- und Formänderungsbedingungen lassen sich drei der Zustandswerte $\Delta\sigma$, σ_1, σ_2, y und y_0 berechnen, zwei Werte müssen bekannt sein.

a) Gegeben: y und σ_1.

Die Auflösung der Gl. (284a) liefert

$$y_0 = M\sigma_1 - \frac{L}{\sigma_1^2} - c_2 y. \tag{285}$$

Mit den durch Probieren aus (284b) ermittelten σ_2-Werten ist

$$\Delta\sigma = \sigma_1 - \sigma_2$$

und damit aus (283)

$$F = \frac{c_1 H}{\cos\alpha}. \tag{286}$$

b) Gegeben: $\Delta\sigma$ und y_0.

Dieser Fall ergibt sich in der statischen Berechnung bei der Ermittlung der Seilzüge aus den Stützenreaktionen. Aus der Auflösung der Gl. (283) und (284) folgt bei einer Abspannung

in drei Richtungen

$$\sigma_1 = \frac{\Delta\sigma}{3} + \frac{y_0}{M} + \frac{L}{3M}\left(\frac{2}{\sigma_1^2} + \frac{1}{\sigma_2^2}\right),$$

Windrichtung I

$$\sigma_2 = -\frac{2\Delta\sigma}{3} + \frac{y_0}{M} + \frac{L}{3M}\left(\frac{2}{\sigma_1^2} + \frac{1}{\sigma_2^2}\right), \tag{287a}$$

$$y = \frac{2}{3}M\Delta\sigma - L\left(\frac{1}{\sigma_1^2} - \frac{1}{\sigma_2^2}\right);$$

$$\sigma_1 = \frac{2\Delta\sigma}{3} + \frac{y_0}{M} + \frac{L}{3M}\left(\frac{1}{\sigma_1^2} + \frac{2}{\sigma_2^2}\right),$$

Windrichtung II
$$\sigma_2 = -\frac{\Delta\sigma}{3} + \frac{y_0}{M} + \frac{L}{3M}\left(\frac{1}{\sigma_1^2} + \frac{2}{\sigma_2^2}\right), \tag{287b}$$
$$y = \frac{2}{3}\, M\Delta\sigma - L\left(\frac{1}{\sigma_1^2} - \frac{1}{\sigma_2^2}\right);$$

$$\sigma_1 = \frac{\Delta\sigma}{2} + \frac{y_0}{M} + \frac{L}{2M}\left(\frac{1}{\sigma_1^2} + \frac{1}{\sigma_2^2}\right),$$

Windrichtung III
$$\sigma_2 = -\frac{\Delta\sigma}{2} + \frac{y_0}{M} + \frac{L}{2M}\left(\frac{1}{\sigma_1^2} + \frac{1}{\sigma_2^2}\right), \tag{287c}$$
$$y = 0{,}577\left[M\Delta\sigma - L\left(\frac{1}{\sigma_1^2} - \frac{1}{\sigma_2^2}\right)\right];$$

in vier Richtungen

$$\sigma_1 = \frac{\Delta\sigma}{2} + \frac{y_0}{M} + \frac{L}{2M}\left(\frac{1}{\sigma_1^2} + \frac{1}{\sigma_2^2}\right),$$

Windrichtung I
$$\sigma_2 = -\frac{\Delta\sigma}{2} + \frac{y_0}{M} + \frac{L}{2M}\left(\frac{1}{\sigma_1^2} + \frac{1}{\sigma_2^2}\right), \tag{288a}$$
$$y = 0{,}707\left[M\Delta\sigma - L\left(\frac{1}{\sigma_1^2} - \frac{1}{\sigma_2^2}\right)\right];$$

$$\sigma_1 = \frac{\Delta\sigma}{2} + \frac{y_0}{M} + \frac{L}{2M}\left(\frac{1}{\sigma_1^2} + \frac{1}{\sigma_2^2}\right),$$

Windrichtung II
$$\sigma_2 = -\frac{\Delta\sigma}{2} + \frac{y_0}{M} + \frac{L}{2M}\left(\frac{1}{\sigma_1^2} + \frac{1}{\sigma_2^2}\right), \tag{288b}$$
$$y = \frac{1}{2}\left[M\Delta\sigma - L\left(\frac{1}{\sigma_1^2} - \frac{1}{\sigma_2^2}\right)\right].$$

Bei Windrichtung I entstehen die größten Ausbiegungen, sowie die größten Achsial- und Stielkräfte, bei Richtung II die größten Seilkräfte. Die zahlenmäßige Auswertung der Ausdrücke für die Spannungen σ_1 nach (287b) und (287c) zeigt, daß bei Richtung III größere Seilkräfte entstehen können, vorausgesetzt, daß in beiden Fällen die Windbelastungen gleich sind, was beim gegliederten Mast nicht immer zutrifft. Der Spannungsunterschied ist aber nicht groß, so daß man sich auf die Untersuchung der Windrichtungen I und II beschränken kann.

Beim in vier Richtungen abgespannten Mast entstehen durch Wind in Richtung I die größten Stielkräfte, in Richtung II die größten Seilkräfte.

Die vorstehenden Ausführungen zum Spannungszustand der Seile eines Kranzes gelten, wie im Abschnitt 14.4.3.1. bereits erwähnt wurde, für konstante Belastung und Temperatur der Seile; die bei Wind entstehenden Rückstellkräfte sind also vernachlässigt. In neueren Arbeiten [133], darunter auch in der genauen Berechnung von Melan, sind diese Einflüsse berücksichtigt. Der Verfasser hat gezeigt [134], daß in den Gl. (284), (287) und (288) die Rückstellkräfte berücksichtigt sind, wenn in ihnen statt $\frac{1}{\sigma_1^2}$ und $\frac{1}{\sigma_2^2}$ die Werte $\left(\frac{\gamma_1}{\sigma_1}\right)^2$ und $\left(\frac{\gamma_2}{\sigma_2}\right)^2$ eingeführt werden. Mit dem Formbeiwert der Seile $c = 1{,}3$, dem Staudruck q für Seile in kp/m², dem Seildurchmesser D (Durchmesser des umschriebenen Kreises) in cm, sowie der Nettoquerschnittsfläche F des Seils in cm² ist

$$\gamma_{1,2} = \gamma_0 \left(1 \pm \frac{cqD}{F\bar{\gamma}}\right) \operatorname{tg} \alpha . \tag{289}$$

Beim Belastungsfall „Ständige Lasten + Wind ohne Rauhreif" ist $\bar{\gamma} = \gamma_0 = \frac{g}{100F}$ einzusetzen. Muß auch Rauhreif berücksichtigt werden, ist $\bar{\gamma} = \frac{\bar{g}}{100F}$, wobei mit $\bar{g}$ die Seilbelastung bei Rauhreif bezeichnet wird. Mit dem Ersatz von γ_0 durch $\bar{\gamma}$ ändert sich auch der Ausdruck für L, so daß bei der Linearisierung der Beziehung (y, H) mit neuen Konstanten zu rechnen ist.

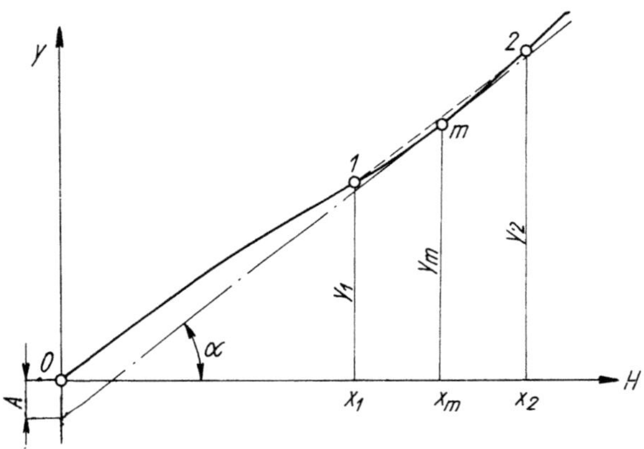

Abb. 14.31

14.4.3.3. Linearisierung der Beziehung (y, H)

Zu jedem Wert der waagrechten Stützkraft H oder ihrer entsprechenden Spannungsdifferenz $\Delta\sigma$ kann bei gegebener Vorspannung und ihr entsprechendem Werte y_0 aus jeweils der letzten der Gl. (287) oder (288) ein Wert y berechnet werden. Wie aus dem Schaubild der Abb. 14.31 zu sehen ist, kann die Kurve (y, H) in einem begrenzten Bereich als Tangente im Punkte (x_m, y_m) linearisiert werden

$$y = A + BH \tag{290}$$

$$A = y_m + Bx_m \qquad B = \operatorname{tg} \alpha \tag{290a}$$

Je größer H ist, um so mehr nähert sich die Kurve einer Geraden[1]; der Winkel α

[1] Trifft nur zu, wenn die Rückstellkräfte vernachlässigt werden, Bei ihrer Berücksichtigung gelten die Beziehungen (290) für konstante Werte $\gamma_{1,2}$ nur in einem eng begrenzten Bereich.

der Tangente kann dann durch den der Sehne ersetzt werden, die zwei Punkte *1* und 2 mit gleichem waagrechten Abstand vom Punkte m verbindet

$$B = \frac{y_2 - y_1}{x_2 - x_1}. \tag{290b}$$

14.4.3.4. Berechnung bei waagrechter Belastung

Wir beschränken uns auf die Untersuchung des Windangriffs in den Richtungen I und II. Das statisch bestimmte Grundsystem hat Gelenke im Mastfuß und unmittelbar über den Seilaufhängungen, die Stützenmomente X bilden die statisch unbestimmten Größen. Da die Seile außermittig aufgehängt sind, entstehen im Grundsystem Stützenmomente $H_0 \Delta l$, wenn mit H_0 die waagrechte

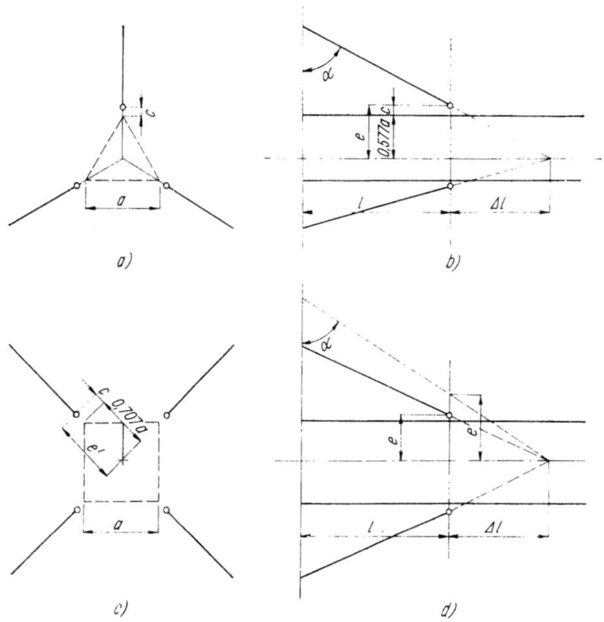

Abb. 14.32

Stützenreaktion und mit Δl der Hebelarm bezeichnet wird, an dem sie wirkt (Abb. 14.32a, b). Dieser Arm ist

beim dreiseitigen in drei Richtungen abgespannten Maste

$$\Delta l = (0{,}577a + c) \operatorname{tg} \alpha, \tag{291a}$$

beim vierseitigen nach vier Richtungen abgespannten Maste

$$\Delta l = (0{,}707a + c) \operatorname{tg} \alpha. \tag{291b}$$

Der Rechnungsgang wird im folgenden am Beispiel des vierfach übereinander abgespannten, unten eingespannten Mastes mit einem Ausleger über der höchsten

Seilaufhängung gezeigt. Andere Systeme mit einem geringeren Grade statischer Unbestimmtheit können daraus leicht abgeleitet werden. Die Bezeichnung der Felder des Durchlaufträgers, der Stützen und Belastungen, der Querkräfte und Momente geht aus Abb. 14.33 hervor.

Im Feld zwischen den Stützen $(\nu - 1)$ und ν wirken die Windlast gleichmäßig verteilt oder als Einzellast und die waagrechten Komponenten der übrigen

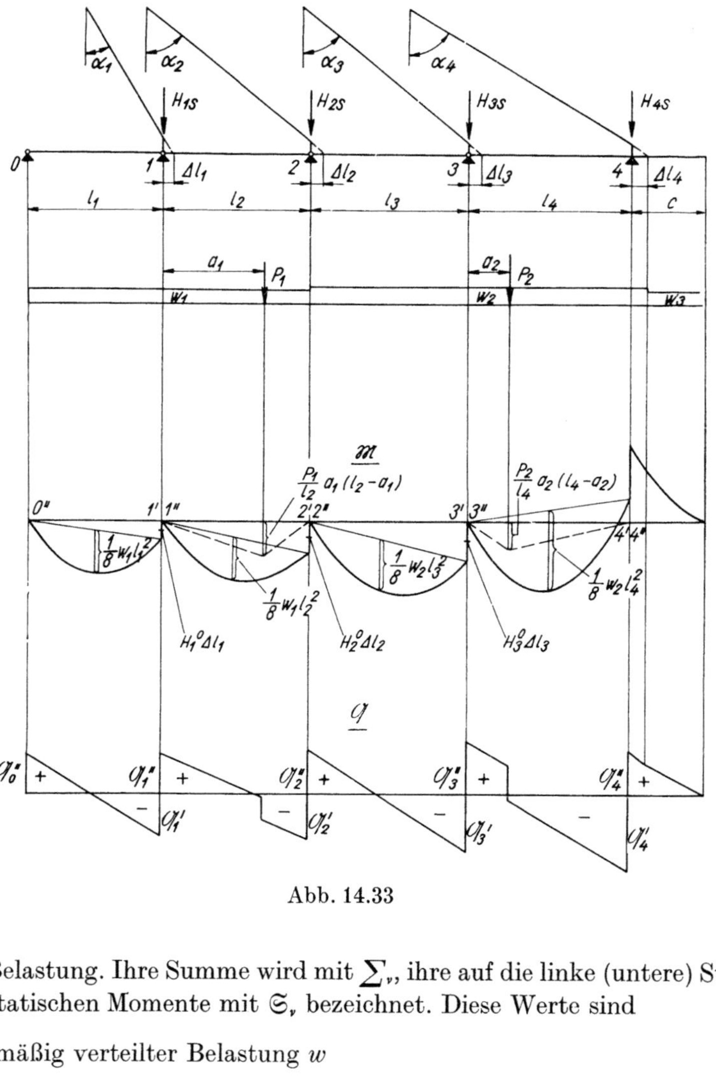

Abb. 14.33

äußeren Belastung. Ihre Summe wird mit $\sum_\nu$, ihre auf die linke (untere) Stütze bezogenen statischen Momente mit $\mathfrak{S}_\nu$ bezeichnet. Diese Werte sind

bei gleichmäßig verteilter Belastung w

$$\sum\nolimits_\nu = w_\nu l_\nu, \quad \mathfrak{S}_{\nu-1} = \frac{1}{2}\, w_\nu l_\nu^2, \tag{292}$$

bei Einzellasten P

$$\sum\nolimits_\nu = \sum P_\nu, \quad \mathfrak{S}_{\nu-1} = \sum P_\nu a_\nu, \tag{292a}$$

wo a_ν die Entfernung der Last P_ν von der Stütze $(\nu - 1)$ bezeichnet.

Auf den Mastkörper wirken weiter in der Ebene der Seilaufhängungen die vom Winddruck auf die Seile herrührenden waagrechten Kräfte $H_{\nu s}$. Bei der Berechnung dieser Kräfte wird das Seil als Träger mit der Spannweite gleich der Seilsehne angesehen.

Sind ν' und ν'' die Querschnitte dicht links und rechts von der Stütze ν und bezeichnen $\mathfrak{Q}'$, $\mathfrak{Q}''$ die Querkräfte, $\mathfrak{M}'$, $\mathfrak{M}''$ die Momente in diesen Querschnitten des statisch bestimmten Grundsystems, erhält man mit $l'_\nu = l_\nu + \Delta l_\nu$ aus den Gleichgewichtsbedingungen für die äußere Belastung

$$\left.\begin{aligned}
H_4^0 &= \frac{1}{l'_4}\left[\mathfrak{S}_3 - \mathfrak{M}''_4 + (\mathfrak{Q}''_4 + H_{4s})\, l_4\right],\\
\mathfrak{Q}'_4 &= -(H_4^0 - \mathfrak{Q}''_4),\\
\mathfrak{Q}''_3 &= \textstyle\sum_4 + H_{4s} - \mathfrak{Q}'_4;\\
H_3^0 &= \frac{1}{l'_3}\left[\mathfrak{S}_2 + (\mathfrak{Q}''_3 + H_{3s})\, l_3\right],\\
\mathfrak{Q}'_3 &= -(H_3^0 - \mathfrak{Q}''_3),\\
\mathfrak{Q}''_2 &= \textstyle\sum_3 + H_{3s} + \mathfrak{Q}'_3;\\
H_2^0 &= \frac{1}{l'_2}\left[\mathfrak{S}_1 + (\mathfrak{Q}''_2 + H_{2s})\, l_2\right],\\
\mathfrak{Q}'_2 &= -(H_2^0 - \mathfrak{Q}''_2),\\
\mathfrak{Q}''_1 &= \textstyle\sum_2 + H_{2s} + \mathfrak{Q}'_2;\\
H_1^0 &= \frac{1}{l'_1}\left[\mathfrak{S}_0 + (\mathfrak{Q}''_1 + H_{1s})\, l_1\right],\\
\mathfrak{Q}'_1 &= -(H_1^0 - \mathfrak{Q}''_1),\\
H_0^0 = \mathfrak{Q}''_0 &= \textstyle\sum_1 + H_{1s} + \mathfrak{Q}'_1.
\end{aligned}\right\} \tag{293}$$

Die zugehörigen Momente in den Querschnitten i' und i'' sind

$$\left.\begin{aligned}
\mathfrak{M}'_i &= H_1^0 \Delta l_i \ldots i = 1 \text{ bis } 4\\
\mathfrak{M}'_i &= 0 \qquad\quad \ldots i = 0 \text{ bis } 3
\end{aligned}\right\}. \tag{293a}$$

In Abb. 14.33 sind die Feld- und Stützenmomente und die zugehörigen Querkräfte der äußern Belastung eingetragen.

Mit den Bezeichnungen

$$
\begin{array}{llll}
\mathfrak{Q}_{\nu,r}, & \mathfrak{Q}_{\nu+1,r} & \text{Querkraft im Felde } \nu,\ (\nu+1) \text{ infolge} & X_r = 1 \\
\mathfrak{Q}_{\nu,i}, & \mathfrak{Q}_{\nu+1,i} & & X_i = 1 \\
m_{\nu',r}, & m_{\nu'',r} & \text{Moment im Querschnitt } \nu',\ \nu'' \text{ infolge} & X_r = 1 \\
m_{\nu',i}, & m_{\nu'',i} & & X_i = 1 \\
\mathfrak{A}_{\nu,r}, & \mathfrak{A}_{\nu,i} & \text{Stützenkraft } \nu \text{ infolge} \quad X_r = 1, & X_i = 1 .
\end{array}
$$

entstehen im statisch bestimmten Grundsystem

$$
\left.
\begin{array}{lll}
\mathfrak{Q}_{1,0} = -\dfrac{1}{l_1'} & \mathfrak{A}_{1,0} = -\mathfrak{Q}_{1,0} & m_{1,0}' = -\mathfrak{Q}_{1,0}\Delta l_1 \\
 & \mathfrak{A}_{0,0} = \mathfrak{Q}_{1,0} & m_{0,0}'' = 1 \\
\mathfrak{Q}_{2,1} = -\dfrac{1}{l_2'} & \mathfrak{A}_{2,1} = -\mathfrak{Q}_{2,1} & m_{2,1}' = -\mathfrak{Q}_{2,1}\Delta l_2 \\
\mathfrak{Q}_{1,1} = \dfrac{1}{l_1'}(1 - \mathfrak{Q}_{2,1}\Delta l_1) & \mathfrak{A}_{1,1} = \mathfrak{Q}_{1,1} + \mathfrak{Q}_{2,1} & m_{1,1}'' = 1 \\
 & \mathfrak{A}_{0,1} = \mathfrak{Q}_{1,1} & m_{1,1}' = \mathfrak{Q}_{1,1} l_1 \\
\mathfrak{Q}_{3,2} = -\dfrac{1}{l_3'} & \mathfrak{A}_{3,2} = -\mathfrak{Q}_{3,2} & m_{3,2}' = -\mathfrak{Q}_{3,2}\Delta l_3 \\
\mathfrak{Q}_{2,2} = \dfrac{1}{l_2'}(1 - \mathfrak{Q}_{3,2}\Delta l_2) & \mathfrak{A}_{2,2} = -\mathfrak{Q}_{2,2} + \mathfrak{Q}_{3,2} & m_{2,2}'' = 1 \\
\mathfrak{Q}_{1,2} = \dfrac{\Delta l_1}{l_1'}\mathfrak{Q}_{2,2} & \mathfrak{A}_{1,2} = -\mathfrak{Q}_{1,2} + \mathfrak{Q}_{2,2} & m_{2,2}' = \mathfrak{Q}_{2,2} l_2 \\
 & \mathfrak{A}_{0,2} = \mathfrak{Q}_{1,2} & m_{1,2}'' = 0 \\
 & & m_{1,2}' = \mathfrak{Q}_{1,2} l_1 \\
\mathfrak{Q}_{4,3} = -\dfrac{1}{l_4'} & \mathfrak{A}_{4,3} = -\mathfrak{Q}_{4,3} & m_{4,3}' = -\mathfrak{Q}_{4,3}\Delta l_4 \\
\mathfrak{Q}_{3,3} = \dfrac{1}{l_3'}(1 - \mathfrak{Q}_{4,3}\Delta l_3) & \mathfrak{A}_{3,3} = -\mathfrak{Q}_{3,3} + \mathfrak{Q}_{4,3} & m_{3,3}'' = 1 \\
\mathfrak{Q}_{2,3} = \dfrac{\Delta l_2}{l_2'}\mathfrak{Q}_{3,3} & \mathfrak{A}_{2,3} = -\mathfrak{Q}_{2,3} + \mathfrak{Q}_{3,3} & m_{3,3}' = \mathfrak{Q}_{3,3} l_3 \\
\mathfrak{Q}_{1,3} = \dfrac{\Delta l_1}{l_1'}\mathfrak{Q}_{2,3} & \mathfrak{A}_{1,3} = \mathfrak{Q}_{2,3} & m_{2,3}'' = 0 \\
 & & m_{2,3}' = \mathfrak{Q}_{2,3} l_2 \\
 & & m_{1,3}'' = 0
\end{array}
\right\} . \qquad (294)
$$

Der Verlauf dieser Werte ist in Abb. 14.34 eingetragen.

Mit der abkürzenden Bezeichnung

$$
\varkappa_\nu = \frac{\bar{I}}{I_\nu},
$$

wobei $\bar{I}$ ein Vergleichsträgheitsmoment bedeutet, sind die Beiwerte der Unbekannten und die Belastungsglieder der mit $E\bar{I}$ multiplizierten Elastizitätsgleichungen

$$\delta_{i,r} = \sum \varkappa_\nu \int m_{\nu,i} m_{\nu,r} \, \mathrm{d}x \tag{295}$$

$$\delta_r = \sum \varkappa_\nu \int m_{\nu,r} \mathfrak{M}_\nu \, \mathrm{d}x . \tag{295a}$$

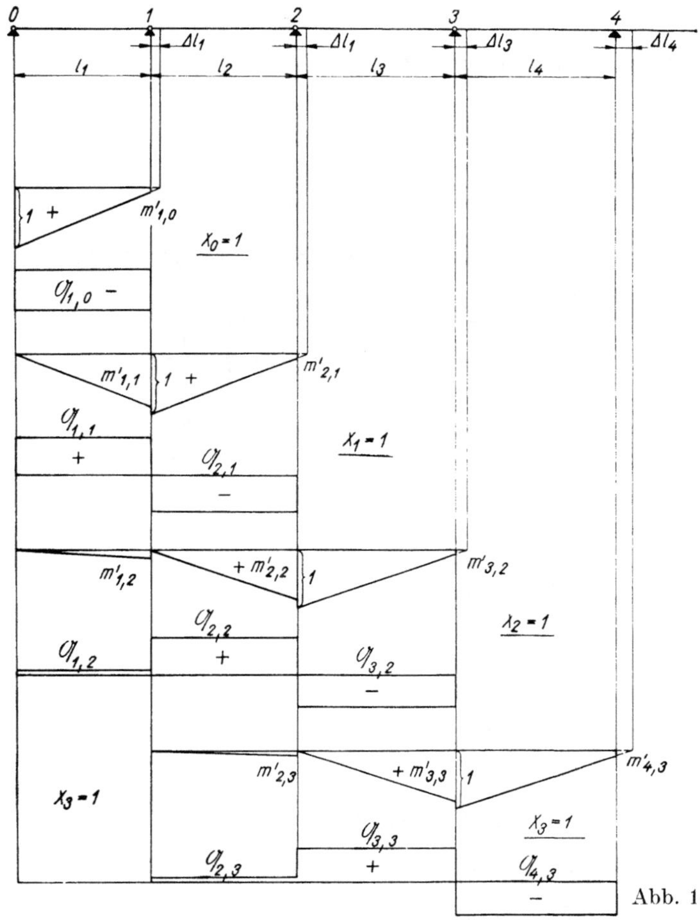

Abb. 14.34

Mit den Werten (295) lauten die Elastizitätsgleichungen

$$\left.\begin{aligned}
&\delta_{00} X_0 + \delta_{10} X_1 + \delta_{20} X_2 \qquad\qquad + E\bar{I}\,\mathfrak{A}_{10}\, y_1 = -\delta_0\\
&\delta_{01} X_0 + \delta_{11} X_1 + \delta_{21} X_2 + \delta_{31} X_3 + E\bar{I}\,(\mathfrak{A}_{11} y_1 + \mathfrak{A}_{21}\, y_2)\\
&\qquad\qquad\qquad\qquad\qquad\qquad = -\delta_1\\
&\delta_{02} X_0 + \delta_{12} X_1 + \delta_{22} X_2 + \delta_{32} X_3 + E\bar{I}\,(\mathfrak{A}_{12} y_1 + \mathfrak{A}_{22} y_2 + \mathfrak{A}_{32} y_3)\\
&\qquad\qquad\qquad\qquad\qquad\qquad = -\delta_2\\
&\qquad\quad \delta_{13} X_1 + \delta_{23} X_2 + \delta_{33} X_3 + E\bar{I}\,(\mathfrak{A}_{13} y_1 + \mathfrak{A}_{23} y_2 + \mathfrak{A}_{33} y_3\\
&\qquad\qquad\qquad\qquad\qquad\qquad + \mathfrak{A}_{43} y_4) = -\delta_3
\end{aligned}\right\} . \tag{296}$$

Die waagrechten Verschiebungen y sind durch die Unbekannten auszudrücken. Das geschieht durch Einsetzen des Stützendrucks

$$H_i = H_i^0 + \sum \mathfrak{A}_{ir} Xr \tag{297}$$

in die linearisierte Beziehung (290)

$$y_i = C_i + D_i \sum \mathfrak{A}_{ir} X_r \tag{298}$$

mit den abkürzenden Bezeichnungen

$$C_i = A_i + D_i H_i^0$$

$$D_i = \frac{B_i}{F_i \cos\alpha}.$$

Nach Einsetzen von y_i gemäß (298) in die Elastizitätsgleichungen (296) erhalten diese folgende Matrix:

X_0	X_1	X_2	X_3	a
a_{00}	a_{10}	a_{20}	a_{30}	a_0
a_{01}	a_{11}	a_{21}	a_{31}	a_1
a_{02}	a_{12}	a_{22}	a_{32}	a_2
a_{03}	a_{13}	a_{23}	a_{33}	a_3

(299)

mit den Beiwerten

$$\left.\begin{aligned}
a_{00} &= \delta_{00} + E\bar{I}\mathfrak{A}_{10} D_1 \mathfrak{A}_{10} \\
a_{10} &= \delta_{10} + E\bar{I}\mathfrak{A}_{10} D_1 \mathfrak{A}_{11} \\
a_{20} &= \delta_{20} + E\bar{I}\mathfrak{A}_{10} D_1 \mathfrak{A}_{12} \\
a_{30} &= \qquad E\bar{I}\mathfrak{A}_{10} D_1 \mathfrak{A}_{13} \\
a_{01} &= a_{10} \\
a_{11} &= \delta_{11} + E\bar{I}(\mathfrak{A}_{11} D_1 \mathfrak{A}_{11} + \mathfrak{A}_{21} D_2 \mathfrak{A}_{21}) \\
a_{21} &= \delta_{21} + E\bar{I}(\mathfrak{A}_{11} D_1 \mathfrak{A}_{12} + \mathfrak{A}_{21} D_2 \mathfrak{A}_{22}) \\
a_{31} &= \delta_{31} + E\bar{I}(\mathfrak{A}_{11} D_1 \mathfrak{A}_{13} + \mathfrak{A}_{21} D_2 \mathfrak{A}_{23}) \\
a_{02} &= a_{20} \\
a_{12} &= a_{21} \\
a_{22} &= \delta_{22} + E\bar{I}(\mathfrak{A}_{12} D_1 \mathfrak{A}_{12} + \mathfrak{A}_{22} D_2 \mathfrak{A}_{22} + \mathfrak{A}_{32} D_3 \mathfrak{A}_{32}) \\
a_{32} &= \delta_{32} + E\bar{I}(\mathfrak{A}_{12} D_1 \mathfrak{A}_{13} + \mathfrak{A}_{22} D_2 \mathfrak{A}_{23} + \mathfrak{A}_{32} D_3 \mathfrak{A}_{33}) \\
a_{03} &= a_{30} \\
a_{13} &= a_{31} \\
a_{23} &= a_{32} \\
a_{33} &= \delta_{33} + EI(\mathfrak{A}_{13} D_1 \mathfrak{A}_{13} + \mathfrak{A}_{23} D_2 \mathfrak{A}_{23} + \mathfrak{A}_{33} D_3 \mathfrak{A}_{33} + \mathfrak{A}_{43} D_4 \mathfrak{A}_{43})
\end{aligned}\right\} \tag{300}$$

und den Belastungsgliedern

$$\left.\begin{aligned} a_0 &= \delta_0 + E\bar{I}(\mathfrak{A}_{10}C_1) \\ a_1 &= \delta_1 + E\bar{I}(\mathfrak{A}_{11}C_1 + \mathfrak{A}_{21}C_2) \\ a_2 &= \delta_2 + E\bar{I}(\mathfrak{A}_{12}C_1 + \mathfrak{A}_{22}C_2 + \mathfrak{A}_{32}C_3) \\ a_3 &= \delta_3 + E\bar{I}(\mathfrak{A}_{13}C_1 + \mathfrak{A}_{23}C_2 + \mathfrak{A}_{33}C_3 + \mathfrak{A}_{43}C_4). \end{aligned}\right\} \qquad (300\,\text{a})$$

Die Berechnung der Beiwerte und Belastungsglieder erfolgt vorteilhaft mit Hilfe tabellarischer Zusammenstellungen von $\mathfrak{A}_{ir}$, A_i, D_i, H_i^0, C_i, $D_i\mathfrak{A}_{ir}$, $C_i\mathfrak{A}_{ir}$ oder nach Programmierung auf einer elektronischen Rechenmaschine.

Die vorstehende Berechnung setzt voraus, daß weder die Belastung noch die Temperatur geändert wird. Die Seilbelastung durch Wind bleibt entweder unberücksichtigt oder die Rückstellkräfte werden durch Einführung von γ_1 und γ_2 in der am Schluß von Abschnitt 14.4.3.2. beschriebenen Weise in Rechnung gestellt.

Ändert sich die Temperatur um einen Betrag Δt, muß bei der Aufstellung der Beziehung (y, H) aus den Gl. (287) oder (288) y_0 durch $y_0 - \alpha_t s\, \Delta t \cos\alpha$ ersetzt werden, wodurch sich auch die Konstanten A und B ändern. Rauhreifbelastung ändert die Seilkonstante L in $L\left(\frac{\gamma}{\gamma_0}\right)^2$, wo γ die spezifische Belastung des Seils durch Eigengewicht und Eislast bedeutet.

Da die Diagonalwerte der Matrix (299) überwiegen, führt, wenn keine elektronische Maschine zur Vefügung ist, die Auflösung der Gleichungen nach den Stützenmomenten X durch Iteration am raschesten zum Ziel. Mit den Unbekannten sind, wenn wieder ν' und ν'' die Querschnitte unmittelbar links und rechts von der Stütze ν, Index ν einen Querschnitt im Felde ν und x den Abstand von der linken Stütze bezeichnen, die Quer- und Stützenkräfte sowie Momente des Mastkörpers

$$\begin{aligned} Q'_\nu &= \mathfrak{Q}'_\nu + \sum \mathfrak{Q}_{\nu r} X_r \\ Q''_\nu &= \mathfrak{Q}''_\nu + \sum \mathfrak{Q}_{\nu+1,r} X_r \\ H_\nu &= -Q'_\nu + Q''_\nu \\ M'_\nu &= \mathfrak{M}'_\nu + \sum m'_{\nu r} X_r \\ M''_\nu &= \mathfrak{M}''_\nu + \sum m''_{\nu r} X_r \\ M_\nu &= \mathfrak{M}_\nu + \frac{1}{l_\nu}\,[M'_\nu \cdot x + M''_{\nu-1}(l_\nu - x)]. \end{aligned} \qquad (301)$$

Mit H_ν sind auch die Werte $\Delta\sigma_\nu$ bekannt. Mit ihnen und y_0 werden aus den Gl. (287) oder (288) die Seilspannungen σ_1 und σ_2 sowie die Auslenkungen y berechnet. Die Gl. (298) kann als Kontrolle dienen.

14.4.3.5. Spannungsnachweis

Der Mastkörper wird durch Längskräfte und Momente beansprucht. Mit der Bezeichnung der Seilzüge nach Abb. 14.29 ist die Längskraft in einem Querschnitt x

bei Abspannung in drei Richtungen

$$\begin{aligned} &\text{Windrichtung I} \quad N_x = G_x + \sum (2S_{1,i} + S_{2,i}) \sin \alpha_i, \\ &\text{Windrichtung II} \quad N_x = G_x + \sum (S_{1,i} + 2S_{2,i}) \sin \alpha_i. \end{aligned} \tag{302}$$

bei Abspannung in vier Richtungen

$$\begin{aligned} &\text{Windrichtung I} \quad N_x = G_x + 2\sum (S_{1,i} + S_{2,i}) \sin \alpha_i, \\ &\text{Windrichtung II} \quad N_x = G_x + \sum (S_{1,i} + S_{2,i} + 2S^0_{r,i}) \sin \alpha_i. \end{aligned} \tag{302a}$$

G_x und S_i bezeichnen das Mastkörpergewicht und die Seilzüge über dem Querschnitt x; S_3^0 ist der Zug im Seil 3 von der Vorspannung. Von den Momenten kommen die größten Stützenmomente M_i' und M_i'' sowie die Feldmomente M_i in Betracht.

a) *Rohr als Mastkörper*

In der Rohrwand wird die Spannung nach

$$\sigma = \frac{N}{F} \pm \frac{M}{W} \tag{303}$$

berechnet, wo F und W Fläche und Widerstandsmoment im Querschnitt bedeuten. Diese Spannung muß mit Sicherheit kleiner sein als die kritische Beulspannung, die nach (40) zu ermitteln ist: $\sigma_{kr} = kE\,\frac{s}{R}$ (s. Abschnitt 2.41). Wie Versuche ergeben haben [135, 136], ist der Beiwert k stark von der Genauigkeit der Form abhängig und beträgt bei mittigem Druck und Stählen der Klasse 52 $k = 0{,}16$ bis 0,20. Nach dem Plantema-Diagramm ist im elastischen Bereich $k = 0{,}165$; im elastisch-plastischen Bereich ist die kritische Spannung nach (43b) zu ermitteln. Bei Masten kann σ_{kr} mit steigendem Verhältnis $\frac{M}{N}$ bis um 20% höher angesetzt werden. Allerdings ist vorausgesetzt, daß die Tiefe der ursprünglichen Beulen die Wanddicke nicht überschreitet. Bei der zulässigen Ovalität — größte Abweichung des mittleren Durchmessers $= \pm 1{,}5\%$ — wird in die Formel für k der größte Halbmesser eingesetzt. Die nach (303) berechnete Spannung muß die folgende Bedingung erfüllen:

$$\sigma \lesseqgtr \frac{\sigma_{kr}}{n}. \tag{304}$$

Dabei ist mit n der vorgeschriebene Sicherheitsgrad bezeichnet.

Die Formbeständigkeit des Kreisringquerschnitts, die eine Voraussetzung für die Berechnung der kritischen Beulfestigkeit ist, kann als ausreichend angesehen werden, wenn die Entfernung der Aussteifungsringe nicht größer ist als der vierfache Rohrdurchmesser, eine Forderung, die schon aus konstruktiven Gründen meistens erfüllt ist. Die Ausführung des Rohrmantels mit Längssteifen ist beim abgespannten Mast unwirtschaftlich und auch spannungsmäßig nicht einwandfrei.

b) Gegliederter Mastkörper

Die Stielkräfte (Drücke mit + bezeichnet) sind

beim dreiseitigen Mast

$$\begin{aligned}&\text{Windrichtung I} \quad && S_1 = \frac{1}{3} N + \frac{M}{2h}, \quad && S_2 = \frac{1}{3} N - \frac{M}{h},\\ &\text{Windrichtung II} \quad && S_1 = \frac{1}{3} N + \frac{M}{h}, \quad && S_2 = \frac{1}{3} N - \frac{M}{2h};\end{aligned} \tag{305}$$

beim vierseitigen Mast

$$\begin{aligned}&\text{Windrichtung I} \quad && S_1 = \frac{1}{4} N + \frac{M}{2a}, \quad && S_2 = \frac{1}{4} N - \frac{M}{2a},\\ &\text{Windrichtung II} \quad && S_1 = \frac{1}{4} N + 0{,}707 \frac{M}{a}, \quad && S_2 = \frac{1}{4} N - 0{,}707 \frac{M}{a}.\end{aligned} \tag{306}$$

Positive Momente rufen auf der Windseite in den Stielen Druck hervor. Die Knicksicherheit der Stiele ist mit einer Knicklänge gleich der Entfernung der Knotenpunkte nachzuweisen.

Die Füllstäbe einer Wand werden durch den Anteil $\bar{Q}$ dieser Wand an der nach (301) ermittelten Querkraft Q beansprucht. Dieser Anteil beträgt bei

Windrichtung	I	II
beim dreiseitigen Mast	$0{,}577\,Q$	
beim vierseitigen Mast	$0{,}5\,Q$	$0{,}353\,Q$

(306)

Damit sind auch die Stabkräfte je nach der Art der Ausfachung gegeben.

Der Einfluß der Formänderungen des Fachwerks auf die Diagonalkräfte ist nur bei K-Ausfachung gering, bei allen übrigen Ausfachungen führt er zu nicht unbeträchtlich großen Zusatzkräften, die wenigstens näherungsweise bestimmt werden sollen. Beim dreiseitigen Mast mit einer Ausfachung nach Abb. 14.35 verteilt sich die Achsialkraft N gleichmäßig auf die drei Stiele $S = \frac{N}{3}$. Unter der Annahme einer gelenkigen Verbindung aller Stäbe entsteht, in gleicher Weise wie bei einer Stütze (226), eine Diagonalkraft

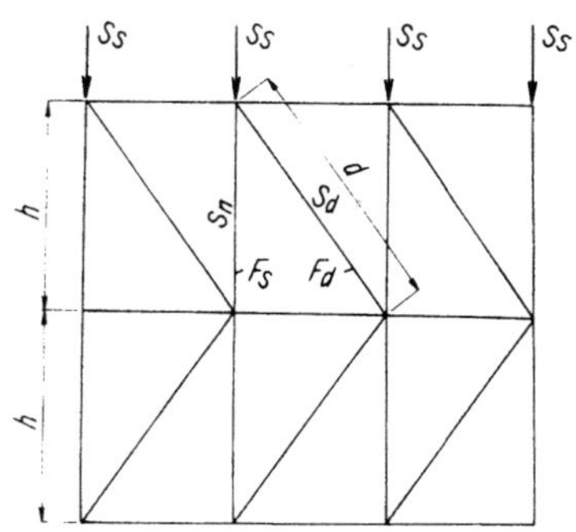

Abb. 14.35

$$S_d = \frac{F_d}{F_S} \left(\frac{h}{d}\right)^2 S = \varkappa S. \tag{307}$$

Denselben Wert erhält man auch aus (273), wenn dort $s = h$ gesetzt wird. Eine genauere Berechnung müßte berücksichtigen, daß die Stiele durchlaufen. Die gesamte Diagonalkraft ist die Summe der Werte, die der Querkraft nach (306) entsprechen, und der Kraft nach (307).

14.4.3.6. Vorberechnung

Wie bei jedem statisch unbestimmten System müssen zur Berechnung des abgespannten Mastes die statischen Werte seiner Haupttragteile bekannt sein. Man muß den Verlauf der Querschnittsflächen und Trägheitsmomente des Mastkörpers, sowie Querschnitt und Vorspannung der Ankerseile kennen. Die Windangriffsflächen, mit denen die Hauptbelastung des Mastes bestimmt wird, kann man nach ähnlichen Ausführungen wählen oder einer Überschlagsrechnung des Mastes als Durchlaufträger auf festen Stützen entnehmen. Es empfiehlt sich, die folgenden Hauptmessungen anzunehmen:

Durchmesser des Großrohres	$^1/_{30}$ bis $^1/_{45}$	der Entfernung der Pardunenkränze.
Wandbreite des dreiseitigen Mastes	$^1/_{20}$ bis $^1/_{30}$	
Wandbreite des vierseitigen Mastes	$^1/_{25}$ bis $^1/_{40}$	

Die Innenausrüstung bestimmt die Kleinstabmessungen.

Querschnitt und Vorspannung der Abspannseile können aus einer Biegelinie ermittelt werden, deren größte Auslenkung in der Höhe der obersten Seilaufhängung einen Wert hat, der entweder durch die Betriebsverhältnisse vorgeschrieben ist oder vom Projektanten mit $^1/_{100}$ bis $^1/_{150}$ der Höhe dieser Aufhängung über dem Fundament gewählt wird. Im übrigen hat die Biegelinie einen beliebigen Verlauf.

Für den Mast mit Fußgelenk schlug Bleich eine Gerade als Biegelinie vor, wonach der Mast bei ungünstiger Belastung als Durchlaufträger auf festen Stützen anzusehen ist. Mit den waagrechten Stützendrücken H dieses Trägers errechnen sich aus den als aliquoter Teil der Auslenkung des höchsten Aufhängepunktes gegebenen waagrechten Verschiebungen y der Aufhängepunkte und der Spannung $\sigma_1 < \sigma_{zul}$ die Werte y_0, σ_2, $\Delta\sigma = \sigma_1 - \sigma_2$ und daraus $F = \frac{c_1 H}{\Delta\sigma \cos\alpha}$. Die Vorspannung σ_0 erhält man durch Probieren aus (275a).

Beim eingespannten Mast empfiehlt es sich, eine Biegelinie zu wählen, die mit der Biegelinie des freistehenden Mastes gleicher Abmessungen übereinstimmt, dessen Belastung nur $\frac{1}{n}$ des wirklichen Wertes ist. Wenn mit $\bar{y}$ die Ausbiegungen unter der wirklichen Belastung bezeichnet werden, sind die Auslenkungen unter der fiktiven Belastung des frei stehenden Mastes $y = \frac{\bar{y}}{n}$. Aus der Bedingung, daß bei ungünstigster Belastung die Ausbiegung an der höchsten Aufhängung mit dem vorgeschriebenen oder gewählten Werte übereinstimmen muß, erhält man n. Mit den Werten y werden die waagrechten Stützendrücke des Trägers auf nachgiebigen Stützen und mit ihnen, wie beim Mast mit Fußgelenk, Querschnitt und Vorspannung der Seile des zugehörigen Kranzes ermittelt.

Bei dieser Überschlagsrechnung ist der Einfluß der außermittigen Seilaufhängung vernachlässigt. Bei der Bestimmung von n darf nicht übersehen werden, daß die größten Auslenkungen bei Windrichtung I, die größten Seilzüge und Seilspannungen bei Windrichtung II entstehen. Damit die zulässige Seilspannung nicht überschritten wird, muß bei der Ermittlung von F und σ_0 für die Windrichtung I die Spannung $\sigma_1 < \sigma_{\text{zul}}$ gewählt werden. Manchmal ist es vorteilhaft, die Ausbiegung in der Höhe der untersten Seilaufhängung gegenüber dem Werte $y_1 = \frac{\overline{y}_1}{n}$ um 2 bis 5% zu erniedrigen, damit es nicht zu einer Überlastung des Einspannquerschnitts kommt.

14.4.4. Stabilitätsnachweis

14.4.4.1. Angenäherte Berechnung

Der abgespannte Mast wird außer durch Querkräfte und Momente auch durch Längskräfte beansprucht. Diese Werte wurden unter der Annahme berechnet, daß die Verformungen keinen merklichen Einfluß auf das Gleichgewicht der inneren Kräfte haben. Bei dieser Berechnung nach der Theorie I. Ordnung kann die Stockwerkshöhe als Knicklänge angenommen werden. Die Knicksicherheit ist gewährleistet, wenn die folgende Bedingung erfüllt ist:

$$\omega_i \frac{N_i}{F_i} + 0{,}9 \frac{M_i}{W_i} \leq \sigma_{\text{zul}} . \tag{308}$$

Darin bezeichnen

N_i Mittelwert der Längskraft im Felde i,

M_i größtes Moment im gleichen Felde oder arithmetisches Mittel der Stützenmomente,

ω_i zugehörige Knickzahl,

F_i, W_i Fläche und Widerstandsmoment des unverschwächten Ersatzmastes im Felde i.

Der Beiwert 0,9 der DIN ist in anderen Normen entsprechend der von DIN abweichenden Ableitung der Knickzahlen durch 1,0 ersetzt.

14.4.4.2. Genauere Berechnung

Die genauere Berechnung der Knicklänge [137] ist bei einem der Höhe nach mehrfach abgespannten Maste mühsam und geht von Voraussetzungen aus, die mehr oder weniger von den tatsächlichen Verhältnissen abweichen. Es ist aber zulässig, den genauen Stabilitätsnachweis durch einen Tragfähigkeitsnachweis nach der Theorie II. Ordnung zu ersetzen, wobei die Windbelastung mit der Sicherheitszahl der Hauptlasten zu multiplizieren ist; die ständigen Lasten werden mit dem 1,3fachen Werte, die Vorspannungen mit einer Abweichung von $\pm 10\%$ oder ungeändert eingesetzt. Dabei darf nicht übersehen werden, daß entsprechend den erhöhten Seilspannungen für die linearisierte Beziehung (y, H) andere Konstanten gelten. Unter der Voraussetzung, daß das Hookesche Gesetz bis zur Fließgrenze gilt, ist der Tragfähigkeitsnachweis erbracht, wenn die Spannung an keiner Stelle diese Grenze überschreitet.

Die Berechnung nach der Theorie II. Ordnung kann mit hinreichender Genauigkeit durch ein Iterationsverfahren ersetzt werden. Mit den angegebenen Belastungen liefert die Berechnung nach der Theorie I. Ordnung Momente M, Querkräfte Q,

Längskräfte N und waagrechte Verschiebungen y. Die Längskräfte rufen im verformten System Momente hervor, denen zusätzliche Belastungsglieder in den ursprünglichen Elastizitätsgleichungen entsprechen: Die zugehörigen Lösungen ergeben Momente ΔM_1, Querkräfte ΔQ_1 und Längskräfte ΔN_1, die den ursprünglichen Werten zuzuzählen sind: $M^{(1)} = M + \Delta M_1$, $Q^{(1)} = Q + \Delta Q_1$, $N^{(1)} = N + \Delta N_1$. Mit den Längskräften $N^{(1)}$ und den zugehörigen $y^{(1)}$ können neue zusätzliche Belastungsglieder berechnet und die Berechnung als zweite Iterationsstufe wiederholt werden. Die Ergebnisse dieser Rechnung ΔM_2, ΔQ_2, ΔN_2 sind zu den Werten M, Q und N zu addieren. In der Regel genügt aber die Genauigkeit der ersten Iterationsstufe, um so mehr, als die weiteren Ergebnisse abgeschätzt werden können. Bei diesem Verfahren ist die Änderung der Beiwerte der Unbekannten in den Elastizitätsgleichungen infolge der Verformung vernachlässigt, was zulässig erscheint, da diese Änderungen im Vergleich zu den zusätzlichen Belastungsgliedern klein sind [140].

Die Berechnung der zusätzlichen Belastungsglieder der 1. Iterationsstufe wird im folgenden wieder am Beispiel des vierfach abgespannten Mastes mit eingespanntem Fuß gezeigt.

Infolge der Längskraft, die mit ihren feldweisen Mittelwerten $\overline{N}$ eingeführt wird, entstehen im verformten statisch bestimmten Grundsystem waagrechte Quer- und Stützkräfte, die mit den Bezeichnungen von Abb. 14.36 ähnlich wie (293) zu berechnen sind.

$$\left.\begin{aligned}
H_4^0 &= \frac{1}{l_4'}\,\overline{N}_4(y_4 - y_3)\\
\mathfrak{Q}_4' &= -H_4^0\\
\mathfrak{Q}_3' &= -H_4^0\\
H_3^0 &= \frac{1}{l_3'}\left[\overline{N}_3(y_3 - y_2) - H_4^0 l_3\right]\\
\mathfrak{Q}_3' &= -H_3^0 - H_4^0 = -\sum_3^4 H_\nu^0\\
\mathfrak{Q}_2'' &= -\sum_3^4 H^0\\
H_2^0 &= \frac{1}{l_2'}\left[\overline{N}_2(y_2 - y_1) - \left(\sum_3^4 H_\nu^0\right) l_2\right]\\
\mathfrak{Q}_2' &= -\sum_2^4 H_\nu^0\\
\mathfrak{Q}_1'' &= -\sum_2^4 H_\nu^0\\
H_1^0 &= \frac{1}{l_1'}\left[\overline{N}_1 y_1 - \left(\sum_2^4 H_\nu^0\right) l_1\right]\\
\mathfrak{Q}_1' &= -\sum_1^4 H_\nu^0\\
H_0^0 &= \mathfrak{Q}_0'' = -\sum_1^4 H_\nu^0
\end{aligned}\right\} \qquad (309)$$

Die zugehörigen Stützenmomente sind nach

$$\left.\begin{aligned} \mathfrak{M}''_{\nu-1} &= 0 \qquad \ldots \nu = 0 \text{ bis } 3 \\ \mathfrak{M}'_{\nu} &= H^0_{\nu} \Delta l_{\nu} \ldots \nu = 1 \text{ bis } 4 \end{aligned}\right\}. \tag{309a}$$

Außerdem werden durch die Formänderungen noch Momente in den Feldern hervorgerufen

$$\mathfrak{M}_{\nu} = N_{\nu} \cdot \eta_{\nu}. \tag{310}$$

Wie aus Abb. 14.37a zu ersehen ist, setzt sich η_ν aus den Anteilen η^0_ν der äußern Belastung des frei aufliegenden Trägers und η'_ν und $\eta''_{\nu-1}$ der Stützenmomente M'_ν

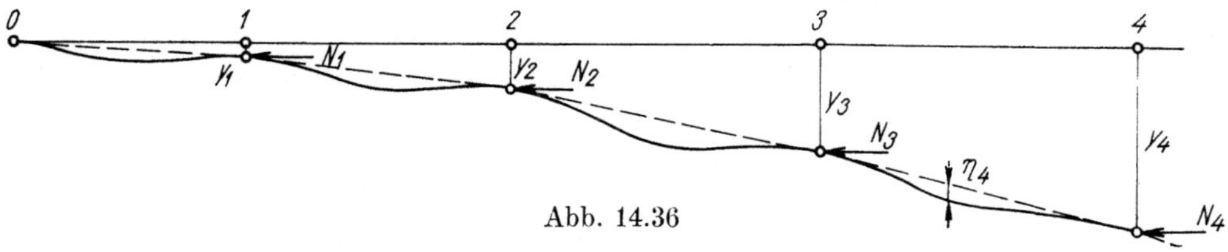

Abb. 14.36

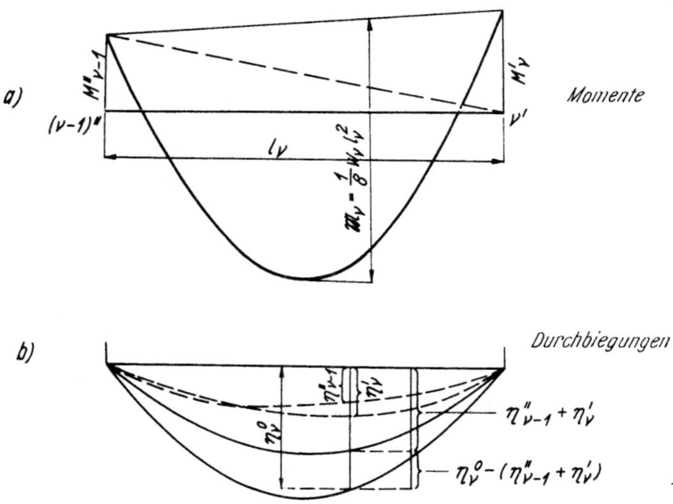

Abb. 14.37

und $M''_{\nu-1}$ zusammen, wobei η' und $\eta''_{\nu-1}$ das gleiche Vorzeichen haben wie M'_ν und $M''_{\nu-1}$.

$$\eta_\nu = \eta^0_\nu + \eta'_\nu + \eta''_{\nu-1} \tag{311}$$

Entspricht z. B. $\mathfrak{M}_\nu$ der gleichmäßig verteilten Windbelastung w_ν, sind die Anteile von η_ν (Abb. 14.37b)

$$\left.\begin{aligned} \eta^0_\nu &= \frac{w_\nu l_\nu^4}{24 E I_\nu} \left[\frac{x}{l} - 2\left(\frac{x}{l}\right)^3 + \left(\frac{x}{l}\right)^4\right] \\ \eta''_{\nu-1} &= \frac{M''_{\nu-1} l_\nu^2}{6 E I_\nu} \left[\left(\frac{x'}{l}\right) - \left(\frac{x'}{l}\right)^3\right] \\ \eta'_\nu &= \frac{M'_\nu l_\nu^2}{6 E I_\nu} \left[\left(\frac{x}{l}\right) - \left(\frac{x}{l}\right)^3\right] \end{aligned}\right\}. \tag{312}$$

Die zusätzlichen Belastungsglieder werden nach der Beziehung (295a) berechnet, wo für $\mathfrak{M}_\nu$ die Summe der Momente nach (309a) und der Anteile von η_ν nach (312) einzusetzen sind.

Da bei Windrichtung I die größten Achsialkräfte erzeugt werden, kann man sich beim Stabilitäts- oder Tragfähigkeitsnachweis auf diesen mit der ständigen Belastung kombinierten Belastungsfall beschränken.

14.4.5. Einflüsse von Schwingungen quer zur Windrichtung

Die Entstehung von Querschwingungen und ihre Einflüsse wurden in Abschnitt 4.3.3.4. ausführlich behandelt, weshalb an dieser Stelle nur darauf und [132] verwiesen werden kann. Diese dynamischen Wirkungen kommen hauptsächlich bei abgespannten Masten mit einem Großrohr als Mastkörper, aber auch bei Türmen mit geschlossenem kreisrunden Querschnitt in Betracht und müssen überprüft werden. Besonders gefährdet ist der Mastaufsatz und sein Anschluß. Der Einfluß des Querschwingens ist mit der ständigen Belastung zu kombinieren, wobei die für Hauptlasten geltenden zulässigen Beanspruchungen unter Berücksichtigung der Ermüdung nicht überschritten werden dürfen.

14.4.6. Eigenfrequenz der abgespannten Maste

Um die dynamischen Einflüsse der Windbelastung oder seismischer Erscheinungen beurteilen zu können, muß die Eigenfrequenz des Mastes bekannt sein. Da der vom Plötzlichkeitsgrad und der Eigenfrequenz abhängige Stoßbeiwert maßgebend die Mastbemessung beeinflußt, muß beim Entwurf die Eigenfrequenz geschätzt und nachträglich kontrolliert werden.

Die Berechnung der Eigenfrequenz ersten Grades und höherer Grade ist bei abgespannten Masten ein Problem, das nur angenähert gelöst werden kann. Die Eigenfrequenz ist von der Steifigkeit des Mastkörpers und der Vorspannung der Seile abhängig. Sie erhöht sich mit steigender Steifigkeit; da die Achsialkraft mit zunehmender Vorspannung steigt, nimmt sie mit steigender Vorspannung zu.

Nach der Erfahrung liegt die Eigenschwingungszeit abgespannter Antennenmaste zwischen 1 und 2 Sekunden. Savickij, der in seinem Buch [139] die abgespannten Maste ausführlich behandelt, empfiehlt für Überschlagsrechnungen eine Eigenschwingungszeit in Sekunden mit H in m nach der Formel

$$T_0 = 0{,}01\,H. \tag{313}$$

Bei bekannten Mastabmessungen kann die erste Eigenfrequenz des abgespannten Mastes näherungsweise als erste Frequenz eines frei stehenden Mastes berechnet werden, der unter der Windbelastung die gleiche Biegungslinie hat wie der abgespannte Mast. Die Kreisfrequenz ω_0 und damit die Eigenschwingungszeit T_0 kann nach einem der bekannten Näherungsverfahren ermittelt werden, z. B. aus

$$\omega_0^2 = \frac{g\,y_i}{\Sigma P_i y_i^2} \tag{314}$$

$$T_0 = 2\pi\omega_0. \tag{314a}$$

Dabei bedeuten

$g = 9{,}81$ m/s die Erdbeschleunigung,
P_i das Gewicht des Mastabschnittes i in kg,
y_i die waagrechte Ausbiegung im Schwerpunkt des Mastabschnittes i infolge der an der Mastspitze angreifenden waagrechten Kraft $P = 1$, wobei auf die feldweise Veränderlichkeit der Trägheitsmomente Rücksicht zu nehmen ist.

Bei der Untersuchung des Querschwingens eines rohrförmigen Mastkörpers muß eine höhere Eigenfrequenz bekannt sein. Diese berechnet sich näherungsweise als erste Frequenz eines einfachen Balkens mit der Spannweite eines Feldes des Durchlaufträgers nach

$$f_0 = \frac{\pi}{2 l_i^2} \sqrt{\frac{E I_i}{G_i} l_i g}. \tag{315}$$

Darin bezeichnen

I_i das Trägheitsmoment des Mastkörpers
G_i das Eigengewicht samt Inneneinrichtung
} im Feld mit der Spannweite l_i.

Durch die Längskräfte, die im untersten Feld am größten sind, wird die Eigenfrequenz, wenn N die mittlere Längskraft, $N_E = \frac{\pi^2 E I_i}{l_i^2}$ die Eulerlast des Feldes i bedeuten, verringert auf den Wert

$$\bar{f}_{0i} = f_{0i} \cdot \sqrt{1 - \frac{N_i}{N_{Ei}}}. \tag{315a}$$

Es empfiehlt sich, die Eigenfrequenz aus einem der beiden unteren Felder zu bestimmen. Da die dynamischen Belastungen mit den ständigen Lasten zu kombinieren sind, wird in der Regel auch der Spannungsnachweis in einem dieser Felder maßgebend sein.

15. Verschiedene Anwendungen von Stahlrohren

Es gibt wenig Gebiete des Bauwesens, wo nicht Stahlrohre verwendet werden, wo nicht Stahlrohrkonstruktionen im Wettbewerb mit Stahlbauten aus gewalzten oder geschweißten Profilen stehen. Nicht immer muß das ganze Bauwerk aus Stahlrohren hergestellt sein; manchmal werden nur für die Stützen und Streben Rohre verwendet; in Fachwerkträgern können sogar lediglich die Füllstäbe aus Rohren hergestellt sein. Im folgenden werden einige derartige Möglichkeiten der Anwendung von Stahlrohren angeführt.

15.1. Stützen für Rohrleitungen

In gleicher Weise wie Stahlrohre wegen ihrer großen Tragkraft bei achsialer Druckbelastung als Stützen von Industriehallen vorteilhaft sind, eignen sie sich auch für Stützen von freitragenden Rohrleitungen. Je nach der Lagerungsart der Leitungen werden einfache, zwei- oder vierstielige Stützen ausgeführt. Sie sind in der Regel im Fundament eingespannt; bei größerer Höhe können einfache Rohrstützen als allseitig beweglich, zweistielige als in der Leitungsrichtung pendelnd angesehen werden. Aus den Abb. 5.8 und Abb. 15.1 sind außer den Rohrleitungen auch die Stützen zu sehen.

15.2. Stützen von Gas- und Wasserbehältern

Die Behälter können entweder durch einen Kranz von einfachen Rohrstützen, die durch räumliche Verbände ausgesteift sind, oder durch ein mittleres Rohr großen Durchmessers getragen werden.

15.2.1. Wasserturm in Brescia

Der Ringträger des Intzebehälters von 145 m³ Inhalt wird durch sechs im Kreis angeordnete Rohrstützen ⌀ 216 getragen [140]. Die geneigten Wände des Tragwerks sind durch gekreuzte Winkelstähle und waagrechte Stäbe in sechs Stockwerken ausgefacht. Die Stiele des 24,5 m hohen Traggerüstes bilden die Kanten eines Pyramidenstumpfes, dessen Querschnitt unten ein Kreis von 6 m, oben ein solcher von 4 m Durchmesser umschrieben ist. Je ein radialer Verband in den Stockwerken sichert die räumliche Stabilität.

15.2.2. Wasserturm in Châtelineau

Der aus einem zylindrischen Teil mit 14 m Durchmesser, einem gewölbten Bodenteil und einem Kuppeldach bestehende Behälter hat einen Fassungsraum von 1200 m³ [141]. Am Umfang wird er durch sechs parallele Rohrstützen ⌀ 638 und 33,7 m Höhe getragen. Waagrechte aus Breitflanschträgern gebildete Sechsecke und Andreaskreuze in drei Stockwerken versteifen die sechs Wände. Über eine an einer Stütze angebrachte Leiter mit Podesten ist ein Rundgang um den zylindrischen Behälterteil zugänglich.

Abb. 15.1

Zuerst wurden die Stützen mit ihren Verbänden, der Rundgang und das in der Behälterachse angeordnete Mittelrohr montiert. Mit Hilfe von zwei Montagemasten von 50 m Höhe und je 60 t Tragkraft wurde hierauf der am Boden fertiggeschweißte Behälter auf die Höhe der Stützenköpfe gehoben und in die richtige Lage gebracht.

15.2.3. Wasserturm in Tilleur (Belgien)

Der kugelförmige Behälter mit 20 m Durchmesser und 500 m³ Fassungsvermögen wird nur durch ein Mittelrohr ⌀ 2200 mm getragen, das im untern Teil von 6 m Höhe in einen Kegelstumpf mit einem Grundkreis von 10300 mm übergeht [142]. Das Mittelrohr hat eine Gesamthöhe von 31,0 m. Die konische Verbreiterung im Unterteil war nötig, um eine Eigenschwingungszeit von 3 Sekunden zu erzielen, bei der gefährliche Resonanzerscheinungen von Querschwingungen nicht zu befürchten sind.

Abb. 15.2

15.3. Abteuftürme im Bergbau

Fördergerüste im Bergbau sind bisher in Stahlrohrkonstruktion nicht ausgeführt worden. Dagegen wurden die Vorteile, die die Verwendung von Stahlrohren bei Abteuftürmen bieten, ausgenützt. Solche Türme werden öfter aufgestellt und müssen wieder zerlegt werden; sie müssen sich verschiedenen Betriebsverhältnissen anpassen lassen. Diesen Forderungen kann eine Stahlrohrkonstruktion gut entsprechen. Um die Sicherheit im Betrieb zu gewährleisten, genügt nicht allein die Beachtung der behördlichen Vorschriften, es muß auch dafür gesorgt werden, daß die Betriebsvorschriften, durch die die auftretenden Belastungen begrenzt werden, durch Einbau von Sicherungen eingehalten werden.

Die Abb. 15.2 zeigt einen solchen Turm während der Aufstellung. Er ist vierwandig; die geschraubten Flanschverbindungen können leicht gelöst werden.

Abb. 15.3

15.4. Traggerüst für einen Abgaskamin

Zur Unterstützung eines Abgaskamins von 920 mm Durchmesser und 71 m Höhe dient das Traggerüst der Abb. 15.3. Der vierseitige Fachwerkturm mit quadratischem Querschnitt hat am Fuß eine Breite von 7,5 m. Er ist ganz in Stahlrohrkonstruktion mit lösbaren Verbindungen hergestellt. Sein Gesamtgewicht beträgt 17,3 t.

Abb. 15.4

Abb. 15.5

15.5. Räumerbrücke einer Kläranlage

Die Abb. 15.4 zeigt eine 1,8 m breite fahrbare Brücke aus Stahlrohren. Bei einer Länge von 37,5 m hat sie eine Systemhöhe von 2,6 m, einen oberen und einen unteren Windverband und Dreigelenkportale mit Zugband über den Auflagern. Die Brücke wiegt rund 8,8 t.

Abb. 15.6

15.6. Landwirtschaftliche Bauten

In der Landwirtschaft bieten sich verschiedene Anwendungsmöglichkeiten für den Stahlrohrbau. Hier erweisen sich seine Leichtigkeit, die glatte Oberfläche der Rohre und die Möglichkeit der Typisierung als besonders vorteilhaft. In der Abb. 15.5 ist eine Feldscheune mit Dreigelenkrahmen von 10 m Stützweite als Binder in Entfernungen von 5 m zu sehn. Die Abbildung ist noch dadurch bemerkenswert, daß sie eine Ansicht nach einem Brande darstellt. Man erkennt die durch die Hitzeeinwirkung entstandene Verformung der Pfetten, ohne daß es zum Einsturz kam.

15.7. Seilbahnstützen

Wie Freileitungsmaste können auch Seilbahnstützen vorteilhaft in Rohrkonstruktion ausgeführt werden. Abb. 15.6 zeigt eine solche Stütze in gebirgigem Gelände.

Abb. 15.7

15.8. Brücken für Rohrleitungen

Ist die Breite des Hindernisses so groß, daß die Rohrleitung selbst nicht mehr freitragend als Balken, Bogen oder Teil einer Hängekonstruktion verwendet werden kann, bietet sich eine leichte Brückenkonstruktion aus Rohren als wirtschaftliche Lösung. Wie bei jeder anderen Brücke richtet sich die Wahl des Systems nach den örtlichen Verhältnissen. Im Beispiel der Abb. 15.7 zwangen Erfordernisse der Kanalschiffahrt zu einer Rahmenkonstruktion von 74 m Spannweite; Breite und Höhe betragen 4,5 und 22 m. Der Rahmen trägt mit einem Gesamtgewicht von 78 t 8 Leitungen von 200 bis 800 mm NW.

15.9. Hauptträger und Ständer einer Bogenbrücke

Eines der bemerkenswertesten Beispiele für die Verwendung von Großrohren als Hauptträger und Ständer einer Bogenbrücke bietet die bekannte Straßenbrücke über den Askeröfjord in Schweden. Bei einer Spannweite von 278 m des eingespannten Bogens haben die Rohre einen Durchmesser von 3800 mm und Wandstärken von 14 bis 22 mm; die Durchmesser der Ständer wechseln mit der Höhe von 318 mm bis 750 mm. Die Brücke ist im Schrifttum durch verschiedene

Abb. 15.8

Abb. 15.9

Probleme, die mit ihr im Zusammenhang stehen, sehr bekannt geworden [61, 62]. Die Abb. 15.8 zeigt eine Ansicht der Brücke.

15.10. Treppen

Bei der üblichen Ausführung von Treppen eignen sich Walzstähle als Wangen wegen der überwiegenden Biegebeanspruchung besser als Rohre. Als Geländer dagegen werden häufig Rohre verwendet. Ausnahmsweise läßt sich bei Treppen die große Verdrehungsfestigkeit des Stahlrohres ausnützen. So zeigt Abb. 15.9 eine

Abb. 15.10

Treppe, die für den tschechoslowakischen Pavillon auf der Brüsseler Weltausstellung als Nottreppe diente. An ein schräges Mittelrohr sind einseitig die Stufenträger angeschlossen, wodurch es auf Verdrehen beansprucht wird. Dieses Schrägrohr ist mit dem lotrechten Stützenrohr steif verbunden; sein Verdrehungsmoment belastet das lotrechte Rohr auf Biegung.

15.11. Warteplätze, Tankstellen und Beleuchtungsmaste

Mit den vorstehend kurz beschriebenen Bauten sind die Anwendungsmöglichkeiten des Stahlrohrs nicht erschöpft. Bei überdachten Warteplätzen der Straßenbahn und für den Autobusverkehr, bei Tankstellen und ähnlichen Anlagen werden

Stahlrohre benötigt, zumindestens als Stützen. Für die Beleuchtung von Straßen und Plätzen (Abb. 15.10) und Bahnhöfen kommen fast ausschließlich Stahlrohrmaste, abgesetzt oder konisch, kreisrund oder profiliert, in Frage. Gut ausgestattete Werbeschriften der Röhrenwerke zeigen eine reichhaltige Auswahl.

Als Träger von Flutlichtern dienen Stahlrohrmaste verschiedenster Formen für Sportanlagen, wie Stadien, Fußball- und Eislaufplätze, Rennbahnen sowie für große Plätze mit starkem Verkehr. Das Merkblatt 273 über sachgemäße Stahlverwendung gibt einen umfassenden Überblick über diese Anlagen im allgemeinen und die Ausführung von Stahlrohrmasten im besonderen.

16. Zerlegbare Rohrkonstruktionen

16.1. Allgemeines

Jede Stahlkonstruktion, deren Teile an der Baustelle durch Schrauben verbunden werden, kann auch wieder zerlegt werden. Größe und Gewicht der Montageelemente sind durch die Transportverhältnisse und die Montagemittel bedingt. Besondere Transportbedingungen — z. B. Schiffstransport —, schwieriges Gelände an der Baustelle oder öfteres Zerlegen und Wiederaufstellen verlangen, daß die Teile nicht schwer sind und sich leicht verbinden lassen. Erwünscht ist auch, daß sie sich leicht lagern lassen. Dafür eignen sich besonders Elemente aus glatten Rohren mit gleichen Längen.

Hierher gehören die im Abschnitt 13.3.2. behandelten Adaptamaste, die für den Schiffstransport entworfen wurden, und die konischen Maste nach Pfistershammer.

Auch Rahmenmaste können aus Teilen kleinerer Abmessungen an der Baustelle zusammengestellt werden. Sie bestehen aus den Eckstielen in einer für den Transport geeigneten Länge und aus quadratischen Rahmen mit kurzen konischen Rohrmanschetten in den Ecken. Stiele und Rahmen werden durch rohrförmige Keile verbunden [140].

Größere Bedeutung haben provisorische Konstruktionen mit besonderen Verbindern erlangt. Sie wurden in verschiedenen Ausführungen für Rohre mit 48,25 mm Außendurchmesser entwickelt, in England bereits vor mehr als 40 Jahren. Sie verbinden zwei Rohre, deren Achsen rechtwinklig zueinander in parallelen Ebenen liegen. Die Entfernung dieser Ebenen ist so klein als möglich gehalten und durch die Art der Verbinder bestimmt. Solche zerlegbare Konstruktionen sind in den letzten Jahren als provisorische Bauten in zunehmendem Maße verwendet worden. Die Verbinder-Arten sind nicht überall die gleichen.

16.2. Stahlrohrgerüste

Den ausgedehntesten Verwendungsbereich haben zerlegbare Konstruktionen im Gerüstbau gefunden. DIN 4420 enthält Vorschriften über die Belastung und Ausführung bei verschiedenen Gerüstarten; in Österreich gelten vorläufige Richtlinien für eine Gerüstordnung; in der DDR enthält die im Jahre 1964 für den Fachbereich Bauwesen erschienene Norm TGL 118–4420 nur kurze Hinweise auf Stahlrohrgerüste (s. Abschnitt 4.5.3.5.). Über Stahlrohrgerüste und damit in Zusammenhang stehende technische Fragen gibt Roloff [141] ausführlich Auskunft.

Die Abb. 16.1 zeigt die Einrüstung eines ganzen Wohnblocks. Für das Innere von Kirchen und ähnlichen Bauten sind fahrbare Gerüste entwickelt worden.

Die statischen Werte der verwendeten Rohre sind im folgenden zusammengestellt:

D mm	s mm	F cm²	I cm⁴	W cm³	i cm	g kp/m
48,25	3,5	4,92	12,4	5,14	1,59	3,06

Abb. 16.1

16.3. Verschiedene Bauten mit Gerüst-Verbindern

Mit einigen Ergänzungsteilen können die für Gerüste verwendeten Rohre und Verbinder auch bei andern provisorischen Bauten benützt werden. Damit eine zerlegbare Konstruktion wirtschaftlich und sicher ist, müssen beim Entwurf folgende Grundsätze beachtet werden:

a) Die Tragkraft eines aus einem einfachen Rohr bestehenden oder aus mehreren Rohren zusammengesetzten Stabes ist einmal von seiner Knickfestigkeit, zum andern vom Gleitwiderstand in der Verbindung abhängig. Die Stablänge ist so zu wählen, daß beide Werte ungefähr gleich groß sind. Die zulässige Knickkraft des Einzelrohres ist $S_k = \omega F \sigma_{\text{zul}}$, wobei die Knickzahl ω dem Verhältnis $\lambda = \frac{l}{1{,}59}$ mit der Entfernung l der Knotenpunkte als Knicklänge entspricht, $F = 4{,}92\ \text{cm}^2$

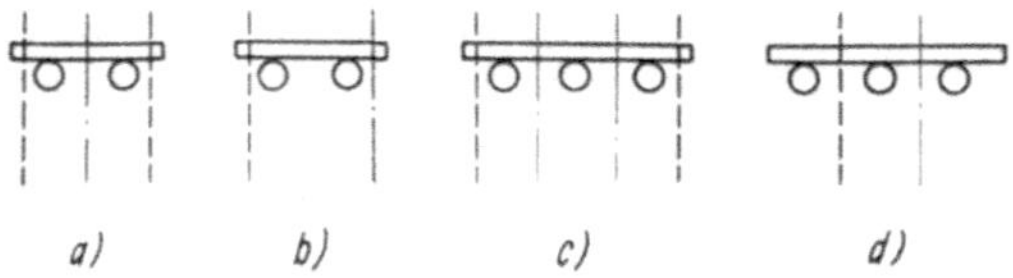

Abb. 16.2

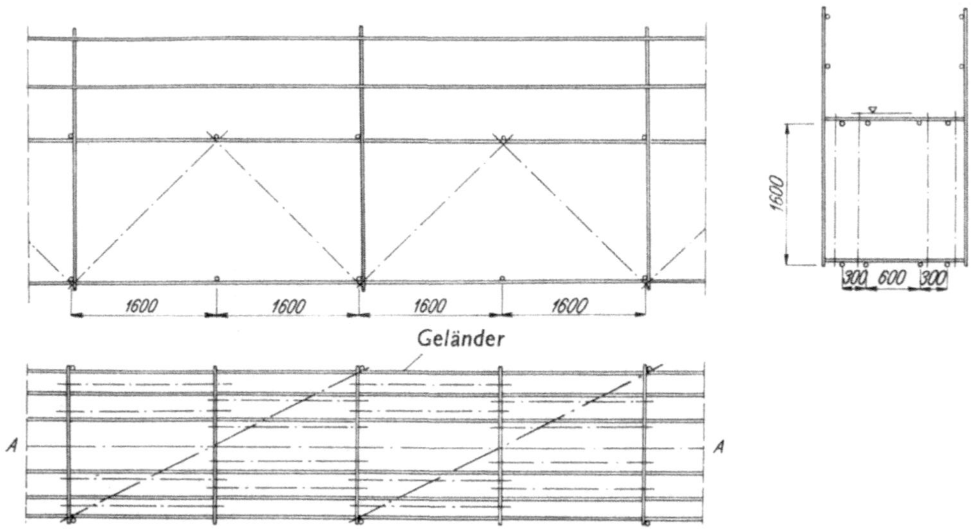

Abb. 16.3

Abb. 16.4

Abb. 16.5

Abb. 16.6

und die zulässige Werkstoffbeanspruchung in kp/cm^2 einzusetzen ist. Der kleinste Gleitwiderstand ist von der Verbinderart abhängig und soll den Wert 1500 kp nicht unterschreiten; dem entspricht bei 1,5facher Sicherheit ein rechnungsmäßiger Gleitwiderstand $S = 1000$ kp.

b) Die Achse des fiktiven Gelenks im Knoten wird von einem Querstab des Raumsystems gebildet.

Abb. 16.7

c) Die Gurtrohre und die Rohre der Füllstäbe liegen nicht in der gleichen Ebene, müssen aber symmetrisch zur Trägerebene angeordnet sein. Diese Forderung ist am besten in Abb. 16.2a, c erfüllt, aber auch noch nach Abb. 16.2b, d zulässig.

Handelt es sich, beispielsweise bei einem Steg, um ein Trägerpaar, das für die Gurte ebensoviel Ebenen benötgt wie für die Füllstäbe, können diese Ebenen symmetrisch zur Achse des Trägerpaars angeordnet werden (Abb. 16.3). In dieser Art ist der Steg der Abb. 16.4 ausgebildet. Eine vereinfachte schwerere Ausführung einer Fußgängerbehelfsbrücke zeigt Abb. 16.5.

In ähnlicher Weise lassen sich Stahlrohrgerüste zur Herstellung von Lehrgerüsten für Stahlbetonbrücken verwenden, bei Bogenbrücken sowohl für den Bogen selbst als auch für das Tragwerk der Fahrbahn. Ein solches Gerüst zeigt die Abb. 16.6, eine Ansicht der Autobahnbrücke bei Aachen.

Ausgedehnte Verwendung fanden diese zerlegbaren Konstruktionen bei provisorisch anläßlich von festlichen Veranstaltungen aufgestellten Tribünen. Abb. 16.7 zeigt den Einblick in die Unterkonstruktion der Tribüne auf der Festwiese von Essen. Solche Tribünen haben den Vorteil, daß sie sich leicht aufstellen, aber auch rasch wieder zerlegen und für weitere Verwendung platzsparend lagern lassen. Vor der Verwendung müssen sie sorgfältig überprüft werden; bei der Austeilung der Tragteile und Kontrolle der ausreichenden Bemessung ist der vorgeschriebene dynamische Beiwert der Belastung zu berücksichtigen.

Nach Art der beschriebenen Bauten können auch andere provisorische Konstruktionen entworfen werden, wobei die erwähnten Grundsätze zu beachten sind.

17. Bewertung der Stahlrohrbauten

Vor- und Nachteile der Stahlrohrbauten haben ihre Ursache in den Eigenschaften des Rohres im allgemeinen und des Stahlrohres im besonderen. Die ausgedehnte Verwendung und die allgemeine Einführung des Stahlrohres als Element des Stahlbaus war erst möglich, als die Schweißtechnik so weit entwickelt war, daß Anschlüsse von Rohr an Rohr und alle im allgemeinen Stahlbau angewandten Verbindungen ausgeführt werden konnten. Infolge des Fehlens ebener Anschlußflächen waren sie in anderer Weise nicht möglich. Nachteile, die dem Stahlrohr eignen, müssen sich natürlich auch auf den Stahlrohrbau übertragen; die Vorteile aber überwiegen.

17.1. Vorteile

Der bekannteste statische Vorteil des kreisrunden Rohres ist, daß sein Trägheitsradius nach allen Seiten beträchtlich größer ist als der anderer Profile gleichen Querschnitts. Das Rohr ist deshalb das günstigste Profil, wenn die Knicklänge nach zwei Richtungen gleich groß ist; es eignet sich daher ebenso für Ausfachungsstäbe ebener Fachwerke wie für ausgefachte Raumsysteme.

Der große Verdrehungswiderstand ist ein weiterer Vorteil; er kann zur Erzielung der räumlichen Stabilität von Rohrtragwerken herangezogen werden. Wo es rechnungsmäßig nicht geschieht, erhöht er die Systemsteifigkeit. Wenn I und W Trägheits- und Widerstandsmoment des Rohres bezeichnen, sind die bezüglichen Werte für das Verdrehen $I_d = 2I$ und $W_d = 2W$. Wegen des großen Wertes von I_d sind die Verdrehungen eines Stabes infolge eines Drehmomentes verhältnismäßig klein.

Die angeführten Vorteile des Stahlrohrs begründen das niedrige Gewicht, den Hauptvorteil der Stahlrohrkonstruktion. Die Stahlersparnis beträgt je nach der Art der Belastung und der Möglichkeit, Stähle höherer Festigkeit zu verwenden, 20 bis 45%.

Die glatte Rohroberfläche verleiht der Rohrkonstruktion ein gutes Aussehen und erleichtert das Anstreichen. Die Anstrichfläche ist kleiner als bei anderen Konstruktionen, die leichte Zugänglichkeit aller Stellen wirkt sich günstig auf die Anstreicharbeit aus und erniedrigt die Kosten des Korrosionsschutzes.

Bei Bauten im Freien spielt die Windbelastung eine nicht unbedeutende Rolle. manchmal ist sie sogar maßgebend für die Bemessung. Versuche im Windkanal haben gezeigt, daß der Luftwiderstand des Rohres beträchtlich kleiner ist als der anderer Profilstäbe. Der Unterschied ist am größten bei Konstruktionen, in denen die Rohre mit größerem Durchmesser überwiegen. Bei diesen Rohren liegt die Re-

Zahl im überkritischen Bereich, wo der Luftwiderstand verhältnismäßig klein ist. Das wirkt sich so aus, daß für Bauten, bei denen die Windbelastung für die Bemessung maßgebend ist, aus wirtschaftlichen Gründen nur Rohre für die Verwendung in Betracht kommen.

Durch die Entwicklung der Schweißtechnik und der Schweißvorbereitung ist es möglich geworden, ohne Schwierigkeiten in einem Knoten Stäbe verschiedener Richtung zusammenzufassen und Raumtragwerke verschiedenster Systeme auszuführen.

17.2. Nachteile

Der Vorteil des nach allen Seiten gleichen Trägheitsmomentes, der bei den Raumtragwerken so gut zur Geltung kommt, verwandelt sich bei ebenen Trägern, wie bei zweistieligen Stützen und Flachmasten, in einen Nachteil. Dort ist ein I-Stahl vorzuziehen. Die Ausnützung des Verdrehungswiderstandes des zweiten Stieles oder Gurtes kann aber die Knicksicherheit verbessern; eine kleine Stahlersparnis kann auch durch Weglassen der Riegel der Ausfachung erreicht werden.

Der Nachteil des Mangels ebener Anschlußflächen wirkt sich nur bei den Montagestößen aus, die im allgemeinen Stahlbau einfacher ausgeführt werden können. Bei der sehr beschränkten Anzahl dieser Stöße spielt der entstehende Mehraufwand keine wesentliche Rolle. Stehen an der Baustelle Strom, geübte Schweißer und geeignete Montagebehelfe zur Verfügung, können die in der Werkstätte entsprechend vorbereiteten Stöße am Boden geschweißt und der Bauteil als Ganzes gehoben werden. Dann entfällt auch dieser Nachteil.

Ein wesentlicher Nachteil ist der höhere Einheitspreis der Rohre und damit der Stahlrohrkonstruktion. Der Preisunterschied muß durch die Stahlersparnis und im Preis der Montage ausgeglichen werden. Gute Organisation der Arbeiten in der Werkstätte und an der Baustelle einschließlich Transport kann die Kosten senken. Bei gewissen Bauten spielen auch die durch das geringere Gewicht erniedrigten Fundierungskosten eine Rolle.

Schrifttum

1. Feldhaus, F. M.: Die geschichtliche Entwicklung der Röhrentechnik. Deutsche Industrie, Deutsche Kultur, Jahrgang IX, Nr. 6. Ecksteins Biographischer Verlag.
2. Bungeroth, R.: Fünfzig Jahre Mannesmannröhren-Werke 1884—1934. Berlin: VDI-Verlag GmbH.
3. Kleine Chronik der Mannesmannröhren-Werke. Düsseldorf 1940.
4. Reuleaux, F.: Über das Mannesmannsche Röhrenwalzverfahren. Z. VDI 1890, S. 621.
5. De Grahl: Das Pilgerschritt-Rohrwalzverfahren. Fortschritte der Technik, H. 2. Verlag von Glasers Annalen für Gewerbe und Bauwesen, 1918.
6. Camp, J. M., und G. B. Francis: The Making, Shaping and Treating of Steel. Carnegie-Illinois Steel Corporation 1940.
7. Počta, B.: Stahlrohre, ihre Erzeugung und Verwendung (tschechisch). Prag: Staatsverlag. 1954.
8. Reuchling, D.: Spiralgeschweißte Stahlrohre. Der Stahlbau **31** (1962), 189.
9. Handbuch „Stahl im Hochbau“. Düsseldorf: Verlag Stahleisen GmbH.
10. Stradtmann, F. H.: Stahlrohr-Handbuch. Essen: Vulkan-Verlag Dr. W. Classen.
11. Bornscheuer, W.: Vorgespannte, bandagierte Rohre. Der Stahlbau **13** (1954), S. 229.
12. Bellometti, W.: Kaltarmierte Stahlrohre. Acier-Stahl-Steel **25** (1960), Deutsche Ausgabe S. 338.
13. Mises, R. v.: Der kritische Außendruck zylindrischer Rohre. Z. VDI **58** (1914), S. 750.
14. Timoshenko, S.: Theory of Elastic Stability. New York und London: McGraw-Hill Book Co.
15. Gellern, M.: Beitrag zur Berechnung von Rohren unter Außendruck. Der Bauingenieur **9** (1928), S. 828, 839.
16. Klöppel, K., und W. Goder: Die neuen ω-Zahlen für Rohrquerschnitte. Der Stahlbau **28** (1959), S. 205.
17. Heidecker, W.: Betrachtungen zu den neuen ω-Zahlen für Rohrquerschnitte. Der Stahlbau **29** (1960), S. 117.
18. Lorenz, H.: Achsensymmetrische Verzerrungen in dünnwandigen Hohlzylindern. Z. VDI **52** (1908), S. 1708.
19. Flügge, W.: Die Stabilität der Kreiszylinderschale. Ingenieur-Archiv 1932, S. 463.
20. Sanden, K. v., und F. Tölke: Über Stabilitätsprobleme dünner kreiszylindrischer Schalen. Ingenieur-Archiv 1932, S. 24.
21. Donnell, L. H.: A New Theory for the Buckling of Thin Cylinders under Axial-Compression and Bending. Trans. ASME **56** (1934), S. 795.
22. Kármán, Th. v., und H. L. Tsien: The Buckling of Spherical Shells by External Pressure. Journal of the Aeronautical Sciences **8** (1941), S. 303.
23. Ebel, H.: Das Beulen eines Kreiszylinders unter axialem Druck nach der nichtlinearen Stabilitätstheorie. Der Stahlbau **27** (1958), S. 45.
24. Pflüger, A.: Zur praktischen Berechnung der axial gedrückten Zylinderschale. Der Stahlbau **32** (1963), S. 161.
25. Odenhausen, H.: Über das örtliche Ausbeulen von druckbeanspruchten dünnwandigen Stahlrohren. Acier-Stahl-Steel **28** (1963), S. 72.
26. Odenhausen, H.: Die Berechnung axial belasteter dünnwandiger Stahlrohre nach den amerikanischen Berechnungsvorschriften für den Stahlleichtbau. Acier-Stahl-Steel **28** (1963), S. 43.
27. Brik, J. E.: Zur Beurteilung der Knickfestigkeit betongefüllter Eisensäulen. Österr. Wochenschrift f. d. öffentlichen Baudienste 1909.

28. FREUDENTHAL, A.: Verbundsäulen für hohe Lasten. Berlin: W. Ernst & Sohn. 1933.
29. KLÖPPEL, K., und W. GODER: Traglastversuche mit ausbetonierten Stahlrohren und Aufstellung einer Bemessungsformel. Der Stahlbau **26** (1957), S. 1, 44.
30. ANDRÉ, M.: Verbundträger mit betongefüllten Stahlrohren. Acier-Stahl-Steel **26** (1961). S. 174.
31. FLÜGGE, W.: Statik und Dynamik der Schalen. Berlin-Göttingen-Heidelberg: Springer. 1957.
32. GIRKMANN, K.: Flächentragwerke, 6. Aufl. Wien: Springer. 1963.
33. ROARK, R. J.: Formulas for Stress and Strain. New York und London: McGraw Hill Book Co. 1938.
34. ESSLINGER, M.: Aussteifungsringe von Druckrohrleitungen. Der Stahlbau **28** (1958), S. 233.
35. Versuche des Intituts für angewandte Mechanik der Witkowitzer Eisenwerke, Schlußbericht 1963 (tschechisch).
36. SCHWERIN, E.: Die Torsionsstabilität des dünnwandigen Rohres. ZAMM **5** (1925), S 235, 243.
37. BANTLIN, A.: Formänderung und Beanspruchung federnder Ausgleichröhren. Z. VDI **54** (1910), S. 41.
38. KÁRMÁN, TH. V.: Über die Formänderung dünnwandiger Rohre, insbesondere federnder Ausgleichsrohre. Z. VDI **55** (1911), S. 1889.
39. FRÖHLICH, J.: Türme aus nahtlosem Stahlrohr. Der Stahlbau **23** (1954), S. 241.
40. Hütte I, Grundlagen der Technik, 27. Aufl. Berlin: W. Ernst & Sohn. 1941.
41. BAYER, K.: Die Statik im Stahlbetonbau, 2. Aufl.
42. SAMMET, H.: Rohrkonstruktionen im Stahlhochbau. Leipzig: Fachbuchverlag. 1959.
43. DUNDROVÁ, V.: Die Spannungsverteilung bei der Durchdringung von zwei Rohren, Dissertation, Prag 1961 (tschechisch).
44. BERGMANN, W.: Verformungsmechanismus und Spannfelder in geschweißten Anschlüssen. Schweißen und Schneiden 1956.
45. KLOTH, W.: Atlas der Spannungsfelder in technischen Bauteilen. I.T.B.T. 1961, Verlag Stahl und Eisen.
46. FRÖHLICH, J: Oktaplatte in Rohrkonstruktion. Der Stahlbau **28** (1959).
47. SVOBODA, M., und F. KONEČNÝ: Räumliche Knoten von Fachwerkkonstruktionen (tschechisch). Inženýrské stavby 1963, H. 1.
48. KLÖPPEL, K., und W. GODER: Kugelförmiger Knoten mit sechs angeschlossenen Zugstäben aus Rohrprofilen. Der Stahlbau **30** (1961).
49. British Spcifications „Use of Tubular Steel in Buildings", Addendum No. 1 to British Standard 449, November 1953.
50. JAMM, W.: Gestaltfestigkeit geschweißter Rohrverbindungen bei statischer Belastung. Schweißen und Schneiden **3** (1951).
51. JAMM, W.: Das Stahlrohr als Konstruktionselement. Technische Mitteilungen **3** (1959).
52. BOUWKAMP, J. G.: Concept of Tubular Joint Design. Journal of the Structural Division **90**, No. ST 2 (1964), S. 77–101.
53. SAMMET, H.: Die Festigkeit knotenblechloser Rohrverbindungen im Stahlbau. Schweißtechnik **13** (1963), H. 11.
54. BADER, W.: Geschweißte Rohranschlüsse und Abkant-Hohlprofile bei dynamischer Beanspruchung. Schweißtechnik **13** (1963), H. 11.
55. SCHLEICHER, F.: Taschenbuch für Bauingenieure, 2. Aufl. Berlin-Göttingen-Heidelberg: Springer. 1955.
56. Stahlbau, 2. Bd.: Stahlkonstruktionen. Deutscher Stahlbauverband 1957.
57. FLACHSBART, O.: Modellversuche über die Belastung von Gitterfachwerken durch Windkräfte, 1. Teil. Der Stahlbau **7** (1934), S. 65.
58. WANKE, J.: Grundsätzliches zur tschechoslowakischen Norm „Entwurf der Stahlkonstruktion von Antennenmasten". Acta technica ČSAV, Prag 1964, H. 2.
59. BLANJEAN, L.: L'action du vent sur les constructions. L'ossature métallique **14** (1949), S. 91.
60. TOSCANO, A.: Die Türme von Messina. Der Stahlbau **28** (1959), S. 289.

61. BARTH, R.: Windkanalmessungen über den Luftwiderstand eines Zylindertandems als Brückenträger. Der Stahlbau **29** (1960), S. 186.
62. HARTWIG, H. J., und B. HAFKE: Die Bogenbrücke über den Askeröfjord. Der Stahlbau **30** (1961), S. 289.
63. BIERMANN, D., und W. H. HERRNSTEIN: The Interference Between Struts in Various Combinations. NACA Rep. Nr. 468.
64. BRUNIAK, R., und H. SOCKEL: Widerstandsmessungen an Rohren und Gerüstteilen. Österr. Ing. Zeitschrift **4** (1961), S. 320.
65. FLACHSBART, O., und H. WINTER: Modellversuche über Belastung von Gitterfachwerken, II. Teil: Räumliche Gitterfachwerke. Der Stahlbau **8** (1935).
66. VANDEPERRE, M.: Les fondations de pylones électriques, leur résistance au renversement, leur stabilité, leur calcul.
67. RAUSCH, E.: Maschinenfundamente und andere dynamische Aufgaben.
68. FÖPPL, A.: Mechanik, Bd. 4.
69. LEONHARDT, F.: Der Stuttgarter Fernsehturm. Beton- und Stahlbetonbau **51** (1956), S. 72.
70. FRANK, W.: Anregung von Schornsteinschwingungen durch Wind. Beton- und Stahlbetonbau 1943, S. 110.
71. KUNERT, K.: Schwingungen schlanker Stützen im konstanten Luftstrom. Der Bauingenieur **37** (1962), S. 168.
72. BARŠTEJN, M. F.: Dynamische Berechnung hoher zylindrischer Bauwerke (russisch). Moskau 1957.
73. D'HAVÉ, R.: Arbeiten der ersten internationalen Konferenz über den Windeinfluß auf Konstruktionen. Acier-Stahl-Steel **28** (1963), S. 529.
74. KRANITZKY, W.: Die englischen Vorschriften über Stahlrohrbau. Der Stahlbau **24** (1955), S. 116.
75. SEILS, A.: Erläuterungen zu den „Technischen Vorschriften für den Rostschutz von Stahlbauwerken (Ro St)" der Deutschen Bundesbahn. Der Stahlbau **27** (1958), S. 126, 165.
76. SEILS, A., und W. KRANITZKY: Der Korrosionsschutz im Innern geschlossener Hohlkästen. Der Stahlbau **28** (1959), S. 46.
77. KÖHLER, A.: Bewährung von Stahlrohrkonstruktionen im Feuer. Der Stahlbau **22** (1953), S. 44.
78. BOUÉ, P.: Betongefüllte Stahlstützen. Acier-Stahl-Steel **22** (1957), S. 370.
79. BOUÉ, P.: Der Feuerschutz im Stahlhochbau insbesondere von Stahlstützen. Heft 21 der Berichte des Deutschen Ausschusses für Stahlbau.
80. BOUÉ, P.: Brandversuche mit Außenstützen aus Stahl. Beiträge aus Statik und Stahlbau. Köln: Stahlbau-Verlags-GmbH. 1961.
81. HEINZEL: Berechnung selbsttragender Rohrbögen. Der Stahlbau **22** (1953), S. 118.
82. GOSCHY, B.: Dynamik der Schrägseilrohrbrücken. Acier-Stahl-Steel **26** (1961), S. 281.
83. HESS, W.: Zwei als Brücken ausgebildete Rohrleitungen in Australien. Der Stahlbau **29** (1960), S. 293.
84. BEER, H., und F. MASANZ: Die Barbarabrücke über die Donau. Österr. Ing. Zeitschrift **2** (1959), S. 99.
85. BEER, H.: Neuere Rohrleitungsbrücken in Stahlkonstruktion. Stahlbau-Rundschau, Sonderheft 1959.
86. BAUSEN, W.: Neuartige Rohrbrücke für Versorgungsleitungen. G. W. F. **90** (1940), H. 14.
87. WANKE, J.: Zur Berechnung der Formänderung vollwandiger Tragwerke mit veränderlichem Querschnitt. Der Stahlbau **12** (1939), S. 163.
88. FALTUS, F.: Einzelheiten des Entwurfs einer vollwandigen Bogenbrücke von 330 m Spannweite. Schlußbericht Stahlbautagung der Technischen Hochschule Dresden. Berlin: VEB Verlag für Bauwesen. 1960.
89. GODFREY, G. B.: Stahlrohrdachpfetten. Acier-Stahl-Steel **16** (1961), S. 67.
90. ECKINGER, K.: Entwicklungsgrundlagen für Kranbrücken. Stahl und Eisen **77** (1957).
91. SCHWARZ, H.: Verdrehsteife Kastenträger im Hüttenkranbau. Stahl und Eisen **77** (1957).
92. PETRONIO, O.: Die neuen Werkshallen der Firma Orenstein und Koppel in Mailand (Italien). Acier-Stahl-Steel **24** (1959), S. 329.

93. DORMAL, E., und O. VANDERMAEL: Neue Werkshallen für die Zuckerraffinerie in Tirlemont (Belgien). Acier-Stahl-Steel **28** (1963), S. 384.
94. WANKE, J.: Stahlrohrbauten (tschechisch). Prag: Staatsverlag. 1964.
95. MAIA, S.: Entwicklung im Kranbau. Acier-Stahl-Steel **29** (1964), S. 261.
96. MINNER, H.: Stahlrohre als Konstruktionselement für Kranausleger. Der Stahlbau **32** (1963), S. 133.
97. PAJER, J.: Über die Knicklänge von Kranauslegern (tschechisch). Strojnický obzor (1941), S. 267.
98. BÜRGERMEISTER, G., und H. STEUP: Stabilitätstheorie I. Berlin: Akademie-Verlag. 1957.
99. KOGAN, I. J.: Turmdrehkrane für das Bauwesen. Leipzig: VEB Fachbuchverlag. 1960.
100. SCHNEIDER, M.: Bemerkenswerte Einzelheiten der Statik und Konstruktion des Phoenix-Rheinrohr-Hochhauses in Düsseldorf. Der Stahlbau **31** (1962), S. 7.
101. LEWENTON, G., und K. H. SCHAEFER: Die Baukonstruktion des Mannesmann-Hochhauses in Düsseldorf. Der Stahlbau **29** (1960), S. 65.
102. Le tube d'acier dans la construction métallique. Chambre syndicale des fabricants de tubes d'acier.
103. HETTICH, W.: Die Anwendung von Stahlkonstruktionen im Kirchenbau. Acier-Stahl-Steel **25** (1960), S. 331.
104. BEER, H.: Eine neuartige Ausstellungshalle mit Rohrfachwerkbindern. Schweizer Bauzeitung **78** (1960) und Der Stahlbau **30** (1961).
105. FRÖHLICH, J.: Die Stahlkonstruktion der Messehalle 16B in Hannover. Der Stahlbau **30** (1961), S. 245.
106. KLÖPPEL, K., und R. SCHARDT: Zur Berechnung von Netzkuppeln. Der Stahlbau **31** (1962), S. 129.
107. LEDERER, F.: Weitgespannte Kuppeln in Stahlrohrkonstruktion. Wissensch. Zeitschrift d. T. H. Dresden **9** (1959/60), S. 663.
108. LEDERER, F.: Devolopments in Tubular Domes. Tubular Structures **3**, S. 2.
109. ZEMAN, J.: Stählerne Dachkonstruktion der Sporthalle in Kladno (Tschechoslowakei) (tschechisch). Inženýrské stavby **8** (1960), S. 87.
110. PETRONIO, O.: Die Dachkonstruktion des Lido-Stadions in Mailand. Acier-Stahl-Steel **25** (1060), S. 282.
111. VENANZI, U., und G. F. VANNACCI: Die Stahlrohrkonstruktion für die Sporthalle in Bologna. Acier-Stahl-Steel **22** (1957), S. 465.
112. PASCAUD, S.: Konstruktionen für Bahnsteigüberdachungen bei der S. N. C. F. (Frankreich). Acier-Stahl-Steel **23** (1958), S. 6.
113. VENANZI, U., und G. VANNACCI: Flugzeughalle auf dem internationalen Flughafen Rom—Fiumicino. Acier-Stahl-Steel **25** (1960), S. 199.
114. Passerelles en tubes d'acier en Grande-Bretagne. L'ossature métallique **14** (1949), S. 196.
115. HESS, W.: Geschweißter Langerbalken mit Druckgurt aus Rohren. Der Stahlbau **28** (1959), S. 152.
116. KARNEKE, G. v.: Eine Brücke mit vollständig geschweißten Fachwerk-Hauptträgern und Rohrdiagonalen. Der Stahlbau **25** (1956), S. 225.
117. WANKE, J.: Zur Berechnung von strebenlosen gegliederten Tragwerken. Der Stahlbau **8** (1935), S. 169, 177.
118. MELAN, E.: Zur Berechnung von Flachmasten unter Berücksichtigung der Knickgefahr senkrecht zur Kraftebene. ETZ **42** (1921), S. 1197.
119. TOSCANO, A.: Die Türme von Cadiz. Der Stahlbau **30** (1961), S. 161, 205.
120. WANKE, J.: Geschweißte Stahlrohrmaste. Der Stahlbau **9** (1936), S. 193.
121. GIRKMANN, K., und E. KÖNIGSHOFER: Die Hochspannungs-Freileitungen, 2. Aufl. Wien: Springer. 1952.
122. WANKE, J.: Berechnung von gegliederten Masten und Türmen auf Verdrehen. Der Stahlbau **9** (1936), S. 193.
123. BLEICH, H.: Das Ausknicken der Eckstäbe von Gittermasten. Der Bauingenieur 1936, S. 557.
124. DJUBEK, J.: Die Stabilität eines von dünnwandigen, abwechselnd in zwei Ebenen abgestützten Stabes. Der Stahlbau **29** (1961), S. 218.
125. HERRNSTADT, TH.: Der 298 m hohe Funkmast in Oldenburg. Der Stahlbau **25** (1956), S. 245.

126. Kozák, J.: Ein 300 m hoher Rohrfernsehmast für die Mittel- und Ostslowakei. Bericht über die V. Stahlbautagung ČsVTS 1961, S. 164.
127. Wanke, J.: Zwei hohe Fernseh-Rohrmaste in der Tschechoslowakei. Der Stahlbau **29** (1960), S. 193.
128. Melan, E.: Die genaue Berechnung mehrfach in ihrer Höhe abgespannter Maste. Der Bauingenieur **35** (1960), S. 416.
129. Melan, E.: Die Berechnung mehrfach in ihrer Höhe abgespannter Maste. Der Bauingenieur **38** (1963), S. 13.
130. Jungbuth, O.: Der mehrfeldrige, elastisch gestützte querbelastete Druckstab. Dissertation, Stuttgart 1953.
131. Bleich, F.: Stahlhochbauten, 2. Bd. Berlin: Springer. 1933.
132. Wanke, J.: Abgespannte Maste, ihre Belastung und Berechnung. Der Stahlbau **31** (1962), S. 280.
133. Hansen, E.: Seilabspannungen. Die Bautechnik **10** (1964), S. 337.
134. Wanke, J.: Vorspannkräfte und Längen der Seile von abgespannten Masten. Rückstellkräfte der Ankerseile durch Wind. Der Stahlbau **33** (1964), S. 59.
135. Lindenberger, H.: Bericht über Versuche an Druckzylindern. Fortschritte im Stahlbrückenbau, Köln: Stahlbauverlag GmbH. 1958.
136. Donnell, L. H., und C. C. Wan: Effect of Imperfections on Buckling of Thin Cylinders and Columns under Axial Compression. Journal of Applied Mechanics **17** (1950), S. 73.
137. Kloušek, Vl.: Solution statique et dynamique des pylônes d'antenne haubanés. Abhandlungen Band 8, Zürich 1947.
138. Klöppel, K., und W. Goder: Näherungsweise Berechnung der Biegemomente nach Spannungstheorie II. Ordnung zur Bemessung außermittig gedrückter Stäbe nach DIN 4114, Ri 10. 2. Der Stahlbau **26** (1957), S. 188.
139. Savickij, G. A.: Grundlagen der Berechnung von Antennenmasten (russisch), 2. Ausgabe, Moskau.
140. Wanke, J.: Geschweißte Stahlrohrmaste. Der Stahlbau **3** (1932).
141. Roloff, P.: Das Stahlrohrgerüst. Berlin: Ullstein Fachverlag. 1957.

Schrifttum allgemeiner Natur über Stahlrohrbau

1. Merkblätter über sachgemäße Stahlverwendung, Herausgegeben von der Beratungsstelle für Stahlverwendung, Düsseldorf:

108 Zerlegbare Tribünen aus Stahlrohr
134 Stahlblechschornsteine
136 Stahlrohr-Lehrgerüste im Bauwesen
157 Funktürme und Funkmaste aus Stahl
158 Stahlrohr-Fassadengerüste
179 Oberflächenschutz von Stahl durch metallische Zinküberzüge
187 Metallspritzen auf Stahl
208 Geschweißte Verbindungen im Rohrleitungsbau
205 Wendeltreppen aus Stahl
214 Beleuchtungsanlagen für Straßen und Plätze
224 Geschweißte Stahlrohrkonstruktionen
226 Vorgespannte Stahlkonstruktionen im Hochbau
246 Bausäulen aus Stahlrohr
251 Fußgängerbrücken aus Stahl
273 Flutlicht für Sportanlagen
277 Tankstellen in Stahlkonstruktion

2. Räumliche Tragwerke aus Stahl. Von Dr. Z. S. Makowski. Herausgegeben von der Beratungsstelle für Stahlverwendung, Düsseldorf. Düsseldorf: Verlag Stahleisen GmbH.
Das Buch führt ausführlich alle Möglichkeiten der Verwendung von Stahlrohren für Raumtragwerke an mit Hinweisen für die statische Berechnung. Es gliedert sich in

Trägerroste und räumliche Stabroste,
Fachwerktonnen,
Fachwerkkuppeln,
Flächentragwerke und
Hängedachkonstruktionen
mit reichem Bildermaterial.

3. Die unter [102] bereits angeführte Broschüre „Le tube d'acier dans la construction métallique", Herausgeber Chambre syndicale des fabricants de tubes d'acier.
Sie vermittelt einen sehr guten Überblick über den Stand des Stahlrohrbaus in Frankreich.

4. Tubular Structures, eine seit dem 1. November 1963 in unregelmäßigen Abständen erscheinende Zeitschrift (3. Heft vom Januar 1965). Sie berichtet über ausgeführte Stahlrohrbauten. Herausgeber Stewards and Lloyds Limited.

5. Berichte des „Comité international pour l'étude et le développement de la construction tubulaire" (Kurzbezeichnung C.I.D.E.C.T.).

Sachverzeichnis

GPSR Compliance

The European Union's (EU) General Product Safety Regulation (GPSR) is a set of rules that requires consumer products to be safe and our obligations to ensure this.

If you have any concerns about our products, you can contact us on ProductSafety@springernature.com

In case Publisher is established outside the EU, the EU authorized representative is:

Springer Nature Customer Service Center GmbH
Europaplatz 3
69115 Heidelberg, Germany

Batch number: 10584556

Printed by Printforce, the Netherlands